精细化工品生产工艺与技术

电子及信息用化学品生产工艺与技术

韩长日　宋小平　主编

科学技术文献出版社
SCIENTIFIC AND TECHNICAL DOCUMENTATION PRESS
·北京·

图书在版编目（CIP）数据

电子及信息用化学品生产工艺与技术 / 韩长日，宋小平主编. —北京：科学技术文献出版社，2019.7

ISBN 978-7-5189-5112-3

Ⅰ.①电⋯ Ⅱ.①韩⋯ ②宋⋯ Ⅲ.①电子工业—化工产品—生产工艺 Ⅳ.① TQ072

中国版本图书馆 CIP 数据核字（2019）第 014722 号

电子及信息用化学品生产工艺与技术

策划编辑：孙江莉　　　责任编辑：李 鑫　　　责任校对：文 浩　　　责任出版：张志平

出　版　者	科学技术文献出版社
地　　　址	北京市复兴路15号　邮编　100038
编　务　部	（010）58882938，58882087（传真）
发　行　部	（010）58882868，58882870（传真）
邮　购　部	（010）58882873
官 方 网 址	www.stdp.com.cn
发　行　者	科学技术文献出版社发行　全国各地新华书店经销
印　刷　者	北京虎彩文化传播有限公司
版　　　次	2019 年 7 月第 1 版　2019 年 7 月第 1 次印刷
开　　　本	787×1092　1/16
字　　　数	770千
印　　　张	33.25
书　　　号	ISBN 978-7-5189-5112-3
定　　　价	118.00元

前　言

　　精细化工品的种类繁多，生产应用技术比较复杂，全面系统地介绍各类精细化工品的产品性能、生产方法、工艺流程、技术配方（原料）、生产设备、生产工艺、产品标准、产品用途、安全与贮运，将对促进我国精细化工的技术发展、推动精细化工产品技术进步，以及满足国内工业生产的应用需求和适应消费者需要都具有重要意义。在科学技术文献出版社的策划和支持下，我们组织编写了这套《精细化工品生产工艺与技术》丛书。《精细化工品生产工艺与技术》是一部有关精细化工品生产工艺与技术的技术性系列丛书。将按照橡塑助剂、纺织染整助剂、胶粘剂、皮革用化学品、造纸用化学品、电子与信息工业用化学品、农用化学品、表面活性剂、化妆品、涂料、洗涤剂、建筑用化学品、石油工业助剂、饲料添加剂、染料、颜料等分册出版。旨在进一步促进和发展我国的精细化工产业。

　　本书为精细化学品生产工艺与技术丛书的《电子及信息用化学品生产工艺与技术》分册，介绍了液晶材料、电致发光和电致变色材料、电子元器件用化学品、电子工业特种气体与高纯试剂、光刻胶及电子工业用涂料、影像用化学品、磁性记录材料等电子及信息用化学品的生产工艺与技术。对各种电子及信息用化学品的产品性能、生产方法、工艺流程、生产配方、生产工艺、产品标准、产品用途和安全与贮运都做了全面而系统的阐述。本书对于从事电子及信息化学助剂研究开发和精细化工品研制开发的科技人员、生产人员，以及高等院校应用化学、精细化工等专业的师生都具有参考价值。全书在编写过程中参阅和引用了大量国内外专利及技术资料，书末列出了参考文献，部分产品中还列出了相应的原始研究文献，以便读者进一步查阅。

　　值得指出的是，在进行电子及信息用化学品的开发生产中，应当遵循先小试，再中试，然后进行工业性试产的原则，以便掌握足够的工业规模的生产经验。同时，要特别注意生产过程中的防火、防爆、防毒、防腐蚀及环境保护等有关问题，并采取有效的措施，以确保安全顺利地生产。

本书由韩长日、宋小平主编，参加本书编写的有韩长日、宋小平、宋鑫明、张小朋和余章昕。

本书在选题、策划和组稿过程中，得到了海南科技职业学院、海南师范大学、科学技术文献出版社、国家自然科学基金（21362009、81360478）、海南省重点研发项目（ZDYF2018164）、海南省高等学校科研项目（Hnky2017-87）的支持，孙江莉同志对全书的组稿进行了精心策划，许多高等院校、科研院所和同仁提供了大量的国内外专利和技术资料，在此，一并表示衷心的感谢。

由于编者水平所限，错漏和不妥之处在所难免，欢迎广大同仁和读者提出意见和建议。

编　者

2018 年 9 月

目　录

第一章　液晶材料

液晶是一类能在一定温度范围内呈现介于固相和液相之间中间相的有机化合物。它在加热融化过程中，经历了一个不透明的混浊状态，继续加热成为透明的液体，这种混浊状态既有液态的流动性，同时又具有晶体的各向异性（如光学各向异性、介电各向异性、介磁各向异性等），故称为液晶（Liquid crystal）。液晶材料是液晶显示器件（LCD）的基础材料。LCD 是当今最有发展活力的电子产品之一。LCD 由于具有工作电压低、微功耗、体积小、显示柔和、无辐射危害等一系列优点，广泛用于电脑、手机、液晶电视等电子产品中。

根据液晶的结构，可将液晶分为层状相（C 相）液晶、丝状相（N 相）液晶和胆甾相（ch 相）液晶 3 种。根据液晶形成的条件，可将液晶分为热致液晶和溶致液晶 2 种。根据组成液晶分子的中心桥键及环的特征，可将液晶分为亚苄基类、偶氮及氧化偶氮类、芳香酯类、二苯乙烯及二苯乙炔类、肉桂酸酯类、苯基环己烷类、环己基环己烷类，还包括手性液晶、胆甾醇衍生物液晶。

目前，应用最广的是扭曲丝状相液晶显示（TN-LCD）材料、超扭曲丝状相液晶显示（STN-LCD）材料和薄膜晶体管型液晶显示（TFT-LCD）材料。单一液晶不能满足液晶显示（LCD）应用的要求，商用液晶显示材料必须使用几种或十几种不同的液晶经科学方法配制而成。

1.1　6-乙基-2-萘甲酸-4-甲氰基苯酯

6-乙基-2-萘甲酸-4-甲氰基苯酯（6-Ethyl-2-naphthoic acid-4-cyanophenol ester），分子式 $C_{20}H_{15}NO_2$，相对分子质量 301.34，结构式：

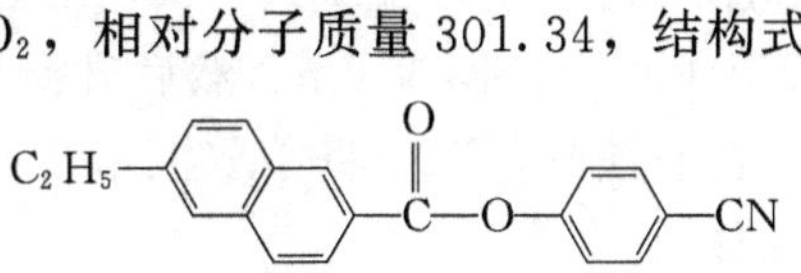

1. 产品性能

固体粉末，向列型液晶，能有效拓宽混合液晶丝状相式作温度范围，降低阈值电压，加快响应速度，是良好的超扭曲向列（STN）型液晶显示材料。

2. 生产方法

在无水三氯化铝催化下，乙酰氯与萘发生乙酰化，然后用水合肼还原，得 β-乙基萘。β-乙基萘在无水三氧化铝催化下，与乙酰氯发生乙酰化，经卤仿反应，得到 6-乙基-2-萘甲酸，进一步与亚硫酰氯发生酰氯化，最后酰氯化产物与对氰基苯酚发生酯化反应得成品。

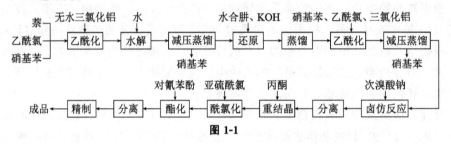

式中，R 为 CH_3CH_2—。

3. 工艺流程

萘
乙酰氯 → 无水三氯化铝、水 → 乙酰化 → 水解 → 减压蒸馏（硝基苯）→ 还原（水合肼、KOH）→ 蒸馏 → 乙酰化（硝基苯、乙酰氯、三氯化铝）→ 减压蒸馏（硝基苯）
硝基苯

成品 ← 精制 ← 分离 ← 酯化（对氰苯酚）← 酰氯化（亚硫酰氯）← 重结晶（丙酮）← 分离 ← 卤仿反应（次溴酸钠）

图 1-1

4. 生产工艺

将 25.6 g 萘、34.6 g 无水三氯化铝、120 mL 干燥硝基苯加入反应瓶中，搅拌均匀后滴加 18 mL 乙酰氯，滴毕，反应 2 h。然后将反应液倒入 1000 mL 稀盐酸水溶液中水解，水洗至中性，无水硫酸镁干燥，过滤。减压蒸除溶剂硝基苯，得黑色固体为 1-乙酰基萘和 2-乙酰基萘的混合物。

在 500 mL 反应瓶中，加入 60.0 g 乙酰基萘、85 mL 水合肼、39.2 g 氢氧化钾、350 mL 二甘醇。搅拌升温至 120 ℃，反应 2 h。然后升温至 220 ℃，回流反应 3 h。降至室温，加入 2 L 水稀释，石油醚萃取。将萃取液水洗至中性，无水硫酸镁干燥，蒸除溶剂，得乙基萘无色液体。

将 400 mL 干燥的硝基苯和 110 g 无水三氯化铝加入反应瓶中，搅拌下冰水冷却至 0 ℃，滴加 54.2 mL 乙酰氯，滴加完毕，搅拌反应 30 min。再滴加 100.0 g 2-乙基萘，滴毕搅拌反应 2 h。将反应液倒入稀盐酸水溶液中，水洗至中性，无水硫酸镁干燥，过滤，蒸除硝基苯，精馏得 122.5 g 淡黄色液体 6-乙基-2-乙酰基萘和 5-乙基-2-乙酰基萘的混合物。

在 1000 mL 反应瓶中，加入 48.1 g 氢氧化钠和 250 mL 水，冰水浴下搅拌均匀，滴加 15 mL 溴，加毕，搅拌 20 min，得到次溴酸钠溶液，再加入 80 mL 二氧六环、27.0 g 氢氧化钠，滴加 20.5 g 上述 5-乙基-2-乙酰基萘和 6-乙基-2-乙酰基萘，滴毕，升温至 75 ℃，回流反应 2 h。降温，产品析出，过滤，浓盐酸酸化固体粗品，过滤，水洗至中性，晾干。所得粗品为 6-乙基-2-萘甲酸和 5-乙基-2-萘甲酸的混合物，丙酮重结晶，最后得 6.86 g 中间体 6-乙基-2-萘甲酸。

在 50 mL 四口圆底烧瓶中，加入 7.6 mL 亚硫酰氯和 20.0 g 6-乙基-2-萘甲酸，缓慢升温至 86 ℃，回流反应 30 min。反应完毕，蒸出多余的亚硫酰氯，加入 40 mL 甲苯，再将溶于 55 mL 吡啶的 14.9 g 4-氰基苯酚加入反应液中，升温至 118 ℃，回流反应 2 h。降温，将反应液倒入稀盐酸溶液中，水洗至中性，无水硫酸镁干燥，过滤，蒸除甲苯，得棕色固体。精制后得 6-乙基-2-萘甲酸（4′-氰基）苯酚酯。

5. 产品标准

外观	固体粉末
纯度（GC）	≥99%
清亮点（T_{N-1}）/℃	146.8
熔点（T_{C-N}）/℃	122～124

6. 产品用途

本品是性能优越的超扭曲向列型液晶显示材料。

7. 参考文献

[1] 高媛媛，安忠维，李娟利. 萘甲酸酯类液晶的合成 [J]. 精细化工，2004（9）：650-654.

[2] 田宗全. 含萘环结构液晶聚合物的合成及性质研究 [D]. 上海：华东理工大学，2013.

1.2　2,5-双癸烷氧基联苯基碳酰氧对苯二酚

2,5-双癸烷氧基联苯基碳酰氧对苯二酚（2,5-Bis-decanoxy biphenyl carboxyl hydroquinone）又称 2,5-双［4′-（正癸烷氧基联苯基）-4-碳酰氧基］对苯二酚。分子式 $C_{52}H_{62}O_6$，相对分子质量 783.04，结构式：

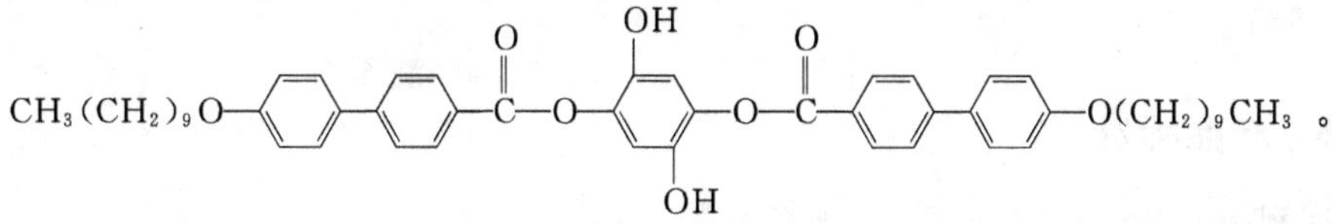

1. 产品性能

白色粉状固体，热致性液晶，熔点 180.1 ℃，层状相温度 204.5 ℃，丝状相温度 248.1 ℃。2,5-双［4′-（正癸烷氧基联苯基）-4-碳酰氧基］对苯二酚液晶化合物在液晶冠醚和具有功能特性的主链型液晶高分子中是重要的中间体和单体。

2. 生产方法

以 4′-正癸氧基联苯基-4-甲酸和 2,5-二羟基苯醌为原料通过酯化和还原反应制得液晶性 2,5-双［4′-（正癸氧基联苯基）-4-碳酰氧基］对苯二酚。

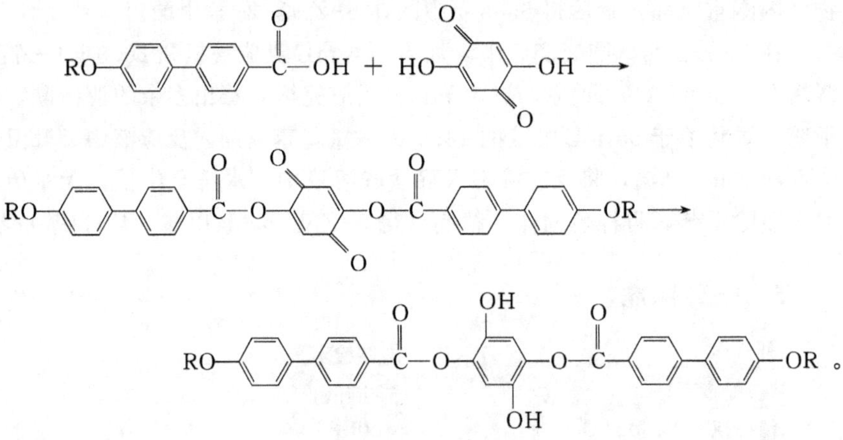

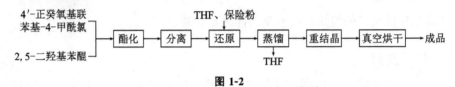

式中，R 为 $CH_3(CH_2)_9—$。

3. 工艺流程

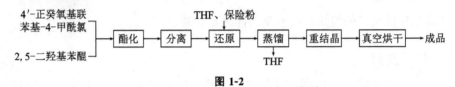

图 1-2

4. 生产工艺

将 4′-正癸氧基联苯基-4-甲酸与亚硫酰氯反应得 4′-正癸氧基联苯基-4-甲酰氯，然后 4′-正癸氧基联苯基-4-甲酰氯与 2，5-二羟基苯醌发生酯化，经分离，纯化得 2，5-双〔4′(正癸氧基苯基)-4-碳酰氧基〕对苯二酚。

上述对苯二酚衍生物溶于 100 mL THF，搅拌下分批加入 60 mL 饱和 NH_4Cl 溶液和 15 g 保险粉配成的溶液，加完后冰浴中继续反应 3 h，蒸出 THF，抽滤，依次用水洗和丙酮洗。产物用 CMF、1，4-二氧六环混合溶剂重结晶，抽滤，真空烘干，得白色粉状固体 2，5-双〔4′-(正癸氧基联苯基) 4-碳酰氧基〕对苯二酚 3.4 g，产率 96.8%。

5. 产品标准

外观	白色粉状固体
纯度	≥99%
熔点/℃	179～181

6. 产品用途

本品用作液晶材料，是液晶冠醚和具有功能性的主链型液晶高分子的重要中间体和单体。

7. 参考文献

[1] 陈卫东，刘勇，张鹏云，等. 新型对称联苯双酯类液晶材料的合成和晶体结构

[J]. 有机化学，2011，31（5）：677-683.

[2] 王伟成. 联苯芳香酯类液晶环氧树脂的合成与应用研究 [D]. 广州：华南理工大学，2012.

[3] 张淑媛，朱鑫，刘萃红，等. 2，5-双 [4′-（正烷氧基联苯基）-4-碳酰氧基] 对苯二酚的合成，郑州大学学报（理学报），2006，38（1）：79-81.

1.3 4-(4″-戊基环己基)-3′-氟-4′-二氟甲氧基联苯

4-(4″-戊基环己基)-3′-氟-4′-二氟甲氧基联苯属二氟甲基醚类液晶（Difluoromethyl ether liguid crystal），分子式 $C_{24}H_{29}F_3O$，相对分子质量 390.49，结构式：

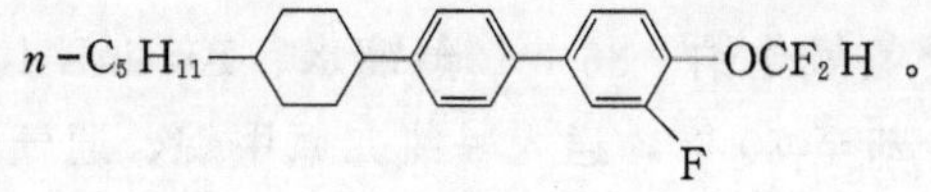

1. 产品性能

白色结晶，属二氟甲基醚类液晶，具有电压保持率高、介电各向异性大的特点，熔点（T_m）37.2 ℃，清亮点（T_i）123.2 ℃。

2. 生产方法

2-氟-4-溴苯酚在碱性条件下与一氯二氟甲烷发生醚化，得 2-氟-4-溴苯基二氟甲基醚。

4-(4″-戊基环己基)-1-溴苯在丁基锂存在下与硼酸三丁酯发生硼化，得 4-(4″-戊基环己基)苯基硼酸，然后 4-(4″-戊基环己基)苯基硼酸与 2-氟-4-溴苯基二氟甲基醚偶联，得 4-(4″-戊基环己基)-3′-氟-4′-二氟甲氧基联苯。

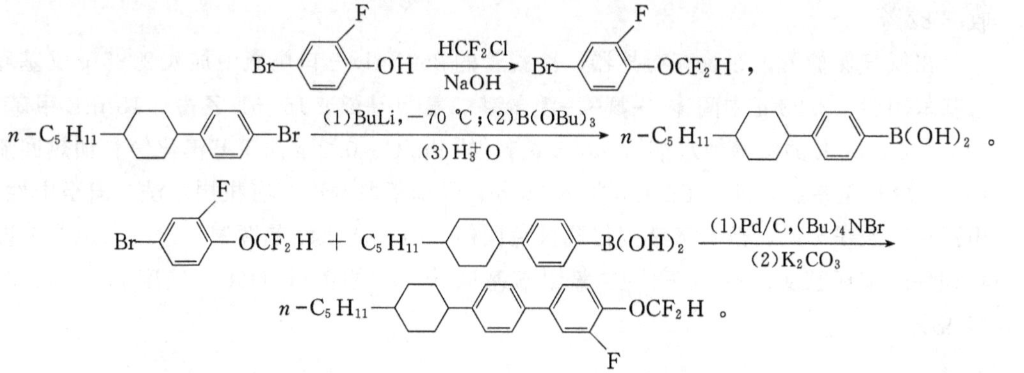

3. 工艺流程

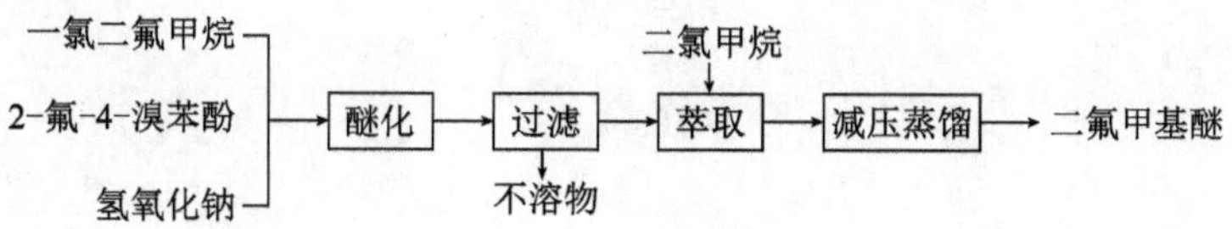

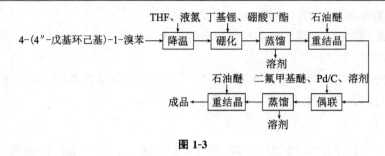

图 1-3

4. 生产工艺

在装有温度计、搅拌装置、气体导入管、冷凝管的 250 mL 四口瓶中，加入 61 g 2-氟-4-溴苯酚、70 g 氢氧化钠、86 mL 蒸馏水、103 mL 1，4-二氧六环，开动搅拌，物料溶解放热。冷却至 70 ℃，通入一氯二氟甲烷，通气速度为 80 mL/min。保温反应 2 h 后停止通气，冷却至室温，将反应物倒入 300 mL 水中，过滤除去不溶性固体物。

将所得滤液用二氯甲烷提取（100 mL×2），合并有机层，水洗 pH 至中性，用无水碳酸钾干燥数小时。滤去碳酸钾，蒸去二氯甲烷，得浅黄色油状液体。将此液体在减压下分馏，收集 86～88 ℃、4.9 kPa 馏分，得无色透明液体即二氟甲基醚。收率 45%（以苯酚计算），气相色谱纯度 93%。

在装有温度计、搅拌装置、冷凝管、滴液漏斗的四口瓶中，氮气保护下加入 30.9 g 戊基环己基溴苯、150 mL 干燥的四氢呋喃。液氮降温至 −70 ℃，加入 0.1 mol 丁基锂正己烷溶液，搅拌 1 h。滴加 0.12 mol 硼酸三丁酯的 100 mL 干燥四氢呋喃溶液，滴完后缓慢升温至室温。加入 50 mL 10% 的稀盐酸，搅拌 1 h。分出有机层，蒸除溶剂，用石油醚重结晶，得 4-(4′-戊基环己基) 苯基硼酸白色固体 22 g，收率 82%。

在氮气保护下，在装有搅拌器、冷凝管的 250 mL 三口烧瓶中加入 2.85 g 戊基环己基苯硼酸、2.23 g 中间体 2-氟-4-溴苯基二氟甲基醚、15 mL 乙醇、15 mL 甲苯、30 mL 2 mol/L 的碳酸钾水溶液、0.5 g 5% 的 Pd/C、0.2 g 四丁基溴化铵，加热回流 10 h。冷却至室温，滤去 Pd/C，加入 30 mL 甲苯萃取两次。有机层水洗 3 遍至中性，用无水硫酸镁干燥，蒸除溶液剂得到黄色固体。石油醚重结晶两遍，得到白色晶体即 4-(4″-戊基环己基)-3′-氟-4′-二氟甲氧基联苯。气相色谱（GC）纯度 99.8%，收率 48%。

5. 产品标准

外观	白色晶体
熔点（T_m）/℃	37.2
清亮点（T_i）/℃	123.2

6. 产品用途

用作液晶显示材料。

7. 参考文献

[1] 储士红. 液晶材料 4-{[4-(2,2-二氟-乙烯氧基)-3,5-二氟苯基]-二氟甲氧基}-3,5-二氟-4′-丙基联苯的合成与性能 [J]. 化学试剂, 2016, 38 (6): 587-590.

[2] 卢玲玲, 代红琼, 安忠维, 等. 2,3-二氟代联苯类液晶化合物的合成与性能 [J]. 应用化学, 2013, 30 (12): 1423-1428.

[3] 孙冲. 新型 TFT 含氟液晶的合成 [D]. 上海: 华东理工大学, 2011.

1.4 1-(3,4-二氟苯基)-2-[反式-4′-(反式-4″-正戊基环己基)环己基]乙烷

1-(3,4-二氟苯基)-2-[反式-4′-(反式-4″-正戊基环己基)环己基]乙烷 {1-(3,4-Difluorophenyl)-2-[trans-4′-(trans-4″-n-pentyl cyclohexyl) cyclohexyl] ethane} 属乙烷类液晶 (Ethane type liquid crystal)。其分子式 $C_{25}H_{38}F_2$，相对分子质量 376.57，结构式:

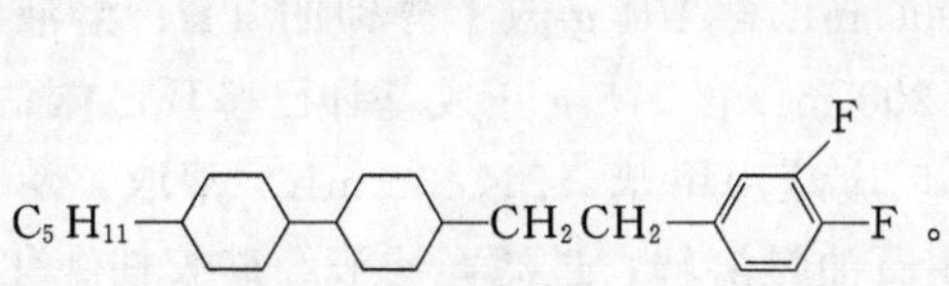

1. 产品性能

白色晶体，熔点 (T_m) 72.2～73.6℃，清亮点 (T_i) 124.3～124.6℃，属乙烷类液晶。其黏度低、响应速度快、稳定性高、介电各向异性大，与其他液晶相容性好，尤其是化学稳定性高、抗紫外辐射性能好，被广泛用于调整双折射率、扩展液晶相范围、降低混合液晶黏度等，是矩阵高档多路驱动显示器件，如 TFT 所用混合液晶的必要组分。

2. 生产方法

4-(反式-4′-正戊烷基环己基)环己酮和氯甲氧基三苯基鏻经 Wittig 反应得到混合构象的 4-(反式-4′-正戊烷基环己基)环己基甲醛再经酸化转型成 4-(反式 4′-正戊烷基环己基)环己基甲醛。再经 Wittig 反应和催化加氢制得目标产物 1-(3,4-二氟苯基)-2-[反式-4′-(反式-4″-正戊烷基环己基)环己基]乙烷类液晶化合物。

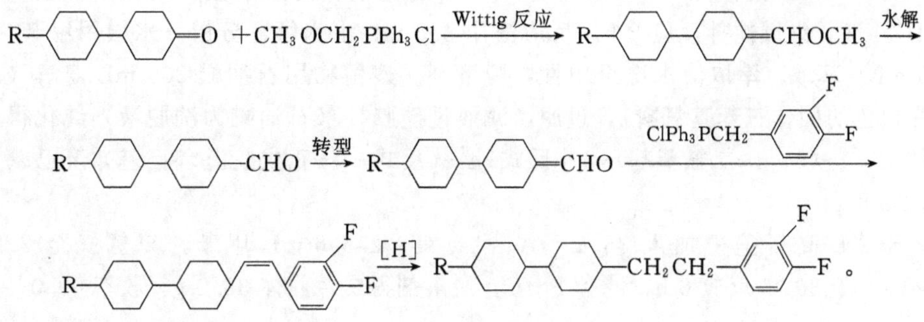

式中，R 为 $n-C_5H_{11}$。

3. 工艺流程

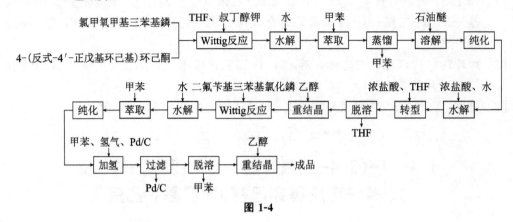

图 1-4

4. 生产工艺

在反应烧瓶中加入 336 g 氯甲氧甲基三苯基鏻、875 mL THF，在 N_2 保护搅拌下于 0～5 ℃、1 h 滴加 900 mL 含 104 g 叔丁醇钾的 THF 溶液。滴毕，反应温度降至 −5 ℃，1 h 内再滴加 200 mL 含 175 g 正戊基环己基环己酮的 THF 溶液。继续搅拌反应 2 h，加水水解，反应液用甲苯（2×400 mL）萃取，萃取液水洗至中性，蒸除溶剂得浅黄色固体。用石油醚溶解，过滤，滤液经硅胶柱纯化（石油醚为洗脱液）得白色固体 173 g，收率 88.7%。

在烧瓶中加入 900 mL 含 173 g 上述产物的 THF 溶液、260 mL 浓盐酸用等体积水稀释后在搅拌下加入。反应液加热回流 1 h 后补水 1 L。分层，水层用甲苯（2×600 mL）萃取，萃取液水洗至中性，蒸除溶剂得 162 g 白色固体 4-(4'-正戊烷基环己基) 环己基甲醛（顺式和反式的混合物），纯度 22.6%（顺式）、75.2%（反式）。

在烧瓶中加入含 162 g 4-(4'-正戊基环己基) 环己基甲醛（顺式和反式混合物）的 300 mL THF 溶液，搅拌下加入 300 mL 浓盐酸。于 35～40 ℃ 反应 10 h 后分层，有机层用水洗至中性，用无水硫酸钠干燥，脱溶剂得粗品 147.8 g（收率 96.2%，其中反式占 87.7%，顺式占 8.5%），乙醇重结晶得白色固体 110.85 g，收率 68.4%，纯度 99%（反式）。

N_2 保护下，在烧瓶中加入 32.7 g 二氟苄基三苯基氯化鏻、150 mL THF，−5～0 ℃、1 h 内滴加 100 mL 含叔丁醇钾 9.4 g（84 mmol）的 THF 溶液，反应液降温至 −10～−5 ℃ 后滴加入 300 mL 含 18.5 g 上述制得的正戊基环己基环己基甲醛的 THF 溶液，继续搅拌反应 2 h。反应液用 800 mL 水水解，分层，水层用甲苯（2×200 mL）萃取，萃取液水洗至中性，脱溶剂。残留物用石油醚 300 mL 溶解（不溶的是白色的固体三苯基氧膦），过滤，滤液过硅胶柱（石油醚为洗脱液）纯化得白色晶体 A {1-(3，4-二氟苯基)-2-[反式-4'-(反式-4"-正戊烷基环己基) 环己基] 乙烯} 24.8 g。

于 2 L 高压釜中加入 36.1 g A、9 g 镍、216.6 mL 甲苯，充氢气至 2 M～3 MPa，于 30 ℃ 反应 6 h，滤掉 Pd/C，脱溶剂得白色晶体 36.0 g，收率 99.0%，纯

度 97.0%。用乙醇重结晶得 24.7 g 产物，收率 60%，纯度 99.9%。

5. 产品标准

外观	白色结晶
熔点（T_m）/℃	72.2～73.6
清亮点（T_i）/℃	124.3～124.6

6. 产品用途

用作液晶材料。

7. 参考文献

[1] 曹秀英，赵敏，戴修文，等. 双环己基含氟二苯乙炔类负性液晶的合成及应用 [J]. 液晶与显示，2013，28（6）：843-848.
[2] 郭睿，杨建洲，戴砚，等. 液晶单体 4-(反-4-正丙基环己基)-氟苯的合成 [J]. 化学工程，2005（4）：72-76.

1.5 4-(4′-戊基双环己基)-2-氟苯基二氟甲基醚

4-(4′-戊基双环己基)-2-氟苯基二氟甲基醚 [4-(4′-n-Pentyl dicyclohexyl)-2-fluorophenyl difluoromethyl ether] 属于二氟甲基醚类液晶。其分子式 $C_{24}H_{35}F_3O$，相对分子质量 396.54，结构式：

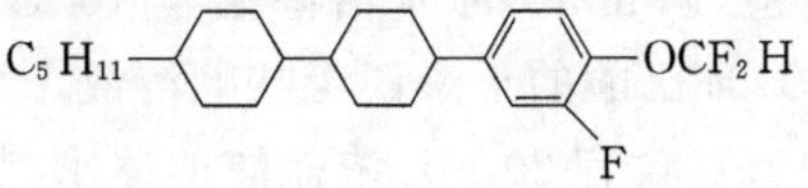

1. 产品性能

白色结晶，熔点 36.6 ℃，向列相变点 146.3 ℃，属二氟甲基醚类液晶，具有熔点低、清亮点高、液晶相变区间宽等特点，是一类优异的显示液晶材料。

2. 生产方法

4-甲氧基-3-氟苯的格氏试剂与 4-(4′-正戊烷基环己基) 环己酮偶联，再经过硫酸氢钾催化脱水、催化氢化、异构化、脱甲基反应，得反式-戊烷基双环己烷苯酚，进一步醚化得端基为二氟甲氧基的苯基双环己烷类液晶。

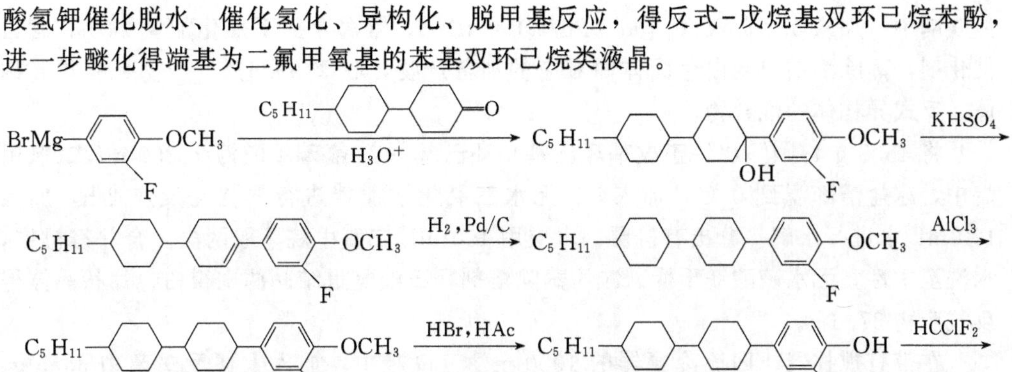

$$C_5H_{11} \text{——} \bigcirc \text{——} \bigcirc \text{——} \bigcirc \text{——} OCF_2H \quad 。$$

F

3. 工艺流程

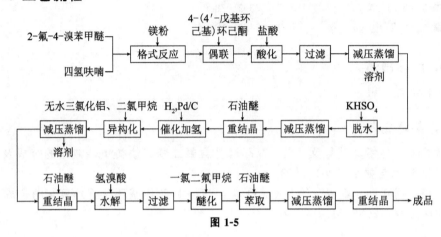

图 1-5

4. 生产工艺

在氮气保护下，向装有搅拌器、冷凝器、温度计、恒压滴液漏斗的四口烧瓶中加入 5.8 g 镁粉、一小粒碘及 50 mL 干燥的四氢呋喃。将 45.1 g 2-氟-4-溴苯甲醚溶于 100 mL 四氢呋喃中，再缓慢滴加到反应瓶中。待反应引发后，保持温度 35～45 ℃反应 1 h，再回流反应 40 min。冰水浴降温至 10 ℃以下，滴加 50 mL 含有 50 g 4-(4′-正戊基环己基) 环己酮的干燥四氢呋喃溶液，滴加完毕，回流反应 3 h。冷却至室温，缓慢倒入 50 mL 含有 20 mL 浓盐酸的冰水混合物中水解，用 200 mL 甲苯萃取。萃取液水洗至中性，无水硫酸镁干燥。滤去干燥剂，滤液减压缩去部分甲苯得黄色油状液体 4-[4′-(4″-正戊基环己基) 环己基-1′-羟基]-2-氟苯甲醚中间产物。

在氮气下保护下，将上述所得中间产物加入到装有搅拌器、分水器、温度计的 250 mL 三口瓶中，加入 2 g 硫酸氢钾回流分水 2 h。反应完后，将反应液减压浓缩。用石油醚重结晶 2 次，得白色片状晶体即对应的脱水产物 47 g。

将 45.8 g 4-[4′-(4″-正戊基环己基)-1-环己烯基]-2-氟苯甲醚溶于 200 mL 四氢呋喃中，加入 3.2 g Pd/C [w (Pd/C) ＝5%]，常温常压下催化加氢 24 h。滤去催化剂，蒸除溶剂得到白色固体即对应的加氢产物，收率 99.5%。产物是顺式异构体、反式异构体的混合物。

将 45.8 g 4-[4′-(4″-正戊基环己基) 环己基]-2-氟苯甲醚溶于 300 mL 二氯甲烷中，冰盐浴降温到 0 ℃，加入 5 g 无水三氯化铝搅拌进行异构化反应 2 h，加入 100 mL 水进行水解。分出有机层，水层用 100 mL 二氯甲烷萃取两次。合并有机层，水洗至中性，无水硫酸镁干燥。减压蒸除溶剂，石油醚重结晶两次得白色片状晶体得反式产物 37.6 g。

在带有搅拌器，回流冷凝器的 1000 mL 三口瓶中，加入上述反式产物 35.5 g、冰醋酸 500 mL、氢溴酸 120 mL，回流反应 8 h。冷却过夜，析出白色固体。过滤，滤饼水洗至中性，晾干得反式-4-[4'-（4"-正戊基环己基）环己基]-2-氟苯酚 34.1 g。

在带有搅拌器、回流冷凝器、温度计、气体导入管的 250 mL 四口烧瓶中，加入 17.1 g 正戊基双环己基-2-氟苯酚、120 mL 四氢呋喃、20 g 氢氧化钠（0.50 mol）、50 mL 水。升温至 60 ℃，通入一氯二氟甲烷气体，流速约为 40 mL/min。待酚的转化率达 99% 以上停止反应，约需 4 h，冷却至室温，加入 500 mL 水，用 200 mL 石油醚萃取两次，合并有机层，水洗至中性，无水硫酸镁干燥。减压蒸除溶剂得黄色固体，用混合溶剂 [n（乙醇）：n（丙酮）＝1：1] 重结晶 2 次，得白色晶体产物。

5. 产品标准

外观	白色固体
熔点/℃	36.6
丝状相变点/℃	146.3

6. 产品用途

用作液晶材料。

7. 参考文献

[1] 李建，安忠维，杜渭松. 端基为二氟甲氧基的苯基双环己烷类液晶的合成 [J]. 精细化工，2004，21 (12)：894-896.

[2] 杨杰，李猛，徐虹，单雯妍，等. 液晶单体 4-（反-4-正戊基环己基）氟苯的合成及性能 [J]. 化学与黏合，2014，36 (1)：40-42.

[3] 李建，安忠维，马方生. Suzuki 偶联制备二氟甲基醚类液晶 [J]. 化学试剂，2006，28 (2)：71-72.

1.6　3-硝基-4-八氟烷氧基苯甲酸酯

3-硝基-4-八氟烷氧基苯甲酸酯（3-Nitro-4-polyfluoroalkoxy benzoate）的化学名称 3-硝基-4-八氟烷氧基苯甲酸-4-[4-n-庚氧基-2，3-二氟苯基乙炔基] 苯酚酯，分子式 $C_{33}H_{27}F_{10}NO_6$，相对分子质量 723.55，结构式：

$$\text{H(CF}_2)_4\text{CH}_2\text{O} \underset{\text{O}_2\text{N}}{-\!\!\!\bigcirc\!\!\!-}\text{COO}-\!\!\!\bigcirc\!\!\!-\text{C}\!\!\equiv\!\!\text{C}\underset{\text{F F}}{-\!\!\!\bigcirc\!\!\!-}\text{O(CH}_2)_6\text{CH}_3 \text{。}$$

1. 产品性能

白色晶体，熔点 95.11 ℃，清亮点温度（各向同性液体相变温度）139.91 ℃。

2. 生产方法

首先，将八氟戊醇、4-氯-3-硝基三氟甲苯（均系工业品经重新蒸馏纯化）和碳酸钾加在干燥的 N，N-二甲基甲酰胺（DMF）溶剂中，加热反应得对多氟烷氧基间硝基三氟甲苯；然后，将多氟烷氧基间硝基三氟甲苯用发烟硫酸水解为对多氟烷氧基间硝基苯甲酸，多氟烷氧基间硝基苯甲酸与对碘苯酚在二环己基碳二亚胺（DCC）存在下，用 N，N-二甲胺基吡啶（DMAP）作为催化剂发生酯化反应成对多氟烷氧基间硝基苯甲酸对碘苯酚酯；最后，多氟烷氧基苯甲酸对碘苯酚酯与 4-庚氧基-2，3-二氟苯乙炔用二（三苯基膦）二氯化钯和碘化亚铜作催化剂发生偶联反应，得 3-硝基-4-八氟烷氧基苯甲酸酯。

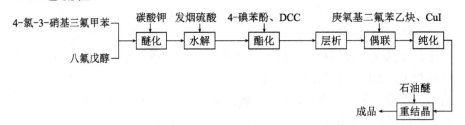

3. 工艺流程

4-氯-3-硝基三氟甲苯、八氟戊醇 → 碳酸钾：醚化 → 发烟硫酸：水解 → 4-碘苯酚、DCC：酯化 → 层析 → 庚氧基二氟苯乙炔、CuI：偶联 → 纯化 → 石油醚：重结晶 → 成品

图 1-6

4. 生产工艺

在梨形反应瓶中加入 4.53 mol 4-八氟烷氧基-3-硝基苯甲酸、4.53 mmol 对碘苯酚、4.53 mmol DCC、催化量的二甲氨基吡啶晶体、20 mL 干燥的 CH_2Cl_2 室温下搅拌反应，用薄层色谱（TLC）监测反应液，当原料消失后，过滤掉白色沉淀，抽去溶剂后用 V（石油醚）：V（乙酸乙酯）=6：1 柱层析，得白色固体 4-八氟烷氧-3-硝基苯甲酸对碘苯酯，产率 80%。

在 25 mL 梨形瓶中，加入 0.4 mmol 4-八氟烷氧基-3-硝基苯甲酸对碘苯酯、5 mg Pd（PPh_3）$_2Cl_2$、8 mg CuI、13 mg PPh_3、10 mL 干燥 Et_3N，氮气保护下加入 4-n-庚氧基-2，3-二氟苯乙炔 0.48 mmol，60 ℃ 充 N_2 搅拌反应 48 h，抽去溶剂后，V（石油醚）：V（乙酸乙酯）=4：1 柱层析，得到淡黄色固体，石油醚重结晶后得到白色晶体目标化合物 3-硝基-4-八氟烷氧基苯甲酸酯，产率 92%。

5. 产品标准

外观	白色晶体
熔点/℃	95.1
各向同性液体相变温度/℃	136.9

6. 产品用途

用作液晶显示材料。

7. 参考文献

[1] 陈锡敏，闻建勋. 含氟二苯乙炔类蓝相液晶的研究进展 [J]. 液晶与显示，2013，28（1）：33-44.

[2] 尚洪勇，张建立，刘鑫勤，等. 多氟二苯乙炔类负性液晶化合物的合成 [J]. 液晶与显示，2009，24（5）：650-655.

1.7　4-乙基-4′-甲基二苯乙炔

4-乙基-4′-甲基二苯乙炔（4-Ethyl-4′-methyltolan）分子式 $C_{17}H_{16}$，相对分子质量 220.31，结构式：

$$C_2H_5 - \!\!\!\!\bigcirc\!\!\!\! - C\!\equiv\!C - \!\!\!\!\bigcirc\!\!\!\! - CH_3 \quad 。$$

1. 产品性能

浅黄色粉状固体，熔点 71 ℃，属双烷基二苯乙炔类液晶。

2. 生产方法

4-乙基苯乙酸与三氯氧磷反应得乙基苯乙酰氯。乙基苯乙酰氯与甲苯发生 F-C 酰基化反应得 1-(4-乙基苯乙酰基)-4-甲苯，得到的 1-(4-乙基苯乙酰基)-4-甲苯在 $ZnCl_2$-SiO_2 催化作用下与乙酰氯反应，得 1-氯-1，2-二烷基苯取代乙烯，最后得到的 1-氯-1，2-二烷基苯与碱作用发生消去反应，得 4-乙基-4′-甲基二苯乙炔。

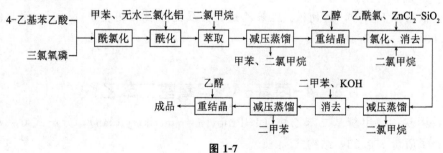

3. 工艺流程

图 1-7

4. 生产工艺

在三口反应瓶中，加入 98.4 g 4-乙基苯乙酸 100 ℃ 熔融后，加入 46 g 三氯氧磷，在 100 ℃ 反应 1 h，降至室温后，分出清液得 4-乙基苯乙酰氯，直接用于下一步酰化反应。

在装有 96 g 无水三氯化铝的三口瓶中，滴加 276 g 甲苯和 4-乙基苯乙酰氯的混合物，用冰盐浴控制温度在 5 ℃ 以下，滴毕，在 0~5 ℃ 反应 1 h，将反应混合物在搅拌下缓慢倒入冰中水解过量的三氯化铝，用 100 mL 二氯甲烷萃取两次，收集有机层，用 5% 的盐酸洗涤后水洗至中性，无水硫酸镁干燥，过滤，减压蒸除二氯甲烷和过量的甲苯后得到粗品，用乙醇（每克粗品用 4 mL 乙醇）重结晶得淡黄色片状晶体 1-(4-乙基苯乙酰基)-4-甲苯，收率 70%。

在三口瓶中加入 4.76 g 1-(4-乙基苯乙酰基)-4-甲苯、13.6 g 质量分数为 20% 的 $ZnCl_2$-SiO_2 及 200 mL 二氯甲烷，搅拌下，缓慢滴加乙酰氯 12.6 g，加毕在 30 ℃ 反应 4~5 h，过滤，催化剂用二氯甲烷洗淋两次，有机相水洗至中性，无水硫酸镁干燥，过滤，减压蒸除溶剂，得褐色固体 1-氯-1-甲基苯基-2-乙基苯基取代乙烯，收率 78%。

在 100 mL 的三口瓶中，加入 4.28 g 1-氯-1-甲基苯基-2-乙基苯基取代乙烯、2.24 g 氢氧化钾及 20 mL 二甲苯，在 138 ℃ 回流反应 15 h，降至室温后，酸洗，分出有机相水洗至中性，无水硫酸镁干燥，过滤，减压蒸除溶剂二甲苯后，得淡棕色固体，用乙醇（每克粗品用 2.5 mL 乙醇）重结晶得 4.05 g 浅黄色粉状固体（4-乙基-4'-甲基二苯乙炔）。

5. 产品标准

外观	浅黄色粉状固体
纯度（GC）	≥99%
熔点/℃	71

6. 产品用途

用作液晶材料。

7. 参考文献

[1] 鄢道仁，闻炎豪，王震，等. 二苯乙炔类液晶化合物的"二步法"合成研究 [J]. 现代化工，2017，37（7）：74-77.

[2] 任惜寒，王国芳，孟劲松. 二苯乙炔类液晶的合成和相变研究 [J]. 河北化工，2006（4）：17-18.

1.8 4-丙基-4'-甲氧基二苯乙炔

4-丙基-4'-甲氧基二苯乙炔（4-Propyl-4'-methoxytolan），分子式 $C_{18}H_{18}O$，相对分子质量 250.33，结构式：

$$CH_3CH_2CH_2-\!\!\!\left\langle\bigcirc\right\rangle\!\!\!-C\!\equiv\!C-\!\!\!\left\langle\bigcirc\right\rangle\!\!\!-OCH_3 \quad \text{。}$$

1. 产品性能

粉状固体，熔点 65 ℃，属于双烷基二苯乙炔液晶。其可以改善混合液晶的双折射率和清亮点，也可用于降低混合液晶的黏度并提高响应速度。

2. 生产方法

4-丙基苯乙酸与三氯氧磷反应得 4-丙基苯乙酰氯，得到的 4-丙基苯乙酰氯与甲氧基苯发生 F-C 酰基化反应，然后在 ZnCl₂-SiO₂ 催化下与酰氯发生氯化消去反应，最后发生消去反应得目标产物。

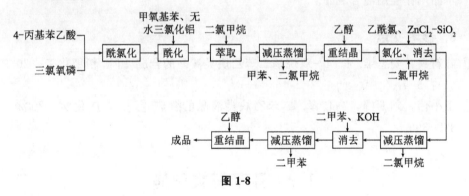

3. 工艺流程

图 1-8

4. 生产工艺

在三口反应瓶中，加入 4-丙基苯乙酸，熔融后，加入三氯氧磷，在 100 ℃ 反应 1 h，降至室温后，分出清液得 4-丙基苯乙酰氯，直接用于下一步酰化反应。

在装有无水三氯化铝的三口瓶中，滴加甲氧苯和 4-丙基苯乙酰氯的混合物，用冰盐浴控制温度在 5 ℃ 以下，滴毕，在 0~5 ℃ 反应 1 h，将反应混合物在搅拌下缓慢倒入冰中水解过量的三氯化铝，用二氯甲烷萃取两次，收集有机层，用 5% 的盐酸洗涤后水洗至中性，无水硫酸镁干燥，过滤，减压蒸除二氯甲烷和过量的甲苯后得到粗品，用乙醇（每克粗品用 4 mL 乙醇）重结晶得淡黄色片状晶体 1-(4-丙基苯乙酰基)-4-甲氧苯，收率 70%。

在三口瓶中，加入 1-(4-丙基苯乙酰基)-4-甲氧苯、20% 的 ZnCl₂-SiO₂ 及二氯甲烷，搅拌下，缓慢滴加乙酰氯，加毕在 30 ℃ 反应 4~5 h，过滤。催化剂用二氯甲烷淋洗两次，有机相水洗至中性，无水硫酸镁干燥，过滤，减压蒸除溶剂，得褐色固体 1-氯-1-甲氧苯基-2-丙基苯基取代乙烯，收率 78%。

在 100 mL 的三口瓶中，加入 1-氯-1-甲氧苯基-2-丙基苯基取代乙烯、氢氧化钾及二甲苯，在 138 ℃ 回流反应 15 h，降至室温后，酸洗，分出有机相水洗至中性，无水硫酸镁干燥，过滤，减压蒸除溶剂二甲苯后，得淡棕色固体，用乙醇（每克粗品用 2.5 mL 乙醇）重结晶得浅黄色粉状固体 4-丙基-4′-甲氧基二苯乙炔。

5. 说明

在氯化、消去反应中，不同粒度的硅胶对 $ZnCl_2-SiO_2$ 的催化活性有很大的影响，当选用 10～40 μm 的硅胶作为催化剂载体时，由于其比表面积大，所制备的催化剂的催化活性很高，只需要 5 h 反应就可完成；当选用 150～250 μm 的硅胶制备的催化剂用于反应时，反应需要进行 10 h。

6. 产品标准

纯度（GC）	≥99%
熔点/℃	65

7. 产品用途

本品用作配制混合液晶。

8. 参考文献

[1] 陈新兵，安忠维. 4，4′-双烷基二苯乙炔类液晶的合成 [J]. 精细化工，2003，2（1）：5-7.

[2] 王小伟，刘骞峰，高仁孝. 二苯乙炔类液晶的合成 [J]. 合成化学，2002（4）：362-365.

1.9 亚苄基类液晶

亚苄基类液晶大多是由芳香醛衍生物和相应的芳伯胺缩合脱水而成的。这类液晶的分子结构可以表示为：

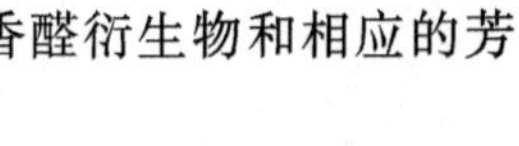

$$Y \left[\bigodot \right]_m X \left[\bigodot \right]_m Z 。$$

式中，X 为 —CH=N—，—N=CH—⬡—CH=N—，—HC=N—⬡—N=CH—，

—CH=N—⬡(W)—N=CH—，—N=CH—⬡(W)—CH=N—（苯环上的取代基 W 可以是 Cl，Br，—CH$_3$，—C$_2$H$_5$ 或 —CN）；末端基团 Y、Z 可以是烷基、烷氧基、氰基肉桂酸基（—CH=CHCOOC$_n$H$_{2n+1}$）或碳酸酯。

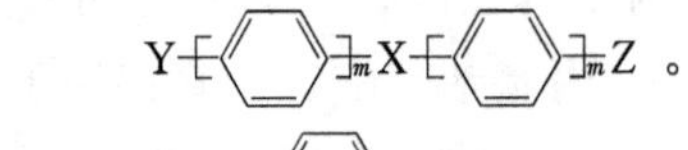

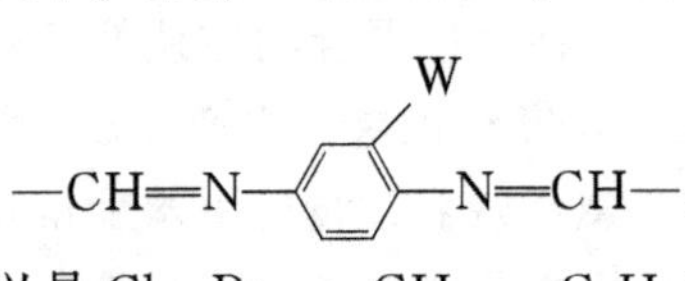

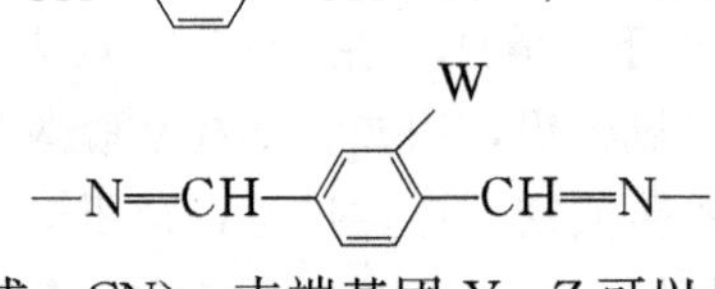

1. 生产方法

（1）亚苄基类液晶的中间体的合成

①烷基苯胺合成路线。以丁基苯胺的合成为例：

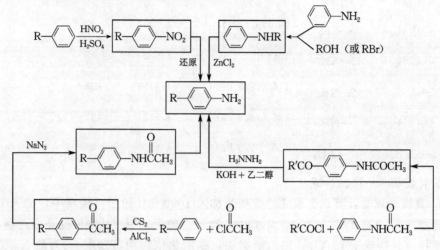

式中，R 为 R′CH₂—，R′ 为非甲基烷基。

②对丁基苯胺的合成。

$$\text{（苯基）}-NH_2 + C_4H_9OH \xrightarrow{\text{瑞尼镍}} \text{（苯基）}-NHC_4H_9 + H_2O,$$

$$\text{（苯基）}-NHC_4H_9 \xrightarrow{ZnCl_2} C_4H_9-\text{（苯基）}-NH_2 \text{。}$$

③N-丁基苯胺的合成。将 370 g 瑞尼镍放在装有正丁醇的烧瓶内，再继续加入所需要的 3100 mL 正丁醇及 625 mL 苯胺。装上分水器和回流冷凝管，在油浴上回流 16～20 h。放置冷却，过滤（瑞尼镍回收并保存在乙醇中继续使用）。蒸馏除去正丁醇及低沸点馏分。收集 80～122 ℃、400 Pa 的馏分。然后，重蒸一次，收集 86～92 ℃、400 Pa 馏分，产率为 80%。其他 N-烷基苯胺的沸程和产率如下。

R—NH（苯基）	沸程/℃	产率
n-C_5H_{11}NH（苯基）	125～128（2.1×10³ Pa）	93%～97%
n-C_6H_{13}NH（苯基）	145（3.7×10³ Pa）	87%
n-C_7H_{15}NH（苯基）	160（2.1×10³ Pa）	94%

④对正丁基苯胺的合成。将 370 g N-丁基苯胺、270 g 无水 ZnCl₂ 放入三口瓶内，搅拌加热，开始时冒白色气体，热至 220 ℃，白烟逐渐消失。继续加热升温至 230 ℃，保持 11 h，溶液颜色逐渐变深，最后呈橘黄色。趁热倾于瓷盘中，冷却后，加入浓氨水溶液。在 60 ℃ 下水解 3～4 h，用乙醚提取 3 次，合并提取液，用无水 CaCl₂ 干燥，然后蒸去乙醚，减压蒸馏，收集 90～116 ℃、400 Pa 的馏分，产率为 25%。折光指数（n_D^{23}）=4.5361，其他对烷基苯胺的沸程和产率如下。

R—⟨苯⟩—NH₂	沸程/℃	折光率	产率
$n\text{-}C_3H_7$—⟨苯⟩—NH₂	60～62 (66.6 Pa)	4.5424	22
$n\text{-}C_5H_{11}$—⟨苯⟩—NH₂	84 (66.6 Pa)	4.5283	25
$n\text{-}C_6H_{13}$—⟨苯⟩—NH₂	96 (79.9 Pa)	4.5233	25
$n\text{-}C_7H_{15}$—⟨苯⟩—NH₂	106～107 (79.9 Pa)	4.5225	28
$n\text{-}C_8H_{17}$—⟨苯⟩—NH₂	118 (79.9 Pa)	4.5159	38
$n\text{-}C_9H_{19}$—⟨苯⟩—NH₂	126 (79.9 Pa)	4.5134	25
$n\text{-}C_{10}H_{21}$—⟨苯⟩—NH₂	136 (79.9 Pa)	4.5106	25

⑤对烷基苯甲醛的合成。

a. 直接合成法：将 0.2 mol 的烷基苯加入 1000 mL 的三口烧瓶中，加入 CS_2 溶液，再加入 63.4 g $TiCl_3$，在 10 min 内将 22 g 二氯甲基甲醚从滴液漏斗中逐滴加入，强烈搅拌（保持低于 10 ℃），用乙醚提取，提取物依次用蒸馏水、5％的 Na_2CO_3 溶液洗涤，然后再用水洗两次。蒸去乙醚，减压蒸馏，收集产品。产率大于 40％。

b. 还原法：将 0.1 mol 的对烷基苯甲酸溶于 75 mL 苯中，再将 0.11 mol 的 $SOCl_2$ 滴加至该溶液中，搅拌 2 h，蒸去 HCl、SO_2 和过剩的 $SOCl_2$，再减压蒸出对烷基苯甲酰氯。将 0.1 mol 对烷基苯甲酰氯、2 g 催化剂钯、0.2 mol 硫化喹啉和 100 mL 干燥的二甲苯（金属钠干燥过）混合，用氢气赶出空气后，搅拌，加热至 140～150 ℃ 反应中有 HCl 气体放出。将混合物冷却，过滤，减压蒸馏得对烷基苯甲醛，产率在 75％以上。其他对烷基苯甲醛的沸程如下。

R—⟨苯⟩—CHO	沸程/℃
$n\text{-}C_3H_7$—⟨苯⟩—CHO	78 (66.6 Pa)
$n\text{-}C_4H_9$—⟨苯⟩—CHO	80 (66.6 Pa)
$n\text{-}C_5H_{11}$—⟨苯⟩—CHO	107～112 (66.6 Pa)
$n\text{-}C_6H_{13}$—⟨苯⟩—CHO	110～115 (39.99 Pa)
$n\text{-}C_7H_{15}$—⟨苯⟩—CHO	120～127 (53.3 Pa)
$n\text{-}C_8H_{17}$—⟨苯⟩—CHO	115～120 (53.3 Pa)

⑥烷氧基苯甲醛的合成。将 2.46 mol 对羟基苯甲醛和 2.5 mol 的 KOH 倾入 3 L 的三口瓶中，然后用 4.2 L 的无水乙醇溶解，搅拌下在 1～2 h 将 2.5 mol 的碘代烷缓慢加入，然后回流 3 h，混合物冷却至 40 ℃ 后将其倾入 3 L 的水中。用乙醚提取油状物，然后用无水 Na_2SO_4 干燥，蒸出乙醚后减压浓缩后得红色油状物，重蒸。不同烷氧基苯甲醛的产品的沸程和产率如下。

RO—⟨⟩—CHO	沸程/℃	产率
C_2H_5O—⟨⟩—CHO	134～136（$2.3×10^3$ Pa）	67%
$n-C_3H_7O$—⟨⟩—CHO	141～143（$2.3×10^3$ Pa）	48%
$n-C_4H_9O$—⟨⟩—CHO	155～157（$2.7×10^3$ Pa）	64%
$n-C_5H_{11}O$—⟨⟩—CHO	163～166（$4.3×10^3$ Pa）	54%
$n-C_6H_{13}O$—⟨⟩—CHO	177～180（$4.3×10^3$ Pa）	71%
$n-C_7H_{15}O$—⟨⟩—CHO	143～146（666 Pa）	58%

（2）亚苄基类液晶的合成

以液晶 MBBA（4-甲氧基亚苄基-4′-丁基苯胺）的合成为例进行说明。在 2000 mL 锥形瓶中，加入 29.8 g（0.2 mol）对正丁基苯胺和 27.2 g（0.2 mol）对甲氧基苯甲醛，用 0.5 g 对甲苯磺酸作为催化剂，800 mL 苯作为溶剂，加热回流 3 h。反应生成的水用分水器分离。蒸去溶剂后，减压蒸馏，收集 170～180 ℃、400 Pa 的馏分，再将产品溶于正己烷中，低温冷冻结晶（−17 ℃）。过滤后用冷冻的正己烷洗涤晶体，收集产品，加热重蒸一次，得到熔点为 21 ℃、清亮点为 48 ℃ 的乳状液晶，产率为 50%。

（3）4-正丁氧基亚苄基-4′-辛氧基苯胺的合成

在 250 mL 的圆底烧瓶中加入 3.56 g 4-正丁氧基苯甲醛、4.1 g 4-正辛基苯胺及 100 mL 无水乙醇，用两滴乙酸作为催化剂。搅拌 4 h，过滤。沉淀用冷乙醇洗几次。然后，用无水乙醇重结晶两次。所得产物的熔点为 33 ℃，清亮点为 79 ℃，产率为 60%～65%。

（4）4-氰基亚苄基-4′-辛氧基苯胺的合成

在 250 mL 的圆底烧瓶中，加入 2.62 g 4-氰基苯甲醛、4.1 g 4-正辛氧基苯胺、几滴乙酸和 100 mL 无水乙醇，搅拌 3 h。过滤，沉淀，用冷的无水乙醇洗涤几次。再在无水乙醇中重结晶一次，再用正庚烷重结晶 2 次，产率为 70%～80%。

2. 参考文献

[1] 魏西莲，傅式洲，王大奇，等. 2，6-二亚苄基环己酮液晶化合物的合成及性能研究 [J]. 科学通报，2009，54（5）：590-595.

1.10　N-(4-甲氧基亚苄基)对丁基苯胺

N-（4-甲氧基亚苄基）对丁基苯胺 ［N -（4 - Methoxybenzylidene）- p - butylaniline］也称 MBBA，为苄叉类液晶。其分子式 $C_{18}H_{21}NO$，相对分子质量 267.4，结构式：

$$CH_3O—⟨⟩—CH=N—⟨⟩—C_4H_9 。$$

1. 产品性能

常温下为乳状液晶，熔点 21 ℃，溶于苯、乙醇、正己烷，不溶于水，清亮点 48 ℃，液晶相温度 20~42 ℃，遇光、空气颜色易变深。

2. 生产方法

先由苯胺与丁醇在瑞尼镍存在下反应生成 N-丁基苯胺，然后 N-丁基苯胺在氯化锌存在下进一步反应生成 4-丁基苯胺。另外，对羟基苯甲醛在碱性条件下与碘甲烷反应生成对甲氧基苯甲醛。然后对甲氧基苯甲醛与 4-丁基苯胺反应得成品。

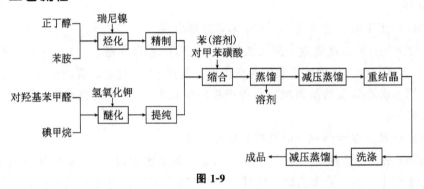

3. 工艺流程

图 1-9

4. 生产工艺

在装有分水器和回流冷凝管的烧瓶内，加入适量正丁醇，再将 37.0 g 瑞尼镍投入烧瓶中，随后加入 625 mL 苯胺及 3100 mL 参与反应所需的正丁醇。将烧瓶置于油浴上加热回流 16~20 h。反应完成后，将物料放置冷却，过滤，回收瑞尼镍（保存在乙醇中继续使用）。蒸馏滤液，除去未反应的正丁醇及低沸点馏分。减压蒸馏，收集 80~122 ℃、400 Pa 的馏分。再减压蒸馏一次，收集 86~92 ℃、400 Pa 的馏分，即得 N-丁基苯胺。

在装有搅拌器、回流冷凝管、温度计的三颈烧瓶中，加入 518 g N-丁基苯胺、378 g 无水氯化锌，启动搅拌并加热，开始时产生白色气体，加热至 220 ℃ 时，白色气体逐渐消失。继续加热，升温至 230 ℃，保温反应 11 h，溶液颜色逐渐变深，最后呈橘黄色。将反应物料趁热倾入瓷盘中，待冷却后，加入浓氨水溶液，于 60 ℃ 下水解 3~4 h，用乙醚提取 3 次，合并提取液，将提取液用无水氯化钙干燥，过滤，滤液转入蒸馏瓶,蒸馏回收乙醚,减压蒸馏,收集 90~116 ℃、400 Pa 的馏分,即得 4-丁基苯胺。

在装有搅拌器、滴液漏斗、回流冷凝管的三颈瓶中,加入 300 g 对羟基苯甲醛和 140 g 氢氧化钾,用 4.2 L 无水乙醇溶解,于搅拌下在 1~2 h 缓慢加入 142 g CH₃I,加热,回流反应 3 h,反应完毕,将物料冷却至 40 ℃,倒入装有 3 L 水的容器内,混合,用乙醚提取几次,合并提取液,将提取液用无水硫酸钠干燥,过滤,滤液蒸馏,回收乙醚,然后减压浓缩得红色油状物,继续减压蒸馏,收集 128~135 ℃、2.3× 10^3 Pa 的馏分,即得对甲氧基苯甲醛。

在圆底烧瓶中加入 44.7 g 4-正丁基苯胺、41 g 对甲氧基苯甲醛和 1200 mL 苯作溶剂,再加入 0.75 g 对甲苯磺酸作催化剂,安装连接分水器的冷凝管,加热混合物,回流反应 3 h。反应生成的水用分水器分离,待反应完成,蒸馏物料,回收溶剂,然后减压蒸馏,收集 170~180 ℃、400 Pa 的馏分。再将减压蒸馏收集物溶于正己烷中,低温冷冻结晶,温度降至 −17 ℃。过滤后用冷冻的正己烷洗涤晶体。将所得结晶,再加热重蒸一次,收集上述条件下的馏分,即得 N-4-(甲氧基亚苄基) 对丁基苯胺液晶。

5. 产品标准

外观	乳状液体
含量	≥99%
水分含量	$0.1×10^{-6}$
金属含量	合格
熔点/℃	21~22
清亮点/℃	48

6. 产品用途

液晶显示材料。

7. 参考文献

[1] 陈立,林静,林敏,等. N-对甲基丙烯酰氧基-苄亚甲基-对溴苯亚胺液晶单体的合成及聚合 [J]. 厦门大学学报 (自然版),1997,36 (3):97-102.

1.11 (＋)-4-(2″-甲基丁基)-4′-氰基联苯

(＋)-4-(2″-甲基丁基)-4′-氰基联苯为手性液晶。分子式 $C_{18}H_{19}N$,相对分子质量 249.34,结构式:

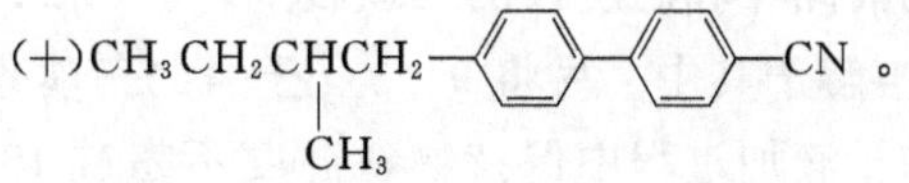

$$(+)CH_3CH_2CHCH_2 \overset{|}{\underset{CH_3}{}} \text{—} \bigcirc\text{—}\bigcirc\text{—}CN 。$$

1. 产品性能

油状液体,溶于乙醚、石油醚中,不溶于水。化学和光化学稳定性好。

2. 生产方法

先由 (－)-2-甲基丁醇与三溴化磷反应生成 (＋)-溴代-2-甲基丁烷，另将 4-溴联苯在四氢呋喃中与金属镁反应生成对应的格氏试剂，再将所得格氏试剂与 (＋)-2-甲基溴丁烷反应制得 (＋)-4-(2-甲基丁基)-联苯，然后将其与单质溴进行溴代反应制得 (＋)-4-(2″-甲基丁基)-4′-溴代联苯，最后由 (＋)-4-(2″-甲基丁基)-4′-溴代联苯与氰化亚铜进行取代反应制得 (＋)-4-(2″-甲基丁基)-4′-氰基联苯。

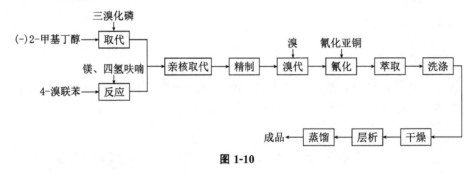

3. 工艺流程

```
三溴化磷
  ↓
(-)2-甲基丁醇 → 取代 ┐
                      ├→ 亲核取代 → 精制 → 溴代 → 氰化 → 萃取 → 洗涤 ┐
镁、四氢呋喃            │                 ↑溴    ↑氰化亚铜              │
4-溴联苯 →    反应 ┘                                                  │
                                                                       │
              成品 ← 蒸馏 ← 层析 ← 干燥 ←─────────────────────────────┘
```

图 1-10

4. 生产工艺

在装有搅拌器、滴液漏斗和温度计的三颈瓶中，加入 24 g 干燥的分析纯级吡啶，再将 75 g 2-甲基丁醇溶解于其中。另将 94.5 g 干燥的三溴化磷装入滴液漏斗中，于搅拌下开始向瓶内滴加，滴加过程中保持物料温度不超过 15 ℃，用冰浴控制，物料转变成白色乳浊液，滴加完成后，在室温下搅拌反应 2 h，然后减压（4×10^5 Pa）蒸馏，直至混合物变为橙色，即得粗产品。将粗产品转溶于石油醚（沸点为 60 ℃、80 ℃ 的石油醚各 250 mL 相混合）中，用 125 mL 5% 的氢氧化钠水溶液洗涤 3 次，用 125 mL 水洗 3 次，用 125 mL 10％的硫酸水溶液洗 2 次，用 200 mL 浓硫酸洗 1 次，再极小心地用 250 mL 水洗 2 次，然后用硫酸钠干燥，蒸去溶剂后，蒸馏收集 121 ℃ 的馏分，即制得色谱纯度为 96.5％，比旋光度为 $[\alpha]_D^{20}=+3.9°$ 的（＋）-2-甲基溴丁烷。

在装有搅拌器、滴液漏斗和冷凝器的三颈瓶中，加入 75 mL 四氢呋喃和 15 g 金属镁屑，另将 116.5 g 4-溴联苯溶于干燥的四氢呋喃中，转入滴液漏斗中，启动搅拌器，开始滴加 4-溴联苯的四氢呋喃溶液。保持平稳回流，加完后，继续搅拌，回流反应 4 h，制得 4-溴联苯格氏试剂。

在圆底烧瓶中加入 5 mL 四氢呋喃，将 3 g 三氯化铁溶于其中，再与上述制得格氏试剂溶液混合，于冰浴上冷却，剧烈搅拌，然后将其转入滴液漏斗中。在装有搅拌器、滴液漏斗、回流冷凝管的三颈瓶中，加入 75.6 g（＋）-2-甲基溴丁烷，于搅拌下，滴加 4-溴联苯格氏试剂混合液，滴完后，继续搅拌 12 h，回流反应 12 h，至反应完成。将物料倾入装有 500 g 冰、1000 mL 水和 100 mL 浓盐酸的烧杯中，搅拌 0.5 h，至水解反应完成。用乙醚提取两次，每次用量 500 mL，合并提取液。将提取液用水洗涤 3 次，每次用水 250 mL，经 Na_2SO_4 干燥，蒸去溶剂，得油状粗产品。将粗产品经硅胶柱层析提纯，用石油醚淋洗。将层析液转入蒸馏瓶，蒸去石油醚，减压蒸馏，收集对应压力下的馏出物，即制得（＋）-4-(2′-甲基丁基)-联苯的纯品。

在装有搅拌器、滴液漏斗、温度计的三颈瓶中，加入 25 mL 三氯甲烷，将 22.4 g（＋）-4-(2′-甲基丁基)联苯溶于其中；另在干燥条件下，将 4.25 mL 溴溶于 12.5 mL 三氯甲烷中，混合均匀后转入滴液漏斗，逐滴加入反应瓶中，反应温度控制在 0 ℃，且避光反应。在反应时间达 18 h 和 36 h 时，每次再加 10 mL 10％的三氯甲烷的溴溶液，然后再反应 18 h，再次加溴溶液。反应完成后，将反应混合物倾入 375 mL 偏亚硫酸钠溶液中，用 200 mL 乙醚提取 3 次，水洗 3 次，每次用水 125 mL。再用硫酸钠干燥，蒸去溶剂，剩余物用乙醇重结晶，即制得（＋）-4-(2″-甲基丁基)-4′-溴代联苯。

在圆底烧瓶中，加入 22.8 g（＋）-4-(2″-甲基丁基) 4′-溴代联苯、6.72 g 氰化亚铜和 95 mL N-甲基吡咯烷酮，混合均匀，加热至回流，搅拌反应 2 h，至取代反应完成。将物料冷却，倾入含有三氯化铁 30 g、浓盐酸 12.5 mL、水 375 mL 的溶液中，于 60 ℃ 下搅拌 0.5 h，静置分层，将有机层转入乙醚中，水层用乙醚提取，合并到溶有有机层的乙醚中。将乙醚溶液用稀盐酸洗两次，每次用 250 mL，用水洗三次，再用无水硫酸钠干燥，蒸去溶剂，剩余物用层析硅胶柱提纯，采用氯仿淋洗，蒸去溶剂。减压蒸馏，收集 4.4 Pa 下的馏分，即制得（＋）-4-(2″-甲基丁基)-4′-氰基联苯手性液晶成品。

5. 产品标准

外观	油状液体
含量	≥99％
水分含量	$0.1×10^{-6}$
金属含量	合格
旋光度 $[\alpha]_D^{20}$	12.5°

6. 产品用途

液晶显示材料。广泛用于工业、医学的热谱图像中，可随温度的变化，产生特殊的色彩变化。

7. 参考文献

[1] 张开仕. 含氰基联苯液晶基元侧链的聚酰胺的合成与表征 [J]. 应用化工，2005 (9)：27-29.

[2] 张皋，冯凯. SI 法合成 4-辛氧基-4′-氰基联苯液晶 [J]. 火炸药，1993 (2)：45-48.

1.12 对正戊基联苯腈

对正戊基联苯腈（4-n-Pentyl-4′-cyanobiphenyl）也称 4-正戊基-4′-氰基联苯。分子式 $C_{18}H_{19}N$，相对分子质量 249.35，结构式：

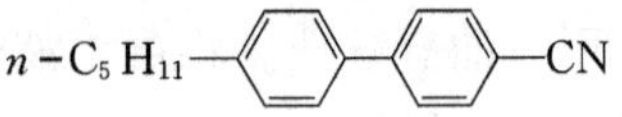

$$n\text{-}C_5H_{11}\text{—}\!\!\bigcirc\!\!\text{—}\!\!\bigcirc\!\!\text{—}CN \quad。$$

1. 产品性能

常温时为白色乳状液体，能溶于己烷、石油醚、醋酸乙酯、乙醇等，不溶于水。

2. 生产方法

（1）方法一

将联苯与戊酰氯在三氯化铝存在下进行酰基化反应生成 4-正戊酰基联苯，再将其用水合肼、氢氧化钾和一缩乙二醇还原得 4-正戊基联苯。由所得 4-正戊基联苯与碘酸碘在酸性条件下反应生成 4-正戊基-4′-碘代联苯，然后将 4-正戊基-4′-碘代联苯与氰化亚铜反应对正戊基联苯腈。

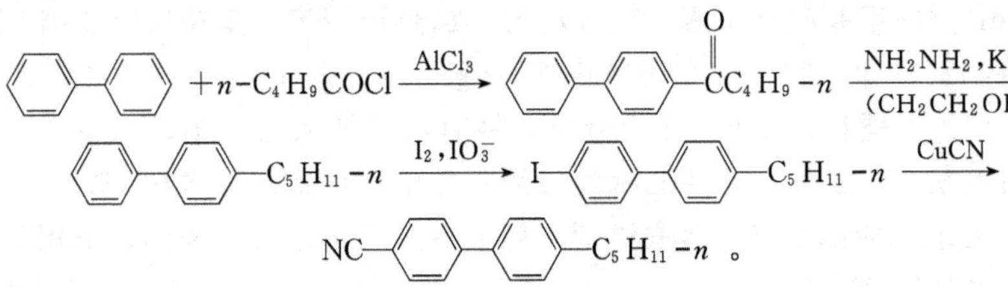

（2）方法二

由联苯与戊酰氯缩合生成戊酰基联苯，生成的戊酰基联苯用水合肼还原得正戊基联苯，正戊基联苯与草酰氯缩合得对戊基联苯甲酰氯，然后氨解，再将酰胺脱水即制得对正戊基联苯腈。

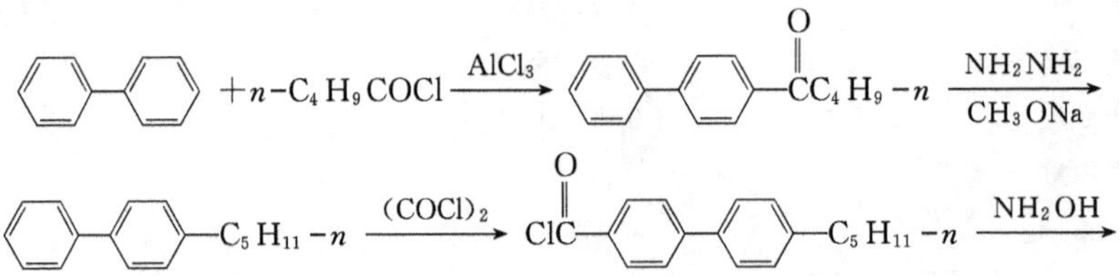

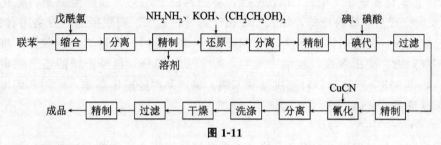

3. 工艺流程

（1）工艺流程一

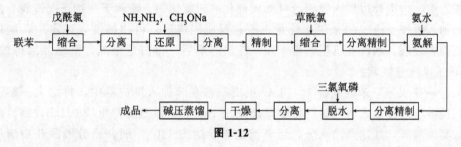

图 1-11

（2）工艺流程二

图 1-12

4. 生产工艺

（1）生产工艺一

①4-正戊酰基联苯的制备 1。在一个 10 L 的三颈瓶中，加入 770 g 联苯、800 g 干燥的 $AlCl_3$、5 L 正己烷，启动搅拌，缓慢滴加 602.5 g 戊酰氯，滴加完毕，将温度升至 45 ℃，维持反应物料微沸，冷凝器中通回流冷凝水，回流反应 2 h。缩合反应完成后，将物料倒入盛有 750 g 冰和 350 mL 浓盐酸的容器内，水解后，用正己烷提取，分出有机层，将有机层用水和 10％的 NaOH 依次洗涤后，再用水洗，然后用无水 Na_2SO_4 干燥，过滤，蒸去溶剂。用正己烷将所得固体重结晶两次，所得产物的熔点为 78.5～79.0 ℃，即为 4-正戊酰基联苯，产率约为 75％。

②4-正戊基联苯的制备 2。将 1071 g 4-正戊酰基联苯加入三颈瓶中，再加入 600 g 80％的水合肼、560 g KOH 和 4.5 L-缩乙二醇。于 130 ℃ 下进行还原反应，回流反应 3 h 后，将冷凝装置改成蒸馏装置，蒸馏除去过剩的水，再将物料逐渐升温至 220 ℃。反应至无氮气放出时停止加热，将物料冷却，加入 500 mL 水和 500 mL 苯，充分搅拌，静置分层，分出有机层，水层再用苯萃取两次，萃取液与有机层合并，将有机层依次用水、60％的硫酸和 98％的硫酸洗涤，再用水洗，用无水硫酸钠干燥，蒸出苯，对剩余物进行减压蒸馏，收集 142 ℃、400 Pa 的馏分，约得 725 g 4-正戊基联苯，熔点为 9.5～10.5 ℃。

③4-正戊基-4′-碘代联苯 1。将 381 g 4-正戊基联苯加入三颈瓶中，再加入 1050 mL 乙酸、250 mL 水、45 mL 98％的硫酸、60 g 碘酸。用 120 mL 四氯化碳溶解 150 g

碘后，将其加入上述混合液中，搅拌均匀后，控制 80 ℃ 条件下回流反应 10 h。碘代反应完成后，逐滴加入 10% 的焦硫酸钠除去未反应的 I_2。冷却后，反应物料变为无色溶液，过滤，将所得固体用甲醇和正己烷重结晶几次，得 375 g 产品，即 4-正戊基-4′-碘代联苯，熔点为 112.5～113.0 ℃。

④4-正戊基-4′-氰基联苯 2。在 5 L 圆底烧瓶中加入 520 g 4-正戊基-4′-碘代联苯、155 g 氰化亚铜和 4.7 L DMF 搅拌，将物料混合均匀，加热至回流，氰化反应 6 h。反应完成后将物料冷却，加入 500 mL 25% 的氨水，剧烈振摇，分离出有机层，用正己烷提取，先后用稀盐酸洗，用 $MgSO_4$ 干燥，过滤，然后流经硅胶柱，将收集到的溶液浓缩，减压蒸馏，收集 154 ℃、6.6 Pa 的馏分，再经干燥的正己烷中冷冻结晶，约得 335 g 产品，即对正戊基联苯腈。将产品再经减压蒸馏，可得高纯度正戊基联苯腈液晶，其熔点 23 ℃，清亮点 37.2 ℃。

(2) 生产工艺二

①4-正戊酰基联苯的制备 1。在装有搅拌器，回流冷凝器的反应器中，加入溶剂二氯乙烷，边搅拌边加入联苯，再加入催化剂三氯化铝，冷却下滴加正戊酰氯，反应物的加入量按反应式的摩尔比计量。酰化反应完成后，将物料倒入冰水中，搅拌分散，静置分层，水洗有机层，再干燥，蒸出溶剂后，得白色结晶，重结晶后得成品，即 4-正戊酰基联苯。

②4-正戊基联苯的制备 2。将 4-正戊酰基联苯加入反应器中，再加入一缩乙二醇，搅拌下缓慢加入水合肼，将物料加热至 100 ℃，保温搅拌反应 0.5 h，将冷凝器换成蒸馏装置，加热蒸出水分，当蒸馏物温度达到 140 ℃ 时，由分液漏斗中滴加一缩乙二醇的甲醇钠溶液，温度升至 200 ℃ 时，保温反应 1 h，将物料冷却，静置分层，分出上层溶液，用水冲稀，用石油醚萃取，干燥萃取液，蒸馏回收石油醚，再减压蒸馏产品，收集 148～153 ℃、0.665 kPa 馏分，即得 4-正戊基联苯。

③4-正戊基-4′-联苯甲酰氯的制备 1。将溶剂四氯化碳加入反应器中，冷却至 10 ℃ 以下加入三氯化铝和草酰氯，继续搅拌，再滴加 4-正戊基联苯，加完后于室温下反应 0.5 h。待酰化反应完成后，将物料倒入冰水中，搅拌分散，静置分层，分出水层，将有机层用水洗涤，洗至中性，蒸馏回收溶剂，得黄色固体产品，即得 4-正戊基-4′-联苯甲酰氯。

④4-正戊基-4′-联苯甲酰氨的制备 2。在一个搪瓷反应锅中，加入氨水，搅拌下缓慢加入 4-正戊基-4′-联苯甲酰氯的二氧六环混合液，加完后于常温下搅拌反应 0.5 h，得黄色固体，过滤，将滤饼用水洗，干燥，用二氧六环重结晶，得熔点为 230～233 ℃ 的产品，即得 4-正戊基-4′-联苯甲酰氨。

⑤对正戊基联苯腈的制备。将 4-正戊基-4′-联苯甲酰氨加入反应器中，再加入溶剂苯及三氯氧磷，在水浴中加热回流 4 h，将物料冷却，倾入带有搅拌的冰水中，物料分散后，静置分层，分出苯层，干燥，回收苯，剩余物料减压蒸馏，收集 200～205 ℃、0.26 k～0.39 kPa 的馏分，即对正戊基联苯腈。

5. 产品标准

外观（常温）	白色乳状液体
含量	≥99%

熔点/℃	22.5
清亮点/℃	35
水分含量	0.1×10^{-6}
金属含量	合格
电阻率/（Ω・cm）	$\geqslant 1 \times 10^{11}$

6. 产品用途

配制 TN、STN 型混合液晶。

7. 参考文献

[1] 李加，邵喜斌，徐叙瑢，等. 4-戊基-4′-氰基联苯液晶的分子二阶非线性光学极化率测量方法 [J]. 发光学报，1994（4）：337-341.

[2] 未本美，张智勇，王龙彪，等. 4-烷基-4′-氰基联苯的合成新方法 [J]. 化学世界，2008（3）：169-171.

[3] 华重辉，余从煊，赵建国. 4′-正丁基-4-氰基联苯液晶的合成 [J]. 化学试剂，1992（6）：359-360.

1.13　4-正戊氧基-4′-氰基联苯

4-正戊氧基-4′-氰基联苯（4-n-Pentyloxy-4′-cyanobiphenyl）为联苯型液晶，分子式 $C_{18}H_{19}ON$，相对分子质量 265.3，结构式：

$$n\text{-}C_5H_{11}O\text{—}\bigcirc\!\!\!-\!\!\!\bigcirc\text{—}CN$$

。

1. 产品性能

白色针状结晶，溶于乙醇、乙酸乙酯、石油醚，不溶于水，熔点 48 ℃。

2. 生产方法

（1）方法一

由 4-溴-4′-羟基联苯在碳酸钾存在下，与溴代正戊烷反应，制得 4-正戊氧基联苯溴；4-正戊氧基联苯溴与氰化亚铜进行取代反应，即得 4-正戊氧基-4′-氰基联苯。

$$HO\text{—}\bigcirc\!\!\!-\!\!\!\bigcirc\text{—}Br + n\text{-}C_5H_{11}Br \xrightarrow{K_2CO_3} n\text{-}C_5H_{11}O\text{—}\bigcirc\!\!\!-\!\!\!\bigcirc\text{—}Br ,$$

$$n\text{-}C_5H_{11}O\text{—}\bigcirc\!\!\!-\!\!\!\bigcirc\text{—}Br + CuCN \longrightarrow n\text{-}C_5H_{11}O\text{—}\bigcirc\!\!\!-\!\!\!\bigcirc\text{—}CN + CuBr。$$

（2）方法二

由联苯酚与苯磺酰氯反应生成联苯酚磺酸酯，经溴化得对溴联苯酚磺酸酯，再经水解得对溴联苯酚。由对溴联苯酚在碱性条件下与溴代正戊烷反应生成 4-正戊氧基联苯溴，再与氰化亚铜作用即得 4-正戊氧基-4′-氰基联苯。

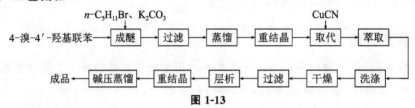

3. 工艺流程

（1）工艺流程一

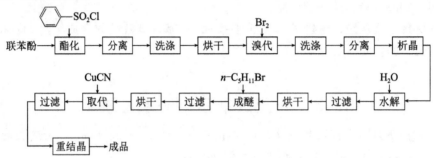

图 1-13

（2）工艺流程二

图 1-14

4. 生产工艺

（1）生产工艺一

将 16.5 g 4-溴联苯酚和 36.5 g 干燥碳酸钾加入 500 mL 三颈瓶中，用 140 mL 环己酮溶解后，再加入 15.1 g 溴戊烷，装上搅拌和回流装置，加热，回流反应 4 h，成醚反应完成后，将物料冷却，过滤后蒸馏，回收溶剂，所得晶体用苯和轻石油醚混合液进行多次重结晶，至晶体熔点恒定，制得对正戊氧基联苯溴。

将 15.3 g 对正戊氧基联苯溴和 6.5 g 氰化亚铜加入圆底烧瓶中，用 200 mL DMF 溶解，装上回流冷凝器，加热，回流反应 12 h。氰化反应完成后，将物料冷却，倒入含有少量 $FeCl_3$、浓 HCl 和水的混合物中，加热至 60～70 ℃，约 20 min。将混合物用 $CHCl_3$ 提取两次，依次用 5 mol/L HCl、H_2O、20% 的 NaOH 水溶液洗涤提取物，再用水洗两次后，用无水 Na_2SO_4 干燥，过滤，蒸去溶剂。用硅胶柱对剩余物进行层析。收集层析液结晶后，于 −20 ℃ 下用轻石油醚进行重结晶，所得晶体溶解后再进行减压蒸馏，收集 140 ℃、66.6 Pa 的馏分，即制得 4-正戊氧基-4′-氰基联苯成品。

（2）生产工艺二

在装有搅拌器、冷凝器和温度计的三颈瓶中，加入联苯酚和吡啶，加热，启动搅拌，待联苯酚全部溶解。30 ℃ 时开始滴加苯磺酰氯，加完后，继续加热至回流，酯化反应 6 h，反应完成后，将物料冷却，倒入水中，搅拌，析出白色结晶，过滤，滤饼用水洗至中性，过滤抽干，再将晶体烘干后，得熔点为 101～102 ℃ 的苯磺酸联苯酯结晶。

在装有冷凝器、滴液漏斗、温度计的三颈瓶中，加入上述制得的苯磺酸联苯酯、四氯化碳及少量的铁粉，充分混合，加热，于 60 ℃ 条件下用滴液漏斗滴加溴，溴加完后，加热回流反应 8 h，至溴化反应完成。将物料冷却，移至分液漏斗中，水洗除去溴，再用 5% 的海波洗涤少量的溴，分出四氯化碳溶液，将四氯化碳溶液蒸馏至原体积的 1/4 时，冷却，析出结晶，过滤，用乙醇洗涤晶体，制得对溴苯磺酸联苯酯。

在搪瓷反应器中，加入对溴苯磺酸联苯酯及二氧六环，搅拌至溴化物全部溶解，加入氢氧化钾水溶液，加热回流，水解反应 8 h，将物料冷却后，用水冲稀，用盐酸中和 pH 至为 5。析出白色结晶，过滤，将晶体用水洗至中性，抽干，再经烘干后，即制得熔点为 161～164 ℃ 的对溴联苯酚。

在装有搅拌器、冷凝器、滴液漏斗的三颈瓶中，加入对溴代联苯酚、二氧六环和甲醇钠，于搅拌下，用滴液漏斗缓慢加入溴戊烷，加热回流至成醚反应完成。将物料冷却，除去无机盐，蒸馏回收二氧六环，析出结晶，过滤，用乙醇洗涤晶体两次，烘干，制得熔点为 131～133 ℃ 对戊氧基联苯溴。

在装有搅拌器、冷凝器、温度计的三颈瓶中，加入对戊氧基联苯溴、N–甲基吡咯酮和氰化亚铜，搅拌，加热回流几小时至氰化反应完成。将物料冷却，用水冲稀，析出结晶，过滤，抽干，将晶体用正己烷重结晶，即得 4–正戊氧基–4′–氰基联苯成品。

5. 产品标准

外观	白色针状结晶
含量	≥99%
水分含量	≤0.1×10⁻⁶
金属含量	合格
熔点/℃	48
清亮点/℃	67.5
电阻率/（Ω·cm）	≥1×10¹¹

6. 产品用途

用于配制 TN 型混合液晶。

7. 参考文献

[1] 费林泉，王鹏，杨文谦，等. 烷氧基联苯类液晶材料的合成、表征与性能研究 [J]. 应用化工，2013，42（5）：803-805.

[2] 李瑞军，任国度. 4–(4″–trans–n–丙基环己烷甲氧基)–4′–氰基联苯的合成 [J]. 大连理工大学学报，1996（6）：34-37.

1.14　4-戊基-4′-氰基三联苯

4-戊基-4′-氰基三联苯液晶属联苯型液晶，分子式 $C_{24}H_{23}N$，相对分子质量 325.4，结构式：

$$n\text{-}C_5H_{11}\text{—⟨⟩—⟨⟩—⟨⟩—}CN。$$

1. 产品性能

白色固体，熔点 130 ℃，可溶于氯仿和苯，不溶于水。对光、电、湿度较稳定。

2. 生产方法

由三联苯与正戊酰氯作用生成 4-正戊酰基三联苯，4-正戊酰基三联苯再经水合肼还原得 4-正戊基三联苯。将所得 4-正戊基三联苯与草酰氯反应生成 4-正戊基-4′-甲酰氯三联苯，经氨解得 4-戊基-4′-甲酰胺三联苯，最后经五氧化二磷脱水制得 4-戊基-4′-氰基三联苯液晶。

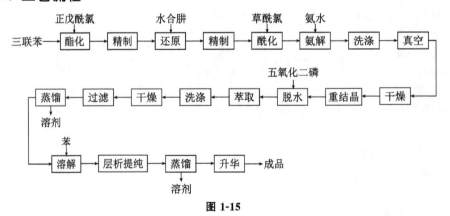

3. 工艺流程

```
                正戊酰氯        水合肼          草酰氯   氨水
                  ↓             ↓              ↓      ↓
三联苯→  酯化  → 精制  → 还原  → 精制  → 酰化  → 氨解 → 洗涤 → 真空 ┐
                                                                  │
                                       五氧化二磷                   │
                                         ↓                        │
蒸馏 ← 过滤 ← 干燥 ← 洗涤 ← 萃取 ← 脱水 ← 重结晶 ← 干燥 ←──────────┘
 ↓
溶剂
      苯
      ↓
   溶解 → 层析提纯 → 蒸馏 → 升华 → 成品
                     ↓
                    溶剂
```

图 1-15

4. 生产工艺

在 2 L 的三颈瓶上，安装搅拌器、滴液漏斗、温度计，向瓶中加入 134.2 g 三联苯、400 mL 硝基苯和 400 mL 二氯乙烷，加热，搅拌混合至三联苯溶解，然后加入无水三氯化铝，微热至溶。将物料冷却至 20 ℃ 以下，开始滴加正戊酰氯，滴完后，于 15～20 ℃ 下搅拌反应 10 h。再升温至 55～60 ℃，搅拌反应 2 h，于 55～65 ℃ 下再搅拌反应 2 h，静置 10 h，将物料倾入由 320 mL 浓盐酸和 720 g 冰水组成的混合溶液中进行水解，然后用水蒸气蒸馏法除去硝基苯，过滤，将滤饼用水洗涤，经热空气干燥，再用 1，4-二氧六环进行重结晶，制得熔点为 177～178 ℃ 的 4-正戊酰基三联苯。

在圆底烧瓶中，加入 106.8 g 正戊酰基三联苯、600 mL 一缩乙二醇、72 mL 90％的水合肼和 57.54 g KOH，搅拌混合，加热至 110 ℃，反应 2 h，再逐渐升温至 180 ℃，蒸去挥发性物质后，维持 180 ℃，保温反应 4 h。反应完成后，将物料降温，冷却，过滤除去固体，滤液用氯仿提取 2 次，合并氯仿提取液，用水洗涤，然后用无水 Na_2SO_4 干燥。蒸馏回收溶剂后得片状棕色固体，将固体溶于正庚烷中，加活性炭脱色，重结晶后得无色片状固体，即得熔点为 177 ℃ 的 4-戊基三联苯。

在装有搅拌器、滴液漏斗、温度计的三颈瓶中，加入 947 g 4-戊基三联苯、420 g 干燥的三氯化铝和 2 L 二硫化碳溶剂，混合均匀，控制温度 15 ℃，在约 35 min 内将 400 g 草酰氯分批加入，滴加时保持反应温度不超过 15～20 ℃，加完草酰氯后，继续搅拌反应 1 h，物料呈暗红色。将物料倾入 100 mL 浓盐酸和 4 L 冰水的混合溶液中进行水解，静置分层，分离得有机层，将有机层依次用稀盐酸水溶液和水洗涤，用无水 Na_2SO_4 干燥，过滤，将滤液转入蒸馏瓶，蒸馏回收溶剂。剩余物料倾入 3 L 浓氨水中，剧烈搅拌，收集生成的固体酰胺，用温水洗涤，真空干燥后再于 120 ℃ 下烘干。用二氧六环重结晶，得浅黄色固体，即为中间产物 4-戊基-$4'$-甲酰胺三联苯。

在圆底烧瓶中，加入 34.3 g 4-戊基-$4'$-甲酰胺三联苯和 42.6 g 五氧化二磷，混合均匀，加热，脱水反应 2 h，冷却，得暗棕色物料。用氯仿溶解暗棕色物料，加冰水处理，分出氯仿层；水层用氯仿萃取几次，萃取液并入氯仿层，依次采用 25％的盐酸、10％的氢氧化钠、水洗涤氯仿液，经硫酸钠干燥 2 h 后，过滤，滤液转入蒸馏瓶，蒸馏回收氯仿，剩余物用苯溶解。将苯溶液流经硅胶柱，用苯淋洗，收集苯溶液，蒸馏回收苯溶剂，剩余物为白色固体。在高真空下 185 ℃ 升华，即得 4-戊基-$4'$-氰基三联苯液晶。

5. 产品标准

外观	白色晶体
含量	≥99％
水分含量	$0.1×10^{-6}$
金属含量	合格
熔点/℃	130

6. 产品用途

作广泛使用的液晶材料。

7. 参考文献

［1］王榆元，雷飞，李歆，等. 4-正戊基-$4'$-氰基三联苯的合成研究 [J]. 山西大学学报（自然科学版），2002（1）：40-42.

［2］李晓莲，任国度. 4-n-戊基-$4'$-氰基三联苯的合成 [J]. 大连理工大学学报，1998（6）：28-31.

1.15 反式-4-丙基-4′-甲氧基双环己烷

反式-4-丙基-4′-甲氧基双环己烷 [(trans, trans)-4-Propyl-4′-methoxybicy-cohexame] 分子式为 $C_{16}H_{30}O$，相对分子质量 238.41，结构式：

1. 产品性能

外观为无色液体，是一种具有优良热，光、电性能的液晶，其液晶态温度范围为 14.3～17.1 ℃，具有低黏度、响应时间短等优点，是宽温域高扭曲向列型 (HTN) 混合液晶配方的骨架成分之一。

2. 生产方法

4-(4-丙基环己基) 环己醇先与氢化钠反应得对应的钠盐，然后对应的钠盐与碘甲烷发生 Williamson 醚化反应，得反式-4-丙基-4′-甲氧基双环己烷。

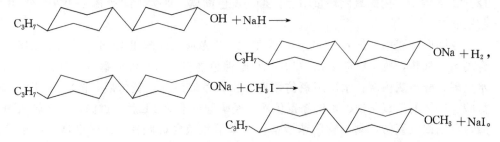

3. 工艺流程

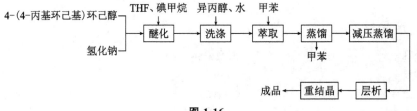

图 1-16

4. 生产工艺

在 2000 mL 三口烧瓶中，加入 33.6 g 氢化钠，用 300 mL 石油醚洗涤，静置数分钟后，倒出石油醚，再用 300 mL 石油醚洗涤，共洗涤 3 次，洗掉包裹着氢化钠的矿物油。将 224 g 丙基环己基环己醇加入三口烧瓶，分别加入 1000 mL 四氢呋喃、经洗涤处理的 33.6 g 氢化钠和 213 g 碘甲烷，搅拌，水浴加热，控温 30～35 ℃，搅拌速度约为 200 r/min 醚化反应 3 h 得到反应混合液。得到的反应混合液加入 20 mL 异丙醇，待异丙醇与氢化钠反应完全后加入等体积的水洗涤，然后加入 500 mL 甲苯萃取，搅匀后放入分液漏斗中静置分层，分去水层后，再用水洗，至洗涤液呈中性。洗涤时，在水层与油层中间有絮状物，将絮状物分离出来，用甲苯溶液萃取 3 次，将萃取液与原溶液混合，将萃取溶液蒸馏脱掉甲苯得 231 g 液体粗产品。产品呈现红棕色，收率约为 97%。将粗产品在 35 Pa 压力下进行减压蒸馏，收集 160～175 ℃ 馏分，得纯品 212 g，呈浅黄色。

将产品按每 1 g 使用石油醚 1 mL 的比例溶于石油醚后，过硅胶柱 [m（硅胶）:m（产品）= 1:1]，过柱后用约 600 mL 石油醚洗脱，蒸除溶剂，得产品 197 g，仍带少许颜色，但很透明。过柱后产物纯度仍不能达到要求，需进行重结晶。将产品按每 1 g 使用乙醇 2 mL 的比例溶于乙醇后，降温至 -20 ℃ 重结晶，烘干后得产品 146.6 g。重结晶收率 74.4%，此时产品为无色透明液体。因产品水含量要求小于 500 mg/L，故须将产品在高真空度（30 Pa）下干燥，再将产品过 10 g 的硅胶柱，得纯品。

5. 说明

由于该工艺所用反式 4-（4-丙环己基）环己醇的纯度应达到 99.85% 以上，而市售原料一般顺反比例为 m（顺式）:m（反式）= 35:64，为得到纯度高的反式原料，需要进行精制，将原料按每 1 g 使用乙醇 3 mL 的比例溶于乙醇中，先将其深度冷冻至大约为 -20 ℃，然后抽滤，其中反式纯度（GC）为 94.7%；再将所得产物按每 1 g 使用乙醇为 3 mL 的比例溶于乙醇，进行二次重结晶，降温至 4 ℃ 后抽滤，得纯度（GC）为 99.83% 的反式-4-（4-丙基环己基）环己醇。

6. 产品标准

外观	无色透明液体
液晶态温度/℃	14.3～17.1

7. 产品用途

用于配制混合液晶。

8. 参考文献

[1] 杨建洲，苗宗成，王义伟. 液晶单体（反，反），4-丙基-4′-甲氧基双环己烷的合成 [J]. 陕西科技大学学报，2003（6）：1-5.

1.16　4-丙基-1-(4′-氰基苯基)环己烷

4-丙基-1-（4′-氰基苯基）环己烷 [4-Propyl-1-(4′-cyanophenyl) cyclohexan] 为苯基环己烷类液晶。分子式 $C_{16}H_{19}N$，相对分子质量 225.3，结构式：

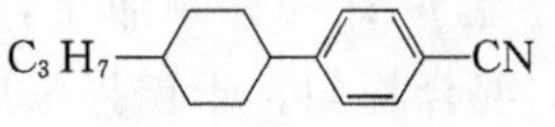

$$C_3H_7 — \bigcirc — \bigcirc — CN 。$$

1. 产品性能

白色结晶，熔点 43 ℃，溶于苯、甲苯、二氯乙烷，不溶于水。

2. 生产方法

由环己烷与丙酰氯反应生成环己烷丙酰基氯代物，然后环己烷丙酰基氯代物于三氯化铝存在下与苯反应，生成 4-丙酰基-1-苯基环己烷，4-丙酰基-1-苯基环己烷又经水合肼还原生成丙基苯基环己烷，再经酰氯化、氨解、脱水，制得 4-丙基-4′-氰基苯基环己烷。

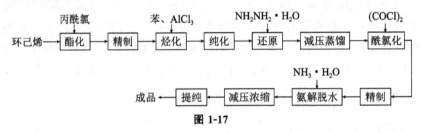

3. 工艺流程

环己烯 → 酯化 → 精制 → 烃化 → 纯化 → 还原 → 减压蒸馏 → 酰氯化

（丙酰氯）（苯、AlCl₃）（NH₂NH₂·H₂O）（(COCl)₂）

成品 ← 提纯 ← 减压浓缩 ← 氨解脱水 ← 精制

（NH₃·H₂O）

图 1-17

4. 生产工艺

在 2 L 的三颈瓶上，安装搅拌器、冷凝器和温度计，加入 100 mL 二硫化碳，于搅拌下加入三氯化铝，混合均匀后加入 138.8 g 乙酰氯，将物料温度降至 0 ℃ 以下，加入 124 g 环己烯，维持温度在 −10 ℃ 以下，搅拌 1 h 后，加入 640 mL 苯和 48 g AlCl₃ 继续反应，当温度上升到 50 ℃ 时，把反应物料倒入 3 倍于物料体积的冰和盐酸中进行水解，静置分层，分离得有机相，用水洗涤，经无水 Na₂SO₄ 干燥后，减压蒸馏，收集 130～170 ℃、400 Pa 的馏分，制得 4-丙酰基-1-苯基环己烷。

在 1 L 圆底烧瓶中，加入 215 g 4-丙酰基-1-苯基环己烷、98.2 g 85％的水合肼和 200 mL 一缩乙二醇互相混合，安装回流冷凝器，将物料加热回流 3 h，当温度达 180 ℃ 时，停止加热。待温度降到 80 ℃ 时，加入 45 g 氢氧化钾，再回流 4 h，温度升至 240 ℃ 后，将物料冷却，加水稀释，搅拌均匀，静置分层，分出有机层，依次用水、$V(\mathrm{H_2O}):V(\mathrm{H_2SO_4})=1:1$ 水溶液洗涤，再用水洗涤，经无水 Na₂SO₄ 干燥后，减压蒸馏，收集 107～110 ℃、360 Pa 的馏分，即得 4-丙基-1-苯基环己烷。

在装有搅拌器、滴液漏斗、温度计的三颈瓶中，加入 100 mL 四氯化碳、16 g AlCl₃ 和 15.3 g 草酰氯，搅拌，混合均匀。于搅拌下向瓶内滴加 16.2 g 4-丙基-1-苯基环丙烷，控制温度 20 ℃ 左右，反应完成后，将物料倾入冰盐水溶液中，搅拌混合，静置分层，分出有机层，将有机层依次用 5％的盐酸、5％的氯化钠水溶液和水洗涤。经无水 Na₂SO₄ 干燥，蒸馏回收四氯化碳，剩余物中加入少量二氯六环，倒入浓氨水中，析出浅黄色沉淀，过滤后，洗至中性，真空干燥，在乙酸乙酯中重结晶，即制得熔点为 248～250 ℃ 的白色固体 4-丙基-1-(4′-甲酰胺苯基) 环己烷。

在圆底烧瓶中加入 100 mL 二氯乙烷、30 mL 氯化亚砜、10 g 4-丙基-1-(4′-甲酰胺苯基) 环己烷，加热物料至回流，反应 4 h，减压蒸馏回收溶剂，经提纯后，即得 4-丙基-1-(4′-氰基苯基) 环己烷液晶成品。

5. 产品标准

外观	白色固体
含量	≥99％
水分含量	0.1×10^{-6}
金属含量	合格
熔点/℃	43.2
清亮点/℃	46
电阻率/（Ω·cm）	1×10^{11}

6. 产品用途

液晶显示材料。

7. 参考文献

[1] 王国芳，霍学兵，杨成对. 环己烷苯类单体液晶的检测方法研究 [J]. 液晶与显示，2010，25（3）：320-324.

[2] 杨新浩，华曦，李国镇. 苯基环己烷类液晶的合成和性能：Ⅱ. 4-正烷基环己基苯甲酸酯和 4-正烷基环己基苯酚羧酸酯 [J]. 华东化工学院学报，1991（6）：730-738.

1.17　4-正戊基-4′-联苯甲酸对氰基酚酯

4-正戊基-4′-联苯甲酸对氰基酚酯（4-n-Pentyl-4′-biphenylcarboxylic acid p-cyanophenyl ester）为联苯型液晶，分子式 $C_{25}H_{23}O_2$，相对分子质量 355.4，结构式：

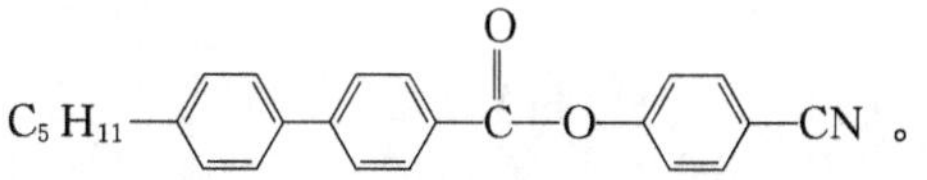

C₅H₁₁———————C——O———————CN 。

1. 产品性能

白色结晶粉末，溶于丙酮、卤仿、醋酸乙酯，不溶于水。

2. 生产方法

先由对羟基苯甲醛与羟氨盐酸盐反应生成对羟基苯腈，再由戊烷基联苯与草酰氯反应生成戊烷基联苯甲酰氯，然后对羟基苯腈与戊烷基联苯甲酰氯进行酯化反应制得 4-正戊基-4′-联苯甲酸对氰基酚酯。

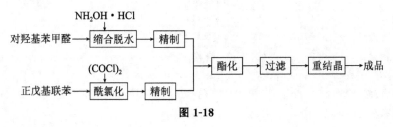

3. 工艺流程

对羟基苯甲醛 → 缩合脱水 (NH$_2$OH·HCl) → 精制

正戊基联苯 → 酰氯化 ((COCl)$_2$) → 精制

→ 酯化 → 过滤 → 重结晶 → 成品

图 1-18

4. 生产工艺

向反应瓶中加入对羟基苯甲醛、甲酸钠、甲酸和盐酸羟氨，加热回流几小时，至氰化反应完成。将物料冷却，有无机盐析出，过滤，除去无机盐，浓缩母液，并用碱中和 pH 至 4，析出结晶，过滤，将晶体用水重结晶 1 次，即制得熔点为 110～113 ℃的对羟基苯腈。

在装有搅拌器、滴液漏斗和温度计的三颈瓶中，加入四氯化碳，冷却，于 10 ℃下加入三氯化铝和草酰氯，搅拌混合均匀，然后于搅拌下滴加正戊基联苯，滴加完毕，于室温下反应 0.5 h。将物料倒入冰水中，搅拌分散，静置分层，分离除去水层，有机层用水洗至中性，蒸馏回收溶剂，得黄色固体，即 4-正戊基-4′-联苯甲酰氯。

在 2 L 的三颈瓶中，加入 250 g 4-正戊基-4′-联苯甲酰氯、108 g 对羟基苯腈和 4.2 L 吡啶，于 50 ℃搅拌反应 7 h，将物料冷却，倒入水中，析出淡黄色固体，过滤，抽干，将黄色固体用氯仿重结晶，得白色结晶，即制得 4-正戊基-4′-联苯甲酸对氰基苯酚酯成品。

5. 产品标准

外观	白色结晶
含量	≥99%
水分含量	0.1×10^{-6}
金属含量	合格
熔点/℃	109～111
清亮点/℃	230～232
电阻率/（Ω·cm）	$\geqslant 1 \times 10^{11}$

6. 产品用途

用于配制 TN 型混合液晶。

7. 参考文献

[1] 许惠中，沈砚本，陆文奎，等. 4-烷基-4′-氰基-联苯型液晶的合成 [J]. 江苏化工，1982（4）：5-8.

1.18　4-正戊基苯甲酰基-(2-氯)苯甲酸-4′-正戊基苯酚酯

1. 产品性能

白色固体，熔点 40 ℃，溶于乙醇、乙醚，不溶于水。

2. 生产方法

先由 2-氯对硝基苯甲酸制得 2-氯对羟基苯甲酸，苯酚和直链脂肪酰氯制得烷基酚，对正戊基苯甲酸与 $SOCl_2$ 反应制得对正戊基苯甲酰氯。再由 2-氯对羟基苯甲酸与烷基酚酯化制得 2-氯对羟基苯甲酸-4′-正戊基苯酚酯，将该苯酚酯与正戊基苯甲酰氯酯化制得 4-正戊基苯甲酰基-(2-氯) 苯甲酸-4′-正戊基苯酚酯液晶成品。

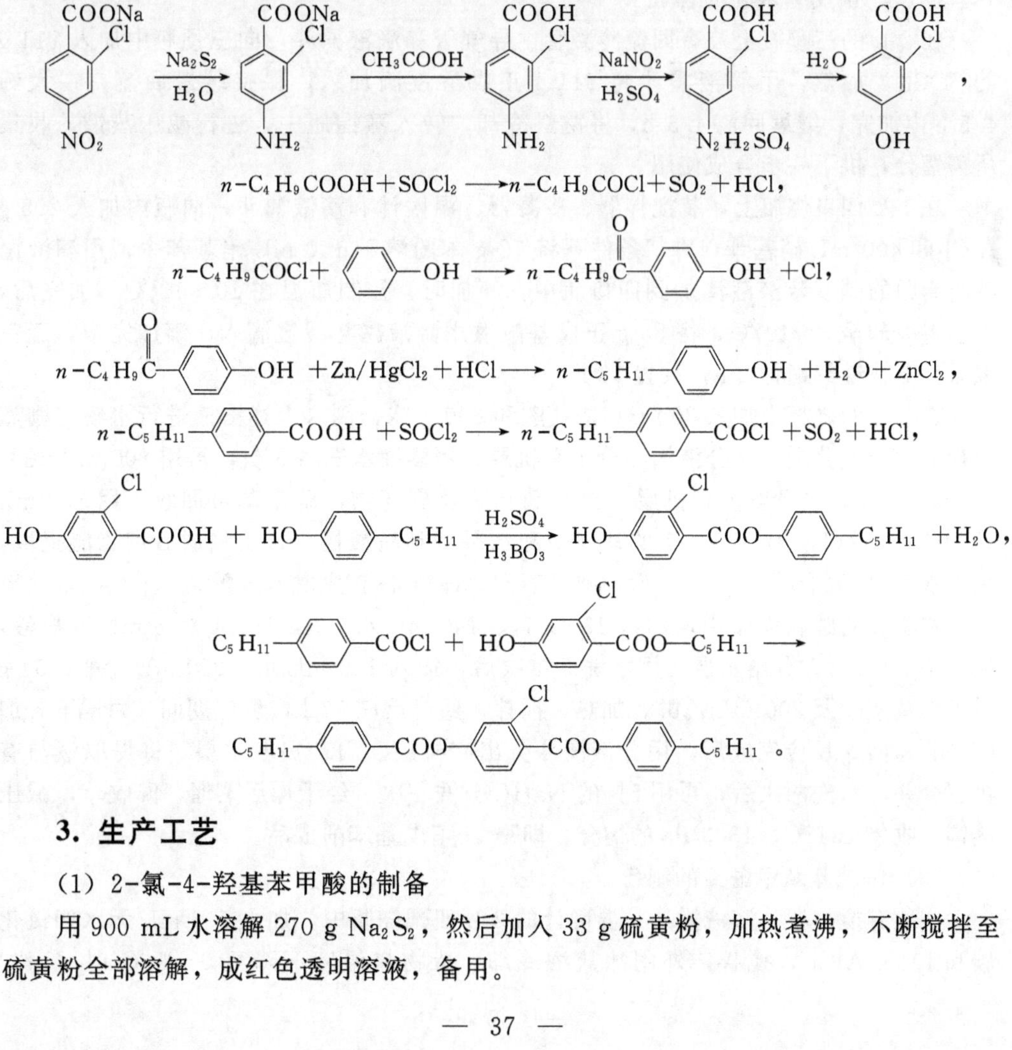

$n-C_4H_9COOH+SOCl_2 \longrightarrow n-C_4H_9COCl+SO_2+HCl$，

$n-C_4H_9COCl+$ 〇-OH $\longrightarrow$ $n-C_4H_9C(O)$〇-OH $+Cl$，

$n-C_4H_9C(O)$〇-OH $+Zn/HgCl_2+HCl \longrightarrow n-C_5H_{11}$〇-OH $+H_2O+ZnCl_2$，

$n-C_5H_{11}$〇-COOH $+SOCl_2 \longrightarrow n-C_5H_{11}$〇-COCl $+SO_2+HCl$，

HO〇-COOH $+$ HO〇-C_5H_{11} $\xrightarrow[H_3BO_3]{H_2SO_4}$ HO〇-COO〇-C_5H_{11} $+H_2O$，

C_5H_{11}〇-COCl $+$ HO〇-COO-C_5H_{11} $\longrightarrow$

C_5H_{11}〇-COO〇-COO〇-C_5H_{11} 。

3. 生产工艺

（1）2-氯-4-羟基苯甲酸的制备

用 900 mL 水溶解 270 g Na_2S_2，然后加入 33 g 硫黄粉，加热煮沸，不断搅拌至硫黄粉全部溶解，成红色透明溶液，备用。

在 4 L 三口烧瓶上，安装搅拌装置和滴液漏斗，加入 210 g 邻氯对硝基苯甲酸、40.8 g NaOH、1300 mL 水，将物料加热至沸，在不断搅拌下将热的 Na_2S_2 溶液缓慢加入，加完后，继续加热 20 min，停止加热，待物料冷却后，用 80 mL 冰醋酸中和，即有大量黄色晶体析出，过滤后，晶体依次用热水和无水乙醇分别进行重结晶，制得熔点 201～203 ℃ 的黄色晶体，即邻氯对氨基苯甲酸。

在 1 L 的烧杯中，加入 400 mL 水，溶解 20 g 氢氧化钠，再加入 68 g 邻氯对氨基苯甲酸，沉淀溶解后将 28 g $NaNO_2$ 溶于 200 mL 水制成的溶液与之混合。另在 2 L 的烧杯中加入 400 mL 水和 120 mL 浓硫酸，冷却至 10 ℃，于搅拌下将上述溶液由滴液漏斗直接加到浓硫酸溶液中，温度维持在 7～10 ℃，加完后继续搅拌 20 min，生成的重氮盐溶液为浅棕色。

在 3 L 的烧瓶中，加入 400 mL 水和 200 mL 浓硫酸，加热至 85 ℃，在不断搅拌下将重氮盐溶液分批加入，反应温度控制在 80～85 ℃，加入重氮盐时有大量气体放出。加完后继续保温在 80～90 ℃，反应至没有大量气体产生时为止。溶液由深黄色变为红色，冷却后析出结晶，抽滤，用水洗 3 次，将沉淀溶于热水中，用活性炭脱色，得淡黄色结晶约 48 g，再将结晶用 150 mL 乙酸乙酯精制，可得熔点为 210～212 ℃ 的产品 33 g，即 2-氯-4-羟基苯甲酸。

（2）4-正戊基苯酚的合成

在 2 L 的三颈瓶上装有回流冷凝管、导气管和滴液漏斗，向三颈瓶中加入 714 g 的 $SOCl_2$，加热，用滴液漏斗将 511 g 正戊酸逐滴加入，保持缓慢回流，在大约 4.5 h 内加完，继续回流 4.5 h，将物料冷却，转入蒸馏瓶中，进行减压蒸馏，收集所需馏分，供下一步合成使用。

在 1 L 四口烧瓶上，装搅拌器、冷凝器、温度计和滴液漏斗，向瓶内加入 205 g $AlCl_3$ 和 400 mL 硝基苯，冷却条件下将 72 g 苯酚溶于 150 mL 硝基苯中，用滴液漏斗将苯酚的硝基苯溶液滴加到四口瓶中，滴加时，控制瓶温在 10～12 ℃，加完后，将物料冷却至 5～10 ℃，将 85 g 正戊基酰氯用滴液漏斗缓慢滴入，滴加完毕，于室温条件下，继续搅拌 2 h，放置 10 h。

在 2 L 的烧杯中加入 300 mL 浓盐酸和 600 g 冰，倒入上述溶液进行水解，剧烈搅拌后，静置分层，用分液漏斗分出有机层。用蒸馏水洗涤 3 次，再用 800 mL 10% 的 NaOH 分 3 次提取。有机层中含有硝基苯及副产物，硝基苯可回收。用 300 mL $V(HCl):V(H_2O)=1:1$ 的盐酸中和水层直到呈酸性。析出油层后用乙醚提取，用无水 $MgSO_4$ 干燥 10～12 h 后，减压蒸馏，即得 4-正戊酰基苯酚。

在 1 L 的圆底烧瓶中，加入 150 g 锌、140 mL 水、7 g $HgCl_2$ 和 5 mL 浓盐酸，振摇 10 min 后，分出水层，用水洗涤 1 次后，加入 100 mL 水、250 mL 盐酸、54 g 对戊酰基苯酚及 200 mL 乙醇，加热，搅拌，回流反应 17 h，反应期间，每隔 6 h 加 65 mL 盐酸。反应完成后，用分液漏斗分出有机层，用苯提取水层，将提取液与有机层合并，水洗两次后，再用 5% 的 $NaHCO_3$ 洗一次，经干燥后蒸馏，回收苯，减压蒸馏，收集 134 ℃、13.3 Pa 的馏分，即得 4-正戊基苯酚成品。

（3）4-戊基苯甲酰氯的制备

在装有搅拌器、滴液漏斗、温度计的 2 L 四颈烧瓶中，加入 500 mL 无水四氯化碳和 104 g $AlCl_3$，搅拌，外用冰盐浴冷却，待物料温度下降至 0～2 ℃ 时，滴加

74 g 乙酰氯。滴加时控制温度在 0~5 ℃，加完后使温度降至 0 ℃ 以下，开始滴加116 g 戊基苯，滴加速度以维持物料温度在 0 ℃ 以下为准。滴加完毕，控制温度在5 ℃ 以下搅拌 4 h，物料颜色逐渐变为朱红色，反应完成后，将物料缓慢倒入盛有120 mL 浓盐酸的烧杯（2 L）中，剧烈搅拌，使其温度不超过室温，水解后将物料转入分液漏斗，用水洗两次，每次用 300 mL 水，之后用 5% 的 Na_2CO_3 水溶液洗一次，再用水洗一次，然后用 Na_2SO_4 干燥。过滤，蒸去四氯化碳后，剩余物进行减压蒸馏，收集 136 ℃、666.5 Pa 的馏分，即得对戊基苯乙酮。

将 64 g 氢氧化钠溶于 200 mL 水中。加 150 g 冰转入 1 L 的三颈瓶中，控制温度5 ℃ 以下，滴加 26 mL 溴搅拌 15 min，逐渐加入 16 g 对戊基苯乙酮，维持温度 5 ℃以下，搅拌 1 h。然后升温至 55 ℃，搅拌 20 min。在此过程中，温度升至 70 ℃ 时，有大量气泡产生，可用冰盐浴降温至 55 ℃ 时，加入 32 g 氢氧化钠，用冰盐浴维持温度 55 ℃，继续搅拌 20 min。待物料冷却后倒入大烧杯中，在冰盐浴冷却下缓慢加入 $V(H_2O):V(HCl)=1:1$ 的冰溶液至物料 pH 为 4~5。加入少量 Na_2SO_3，除去过量的 Br_2，过滤，洗涤。将洗涤后的沉淀放入烧杯中，加入 5% 的 NaOH 50 mL，搅拌，静置，将上层清液倒入吸滤瓶中。沉淀用氢氧化钠溶液洗两次，每次 20 mL，用布氏漏斗抽滤清液和沉淀，收集滤液，用 10% 的盐酸酸化至微酸性，析出白色沉淀，过滤，洗涤，于 60 ℃ 下烘干，得 4-戊基苯甲酸粗产品。将粗产品和相当其质量约 10 倍的石油醚混合，加热回流，控制温度 60~80 ℃，趁热过滤，除去不溶物，冷却后析出白色片状结晶，过滤，制得 4-戊基苯甲酸纯品。

将 39 g 对戊基苯甲酸、150 mL 苯加入 1 L 圆底烧瓶中，搅拌使其溶解，再加入36 g 亚硫酰氯，安装回流冷凝器，加热物料，回流反应至无 SO_2、HCl 放出。蒸出过剩的 $SOCl_2$，对剩余物进行减压蒸馏，收集 136 ℃、426.6 Pa 的馏分，即得 4-戊基苯甲酰氯。

（4）2-氯-4-羟基苯甲酸-4′-正戊基苯酚酯的合成

取 5Å 型球型分子筛在 500 ℃ 电炉中烘烤 3 h，趁热取出，迅速置于硅胶干燥器中，冷却后取出放入 500 mL 脂肪抽取器内作吸水剂。抽取器上端装有干燥管，以防空气中的潮气进入。另在圆底烧瓶中依次加入 13.2 g 2-氯-4-羟基苯甲酸、16.5 g4-正戊基苯酚、3 g 98% 的浓硫酸、12.4 g H_3BO_3 及 300 mL 无水甲苯，将抽提器装在烧瓶上加热回流。开始有部分固体不溶，12 h 后全部溶解。回流 24 h 后停止反应，将物料冷冻 24 h，析出黄色结晶，抽滤，滤饼用甲苯洗涤两次，另将滤液浓缩，冷冻后析出少量黄色晶体。过滤后，所得晶体与上述晶体合并，烘干，得 2-氯-4-羟基苯甲酸-4′-正戊基苯酚酯粗品。将 17.5 g 该粗品溶于 300 mL 无水乙醇中，滤去不溶物（主要是 H_3BO_3）。向清液内加入 170 mL 水，溶液变浑，加热使溶液变清。冷却后析出针状晶体，过滤，用 60% 的乙醇洗两次，制得 2-氯-4-羟基苯甲酸-4′-正戊基苯酚酯成品，熔点 146~149 ℃。

（5）4-正戊基苯甲酰基-（2-氯）苯甲酸-4′-正戊基苯酚酯的合成

在圆底烧瓶中，加入 16 g 2-氯-4-羟基苯甲酸-4′-正戊基苯酚酯、120 mL 无水苯或甲苯、14.5 g 4-正戊基苯甲酰氯、8 mL 吡啶，安装回流冷凝器，加热回流 2 h，此间有大量白色沉淀产生，反应完成后，用热蒸馏水洗涤物料 6~7 次，分出苯层。减压蒸馏，回收苯，在剩余物中加入 800 mL 无水乙醇使其溶解，冷至 30 ℃，过滤，除去少量不溶物,将滤液冷冻至－20 ℃,此时析出大量结晶,过滤,用冷乙醇洗一次,得粗品。再用乙醇重结晶一次,即得4-正戊基苯甲酰基-(2-氯)苯甲酸-4'-正戊基苯酚酯成品。

4．产品标准

外观	白色结晶
含量	≥99%
水分含量	≤0.1×10^{-6}
金属含量	合格
熔点/℃	40
清亮点/℃	124
电阻率/($\Omega \cdot$ cm)	1×10^{11}

5．产品用途

配制 TN 型或 STN 型液晶。

6．参考文献

[1] 战永超,奚关根,钟国富,等．苯二酚酯类液晶的合成和性能：Ⅲ 反-4-烷基环己烷羧酸-4'-烷氧基苯酚酯和反-4-烷基环己烷羧酸-2',3'-二氰基-4'-烷氧基苯酚酯类液晶 [J]．华东化工学院学报,1990 (1)：50-56．

1.19 对羟己氧基联苯甲酸戊酯

对羟己氧基联苯甲酸戊酯的化学名称 4-(6-羟基己氧基) 联苯-4'-甲酸-L-2-甲基丁酯,分子式 $C_{24}H_{32}O_4$,相对分子质量 384.51,结构式：

$$HO(CH_2)_6-O-\text{[苯环]}-\text{[苯环]}-COOCH_2CH(CH_3)CH_2CH_3 \text{。}$$

1．产品性能

白色结晶,铁电性液晶高分子。熔点 (T_m) 和清亮点 (T_i) 分别为 44.6 ℃ 和 87.7 ℃,比旋光度 $[\alpha]_D^{20}+2.58°$。

2．生产方法

4-羟基-4'-氰基联苯与 L-2-甲基丁醇在酸性条件下水解酯化,得到相应的酯,然后酯与6-氯己醇进行醚化,得到 4-(6-羟基己氧基) 联苯-4'-甲酸-L-2-甲基丁酯。

$$HO-\text{[苯环]}-\text{[苯环]}-CN \xrightarrow[\text{浓盐酸、} O\bigcirc O]{HOCH_2CH(CH_3)CH_2CH_3} HO-\text{[苯环]}-\text{[苯环]}-COOCH_2CH(CH_3)CH_2CH_3$$

$$\xrightarrow[K_2CO_3/C_2H_5OH]{Cl(CH_2)_6OH} HO(CH_2)_6-O-\text{[苯环]}-\text{[苯环]}-COOCH_2CH(CH_3)CH_2CH_3 \text{。}$$

3. 工艺流程

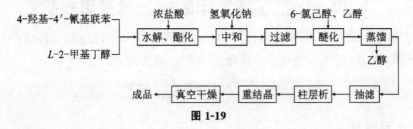

图 1-19

4. 生产工艺

在反应瓶中分别加入 14.7 g 4-羟基-4′-氰基联苯、13 mL L-2 甲基丁醇、200 mL 二氧六环，在磁力搅拌下，缓慢滴加 10.2 mL 浓盐酸，恒温油浴热至 90 ℃，反应 21 h，用约 7.2 g 2% 的氢氧化钠溶液洗涤。过滤沉淀，水洗至中性乙醇-水重结晶得纯品 4-羟基联苯-4′-甲酸-L-2-甲基丁醇酯，比旋光度 $[\alpha]_D^{20}+2.82°$，熔点 115 ℃。

在 100 mL 的三口瓶中，加入 5.68 g 4-羟基联苯-4′-甲酸-L-2 甲基丁醇酯、4.14 g 碳酸钾、100 mL 无水乙醇、10 mL 水，加热回流。滴加 6.82 mL 6-氯己醇，滴完后继续回流 24 h。旋转蒸去溶剂后，水洗至中性，抽滤，真空干燥得粗品。用 V（乙酸乙酯）：V（石油醚）＝1：2 进行柱层析，旋转蒸发去展开剂后，用适量 95% 的乙醇进行重结晶，抽滤，真空干燥得纯品 4-（6-羟基己氧基）联苯-4′-甲酸 L-2 甲基丁醇酯，比旋光度 $[\alpha]_D^{20}2.58°$，收率 73.4%。

5. 产品标准

外观	白色结晶
比旋光度 $[\alpha]_D^{20}$	2.58°
熔点（T_m）/℃	44.6
清亮点（T_i）/℃	87.7

6. 产品用途

用作铁电性液晶显示材料。

7. 参考文献

［1］沈金平，章于川. 4-（6-羟基己氧基）联苯-4′-甲酸-L-2-甲基丁醇酯的合成及液晶性的研究［J］. 液晶与显示，2006，21（1）：11-15.

［2］马汝建，荣国斌. 手性仲辛氧基联苯甲酸苯酚酯类铁电液晶的合成及性能研究［J］. 液晶通讯，1995（4）：223-229.

［3］KIEBOOMS R H L, GOTO A H, ARAGI K. Sythesis of a new class of low-band-gap polymers with liquid crystalline subsitues［J］. Macromolecules，2001（34）：7989-7998.

1.20 4-正丁基苯甲酸-4′-氰基苯酚酯

4-丁基苯甲酸-4′-氰基苯酚酯（4-Cyanophenyl-4′-butylbenzoate）为酯类液晶，分子式 $C_{18}H_{17}NO_2$，相对分子质量 279.33，结构式：

C_4H_9 —⟨ ⟩— COO —⟨ ⟩— CN 。

1. 产品性能

白色固体，熔点 67 ℃，溶于乙醇、乙醚，不溶于水。

2. 生产方法

先由丁基苯甲酸与二氯亚砜反应，生成 4-丁基苯甲酰氯；再由 4-羟基苯甲醛与盐酸羟氨反应生成肟，肟再经脱水得对羟基苯腈；最后，由 4-丁基苯甲酰氯与 4-羟基苯腈反应制得 4-正丁基苯甲酸-4′-氰基苯酚酯。

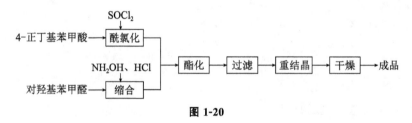

C_4H_9 —⟨ ⟩— COOH + $SOCl_2$ ⟶ C_4H_9 —⟨ ⟩— COCl ,

HO —⟨ ⟩— CH + $NH_2OH \cdot HCl$ ⟶ HO —⟨ ⟩— CH=NOH + H_2O + HCl ,
‖
O

HO —⟨ ⟩— CH=NOH ⟶ HO —⟨ ⟩— CN + H_2O ,

C_4H_9 —⟨ ⟩— COCl + HO —⟨ ⟩— CN ⟶ C_4H_9 —⟨ ⟩— COO —⟨ ⟩— CN 。

3. 工艺流程

```
                    SOCl₂
                      ↓
4-正丁基苯甲酸 ──→ 酰氯化 ──┐
                           ├──→ 酯化 ──→ 过滤 ──→ 重结晶 ──→ 干燥 ──→ 成品
     NH₂OH、HCl            │
         ↓                 │
对羟基苯甲醛 ──→ 缩合 ──────┘
```

图 1-20

4. 生产工艺

（1）4-正丁基苯甲酰氯的制备

将 35.7 g 4-正丁基苯甲酸、150 mL 苯加入 1 L 的圆底烧瓶中等 4-丁基苯甲酸全部溶解后，再加入 36 g 亚硫酰氯，安装回流冷凝器，加热回流，反应至无 SO_2、HCl 放出，蒸出过剩的 $SOCl_2$，对剩余物进行减压蒸馏，收集 113 ℃、226.7 Pa 的馏分，制得 4-丁基苯甲酰氯。

（2）对羟基苯腈的制备

将 120 g 对羟基苯甲醛、80 g 盐酸羟胺、120 g 无水乙酸钠和 600 mL 冰醋酸加入 1 L 的圆底烧瓶中，加热回流，反应 6 h 后，将物料冷却，抽滤，沉淀用乙酸洗涤两次。蒸出乙酸（不超过 150 ℃），物料冷却至室温，加入水 500 mL，于 0 ℃ 下冷冻，得棕色沉淀（或油状物）。过滤、洗涤，烘干，粗品用甲苯溶解，加热至沸，趁热倒出清液，瓶底留下油层。将清液冷却，析出浅黄色片状沉淀。将沉淀用水溶解，加入活性炭，加热至沸，趁热过滤，滤液冷却后析出白色沉淀，烘干，即制得熔点为109～110 ℃ 的对羟基苯腈成品。

（3）4-正丁基苯甲酸-4′-氰基苯酚酯的制备

在 2 L 的圆底烧瓶中，加入 74.5 g 4-羟基苯腈、110.2 g 4-丁基苯甲酰氯、800 mL 苯和 140 mL 吡啶，装上回流冷凝器，加热回流，酯化反应 2 h，将物料冷却，用水洗 6 次，减压蒸馏回收苯和吡啶，得白色固体。用约 600 mL 无水乙醇加热溶解该固体，趁热过滤，冷却后析出结晶，过滤，用冷无水乙醇洗涤一次，抽干，放入真空干燥箱内，于 50 ℃ 以下干燥，即得 4-正丁基苯甲酸-4′-氰基苯酚酯成品。

5. 产品标准

外观	白色固体
含量	$\geqslant 99\%$
水分含量	$\leqslant 0.1 \times 10^6$
金属含量	合格
熔点（T_m）/℃	67～68
清亮点（T_i）/℃	44.5（单变）
电阻率/（Ω·cm）	1×10^{11}

6. 产品用途

用于配制混合液晶。

7. 参考文献

[1] 章于川，方胜阳，沈金平. 一类烷基环己基苯甲酸酯类液晶的合成 [J]. 安徽大学学报（自然科学版），2007（1）：66-69.

[2] 杭德余，章于川，叶昆元. 对乙基苯甲酸对氰基苯酚酯的合成研究 [J]. 安徽大学学报（自然科学版），2002（4）：87-89.

1.21　4-壬氧基苯甲酸-4′-(4-甲基己酰氧基)苯酚酯

4-壬氧基苯甲酸-4′-(4-甲基己酰氧基) 苯酚酯 [4-Nonyloxylberzoic acid-4′-(4-methylhexyl acyloxyl) phenoate]，分子式 $C_{29}H_{40}O_5$，相对分子质量 468.63，结构式：

$$C_9H_{19}O-\text{苯环}-COO-\text{苯环}-OOCCH_2CH_2CHCH_2CH_3 \quad (CH_3)。$$

1. 产品性能

白色固体，熔点 46 ℃，加热到 62 ℃ 有铁电性质（Sc 相），70.5 ℃ 出现胆甾相（Ch 相），能与其他液晶材料互溶。溶于苯、乙醇，不溶于水。

2. 生产方法

先将有光活性的 4-甲基己酸和对壬氧基苯甲酸分别与亚硫酰氯（SOCl₂）进行酰氯化反应，制得两个酰氯中间体，再以对苯二酚为桥键物，分别与 4-壬氧基苯甲酰氯、4-甲基己酰氯进行酯化反应，即制得 4-壬氧基苯-甲酸-4′-(4-甲基己酰氧基)苯酚酯。

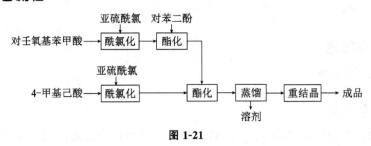

3. 工艺流程

图 1-21

4. 生产工艺

在装有搅拌器、冷凝器和温度计的三颈瓶中，加入过量的亚硫酰氯，于搅拌下缓慢加入 4-壬氧基苯甲酸，加热至回流，酰化反应几十分钟，制得 4-壬氧基苯甲酰氯粗品，精制后得精制品，用于下步的反应。另用如上装置的三颈瓶，加入过量亚硫酰氯，边搅拌边加入具有光学活性的 4-甲基己酸，加热至回流，进行酰化反应，制得有光学活性的 4-甲基己酰氯。

在装有搅拌器、冷凝器、温度计的三颈瓶中，加入溶剂苯和对苯二酚，混合均匀，再加入催化剂吡啶，于搅拌下缓慢加入对壬氧基苯甲酰氯，加热至回流，酯化反应，制得 4-壬氧基对苯酚甲酸酯。蒸馏物料，回收溶剂苯，剩余物进行重结晶，得对壬氧基对苯酚甲酸酯精制品。

在装有搅拌器、回流冷凝管的反应瓶中，加入溶剂甲苯，再加入由上述两步反应制得的中间体 4-壬氧基对苯酚甲酸酯和有光学活性的 4-甲基己酰氯及催化剂吡啶，启动搅拌，加热物料至回流，进行缩合反应。反应完成后，蒸馏物料，回收溶剂甲苯，得粗品，将粗品用乙醇重结晶后，即得 4-壬氧基苯甲酸-4′-(4-甲基己酰氧基)

苯酚酯成品。

5. 产品标准

外观	白色结晶
含量	≥99%
水分含量	≤$0.1×10^{-6}$
金属含量	合格
熔点/℃	62
清亮点/℃	70.5

6. 产品用途

主要用作大屏幕液晶屏显示材料。

7. 参考文献

[1] 董除川, 李国镇. 手性液晶的研究Ⅳ: 光活性（＋）-对-（对″-烷氧基苯甲酰氧基)-苯甲酸-对′-（2-甲基丁氧基)-苯酚酯液晶的合成和性能 [J]. 华东化工学院学报, 1987（4）: 419-426.

[2] 姜鲁勇, 董除川, 李国镇. 手性液晶的研究Ⅴ: 对光活性的酰氧基苯甲酸酯类和酰氧基苯酚酯类 [J]. 华东化工学院学报, 1991（6）: 649-656.

1.22　4-(正戊氧基羰基)-苯基-4-(4-戊氧基-2,3,5,6-四氟苯基)乙炔基苯甲酸酯

4-(正戊氧基羰基)-苯基-4-（4-戊氧基-2，3，5，6-四氟苯基）乙炔基苯甲酸酯 {4-[n-Pentyloxy carbonyl phenyl-4-(4-pentyloxyl-2，3，5，6-tetrafluorophenyl) ethynyl] benzoate}，分子式 $C_{32}H_{30}F_4O_5$，相对分子质量 570.56，结构式：

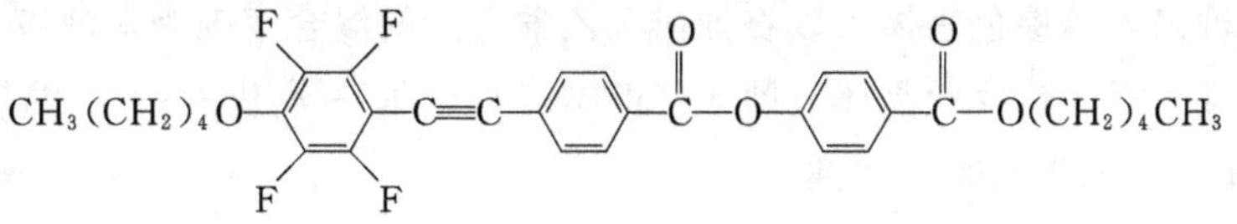

$$CH_3(CH_2)_4O \cdots \cdots C \equiv C \cdots \cdots C-O \cdots \cdots C-O(CH_2)_4CH_3$$

1. 产品性能

白色片状结晶，不溶于水，溶于苯、乙酸乙酯、丙酮。清亮点 168.5 ℃。

2. 生产方法

先将 1-五氟苯-2-三甲基硅炔烷与戊醇进行亲核取代反应制得 4-戊氧基-2，3，5，6-四氟苯乙炔，再将由对碘苯甲酸与对羟基苯甲酸戊酯经酯化反应生成的 4-碘代苯甲酸-4′-甲基苯酚酯与其作用制得 4-(正戊氧基羰基)-苯基-4-（4-戊氧基-2，3，5，6-四氟苯基）乙炔基苯甲酸酯。

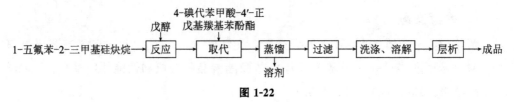

3. 工艺流程

1-五氟苯-2-三甲基硅炔烷 → 反应 → 取代 → 蒸馏 → 过滤 → 洗涤、溶解 → 层析 → 成品

反应上方：戊醇

取代上方：4-碘代苯甲酸-4'-正 戊基羰基苯酚酯

蒸馏下方：溶剂

图 1-22

4. 生产工艺

在装有搅拌器、冷凝器、温度计的三颈瓶中，加入 1-五氟苯-2-三甲基硅炔烷和戊醇，启动搅拌，加热至回流，进行反应至生成 4-戊氧基-2，3，5，6-四氟苯乙炔。

在另一装有搅拌器、冷凝器和温度计的三颈瓶中加入 4-戊氧基-2，3，5，6-四氟苯乙炔和无水三乙胺，搅拌混合，加入催化剂双三苯基磷二氯化钯〔$(Ph_3P)_2$ $PdCl_2$〕和碘化亚铜，加热，于搅拌下缓慢加入 4-碘代苯甲酸-4'-正戊基羰基苯酚酯，继续加热回流反应，待反应完成后，蒸馏物料，回收溶剂。将析出的固体过滤，抽干，用水洗涤，得棕色固体。以石油醚和乙酸乙酯的混合溶剂为淋洗液将该固体进行柱层析提纯，得白色片状晶体，即 4-（正戊氧基羰基）-苯基-4-（4-戊氧基-2，3，5，6-四氟苯基）乙炔基苯甲酸酯。

5. 产品标准

外观	白色片状晶体
含量	≥99%
水分含量	$0.1×10^{-6}$
金属含量	合格
清亮点/℃	168.5

6. 产品用途

主要用作液晶大屏幕显示材料。

7. 参考文献

[1] 陈锡敏，闻建勋. 含氟二苯乙炔类蓝相液晶的研究进展 [J]. 液晶与显示，2013，28（1）：33-44.

[2] 尚洪勇，张建立，刘鑫勤，等. 多氟二苯乙炔类负性液晶化合物的合成 [J]. 液晶与显示，2009，24（5）：650-655.

[3] 韩耀华，王奎，张建立，等. 含氟苯乙炔类液晶的合成 [J]. 液晶与显示，2013，28（5）：683-687.

1.23 4-丁基环己基苯甲酸-4′-戊基苯酚酯

4-丁基环己基苯甲酸-4′-戊基苯酚酯（4-Butyl-cyclohesy benzoic acid-4′-pentyl-phenol ester）属 4-烷基环己基苯甲酸类液晶。其分子式 $C_{28}H_{38}O_2$，相对分子质量 406.60，结构式：

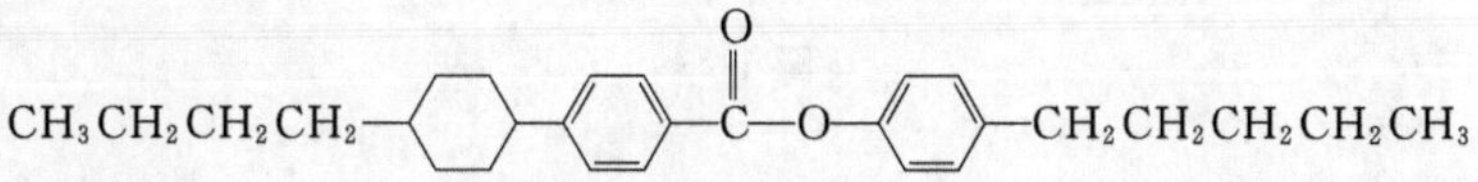

$$CH_3CH_2CH_2CH_2 - \text{环己基} - \text{苯} - \overset{\overset{O}{\|}}{C} - O - \text{苯} - CH_2CH_2CH_2CH_2CH_3 \text{。}$$

1. 产品性能

白色针状晶体，对热、光、电、化学等稳定性好，正介电各向异性大，黏度大，响应速度快，清亮点高，相变温度范围宽。

2. 生产方法

在无水三氯化铝催化下，丁酰氯与环己烯反应，得到 1-氯-1-丁酰基环己烷，然后 1-氯-1-丁酰基环己烷与苯发生烃化反应，经还原得 4-丁基环己基苯。在无水三氯化铝催化下，4-丁基环己基苯与乙酰氯发生乙酰化反应，再与次溴酸钠发生降解得到对应的苯甲酸。对应的苯甲酸经酰氯化后与 4-戊基苯酚发生酯化反应，得 4-丁基环己基苯甲酸-4′-戊基苯酚酯。

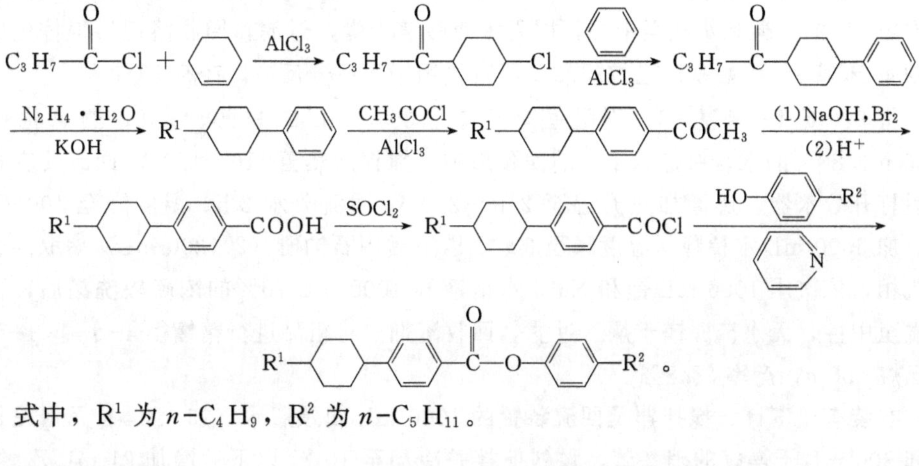

式中，R^1 为 $n\text{-}C_4H_9$，R^2 为 $n\text{-}C_5H_{11}$。

3. 工艺流程

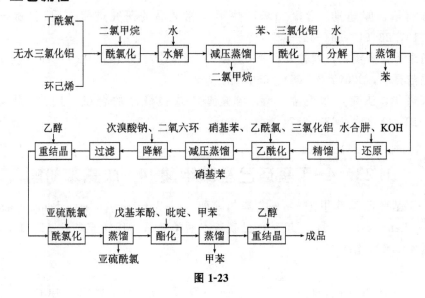

图 1-23

4. 生产工艺

在装有搅拌器、温度计、恒压漏斗及回流装置的 5000 mL 反应瓶中，依次加入干燥过的 2000 mL CH_2Cl_2 和 850 g 无水三氯化铝，搅拌降温至 0 ℃，滴加 515 mL 丁酰氯，控制滴加速度，使温度保持在 0～10 ℃。滴毕，继续搅拌，反应液进一步冷却至 −25 ℃，滴加 505 mL 环己烯，恒温反应 1 h 后，将反应液自然升温至 10 ℃，然后倒入 8 kg 碎冰中，快速搅拌。水解所得下层有机相依次用 5％的盐酸和水洗涤至中性，无水硫酸镁干燥，过滤，减压蒸馏除溶剂得棕色油状物 4−氯−1−丁酰基环己烷粗品，可直接用于下一步反应。

将 3500 mL 干燥的苯和 850 g 无水三氯化铝加入 5000 mL 四颈瓶中，搅拌、水冷却下滴加 722 g 1−氯−4−丁酰基环己烷进行反应，滴毕，水浴加热至 40～50 ℃，继续搅拌反应 12 h，然后将反应液冷却至室温，倒入冰水中分解。分离上层有机相，依次用 5％的盐酸和水洗至中性，用无水硫酸镁干燥，过滤，回收溶剂后得棕色的油状物 4−苯基−1−丁酰基环己烷粗品，可直接用于下一步反应，产率 53％。

将 920 g 4−苯基−1−丁酰基环己烷、3500 mL 二甘醇、580 g 氢氧化钾和 1250 mL 80％的水合肼加入 1 L 的四颈瓶中，搅拌加热至 110～120 ℃ 回流反应 3 h。然后打开分水器，逐渐加热升温至 210～220 ℃ 回流分水 2 h。温度降至 100 ℃ 以下，加 3000 mL 水稀释；温度降至 60 ℃ 以下后用石油醚（2×200 mL）萃取。合并有机相，依次用 1000 mL 饱和 NaCl 水溶液和 1000 mL 70％的浓硫酸洗涤后，再用水洗至中性，无水硫酸镁干燥、过滤、回收溶剂。将粗品进行精馏得 4−丁基−1−苯基环己烷 450 g，产率 38.8％。

在装有温度计、搅拌器及回流装置的 1000 mL 四颈瓶中，加入 44 g 无水三氯化铝和 300 mL 干燥好的硝基苯，强烈搅拌并冷却至 10 ℃ 以下后滴加 21 mL 乙酰氯。加毕，冷却至 0 ℃，滴加 374 g 4−丁基−1−苯基环己烷，滴毕，恒温搅拌 5 h，然后升至室温，将反应液倒入冰水中，搅拌静置，分出有机层；水层用硝基苯（2×50 mL）萃取。合并有机相，依次用 30 mL 5％的盐酸和 1000 mL 水洗至中性，干燥，过滤，蒸去溶剂。残余物用甲醇重结晶，得白色片状晶体 4-(4′-正丁基环己基)苯乙酮 77.4 g，熔点 71～73 ℃。

将溶于 50 mL 二氧六环的 34 g 4-(4′-正丁基环己基)苯乙酮、69 g NaOH、731 mL 11％的次溴酸钠加入四口反应瓶中，水浴加热，在 30～40 ℃ 搅拌反应 1 h，然后逐渐升温至 70～75 ℃ 回流反应 3 h。反应完毕后搅拌降至室温，过滤，将滤饼加入 400 mL 20％的盐酸中，保持 pH 在 1 左右酸化 300 min。过滤，水洗滤饼至中性，烘干后用乙醇重结晶，得 33.9 g 白色粉末状固体 (4′-正丁基环己基)苯甲酸，产率 90.1％，相变温度 199～264 ℃。

将 15 g (4′-正丁基环己基)苯甲酸和 30 mL 亚硫酰氯加入反应瓶中，搅拌，缓慢升温加热回流进行酰氯化反应 4 h。反应完毕，蒸去多余的亚硫酰氯，残余物冷至室温后加入 50 mL 干燥好的甲苯，冰水浴冷却至 0 ℃，将溶于 60 mL 干燥吡啶的戊基苯酚溶液滴加至反应瓶中。加毕，升温至 75～85 ℃ 回流，搅拌反应 4 h，冷却至室温后倒入冰水中。分离有机层，水层用甲苯（3×10 mL）萃取，合并有机相，依次用 5％的盐酸、5％的 NaOH 水溶液洗涤，最后水洗至中性。干燥，蒸去溶剂，残余固体用乙醇重结晶得白色针状晶体 4′-丁基环己基苯甲酸-4′-戊基苯酚酯。

5. 产品标准

外观	白色针状结晶
相变温度/℃	84～166

6. 产品用途

用作液晶材料，是扭曲丝状相（TN）型液晶发展的一个重要品种，也是用于高档液晶混合配方的重要组分。

7. 参考文献

[1] 沈宁，高嫒嫒. 4-烷基环己基苯甲酸酯类液晶合成工艺研究 [J]. 合成化学，2002（3）：228-231.

[2] 章于川，方胜阳，沈金平. 一类烷基环己基苯甲酸酯类液晶的合成 [J]. 安徽大学学报（自然科学版），2007（1）：66-69.

1.24 4-丙基环己基苯甲酸对乙基苯酚酯

4-丙基环己基苯甲酸对乙基苯酚酯（4-Protyl cyclohexyl benzoic acid p-ethyl phenol ester）分子式 $C_{24}H_{30}O_2$，相对分子质量 350.49，结构式：

$$CH_3CH_2CH_2 - \text{环己基} - \text{苯环} - \overset{O}{\underset{\|}{C}} - O - \text{苯环} - CH_2CH_3 \text{。}$$

1. 产品性能

白色针状结晶，相变温度 105～177 ℃。

2. 生产方法

在无水三氯化铝催化下，丙酰氯与环己烯反应，得 1-氯-1-丙酰基环己烷，然后 1-氯-1-丙酰基环己烷与苯发生烃化反应，经还原得 4-丙基环己基苯。在无水三氯化铝催化下，4-丙基环己基苯与乙酰氯发生乙酰化反应，酰化产物再与次溴酸钠发生降解得到对应的 4-丙基环己基苯甲酸。4-丙基环己基苯甲酸经酰氯化后与 4-乙基苯酚发生酯化反应得到 4-丙基环己基苯甲酸-4′-乙基苯酚酯。

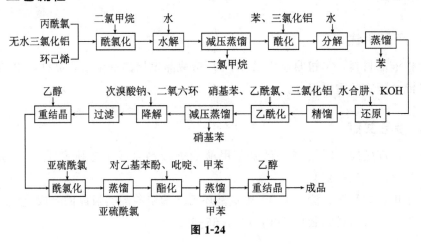

式中，R^1 为 CH$_3$CH$_2$CH$_2$—。

3. 工艺流程

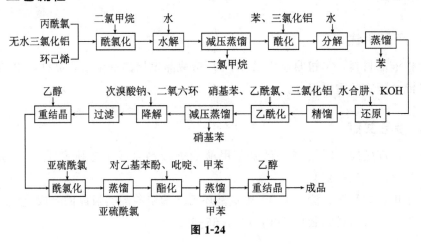

图 1-24

4. 生产工艺

向装有搅拌器、温度计、恒压漏斗及回流装置的反应瓶中依次加入干燥过的 CH$_2$Cl$_2$ 和无水三氯化铝，搅拌降温至 0 ℃，滴加丙酰氯，控制滴加速度，使温度保持在 0～10 ℃。滴毕，继续搅拌，反应液进一步冷却至 −25 ℃，滴加环己烯，恒温反应 1 h 后，将反应液自然升温至 10 ℃，然后倒入碎冰中，快速搅拌。水解所得下层有机相依次用 5% 的盐酸和水洗涤至中性，无水硫酸镁干燥，过滤，减压蒸除溶剂得棕色油状物 4-氯-1-丙酰基环己烷粗品，可直接用于下一步反应。

将干燥的苯和无水三氯化铝加入四颈瓶中，搅拌、水冷却下滴加 4-氯-1-丙酰环己烷进行反应，滴毕，水浴加热至 40～50 ℃，继续搅拌反应 12 h，然后将反应液冷却至室温，倒入冰水中分解。分离上层有机相，依次用 5％的盐酸和水洗至中性，无水硫酸镁干燥，过滤，回收溶剂后得棕色的油状物 4-苯基-1-丙酰基环己烷粗品，可直接用于下一步反应，产率 53％。

将 4-苯基-1-丙酰基环己烷、二甘醇、氢氧化钾和 80％的水合肼加入四颈瓶中，搅拌加热至 110～120 ℃ 回流反应 3 h。然后打开分水器，逐渐加热升内温至 210～220 ℃ 回流分水 2 h。温度降至 100 ℃ 以下，加水稀释；温度降至 60 ℃ 以下后用石油醚萃取。合并有机相，依次用饱和 NaCl 水溶液和 70％的浓硫酸洗涤后，再用水洗至中性，无水硫酸镁干燥、过滤、回收溶剂。将粗品进行精馏得 4-丙基-1-苯基环己烷。

在装有温度计、搅拌器及回流装置的四颈瓶中加入无水三氯化铝和干燥好的硝基苯，强烈搅拌并冷却至 10 ℃ 以下后滴加乙酰氯。加毕，冷却至 0 ℃，滴加 4-丙基-1-苯基环己烷。滴毕，恒温搅拌 5 h，然后升至室温，将反应液倒入冰水中，搅拌静置，分出有机层；水层用硝基苯萃取。合并有机相，依次用 5％的盐酸和水洗至中性，干燥、过滤、蒸去溶剂。残余物用甲醇重结晶得白色片状晶体 4-(4′-丙基环己基)苯乙酮。

将溶于二氧六环的 4-(4′-丙基环己基)苯乙酮、NaOH、11％的次溴酸钠加入四口反应瓶水浴加热，在 30～40 ℃ 搅拌反应 1 h，然后逐渐升温至 70～75 ℃ 回流反应 3 h。反应完毕后搅拌降至室温，过滤，将滤饼加入 20％的盐酸中，保持 pH 在 1 左右酸化 30 min。过滤，水洗滤饼至中性，烘干后用乙醇重结晶得白色粉末状固体 4-(4′-丙基环己基)苯甲酸，产率 90.1％。

将 4-(4′-丙基环己基)苯甲酸和氯化亚砜加入反应瓶中，搅拌，缓慢升温加热回流进行酰氯化反应 4 h。反应完毕，蒸去多余的氯化亚砜，残余物冷至室温后加入干燥好的甲苯，冰水浴冷却至 0 ℃，将溶于干燥吡啶的 4-乙基苯酚溶液滴加至反应瓶中，加毕，升温至 75～85 ℃ 回流，搅拌反应 4 h，冷却至室温后倒入冰水中。分离有机层，水层用甲苯萃取，合并有机相，依次用 5％的盐酸，5％的 NaOH 水溶液洗涤，最后水洗至中性。干燥，蒸去溶剂，残余固体用乙醇重结晶得白色针状晶体 4-丙基环己基苯甲酸对乙基苯酚酯。

最后一步投料比为 n［4′-(4′-丙基环己基)苯甲酸］：n［亚硫酰氯］：n［对乙基苯酚］＝1：2：1，产率为 75％。

5. 产品标准

外观	白色晶体
相变温度/℃	105～177

6. 产品用途

用作液晶材料，是扭曲丝状相（TN）型液晶发展的一个重要方向，也是用于高档液晶混合配方的重要组分。

7. 参考文献

[1] 沈宁，高媛媛. 4-烷基环己基苯甲酸酯类液晶合成工艺研究［J］. 合成化学，2002（3）：228-231.

[2] 章于川，方胜阳，沈金平. 一类烷基环己基苯甲酸酯类液晶的合成［J］. 安徽大学学报（自然科学版），2007（1）：66-69.

[3] 高媛媛，安忠维，刘骞峰. 4-正烷基环己基苯甲酸酯类液晶合成研究［J］. 应用化工，2001（1）：13-15.

1.25 4-乙基环己基苯甲酸对氰基苯酚酯

4-乙基环己基苯甲酸对氰基苯酚酯（4-Ethyl cyclohextl benzoic acid p-cyanophenol ester）又称 4-（4'-乙基环己基）苯甲酸-4"-氰基苯酚酯。分子式 $C_{22}H_{23}NO_2$，相对分子质量 333.42，结构式：

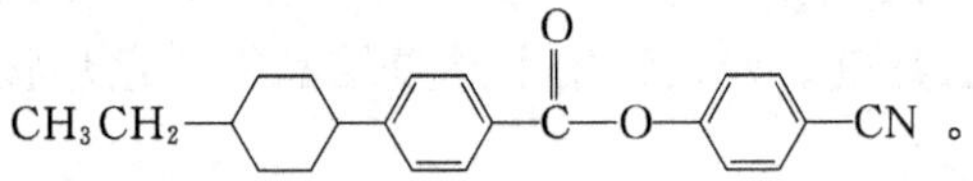

1. 产品性能

白色结晶，相变温度 113～215 ℃。正介电各向异性大，阈值电压对温度依赖性小。

2. 生产方法

在无水三氯化铝催化下，乙酰氯与环己烯反应，得 4-氯-1-乙酰基环己烷，然后 4-氯-1-乙酰基环己烷与苯发生烃化反应，经还原得 4-乙基环己基苯。在无水三氯化铝催化下，4-乙基环己基苯与乙酰氯发生乙酰化反应，酰化产物再与次溴酸钠发生降解得到对应的 4-乙基环己基苯甲酸。经酰氯化后与对氰基苯酚发生酯化，得 4-乙基环己基苯甲酸对氰基苯酯。

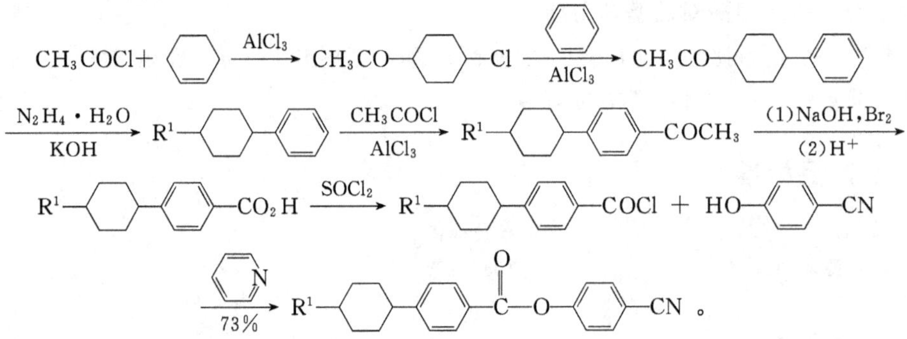

图 1-25

式中，R^1 为 CH_3CH_2。

3. 工艺流程

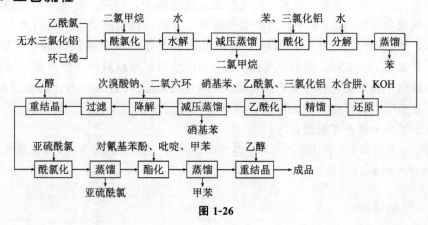

图 1-26

4. 生产工艺

向装有搅拌器、温度计、恒压漏斗及回流装置的反应瓶中依次加入干燥过的 CH_2Cl_2 和无水三氯化铝，搅拌降温至 0 ℃，滴加乙酰氯，控制滴加速度，使温度保持在 0～10 ℃。滴毕，继续搅拌，反应液进一步冷却至 -25 ℃，滴加环己烯，恒温反应 1 h 后，将反应液自然升温至 10 ℃，然后倒入碎冰中，快速搅拌。水解所得下层有机相依次用 5% 的盐酸和水洗涤至中性，无水硫酸镁干燥，过滤，减压蒸除溶剂得棕色油状物 4-氯 1-乙酰基环己烷粗品，可直接用于下一步反应。

将干燥苯和无水三氯化铝加入四颈反应瓶中，搅拌、水冷却下滴加 4-氯-1-乙酰基环己烷进行反应，滴毕，水浴加热至 40～50 ℃，继续搅拌反应 12 h，然后将反应液冷却至室温，倒入冰水中分解。分离上层有机相，依次用 5% 的盐酸和水洗至中性，无水硫酸镁干燥，过滤，回收溶剂后得棕色的油状物 4-苯基-1-乙酰基环己烷粗品，可直接用于下一步反应，产率 53%。

将 4-苯基-1-乙酰基环己烷、二甘醇、氢氧化钾和 80% 的水合肼加入四颈反应瓶中，搅拌加热至 110～120 ℃ 回流反应 3 h。然后打开分水器，逐渐加热升内温至 210～220 ℃ 回流分水 2 h。温度降至 100 ℃ 以下，加水稀释；温度降至 60 ℃ 以下后用石油醚萃取。合并有机相，依次用饱和 NaCl 水溶液和 70% 的浓硫酸洗涤后，再用水洗至中性，无水硫酸镁干燥，过滤，回收溶剂。将粗品进行精馏得 4-乙基-1-苯基环己烷。

在装有温度计、搅拌器及回流装置的四颈反应瓶中加入无水三氯化铝和干燥好的硝基苯，强烈搅拌并冷却至 10 ℃ 以下后滴加乙酰氯。加毕，冷却至 0 ℃，滴加 4-乙基-1-苯基环己烷。滴毕，恒温搅拌 5 h，然后升至室温，将反应液倒入冰水中，搅拌静置，分出有机层；水层用硝基苯萃取。合并有机相，依次用 5% 的盐酸和水洗至中性，干燥，过滤，蒸去溶剂。残余物用甲醇重结晶得白色片状晶体 4-(4′-乙基环己基)苯乙酮。

将溶于二氧六环的 4-(4′-乙基环己基)苯乙酮、NaOH、11% 的次溴酸钠加入四颈反应瓶中，水浴加热，在 30～40 ℃ 搅拌反应 1 h，然后逐渐升温至 70～75 ℃ 回流反应 3 h。反应完毕后搅拌降至室温，过滤，将滤饼加入 400 mL 20% 的盐酸中，保持 pH 在 1 左右酸化 300 min。过滤，水洗滤饼至中性，烘干后用乙醇重结晶得白

色粉末状固体 $4'$-乙基环己基苯甲酸。

将 $4'$-乙基环己基苯甲酸和氯化亚砜加入反应瓶中，搅拌，缓慢升温加热回流进行酰氯化反应 4 h。反应完毕，蒸去多余的氯化亚砜，残余物冷至室温后加入干燥好的甲苯，冰水浴冷却至 0 ℃，将溶于干燥吡啶的对氰基苯酚溶液滴加至反应瓶中。加毕，升温至 75～85 ℃ 回流，搅拌反应 4 h，冷却至室温后倒入冰水中。分离有机层，水层用甲苯萃取，合并有机相，依次用 5% 的盐酸、5% 的 NaOH 的水溶液洗涤，最后水性至中性。干燥，蒸去溶剂，残余固体用乙醇重结晶得白色针状晶体 4-乙基环己基苯甲酸对氰基苯酚酯。

最后一步投料比，n（4-乙基环己基苯甲酸）：n（亚硫酰氯）：n（对氰基苯酚）＝ 1：2：1，产率 73.9%。

5. 产品标准

外观	白色晶体
相变温度/℃	113～215

6. 产品用途

用作液晶材料，是扭曲丝状相（TN）型液晶发展的一个重要方向，也是用于高档液晶混合配方的重要组分。

7. 参考文献

[1] 沈宇，高媛媛. 4-烷基环己基苯甲酸类液晶合成工艺研究 [J]. 合成化学，2002，10（3）：228-230.

[2] 高媛媛，安忠维，刘骞峰. 4-正丁基环己基环己基苯甲酸酯类液晶合成研究 [J]. 应用化工，2001，30（1）：13-15.

[3] 笠原房子. 液晶化合物：昭 60-135479 [P]. 1985.

1.26　4-戊基(4′-丙基环己基)三联苯

4-戊基（$4'$-丙基环己基）三联苯（4-Propyl cyclohexyl-triphenyl）。分子式 $C_{32}H_{40}$，相对分子质量 424.66，结构式：

C_5H_{11}—⟨苯⟩—⟨苯⟩—⟨苯⟩—⟨环⟩—C_3H_7 。

1. 产品性能

白色晶体，相变温度 65 ℃、层状相温度 257 ℃、丝状相温度 313 ℃、各向同性温度 329 ℃。具有联苯类液晶的稳定性和环己烷类液晶的低黏度。

2. 生产方法

$4'$-戊基联苯硼酸在二氯化钯催化下与 4-丙基环己基-1-溴苯偶联，得到 4-戊基（$4'$-丙基环己基）三联苯。

C_5H_{11}—⟨苯⟩—⟨苯⟩—$B(OH)_2$ ＋ Br—⟨苯⟩—⟨环⟩—C_3H_7 $\xrightarrow{PdCl_2、CTMAB、THF/H_2O、K_2CO_3}$

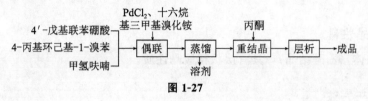

3. 工艺流程

4′-戊基联苯硼酸
4-丙基环己基-1-溴苯
甲氢呋喃

PdCl₂、十六烷基三甲基溴化铵　丙酮

偶联 → 蒸馏 → 重结晶 → 层析 → 成品
　　　↓
　　　溶剂

图 1-27

4. 生产工艺

在装有搅拌、回流冷凝管、加料漏斗的反应瓶中加入 2.9 g 4′-戊基联苯硼酸、4.6 g K_2CO_3、182 mg CTMAB 及 17.7 mg $PdCl_2$，然后加入 18 mL 四氢呋喃、12 mL 蒸馏水，开始搅拌加热，待体系回流 5 min 后，开始滴加 2.8 g 4-丙基环己基-1-溴苯和 2 mL 四氢呋喃的混合溶液。反应体系回流 7 h 后，停止反应，放置至室温后向反应瓶中加入 20 mL 乙醚和 10 mL 水，静置分层，水层用乙醚萃取（2×15 mL）。合并有机层，水洗、无水硫酸镁干燥，过滤、蒸除溶剂后用丙酮重结晶，然后用硅胶柱层分离（石油醚洗脱），得 2.54 g 4-戊基（4′-丙基环己基）三联苯产物。

5. 说明

相转移催化剂 CTMAB 对氯化钯催化偶联反应有明显的助催化作用。氯化钯催化偶联反应的转化率只有 56%，而加入 5% 的相转移催化 CTMAB 后反应的转化率增加到 93%。这是因为反应原料在 THF/H_2O 体系中溶解度小，加入原料后 THF/H_2O 体系分成上下两层，上层为溶有原料的有机相，下层为含 $PdCl_2$ 催化剂的水相。在没有加入相转移催化剂时反应物与催化剂的接触机会很少，因而转率低；加入相转移催化剂的水相转移催化剂后增加了反应物与催化剂的接触机会，因而转化率提高。

6. 产品用途

用于液晶混配中，有着十分广泛的应用前景。

7. 产品标准

外观	白色晶体
纯度（HPLC）	≥97%
清亮点（T_{N-I}）/℃	329

8. 参考文献

[1] 安中维，陈新兵. 4-戊基（4′-丙基环己基）三联苯液晶的合成 [J]. 合成化学，2001，9（5）：442-444.

1.27　5-苯基-2-芳酰胺基-1,3,4-噻二唑

5-苯基-2-芳酰胺基噻二唑液晶的化学名称 5-对丁氧基苯基-2-对戊氧基苯甲酰

胺基-1，3，4-噻二唑。分子式 $C_{24}H_{29}N_3O_3S$，相对分子质量 439.57，结构式：

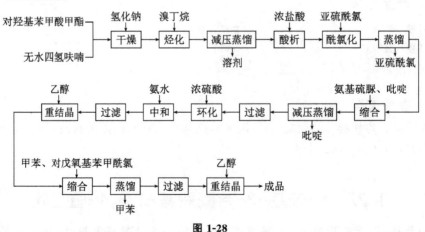

1. 产品性能

针状晶体（乙醇结晶），具有层状相液晶性质。

2. 生产方法

对羟基苯甲酸甲酯在碱性条件下与正溴丁烷发生烃化得对丁氧苯甲酸，得到的对丁氧苯甲酸经酰氯化后，与氨基硫脲缩合，然后环化，得 2-氨基-5-对丁氧基苯基-1，3，4-噻二唑，最后 2-氨基-5-对丁氧基苯基-1，3，4-噻二唑与对戊氧苯甲酰氯缩合，得到 5-对丁氧基苯基-2-对戊氧苯甲酰胺基-1，3，4-噻二唑。

3. 工艺流程

图 1-28

4. 生产工艺

在反应器中，将 8 g 60% 的 NaH 加入 100 mL 无水 THF 中，在冰水浴中，缓慢加入 30.4 g 对羟基苯甲酸酯和 50 mL THF 溶液，待氢气放完后，加入 40 mL 干燥的 DMF。然后滴入 34 g 正溴丁烷与 50 mL THF 的混合溶液，回流 4 h 后，冷却。将反应混合物加入 340 mL 水中，分出有机层，水层用（3×40 mL）乙酸乙酯萃取，合并有机层，有机层用 5% 的 NaOH 溶液洗两次，CaCl$_2$ 干燥，减压蒸去有机溶剂，得淡黄色黏稠状液体。加入到 80 g 50% 的 NaOH 溶液中，回流 1 h，冷却后用浓盐酸酸化至酸性，析出大量白色固体，过滤，用冰乙酸重结晶得晶体对丁氧基苯甲酸。熔点 159~160 ℃，产率为 95.4%。

将 5.8 g 对丁氧基苯甲酸加到 14.4 g 刚蒸过的亚硫酰氯中，回流 4.5 h 后，先尽量蒸出过量亚硫酰氯，再用 3×2 mL 无水苯带出残留的氯化亚砜，剩下即为对丁氧基苯甲酰氯，可直接用于下一步反应。

将 8 g 氨基硫脲盐酸加到 70 mL 无水吡啶中，搅拌，在冰水浴中滴入对丁氧基苯甲酰氯。加完后在室温下搅拌 1 h，放置过夜。减压蒸去部分吡啶，将余下部分倒入 100 mL 冰水中，析出白色固体，过滤、干燥。用 95% 的乙醇重结晶得白色绵针状晶体 1-对丁氧基甲酰基氨基硫脲。熔点 209~210 ℃，产率 87.4%。

将 5.54 g 1-对丁基苯甲酰基氨基硫脲缓慢地加到 10 mL 浓硫酸中，然后逐渐升温至 50~60 ℃。半小时后，停止加热。将固体小心取出放到 30 mL 冰水中，用浓氨水中和至中性。过滤，固体用碳酸氢钠饱和溶液洗涤，水洗、干燥，用乙醇-水重结晶得到 2-氨基-5-对丁氧基苯基-1，3，4-噻二唑。熔点 147~149 ℃，产率 66.8%。

将 2 g 2-氨基-5-对丁氧基苯基-1，3，4-噻二唑加到的 50 mL 甲苯中，加入 2 mL 三乙胺，缓慢滴入 4.77 g 对戊氧基苯甲酰氯和 10 mL 甲苯的混合液，回流 8 h，放置过夜。蒸去部分溶剂，析出固体，过滤，洗涤，干燥，用乙醇重结晶得针状晶体 5-对丁氧基苯基-2-对戊氧基苯甲酰胺基-1，3，4-噻二唑。

5. 产品用途

用作液晶材料。

6. 参考文献

［1］ 李茂国，商永嘉，陆婉芳，等. 新型含酰胺键的噻二唑类液晶的合成［J］. 高等学校化学学报，2002（4）：576-580.

［2］ 彭雄伟，邢伟，程慧芳，等. 1，3，4-噻二唑类液晶化合物的研究进展［J］. 云南化工，2017，44（1）：1-8.

［3］ 施建华. 新型噁二唑、噻二唑衍生物的合成及液晶性研究［D］. 长春：吉林大学，2007.

1.28　胆甾醇油酰基碳酸酯

胆甾醇油酰基碳酸酯（Cholesteryl oleylcarbonate）也称油酰碳酸胆甾醇酯、胆甾烯基油烯基碳酸酯。分子式 $C_{46}H_{80}O_3$，相对分子质量 684.1，结构式：

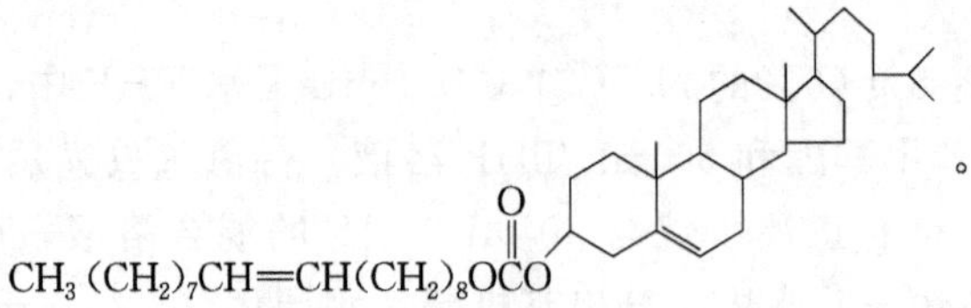

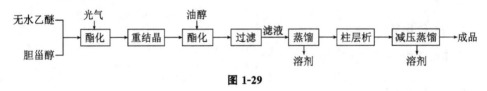

1. 产品性能

乳白色能流动的室温液晶，溶于苯、石油醚等有机溶剂中，微溶于乙醇，不溶于水。在光、热及空气作用下不稳定。清亮点为 39.5～41.0 ℃。

2. 生产方法

先由胆甾醇与光气作用，生成胆甾醇氯甲酸酯，再由胆甾醇氯甲酸酯与油醇进行酯化反应，即得胆甾醇油酰基碳酸酯。

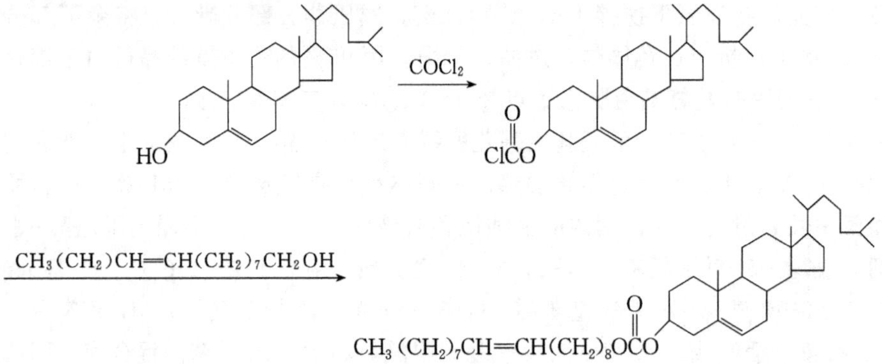

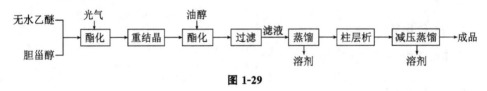

3. 工艺流程

无水乙醚 — 光气 — 油醇
胆甾醇 —［酯化］—［重结晶］—［酯化］—［过滤］滤液—［蒸馏］—［柱层析］—［减压蒸馏］—成品
蒸馏→溶剂   减压蒸馏→溶剂

图 1-29

4. 生产工艺

在一圆底烧瓶中加入 960 mL 无水乙醚，将 80 g 胆甾醇溶于其中，于密闭条件下，通入光气至饱和，得到黄色溶液，待酯化反应完成后，蒸出含有大量光气的乙醚（严格控制蒸出液的挥发），得粗产品。将粗产品用丙酮重结晶 1～2 次，即得熔点为 118～119 ℃ 的中间产物胆甾醇氯亚酸酯纯品。

在三颈瓶内加入 54 g 胆甾醇氯甲酸酯、32.2 g 油醇及溶剂无水苯，安装冷凝器、滴液漏斗和通氮气的装置。通氮气保护，于搅拌下滴加由 9.48 g 吡啶和 120 mL 苯组成的溶液。滴加完毕后，继续搅拌 2 h 至酯化反应完成，将物料过滤，除去白色沉淀，所得滤液进行蒸馏。蒸馏回收溶剂苯，得到粗产品，将粗品溶于 V（苯）：V（石油醚）＝30∶70（60～90 ℃）的混合溶液中，将其流经 80～100 目硅胶层析柱，用苯和石油醚的混合溶液淋洗，收集中段淋洗液，初始淋洗液和最后淋洗液弃之。在氮气保护下减压蒸馏回收溶剂，得乳白色油状液体，即胆甾醇油酰基碳酸酯成品。

5. 产品标准

外观	乳白色油状液体
含量	≥99%
水分含量	0.1×10^{-6}
金属含量	合格
清亮点/℃	40

6. 产品用途

液晶显示材料，用作温度指示及检测温度分布的液晶混合配方组分。

7. 参考文献

[1] 王建华，王国维，谭林坤. 一种胆甾醇酯功能液晶衍生物的制备与表征 [J]. 沈阳大学学报（自然科学版），2017，29（4）：281-283.

[2] 饶华新，张子勇. 高效酰化催化法合成新型胆甾醇酯液晶 [J]. 化学世界，2007（10）：577-580.

1.29　氯化胆甾醇

氯化胆甾醇（Cholesteryl chloride；3-β-Chloro-5-cholestene）也称胆甾醇氯、氯化胆固醇。分子式 $C_{27}H_{45}Cl$，相对分子质量 405.11，结构式：

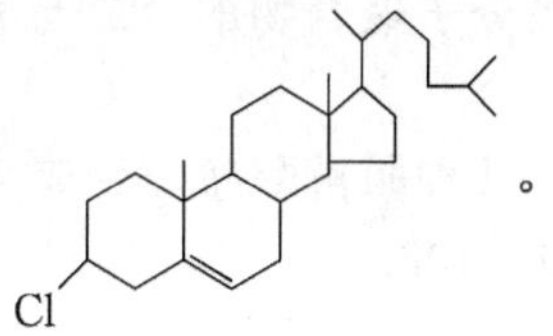

1. 产品性能

白色结晶，熔点 94～96 ℃，比旋度 $[\alpha]_D^{20} = -26° \pm 4.5°$（$c = 1$ g/100 mL 苯中）。易溶于氯仿、乙醚和苯，微溶于乙醇，不溶于水。

2. 生产方法

由胆甾醇和亚硫酰氯进行氯代反应而制得。

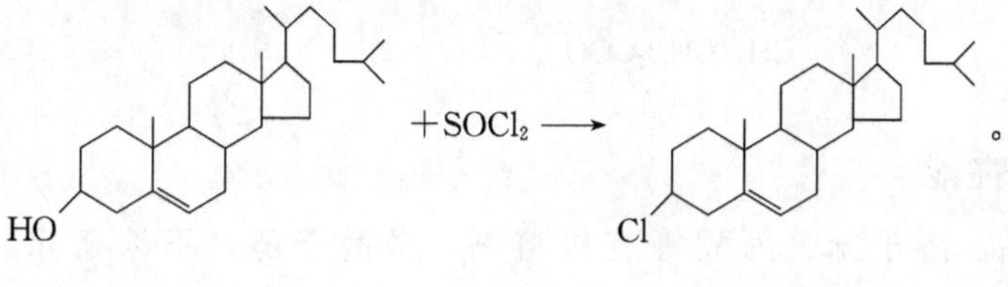

3. 工艺流程

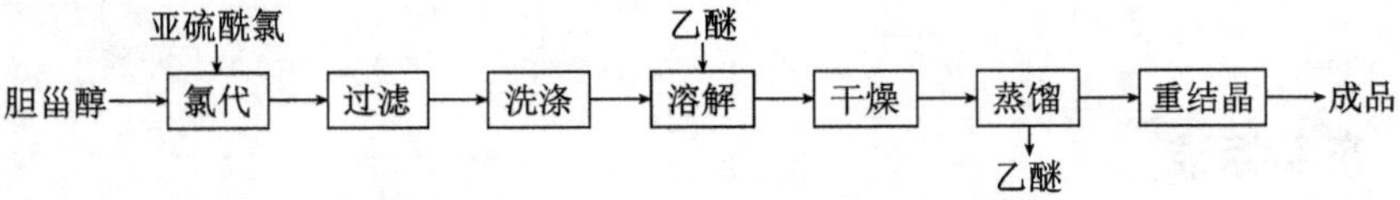

胆甾醇 → 氯代 → 过滤 → 洗涤 → 溶解 → 干燥 → 蒸馏 → 重结晶 → 成品

（氯代：亚硫酰氯；溶解：乙醚；蒸馏：乙醚）

图 1-30

4. 生产工艺

在干燥的圆底烧瓶中加入 100 g 胆甾醇和 20 mL 亚硫酰氯，安装带有氯化钙干燥管的冷凝器，在油浴上加热回流 4 h，至取代反应完成。将物料放置 10 h 左右，然后将其倾入含碳酸钾的冰水中，搅拌，析出黄色固体。过滤，将固体用水洗至中性，再用乙醚溶解。将乙醚层用无水硫酸钠干燥，过滤后，蒸馏滤液，回收乙醚，剩余物即为粗产品。将粗产品用无水乙醇重结晶 2～3 次，即得氯化胆甾醇成品。

5. 产品标准

外观	白色结晶
含量	$\geqslant 99\%$
水分含量	0.1×10^{-6}
金属含量	合格
熔点/℃	94.5～96.5

6. 产品用途

液晶显示材料。

7. 参考文献

[1] 陶旭晨，李磊. 新型液晶高分子聚合物的合成与表征 [J]. 纺织学报，2011，32（1）：20-24.

[2] 鞠秀萍，何林江，程晓红. 几种胆甾醇酯的合成与表征 [J]. 云南大学学报（自然科学版），2007（2）：190-193.

1.30 胆甾烯基壬酸酯

胆甾烯基壬酸酯（Cholesterylnonanoate）也称壬酸胆甾醇酯、胆甾醇壬酸酯，属胆甾相液晶。其分子式 $C_{36}H_{62}O_2$，相对分子质量 526.85，结构式：

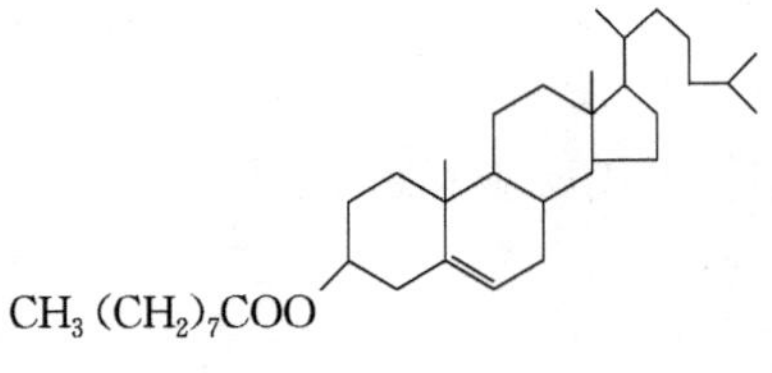

$$CH_3(CH_2)_7COO$$

1. 产品性能

白色结晶，溶于苯、丙酮等有机溶剂，微溶于醇，不溶于水。液晶相温度

92 ℃。熔点 74～77 ℃。

2. 生产方法

先由壬酸与氯化亚砜进行酰氯化反应生成壬酰氯，再由胆甾醇与壬酰氯作用，制得胆甾烯基壬酸酯。

$$CH_3(CH_2)_7COOH + SOCl_2 \longrightarrow CH_3(CH_2)_7COCl,$$

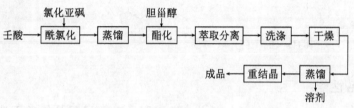

3. 工艺流程

壬酸 → 酰氯化 ← 氯化亚砜 → 蒸馏 → 酯化 ← 胆甾醇 → 萃取分离 → 洗涤 → 干燥 →

→ 蒸馏 ← 溶剂 → 重结晶 → 成品

图 1-31

4. 生产工艺

在装有冷凝器和滴液漏斗的反应瓶中，加入 460 mL 氯化亚砜、600 g 壬酸由滴液漏斗中滴加，开始滴加时，将物料升温至 60 ℃，反应过程中有大量 HCl、SO_2 气体产生。回流、滴加完毕，继续回流反应 1 h，反应完成后，将物料于常压下蒸馏，收集 218～200 ℃、10 kPa 的馏分，即得壬酰氯。

将所制得的 138 g 壬酰氯、152 g 胆甾醇和 485 g N, N-二甲基苯胺加入反应瓶中，加热至 100 ℃，回流酯化反应 1 h，反应完成后，将物料倾入适量水中，用乙醚萃取。分得乙醚萃取液，将萃取液用 1 mol/L 硫酸水溶液洗至醚层不显蓝色，即将 N, N-二甲基苯胺洗净。再依次用水、碳酸氢钠水溶液、水洗涤，将醚层洗至中性，采用无水硫酸钠干燥，然后进行蒸馏，回收乙醚，得固体粗制品。将粗品用热乙醇重结晶后得纯品，即得胆甾烯基壬酸酯液晶成品。

5. 产品标准

外观	白色结晶
含量	≥99%
水分含量	0.1×10^{-6}
金属含量	合格
熔点/℃	75～78

6. 产品用途

液晶显示材料。

7. 参考文献

[1] 陈经佳，汪朝阳，郑绿茵，等. DCC 法合成胆甾醇酯 [J]. 浙江化工，2005
(2)：19-21.

[2] 陈燕琼，张子勇. 胆甾型液晶的合成及显色示温液晶组成 [J]. 化学世界，2003
(7)：373-376.

1.31 十一烯酸胆甾醇酯

十一烯酸胆甾醇酯 (Cholesterol undecylenate) 分子式 $C_{38}H_{64}O_2$，相对分子质量 552.94，结构式：

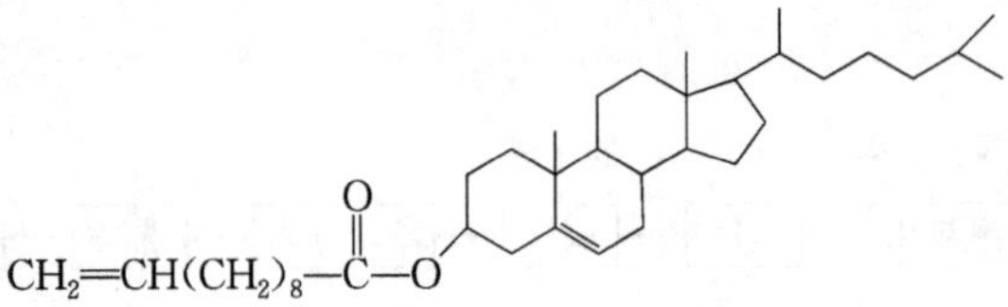

1. 产品性能

白色晶体，熔点 76 ℃，室温下十一烯酸胆甾醇酯呈现晶体的干涉图像；76 ℃ 开始流动，呈现油条织构；87 ℃ 视场为暗，即进入各向同性液体状态；逐渐降温至 82 ℃，视场中出现细小的亮点，即进入液晶态。开始降温，随温度的降低，液晶流体逐渐呈现螺旋织构，降至 80.5 ℃ 呈现明显的菊花状螺旋织构，降温至 69 ℃，液晶层开始按蓝→绿→黄→红的顺序反射彩色光。在 55.5～68.5 ℃，视场中出现层状相的焦椎扇形织构，55 ℃ 时样品结晶。

2. 生产方法

十一烯酸与亚硫酰氯反应，得十一烯酰氯；十一烯酰氯与胆甾醇进行酯化，经分离纯化，得十一烯酸胆甾醇酯。

$$CH_2=CH(CH_2)_8-C(O)-OH + SOCl_2 \longrightarrow CH_2=CH(CH_2)_8COCl，$$
$$CH_2=CH(CH_2)_8COCl + HO-Chol \longrightarrow CH_2=CH(CH_2)_8COO-Chol。$$

式中，—Chol 为

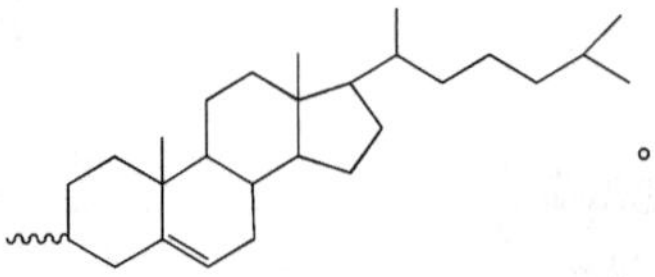

3. 工艺流程

图 1-32

4. 生产工艺

在反应瓶中加入 100 份十一烯酸，搅拌下滴加 71 份亚硫酰氯升温至 75 ℃，搅拌 8 h，最后减压蒸馏收集 126～128 ℃、1866 Pa 的浅黄色液体十一烯酰氯，产率 80%，折光率（n_D^{25}）=4.453。

在四口反应瓶中加入 87 g 胆甾醇、240 mL 甲苯和 40 g N，N-二甲苯胺，缓慢滴加十一烯酰氯，升温至 75 ℃ 后，搅拌 10 h，蒸出大部分甲苯后，用乙醇重结晶 3 次，产品干燥后得 48.5 g 白色片状结晶十一烯酸胆甾醇酯，产率 78%。

5. 产品标准

外观	白色片状结晶
熔点/℃	76
清亮点/℃	87

6. 产品用途

用于配制混合液晶。

7. 参考文献

[1] 朱鸣岗，张其震，王大庆，等. 热致型胆甾酯液晶的合成与表征 [J]. 山东化工，2002，21（2）：1-3.

1.32　胆甾醇肉桂酸酯

胆甾醇肉桂酸酯（Cholesterol cinnamate）又称胆固醇-3-苯基丙烯酸酯，分子式 $C_{36}H_{52}O_2$，相对分子质量 516.79，结构式：

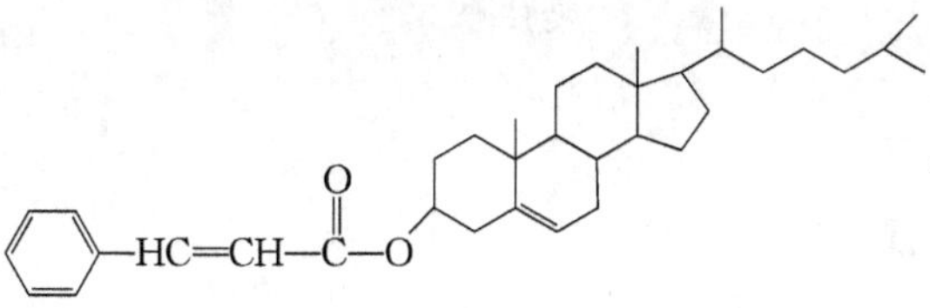

1. 产品性能

白色结晶，溶于乙醚，乙醇等有机溶剂，不溶于水，熔点 162.6 ℃，清亮点 215.2 ℃。

2. 生产方法

肉桂酸与亚硫酰氯反应，得到肉桂酰氯。在碱性条件下，肉桂酰氯与胆甾醇发生酯化，经分离纯化得胆甾醇肉桂酸酯。

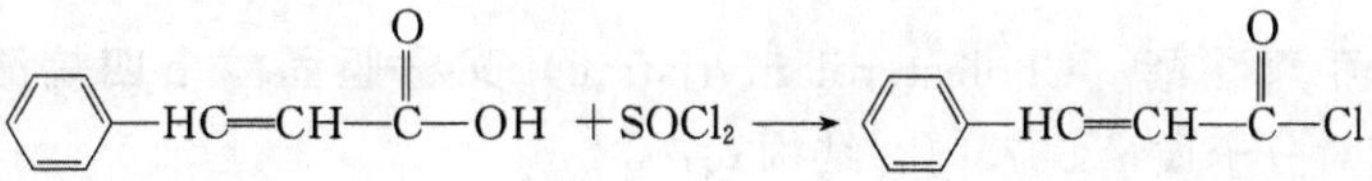

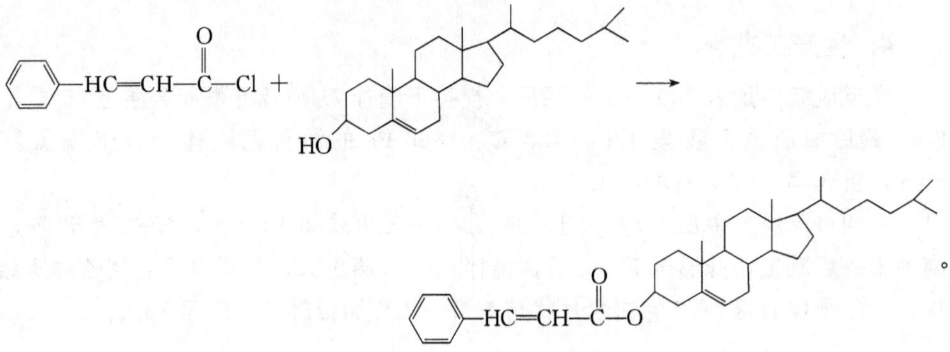

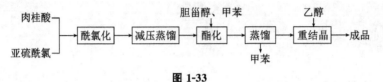

3. 工艺流程

图 1-33

4. 生产工艺

在反应瓶中加入肉桂酸，搅拌下滴加亚硫酰氯，升温至 75 ℃，搅拌 8 h，最后减压蒸馏收集肉桂酰氯，产率 80%。

在四口反应瓶中加入 87 g 胆甾醇、240 mL 甲苯和 40 g N，N-二甲苯胺，缓慢滴加肉桂酰氯，升温至 75 ℃ 后，搅拌 10 h，蒸出大部分甲苯后，用乙醇重结晶 3 次，产品干燥后得白色片状结晶胆甾醇肉桂酸酯，产率 78%。

5. 产品标准

外观	白色结晶
熔点/℃	162.2
清亮点/℃	215.2

6. 产品用途

用于配制混合液晶。

7. 参考文献

[1] 饶华新，张子勇. 高效酰化催化法合成新型胆甾醇酯液晶 [J]. 化学世界，2007
(10)：577-580，584.

[2] 宋秀美，汪朝阳，毛郑州，等. 胆甾醇酯的合成研究进展 [J]. 广州化学，2008
(1)：59-67.

1.33 胆甾醇肉豆蔻酸酯

胆甾醇肉豆蔻酸酯（Cholesterol myristate）又称胆固醇十四烷酸酯，分子式 $C_{41}H_{72}O_2$，相对分子质量 597.01，结构式：

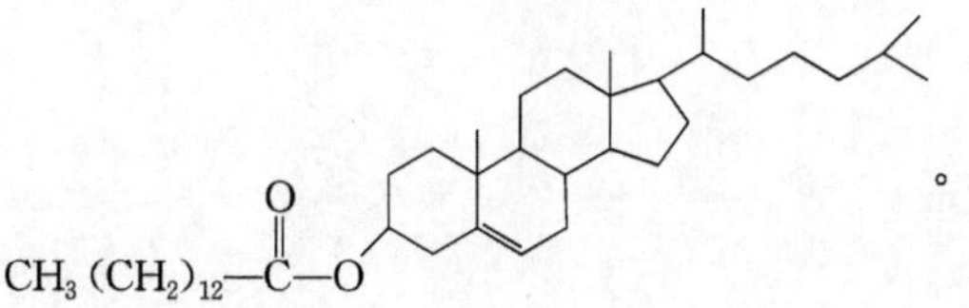

$$CH_3(CH_2)_{12}-C(=O)-O-\text{(胆甾醇骨架结构)}$$

1. 产品性能

白色结晶，溶于乙醇、乙醚等有机溶剂，熔点（T_m）74.5 ℃，清亮点（T_i）85.2 ℃，热致型液晶。

2. 生产方法

肉豆蔻酸与亚硫酰氯反应，经减压蒸馏得肉豆蔻酰氯，肉豆蔻酰氯再与胆甾醇发生酯化，得胆甾醇肉豆蔻酸酯。

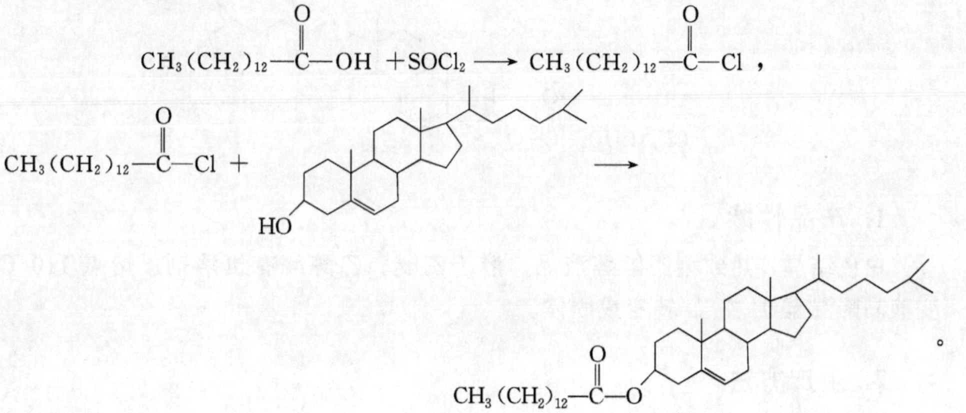

$$CH_3(CH_2)_{12}-C(=O)-OH + SOCl_2 \longrightarrow CH_3(CH_2)_{12}-C(=O)-Cl,$$

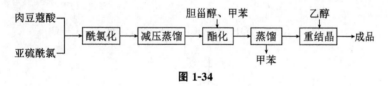

3. 工艺流程

肉豆蔻酸、亚硫酰氯 → 酰氯化 → 减压蒸馏 → 酯化（胆甾醇、甲苯）→ 蒸馏（甲苯）→ 重结晶（乙醇）→ 成品

图 1-34

4. 生产工艺

在反应瓶中加入肉豆蔻酸，搅拌下滴加亚硫酰氯，升温至 75 ℃，搅拌 8 h，最后减压蒸馏收集肉豆蔻酰氯。

在四口反应瓶中加入 87 g 胆甾醇、240 mL 甲苯和 40 g N，N-二甲苯胺，缓慢滴加肉豆蔻酰氯，升温至 75 ℃后，搅拌 10 h，蒸出大部分甲苯后，用乙醇重结晶 3 次，产品干燥后得白色片状结晶胆甾醇肉豆蔻酸酯，产率 78%。

5. 产品标准

外观	白色晶体
熔点/℃	70～72
清亮点/℃	83.5～85.5

6. 产品用途

用于配制混合液晶。

7. 参考文献

[1] 李佩瑾，赵春山，李佳. 胆甾相液晶的合成 [J]. 化学工程师，2005 (1)：57-58.

1.34 胆甾醇辛酸酯

胆甾醇辛酸酯（Cholesterol n-capylate）又称胆固醇正辛酸酯，分子式 $C_{35}H_{60}O_2$，相对分子质量 512.85，结构式：

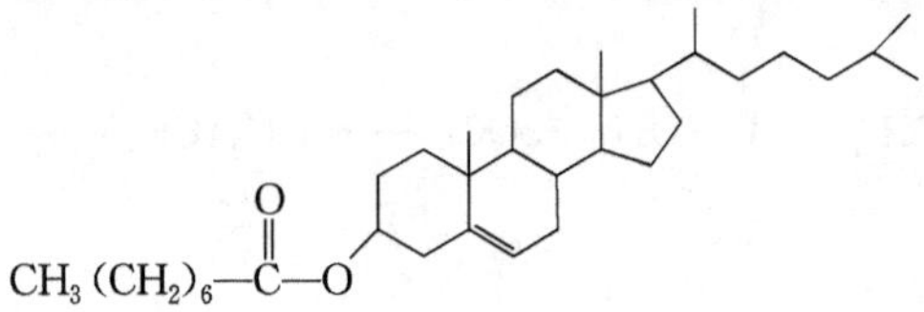

1. 产品性能

白色结晶，热致型胆甾醇液晶，溶于乙醚、乙醇等有机溶剂。熔点 110 ℃，单变液晶降温至 94.7 ℃ 转变成固体。

2. 生产方法

用亚硫酰氯与辛酸反应制得辛酰氯，辛酰氯再与胆固醇发生酯化，粗品用乙醇重结晶得纯品。

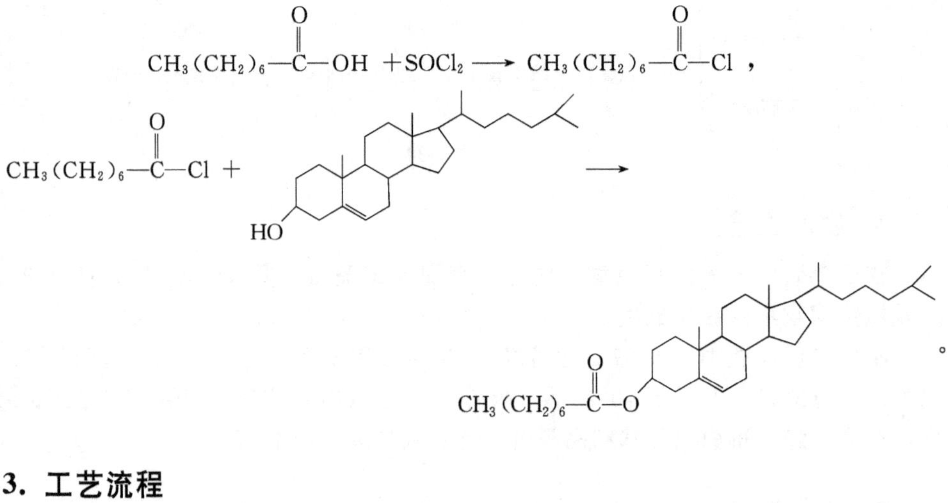

$$CH_3(CH_2)_6-\overset{O}{\overset{\|}{C}}-OH + SOCl_2 \longrightarrow CH_3(CH_2)_6-\overset{O}{\overset{\|}{C}}-Cl,$$

3. 工艺流程

辛酸、亚硫酰氯 → 酰氯化 → 减压蒸馏 → 酯化（胆甾醇、甲苯）→ 蒸馏（甲苯）→ 重结晶（乙醇）→ 成品

图 1-35

4. 生产工艺

在反应瓶中加入辛酸，搅拌下滴加亚硫酰氯，升温至 75 ℃，搅拌 8 h，最后减压蒸馏收集辛酰氯。

在四口反应瓶中加入 87 g 胆甾醇、240 mL 甲苯和 40 g *N*，*N*-二甲苯胺，缓慢滴加辛酰氯，升温至 75 ℃ 后，搅拌 10 h，蒸出大部分甲苯后，用乙醇重结晶 3 次，产品干燥后得白色片状结晶胆甾醇辛酸酯，产率 75%。

5. 产品标准

外观	白色晶体
熔点/℃	108～110

6. 产品用途

用于配制混合液晶。

7. 参考文献

[1] 鞠秀萍，何林江，程晓红. 几种胆甾醇酯的合成与表征 [J]. 云南大学学报（自然科学版），2007（2）：190-193.
[2] 饶华新，张子勇. 高效酰化催化法合成新型胆甾醇酯液晶 [J]. 化学世界，2007（10）：577-580.

1.35 胆甾醇癸酸酯

胆甾醇癸酸酯（Cholesterol decanoate）又称正癸酸胆固醇酯，分子式为 $C_{37}H_{64}O_2$，相对分子质量 540.90，结构式：

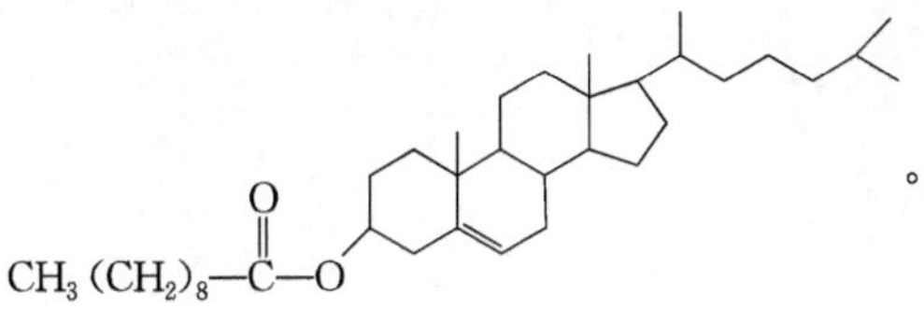

1. 产品性能

白色晶体，热致型胆甾醇液晶。溶于乙醚、乙醇等有机溶剂，不溶于水。

2. 生产方法

正癸酸与亚硫酸酰氯发生酰氯化得癸酰氯，得到的癸酰氯与胆甾醇在碱存在下发生酯化反应得胆甾醇癸酸酯。

$$CH_3(CH_2)_8-\overset{\overset{\displaystyle O}{\|}}{C}-OH + SOCl_2 \longrightarrow CH_3(CH_2)_8-\overset{\overset{\displaystyle O}{\|}}{C}-Cl\ ,$$

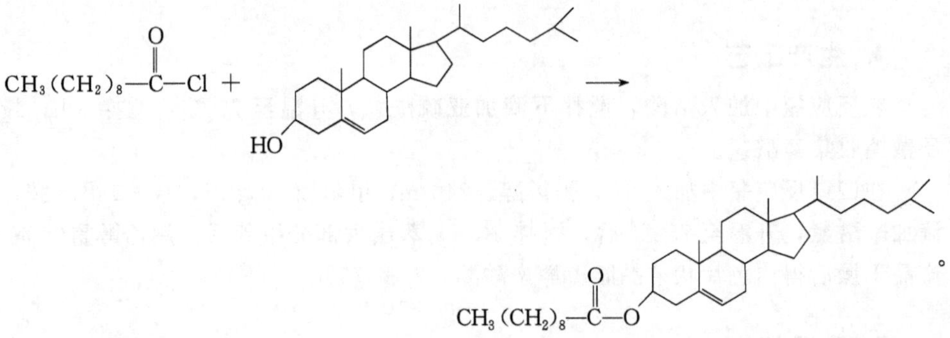

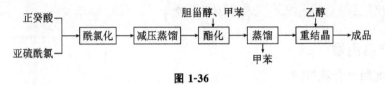

3. 工艺流程

图 1-36

4. 生产工艺

在反应瓶中加入正癸酸，搅拌下滴加亚硫酰氯，升温至 75 ℃，搅拌 8 h，最后减压蒸馏收集癸酰氯。

在四口反应瓶中加入 87 g 胆甾醇、240 mL 甲苯和 40 g N，N-二甲苯胺，缓慢滴加癸酰氯，升温至 75 ℃ 后，搅拌 10 h，蒸出大部分甲苯后，用乙醇重结晶 3 次，产品干燥后得白色片状结晶胆甾醇癸酸酯，产率 76%。

5. 产品标准

熔点/℃	82.0～85.5
清亮点/℃	90.9～94.5

6. 产品用途

用于配制混合液晶。

7. 参考文献

［1］张子勇，饶华新，陈燕琼. 胆甾相液晶的制备及其显色示温混合液晶的配制
［J］. 化学世界，2006（11）：643-646.

［2］严超，陈慧茹，任雁明，等. 1，3，4-噁二唑胆甾醇化合物的合成及性质研究
［J］. 云南大学学报（自然科学版），2017，39（2）：272-277.

1.36　胆甾醇己酸酯

胆甾醇己酸酯（Cholesterol nonanoate）又称胆固醇正己酸酯，分子式 $C_{33}H_{56}O_2$，相对分子质量 484.79，结构式：

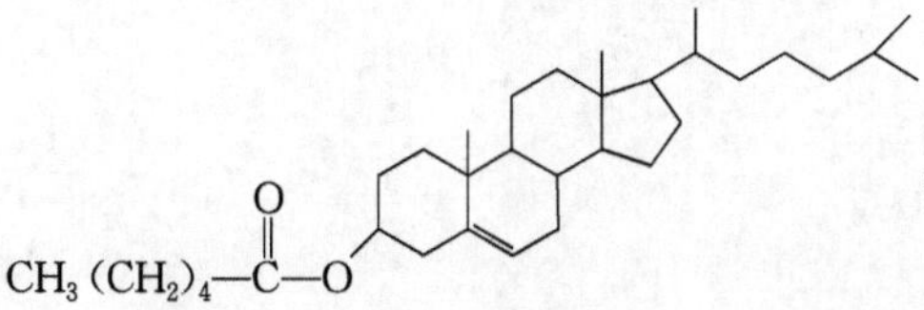

$$CH_3(CH_2)_4-C \underset{O}{\overset{\parallel}{}}-O-\text{(cholesteryl)}$$

1. 产品性能

白色晶体，不溶于水，溶于乙醚、乙醇等有机溶剂。属于热致型胆甾醇液晶。熔点 97.8～98.0 ℃，清亮点 99.0～100.0 ℃。

2. 生产方法

正己酸与亚硫酰氯发生酰氯化生成己酰氯，然后己酰氯与胆固醇酯化得胆甾醇己酸酯。

$$CH_3(CH_2)_4-\overset{O}{\overset{\parallel}{C}}-OH + SOCl_2 \longrightarrow CH_3(CH_2)_4-\overset{O}{\overset{\parallel}{C}}-Cl,$$

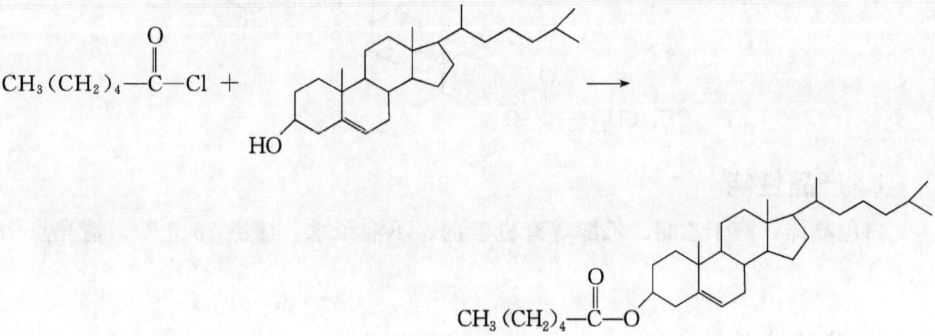

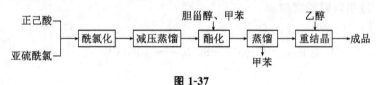

3. 工艺流程

```
                        胆甾醇、甲苯                乙醇
                           ↓                        ↓
正己酸 ─┐
        ├→ 酰氯化 → 减压蒸馏 → 酯化 → 蒸馏 → 重结晶 → 成品
亚硫酰氯 ─┘                            ↓
                                      甲苯
```

图 1-37

4. 生产工艺

在反应瓶中加入正己酸，搅拌下滴加亚硫酰氯，升温至 75 ℃，搅拌 8 h，最后减压蒸馏收集己酰氯。

在四口反应瓶中加入 87 g 胆甾醇、240 mL 甲苯和 40 g N，N-二甲苯胺，缓慢滴加己酰氯，升温至 75 ℃后，搅拌 10 h，蒸出大部分甲苯后，用乙醇重结晶 3 次，产品干燥后得白色片状结晶胆甾醇己酸酯，产率 76%。

5. 产品标准

熔点/℃	97.8～98.0
清亮点/℃	99.0～100.0

6. 产品用途

用作配制混合液晶。

7. 参考文献

[1] 王建华，王国维，谭林坤. 一种胆甾醇酯功能液晶衍生物的制备与表征 [J]. 沈阳大学学报（自然科学版），2017，29（4）：281-283.

[2] 宋秀美，汪朝阳，毛郑州，等. 胆甾醇酯的合成研究进展 [J]. 广州化学，2008（1）：59-67.

1.37 胆甾醇棕榈酸酯

胆甾醇棕榈酸酯（Cholesterol palmitate）又称胆固醇软脂酸酯、胆甾醇十六烷酸酯。分子 $C_{43}H_{76}O_2$，相对分子质量 625.06，结构式：

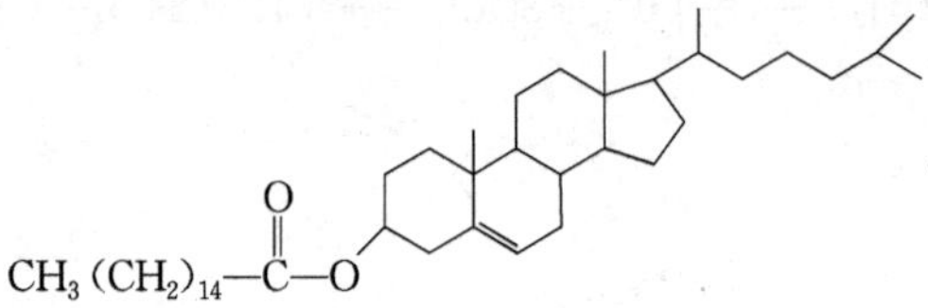

1. 产品性能

白色晶体，溶于乙醚、乙醇等有机溶剂、不溶于水。熔点 76.6 ℃。清亮点 78.9～85.0 ℃。

2. 生产方法

亚硫酰氯与棕榈酸发生酰氯化反应得到棕榈酰氯，得到的棕榈酰氯与胆固醇发生酯化反应，得胆甾醇棕榈酸酯。

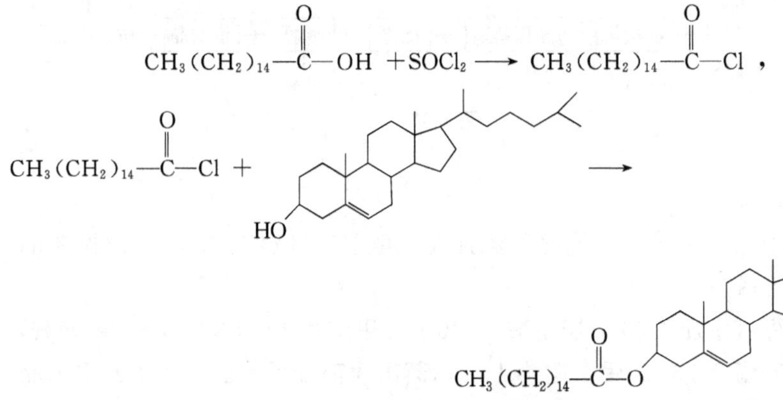

3. 工艺流程

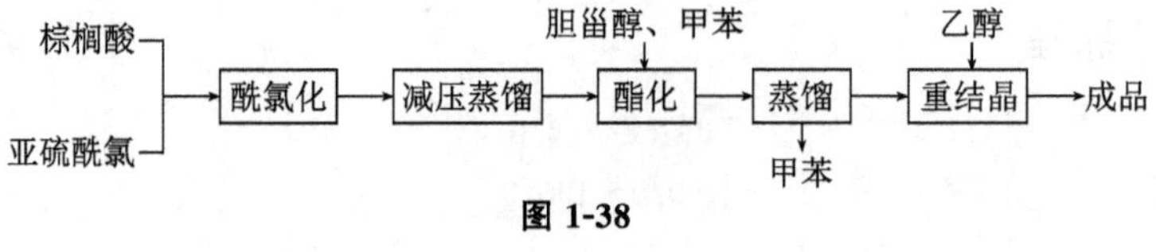

图 1-38

4. 生产工艺

在反应瓶中加入棕榈酸，搅拌下滴加亚硫酰氯，升温至 75 ℃，搅拌 8 h，最后减压蒸馏收集棕榈酰氯。

在四口反应瓶中加入 87 g 胆甾醇、240 mL 甲苯和 40 g N，N-二甲苯胺，缓慢滴加棕榈酰氯，升温至 75 ℃ 后，搅拌 10 h，蒸出大部分甲苯后，用乙醇重结晶 3 次，产品干燥后得白色片状结晶胆甾醇棕榈酸酯，产率 76%。

5. 产品标准

外观	白色晶体
熔点/℃	76～79
清亮点/℃	78.9～85.0

6. 产品用途

用于配制混合液晶。

7. 参考文献

[1] 陈经佳，汪朝阳，郑绿茵，等. DCC 法合成胆甾醇酯 [J]. 浙江化工，2005 (2)：19-21.

1.38　十一烯酰氧苯甲酸胆甾醇酯

十一烯酰氧苯甲酸胆甾醇酯 [Cholesteryl 4-(10-undecylenoyloxy) benzoate] 为热致型胆甾醇液晶。分子式 $C_{45}H_{68}O_4$，相对分子质量为 672.02，结构式：

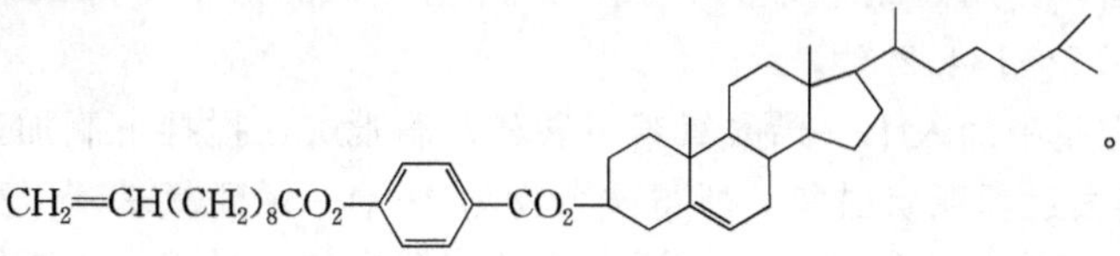

$$CH_2=CH(CH_2)_8CO_2- \bigcirc -CO_2$$

1. 产品性能

白色晶体，溶于乙醇等有机溶剂，不溶于水，熔点 123.0～125.1 ℃，属热致型液晶。呈现晶体的干涉图像，升温至 140 ℃ 有明显的丝状油条出现，随着温度的升高视场中的不同区域同时存在着丝状油条、细碎花、焦椎扇形织构。温度达到 210 ℃ 时，视场变暗，样品转化为各向同性的液体。冷却时，随着温度的降低先出现细小焦椎，然后，焦椎逐步长大；130～110 ℃，又出现油条织构；70 ℃ 时开始出现大面积的晶体干涉图像；120～190 ℃ 样品玻片随着温度的升高，按红→绿→蓝→紫的次序反射彩色光。

2. 生产方法

十一烯酸与亚硫酰氯反应得到十一烯酰氯，然后十一烯酰氯与对羟基苯甲酸发生酯化生成 4-十一烯酰氧基苯甲酸，生成的 4-十一烯酰氧基苯甲酸再与亚硫酰氯发生酰氯化，最后酰氯化产物与胆甾醇发生酯化，得到十一烯酰氧苯甲酸胆甾醇酯。

$$CH_2=CH(CH_2)_8CO_2H+SOCl_2 \longrightarrow CH_2=CH(CH_2)_8COCl,$$

$$CH_2=CH(CH_2)_8COCl+4-HO-Ph-CO_2H \longrightarrow CH_2=CH(CH_2)_8CO_2-PhCO_2H,$$

$$CH_2=CH(CH_2)_8CO_2-Ph-CO_2H+SOCl_2 \longrightarrow CH_2=CH(CH_2)_8CO_2-Ph-COCl,$$

$$CH_2=CH(CH_2)_8CO_2-Ph-COCl+HO-Chol \longrightarrow CH_2=CH(CH_2)_8CO_2-Ph-COO-Chol。$$

式中，—Chol 为 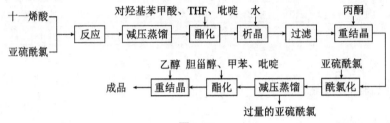 。

3. 工艺流程

十一烯酸、亚硫酰氯 → 反应 → 减压蒸馏 →（对羟基苯甲酸、THF、吡啶）酯化 →（水）析晶 → 过滤 →（丙酮）重结晶 →（亚硫酰氯）酰氯化 →（过量的亚硫酰氯）减压蒸馏 →（胆甾醇、甲苯、吡啶）酯化 →（乙醇）重结晶 → 成品

图 1-39

4. 生产工艺

在反应瓶中加入 200 份十一烯酸，搅拌下，滴加 142 份亚硫酰氯，加热至 75 ℃，搅拌反应 6～8 h。减压蒸馏收集 126～128 ℃、1866 Pa 馏分，得到淡黄色液体十一烯酰氯，产率 80% 左右。

在三口反应瓶中，用 200 mL 四氢呋喃溶解 68 g 对羟基苯甲酸，再加入 47.4 g 吡啶，滴加 120 g 十一烯酰氯，然后加热回流搅拌 5 h。将反应后的溶液倾入大量水中，析出白色固体，用丙酮重结晶 3 次，得白色片状晶体十一烯酰氧苯甲酸，产率 80%。熔点 128.2～134.2 ℃。

在三口反应瓶中加入十一烯酰氧苯甲酸和几滴吡啶，搅拌下滴加亚硫酰氯，反应 0.5 h 后减压蒸去过量亚硫酰氯，所得残余物为 4-十一烯酰氧基苯甲酰氯。

在三口反应瓶中加入胆固醇，用适量甲苯溶解后加入吡啶。不断搅拌下，滴加十一烯酰氧基苯甲酰氯，反应 2 h 后，将去除固体后的甲苯溶液在浓缩之后倾入乙醇中，并用乙醇重结晶数次，得白色晶体，产率 82%。

5. 产品标准

外观	白色晶体
熔点/℃	123.0～125.1
相变温度/℃	210～211

6. 产品用途

用于配制混合液晶。

7. 参考文献

[1] 陈燕琼，张子勇. 胆甾型液晶的合成及显色示温液晶组成 [J]. 化学世界，2003

（7）：373-376.

[2] 支俊格，张宝砚，臧宝岭，等. 一类具有光学活性胆甾液晶聚合物的合成与表征 [J]. 东北大学学报，2002（6）：606-609.

1.39 液晶聚氨酯

液晶聚氨酯（Liguid grystal polyurethanes）是柔性链的主链型液晶聚合物。这里介绍的是1，4-双（对-羟基己氧基苯甲酸）苯酯与2，4-甲苯二异氰酸酯反应制得的液晶聚氨酯。

1. 产品性能

热致型液晶，熔点（T_m）144 ℃，清亮点（T_i）228 ℃。液晶相温度 144～227 ℃。

2. 生产方法

1，4-双（三甲基硅氧基）苯与对羟基苯甲酰氯反应得1，4-双（对羟基苯甲酸）苯酯，1，4-双（对羟基苯甲酸）苯酯再与6-溴己醇反应得到1，4-双（对-羟基己氧基苯甲酸）苯酯。得到的1，4-双（对-羟基己氧基苯甲酸）苯酯再与2，4-甲苯二异氰酸酯反应制得液晶聚氨酯。

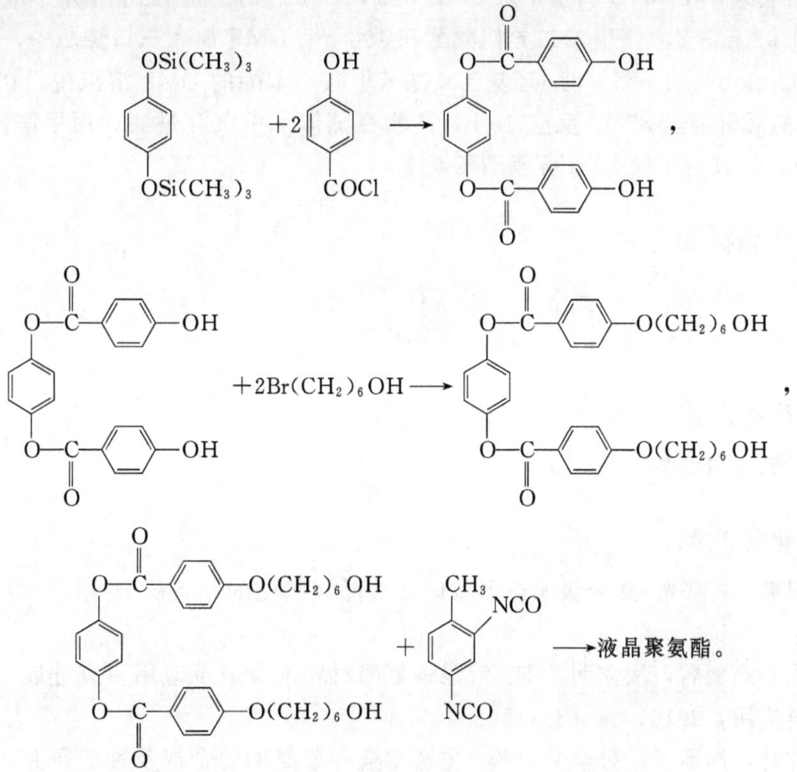

3．工艺流程

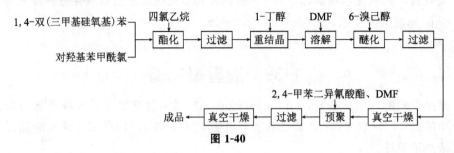

图 1-40

4．生产工艺

在装有搅拌器、温度计、回流管的三口烧瓶中，加入 0.1 mol 的 1，4-双（三甲基硅氧基）苯和 0.2 mol 对羟基苯甲酰氧及适量的 1，1，2，2-四氯乙烷作溶剂，加热到 165 ℃，反应大约 10 h，冷却产物，过滤，洗涤，在 1-丁醇中重结晶，即得 1，4-双（对羟基苯甲酸）苯酯。

将 0.2 mol 1，4-双（对羟基苯甲酸）苯酯溶于 60 mL DMF 中溶解，加入三口烧瓶中，同时加入 0.45 mol Na_2CO_3 和 0.001 mol/L 6-溴己醇的 DMF 溶液 400 mL，加热至 120 ℃，进行醚化反应 12 h，将产物冷却并注入冷水中过滤，用蒸馏水洗涤，70 ℃ 真空干燥 12 h，所得产物在 V（DMF）：V（丁醇）＝1∶1 的溶液中结晶，用乙酸乙酯洗涤，在 90 ℃ 真空干燥 2 h，得 1，4-双（对-羟基己氧基苯甲酸）苯酯。

将 0.02 mol 2，4-甲苯二异氰酸酯和 100 mL DMF 加入三口烧瓶中，逐滴加入含有 0.02 mol 4，4′-双（对-羟基己氧基苯甲酸）苯酯的 DMF 溶液中，在 60 ℃ 反应 1 h，然后升温至 87 ℃ 反应 15 h，产物在蒸馏水中沉淀过滤，用甲醇洗涤 3～4 次，在 80 ℃ 真空干燥 12 h 得液晶聚氨酯。

5．产品标准

熔点（Tm）/℃	144
清亮点（Ti）/℃	228

6．产品用途

用作热致型液晶材料。

7．参考文献

[1] 穆罗娜. 具有光-热分级响应形状记忆液晶聚氨酯的制备研究 [D]. 深圳：深圳大学，2017.

[2] 刘强，高丽君，周立明，等. 液晶聚氨酯材料的合成及应用研究进展 [J]. 工程塑料应用，2016，44（3）：145-149.

[3] 庞林林，高丽君，孙全文，等. 主链型液晶聚氨酯的合成及性能研究 [J]. 工程塑料应用，2016，44（6）：15-20.

第二章 电致发光和电致变色材料

新型平面显示器发光技术的研究与应用是现阶段的一个热点，其目标是用新型的、高效的、轻质的平面显示器来代替传统的、笨重的、耗能多的阴极射线管。与液晶平面显示器相比，有机电致发光平面显示器具有主动发光、轻薄、对比度好、无角度依赖性、可大面积显示、能耗低等显著特点，在应用上有明显的优势，具有广阔的应用前景。有机电致发光（EL）是指有机材料在电场作用下，将电能直接转化为光能的一种发光现象。有机电致发光材料的响应速度快、亮度高、视角广，可制成薄型的彩色平面发光器件。

有机电致发光器件的发光属于注入型发光。在正向电压驱动下，阳极向发光层注入空穴，阴极向发光层注入电子。注入的空穴和电子在发光层中相遇结合成激子，激子复合并将能量传递给发光材料，发光材料经过辐射弛豫过程而发光。

目前发光层材料主要有两大类：一类是小分子材料，主要通过真空蒸镀的方法制备器件；另一类是聚合物材料，主要通过旋转涂敷或丝网印刷、喷黑等法制备发光层。

2.1　烯丙基螺噁嗪

烯丙基螺噁嗪（Allyl spirooxazine）的化学名称 1-烯丙基-3，3-二甲基螺｛吲哚啉-2，3′［3H］萘并［1，4］噁嗪｝。分子式 $C_{24}H_{22}N_2O$，相对分子质量 354.45，结构式：

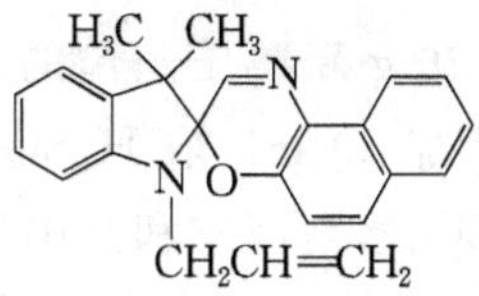

1. 产品性能

黑褐色晶体，具有光致变色性质。烯丙基螺噁嗪在有机溶液（丙酮、正己烷等）中显示光致变色性，溶液在紫外光照射下由无色变成蓝色，撤去紫外光蓝色消失又恢复成无色。

2. 生产方法

盐酸苯肼与甲基异丙基酮在硫酸催化下得 2，3，3-三甲基吲哚；然后 2，3，3-三甲基吲哚与烯丙基碘反应，经处理得 N-烯丙基吲哚啉；最后 N-烯丙基吲哚啉与1-亚硝基-2-萘酚环化得烯丙基螺噁嗪。

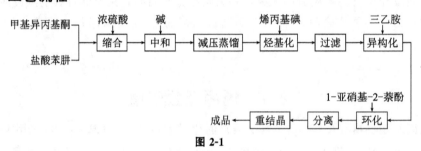

3. 工艺流程

图 2-1

4. 生产工艺

在 500 mL 圆底烧瓶中加入 36 g 新减压蒸馏的盐酸苯肼、35 g 甲基异丙基酮、300 mL 无水乙醇，电动搅拌下滴加 20 mL 浓 H_2SO_4，加热回流反应 7 h，结束后，蒸出溶剂乙醇，残液用饱和 Na_2CO_3 水溶液中和至中性，再用氯仿萃取，萃取液用无水 $MgSO_4$ 干燥过夜，过滤，蒸出溶剂，减压蒸馏收集 90～102 ℃、15×133.3 Pa 馏分，即得 2，3，3-三甲基吲哚冷藏密闭保存。

在反应瓶中，加入 56 g 新蒸馏的 2，3，3-三甲基吲哚、60 g 烯丙基碘，于油浴 110 ℃ 中进行 N-烃基化反应 3 h。冷却，抽滤，收集滤饼得粗产品，溶液为红色。干燥后研磨，用乙醇多次洗涤，产物为白色。干燥后用乙酸乙酯再次洗涤，得无色晶体即 N-烯丙基吲哚。将 40 g N-烯丙基吲哚溶于 100 mL 无水乙醇中，滴加三乙胺，并于油浴 90 ℃ 反应 30 min，溶液为深红色，即得烯丙基吲哚啉溶液。

将 20 g 1-亚硝基-2-萘酚溶于 100 mL 无水醇中，加入适量活性炭，煮沸 100 min 趁热过滤，去炭渣，得橙红色透明的萘酚溶液。将烯丙基吲哚啉溶液滴入 1-亚硝基 2-萘酚溶液中，继续反应 3 h。冷却，蒸馏去除溶剂，得烯丙基螺噁嗪粗品。

粗品用 V（乙醇）：V（丙酮）＝1：1 混合溶剂重结晶，得到黑褐色晶体即烯丙基螺噁嗪。

5. 说明

1-亚硝基-2-萘酚在与吲哚啉反应形成杂环化合物螺噁嗪时，反应时间和加热温度直接影响反应收率和产品分离。反应时间短和加热温度低反应速度慢、收率低，而反应时间长和温度过高易引起副反应，使产率降低，并给产品的分离带来许多困难。合成反应的产率主要受以下几个方面的影响：

①反应原料 2，3，3-三甲基吲哚不稳定，每次反应之前必须进行减压蒸馏，用新蒸的原料立即进行反应，随蒸随用。

②反应过程中仪器保持干燥，有水参加的反应会伴随着吲哚的产生生成黏稠的杂质。

③吲哚碘化物产率偏低，这是由于烯丙基碘的结晶温度很低，反应过程中会有一部分反应物结晶，更主要是由于吲哚环上氮原子活性低。

④在分离纯制过程中，采用活性炭处理，多次结晶和提纯等分离方法，分离纯制过程会降低产品的产率。

6. 产品用途

用作光致变色材料，适用于光信息存储元件，光控开关等。

7. 参考文献

[1] 安晶，杨志范. 烯丙基螺噁嗪的合成 [J]. 盐城工学院学报，2006，19（1）：58-60.

[2] 李旭. 一种螺噁嗪光致变色化合物的合成与性质研究 [J]. 云南大学学报（自然科学版），2016，38（2）：295-298.

[3] 唐蓉萍，夏德强，尚秀丽，等. 螺噁嗪类光致变色化合物的制备及其性能初探 [J]. 当代化工，2014，43（4）：475-477.

2.2　硝基螺吡喃

硝基螺吡喃（Nitro-spiropyran）的化学名称为 1，3，3-三甲基-6-硝基螺〔吲哚啉-2，2′-[2H-1] 萘并吡喃〕，分子式 $C_{23}H_{20}N_2O_3$，相对分子质量 372.42，结构式：

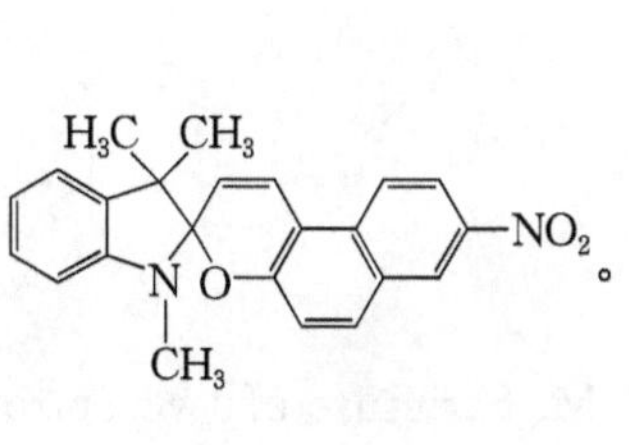

1. 产品性能

无色晶体，熔点 178～180 ℃，具有光致变色性。

2. 生产方法

苯肼与甲基异丙基酮在浓硫酸催化下脱水成环，得2，3，3-三甲基吲哚；然后2，3，3-三甲基吲哚与碘甲烷反应，经处理得1，3，3-三甲基-2-甲叉基吲哚啉；1，3，3-三甲基-2-甲叉基吲哚啉再与6-硝基-2-羟基-1-萘甲醛缩合，得硝基螺吡喃。

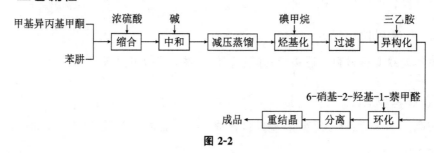

3. 工艺流程

甲基异丙基甲酮、苯肼 → 缩合（浓硫酸）→ 中和（碱）→ 减压蒸馏 → 烃基化（碘甲烷）→ 过滤 → 异构化（三乙胺）→ 环化（6-硝基-2-羟基-1-萘甲醛）→ 分离 → 重结晶 → 成品

图 2-2

4. 生产工艺

将 3.4 g 1，3，3-三甲基-2-甲叉基吲哚啉和 3.4 g 6-硝基-2-羟基-1-萘甲醛加入反应瓶进行环化反应，以无水乙醇为溶剂。反应完毕，蒸馏回收溶剂得产品 2.1 g 无色晶体，熔点 178～180 ℃。

5. 产品标准

外观	无色晶体
熔点/℃	178～180

6. 产品用途

用作光致变色材料。

7. 参考文献

[1] ZOU W X, HUANG H M. Stricture of two spiropyrans in the open and closed form [J]. structural chemistry, 2004, 15 (4): 317-321.

[2] 刘水平. 多官能团螺吡喃光致变色材料的合成、表征及变色反应动力学研究 [D]. 上海：东华大学, 2008.

[3] 张婷. 螺吡喃化合物在不同介质中的光致变色行为及光响应机理研究 [D]. 广州：广东工业大学，2016.

2.3　吲哚啉螺苯并吡喃

吲哚啉螺苯并吡喃（Indoline spirobenzopyran）的化学名称 $1'$-(2-羟乙基)-6-硝基螺 [2H-1-苯并吡喃-2,$2'$-吲哚啉]。其分子式 $C_{20}H_{20}N_2O_4$，相对分子质量 352.39，结构式：

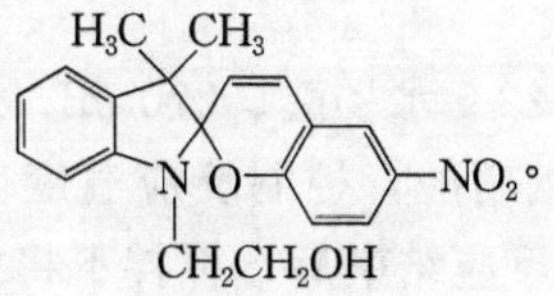

1. 产品性能

紫红色晶体，熔点 166~168 ℃。具有光致变色性。

2. 生产方法

由苯肼与甲基异丙基酮缩合得吲哚衍生物，吲哚衍生物再与碘乙醇发生 N-羟乙基化反应 $1'$-(2-羟乙基)-6-硝基螺 [2H-1-苯并吡喃-2，$2'$-吲哚啉]，最后 $1'$-(2-羟乙基)-6-硝基螺 [2H-1-苯并吡喃-2，$2'$-吲哚啉] 与 5-硝基水杨醛缩合环化得到吲哚啉螺苯并吡喃。

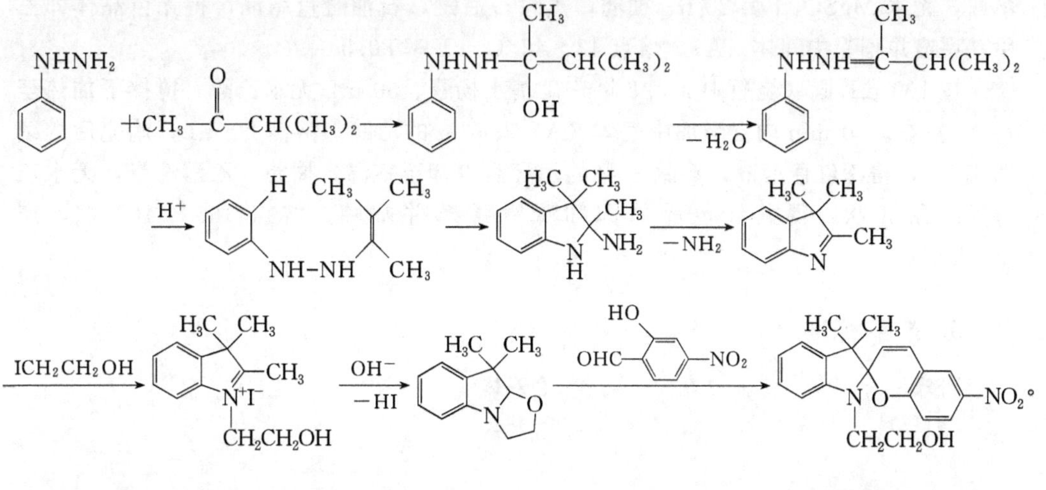

3. 工艺流程

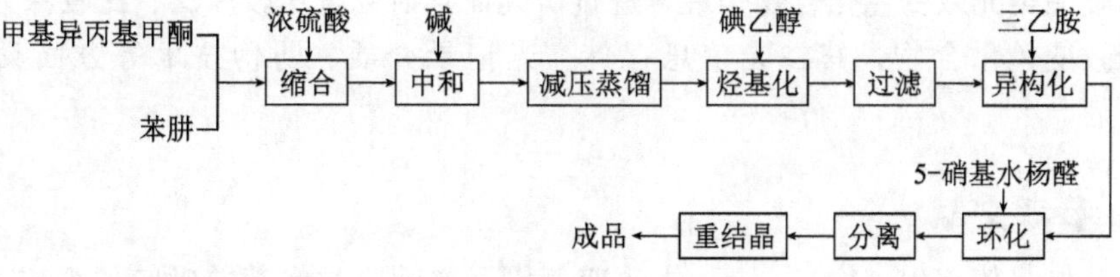

图 2-3

4. 生产工艺

将经过常压蒸馏的 26.4 g 甲基异丙基甲酮缓慢加入到 33.14 g 新减压蒸馏的苯肼中，溶液呈淡黄色，加入 80 mL 无水乙醇作溶剂，在半小时内滴入催化剂浓硫酸溶液 15 mL，油浴 80 ℃ 反应 3 h，反应过程中溶液由黄色变为橙红色，反应完毕用 NaOH 中和至碱性，溶液产生分层现象，上层橘黄色，下层无色。用无水乙醚萃取，弃去水相，有机相用无水硫酸镁干燥，干燥后，减压过滤。常压蒸除乙醚，再减压蒸馏溶液，收集 98～102 ℃、15×133.3 Pa 的馏分，所得产物为淡黄色的液体，此液体即为吲哚衍生物，产率 62%。

在 100 mL 三口瓶中加入 122 g 水杨醛、270 mL 冰醋酸，冰盐浴冷却至 5 ℃。搅拌下缓慢滴入 100 g 95% 的发烟硝酸，控制反应温度低于 15 ℃，滴完后，将反应温度升至 45 ℃ 继续反应 4.5 h。反应结束后，搅拌下将反应液倒入 2500 mL 的冰水中，继续搅拌 20 min，防止沉淀结块，放置过夜，抽滤，洗涤，得浅黄色固体，为 3-硝基水杨醛和 5-硝基水杨醛的混合物。

将上述混合物加入到 750 mL 水中，在 30～40 ℃ 下，加入含 25 g 氢氧化钠的水溶液 122 mL，搅拌均匀，静置过夜，过滤，固体用乙酸-水重结晶，得 47.5 g 浅黄色晶体 5-硝基水杨醛。母液用冰醋酸酸化得黄色固体，用同样方法处理，又得 9.5 g 5-硝基水杨醛，共得 57 g 5-硝基水杨醛，熔点 124～125 ℃。

在 100 mL 圆底烧瓶中加入 0.81 g 2-氯乙醇、4.80 g NaI 和 50 mL 乙腈，搅拌回流下，缓慢滴入 20 mL 含 4.9 g 2，3，3-三甲基吲哚的乙腈溶液，继续回流 2 h，蒸除溶剂，残余物加入 5% 的 NaOH 水溶液 50 mL 强力搅拌 20 min，静置，石油醚萃取，无水 MgSO₄ 干燥 20 h，抽滤，蒸除石油醚，石油醚重结晶，得无色晶体即三甲基噁唑并吲哚中间体（A）。熔点 43～45 ℃，产率 80.5%。

在 100 mL 圆底烧瓶中加入 2 g 5-硝基水杨醛、30 mL 无水乙醇，搅拌下加热至 70 ℃ 左右。40 min 内含滴加中间体（A）2.44 g 的乙醇热溶液 20 mL，滴完后继续回流 2 h，得深红色溶液，蒸除 80% 的乙醇后冷却至室温，抽滤，乙醇洗涤，无水乙醇重结晶 3 次，得紫红色晶体即吲哚啉螺苯并吡喃。熔点 166～168 ℃，产率 78.5%。

5. 产品标准

外观	紫红色晶体
熔点/℃	166～168

6. 产品用途

螺吡喃类光致变色化合物是最早进行研究而且研究得比较广泛、比较深入的一类有机光致变色化合物，其在光信息存储、光记录介质、防伪技术等方面具有广泛应用。

7. 参考文献

[1] 刘茂栋，傅正生，徐飞，等. 光致变色化合物吲哚啉螺苯并吡喃的合成 [J]. 咸

宁学院学报，2004，24（6）：105.

[2] 孙宾宾，陈洁，杨博. 1-烯丙基-6'-硝基吲哚啉螺苯并吡喃染料的合成 [J]. 安徽化工，2010，36（2）：31-33.

[3] 辛秀兰，张贯超，吴爱萍，等. 1，3，3，5-四甲基-6-硝基吲哚啉螺苯并吡喃的合成 [J]. 化学试剂，2009，31（4）：253-254.

2.4　吲哚啉螺苯并噁嗪

吲哚啉螺苯并噁嗪（Indolinspironaphoxazine）化学名称为 N-十八烷基-3，3-二甲基-5'-甲氧羰基-8-溴吲哚啉螺萘并噁嗪（N-Alkyl-3，3-dimerhyl-5-methoxycarbony1－8-bromo-indolinospironaphthoxazine）。其分子式 $C_{41}H_{55}BrN_2O_3$，相对分子质量 703.80，结构式：

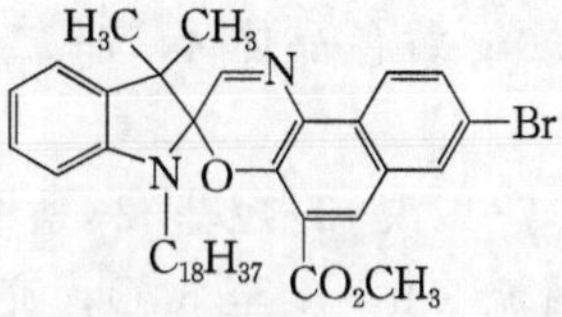

。

1. 产品性能

白色固体，熔点 71～73 ℃。螺噁嗪是 20 世纪 70 年代在螺吡喃基础上发展起来的一类具有良好光致变色性能的化合物。N-十八烷基 3，3-二甲基-5-甲氧羰基-8-溴-吲啉螺萘并噁嗪显示光致变色性质，具有很高抗疲劳性和光稳定性。它具有响应快、化学性质稳定、抗疲劳性好等优点。

2. 生产方法

3-羟基萘-2-甲酸经过溴化、还原、酯化得 7-溴-3 羟基-2-萘甲酸甲酯，7-溴-3 羟基-2-萘甲酸甲酯再亚硝化得 3-羟基-4-亚硝基-7-溴-2-萘甲酸甲酯，最后 3-羟基-4-亚硝基-7-溴-2-萘甲酸甲酯与 N-十八烷基-2，3，3-三甲基-3H-吲哚碘化物缩合成环得 N-十八烷基-3，3-二甲基-5-甲氧羰基-8-溴吲哚啉螺萘并噁嗪产物。

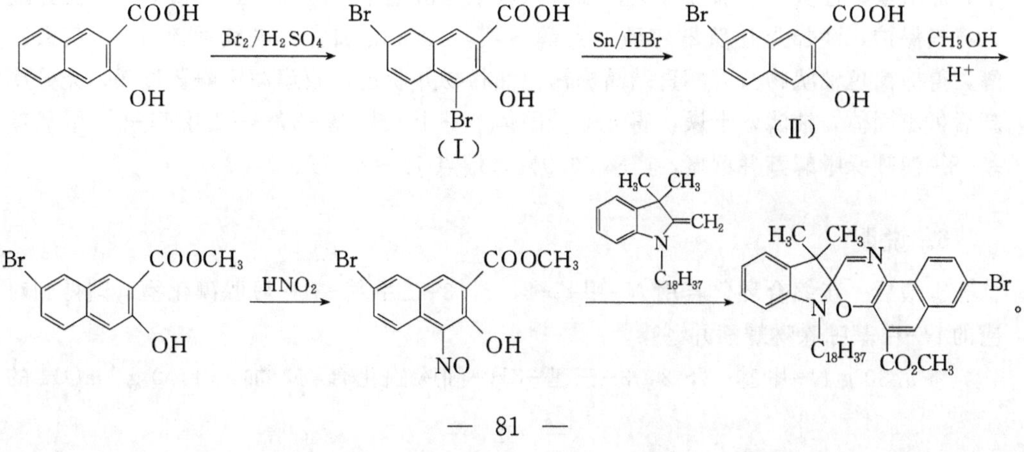

3. 工艺流程

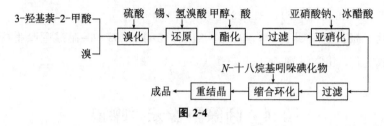

图 2-4

4. 生产工艺

在三口瓶中加入浓 160 mL H_2SO_4，控制温度 0～3 ℃下加入 18.8 g 3-羟基-2-萘甲酸，降温到 −20～−10 ℃，搅拌下加入溴 13 mL，加完后常温搅拌 8 h。反应物倒入盛有 500 g 冰和 300 mL 水的烧杯中，有大量沉淀析出，过滤，水洗，粗产物用无水乙醇重结晶，干燥，得 30.0 g 黄色晶体 4，7-二溴-3-羟基-2-萘甲酸，产率 86.9%，熔点 251～253 ℃。

在三口瓶中加入 17.3 g 4，7-二溴-3-羟基-2-萘甲酸、7.8 g 锡粉、30 mL 醋酸和 20 mL 40% 的 HBr 溶液，回流 8 h，冷至 5 ℃，充分冷却，析出了固体。过滤，用冰醋酸重结晶，得 13.4 g 晶体 7-溴-3-羟基 2-萘甲酸，收率 95.6%，熔点 204～206 ℃。

将 8.0 g 7-溴-3-羟基-2-萘甲酸溶于 200 mL 甲醇中，加 3 mL 浓 H_2SO_4，回流 2 h 后开始有晶体析出，6 h 后停止反应，冷却过滤，用乙醇洗涤，得 7.0 g 晶体 7-溴-3-羟基-2-萘甲酸甲酯晶体，收率 83.4%，熔点 131～132 ℃。

将 5.0 g 7-溴-3-羟基-2-萘甲酸甲酯溶于 150 mL 冰醋酸和 10 mL 乙酸乙酯中，滴加 25 mL 含 2.5 g 亚硝酸钠的水溶液，90 min 加完，继续搅拌 10 h，有晶体析出，过滤，乙醇洗涤 2 次，固体用乙醇重结晶，得 4.0 g 黄色粉末固体 3-羟基-4-亚硝基-7-溴-2-萘甲酸甲酯，收率 76.9%，熔点 144～146 ℃。

将 5.39 g N-十八烷基-2，3，3-三甲基-3H 吲哚碘化物加入 10 mL 含 14.0 g NaOH 的水溶液中，水浴中加热至 40～50 ℃，磁力搅拌 2 h 冷却，20 mL 乙醚萃取 3 次，KOH 干燥，蒸去乙醚即得费歇尔碱，溶于 10 mL 乙醇中，备用。

另将 3.1 g 3-羟基-4-亚硝基-7-溴-2-萘甲酸甲酯化合物溶于 40 mL 无水乙醇中，加适量活性炭，煮沸数分钟，抽滤，收集滤液置于 100 mL 三口瓶中，回流并通入氮气保护，滴加上述费歇尔碱的乙醇溶液，10 min 加完，继续回流 5 h，蒸去乙醇，得棕褐色油状物。丙酮重结晶棕褐色油状物并脱色，收集滤液静置过夜，充分冷却后析出固体，抽滤，干燥，得 4.0 g 固体 N-十八烷基-3，3-三甲基-5′-甲氧羰基-8′-溴吲哚啉螺萘并噁嗪，产率 56.9%，熔点 71～73 ℃。

5. 说明

①最后一步缩合环化若用 N-甲基-2，3，3-三甲基-3H-吲哚碘化物，则得到对应的 N-甲基吲哚啉螺萘并噁嗪。

将 5.30 g N-甲基-2，3，3-三基-3H-吲哚碘化合物，加入 14.0 g NaOH 的

10 mL 水溶液中，水浴加热至 40～50 ℃，磁力搅拌 2 h 冷却，20 mL 乙醚萃取 3 次，KOH 干燥，蒸去乙醚即得费歇尔碱，溶于 10 mL 乙醇中，待用。

另将 3.1 g 3-羟基-4-亚硝基-7-溴-2-萘甲酸甲酯溶于 40 mL 无水乙醇中，加适量活性炭，煮沸数分钟，抽滤，收集滤液置于 100 mL 三口瓶中，回流并通入氮气保护，滴加上述费歇尔碱的乙醇溶液，10 min 加完，继续回流 5 h，蒸去乙醇，得棕褐色油状物。丙酮重结晶并脱色，收集滤液静置过夜，充分冷却后析出固体，抽滤，干燥，得固体 4.0 g，收率 56.9 g，熔点 65～67 ℃。

②通常情况下螺噁嗪的稳定形式是闭环体（Spirooxazines，用 SP 表示），螺碳原子将螺噁嗪分子分为近于互相垂直的两部分——吲哚环和萘并噁嗪环，2 个环彼此不能共轭，在可见光区没有吸收，但紫外光照射螺噁嗪的螺碳原子与氧原子之间的单键发生断裂，分子由闭环体变为开环的平面花青类型结构（Photo－merocyanines，用 PMC 表示）的异构体，形成一个大共轭体系。因而，在可见光区出现吸收，除去紫外光后，PMC 又很快变为 SP。

6. 产品标准

外观	白色固体
熔点/℃	71～73

7. 产品用途

用作光致变色材料。

8. 参考文献

[1] 吕博，张韩利，刘玉婷，等. 吲哚啉螺噁嗪光致变色化合物的研究进展 [J]. 化工新型材料，2014，42（12）：13-15.

[2] 孙宾宾，王芳宁，杨博. 9′-取代吲哚啉螺噁嗪衍生物的合成与光谱性质 [J]. 化工技术与开发，2009，38（9）：8-10.

[3] 周吉. 螺噁嗪光致变色材料的合成与性能研究 [D]. 上海：华东理工大学，2013.

2.5 9,10-二 [2-(6-甲氧基)萘基] 蒽

9，10-二 [2-(6-甲氧基) 萘基] 蒽 {9，10-Bis [2-(6-methoxy) naphthyl] anthracene} 分子式 $C_{36}H_{26}O_2$，相对分子质量 490.60，结构式：

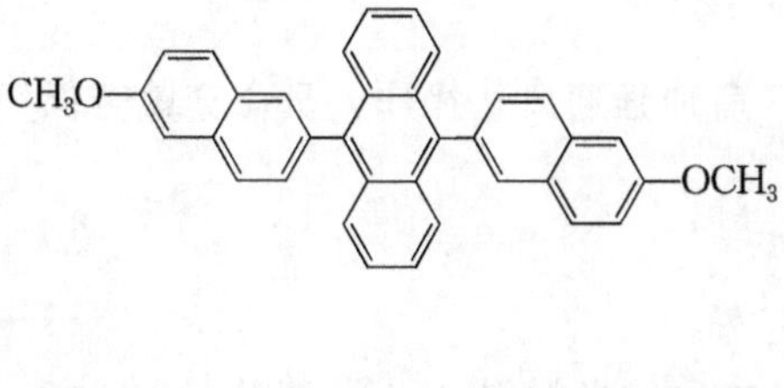

1. 产品性能

固体物，具有电致发光性能，不溶于水，溶于乙醇等有机溶剂。

2. 生产方法

6-甲氧基-2-溴苯与无水 THF 中与镁粉反应得 6-甲氧基-2-萘基溴化镁，9，10-二溴蒽与 6-甲氧基-2-萘基溴化镁于无水四氢呋喃中反应，经分离精制得 9，10-二［2-(6-甲氧基) 萘基］蒽。

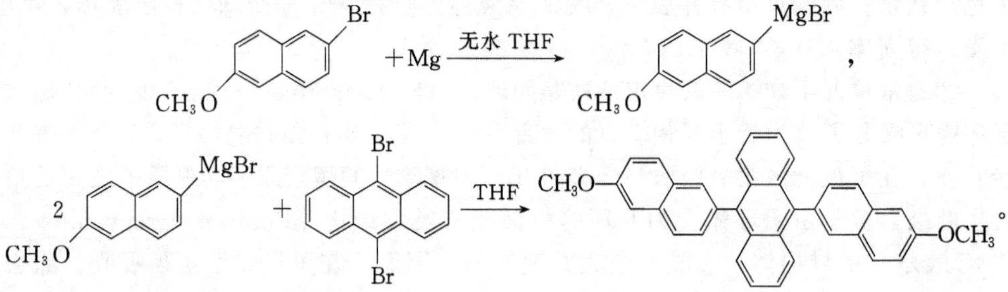

3. 工艺流程

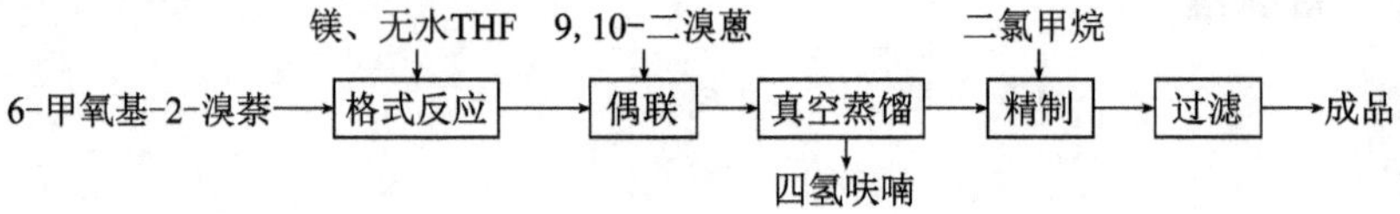

图 2-5

4. 生产工艺

由 6-甲氧基-2-溴萘制备对应的格氏试剂。将 50.0 g 6-甲氧基-2-溴萘溶于 400 mL 干燥四氢呋喃中，5.6 g 镁溶于 100 mL 干燥的四氢呋喃中，1，2-二溴甲烷为引发剂，制得 6-甲氧基-2-萘基溴化镁，制得的格氏试剂尽快用于偶联反应。

在反应器中将 22.0 g 9，10 二溴蒽和 0.75 g 双（三苯基磷）氧化钯加到 200 mL 无水四氢呋喃中，加热回流，再加 6-甲氧基-2-萘基溴化镁溶液，加毕，反应混合物继续回流 3 h。冷却，小心加入 100 mL 四氢呋喃和 50 mL 15% 的盐酸，真空旋转蒸发去除溶剂，过滤剩余物，用水洗 pH 至 7，得粗产品。粗产品在 500 mL 二氯甲烷中回流 1 h，冷却，过滤，用少量丙酮洗涤，得 34.0 g 纯的 9，10-二［2-(6-甲氧基) 萘基］蒽。

5. 产品用途

用作电致发光材料。

6. 安全贮运

生产设备应密闭，厂房加强通风，操作人员应穿戴劳保用品。产品密封包装，贮存于阴凉干燥处。

7. 参考文献

[1] 杨杰，吕宏飞. 有机电致发光材料 9-(1-萘基)-10-(2-萘基) 蒽的合成及表征 [J]. 黑龙江科学，2013 (2)：28-31.

[2] 吕宏飞，张惠，杨杰，等. 芳基取代蒽衍生物的合成及发光性能研究［J］. 液晶与显示，2016，31（12）：1105-1111.

2.6　9,10-二(6-叔丁基-2-萘基)蒽

9，10-二（6-叔丁基-2-萘基）蒽［9，10-bis（6-tert-butyl-2-naphthyl）anthracene］分子式 $C_{42}H_{38}$，相对分子质量 542.76，结构式：

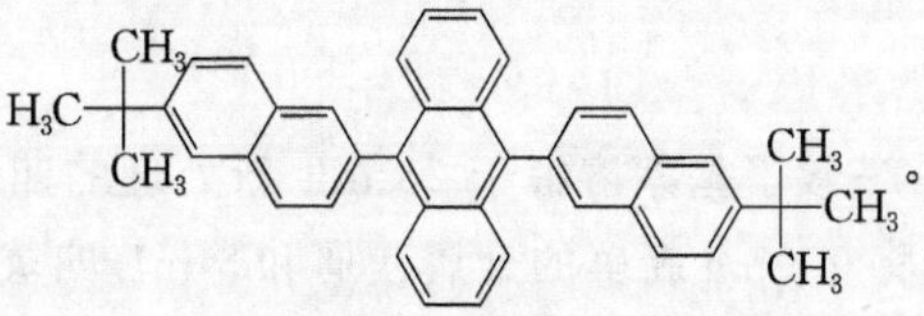

1. 产品性能

白色粉末固体，熔点 433～435 ℃。无论在溶液中，还是在固态条件下，都具有优良的荧光效应，是性能优良的电致发光材料。

2. 生产方法

9，10-二取代蒽类化合物的制备方法主要有两种方法：一种是芳基卤代物偶联法，另一种是格氏试剂法。芳基卤代物偶联法由于催化剂［Pd（PPh₃）₄］的制备成本和相应的芳基卤代物起始原料价格较高，它的实际应用受到很大限制。

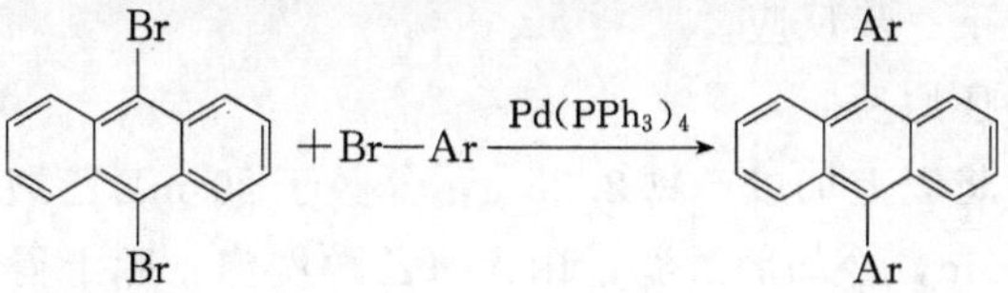

式中，Ar 为

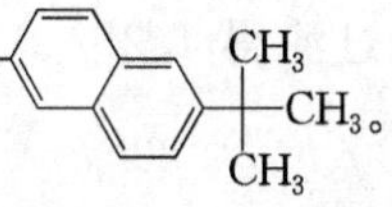

一般通用的合成方法是利用格氏试剂对蒽醌的加成反应，在蒽醌 9-位、10-位上引入不同的芳香基团，然后对加成产物还原而得到相应的产物。由于取代蒽醌类原料合成和来源都比较容易，并且用于制备相应格氏试剂的原料价格低、来源方便，采用格氏法的合成路线综合成本较低，是一种实用、可靠的方法。先由 6-溴-2 叔丁基萘制得格氏试剂，然后格氏试剂与 9，10-蒽二醌加成，最后还原得 9，10-二（6-叔丁基-2-萘基）蒽。

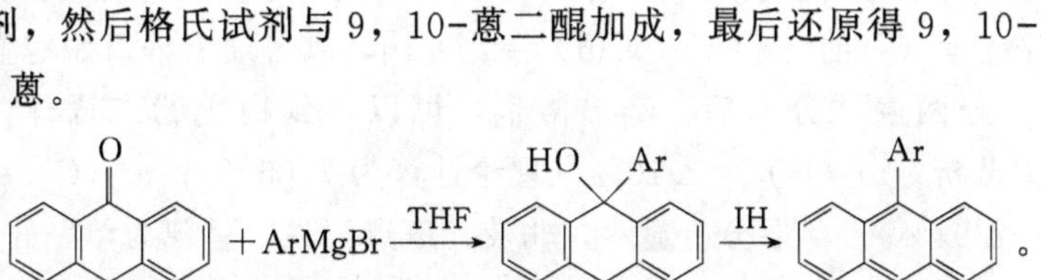

式中，Ar 为

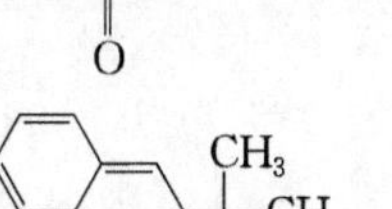

3. 工艺流程

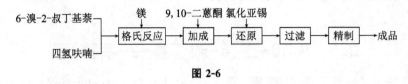

图 2-6

4. 生产工艺

（1）格氏反应

将 10.5 g 的 6-溴-2-叔丁基萘溶解于 25 mL 新处理的四氢呋喃中，将该溶液置于滴液漏斗中备用。另将 0.97 g 新鲜的金属镁屑和 5 mL 四氢呋喃及一小粒碘放入安装有电动搅拌器、温度计、回流冷凝管和滴液漏斗的反应瓶中（干燥整个装置），滴入少量（约 10 滴）6-溴-2-叔丁基萘溶液待反应引发后，滴加其余物料，以冷水适当冷却，维持体系温度不超过 60 ℃，滴加完毕，继续搅拌 30 min 得格氏试剂溶液 37.2 g（含量约为 27%）。

（2）加成反应

在反应烧瓶中，将 2.3 g 蒽醌分散在 45 mL 处理过的四氢呋喃溶液中，在冰水浴冷却和搅拌下，3 h 内缓慢滴入格氏试剂溶液，滴毕，自然升温，搅拌反应过夜，得到深绿色反应混合物，加入 $V(H_2SO_4):V(H_2)=1:2$ 的硫酸水溶液水解至酸性，过滤出剩余的蒽醌，混合物蒸出四氢呋喃，得到 4.5 g 粗产物（含量约为 70%），可不经纯化直接进入下一步反应。

（3）加成产物的还原反应

在反应烧杯中，将以上加成产物 2.25 g，分散于 20 mL 乙酸中，加入 5.0 g 氯化亚锡，加热回流 30 min，冷却后过滤，用无水乙醇洗涤，晾干得 4.5 g 粗产物。将其溶于热甲苯中，趁热加入无水乙醇，析出白色固体，过滤得 4.2 g 9，10-二（6-叔丁基-2-萘基）蒽。

（4）标准品的制备

重结晶产物中非荧光成分很难用重结晶的方法除掉，为获取测试标准物，采用柱层析的方法，对重结晶产物进行了反复柱分离。由于被分离物在薄层分析中所用的展开剂中溶解度过小，分离效率极低，不适于用作样品的制备。可采用层析硅胶作为固定相，参照在薄层分析中所用的展开剂，在柱分离过程中，将冲洗剂调整为石油醚与氯仿的混合物 $[V(石油醚):V(氯仿)=2:1]$，以普通紫外灯跟踪蓝色荧光色带的收集过程，经两遍柱分离后，蒸出溶剂，可以得到白色粉末固体，熔点 433～435 ℃。元素分析：$w(H)=7.10\%$（理论计算为 7.06%）；$w(C)=92.0\%$（理论计算值为 92.94%）。薄层分析显示，非荧光斑点消失，呈现为单一的荧光斑点。

5. 产品标准

外观	白色粉末固体
熔点/℃	433～435

6. 产品用途

用作电致发光材料。该荧光化合物具有较高的熔点，可以有效防止蒸镀得到的发光层在使用过程中的再结晶观象，同时又继承了二取代蒽类小分子电致发光材料高荧光产率的特点，是一种产品性能良好的电致发光材料。该化合物有很强的荧光发射性质，并且发射光波集中在蓝色光区域，这对发光器件的单色性很有利。

7. 参考文献

[1] 吴边鹏，许建华，杨淑英，等. 电致发光材料 9，10-二（6-叔丁基-2-萘基）蒽的合成和纯度分析 [J]. 天津城市建设学院学报，2005，11（4）：291-293

[2] VANSLKE S A, TANG C W. Organic electrluminescent devices haiving improved power conversion efficiencies：U S 4 539 507 [P]. 1985-09-03.

[3] 邱勇，厉斌. 一种有机电致发光材料：1362464A [P]. 2002-08-07.

2.7　1,3-双(5-苯基)-1,3,4-噁二唑苯

1，3-双（5-苯基)-1，3，4-噁二唑苯 [1，3-Bis（5-phenyl)-1，3，4-oxadiazol-2-yl benzene] 分子式 $C_{22}H_{14}N_4O_2$，相对分子质量 366.38，结构式：

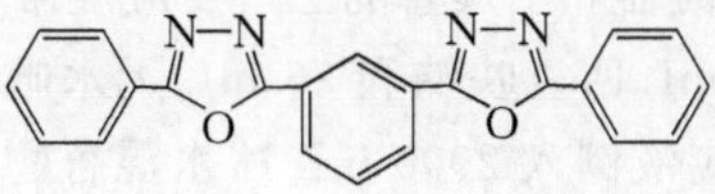

1. 产品性能

白色片状结晶，熔点 247～248 ℃，光致发光波长（PL 峰）400～472 nm，具有电致发光性能。

2. 生产方法

1，3-双（5-苯基)-1，3，4-噁二唑苯的合成采用以苯甲酰肼为原料，使其与间苯二甲酰氯发生缩合反应，得到中间体二苯甲酰基间苯二甲酰肼。然后，用五氧化磷或三氯氧磷作脱水剂，使中间体脱水成环，得 1，3-双（5-苯基)-1，3，4-噁二唑苯。

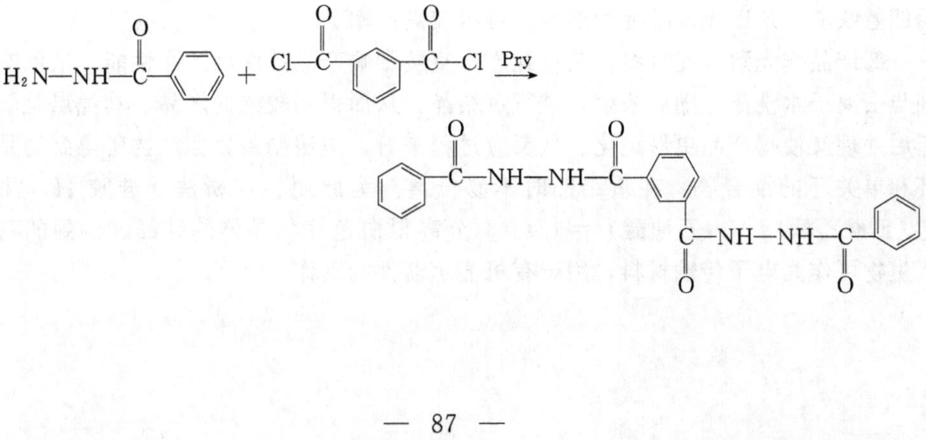

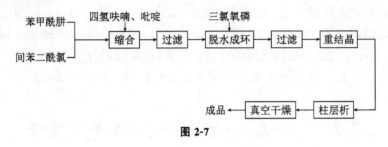

3. 工艺流程

```
苯甲酰肼 ──┐   四氢呋喃、吡啶        三氯氧磷
          ├─→ ┌──┐ → ┌──┐ → ┌──────┐ → ┌──┐ → ┌────┐
间苯二酰氯 ──┘   │缩合│   │过滤│   │脱水成环│   │过滤│   │重结晶│
                └──┘   └──┘   └──────┘   └──┘   └────┘
                                                        │
      成品 ← ┌──────┐ ← ┌──────┐ ←─────────────────────┘
            │真空干燥│   │柱层析│
            └──────┘   └──────┘
```

图 2-7

4. 生产工艺

在装有搅拌器、回流冷凝器和干燥管的三口反应烧瓶中，加入 56.0 g 苯甲酰肼、40.6 g 间苯二甲酰氯、200 mL 四氢呋喃和 36 mL 无水吡啶，加热至 65 ℃，回流搅拌 8 h，冷却至室温，将反应液倒入 2000 mL 冰水混合物中，充分搅拌，静置过滤，反复用冰水和冷乙醇洗涤，真空干燥得 50.6 g 白色粉末二苯甲酰基间苯二甲酰肼。

将 40.2 g 二苯甲酰基间苯二甲酰肼和 100 mL 三氯氧磷加入反应烧瓶中，加热至 105 ℃，回流搅拌 5 h，冷至室温，将反应液倒入 2000 mL 冰水混合物中，充分搅拌，静置过滤，依次用蒸馏去离子水和乙醇洗涤后重结晶。用柱层析法 [硅胶 H，洗脱剂 V（乙酸乙酯）：V（石油醚）＝1：1] 分离得白色片状晶体的纯品，真空干燥得 32.4 g 白色粉末即 1，3-双（5-苯基）-1，3，4-噁二唑苯。

5. 说明

①在第一步缩合反应中，产生氯化氢。吸收 HCl 的非质子溶剂显然为该合成反应的有效溶剂。产物作为酰肼，故不能使用一般的 N，N-二甲基甲酰胺为溶剂。使用四氢呋喃，加以无水吡啶为溶剂，可得较高产率。

②产品作光致发光材料，其提纯方法直接影响产品的使用产品性能。采用有机溶剂与去离子水洗涤，随后浓缩，进行重结晶，从而得到较纯的产品。其优点是既有利于后处理又使得产品更易纯化。从反应过程来看，该法制备目标产物所得到的是双关环和单关环的混合物，在重结晶时不易分离。为此用柱层析法 [硅胶 H，洗脱剂 V（乙酸乙酯）：V（石油醚）＝1：1] 分离得白色片状晶体的纯品。得到的噁二唑衍生物可作为电子传输材料，用于有机显示器件的制作。

6. 产品标准

外观	白色粉末
熔点/℃	247～248
光致发光波长（PL 峰）/nm	400～427

7. 产品用途

用作电子传输材料。

8. 参考文献

[1] 刘煜，卢志云，邢孔强，等.电致发光材料：二取代噁二唑苯的合成 [J]. 化学研究与应用，2000（6）：683-684.

[2] 汪海波.1，2，4-噁二唑衍生物的合成研究 [D].南京：南京工业大学，2005.

[3] 王忠波.含1，3，4-噻（噁）二唑基苯并噻唑衍生物的合成及生物活性研究 [D].贵阳：贵州大学，2015.

2.8 5-丙烯酰胺基-1,10-邻菲罗啉

5-丙烯酰胺基-1，10-邻菲罗啉（5-Acrylamido-1，10-phenanthroline）分子式为 $C_{15}H_{11}N_3O$，相对分子质量 249.27，结构式：

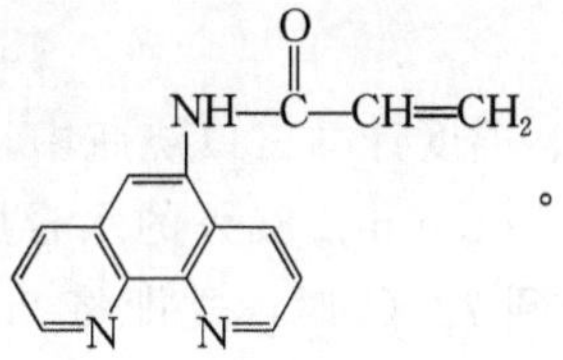

1. 产品性能

淡黄色固体，熔点 114～116 ℃，与过渡金属可发生配位反应。

2. 生产方法

1，10-邻菲罗啉与混酸发生硝化反应得到 5-硝基-1，10-邻菲罗啉，然后在 72 ℃ 下以水合肼为还原剂、Pd/C（催化剂含质量分数 5％的 Pd）为催化剂将 5-硝基-1，10-邻菲罗啉还原得中间产物 5-氨基-1，10-邻菲罗啉；再以三氯化磷法和苯甲酰氯法合成丙烯酰氯；最后以三乙胺作氯化氢吸收剂，丙烯酰氯与 5-氨基-1，10-邻菲罗啉在氮气保护下，室温反应 24 h 制得 5-丙烯酰胺基-1，10-邻菲罗啉。

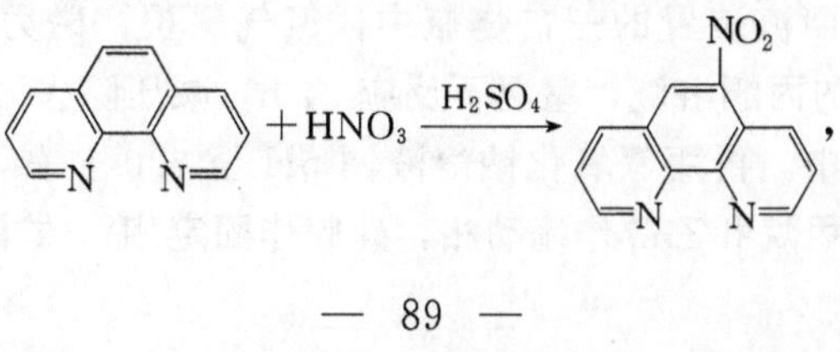

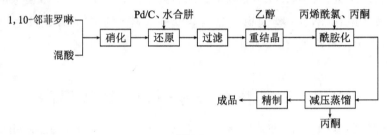

3. 工艺流程

1,10-邻菲罗啉／混酸 → 硝化 → 还原(Pd/C、水合肼) → 过滤 → 重结晶(乙醇) → 酰胺化(丙烯酰氯、丙酮) → 减压蒸馏 → 精制 → 成品

（减压蒸馏 → 丙酮）

图 2-8

4. 生产工艺

在装有滴液漏斗、冷凝管、温度计的三口烧瓶中，加入 3.2 g Pd/C（Pd 在催化剂中质量分数为 5%）催化剂、24.0 mL 85% 的水合肼和 100 mL 乙醇，磁力搅拌，水浴加热。当反应体系温度升到 72 ℃ 时，立即将 200 mL 含有 10.0 g 5-硝基-1，10-邻菲罗啉的乙醇溶液加至反应体系中。水浴回流约 10 h，静置过夜。反应混合物重新加热至 60 ℃，趁热过滤，用乙醇洗涤数次。将滤液蒸去大部分乙醇（乙醇回收），冷却，析出黄色针状固体，抽滤，干燥，用乙醇重结晶，得黄色针状固体 5-氨基-1，10-邻菲罗啉，熔点 258.0~260.0 ℃。

在装有温度计、冷凝管（带氯化钙干燥管）、氯化氢尾气吸收装置的三口烧瓶中，加入 37.5 g 苯甲酸固体、44.0 mL 亚硫酰氯，磁力搅拌，油浴加热反应 2 h。蒸馏，先收集剩余的亚硫酰氯，再收集 196.0~198.0 ℃ 的馏分，得 33.0 mL 无色液体苯甲酰氯。将 15.0 mL 丙烯酸和 80.0 mL 新制的苯甲酰氯加入到带有干燥和回流装置的三口烧瓶中，磁力搅拌，油浴加热至 60 ℃，反应 2 h。减压蒸馏出丙烯酰氯，再常压蒸馏回收过量的苯甲酰氯。

将 1.96 g 5-氨基-1，10-邻菲罗啉、10.0 mL 三乙胺和 50.0 mL 丙酮加入装有滴液漏斗、干燥管和回流装置的三口烧瓶中，氮气保护，磁力搅拌，滴加 40.0 mL 含 3.8 mL 丙烯酰氯的丙酮溶液，室温下反应 24 h。减压除去丙酮，加蒸馏水，将反应混合物转移至烧杯中，再用氢氧化钠溶液调 pH 至 7.0 左右，过滤得淡黄色固体。粗产品过柱，用三氯甲烷和乙醇作流动相，硅胶作固定相，收集淡黄色的色带。除去溶剂，得淡黄色固体 5-丙烯酰胺基-1，10-邻菲罗啉，熔点 114.0～116.0 ℃。

5. 产品标准

外观	淡黄色固体
熔点/℃	114.0～116.0

6. 产品用途

可作为三元镧系金属螯合物的第二配体而用于制备有机螯合物电致发光材料。

7. 参考文献

[1] 吴宇雄，周尽花，赵鸿斌，等. 5-丙烯酰胺基-1，10-邻菲罗啉的合成 [J]. 现代化工，2004，24 (11)：30-32.

[2] 童碧海，马鹏，张曼，等. 以邻菲罗啉为第二配体的铱配合物及其电致化学发光性能 [J]. 发光学报，2014，35 (7)：813-818.

[3] 曾知音，罗芳，孙威，等. 邻菲罗啉化学发光体系稳定性的研究 [J]. 中国食品学报，2014，14 (3)：64-71.

2.9　聚 2,3,5,6-四甲氧基对苯乙炔

聚 2，3，5，6-四甲氧基对苯乙炔（Poly-2，3，5，6-tetramethoxy-p-phenylene vinylen）简称 PTMPV，分子式为 $nC_{12}H_{14}O_4$，相对分子质量 $n \times 222.24$。结构简式：

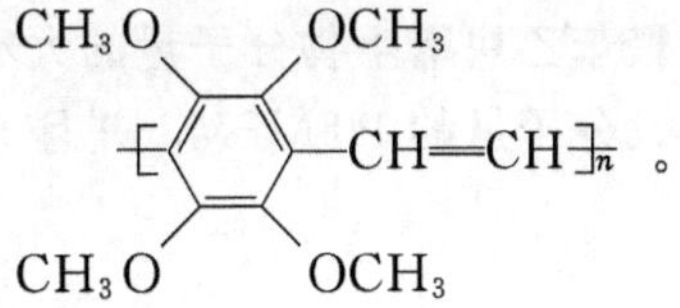

1. 产品性能

棕红色固体物，紫外-可见光最大吸收波长 467～512 nm，玻璃化温度 84～87 ℃，具有电致发光特性。

2. 生产方法

聚 2，3，5，6-四甲氧基对苯乙炔的合成方法主要有 Wessling 前驱聚合物法、Wittig 反应、Heck 偶联反应、脱氯化缩合法。这里以 1，2，4，5-四氧基苯和 1，2-二溴乙烷为单体，经过烷基化聚合反应和化学脱氢反应合成聚 2，3，5，6-四甲氧基对苯乙炔（PTMPV）。而聚 2，3，5，6-四甲氧基对苯撑乙烯（PTMPE）用四氧苯醌脱氢反应是合成聚四甲氧基对苯乙炔的适宜方法。

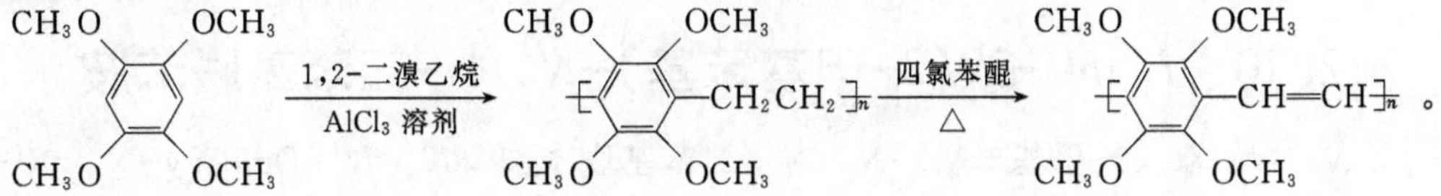

3. 工艺流程

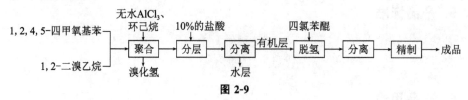

图 2-9

4. 生产工艺

在反应器中先加入 160 mL 环己烷，然后加入 79.2 g 1，2，4，5-四甲氧基苯和 6.67 g 无水三氯化铝，在 N_2 保护下，室温搅拌，维持体系回流温度下，滴入 75.12 g 1，2，-二溴乙烷的环己烷溶液，滴料完毕，继续恒温反应，至无溴化氢气体逸出，结束聚合反应。冷却后，加入 10% 的盐酸，分出水相，有机相干燥后即制得聚 2，3，5，6-四甲氧基对苯撑乙烯 PTMPE 的环己烷溶液，备用。

在上述所得 PTMPE 的环己烷溶液中，加入 110.61 g 四氯苯醌，80～100 ℃ 恒温反应 10 h。稍冷后倾入含有乙醇钠的乙醇溶液中，冷却析出 PTM-PV 粗产物，用甲苯溶解，水洗，干燥，倾入无水乙醇中析出棕红色固体状聚 2，3，5，6-四甲氧基对苯乙炔。

5. 说明

在 1，2，4，5-二烷氧基苯和 1，2-溴乙烷的 Friedel-Crafis 反应聚合过程中，环乙烷、苯、二乙基乙二醇 3 种非质子惰性溶剂对聚苯乙炔衍生物合成结果表明：环己烷作为溶剂时的 PTMPE 产率最高。

无水三氯化铝是 1，2，4，5-二烷氧基苯与 1，2-二溴乙烷发生烷基化聚合反应的催化剂，其用量大小影响聚苯乙炔衍生物分子量的大小和分布状况。反应中尽可能减少催化剂用量，可以获得大分子量的 PTMPV，并且 PTMPV 的平均分子量分布比较均匀。

6. 产品用途

用作电致发光材料。

7. 参考文献

[1] 张田林，吴亚明，高云. 聚-2，3，5，6-四甲氧基对苯乙炔的合成新方法 [J]. 应用科技，2003，30（6）：54-56.

[2] 张小舟，蹇锡高，卢新坤. 可溶性聚对苯乙炔衍生物的合成与表征 [J]. 河北师范大学学报（自然科学版），2010，34（4）：443-447.

[3] 刘振，强军锋，彭龙贵，等. 聚（2，5-二丁氧基）对苯乙炔的合成及性能研究 [J]. 化工新型材料，2009，37（3）：86-87.

2.10 N，N'-双（3-甲基苯基）-N，N'-二苯基联苯胺

N，N'-双（3-甲基苯基）-N，N'-二苯基联苯胺 {N，N'-Dipheny-N，N'-

bis（3-methylphenyl）benzidine}（TPD）分子式 $C_{38}H_{32}N_2$，相对分子质量 516.6 g，
结构式：

1. 产品性能

白色结晶，熔点 170～171 ℃，具有电致发光性。

2. 生产方法

在 20 ℃ 下，以 V（冰醋酸）：V（水）＝1：4 的冰醋酸为溶剂，二苯胺与重铬酸钾进行反应，得 N，N'-二苯基联苯胺，分离提纯后，再加入 18-冠-6 相转移催化剂，以邻二氯苯为溶剂在氮气保护下与间碘甲苯进行 Ullman 反应，在 200 ℃ 下反应 20 h 得粗产品，经柱层析和重结晶提纯得纯品。

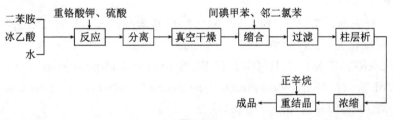

其中间碘甲苯以间甲苯胺为原料，经重氮化、碘代而得。

3. 工艺流程

二苯胺
冰乙酸
水 → 重铬酸钾、硫酸 → 反应 → 分离 → 真空干燥 → 间碘甲苯、邻二氯苯 → 缩合 → 过滤 → 柱层析

正辛烷
成品 ← 重结晶 ← 浓缩

图 2-10

4. 生产工艺

将 150 mL 冰醋酸、800 mL 水和 80 mL 浓硫酸加入三口反应烧瓶中，快速搅拌下，加入 50 mL 含 3 g 二苯胺的冰醋酸的溶液。调整溶液温度在 20 ℃ 左右并剧烈搅拌的同时，滴加 20 mL 含 4.5 g 重铬酸钾的水溶液，此时溶液由无色变为绿色。加毕，继续搅拌约 10 min，加入 2 g 亚硫酸氢钠，充分搅拌。过滤，得墨绿色泥状物，

将其加入冷的饱和亚硫酸氢钠溶液中，充分搅拌至泥状物完全分散后，加热至沸腾，趁热过滤，热水洗涤，充分干燥后得浅棕色粉状固体。将该粉末用 150 mL 约 70 ℃ 的二甲苯萃取两次，合并萃取液，自然冷却，析出晶体，过滤，用乙醇洗涤，至洗出液不浑浊，真空干燥得无色鳞片状晶体，即 N，N'-二苯基联苯胺。

另将 150 mL 水和 11 g 间甲基苯胺加入带有搅拌器的三口反应烧瓶中，搅拌下 15 min 内滴加 10 mL 98% 的浓硫酸，冷至 5 ℃，搅拌 1 h，保持 0～5 ℃，滴加 25 mL 含 9 g 亚硝酸钠的水的溶液，加毕，继续在低于 5 ℃ 下搅拌反应 30 min，过滤，用约 1 g 尿素除去滤液中过量的亚硝酸钠，得到间甲基苯胺重氮盐溶液，冰浴冷却保存备用。

在三口烧瓶中加入 18.0 g KI 和 30 mL 水，搅拌溶解，调整温度并保持在 30 ℃ 左右，滴加上述重氮盐溶液，有黑色油状物生成，室温下搅拌反应 3 h，有大量 N_2 放出，升温至 50 ℃，搅拌反应至无 N_2 放出，黑色油状物溶解。滴加 20% 的水溶解使反应液的 pH 至 8.0，停止搅拌，溶液静置分层，下层为黑色有机相，上层为无机相，用分液漏斗分离，分别以 5% 的水溶液和 60 ℃ 热水洗涤有机相，得棕色油状物。水蒸气蒸馏，馏出液静置分层，分液漏斗分去水层，有机相用无水氯化钙干燥，得浅黄色液体间碘甲苯。

依次将 5.0 g N，N'-二苯基联苯胺、100 mL 邻二氯苯、10.0 g 间碘甲苯、4.0 g 电解铜粉、18.0 g 无水碳酸钾粉末和相转移催化剂 10 mL（18-冠-6）加入安装有搅拌器、氮气导入管和回流冷凝器的四口反应烧瓶中，在氮气保护下，升温至 190～200 ℃，搅拌回流约 20 h，反应完毕停止搅拌，冷却至室温。过滤，滤液褐色略带蓝色荧光，减压浓缩，以中性氧化铝进行柱层析分离，以苯为洗脱剂，收集带蓝色荧光部分色带，浓缩，得淡黄色固体粗品。用正辛烷重结晶。重复一次柱层析和重结晶，得白色结晶即产品。

5. 产品用途

用作有机电致发光材料。

6. 参考文献

［1］聂海，唐先忠，李元勋. N，N'-双（3-甲基苯基）-N，N'-二苯基联苯胺合成 ［J］. 精细化工，2003，20（9）：529-531.

［2］THELAKKAT M，SCHMIDT H W. Synthesis and properties of novel derivatives of 1，3，5-tris（diayamino）benzenes for eletroluminescent devices ［J］. Adv Mater，1998（10）：219-224.

［3］薛金强. 三芳胺类空穴传输材料及其中间体的合成研究 ［D］. 天津：天津大学，2004.

2.11 N, N, N', N'-四苯基联苯胺

N，N，N'，N'-四苯基联苯胺（N，N，N'，N'-tetrapheryl benzidine）简称 TPB，分子式 $C_{36}H_{28}N_2$，相对分子质量 488.22，结构式：

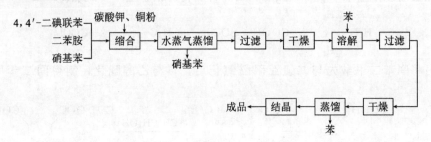

1. 产品性能

白色粉末，熔点 221.0～222.5 ℃，具有电致发光性。

2. 生产方法

由 4，4′-二碘联苯和二苯胺在铜粉、硝基苯和碳酸钾存在下反应生成 N，N，N'，N'-四苯基联基胺。

3. 工艺流程

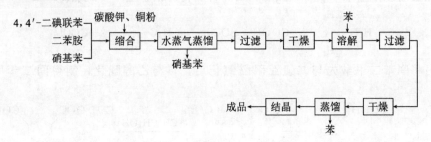

图 2-11

4. 生产工艺

在装有机械搅拌器和空气冷凝管的 250 mL 三口烧瓶中，加入 8 g 二苯胺、8.12 g 4，4′-二碘联苯、7 g 无水碳酸钾、2 g 铜粉和 50 mL 硝基苯，启动搅拌并加热使之回流。TLC 测得 4，4′-二碘联苯点消失后继续反应 3 h，总共反应 8～9 h。采用水蒸气蒸馏除尽硝基苯，过滤，将固体干燥。固体用苯溶解，过滤。滤液用无水硫酸钠干燥，蒸馏，除净苯，将固体用乙醇结晶，得固体粉末即为成品。

5. 产品用途

N，N，N'，N'-四苯基联苯胺是一种良好的空穴传输材料，用于制备有机电致发光器材。

6. 参考文献

[1] 郭灿城，尹振明. N，N，N'，N'-四苯基联苯胺的合成新方法 [I]. 化学试剂，2001，23（5）：298-299.

2.12 1,3-二〔(5-对叔丁基)苯基-1,3,4-噁二唑基〕苯

1,3-二〔(5-对叔丁基)苯基-1,3,4-噁二唑基〕苯 {1,3-Di〔(5-p-tert-butylphenyl)-1,3,4-Oxadiazole〕benzene},简称 QXD-7。分子式 $C_{30}H_{30}N_4O_2$,相对分子质量 478.26,结构式:

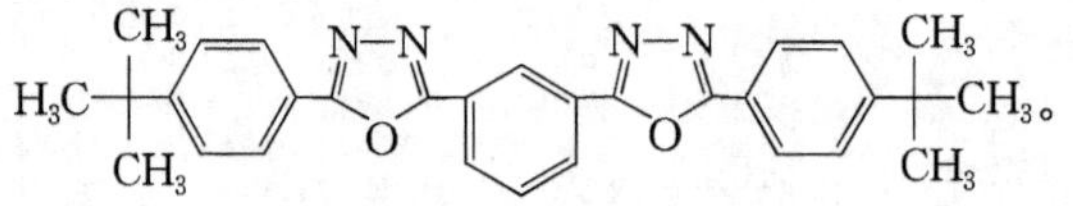

1. 产品性能

白色片状晶体,熔点 240.00～240.05 ℃,荧光发射区位于 259.4 nm。成膜性好,电子传输性好,热稳定性高。

2. 生产方法

先由对叔丁基苯甲酸与二氯亚砜反应,制得对叔丁基苯甲酰氯。

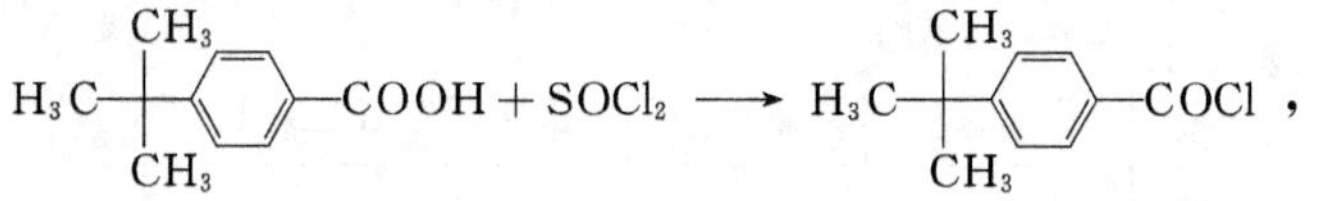

另将间苯二甲酸先与二氯亚砜酰氯化后,再与乙醇酯化,制得间二苯甲酸二乙酯。

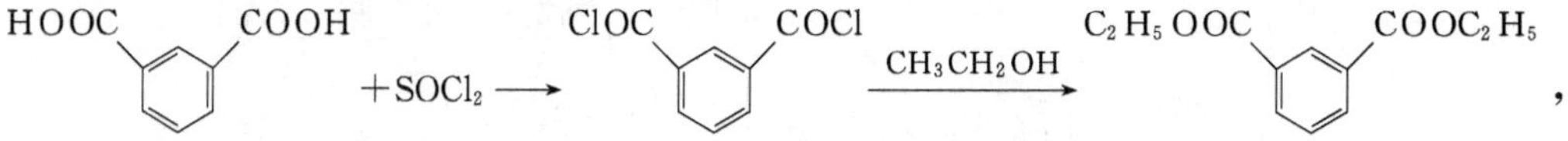

再将间苯二甲酸二乙酯与肼反应,制得间苯二甲酰肼。

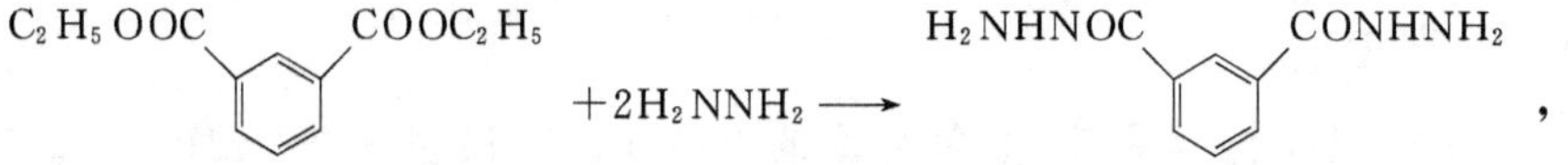

接着将对叔丁基苯甲酸酰氯与间苯二甲酰肼反应制得化合物 A。

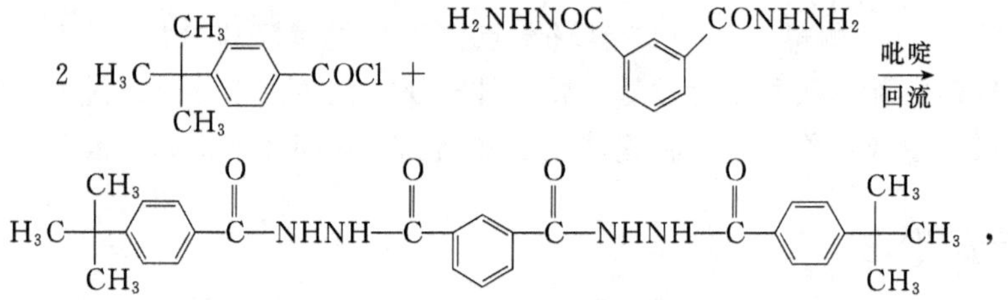

A

最后将化合物 A 在三氯氧磷存在下,回流,即制得产物 1,3-二〔(5-对叔丁基)苯基-1,3,4-噁二唑基〕苯。

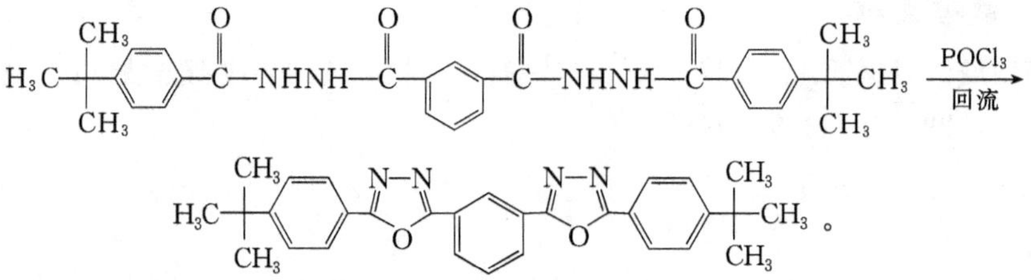

3. 工艺流程

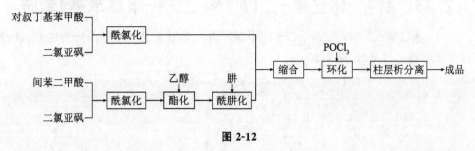

图 2-12

4. 生产工艺

在装有回流干燥装置的 100 mL 烧瓶中，加入 5.7 g 对叔丁基苯甲酸及 30 mL 新蒸馏的氯化亚砜，再加几滴新蒸馏的无水吡啶作催化剂，回流 3 h，减压蒸去过量二氯亚砜，得淡黄色黏稠状液体对叔丁基苯甲酰氯，备用。

在装有电动搅拌装置、回流干燥装置的 250 mL 三颈瓶中加入 16.6 g 间苯二甲酸及新蒸馏的 100 mL 氯化亚砜，水浴加热搅拌下滴加几滴新蒸馏的 DMF 做催化剂，回流反应 4 h。将反应装置改装成减压蒸馏装置，减压蒸去过量的氯化亚砜。恢复原有装置，并安装恒压滴液漏斗，由恒压漏斗缓慢滴加 70 mL 无水乙醇，回流反应 4.5 h，采用减压蒸馏蒸器装置水浴减压蒸除乙醇，冷至 50 ℃ 时，油浴下油泵减压蒸馏，收集到 124～132 ℃、150 Pa 的淡黄色馏分间苯二甲酸二乙酯。

将上述制得间苯二甲酸二乙酯与肼反应即制得间苯二甲酰肼，熔点 222～226 ℃。

装有回流干燥装置三颈瓶中加入 2.8 g 间苯二甲酰肼、70 mL 新蒸馏的无水吡啶、20 min 内滴入 2.5 g 对叔丁基苯甲酰氯，回流反应 5 h，减压蒸去过量吡啶，残留物用热水和 50% 的乙醇反复洗涤，干燥，得咖啡色粉状固体，即制得中间产物 **A**，熔点 168～172 ℃。

将 5.4 g 中间产物 **A** 加入装有回流干燥和搅拌装置的 100 mL 三颈瓶中，再加 50 mL 新蒸的三氯氧磷，搅拌回流反应 16 h，减压蒸去过量三氯氧磷、抽滤反复水洗至中性，干燥，产品经柱层析 [硅胶 H，洗脱剂 V（乙酸乙酯）∶V（石油醚）＝2∶3] 分离得白色片状晶体 1，3-二 [（5-对叔丁基）苯基-1，3，4-噁二唑基] 苯，熔点 240.0～240.5 ℃。

5. 产品用途

本品可用作电致传输材料，应用于红光器件的制作，制备有机电致发光材料。

6. 参考文献

[1] 刘煜，卢志云，邢孔强，等. 电致发光材料-二取代噁二唑苯的合成 [J]. 化学研究与应用，2000，12（6）：683-684.

[2] 张立杰. 噁二唑类电致发光材料的合成与性能研究 [D]. 天津：天津大学，2004.

2.13 4,4′-环己基-二(N,N-二-4-甲基苯基)苯胺

4,4′-环己基-二（N,N,-二-4-甲基苯基）苯胺简称 TAPC，分子式 $C_{46}H_{46}N_2$，相对分子质量 626.88，结构式：

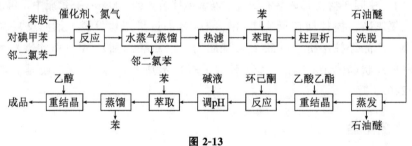

1. 产品性能

灰白色结晶，熔点 184.8～186.5 ℃。空穴传导型化合物，具有电致发光性。295 K 时，空穴迁移率 10^{-2} $cm^2/(V·s)$。由 TAPC 构成的空穴传导型材料，具有高的量子效率和发光效率（4.51 m/V），在低于 10 V 的电压下，亮度可达 1000 cd/m^2 以上。

2. 生产方法

在催化剂存在下，对碘甲苯与苯胺经改性 Ullman 反应制备对二甲基三苯胺；对二甲基三苯胺与环己酮烷基化合成 TAPC。

3. 工艺流程

```
苯胺      催化剂、氮气                              苯              石油醚
对碘甲苯 ─┐                                                          │
邻二氯苯 ─┴→ 反应 → 水蒸气蒸馏 → 热滤 → 萃取 → 柱层析 → 洗脱 ─┐
                         │                                          │
                      邻二氯苯                                       │
 乙醇           苯         碱液      环己酮      乙酸乙酯             │
成品 ← 重结晶 ← 蒸馏 ← 萃取 ← 调pH ← 反应 ← 重结晶 ← 蒸发 ←────┘
              │                                         │
              苯                                       石油醚
```

图 2-13

4. 主要原料

对碘甲苯	苯胺
铜粉	无水碳酸钾
邻二氯苯	环己酮
冰乙酸	苯
乙醇	

5. 生产工艺

将新蒸馏的 12 g 苯胺加入反应瓶中，再加入 70.2 g 对碘甲苯、100 g 无水碳酸钾、20 g 铜粉和催化剂及 240 mL 邻二氯苯，搅拌，通氮气保护，加热至 180 ℃ 回流反应 4 天，至反应完全。

冷却反应液，水蒸气蒸馏除去邻二氯苯和未反应物，趁热过滤，用苯洗涤滤饼，滤液用苯萃取，合并苯层，浓缩苯液，在中性硅胶柱上层析，石油醚为洗脱剂，蒸发石油醚，得黄色针状结晶。用乙酸乙酯重结晶得 14 g 淡黄色产品二（对二甲基苯基）苯基胺。向带磁力搅拌的 200 mL 圆底三口烧瓶并有水浴加热、温度控制装置及氮气保护装置中，加入 4 g 对二甲基三苯胺、20 mL 冰乙酸、1 g 强质子酸（作催化剂）、环己酮 0.7 mL，通小气量氮气进行保护，水浴加热，控制反应温度 80 ℃，回流反应 48 h，反应完毕，用 10% 的氢氧化钠溶液调 pH 为碱性。反应物料用苯 60 mL 分 3 次萃取，合并苯层。用无水碳酸钾干燥苯溶液。过滤，得清亮透明溶液，蒸去苯溶液。残余物趁热用 10 mL 苯溶解，逐步加入乙醇至有沉淀生成，抽滤，得粗产品。粗产品经苯-乙醇重结晶，得 2.2 g 灰白色结晶 4，$4'$-环己基-二（N，N-二-4-甲基苯基）苯胺。

6. 说明

①在环己酮与二（对二甲苯基）苯基胺反应中，酮是反应能力较弱的烷基化试剂，它们只适用于活泼的芳族衍生物，这里烷基化反应采用非水溶剂冰乙酸作溶剂，强质子酸作催化剂，使羰基与质子的结合能力增强，环己酮质子化，成为活泼的亲电质点。

②电致发光材料有 3 类，即有机空穴传导型化合物、有机电子传导和有机发光材料。其中，有机空穴传导型化合物是以三苯胺为基本单元，含有推电子基团的三苯二胺类衍生物，或其他有共轭 π 键的化合物。这些化合物具有较高的电离能。

目前，用于有机空穴传导型电致发光的有机化合物有很多。如 4，$4'$，$4''$-三（N，N'-二苯胺基）三苯胺、4，$4'$，$4''$-三 ［N-（3-甲基苯基）-N-苯胺基］三苯胺、N，N'-二苯基-N，N-二（3-甲基苯基）-1，$1'$-联苯-4，$4'$-二胺等，而 TAPC ［4，$4'$-亚环己基-二（N，N'-二-4-甲基苯基）苯胺］是现有空穴传导型化合物中最好的一种。

7. 产品标准

外观	灰白色结晶
熔点/℃	180～182
空穴迁移率（295 K）/cm² (V·s)	1×10^{-2}

8. 产品用途

用作电致发光材料，用于制造电致发光器中。

9. 参考文献

[1] 董晓文，黄艳刚，林保东，等. 用于电致发光的有机化合物 TAPC 的合成 [J].

湖北化工，1997（4）：20-21.

2.14 8-羟基-2-甲基喹啉铝

8-羟基-2-甲基喹啉铝（8-Hydroxy-2-metylguinoline aluminum）又称三（8-羟基-2-甲喹啉）铝是电子传输型发光体，分子式 $C_{30}H_{24}N_3O_3Al$，相对分子质量504.52，结构式：

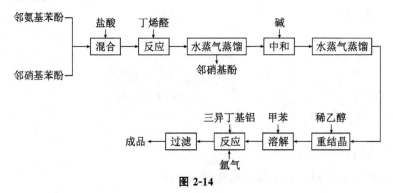

1. 产品性能

黄色粉末，属电子传输型发光体。

2. 生产方法

邻氨基苯酚与丁烯醛在酸性条件下发生 Skraup 反应，得 8-羟基-2-甲基喹啉，然后 8-羟基-2-甲基喹啉与三异丁基铝发生反应，得 8-羟基-2-甲基喹啉铝。

3. 工艺流程

邻氨基苯酚 → 盐酸、丁烯醛 → 混合 → 反应 → 水蒸气蒸馏（邻硝基酚） → 碱 → 中和 → 水蒸气蒸馏

邻硝基苯酚 →

成品 ← 过滤 ← 反应（三异丁基铝、氢气） ← 溶解（甲苯） ← 重结晶（稀乙醇）

图 2-14

4. 生产工艺

将 55 g 2-氨基苯酚与 25 g 2-硝基苯酚均匀混合，加入 100 mL 2 mol/L 盐酸，

在搅拌下缓慢加入 40 g 丁烯醛，加料完毕，搅拌加热反应 6 h，放置过夜。反应物料用水蒸气蒸馏法分离出 2-硝基苯酚。残渣液加入 6 mol/L 氢氧化钠中和至弱碱性，再加粉末的纯碱进行饱和，用水蒸气蒸馏法蒸出 8-羟基-2-甲基喹啉。粗品经减压蒸馏后，用稀乙醇重结晶两次，得到熔点为 74 ℃ 的纯品约 20 g。

在反应器中，加入 20 mL 无水甲苯，再加入 3.18 g 上述制得的 8-羟基-2-甲基喹啉。在氩气保护下，将其加入 10 mL 10 mol·L^{-1} 三异丁基铝溶液中，激烈放出气体，10 min 后，在氩气保护下，在 20 mL 无水甲苯中溶液加入 4.222 g 苯甲酸。加热反应物，温和地回流 3 h，生成黄色沉淀。冷却到 0 ℃，过滤。收集产物，将滤液浓缩原来体积一半，冷至 0 ℃，再收集生成的沉淀。得到的产物为黄色粉末，即 8-羟基-2-甲基喹啉铝。

5. 产品用途

用于电子传输和发光层。

6. 参考文献

[1] 郭颂. 基于 8-羟基喹啉铝 OLED 器件的优化 [D]. 太原：太原理工大学，2013.

[2] 王海涛. 8-羟基喹啉铝衍生物的合成与发光性质研究 [D]. 天津：天津大学，2007.

2.15　聚乙基(*N*,*N*-二苯基氨基苯基)硅烷

聚乙基（*N*，*N*-二苯基氨基苯基）硅烷是用于空穴传输的聚硅烷化合物。其主要结构：

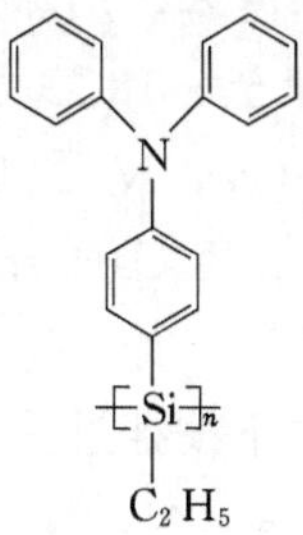

1. 产品性能

固体物，具有空穴传输性能，空穴迁移率可达 $10^{-3} \sim 10^{-1}$ cm^2/（V·s），平均分子量大于 10 000。

2. 生产方法

4-(*N*，*N*-二苯基)氨基溴苯在四氢呋喃中与丁基锂反应得相应的有机锂，生成的有机锂与乙基三氯硅烷反应得乙基（*N*，*N*-二苯基氨基苯基）二氯硅烷，然后在钠存在下乙基（*N*，*N*-二苯基氨基苯基）二氯硅烷发生聚合得聚乙基（*N*，*N*-二苯基氨基苯基）硅烷。

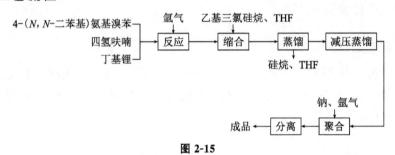

3. 工艺流程

4-(N, N-二苯基)氨基溴苯 氩气 乙基三氯硅烷、THF
四氢呋喃 → 反应 → 缩合 → 蒸馏 → 减压蒸馏
丁基锂 硅烷、THF

钠、氩气
成品 ← 分离 ← 聚合

图 2-15

4. 生产工艺

将反应烧瓶于 200 ℃ 下干燥，真空冷却。在干燥的反应烧瓶中充入干燥的氩气，加入 8.0 g 4-(N，N-二苯基) 氨基溴苯，加热熔融，加入 40 mL 已加钠蒸馏后的无水四氢呋喃，使反应物溶解。冷却至 −18 ℃ 加入 18.8 mL 4.6 mol·L^{-1} 的正丁基锂的正己烷溶液，反应 1 h，得 4-(N，N-二苯基氨基) 苯基锂。

在干燥的反应烧瓶中，加入 6.8 g 用 CaH$_2$ 干燥蒸馏后的乙基三氯硅烷，再加入 3.0 mL 无水四氢呋喃，冷却至 −78 ℃，加入上述制备的 4-(N，N-二苯基氨基) 苯基锂，在 −78 ℃ 下反应 1 h，室温下搅拌过夜。蒸除过量的乙基三氯硅烷和溶剂，然后将残留物减压蒸馏，得 5.6 g 乙基 (N，N-二苯基氨基苯基) 二氯硅烷。

另将 200 ℃ 下干燥的反应烧瓶，抽真空，充氩气至冷却，在氮气保护下，加入 0.8 g 金属钠和 18.3 mL 经钠干燥蒸馏过的甲苯。在干燥氩气气流中，将反应瓶放在超声波分散器里，加热至 100～105 ℃，在超声波作用下，使钠分散成平均粒径为 50 μm 的颗粒。分散完毕，静置，用注射器通过橡胶密封的瓶口移去过量的甲苯 13.7 mL，得金属钠悬浮液。

在 200 ℃ 干燥过的烧瓶中，加入 5.6 g 乙基 (N，N-二苯基氨基苯基) 二氯硅烷和 4.6 mL 干燥的甲苯，加热至 80 ℃。10 min 后，将金属钠的悬浮液加入反应液中。在反应热的作用下，温度上升至 120 ℃，继续反应 4 h，反应完毕，在氩气气氛下，加入 22.8 mL 甲苯和 3.4 mL 异丙醇，使过量的钠完全反应。然后，加入 14.4 mL 蒸馏水，离心分离沉淀。沉淀用甲苯洗涤两次，得可溶于甲苯的物质，用水洗涤甲苯溶液，用无水硫酸镁干燥。蒸除溶剂得到玻璃状物质，将其溶于四氢呋喃，倒入异丙醇中析出沉淀，得 0.274 g 纯聚乙基（N，N-二苯基氨基苯基）硅烷。

5. 产品用途

用于制造电致发光器件。

6. 参考文献

[1] 于江. 一种新型超支化聚硅烷及其与富勒烯复合物的合成和表征［D］. 长沙：湖南大学，2006.

[2] 袁洪亮. 聚硅烷电子输运性质的理论研究［D］. 哈尔滨：哈尔滨理工大学，2010.

2.16　喹吖啶酮衍生物

喹吖啶酮衍生物（Quinacridone derivatives）具有电致发光性能，其基本结构：

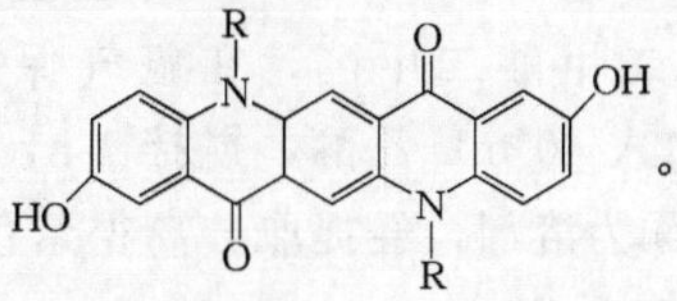

R 分为衍生物 A、衍生物 B。衍生物 A 中 R＝C_8H_{17}；衍生物 B 中 R＝C_4H_9。

1. 产品性能

红色粉状固体，具有电致发光性能。衍生物 A 的熔点 162～164 ℃，衍生物 B 的熔点 192～194 ℃。

2. 生产方法

对氨基苯酚与 2，5-二羟基-1，4-环己二烯-1，4-二甲酸二甲酯缩合，缩合物经氧化脱氢得到 2，5-二（对羟基苯氨基）-1，4-苯二甲酸酯。然后 2，5-二（对羟基苯氨基）-1，4-苯二甲酸酯在多聚磷酸催化下环合，得 2，9-二羟基喹吖酮。2，9-二羟基喹吖酮与相应的溴代烷发生烷基化反应，得喹吖啶酮衍生物。

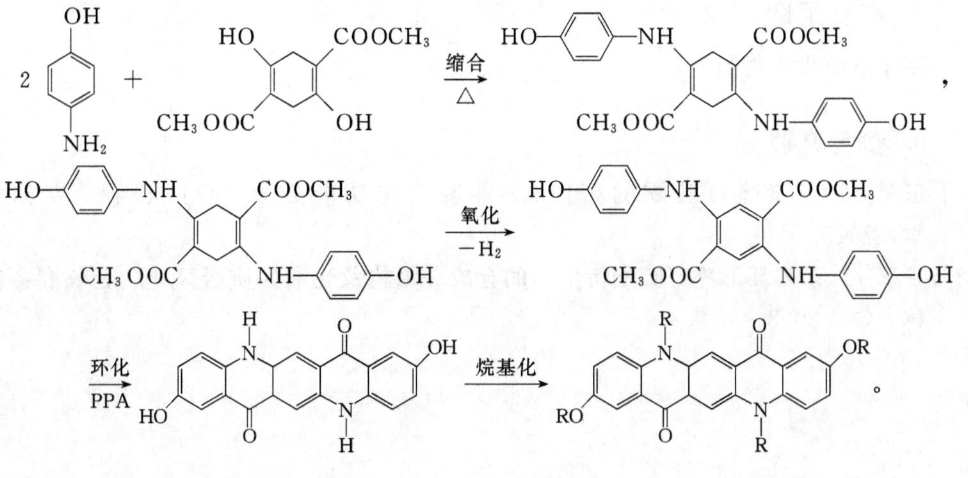

注：衍生 A，R＝C_8H_{17}；衍生物 B，R＝C_4H_9。

3. 工艺流程

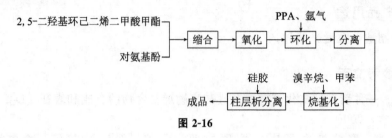

图 2-16

4. 生产工艺

在缩合反应器中，将对氨基苯酚与 2，5-二羟基-1，4-环己二烯-1，4-二甲酸酯于 120～130 ℃下缩合，缩合物经氧化脱氢，得 2，5-二（对羟基苯氨基）-1，4-苯甲酸二甲酯。

在三颈瓶中加入 40 mL 多聚磷酸（PPA），升温至 80 ℃，加入 6.0 g 2，5-二（对羟基苯氨基）-1，4-苯二甲酸二甲酯，在氩气保护下，搅拌 0.5 h，升温至 165 ℃，反应 1 h，降温，加入 40 mL 乙醇，搅拌 1 h，降至室温，倒入 500 mL 水中，离心，洗至中性，以丙酮为溶剂，经提取分离得紫色粉状固体，即 2.1 g 2，9-二羟基喹吖啶酮，熔点大于 300 ℃。

在三颈瓶中加入 2.0 g 2，9-二羟基喹吖啶酮、200 mL 甲苯和 4.8 g 四丁基溴化铵，在剧烈搅拌下，加入由 30 g KOH 和 50 mL H_2O 配成的 KOH 溶液，加热回流至完全溶解，溶液呈蓝绿色，加入 500 mL 溴辛烷，剧烈搅拌，回流 12 h，反应结束后，加入二氯甲烷。分出有机层，将有机层洗至中性，用无水 K_2CO_3 干燥，以 V（CH_2Cl_2）∶V（石油醚）＝5∶1 作展开剂，硅胶柱层析得红色粉状固体，即 5，12-二辛基-2，9-二辛氧基喹酮啶衍生物 A 0.55 g。

同样的方法烷基化可制得 5，12-二丁基-2，9-二丁氧基喹吖啶酮。以 V（乙酸乙酯）∶V（CH_2Cl_2）＝1∶40 作展开剂进行硅胶柱层析，得红色粉状衍生物 B，即 5，12-二丁基-2，9-二丁氧基喹吖啶酮。

5. 产品用途

用作电致发光材料。

6. 参考文献

[1] 王晨光. 基于喹吖啶酮的拓展 π-共轭光电功能分子［D］. 长春：吉林大学，2013.

[2] 于丁一. 系列环形喹吖啶酮衍生物的合成、结构及光谱性质研究［D］. 长春：吉林大学，2008.

第三章　电子元器件用化学品

电子元器件用化学品主要是指电子元器件生产中使用的精细无机化学品，包括半导体生产中的外延、扩散、掺杂等工序中使用的化学品，以及电阻、电容、显像管等电子元器件生产过程中使用的化学品。本章介绍的电子元器件用无机化学品有半导体材料、掺杂剂及电阻、电容、显像管等电子元器件生产中用精细无机化学品。

3.1　氧化镓

氧化镓（Gallium oxide）又称三氧化二镓（Gallium sesquioxide），分子式 Ga_2O_3，相对分子质量 187.44。

1. 产品性能

白色三角形结晶颗粒，有两种异构体：α 型属于六方晶系，在低温时稳定，相对密度 6.44；β 型属于单斜晶系，相对密度 5.88。在 600 ℃ 时 α 型转变为 β 型。不溶于水，溶于碱液，微溶于热酸。

2. 生产方法

(1) 三氯化镓法

三氯化镓溶于热水中，加入高浓度碳酸氢钠的热溶液，煮沸至镓盐全部转变为氢氧化镓沉淀。用热水洗涤沉淀，然后于 600 ℃ 灼烧，得 β 型氧化镓。

$$GaCl_3 + 3NaHCO_3 = Ga(OH)_3 \downarrow + 3NaCl + 3CO_2 \uparrow,$$

$$2Ga(OH)_3 \xrightarrow{\triangle} Ga_2O_3 + 3H_2O。$$

(2) 硫酸镓法

将高纯金属镓作为阳极进行电解，使镓溶于 5%～20% 的硫酸中，得硫酸镓溶液。过滤，在滤液中加氨水，加热浓缩，冷却得硫酸镓铵结晶。用水反复重结晶，于 105 ℃ 干燥。在有过量氧存在下于 800 ℃ 灼烧 2 h，得纯度 99.990%～99.999% 高纯氧化镓。

$$2Ga + 3H_2SO_4 \xrightarrow{电解} Ga_2(SO_4)_3 + 3H_2 \uparrow,$$

$$Ga_2(SO_4)_3 + 6NH_3 + 3H_2SO_4 = 2Ga(NH_4)_3(SO_4)_2,$$

$$6Ga(NH_4)(SO_4)_2 \xrightarrow{\triangle} 3Ga_2O_3 + 2N_2 \uparrow + 2NH_3 \uparrow + 6SO_2 \uparrow + 6SO_3 \uparrow + 9H_2O。$$

(3) 硝酸镓法

高纯镓用高纯硝酸溶解，得到的硝酸镓于 550 ℃ 下灼烧得氧化镓。

$$2Ga + 6HNO_3 = 2Ga(NO_3)_3 + 3H_2 \uparrow,$$

$$4Ga(NO_3)_3 \xrightarrow[\triangle]{550\ ℃} 2Ga_2O_3 + 12NO_2\uparrow + 3O_2\uparrow。$$

3. 生产工艺

这里介绍硝酸镓法的生产工艺。

将 1000 g 99.999% 高纯镓放入反应瓶中，加入高纯硝酸（$d = 4.42$），使镓全部溶解，然后过滤。滤液倒入三角烧瓶中，移至电炉上蒸发（在通风橱内进行），浓缩到接近结晶时，将溶液移置大号蒸发皿中，使其蒸发至干。把蒸干的 Ga（NO_3)_3 放在马弗炉中进行灼烧，温度控制 550 ℃，灼烧 5 h，待冷却后取出成品，得 1200 g 高纯氧化镓。

4. 产品标准

含量（Ga_2O_3）	≥99.999%		
杂质最高含量：			
氯化物（Cl^-）	≤$2×10^{-3}$%	锰（Mn）	≤$1×10^{-5}$%
硝酸盐（NO_3^-）	≤$1×10^{-3}$%	铋（Bi）	≤$1×10^{-5}$%
铝（Al）	≤$5×10^{-5}$%	铬（Cr）	≤$1×10^{-5}$%
铁（Fe）	≤$5×10^{-5}$%	锡（Sn）	≤$1×10^{-5}$%
镁（Mg）	≤$5×10^{-5}$%	钛（Ti）	≤$1×10^{-5}$%
钙（Ca）	≤$1×10^{-4}$%	铜（Cu）	≤$5×10^{-5}$%
银（Ag）	≤$5×10^{-5}$%	锌（Zn）	≤$1×10^{-4}$%
镍（Ni）	≤$1×10^{-5}$%	镉（Cd）	≤$1×10^{-5}$%
钴（Co）	≤$1×10^{-5}$%	铅（Pb）	≤$5×10^{-5}$%

5. 产品用途

用于电子工业半导体材料制备，也用作高纯分析试剂。

6. 参考文献

[1] 廖奕凯. 氧化镓薄膜的制备及性能研究 [D]. 哈尔滨：哈尔滨工业大学，2017.

[2] 姚毅. 硫酸镓铵法生产高纯氧化镓实验 [J]. 山东冶金，2016，38（4）：44-45.

[3] 刘永峰. 氧化镓纳米材料的制备及结构表征 [D]. 济南：山东师范大学，2015.

3.2　氧化铟

氧化铟（Indium oxide）又称三氧化二铟（Indium trioxide），分子式 In_2O_3，相对分子质量 277.64。

1. 产品性能

氧化铟系黄色粉末，灼烧温度越低则产物越容易溶于水。低温灼烧所得的产品有吸湿性；高温灼烧所得的产品则无吸湿性。其相对密度 7.04，850 ℃ 时挥发。

2. 生产方法

高纯铟溶于硝酸得硝酸铟，得到的硝酸铟于氨水中水解得氢氧化铟，得到的氢氧化铟经灼烧得高纯氧化铟。

$$In+6HNO_3 \longrightarrow In(NO_3)_3+3NO_2\uparrow+3H_2O,$$

$$In(NO_3)_3+3NH_3 \cdot H_2O \longrightarrow In(OH)_3+3NH_4NO_3,$$

$$2In(OH)_3 \longrightarrow In_2O_3+3H_2O。$$

3. 工艺流程

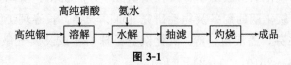

图 3-1

4. 生产配方

铟（高纯，99.990%～99.999%）	200
硝酸（72%，$d=4.42$）	426
氨水（30%）	660

5. 生产工艺

将 100 g 99.990%～99.999% 的高纯铟置于 1000 mL 的烧杯中，加 350 mL 高纯稀硝酸 [150 mL HNO_3（$d=4.42$）加 200 mL 电导水]，在通风橱内进行溶解，过滤。滤液倒入烧杯中，在搅拌下加入 350～400 mL 高纯 $NH_3 \cdot H_2O$（$d=0.88$），将 pH 调至 8.5～9.0。此时有大量的 $In(OH)_3$ 沉淀物出现，然后进行抽滤，把吸干的 $In(OH)_3$ 放在瓷坩埚中，移入马弗炉内于 500 ℃ 灼烧 0.5 h，再缓慢升到 700 ℃ 灼烧 4 h，冷却后取出成品。

6. 产品标准

含量（In_2O_3）	≥99.99%		
杂质最高含量：			
磷（P）	≤5×10^{-4}%	硅（Si）	≤5×10^{-4}%
氯化物（Cl^-）	≤3×10^{-3}%	硫（S）	≤2×10^{-3}%
硫酸盐（SO_4^{2-}）	≤2×10^{-3}%	氮（N）	≤3×10^{-3}%
镓（Ga）	≤5×10^{-5}%	锰（Mn）	≤5×10^{-5}%
镍（Ni）	≤5×10^{-5}%	铁（Fe）	≤5×10^{-4}%
钛（Ti）	≤5×10^{-5}%	镁（Mg）	≤5×10^{-4}%
钯（Pd）	≤5×10^{-5}%	铬（Cr）	≤5×10^{-5}%
铂（Pt）	≤5×10^{-5}%	铋（Bi）	≤5×10^{-5}%
铜（Cu）	≤1×10^{-4}%	铝（Al）	≤5×10^{-4}%
镉（Cd）	≤1×10^{-4}%	银（Ag）	≤5×10^{-5}%
锌（Zn）	≤1×10^{-4}%	钴（Co）	≤5×10^{-5}%

铅（Pb）	$\leqslant 1 \times 10^{-4}\%$	金（Au）	$\leqslant 5 \times 10^{-5}\%$
铊（Tl）	$\leqslant 1 \times 10^{-4}\%$	锡（Sn）	$\leqslant 5 \times 10^{-5}\%$
砷（As）	$\leqslant 5 \times 10^{-4}\%$	盐酸溶解试验	合格

7. 产品用途

用作电子元件材料，用于铟盐的制备、玻璃的制造。

8. 参考文献

[1] 穆晓慧. 纳米氧化铟薄膜的制备及性质研究 [D]. 济南：济南大学，2015.

[2] 武继龙. 纳米氧化铟的制备及物性研究 [D]. 长春：长春理工大学，2013.

[3] 汪婧妍，高兆芬，潘庆谊，等. 氧化铟空心球的合成及其气敏性能研究 [J]. 电子元件与材料，2010，29（2）：11-13.

3.3　四氧化三铁

四氧化三铁（Ferrosoferric oxide）又称磁性氧化铁（Iron oxide magnetic），分子式 Fe_3O_4，相对分子质量 232.54。

1. 产品性能

黑色六方针或无定形粉末，相对密度 5.18，熔点 1538 ℃，同时分解。潮湿状态在空气中易氧化为三氧化二铁。溶于酸，不溶于水、乙醇和乙醚。

2. 生产方法

①铁在蒸汽中加热或由氧化铁在 400 ℃ 下用氢气还原制得。

$$3Fe_2O_3 + H_2 \xrightarrow[\triangle]{400\text{ ℃}} 2Fe_3O_4 + H_2O。$$

②在碱性条件下，硫酸亚铁与硫酸铁作用，析出四氧化三铁沉淀。

$$FeSO_4 + Fe_2(SO_4)_3 + 8KOH =\!=\!= Fe_3O_4 \downarrow + 4K_2SO_4 + 4H_2O。$$

3. 工艺流程

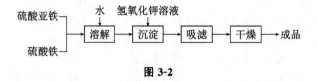

图 3-2

4. 生产工艺

将 25 g 七水合硫酸铁和 25 g 九水合硫酸高铁溶于 500 mL 水中，然后将其加入 1000 mL 5% 的 KOH 沸腾溶液中，析出 Fe_3O_4 沉淀。用倾析法迅速以热水洗涤沉淀，吸滤。在氢气氛下用 $CaCl_2$ 或浓硫酸干燥，得二水合四氧化三铁。

5. 产品用途

用于电子工业及制药、颜料工业。特制的磁性氧化铁可用于制录音、录像磁带和电讯器材。

6. 参考文献

[1] 朱脉勇，陈齐，童文杰，等. 四氧化三铁纳米材料的制备与应用 [J]. 化学进展，2017 (11)：1366-1394.

[2] 许光宇. 磁性四氧化三铁纳米微球的制备及在药物输送中的应用研究 [D]. 郑州：河南大学，2015.

3.4　三氧化二镍

三氧化二镍（Nickelic oxide）又称氧化高镍、黑色氧化镍，分子式 Ni_2O_3，相对分子质量 165.40。

1. 产品性能

灰黑色粉末，约在 600 ℃ 分解成氧化镍和氧。18 ℃时密度 4.83 g/cm^3，不溶于水和碱。氧化高镍是强氧化剂，可将盐酸氧化为单质氯，故可溶于盐酸，也溶于氨水。

2. 生产方法

（1）氯化镍法

氯化镍用次氯酸在碱性条件下氧化，生成三氧化二镍。

$$2NiCl_2 + NaClO + 4NaOH == Ni_2O_3 + 5NaCl + 2H_2O。$$

（2）镍废料法

镍铁合金废料用混酸溶解后，用双氧水氧化除铁，通硫化氢除锌、铜、铅等，再经除镁、钙，净化的含镍液料经蒸发浓缩，并转变为草酸镍，草酸镍在高温下氧化镍。

（3）电解法

以氯化镍原料电解法制备三氧化二镍。电解液用氢氧化钠调节 pH 至 7.5～7.8，氯化镍的最终质量浓度 130 g/L；添加剂为硫酸钠，添加量 20 g/L，搅拌均匀。

电解条件：

电极	40 mm×30 mm 铅板	极距/cm	4.5
电压/V	7.5	电流/A	3.5
温度/℃	30		

电解产物于 320～350 ℃ 下恒温 2 h，得到三氧化二镍。

采用氯化镍溶液电解，首先是氯离子在阳极上氧化生成活性氯，次氯酸根再使二价镍氧化为三价产物。

电解物呈黑色，以水合物形式存在，所以需在较高温度下干燥，温度太低，三氧化二镍中水合分子难以脱除；温度太高，产物由黑色无定形结构转变为灰黄色立方晶型氧化镍。

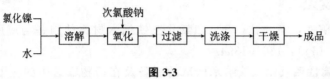

$$(NiOOH)_4 \cdot 2H_2O \xrightarrow{40\sim110\ ℃} (NiOOH)_4 H_2O \xrightarrow{200\sim300\ ℃} 2Ni_2O_3。$$

3. 工艺流程

（1）氯化镍法

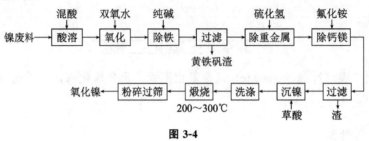

图3-3

（2）镍废料法

图3-4

4. 生产工艺

（1）氯化镍法

将 150 g 六水合氯化镍溶于水，过滤后加入 100 mL 30％的氢氧化钠溶液，于搅拌下逐渐加入 250～300 mL 次氯酸钠溶液，析出三氧化二镍沉淀。过滤，用热水洗涤至无氯离子为止。于 100 ℃ 干燥后，再用 2500 mL 热水洗涤，然后于 130 ℃ 干燥，得 50 g 三氧化二镍。

（2）镍废料法

将 50％的硫酸投入反应釜中，然后加入镍废料（镍铁合金废料），搅拌下滴加 10％的硝酸溶液，维持反应温度 70～80 ℃，反应终点 pH 0.5～4.0。静置，移去上清液，残渣进一步酸溶。酸浸液进入除铁工序。

处理液中铁离子质量浓度较高，达 100 g/L，酸性体系中空气较难氧化二价铁，中性条件下经氧化得到的氢氧化铁呈胶体难以过滤，加入过氧化氢氧化剂，加热溶液，反应 4.0～4.5 h，检验溶液无二价铁存在为止。

溶液加热至 80～90 ℃，用 80～100 g/L 碳酸钠溶液缓慢加入上述体系中，搅拌，溶液 pH 4.5～2.0，滴加时间 1.0～4.5 h，这时有浅黄色沉淀生成，继续加碱液至溶液 pH 4.0～4.5，检验至溶液中无铁离子存在为止。

除铁后的镍液中还有少量杂质离子，通硫化氢除锌、铜、铅等，在除杂过程中，溶液 pH 对镍沉淀有一定影响，一般控制 pH 在 2.0～2.5，这时可有效分离溶液中的杂质金属离子，铅脱除率 99.7％、铜脱除率 99.9％、锌脱除率 95.5％，而镍的损失率约 3％。

钙、镁离子的存在影响氧化镍的产品质量，除钙、镁离子工艺条件：溶液 pH 5～6，氟化铵加入量按化学式计量的 4.2 倍投入，除钙、镁离子时间 4.0～4.5 h，反应温度 95 ℃ 左右，净化后钙、镁离子质量浓度约在 0.005 g/L 以下，而镍无损失。

净化液加热蒸发浓缩，加热温度 40 ℃ 左右。浓缩至溶液密度为 4.12～4.16 g/cm³，然后在搅拌下加入一定量的密度为 4.04～4.05 g/cm³ 的草酸溶液，继续加入 pH 4.5～5.0 的草酸铵溶液，加入时控制滴加速度，得到颗粒较细的草酸镍。

草酸镍经热水洗涤数次后，先在热空气下干燥脱水，再在高温下煅烧 3 h 左右，密闭冷却，研磨，过筛，即得氧化镍。

5. 产品标准

镍含量（Ni 计）	≥60％
盐酸不溶物	≤0.20％
氯化物	≤0.01％
硫酸盐	≤0.06％
硝酸盐	≤0.05％
重金属（以 Cu 计）	≤0.01％
铁（Fe）	≤0.03％
钴（Co）	≤0.20％
碱及碱土金属	≤0.30％

6. 产品用途

用作电子元件材料、蓄电池材料。利用它的强氧化性制成镉镍碱性电池，也用于制造人造卫星、宇宙飞船的高能电源；还用作陶瓷、玻璃、搪瓷的颜料。

7. 参考文献

[1] 姚宝书，石俊瑞，曹希洪，等. 无水三氧化二镍的制备 [J]. 化学世界，1982
(2)：38-39.

3.5　高纯二氧化硅

二氧化硅（Silicon dioxide）又称硅石，分子式 SiO_2，相对分子质量 60.084 3。

1. 产品性能

无色粉末或白色颗粒，不溶于水和普通酸，与氢氟酸作用生成四氟化硅。相对密度 2.2～2.6，熔点 1710 ℃，沸点 2230 ℃。

2. 生产方法

正硅酸乙酯经精馏提纯、氨解得到硅酸沉淀，离心干燥后于 900 ℃ 灼烧得高纯二氧化硅。

$$Si(OC_2H_5)_4 + 4NH_3 \cdot H_2O \longrightarrow H_4SiO_4 \downarrow + 4C_2H_5OH + 4NH_3 \uparrow,$$

$$H_4SiO_4 \xrightarrow[\triangle]{900\ ℃} SiO_2 + 2H_2O_{\circ}$$

3. 工艺流程

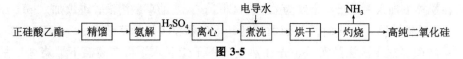

图 3-5

4. 生产配方

正硅酸乙酯（工业品）	50
氨水（高纯）	25

5. 生产工艺

将化学纯正硅酸乙酯加到装有重齿型分馏柱及冷凝管的密闭式电加热不锈钢反应锅中，进行高效精馏，收集 160～168 ℃ 的馏分，备用。

如果需要进一步提高产品纯度，精馏必须减慢速度，必要时可重蒸一次。

将 25 kg 经过精馏的正硅酸乙酯置于 50 L 白瓷缸中或相同容积的塑料桶内，加 12.5 kg 氨水 [V（正硅酸乙酯）∶V（氨水）＝2∶1]，混合后加热，开启电动搅拌器充分搅拌，反应时间最短为 20 min，最长为 1 h。反应物由混浊到稠状，最后溶液沸腾，停止搅拌，沉淀物静置过夜。

将静置过夜的沉淀物滤入铺有府绸布的离心袋中，等除去大部分滤液后再在离心机中甩至近干。然后把沉淀物移入反应锅内用电导水煮沸，让氨充分逸出，煮洗一定时间后，再次离心甩干。

将离心后的硅酸沉淀物装入 3000 mL 瓷坩埚中，在 80～90 ℃ 干燥 2～3 天。将烘干的硅酸沉淀物放入圆形炉内于 900 ℃ 下（直接升温）灼烧 8 h，然后自然冷却。次日取出即为成品。

6. 说明

①水解时氨水加入量大，将会引起硅酸沉淀发黏，灼烧后的粒子就硬。正硅酸离心甩干后，应尽量设法粉碎，否则灼烧会出现黑点而影响外观。

②灼烧时有大量 NH_3 气体逸出，生产过程中应加强防范措施。

7. 产品标准

含量（SiO_2）	≥99.99%		
杂质最高含量：			
铋（Bi）	5×10^{-5}%	锰（Mn）	5×10^{-5}%
钛（Ti）	$<1 \times 10^{-5}$%	铁（Fe）	1×10^{-4}%
钴（Co）	$<1 \times 10^{-5}$%	镁（Mg）	1×10^{-5}%
锡（Sn）	$<5 \times 10^{-5}$%	铬（Cr）	1×10^{-5}%
铅（Pb）	4.5×10^{-5}%	镍（Ni）	3×10^{-6}%
锌（Zn）	2×10^{-4}%	铝（Al）	2×10^{-4}%
硼（B）	5×10^{-5}%	钙（Ca）	1×10^{-4}%
氯（Cl^-）	1×10^{-3}%	铜（Cu）	2×10^{-5}%

8. 产品用途

可用作硅化合物和荧光粉的原料及光导纤维用材料，并在固体电路生产中用于扩散锑时控制锑浓度。

9. 参考文献

[1] 张琪. 氨化法制备高纯二氧化硅及高纯石英的过程研究 [D]. 南昌：南昌大学，2016.

[2] 徐伟. 以天然硅藻土为原料的高纯二氧化硅制备以及纯度表征 [D]. 太原：太原理工大学，2016.

[3] 和晓才，杨大锦，李怀仁，等. 二氧化碳沉淀法制备高纯二氧化硅的工艺研究 [J]. 稀有金属，2012，36（4）：604-609.

3.6　高纯锗

锗（Germanium）元素符号 Ge，相对原子量 72.61。稳定同位素：^{70}Ge、^{72}Ge、^{73}Ge、^{74}Ge、^{76}Ge。

1. 产品性能

锗是一种灰色金属，20 ℃时相对密度 5.36，熔点 937.4 ℃，沸点 2830 ℃。锗不溶于水、盐酸和稀氢氧化钠溶液；溶于王水、浓硝酸或硫酸，以及熔融的碱、硝酸盐或碳酸盐。在空气中，锗十分稳定，当加热至 600 ℃ 时渐渐变成氧化物。在 1000 ℃时可与氢作用生成 GeH_4。细粉锗能在氯气或溴中燃烧生成 $GeCl_4$ 或 $GeBr_4$。锗通常以四价化合物存在，地壳中锗的含量约为 $7×10^{-4}$%。锗是一种半导体。

2. 生产方法

含锗的铅锌矿采用硫酸浸出，过滤，浓缩得酸浸取液，得到的酸浸取液经单宁沉淀、洗涤、烘干得锗浓缩物。锗浓缩物经氧化焙烧转变为二氧化锗，二氧化锗用盐酸中和得四氯化锗，水解后再用氢气还原得粗锗。最后用区域熔炼，得高纯锗。

$$锗浓缩物 \xrightarrow[\triangle]{O_2} GeO_2,$$
$$GeO_2 + 4HCl \Longrightarrow GeCl_4 + 2H_2O,$$
$$GeCl_4 + 2H_2O \Longrightarrow GeO_2 + 4HCl,$$
$$GeO_2 + 2H_2 \Longrightarrow Ge + 2H_2O。$$

3. 工艺流程

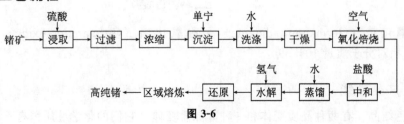

图 3-6

4. 生产工艺

将含锗的铅锌矿投入浸取槽，用硫酸浸出，过滤后浓缩。浓缩浸出液用单宁沉淀，得单宁锗沉淀物，单宁锗沉淀物经分离、洗涤、干燥，得锗的浓缩沉淀物。

将锗的浓缩沉淀物放入铁盘中，置于焙烧炉进行氧化焙烧，约 10 min 翻动一次，烧成熟料呈土红色，当单宁等有机物燃烧完全，物料熄灭。

熟料中的锗是以氧化锗形态存在，将熟料投入已加入盐酸的搪瓷反应釜中，加热升温至沸腾，维持反应，物料中的锗生成四氯化锗，反应釜的出口装有玻璃冷凝器，逸出的四氯化锗冷凝后流入接收瓶。粗四氯化锗再经过复蒸提纯，进一步除去杂质。

将复蒸提纯的四氯化锗与纯水反应，使四氯化锗又重新生成氧化锗，同时放出 HCl 气体，水解工序应在通风良好的通风橱内操作。反应结束后，过滤分离洗涤，得白色高纯氧化锗。

将二氧化锗粉末装入石墨舟中，置于氢气还原炉内，将进料口堵严密后开动真空泵抽真空，将还原炉内的空气抽尽后开始通入氢气，并开始加热升温，维持还原反应，至出气尾管没有水流出时，即表示还原反应结束，停止加热，继续通氢气降温，至炉温降到室温时开炉门出料。

金属锗用乙醇清洗后，置入石墨舟中放置高频加热炉的石英加热管中，抽真空加热进行区域熔炼，利用锗和微量杂质在融熔体中和在凝固体中的分配比的差别，将微量杂质逐步赶移至锗锭的一端，冷却出炉后，除去杂质含量高的一段，即得高纯金属锗。

5. 产品用途

锗的应用很广。主要用于无线电技术和电子技术。以锗的基体的晶体管取代电子真空管革新了整个电子装备。作为半导体材料可制成晶体管、二极管、整流器；对红外线的透光度和折射率高，因而在红外光学材料、光学玻璃、超导材料、光纤通信、光电源、磷光体、探测器等有着广泛的用途；另外，在聚酯纤维用催化剂-合金中的添加剂及医学等方面也有广泛的应用。

6. 参考文献

[1] 刘锋，耿博耘，韩焕鹏. 辐射探测器用高纯锗单晶技术研究 [J]. 电子工业专用设备，2012，41 (5)：27-31.

[2] 徐凤琼，刘云霞. 用粗二氧化锗制取高纯锗 [J]. 稀有金属，1998 (5)：26-30.

3.7　二氧化锗

二氧化锗（Germanium dioxide）又称氧化锗（Germanium oxide），分子式 GeO_2，相对分子质量 104.59。

1. 产品性能

无色结晶，有两种晶质变体和一种非晶质变体。它们的化学性质稍有不同。正方晶变体（金红石型）的密度 6.239，熔点 1086 ℃，不溶于冷水、盐酸、氢氟酸，微溶于氢氟化钠溶液。六方晶变体的密度 4.703，熔点 1115 ℃，稍溶于水，并被氢氟酸分解为锗氟酸（H_2GeF_6），被盐酸分解为四氯化锗。非晶质变体与六方晶变体一样，也能与盐酸和氢氟酸反应。有毒！

2. 生产方法

由四氯化锗水解或锗加热氧化制得。

$$GeCl_4 + 2H_2O \longrightarrow GeO_2 + 4HCl,$$

或

$$Ge + O_2 \longrightarrow GeO_2。$$

3. 工艺流程

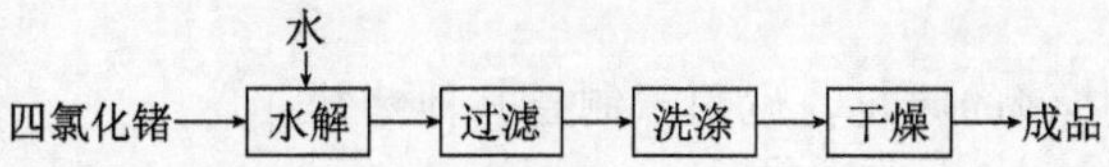

四氯化锗 → 水解 → 过滤 → 洗涤 → 干燥 → 成品（水）

图 3-7

4. 生产工艺

将 100 g 四氯化锗置于烧瓶中，加入 6.5 倍体积的水，摇匀，放置一夜，生成二氧化锗沉淀。生成的二氧化锗沉淀用冷水洗涤，洗至洗涤不含 Cl^- 为止（用 $AgNO_3$ 检验）。于 200 ℃ 下干燥，得二氧化锗。

5. 产品用途

用作半导体材料，也用作光谱分析试剂，用于制单质锗。

6. 参考文献

[1] 蒋伟，蒋开喜，王海北，等. 一种从锗精矿制备高纯二氧化锗的新工艺 [J]. 矿冶，2007（3）：26-28.

3.8 四氯化锗

四氯化锗（Germanium tetrachloride）又称氯化锗（Germanium chloride），分子式 $GeCl_4$，相对分子质量 214.42。

1. 产品性能

透明易流动液体，相对密度（d_{20}^{20}）4.879，熔点 -49.5 ℃，沸点 83.1 ℃，有特殊气味。遇水分解，在潮湿空气中发烟。易溶于稀盐酸，溶于乙醇和乙醚，不溶于浓盐酸和浓硫酸。

2. 生产方法

（1）单质锗氯化法

金属锗于石英管中，加热至 $500 \sim 600$ ℃，通入干燥氯气氯化，得四氯化锗。

$$Ge + 2Cl_2 \longrightarrow GeCl_4。$$

（2）二氧化锗法

二氧化锗与盐酸反应，生成四氯化锗。

$$GeO_2 + 4HCl = GeCl_4 + 2H_2O。$$

3. 生产工艺

这里介绍二氧化锗法。

在圆底烧瓶上安装螺形回流冷凝器，冷凝器上端装一分液漏斗及一毛细管，以使反应体系与大气相通。将二氧化锗置入圆底烧瓶内，从分液漏斗滴加 37％ 的盐酸，同时水浴加热。生成的氯化锗为挥发性液体，故采用 0 ℃ 左右的氯化钙溶液作回流冷凝器的冷却液。反应完毕，蒸馏得四氯化锗。

4. 产品用途

用作制备半导体锗的原料，也用于制备其他锗盐。

5. 参考文献

[1] 王少龙，雷霆，张玉林，等. 四氯化锗提纯工艺研究进展 [J]. 材料导报，2006
（7）：35-37.

[2] 卢福道. 高纯四氯化锗中 CH、OH 基团及 HCl 含量的测定 [J]. 矿冶，1996
（4）：90-92.

3.9　高纯金

金（Gold）元素符号 Au，相对原子质量 196.97，稳定的同位素 ^{197}Au。

1. 产品性能

金黄色粉末。质软、延展性极强的金黄色金属。不溶于酸，溶于王水 [V（浓 HCl）：V（浓 HNO$_3$）＝3：1]、热硫酸和氰化钾溶液。可与氯、溴直接反应，对氧和硫及强氧化剂呈惰性，熔点 1063 ℃，沸点 2600 ℃。

2. 生产方法

99.95％ 的金用王水溶解后，用乙醚萃取，最后用高纯草酸作还原剂将三氯化金还原得到高纯金。也可用二氧化硫或硫酸亚铁作还原剂。

$$Au + HNO_3 + 3HCl = AuCl_3 + NO\uparrow + 2H_2O，$$

$$2AuCl_3 + 3H_2C_2O_4 = 2Au + 6HCl + 6CO_2\uparrow，$$

或　　　　$$2AuCl_3 + 3SO_2 + 6H_2O_2 = Au + 6HCl + 3H_2SO_4，$$

或　　　　$$AuCl_3 + 3FeSO_4 = Au + Fe_2(SO_4)_3 + FeCl_3。$$

3. 工艺流程

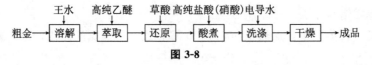

图 3-8

4. 生产工艺

将 99.95％的金加工成薄片并切成小条，置于烧杯中，放在通风橱内，以 3 倍量的王水进行溶解。然后加热浓缩，驱走游离的硝酸，当蒸发至原体积的 1/5～1/4 时，加高纯盐酸，溶解和蒸馏，最后配制金质量浓度为 100 g/L、酸物质的量浓度为 4.5 mol/L 的稀盐酸溶液，过滤以除去不溶的沉淀物（AgCl 等）。滤液移入分液漏斗中，加入体积比为 1∶1 的（高纯乙醚），然后塞上盖子，在室温下充分振荡，静置 15 min。此时溶液分为两相——有机相和水相，弃去水相，将有机相用 1/2 体积的离子交换水（电导水）进行反萃取。待分层后水相移入烧杯中，并在水浴上加热，在 40～70 ℃ 进行蒸发和破坏有机相，至此完成了第一次萃取。萃取要进行 3 次，其他 2 次均与第一次萃取的条件和操作相同。经过 3 次萃取之后，配制盐酸物质的量为 3 mol/L、金质量浓度为 70 g/L 的盐酸溶液。然后加高纯草酸或通入净化的 SO_2 气体，即可得到光亮的粉末状金（金粉）。将金粉取出放在烧杯中，用 3 mol/L 高纯盐酸和 10％的高纯硝酸分别煮沸 0.5 h 左右，吸滤金粉，用电导水洗涤，干燥，得 99.999％的高纯金。

5. 说明

①由于草酸作还原剂的副产物是气体 CO_2，所以，该反应用选择草酸作为还原剂较为理想。

②金是贵金属，应尽量考虑废液回收，避免浪费。

6. 产品标准

含量（Au）	≥99.999％		
杂质最高含量：			
铝（Al）	5×10^{-5}％	铋（Bi）	1×10^{-5}％
铁（Fe）	1×10^{-4}％	铬（Cr）	1×10^{-5}％
镁（Mg）	5×10^{-5}％	锡（Sn）	1×10^{-5}％
钙（Ca）	1×10^{-4}％	铜（Cu）	1×10^{-5}％
镍（Ni）	1×10^{-5}％	镉（Cd）	1×10^{-5}％
钴（Co）	1×10^{-5}％	铅（Pb）	1×10^{-5}％
锰（Mn）	1×10^{-5}％	锌（Zn）	5×10^{-5}％

7. 产品用途

电子工业用于扩散掺杂工艺及镀金。

8. 参考文献

[1] 张济祥，谢宏潮，阳岸恒，等. 高纯金制备技术研究现状与展望 [J]. 贵金属，2015，36（3）：81-86.

[2] 叶跃威. 高纯金的电解工艺 [J]. 贵金属，2014，35（1）：23-26.

[3] 孙敬韬，邓成虎，王日，等. 一步法高纯金生产工艺开发与产业化 [J]. 有色金

属（冶炼部分），2014（7）：45-48.

3.10 高纯铂

铂（Platinum）元素符号 Pt，相对原子质量 195.08。

1. 产品性能

银白色金属，质较软。对大多数化学试剂表现稳定，不溶于盐酸和硝酸，能溶于王水。熔点 1774 ℃，沸点 4300 ℃。

2. 生产方法

（1）氯铂酸铵沉淀法

铂用王水溶解后生成氯铂酸，经除杂后与氯化铵作用生成氯铂酸铵，氯铂酸铵经灼烧后得海绵铂，用电导水洗涤得高纯铂。

$$3Pt+4HNO_3+6HCl \xrightarrow{} H_2PtCl_6+4NO_2+4H_2O,$$
$$H_2PtCl_6+2NH_4Cl \xrightarrow{} (NH_4)_2PtCl_6+2HCl,$$
$$3(NH_4)_2PtCl_6 \xrightarrow{\triangle} 3Pt+2NH_3\uparrow+18HCl\uparrow+2N_2\uparrow。$$

（2）离子交换法

将金属铂溶于王水，然后与氯化铵作用生成氯铂酸铵，再将氯铂酸铵经离子交换树脂去杂生成氯铂酸并加氯化铵生成氯铂酸铵，干燥后灼烧得高纯铂。

3. 工艺流程

（1）氯铂酸铵沉淀法

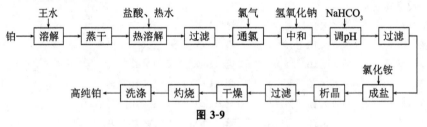

图 3-9

（2）离子交换法

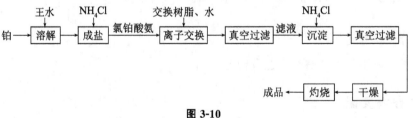

图 3-10

4. 生产工艺

（1）氯铂酸铵沉淀法

将 1000 g 99.9%铂于 8～10 L 的瓷缸中，加入少量水使其湿润，然后将 2 L 王

水 [V（HCl）：V（HNO$_3$）＝3：1] 缓慢加入，使其溶解，待反应缓和后，加热进行溶解，再待反应缓和后用倾泻法将溶液移入另外的瓷缸中，向未反应的粗铂中重新加入王水 1～2 L 进行溶解，溶解 1 kg 粗铂需要 4～5 L 王水，有时用量还需多些。此外，以海绵铂为阳极，在强盐酸溶液中电解，也可得氯铂酸。王水溶解后，将不溶残渣分离出来，洗净后保存，作为提取铱和铑的原料。

将溶液与洗涤液合并蒸干后，加入少量水和盐酸再蒸干，如此反复数次，以便将王水溶解铂时有可能生成的亚硝基铂酸转化成氯铂酸。

蒸干物料冷却后，加入约 100 mL HCl 使其湿润，再加约 2 L 热水加热溶解，粗铂中的银和一部分的金则以 AgCl 和褐色的金的形式而沉淀。将溶液煮沸数分钟后过滤。从提金阳极泥中所得的粗铂在大多情况下含有较多的金，这就要向热溶液中加入 FeSO$_4$、FeCl$_2$ 或通入 SO$_2$ 使金还原后过滤除去；如金的含量少时，可利用氯亚铂酸的还原作用，也能将金还原除去。除去金及氯化银后的氯铂酸溶液最好用所提到的氢氧化物沉淀法去除其他铂族元素，即将粗制氯铂酸溶液加热，同时通入氯气，使铂族元素氧化为＋4 价，而钯、铑和铱便成了稳定的氢氧化物沉淀。

将通完氯气的溶液，分置于容量为 10 L 的瓷蒸发皿中，每个蒸发皿中有铂 100 g 左右。然后加热煮沸，向此溶液中缓慢地滴加热的 20％的苛性钠溶液，使游离盐酸减少到一定程度，再加 100 mL 10％的溴酸钠溶液，以防止热溶液中铂族元素的还原反应。随后向此溶液中缓慢加入 NaHCO$_3$ 饱和溶液，充分搅拌不时地检查 pH，在 pH 达 8 时，铂族元素几乎完全沉淀，其中锇在 pH 4.5～6.0，铱在 pH 4.0～5.0，铑、钯、钌在 pH 6.0～7.0 时完全沉淀，铜、铁及镍也成为氢氧化物或碱式盐而沉淀。

将溶液和沉淀一起煮沸数分钟，静置，待沉淀下沉后，用定量滤纸过滤。滤液中加入 100 mL HCl（d＝4.18）加热煮沸，以分解溴酸钠，待溴的气味消失后，加入 100 mL 预先加热的 15％～20％的氯化铵溶液，然后在搅拌下令其冷却。当冷却到 40～50 ℃ 时，用布氏漏斗迅速抽滤，便能得到完美的氯铂酸铵结晶。将沉淀用 10％～15％的 NH$_4$Cl 冷溶液洗涤多次，过滤时的温度不宜过低，否则会有杂质一起沉淀，以致使完美的黄色结晶带有褐色甚至绿色。

将沉淀置于大型瓷坩埚中，先于电炉上加热，使其干燥，干燥后在 600～700 ℃ 使其成为灰色海绵铂。用稀高纯 HCl 洗涤除去盐类，然后用热电导水将酸洗净，经一次提纯就能得到纯度为 99.990％～99.999％的铂。

（2）离子交换提纯法

将树脂、水与固体氯铂酸铵配合置于石英或塑料容器内，在 120～130 r/min 的搅拌条件下经历 5～20 min，反应很快向生成氯铂酸的方向进行，全部氯铂酸铵均转变为氯铂酸而进入溶液。

注：m [树脂（干）]：m [(NH$_4$)$_2$PtCl$_6$]＝6：1；V [树脂（湿）]：V（水）＝1：1（体积比）。

用真空过滤使树脂与溶液分离，用滤液体积的 10％～20％的两次蒸馏水或离子交换水分 3 次洗树脂，最终可洗至无色。树脂可再生使用并回收氯化铵。滤液取出后，在石英或聚氯乙烯容器内加入氯化铵饱和溶液或固体氯化铵进行沉淀。氯化铵的加入量除使铂沉淀的理论需要量外，还应该使滤液中游离氯化铵的含量维持在 3％～5％。沉淀真空过滤，并以 15％～20％的 NH$_4$Cl 溶液洗沉淀物 3～4 次。

将已提纯的 $(NH_4)_2PtCl_6$ 装入石英或氧化锆坩埚，放入马弗炉中进行煅烧。为使物料干燥，从开始升温至 150 ℃ 时保持 0.5 h，然后升温至 300～360 ℃，保持 1～2 h 后以每小时约升高 100 ℃ 的速度升至 750 ℃，保持 1 h（如欲得到较致密的铂，则可升温至 900 ℃，保持 1 h），如煅烧的 $(NH_4)_2PtCl_6$ 量较大时，要酌情延长时间。取样进行光谱分析，如纯度合格，则将其余沉淀物在同样条件下煅烧成海绵金属而得最终产品；如不合格则重复进行交换及沉淀直至产品合格为止。每一次精制过程包括一次离子交换和一次氯化铵沉淀，离子交换主要能除去部分非贵金属，而沉淀过程既能除去部分非贵金属也能除去部分贵金属。由于离子交换过程中铂基本无损失，且氯铂酸铵的溶解度很小，故一次精制回收率为 95%～99%。

一般纯度 99.96%～99.97% 的铂，经过 4～5 次精制，纯度可达 99.998%～99.999%。

5. 说明

①所用离子交换树脂为强酸性磺化聚苯乙烯，交链度 12%，粒度 50～60 目。

②树脂在用前先进行筛分，然后在水中漂去其中碎屑，并在温水中浸一夜（12 h）。

取出浸好的树脂置于交换柱内，先后用 2 mol/L 及 6 mol/L HCl 洗涤以除去其中非贵金属杂质，并用亚铁氰化钾检验铁至无色时为止；然后用离子交换水或两次蒸馏水洗树脂，至流出液用 $AgNO_3$ 检查无氯离子时即可取出备用。使用后的树脂可重新放入柱内，用 6 mol/L HCl 再生，流出液中含 NH_4Cl 可进行回收；用 HCl 再生后树脂仍用离子交换水或两次蒸馏水洗至无氯离子后备用。

6. 产品标准（参考指标）

含量（Pt）	≥99.998%		
杂质含量：			
铑（Rh）	$<2\times10^{-6}$	铱（Ir）	$<5\times10^{-6}$
铁（Fe）	$<10\times10^{-6}$	钯（Pd）	$<1\times10^{-6}$
银（Ag）	$<1\times10^{-6}$	镍（Ni）	$<6\times10^{-6}$
铜（Cu）	$<1\times10^{-6}$	总量	$<28\times10^{-6}$
金（Au）	$<2\times10^{-6}$		

7. 产品用途

在电子工业用于半导体生产的扩散、掺杂工艺。

8. 参考文献

[1] 罗瑶，贺昕，熊晓东，等. 离子交换法除去高纯铂中杂质离子的研究 [J]. 贵金属，2013，34（S1）：1-3.

[2] 赵飞，吴喜龙，高芳，等. 从炉灰、酸泥中回收并提取高纯铂、钯的工艺实验 [J]. 贵金属，2009，30（4）：44-47.

3.11　高纯银

银（Silver）元素符号 Ag，相对原子质量 107.87。稳定的同位素有 ^{107}Ag、^{109}Ag。

1. 产品性能

灰白色粉末，为质软、延展性极强的白色金属，对水十分稳定，在空气中逐渐地蒙上一层 Ag_2S 的薄膜。在接触空气的条件下，熔融银可以吸收氧，但冷却后则又将其放出。相对密度 10.49 的银为正方形或八面体结晶，其熔点 960.5 ℃，沸点 1950 ℃。

在室温下 HF、HCl 和 H_2SO_4 与 Ag 不反应，熔融的碱和硝石与 Ag 也不反应，但 Ag 能溶于热的浓硫酸形成 Ag_2SO_4，同时放出 SO_2。

2. 生产方法

硝酸银经两次重结晶后电解或电解高纯硝酸银，高纯银。

3. 工艺流程

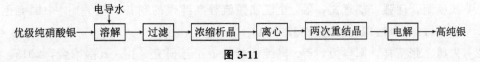

图 3-11

4. 生产工艺

将 1000 g 优级纯硝酸银放入 2000 mL 的烧杯中，加 1500 mL 电导水溶解，过滤，蒸发，结晶。用不锈钢离心机将它甩干，取出结晶。

为了保证硝酸银的质量，根据上述方法可重结晶两次。结晶甩干，用电导水洗涤一次，再行甩干。然后将重结晶的硝酸银配成 50% 的电解液，进行电解。

电解条件：

电流/A	2.5～3.0	极片/cm²	30～40
电压/V	5	二极间距/cm	10～15
铂电极	2 片		

通过以上条件进行电解，获得 99.99% 的高纯银。

5. 说明

①可用高纯硝酸银用电导水溶解，过滤后配成 50% 的电解液，于 2.5～3.0 A、5 V 下电解，以 30～40 cm² 铂片作电极，二极间距 10～15 cm，可得 99.99% 的高纯银。

②电解后的高纯银，先进行光谱半定量分析，如能达到 w（Si）<0.001%、w（Mg）<0.001%、w（Ca）<0.001%，其他杂质都在光谱灵敏度以下，那便可作全部杂质分析。

6. 产品标准

含量（Ag）	≥99.99%		
杂质最高含量：			
铜（Cu）	$1×10^{-4}$%	镍（Ni）	$1×10^{-4}$%
锌（Zn）	$1×10^{-4}$%	铂（Pt）	$1×10^{-4}$%
铁（Fe）	$1×10^{-4}$%	金（Au）	$1×10^{-4}$%
镁（Mg）	$1×10^{-4}$%	钯（Pd）	$1×10^{-4}$%
铝（Al）	$5×10^{-4}$%	锡（Sn）	$1×10^{-4}$%
钙（Ca）	$5×10^{-4}$%	镓（Ga）	$1×10^{-4}$%
锰（Mn）	$1×10^{-4}$%	钛（Ti）	$1×10^{-4}$%
铬（Cr）	$1×10^{-4}$%	钡（Ba）	$1×10^{-4}$%
钴（Co）	$1×10^{-4}$%		

7. 产品用途

电子工业用于半导体扩散和掺杂工序，也用于镀银。

8. 参考文献

[1] 汪秋雨，何强，胡意文，等. 全湿法短流程高纯银的制备工艺 [J]. 中国有色金属学报，2017，27（5）：1037-1044.

[2] 朱勇，张济祥，阳岸恒，等. 高纯银的制备工艺研究 [J]. 云南冶金，2015，44（6）：37-41.

[3] 王日，黄绍勇，聂华平. 无铜离子电解制备高纯银新技术 [J]. 湿法冶金，2013，32（5）：323-332.

3.12　高纯铜

铜（Copper）元素符号 Cu，相对原子质量 63.55，稳定同位素^{65}Cu。

1. 产品性能

微红色、有光泽、十分软的可展性金属，对空气是稳定的。在空气中强烈灼烧金属铜即燃烧。它不溶于稀盐酸和稀硫酸中，而溶于硝酸中，也溶于浓硫酸和浓盐酸中（在盐酸中须有铂存在才能溶解）。在通空气的条件下，可缓慢溶于 NH_4OH 中。相对密度为 8.92，熔点 1083 ℃，沸点 2595 ℃。

2. 生产方法

（1）电解法

以工业电解铜为原料用硫酸溶解，经第一次电解后，阴极沉积的铜再用硝酸溶解，进行第二次电解，得高纯铜。

（2）还原法

高纯硝酸铜转化为氢氧化铜沉淀，灼烧后，于 400～600 ℃ 用纯净氢还原得高纯铜。

$$Cu(NO)_2 + 2NH_3 \cdot H_2O \longrightarrow Cu(OH)_2 + 2NH_4NO_3,$$

$$Cu(OH)_2 \overset{\triangle}{=\!=\!=} CuO + H_2O,$$

$$CuO + H_2 \overset{\triangle}{=\!=\!=} Cu + H_2O。$$

3. 工艺流程

（1）电解法

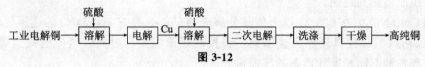

图 3-12

（2）还原法

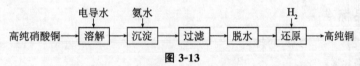

图 3-13

4. 生产工艺

（1）以 99.9％ 工业铜为原料电解

将 500 g 99.9％ 的工业电解铜用蒸馏水洗涤一次，然后用 $V(H_2O)$：$V(HNO_3) = 4：1$ 的稀硝酸溶液进行表面浸洗，并用电导水冲去表面的硝酸及污物。将铜制成小块状或片状放在烧瓶中，加入高纯硫酸，使铜溶解（铜应过量 5 g）。待反应完毕后，用 200 mL 电导水进行稀释，过滤 $CuSO_4$ 溶液。将澄清的滤液浓缩，冷却结晶，得到第一次结晶的 $CuSO_4 \cdot 5H_2O$。

将上述结晶配成含铜 50～55 g/L 的电解液，加质量浓度为 90～100 g/L 的 H_2SO_4 进行一次电解液。二次电解液则是取一次电解制得的阴极，溶于硝酸中煮沸数小时，除尽游离的氧化氮。然后浓缩，冷却后取出 $Cu(NO_3)_2$ 结晶，并配制成含 Cu 50～60 g/L、HNO_3 23～25 g/L、NaCl 0.2～0.5 g/L 的电解液进行第二次电解。

在电解过程中，均用高纯铜片作阴极，在室温下进行电解，第一次电解时的电流密度控制在 120 A/m²，时间为 72 h；第二次电解时的电流密度控制在 50 A/m²，时间为 48 h。电解产品先用水煮 1～3 次，再用 $V(H_2O)$：$V(HCl) = 1：1$ 的 HCl 煮 0.5 h，$V(H_2O)$：$V(HNO_3) = 4：1$ 的硝酸煮 10～15 min。最后用电导水洗至中性，用无水乙醇脱水。干燥即得 200 g 99.990％～99.999％ 的高纯铜。

（2）以 99％ 电解铜为原料电解

将 550 g 99％ 的工业电解铜用蒸馏水先洗一次，然后用电导水和硝酸溶液 $[V(H_2O)$：$V(HNO_3) = 4：1]$ 洗去表面的污物，再用电导水洗清。将洗清后的铜制成小块状或片状，放入烧瓶中，移至通风橱内，将 2200 mL 高纯硝酸（$d = 4.42$）与 2200 mL 电导水配成稀硝酸溶液，逐渐加入烧瓶中使金属铜溶解（铜应过量 5 g）。反应非常剧烈，待反应结束后，将溶液加热至 60 ℃，使红棕色的气体完全逸出为止。再加入少量电导水进行稀释。接着通 H_2S 5～10 min，静置 15 min，过滤除去沉淀物，滤液进行浓缩，至相对密度为 4.79～4.80 时（温度 132～134 ℃），冷却溶液，迅速吸滤出结晶（最好用小型不锈钢离心机甩干）。将结晶再行重结晶一次。然后配制电解液，用铂金作阴极，可制得 99.99% 的高纯铜 400 g。

（3）氢气还原法

将 500 g 高纯硝酸铜，加至盛有电导水的烧杯中，使其溶解。在缓慢搅拌下加入高纯氨水，使硝酸铜溶液全部转化为氢氧化铜沉淀。过滤，用电导水洗涤一下，放入不锈钢离心机中甩干。将沉淀移至瓷皿中，于 600 ℃ 灼烧 3 h，待冷却后取出，移入石英舟中，置于石英管内（石英管固定于管型电炉中），于 400～600 ℃ 通入纯净的氢气，还原得到高纯铜。

用 $Cu(NO_3)_2$ 在 600 ℃ 以上使其分解成为 CuO，再在 H_2 或 CO 的还原气体中加热至 400～600 ℃ 使其还原为金属铜，若控制还原温度、时间、气体的流速等因素，则能生产各种不同粒度和形态的还原铜。

5. 产品标准

含量（Cu）	≥99.99%		
杂质最高含量：			
硫（S）	1×10^{-3}%	铅（Pb）	1×10^{-4}%
锌（Zn）	2×10^{-3}%	铬（Cr）	3×10^{-4}%
砷（As）	1×10^{-4}%	钡（Ba）	1×10^{-4}%
钴（Co）	1×10^{-4}%	镍（Ni）	1×10^{-3}%
硅（Si）	1×10^{-3}%	铝（Al）	5×10^{-4}%
锰（Mn）	1×10^{-4}%	银（Ag）	5×10^{-4}%
铁（Fe）	1×10^{-3}%	钙（Ca）	5×10^{-4}%
镁（Mg）	3×10^{-4}%	锡（Sn）	3×10^{-4}%

6. 产品用途

用作铜片、电极材料、导线，也用于电镀和电子工业的掺杂工艺。

7. 参考文献

[1] 孙争光. 高压水热还原法制备超细高纯铜粉的实验研究 [D]. 鞍山：辽宁科技大学，2017.

[2] 李廷取，庞勃，曲明洋. 电沉积法制备超细高纯铜粉 [J]. 有色金属工程，2016，6（4）：6-8.

[3] 杜婷婷. 硝酸体系电解制备高纯铜的工艺研究 [D]. 沈阳：东北大学，2014.

3.13 高纯铋

铋（Bismuth）元素符号 Bi，相对原子质量 208.98，稳定同位素^{209}Bi。

1. 产品性能

带极浅红白灰色金属，有金属光泽，具菱形晶体结构。其粉末为黑色，极脆，不具展性和延性。它在空气中几乎不发生变化，在水中通入空气则氧化成氧化物。此种氧化物与空气中的二氧化碳化合后即生成针状而有光泽的碳酸铋。它不溶于盐酸和稀硫酸，溶于硝酸、浓硫酸和王水中。金属铋可从铋盐溶液中被 Zn、Cd、Al、Sn、Mn、Fe 所置换出来。相对密度为 9.80，熔点 274.4 ℃，沸点 1552 ℃。加热时燃烧发出淡蓝色火焰，并生成黄色或褐色的三氧化二铋。熔融的金属在凝固时体积增大。铋合金具有优良的热电敏性和充填产品性能。

2. 生产方法

（1）工业制法

工业上将辉铋矿煅烧成三氧化二铋后，与碳共热还原得铋。

$$2Bi_2O_3 + 3C \Longrightarrow 4Bi + 3CO_2。$$

（2）氯氧化铋还原法

先将粗铋氯化为 $BiCl_3$，然后将其水解成 $BiOCl$，用纯净的氢在 800～950 ℃ 还原出 Bi，同时放出 H_2O 和 $BiCl_3$，当 $BiCl_3$ 逸出时又带走了其他金属杂质。用本法生产的高纯 Bi 经光谱分析不含 B、Pb、Cu、Ag、Ti 和 Al。氯化、水解、区熔和分步分解亦可除去其中某些杂质。

$$2Bi + 3Cl_2 \Longrightarrow 2BiCl_3，$$

$$BiCl_3 + H_2O \Longrightarrow BiOCl + 2HCl，$$

$$3BiOCl + 3H_2 \Longrightarrow 2Bi + 3H_2O + BiCl_3。$$

（3）氧化铋用氢还原法

工业铋与硝酸反应生成硝酸铋，水解得硝酸氧铋，干燥后灼烧得三氧化二铋，用氢气还原得到高纯铋。

$$Bi + 6HNO_3 \Longrightarrow Bi(NO_3)_3 + 3NO_2 \uparrow + 3H_2O \uparrow，$$

$$Bi(NO_3)_3 + H_2O \Longrightarrow BiONO_3 + 2HNO_3，$$

$$2BiONO_3 \Longrightarrow Bi_2O_3 + NO \uparrow + NO_2 \uparrow + O_2 \uparrow，$$

$$Bi_2O_3 + 3H_2 \Longrightarrow 2Bi + 3H_2O。$$

3. 工艺流程

（1）氯氧化铋还原法

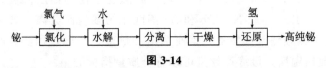

图 3-14

（2）氧化铋氢还原法

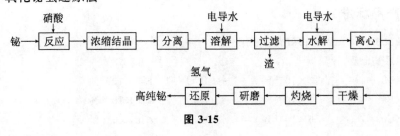

图 3-15

4. 生产工艺

(1) 氯氧化铋还原法

将 300 g 工业铋在充纯氮的玻璃管中加热至 500 ℃，然后通氯气以 20 L/h 的流速，氯化 2 h。将所得的 $BiCl_3$ 进行水解得 BiOCl 沉淀，再将沉淀洗净干燥后，置于石英管中于 900 ℃ 下用流速为 30 L/h 的氢气还原 15 min，得高纯铋。

(2) 氧化铋氢还原法

将 16 kg 99.9% 的工业铋置于不锈钢的反应锅内，用少量稀硝酸洗去表面污物，把硝酸放出，关紧阀门。再用电导水洗涤金属铋，把水放出，关紧阀门。然后缓慢地加入高纯 HNO_3 溶液 [35 kg HNO_3 ($d=4.42$) 加 20 L 电导水制成]，约需 1 h 加完。加完后反应 10 min 左右（如反应速度慢可以用蒸汽加热，加速反应），尽量使铋过量些。稍冷后过滤，将滤液吸入不锈钢反应锅中进行浓缩，直至相对密度 4.9（温度在 65～70 ℃ 时），将该液倒入特制不锈钢盘内，在搅拌下进行冷却结晶，必要时可进行重结晶。

将上述结晶再行溶解，使之成为饱和溶液，然后倒入盛有大量煮沸的热电导水中，在搅拌下进行水解。水解完毕后静置 5 min，倾出上层清液，吸滤白色结晶性粉末碱式硝酸铋。

在水解的过程中除去了大量可溶性硝酸盐。然后将碱式硝酸铋用不锈钢小型离心机甩干，并用电导水洗涤成品。用瓷匙将成品移入大号的瓷蒸发皿中，上盖一蒸发皿，移至马弗炉中，在 600 ℃ 灼烧 6～7 h。冷却后取出，研成粉末，仍放入瓷皿中再灼烧 6～7 h，得高纯氧化铋。

将氧化铋移至石英舟中，放入石英管内在管式炉中加热至 550 ℃，用氢还原为金属铋。送样分析，如能符合 99.99%，即可；如纯度不够，可用真空蒸馏提纯。

第一阶段的蒸馏是在指定的真空度下，开始缓慢地升高温度，例如在 0.013～4.330 Pa 下，温度达到 600～620 ℃ 时，挥发性较铋大的元素，如 As、S、Te、Mg 和 Zn 等蒸发而不在冷凝器中冷凝并通过冷凝器而排除于设备外。同时，稍微加热蒸馏器外端（与冷凝器连续部分），在 0.133 Pa 和 540 ℃ 下保持 0.5 h，此时挥发性较铋大的元素可全部除去。原料铋的损失为 5%～10%（按质量计）。

接着开始第二阶段的蒸馏。往冷凝器内通入惰性气体（氩或氮），降低真空度至规定的压力 (1～4)×133.3 Pa 时，逐渐升高温度至铋的馏出温度。这样，蒸气压较铋低的元素，如 Fe、Co、Ni、Pb 和 Sn 等就作为残渣而分离。如果馏出温度达到 720～750 ℃ 时，则较铋难挥发的元素有馏出的危险，须停止加热。所以，只要适当控制真空度和馏出温度，最终产物是可以符合质量指标的。

5. 产品标准

含量（Bi）	≥99.99%		
杂质最高含量：			
锰（Mn）	$\leqslant 1\times10^{-5}$%	铬（Cr）	$\leqslant 5\times10^{-4}$%
钡（Ba）	$\leqslant 1\times10^{-5}$%	锡（Sn）	$\leqslant 5\times10^{-4}$%
铜（Cu）	$\leqslant 5\times10^{-4}$%	镍（Ni）	$\leqslant 5\times10^{-5}$%

铅（Pb）	$\leqslant 5 \times 10^{-4} \%$	铝（Al）	$\leqslant 1 \times 10^{-4} \%$
锌（Zn）	$\leqslant 5 \times 10^{-4} \%$	钙（Ca）	$\leqslant 5 \times 10^{-4} \%$
镉（Cd）	$\leqslant 5 \times 10^{-4} \%$	银（Ag）	$\leqslant 1 \times 10^{-4} \%$
钛（Ti）	$\leqslant 1 \times 10^{-5} \%$	钴（Co）	$\leqslant 1 \times 10^{-4} \%$
铂（Pt）	$\leqslant 1 \times 10^{-5} \%$	硼（B）	$\leqslant 1 \times 10^{-4} \%$
钯（Pd）	$\leqslant 1 \times 10^{-5} \%$	硅（Si）	$\leqslant 5 \times 10^{-4} \%$
铁（Fe）	$\leqslant 5 \times 10^{-4} \%$	砷（As）	$\leqslant 5 \times 10^{-4} \%$
镁（Mg）	$\leqslant 5 \times 10^{-4} \%$	硫（S）	$\leqslant 5 \times 10^{-4} \%$

6. 产品用途

高纯铋可用于制作 Bi_2Te_3 半导体，应用于温差电领域。铋合金具有优良的热电敏性。铋与铅、锡等金属组成一系列低熔合金，用于保险丝、自动装置信号器材、焊锡等。高纯铋还用于核反应堆作载热体或冷却剂，也可用于雷达设备的部件和高矫顽力的磁性材料。

7. 参考文献

[1] 张德芳，牛磊. 精铋电解生产 5N 高纯铋实验研究 [J]. 湖南有色金属，2013，29（1）：35-36.

[2] 熊利芝，戴永年，尹周澜，等. 真空蒸馏加剂除铅制备高纯铋 [J]. 吉首大学学报（自然科学版），2009，30（3）：95-101.

3.14 高纯锡

锡（Tin）元素符号 Sn，相对原子质量 118.71。稳定同位素有 ^{112}Ti、^{114}Ti、^{115}Ti、^{116}Ti、^{117}Ti、^{118}Ti、^{119}Ti、^{120}Ti、^{122}Ti、^{124}Ti。

1. 产品性能

银白色金属，质软且具延展性。15 ℃ 时相对密度为 7.387，弯折时则发出响声。高于 195 ℃ 时，由于转变为另一变体（菱形锡）而变脆，其熔点 234.84 ℃，沸点 2260 ℃，温度低于 18 ℃ 时，则成为另一稳定的变化——灰锡，相对密度为 5.7。因此，长期置于低温，则锡转变为疏松的灰色粉末，粉末系由等轴晶系的结晶所组成。

在常温下，空气和极稀的酸对于锡几乎无作用，极浓的 HNO_3 对于锡也无作用。相对密度为 4.4 的 HNO_3 能使锡氧化成为偏锡酸，稀的 HNO_3 能溶解锡，使之成为 $Sn(NO_3)_2$。浓 H_2SO_4 能与之生成 $SnSO_4$，而本身则部分被还原为 SO_2。锡与浓盐酸一并沸腾时能溶解而变为 $SnCl_2$。锡也能溶于碱中（在沸腾时）而形成锡酸盐 Me_2SnO_2。

2. 生产方法

（1）还原法

锡与氯气反应生成四氯化锡，经分馏提纯后，四氯化锡与氨水作用生成氢氧化锡，然后用氢还原氢氧化锡，还原得到的锡经熔融提纯，最后得高纯锡。

$$Sn+2Cl_2\longrightarrow SnCl_4,$$

$$SnCl_4+4NH_3\cdot H_2O\longrightarrow Sn(OH)_4+4NH_4Cl,$$

$$Sn(OH)_4+2H_2\longrightarrow Sn+4H_2O。$$

（2）电解法

工业锡熔化后水淬制锡粒，用硫酸溶解制得硫酸锡，制得的硫酸锡用高纯碳酸钠调 pH 至 1，除去杂离子，于 pH 为 4 时得氢氧化锡，再用硫酸与氢氧化锡作用，制备电解液，经三次电解可得高纯锡。

3. 工艺流程

（1）还原法

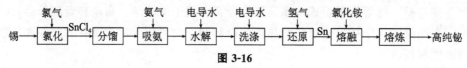

图 3-16

（2）电解法

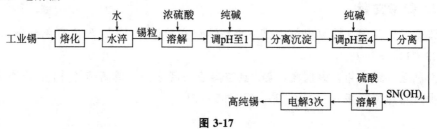

图 3-17

4. 生产配方（质量，份）

锡（工业品）	15
氯气（99.9%）	21
草酸铵（分析纯）	0.75
氨气（工业品）	9
氯化铵（分析纯）	0.3

注：此生产配方为还原法的生产配方。

5. 生产工艺

（1）还原法

将条状或屑粒状金属锡与经电导水洗涤和浓硫酸干燥的氯气反应，生成 $SnCl_4$，虹吸抽出，加 1%～2% 的锡（屑、箔或丝）过夜。取上层清液，在油浴上进行分馏，截取沸点稳定部分（114 ℃）馏液，加入馏液量 5% 的分析纯草酸铵过夜。照此操作蒸馏 3 次。取馏液在室温下通入净化（即水洗）过的氨气，使之成为白色固体，在大气中不再冒烟，然后移入沸电导水中，即得氢氧化锡沉淀。静置片刻待沉淀沉降后用倾泻法倒去上部澄清液，再用电导水冲洗沉淀，静置，再倒去澄清液，如此洗涤 3 次。用倾泻洗涤，以去除氯化铵，为了减少沾污，不过滤，烘干后移至石英舟、石英管中用氢还原，还原所用的氢，须经高锰酸钾碱液洗涤。还原时，温度先缓慢加热至

150 ℃ 左右，脱水后再加至 400 ℃，最后短时间内加至 600 ℃，总计需 3～4 h 才能还原为金属锡。将此锡移于石英坩中，按锡量加入 1% 的氯化铵（结晶升华过的），在 300 ℃ 左右熔融，至锡中不发生气泡。将熔锡滴入电导水中，取出锡粒，重复用氯化铵熔炼，直至上层盐溶液澄清为止。要经过 2～3 次的处理，最后将锡粒再置于石英皿内烘干，抽真空至 0.1330～0.0133 Pa，加热至 1000 ℃ 熔炼 2 h，得高纯锡。

注：①用 SnO_2 还原虽比 $Sn(OH)_4$ 快，但在高温条件下，SnO_2 将会腐蚀石英。

②分馏时加入草酸铵可以除去 Ca、Mg、Fe 等杂质；由于氨水水解会引进杂质，故采用吸氨后水解。

（2）电解法

电解液的制备有两种方法。

①中和法制备电解液。将工业锡熔化后进行水淬，初步去杂质后，取出一部分锡粒，置于烧杯中加入锡量 1 倍的一级浓硫酸，在 90～100 ℃ 的水浴上进行溶解，溶解时间为 24～48 h。第一次溶解的锡大约为 50%，溶解所得硫酸锡溶液含有较多量的杂质 Cu、Fe、Pb、Al、Sb、Bi、As 等。因为当 pH 为 1 时，Sb、Bi 形成沉淀而其他金属离子不沉淀；当 pH 为 4 时，除 Sb、Bi 外 Sn 也沉淀，其他金属离子尚不沉淀，再调 pH 至 5～6 时，Sn 与绝大部分的金属离子都转化成了沉淀。因此，可以采取用碳酸钠调整溶液 pH 为 1 时把 Sb、Bi 分离掉，然后再升高 pH 至 4 使 Sn 沉淀从而与其他杂质元素分离。最后把纯氢氧化锡用稀硫酸溶解，并配成 Sn 质量浓度为 40～60 g/L，H_2SO_4 质量浓度 120～160 g/L 的电解液。

②用纯金属制备电解液。中和法制备电解液是比较麻烦的，并且由于碳酸钠不纯而影响中和除去杂质的效果。因此，用更纯锡（99.995%～99.998%）直接溶解于 H_2SO_4 中配成电解液较为方便。

电解液的组成是：Sn 40～60 g/L、H_2SO_4 120～160 g/L、Na_2SO_4 50 g/L、β-萘酚 0.75 g/L、明胶 2～3 g/L。

在提取高纯金属时，杂质在阴极析出的量和电流密度有关。当电压在 0.2～0.6 V，而电流密度不同时，杂质析出量的情况也不同。当电流密度为 100～200 A/m² 时，阴极质量为最好；当电流密度达 500 A/m² 时，不但杂质析出量增高，而且阴极成瘤状结晶析出。实验证明：一次电解、二次电解采用 80～100 A/m² 的电流密度，三次电解采用 150～200 A/m² 的电流密度为宜。

一般经三次电解，可得到 99.999% 的高纯锡。

6. 产品标准

含量（Sn）	≥99.999%		
杂质最高含量：			
锌（Zn）	5×10^{-4}%	镍（Ni）	1×10^{-4}%
砷（As）	2×10^{-4}%	银（Ag）	5×10^{-5}%
硫（S）	5×10^{-4}%	钡（Ba）	5×10^{-5}%
硅（Si）	5×10^{-4}%	钴（Co）	5×10^{-5}%
铜（Cu）	5×10^{-4}%	锰（Mn）	5×10^{-5}%
铅（Pb）	5×10^{-4}%	铂（Pt）	5×10^{-5}%
镉（Cd）	5×10^{-4}%	金（Au）	5×10^{-5}%

铝（Al）	$5×10^{-4}$%	镓（Ga）	$5×10^{-5}$%
铁（Fe）	$5×10^{-4}$%	铋（Bi）	$5×10^{-5}$%
钙（Ca）	$5×10^{-4}$%	钯（Pd）	$5×10^{-5}$%
镁（Mg）	$1×10^{-4}$%	钛（Ti）	$5×10^{-5}$%
铬（Cr）	$1×10^{-4}$%		

7. 产品用途

在电子工业用于扩散掺杂工艺和镀锡。

8. 参考文献

[1] 韩继标. 真空蒸馏—区域熔炼联合法制备高纯锡的研究 [D]. 昆明：昆明理工大学，2017.

[2] 覃用宁，甘激文，韦真周，等. 高锑粗锡二次电解制备高纯锡 [J]. 有色金属（冶炼部分），2016（2）：61-63.

3.15　高纯镓

镓（Gallium）元素符号 Ga，相对原子质量 69.72。

1. 产品性能

镓熔点为 30.15 ℃，固体镓 20 ℃ 时相对密度 5.904；液体镓在 29.8 ℃ 时相对密度为 6.095，沸点 1983 ℃，导电率等于 2，有 10 种同位素。

2. 生产方法

99.9% 的镓用硝酸溶解得硝酸镓，得到的硝酸镓与氨水作用生成氢氧化镓沉淀，再加 $V(H_2O):V(H_2SO_4)=1:1$ 硫酸转变成硫酸镓，冷却析晶后再重结晶一次，得到的硫酸镓用碱转变成镓酸钠，电解得到 99.999% 镓，再真空蒸馏得 99.9999% 超纯镓。

3. 工艺流程

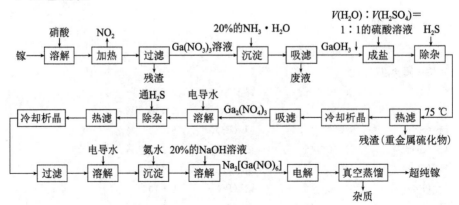

图 3-18

4. 生产工艺

将 2 份金属镓（99.9%）置于两只 3000 mL 三角烧瓶中，分批加入王水缓慢加热使其溶解（或直接加硝酸）；反应开始时作用较为剧烈，待反应平静后倾出上层反应液，再加王水，直至全部溶解，共用王水 4800 mL（如直接加硝酸溶解要加热蒸发驱赶 NO_2，过滤）。

将上述所得氯化镓装在滴液漏斗内，在不断搅拌下滴入 20% 的氨水中，直至 pH 为 6~7，停止加液。用布袋自然过滤或用小型不锈钢离心机甩干，氨水用量为 3~4 kg。

将配好的 $V(H_2SO_4):V(H_2O)=1:1$ 的硫酸缓慢地注入盛有 $Ga(OH)_3$ 的容器中，使其完全溶解，并用水浴保温于 75 ℃ 下，控制溶液 pH 至 2~3，立刻通入净化的 H_2S 气体 2 h 后停止保温，用保暖三角漏斗趁热过滤。

将滤液静置过夜即得第一次硫酸镓结晶，约用 1200 mL 热电导水（温度 70~80 ℃）将结晶全部溶解，调整溶液 pH 为 5~6。温度不宜过高，水浴控温 70 ℃ 左右，否则会导致结晶分解给操作带来困难，溶解后趁热通入净化的 H_2S 1 h，用保暖三角漏斗过滤，滤液冷却取出结晶。

将重结晶的硫酸镓再溶于约 1000 mL 电导水中，在不断搅拌下缓慢地滴入 20% 的氨水，控制溶液 pH 至 6~7，则得到第二次氢氧化镓沉淀。抽滤，用电导水洗去 SO_4^{2-}。将沉淀物置于塑料容器中，加入 20% 的 NaOH 溶液调 pH 至 9~11，溶解，生成镓酸钠。滤去不溶物，滤液留作电解用。

电解条件：电压 5~7 V；电流密度 50 A/dm^2；电解温度 35~40 ℃；电解浓度接近饱和；阳极材料为铂片，阴极材料为铂丝，电解槽为有机玻璃型。电解得到 99.999% 的高纯镓。

将电解得到的 99.999% 的高纯镓放入石英舟中，再送入石英管内，用管式电炉加热，逐步升温至 900 ℃，石英管另一端抽真空（残压 13.3 Pa），连续 8 h，使一些低沸点杂质（如 S、Ca、Zn、Mg、Cd、Hg 等）发生升华而除去，制得纯度 99.9999% 的高纯镓。

5. 说明

①通过两次通 H_2S 和两次重结晶，可大幅减少可溶性杂离子和重金属阳离子。重金属离子以硫化物状态析出沉淀。

②利用氢氧化镓具有两重性的特点，加入 20% 的氢氧化钠溶液，使其溶解生成镓酸钠。

$$Ga(OH)_3+3NaOH =\!=\!= Na_3[Ga(OH)_6]。$$

而较活泼的杂质离子，如镁、钙、镍等的氢氧化物不溶于氢氧化钠，经过滤可使其分离。

③在电解液中大量存在的离子，如 Na^+、H^+、Ga^{3+}、OH^- 和 $Ga(OH)_6^{3-}$ 等，另外，还有一些离子浓度很小的杂质金属离子。但是，并不是所有的离子都能在电极上发生氧化还原反应。这主要取决于这些离子的氧化还原能力的强弱。在电化学中一般以电极电位来衡量离子得失电子的能力。电极电位主要取决于溶液性质及离子浓

度。在生产条件下，根据电极电位的大小，并考虑到超电位的存在，在阳极、阴极上发生下列氧化还原反应。

阳极（氧化）　　　　　$4OH^- \longrightarrow O_2\uparrow + 2H_2O + 4e^-$；

阴极（还原）　　　　　$H^+ + e^- \longrightarrow \dfrac{1}{2}H_2\uparrow$，$Ga^{3+} + 3e^- \longrightarrow Ga$。

钠离子在上述条件下是不可能还原的，因此，在阴极上可以收集到高纯的镓。

电解中有氧气、氢气逸出，设计电解槽时须特别注意防止氢氧混合爆炸事故！电解时要特别注意阴阳极相碰造成短路，烧坏铂片。电解一次后，阴极铂片表面会产生一层黑色氧化物，可用硝酸浸洗或用去污粉轻擦后再酸洗。

④生产高纯镓还可以采用镓的区熔提纯法。

6. 产品标准

（Ga）含量	$\geqslant 99.9999\%$		
杂质最高含量：			
铝（Al）	$\leqslant 1\times10^{-7}$	铅（Pb）	$\leqslant 5\times10^{-8}$
铁（Fe）	$\leqslant 1\times10^{-7}$	锡（Sn）	$\leqslant 1\times10^{-8}$
钴（Co）	$\leqslant 3\times10^{-8}$	硅（Si）	$\leqslant 3\times10^{-8}$
锰（Mn）	$\leqslant 3\times10^{-8}$	镉（Cd）	$\leqslant 5\times10^{-8}$
镍（Ni）	$\leqslant 3\times10^{-8}$	铜（Cu）	$\leqslant 5\times10^{-8}$
银（Ag）	$\leqslant 3\times10^{-8}$	锌（Zn）	$\leqslant 5\times10^{-8}$
镁（Mg）	$\leqslant 6\times10^{-8}$	铋（Bi）	$\leqslant 1\times10^{-8}$
钙（Ca）	$\leqslant 1\times10^{-7}$	铬（Cr）	$\leqslant 3\times10^{-8}$

7. 产品用途

用于半导体生产中的外延、扩散工序。

8. 参考文献

[1] 孙剑锋，许富军，魏晓玲. 高纯镓的主要提纯工艺 [J]. 金属世界，2016（5）：10-14.

[2] 厉英，潘科峰，李哲，等. 结晶法提纯制备高纯镓的研究 [J]. 稀有金属，2015，39（8）：705-709.

3.16　高纯铟

铟（Indium）元素符号 In，相对原子质量 114.82。

1. 产品性能

铟系银白色软质金属，比铅软；相对密度为 7.3，熔点 156.61 ℃，沸点 1450 ℃。铟也是易熔金属，天然铟有两种同位素^{113}In、^{115}In。

铟在空气中是稳定的，当加热至熔融温度以上时，金属铟即氧化生成氧化铟；有空气的铟在水中时，可缓慢腐蚀。铟可溶于各种浓度的硝酸、盐酸和硫酸，在盐酸和硫酸中溶解速度较慢,在硝酸中溶解速度很快。

2. 生产方法

(1) 电解法

将纯度 99% 的铟酸洗后加热至熔融,再加入硫酸生成硫酸铟,用 $SrCl_2$ 共沉淀 3 次除杂,再通入硫化氢除杂(3 次)。向硫酸铟中通入氨沉淀后,再用硫酸溶解,然后电解,得 99.999% 的高纯铟。

$$2In + 3H_2SO_4 \longrightarrow In_2(SO_4)_3 + 3H_2 \uparrow,$$

$$In_2(SO_4)_3 + 6NH_3 \cdot H_2O \longrightarrow In(OH)_3 \downarrow + 3(NH_4)_2SO_4,$$

$$2In(OH)_3 + 3H_2SO_4 \longrightarrow In_2(SO_4)_3 + 6H_2O。$$

硫酸铟电解: $\quad 4In^{3+} + 6H_2O \longrightarrow 4In + 3O_2 \uparrow + 12H^+$

阴极(还原) $\quad 2In^{3+} + 6e^- \longrightarrow 2In,$

阳极(氧化) $\quad 3SO_4^{2-} - 6e^- \longrightarrow 3SO_2 \uparrow + 3O_2 \uparrow。$

(2) 离子交换法

用离子交换法提纯氯化铟溶液,然后进行电解得高纯铟。将粗铟或 $In(OH)_3$ 溶于盐酸中,配成含游离酸 0.1 mol/L 以上的 $InCl_3$ 溶液,将此溶液以一定的空间流速通过强碱型的阴离子交换树脂。溶液中的铟浓度为交换树脂交换能力的 $10 \sim 100$ 倍。溶液中的 $InCl_4^-$、$InCl_6^{2-}$、Cu、Tl、Cd 等杂质的络合离子都被吸附,可获得纯净的 $InCl_3$ 溶液,此溶液用铝片置换后得海绵铟,然后将海绵铟进行电解,可得纯度达 99.999 8% 的高纯铟。

(3) 溶剂萃取法

将铟溴化或碘化,生成 $InBr_3$ 或 InI_3,分别溶于 4 mol/L 的 HBr 或 2 mol/L 的 HI 中,然后用乙醚或异丙醚萃取。杂质 Ca、Pb、Ni、Ag、Cu、Al、Bi、Si、Mg、Hg、Ti、Ba、Cr、Mn、Co、Sr、Zn、Cd、Be 和稀土元素等留在无机酸相,而 Tl、Sn、As、Fe、Sb、Ga、Mo、Au 和 In 同时进入有机相。将纯氨水加入有机相中和 In^{3+} 生成 $In(OH)_3$ 沉淀。将 $In(OH)_3$ 沉淀溶于 6 mol/L 盐酸中,再用乙醚萃取,杂质 Tl、Sn、As、Sb、Fe、Ga、Mo 和 Au 被萃取进入有机相,而 In 留在盐酸中,用氨水中和,再次得到 $In(OH)_3$ 沉淀。将此沉淀用硫酸溶解后电解(或用氢还原),可得到 99.9995% 的高纯铟。

3. 工艺流程

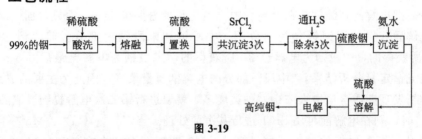

图 3-19

注:以上工艺流程为电解法的工艺流程。

4. 工艺配方（质量，份）

铟（99％）	17.0
氨水（高纯）	37.2
硫酸（高纯）	44.0
氯化锶（光谱纯）	2.5
氯化铵（高纯）	4.5
硫化铁（工业）	5.0
盐酸（工业）	5.0

5. 生产工艺

（1）99％的铟电解法

将99％的原料铟加工成小块状，称取100 g放入200 mL的烧杯中，用稀硫酸洗涤，使其表面净化，然后再用蒸馏水洗去酸液，干燥之。

将上述铟置于瓷蒸发皿中，在电炉上进行熔融，经过3次熔融后，得80 g铟。某些金属的杂质含量有所降低，残渣加以回收。然后将80 g的铟放在一只烧杯中，加入约120 g优级纯硫酸或高纯硫酸进行酸溶，待铟全部溶解后加入V（H_2O）：V（NH_3）=1：1的高纯氨水，调节溶液pH至8.5，过滤。在热的滤液中加入140 mL 6％的$SrCl_2$（光谱纯）溶液，使少量$PbSO_4$沉淀析出，隔夜后过滤（主要除去Pb^{2+}，使$PbSO_4$与$SrSO_4$共沉淀而除去）同样重复操作3次。沉淀物加以回收。

将滤液加热至60～70 ℃时，通入H_2S气体，生成少量淡黄色或橙黄色硫化物（主要为硫化镉），过滤，同样重复操作3次。

将滤液置于烧杯中在电炉上加热煮沸，驱除H_2S，并将其浓缩至300～400 mL，稍冷却后过滤。在澄清的硫酸铟溶液中，加入氯化铵溶液300 mL，再加入氨水调pH至8.5～9.0，得白色In（OH）$_3$沉淀（主要使Mg在铵盐存在下留在溶液内而被除去）。在搅拌下加热煮沸，吸滤，用热水洗涤，得光谱纯氢氧化铟，供电解使用。

将氢氧化铟溶于V（H_2SO_4）：V（H_2O）=1：1的高纯H_2SO_4中，用高纯氨水调pH至4.5～2.0，用蒸馏水稀释至600～700 mL，过滤后作为电解液。

电解条件：电流2 A，电压5～6 V；温度<30 ℃；时间32～40 h；阴极铂棒，阳极铂片。

电解收率为80％左右。

最后把电解的高纯铟放在电导水中，钝化至少需保持24 h，否则表面光泽不好。

电解后获得的高纯铟分为前段铟、中段铟和末段铟3部分。前段铟为电解至0.5 h所获得的，中段铟为电解至3 h所获得的，末段铟为电解至最后0.5 h所获得的。经光谱定量分析结果，"中段"部分的电解铟质量最好，因此为主要的成品部分。如经分析发现杂质含量增大或杂质种类增多，就要进行第二次电解提纯。成品中如发现Pb^{2+}时，则在电解前再用$SrCl_2$进行共沉淀处理。当Cd^{2+}、Cu^{2+}、Mn^{2+}等杂质离子出现时，可不加任何试剂，应再通入H_2S处理。成品中有Si^{4+}、Mg^{2+}、Ca^{2+}、Fe^{3+}、Ag^+等离子时，可不加任何试剂，只需将成品溶解于硫酸中，调节pH后重复电解即可除去。

（2）99.99％的工业铟电解法

高纯铟也可由 99.99％的工业铟经 3 次电解得到。

1）第一次电解

将工业铟浸入盛有甘油的瓷皿中，在电炉上加温熔融后铸成阳极。将阳极用微酸浸煮、热水洗涤后，套上帆布隔膜，放入电解槽中。阴极采用纯铟片。

第一次电解主要是分离比铟电位更正的铜、铅、锡等杂质，因而采用比较高的电流密度进行电解，如此可适当增加产品的产量。

第一次电解的主要技术条件：阴极电流密度 100 A/m^2；电解液的温度 25 ℃；残极率 40％～45％；电压 0.3～0.5 V；电解液 pH1～2；电解液成分 In 80～100 g/L 或 In 100～160 g/L，H_2SO_4（总酸量）80～100 g/L，NaCl 0.000 2～0.000 7 g/L，Cu 0.000 6～0.002 g/L Fe。

根据如上电解液组成及技术条件，可使第一次电解析出铟中的杂质铜、铅、锡比在工业铟中有显著降低，一般都降低 $(0.5\sim1.0)\times10^{-6}$，但杂质铊降低很少。由于铊与铟的标准电位值相近（Tl 为 -0.336 V，In 为 -0.340 V），仅靠电解 1 次分离铊是有困难的，为了进一步除去铟中的大部分杂质铊，采用氯化精炼法。

2）氯化精炼法脱除铟中杂质铊

电解析出铟中杂质铊的脱除是将析出铟浸入盛有甘油的瓷皿中，用电炉加热，待熔融后，将净化后的氯气通入熔体中。

氯化温度 170～180 ℃；甘油保护层厚度 20～30 mL；氯化压力 $(60\sim120)\times133.3$ Pa；氯气流量 0.7～0.9 L/min；通氯时间 20 min。

金属铟中的杂质铊的脱除途径两条：一条是金属铊优先氯化而溶于甘油层中；另一条是氯化物挥发除去。在氯化过程中，也有一部分金属铟损失。氯化后的甘油层加水，发现有白色 In $(OH)_3$ 絮状沉淀和海绵铟生成。金属铟的损失量为总铟量的 7.5％。氯化精炼后，铟中的铊可除去 60％～70％。

3）第二次电解与第三次电解

工业铟经第一次电解及氯化精炼后，杂质铊、锡、银、铁、铜的含量仍然达不到要求，因此必须进行第二次电解提纯。

为了进一步分离上述的杂质，采用低电流密度（48～50 A/m^2）进行第二次电解。第二次电解时采用硫酸铟电解液，电解液的成分及其条件：电压 0.2～0.3 V；电解液含酸（硫酸）量 8 g/L；阴极电流密度 40～50 A/m^2；残极率 40％～50％；电解液温度 20 ℃；电解周期 15 天。

按上述条件所制得的铟外观比一次电解得到的铟光亮，且电解后残极上的阴极泥比第一次电解少。

电解过程中电解液的主要金属含量变化是不大的，而杂质铜、铁略有富集，该溶液可返至第一次电解。电解过程中阴阳极电流效率几乎平衡，但有时阳极电流效率比阴极电流效率略高，因此电解液有时有乳状氢氧化铟沉淀产生。

纯铟经过第二次电解后，杂质铜、铅、镉、锑、砷又有进一步降低，均达到高纯铟的要求，仅有铊为 $(2.0\sim4.5)\times10^{-6}$，银含量约为 0.2×10^{-6}。

为了进一步分离铟中含有的杂质铊、银，使其达到高纯铟的标准，须进行第三次电解，其电解条件大部分与第二次电解相同，不同点只是电流密度稍低，其值为 40 A/m^2；

电解液含酸量较低，其值为 2～4 g/L。

将第二次电解铟直接配成酸性电解液，所用硫酸为优级纯，其用量按理论量计算。溶解至最后剩一小块金属，然后加入少许经过二次结晶的 NaCl，待 NaCl 全溶后，加入 $BaCl_2$ 及少许 $SrCO_3$ 溶液，并不断搅拌以除去溶液中的 Pb^{2+}。其后将溶液静置 8～12 h，然后进行过滤。最后稀释成所需浓度的电解液。

经第三次电解析出的铟，基本符合高纯铟的要求。

4) 说明

① 99.99% 工业铟经 3 次电解得到的高纯铟的质量不及经 3 次共沉淀、3 次通硫化氢除杂后电解得到的高纯铟的质量。

三次电解得到的高纯铟的杂质最高含量：

铊（Tl）	1×10^{-6}	镉（Cd）	5×10^{-7}
银（Ag）	1×10^{-7}	砷（As）	5×10^{-7}
铁（Fe）	5×10^{-7}	磷（P）	5×10^{-7}
锑（Sb）	5×10^{-7}	汞（Hg）	5×10^{-7}
铅（Pb）	$(1～4) \times 10^{-7}$	镁（Mg）	5×10^{-7}
锌（Zn）	$(1～2) \times 10^{-7}$	铝（Al）	5×10^{-7}
硫（S）	$(0.4～1.0) \times 10^{-6}$	铋（Bi）	2×10^{-7}
铜（Cu）	$(0.1～2.0) \times 10^{-6}$	钴（Co）	3×10^{-7}
镓（Ga）	3×10^{-7}	金（Cu）	1×10^{-7}

② 高纯铟还可采用真空蒸馏法制得，蒸馏在石英管内进行。蒸馏分 3 个馏程，第 1 个馏程取 827～927 ℃，其量约为原料的 4%；第 2 个馏程取 1027 ℃的馏分，其量约为总量的 75%；第 3 个馏程馏分为残料。比铟易挥发的杂质，如 Cd、Pb 在第一馏分中，而比铟较难挥发的杂质则留在残料中。

6. 产品标准

含量（In） $\geqslant 99.999\%$

杂质最高含量：

硫（S）	$5 \times 10^{-5}\%$	铝（Al）	$1 \times 10^{-4}\%$
砷（As）	$5 \times 10^{-5}\%$	银（Ag）	$1 \times 10^{-5}\%$
硅（Si）	$1 \times 10^{-4}\%$	钴（Co）	$5 \times 10^{-6}\%$
磷（P）	$5 \times 10^{-5}\%$	金（Au）	$5 \times 10^{-6}\%$
硼（B）	$1 \times 10^{-4}\%$	铬（Cr）	$5 \times 10^{-6}\%$
铍（Be）	$1 \times 10^{-4}\%$	锡（Sn）	$5 \times 10^{-6}\%$
铜（Cu）	$1 \times 10^{-5}\%$	镍（Ni）	$1 \times 10^{-5}\%$
镉（Cd）	$1 \times 10^{-5}\%$	镓（Ga）	$5 \times 10^{-6}\%$
锌（Zn）	$1 \times 10^{-5}\%$	铋（Bi）	$5 \times 10^{-6}\%$
铅（Pb）	$1 \times 10^{-5}\%$	钛（Ti）	$5 \times 10^{-6}\%$
铊（Tl）	$1 \times 10^{-5}\%$	钯（Pd）	$5 \times 10^{-6}\%$
锰（Mn）	$1 \times 10^{-5}\%$	钡（Ba）	$5 \times 10^{-6}\%$
铁（Fe）	$5 \times 10^{-5}\%$	铂（Pt）	$5 \times 10^{-6}\%$
镁（Mg）	$1 \times 10^{-4}\%$		

7. 产品用途

电子工业用于半导体生产的扩散、掺杂工艺。

8. 参考文献

[1] 伍美珍，张春景. 电解精炼：区域熔炼法制备高纯铟试验研究 [J]. 矿冶，2016，25（1）：59-61，77.

[2] 邓勇，李冬生，杨斌，等. 区域熔炼制备高纯铟的研究 [J]. 真空科学与技术学报，2014，34（7）：754-757.

3.17　高纯锑

锑（Antimony）元素符号为 Sb，相对原子质量 124.76。

1. 产品性能

有光泽的白色金属，具有鲜明的结晶结构（鳞片状和粒状），成六角斜面体菱形结晶，质坚而脆，可以粉碎。相对密度为 6.684，熔点 631 ℃，沸点 1635 ℃。它不溶于单一的酸或碱，但溶于硝酸与酒石酸的混合液及王水中。

2. 生产方法

（1）精馏、水解、氢还原法

将三氯化锑精馏提纯后得到的三氯化锑用电导水水解，生成氧化锑。氧化锑在石英管内用氢还原得锑，得到的锑于 0.01×133.3 Pa、650～700 ℃ 真空条件下蒸馏，得高纯锑。

$$2SbCl_3 + 3H_2O \longrightarrow Sb_2O_3 + 6HCl，$$
$$Sb_2O_3 + 3H_2 \longrightarrow 2Sb + 3H_2O。$$

（2）两次电解法

以三氧化二锑为原料，经两次电解得高纯锑。

（3）锑的区熔提纯法

区熔提纯是提高金属锑纯度十分有效的方法，除了砷外（因其分布系数 K 近于 1），但对其他杂质的净化都十分有效。采用化学预处理（三氯化锑的蒸馏）除去 As 后，通过 10 次区熔能获得杂质 As、Zn 含量均在 0.1×10^{-6} 以下的高纯锑。

3. 工艺流程

（1）氢还原法

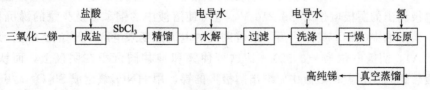

图 3-20

（2）两次电解法

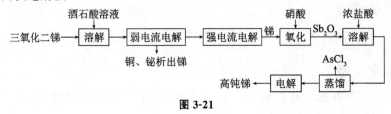

图 3-21

4. 生产工艺

（1）氢还原法

蒸馏塔用玻璃珠（直径 5 mm）为填料，柱高 1000 mm，内径 15 mm，填充高度 550 mm，最高理论塔板数为 10 块，全回流接近溢沸时为 6 块，静滞流量以三氯化锑测量时为 8.5 mL。由于氯化锑的沸点较高，故在柱身真空夹套外缠一电热丝，并用石棉布及玻璃布等包扎绝热，顶部分凝头也适当加热，以防凝结。馏出部分采用电磁开关的球形磨口，调节开启周期和开放时间以控制回流比。底部蒸馏容积为 500 mL。借加热功率调节蒸发速度。

馏出时工作塔板数与回流比有关，回流比增加时塔板效率也增加，故采用接近溢沸的回流量（24.7 g/min），馏出速度 0.72 g/min，回流比为 30。此时工作塔板数为 5.4 块。已知工作塔板数、相对挥发度、蒸发量及滞留量等，可计算出回流达到平衡的时间，在 4.5 h 左右，实际采用 2 h 较宜。

进行蒸馏时将 300 g 三氧化二锑溶于 765 mL 化学纯浓盐酸中，滤去不溶物，装入蒸馏瓶中。在 108 ℃ 蒸出盐酸后，逐渐加热至三氯化锑沸腾，回流平衡后进行馏出，将最初馏出的富于易挥发杂质的 5%～10% 弃去，然后收集较纯的部分，最后在蒸馏器中剩 5%～10%，其中富集了难挥发的杂质。

将三氯化锑进行水解，可以进一步除去 Co、Cd、Ag、Fe、Al、Bi 等杂质，效果较好。将纯的三氯化锑倾于电导水中，水解后生成白色沉淀。水解时有盐酸生成，因此，水量控制在三氧化锑量的 15 倍左右，以避免锑的过分损失。为了提高收率，最好把三氯化锑用电导水加氨水进行水解。

将氧化锑沉淀物经过电导水洗涤后进行干燥，置于石墨舟中，每次用量 50～70 g，在石英管内用氢还原。还原温度 620～630 ℃，稍低于锑的熔点，还原时间约 2 h，最后升温至 700 ℃，熔化成块后取出。

将上述锑块（其中含有少量熔解的石墨）置于一端封闭的石英炉管内，于 650～700 ℃ 下真空蒸馏一次，真空度约 4.3 Pa。这时金属凝于冷阱上，在蒸馏后的残渣上可明显地看到有石墨存在。

（2）两次电解法

以 Sb_2O_3 为原料，把它溶于酒石酸的水溶液中，在弱电流（0.6 A）下电解，用甘汞电极测出的阴极电位为 -0.210 V，这可使溶液中的铜和铋及少量的锑沉积在阴极上。当溶液中的铜和铋除去后，接着用高的电流强度来电解（开始为 6 A，最终降至 4.2 A），阴极电位为 -0.320 V，这可使锑和砷共同沉积在阴极上，而铁、锡、锌、银、铝和镍则留在溶液中。取出阴极上的锑，用 HNO_3 氧化成 Sb_2O_3，用沸水洗涤，再溶于浓盐酸中，然后在 220 ℃ 以下蒸馏，使 $AsCl_3$ 挥发除去。把已除去铜、铋

和砷后的 $SbCl_3$ 电解，以除去剩下的痕量杂质，最适宜的电解液是溶液中 HCl 的物质的量浓度为 4.5 mol/L，H_2SO_4 的物质的量浓度为 4.65 mol/L，并含 $SbCl_3$ 10～50 g/L，工作温度为 25～30 ℃。阴极电压 180～190 mV，电流密度 1～5 mA/cm² 为最佳。阴极可用锑、铂片或钽片，阳极最好用 99.999％ 的石墨，为了防止阴极上产生 HClO，最好把阳极用玻璃隔膜包裹，隔膜底部是用碎玻璃制成的板，隔膜上面有管道可将产生的氯气排出，但生成的 HClO 还会留在阳极附近。阳极和阴极中间有带孔的塑料板，中央孔小，四周孔大，使阴极面上的电流能均匀分布。电解液靠磁力加以搅拌。

（3）区熔提纯法

所用原料为三氯化锑水解后经氢还原所得的金属锑，由于每批物料并非同一次还原所得，故每次操作前皆取样分析。最初几次区熔后，在锭的表面有黑色粉状不溶物出现，经 5 次区熔后，将锭取出，用王水清洗除去黑色粉状不溶物，再用 NaOH 溶液和蒸馏水冲洗，以免生成氧化膜。然后继续区熔，区熔的次数为 10 次、20 次和 30 次。

区域熔融在氩气气氛下进行。用电阻炉加热，同时产生 3 个熔区，调节加热功率以控制熔区宽度为 20～30 mm。为了减少震动，采取电炉移动的方式移动熔区，并调节马达的输入电压以控制电炉小车的行走速度在 40～60 mm/h，为了使操作稳定，全部电源须经稳压。

将金属锑盛于石墨舟中，锭长 250～300 mm，为了便于调节熔区，将舟的总长度延至 320～370 mm。石墨舟使用前在室温下用王水浸 48 h，然后于 1300～1400 ℃ 真空处理 2 h，再置于电导水中浸煮至电阻率稳定在 2000 kΩ，脱水干燥后使用。

操作时将盛有金属锑的石墨舟置于石英管中，抽真空后充入氩气，并用球胆使炉管内维持正压。调节好熔区宽度后，即开始移动。为了避免熔化和凝固引起的物质传输现象，舟与水平间应维持 2％ 的倾斜。

5. 产品标准

含量（Sb）	≥99.990％	≥99.999％
杂质最高含量：		
钙（Ca）	$1\times10^{-3}％$	$1\times10^{-4}％$
铝（Al）	$5\times10^{-4}％$	$5\times10^{-5}％$
镁（Mg）	$5\times10^{-4}％$	$5\times10^{-5}％$
铁（Fe）	$1\times10^{-3}％$	$1\times10^{-4}％$
锰（Mn）	$5\times10^{-5}％$	$5\times10^{-6}％$
金（Au）	$5\times10^{-5}％$	$5\times10^{-6}％$
银（Ag）	$5\times10^{-4}％$	$5\times10^{-6}％$
钡（Ba）	$5\times10^{-5}％$	$5\times10^{-6}％$
铬（Cr）	$5\times10^{-5}％$	$5\times10^{-6}％$
钴（Co）	$5\times10^{-5}％$	$5\times10^{-6}％$
铊（Tl）	$5\times10^{-5}％$	$5\times10^{-6}％$
镍（Ni）	$5\times10^{-5}％$	$5\times10^{-6}％$
铂（Pt）	$5\times10^{-5}％$	$5\times10^{-6}％$

钯（Pd）	$5 \times 10^{-5}\%$	$5 \times 10^{-6}\%$
镓（Ga）	$5 \times 10^{-5}\%$	$5 \times 10^{-6}\%$
铜（Cu）	$1 \times 10^{-4}\%$	$1 \times 10^{-5}\%$
镉（Cd）	$1 \times 10^{-4}\%$	$1 \times 10^{-5}\%$
硒（Se）	$5 \times 10^{-4}\%$	$5 \times 10^{-5}\%$
硫（S）	$5 \times 10^{-4}\%$	$5 \times 10^{-5}\%$
硅（Si）	$5 \times 10^{-4}\%$	$5 \times 10^{-5}\%$
砷（As）	$5 \times 10^{-4}\%$	$5 \times 10^{-5}\%$
锌（Zn）	$5 \times 10^{-4}\%$	—
铅（Pb）	$1 \times 10^{-4}\%$	—
铟（In）	$1 \times 10^{-4}\%$	—
碲（Te）	$1 \times 10^{-4}\%$	—

6. 产品用途

电子工业用于半导体生产的扩散、掺杂工艺。

7. 参考文献

[1] 黄占超. 金属锑真空提纯及高纯锑的制备研究 [D]. 昆明：昆明理工大学，2003.

3.18 高纯砷

砷（Arsenic）元素符号 As，相对原子质量为 74.921 6，稳定同位素 [75]As，俗名砒。

1. 产品性能

很脆的浅灰白色结晶，具有较强的金属光泽。在 14 ℃ 时相对密度为 5.726。在 616 ℃ 时升华，817 ℃ ［在 $366 \times (1.013 \times 10^5)$ Pa 下］可熔融。在空气中砷的表面上很快生成一层氧化物而失去光泽。在 200 ℃ 时通入氧即发荧光。不溶于水，除 HNO_3 及王水外亦不溶于其他酸。剧毒！

2. 生产方法

（1）直接提纯元素砷

砷采用真空升华或氢气流中升华得到的砷经氧化，用氢还原，反复进行多次，得高纯砷。

$$4As + 3O_2 \rightleftharpoons 2As_2O_3,$$
$$As_2O_3 + 3H_2 \rightleftharpoons 2As + 3H_2O。$$

（2）熔盐电解法

用 $C_5H_5NH[AsCl_4]$ 熔盐进行电解精炼，容易除去和砷相似性质的杂质，如锑、铋等。

将等物质的量的 $AsCl_3$ 和吡啶分别溶于盐酸中，将两种溶液充分混合。小心加热，使沉淀（$AsCl_4$）溶解。经过滤使少量残渣除去。

溶液经长时间冷却后便会有长的针状 $C_5H_5NH[AsCl_4]$ 沉淀出来。用抽滤使 $C_5H_5NH[AsCl_4]$ 从母液中分离出，然后放在有浓硫酸的干燥器内。$C_5H_5NH[AsCl_4]$ 的熔点为 92~97 ℃。电解时设备系放在恒温浴内温度保持 130 ℃，以便获得最高的导电率，且化合物不会分解。电解所用的阳极是一支较粗的且在下部开有侧孔的试管，试管内装有经升华法提纯的砷结晶，再用一根压在砷晶体上的光谱纯石墨棒作导体，这样可以防止产生气体；所用的阴极为光谱纯的石墨。电解时试管中的砷呈 $AsCl_3$ 而进入熔盐，杂质留在阳极泥内，并落入用玻璃丝编的阳极管底部的袋内。当熔盐呈现颜色时需换掉。沉积在阴极上的砷为粒状，并含有电解质，可用升华法除去。制备时原料砷中 $w(Bi)=0.0008\%$，$w(Sb)=0.30\%$，$w(Cu)=0.0007\%$，$w(Fe)=0.12\%$，$w(Mg)=0.0012\%$，$w(Si)=0.006\%$。电解精炼后的产品用光谱分析，$w(Si)=0.0037\%$，其他上述杂质均达到标准要求。

（3）提纯三氧化二砷还原法

工业三氧化二砷转变为三氯化砷，经精馏、水解得三氧化二砷，得到的三氧化二砷经升华后用碳还原为砷，还原的砷经升华得到高纯砷。

$$As_2O_3+6NaCl+3H_2SO_4 \Longrightarrow 2AsCl_3+3Na_2SO_4+3H_2O,$$

$$2AsCl_3+3H_2O \Longrightarrow As_2O_3+6HCl,$$

$$2As_2O_3+3C \overset{\triangle}{=\!=\!=} 4As+3CO_2\uparrow.$$

3. 工艺流程

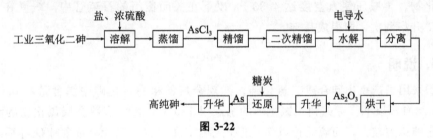

图 3-22

4. 生产工艺

（1）制备和提纯 $AsCl_3$

将工业三氧化二砷、食盐及浓硫酸按 m（三氧化二砷）∶m（食盐）∶m（浓硫酸）$=4.2∶1.0∶4.0$ 于圆底烧瓶底中混均，放置过夜，然后接好玻璃磨口冷凝器，进行蒸馏，直至不再有三氯化砷蒸出为止。粗制氯化砷与盐酸分成两层，用分液漏斗分出比重较大的三氯化砷，加入少量活性炭，于一般分馏柱中分馏两次，取 127~129 ℃ 的馏分，即为分析纯三氯化砷。

将上述三氯化砷放于填料玻璃精馏柱中，进行精馏。精馏柱柱高 1000 mm，内径 25 mm，填料为小玻璃弹簧环径为 4 mm、长约 10 mm、填充高度为 600 mm，理论塔板数为 9.5 块。在油浴上加热回流约 2 h，然后取 127~129 ℃ 的馏分作为第一次精馏产品，每小时蒸出 150 g 三氯化砷，回流比为 4。然后以同样方法进行第二次精馏，馏分即为成品三氯化砷。每次所得高低沸点馏分可以合并后再行精馏回收，精馏产率为80％。

经过两次精馏后一般杂质均接近分析极限，其中Fe、Se、Sb有显著降低。

（2）水解与升华

将三氯化砷置于分液漏斗中，在不断搅拌下缓慢滴入体积为三氧化钾体积9倍的70℃的热电导水中，加热，使三氯化砷全部溶解，放置过夜，则析出颗粒较大的结晶，以少量水于砂芯漏斗上洗至中性，然后于100℃以下烘干。其产率90％。

将所得三氧化二砷放于一端封闭的石英管中，进行两次真空升华，管内压力保持在4.33 Pa。升华温度280℃，冷凝温度100℃，冷后取出石英夹套即得纯三氧化二砷，产率99％。

（3）三氧化二砷的还原

将三氧化二砷装入于一端封闭的石英管底部，管长不低于4.8 m，管径60 mm，加入三氧化二砷以后，再加入用试剂蔗糖烧成的糖炭（先于电炉上炭化然后于高温炉中高温500℃灼烧4 h，碎为小块）用力压紧，然后放入石英夹套，接入真空系统，抽真空，至管内压力达到4.33 Pa后开始加热。加热分3个区域，升华区（石英管之底部为三氧化二砷升华区）、碳还原加热区（中间为炭还原加热区）、砷冷凝区（最上端为砷冷凝区）。开始时先加热炭还原区至650℃，并以250℃/h的速度继续升温，加热升华区。当升华区炉温达到280℃时，还原炉已达到800℃，此时三氧化二砷即被还原为砷，冷凝于夹套上。升华炉再缓慢升温，最后温度达到380℃。还原炉则最高不超过900℃，直至三氧化二砷全部还原完毕为止。降至室温，取出元素砷（还原过程中管内压力始终保持在100×133.3 Pa左右）于320℃真空处理，除去少量氧化物，再减压使真空度达4.33 Pa以下在关闭截门的石英管中，缓慢在440～500℃升华两次，即得成品砷。

5. 说明

①采用国产氧化砷合成三氯化砷，发现合成的粗品氯化砷中锑含量由0.05％降低至0.001％以下。考虑到三氯化砷的沸点仅130℃，而大多数金属氯化物的沸点均和氯化砷相差较大，而硫无论以何种形式存在，如硫酸、硫化氢或氯化硫等都与三氯化砷的沸点有相当差距，因此可以采用简单精馏方法达到分离硫、锑及各种金属杂质的目的。我国于1960年初步制成高纯元素砷，后又进行扩大试验，达到每批可生产纯砷800～1000 g的规模。设备、工艺均已定型，产品质量稳定，可用于合成砷化镓。

②炭还原过程中加入炭的数量、As_2O_3升华的速度、还原炉温度的高低、砷冷凝保温炉温度、机械泵单位时间的排气量大小等条件均直接影响产率。

三氧化二砷与炭的质量比最好为（2.5～2.8）∶1.0；全部还原炭必须处于高温区域，以免砷冷凝于炭上，造成炭量不足。三氧化二砷升华速度5～8 g/min。初始温度为280℃，终止温度380℃。还原炉温度在800℃时已能顺利还原，如升至900℃则形成较多的金属状致密的块状砷，其粉末减少，外形较好，质量较高。砷的冷凝温度以250℃为宜，过低则形成大量粉末。机械泵不宜过大，以加入4.0～4.5 kg As_2O_3计，10 dm³ 泵已够用，否则砷不易形成块状，产生大量粉末，降低产率。

6. 产品标准

含量（As）	≥99.999%		
杂质最高含量：			
铁（Fe）	$\leqslant 2\times 10^{-7}$	铋（Bi）	$\leqslant 3\times 10^{-8}$
铜（Cu）	$\leqslant 5\times 10^{-8}$	锑（Sb）	$\leqslant 2\times 10^{-7}$
锡（Sn）	$\leqslant 2\times 10^{-7}$	铝（Al）	$\leqslant 4\times 10^{-8}$
银（Ag）	$\leqslant 3\times 10^{-8}$	钴（Co）	$\leqslant 1\times 10^{-7}$
锰（Mn）	$\leqslant 3\times 10^{-8}$	镍（Ni）	$\leqslant 1\times 10^{-7}$
锌（Zn）	$\leqslant 3\times 10^{-7}$	磷（P）	$\leqslant 2.5\times 10^{-7}$
镁（Mg）	$\leqslant 8\times 10^{-8}$	硒（Se）	$\leqslant 5\times 10^{-7}$
铅（Pb）	$\leqslant 3\times 10^{-8}$	硫（S）	$\leqslant 7\times 10^{-7}$
铬（Cr）	$\leqslant 2.5\times 10^{-8}$		

7. 产品用途

电子工业用于半导体生产的扩散、掺杂工艺。

8. 参考文献

[1] 何志达，朱刘，郭金伯. 氯化还原法制备高纯砷的工艺研究 [J]. 广东化工，2017，44（5）：125-128.

[2] 彭志强，廖亚龙，周娟. 高纯砷制备研究进展及趋势 [J]. 化工进展，2013，32（12）：2929-2933.

3.19　高纯硼

硼（Boron）的原子序数为 5，稳定同位素 ^{10}B、^{11}B，相对原子质量 10.81，元素符号 B。

1. 产品性能

硼有无定形和结晶形两种形态，无定形硼性能活泼，为棕色粉末状；结晶形硼性能较稳定，为黑灰色、单斜针状或六角片状晶体，其硬度与金刚石相近。无定形硼在一定温度下不受水、溴、氯的影响。新鲜制备而未经强烈灼烧者微溶于水，能溶于硝酸、硫酸和熔融的金属，如铜、铁、铝、钙等。相对密度 4.73（结晶形的为 2.54），熔点 2100 ℃，沸点 2550 ℃。

2. 生产方法

（1）三氧化二硼还原法

三氧化二硼用金属镁粉于 800～900 ℃ 煅烧得粗硼，粗硼进一步提纯得成品。

$$\mathrm{B_2O_3 + 3Mg \xrightarrow{\triangle} 2B + 3MgO}。$$

（2）溴化硼还原法

溴化硼经三次精馏后用氢还原，得高纯硼。

$$2BBr_3 + 3H_2 \xrightarrow{\quad\quad} 2B + 6HBr。$$

3. 生产工艺

（1）三氧化二硼还原法

将 50 g 干燥镁粉与 125 g 三氧化二硼放入耐火坩埚中，于 800～900 ℃ 煅烧，反应放出大量热量，几秒钟即完成反应。弃去上层形成的氮化硼，得硼的粗品。将粗品粉碎后，浸没于水中，加入少量浓盐酸，除去镁及氧化镁等杂质。用盐酸重复处理 5～6 次，用水洗净。再用 10% 的碱溶液浸洗，水洗，干燥。

将硼粉置于燃烧管中，在三氯化硼蒸气氛中煅烧 5～7 h，以除去微量镁。然后在真空或干燥的纯氢气流中于 1200～1300 ℃ 进行还原煅烧，可得纯度较高的硼。

（2）高纯硼制备（溴代硼的还原）

①溴化硼的合成。设备用透明的石英制成，加入 4.6 kg 工业硼，加热至 850 ℃，将化学纯 Br_2 加入反应釜中，加热使其缓慢蒸发，并用氩气流入反应柱内，B 与 Br_2 作用放热反应，反应速度可由反应器温度、Br_2 蒸发温度和氩气流量所控制，每次可产 12 L 粗溴化硼。

②溴化硼精馏。将溴化硼于石英设备中精馏 3 次，产品经光谱分析，其中 Si 为 $(1～5) \times 10^{-6}$，系石英柱污染。

③还原。纯溴化硼用氢还原，发热体为熔后的硼棒（直径 4.8 mm，长 152 mm），通入电流为 200 A，温度为 1200 ℃，操作时间 6 h，沉积物 30 g 以上，未反应的 BBr_3 可冷凝回收（97%）。沉积物内 w（Si）$= 1 \times 10^{-6}$，但未测得 O、H、N、C 等杂质，O_2、H_2、N_2 气体杂质可在真空中进行区域熔融去除，而 C 则可用区熔或选择氧化法除去。

④拉晶。将沉积物尖端置于高频感应圈中心，使之生成熔体。该熔体为表面张力所支持，放入籽晶后按一般方法进行拉晶。晶体直径可由拉速控制，当速率为 127 mm/min 时，直径为 9.5 mm。当有碳或气体杂质存在时，所得晶体将显示出嵌镶结构，并且气体杂质对硼的电阻率影响很大，氧使电阻率增高，氢则使电阻率降低。

4. 说明

①溴化硼也可由工业硼粉加热到 900 ℃，通入溴蒸气反应而得到。得到的溴化硼用活性炭和锌粉回流脱溴，蒸馏一次，再精馏一次，可得纯度为 99.999% 的溴化硼。将高纯溴化硼蒸气和经过净化的氢同时通入加热到 900 ℃ 的石英管内，可得到纯度 99.999% 的无定型硼粉。

②也可以 BCl_3 为原料，用高纯氢还原，得到 99.999% 的高纯硼。

5. 产品标准

含量（B）	≥99.999%		
杂质最高含量：			
镍（Ni）	≤1×10^{-5}%	钡（Ba）	5×10^{-5}%

铝（Al）	≤1×10⁻⁴％	铋（Bi）	1×10⁻⁵％
铁（Fe）	≤1×10⁻⁴％	磷（P）	5×10⁻⁵％
锰（Mn）	≤1×10⁻⁵％	铜（Cu）	5×10⁻⁴％
钛（Ti）	≤2×10⁻⁵％	铅（Pb）	5×10⁻⁵％
钴（Co）	≤1×10⁻⁵％	锌（Zn）	5×10⁻⁵％
银（Ag）	≤1×10⁻⁵％	铊（Tl）	5×10⁻⁵％
铬（Cr）	≤1×10⁻⁵％	钙（Ca）	5×10⁻⁵％

6. 产品用途

高纯硼用作半导体硅的掺杂源，还用于红外器件材料及耐高温材料的合成。硼的化合物可用作核反应堆的超高温硬质材料。

7. 参考文献

[1] 李萍乡，窦维喜. 超高速集成电路用高纯硼粉的研制 [J]. 稀有金属，1999（3）：39-41.

3.20　高纯红磷

红磷（Phosphorus）元素符号 P，相对原子质量 30.973 762，稳定的同位素³¹P，又称赤磷。

1. 产品性能

深红色结晶形粉末，不具毒性，不溶于水和乙醇，也不溶于 CS_2 和有机溶剂（区别于黄磷）。相对密度 2.20，加热至 200 ℃ 以上着火，于 416 ℃ 升华，熔点 590 ℃ [43×（1.013×10⁵）Pa]。

2. 生产方法

（1）三氯化磷还原法

三氯化磷经蒸馏提纯后用氢还原，得高纯红磷。

（2）直接蒸馏法

工业磷经两次蒸馏可得 99.999％ 的高纯红磷。

（3）区域熔炼法

磷经三次区熔行程后，可得无机杂质总量少于 1×10⁻⁵、有机杂质总量少于 1×10⁻⁵ 的高纯红磷。用区域熔炼提纯法可大量制取高纯红磷且设备费用很低。

3. 工艺流程

（1）三氯化磷还原法

图 3-23

（2）直接蒸馏法

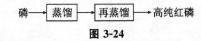

图 3-24

4. 生产工艺

（1）三氯化磷还原法

由于三氯化砷与三氯化磷的蒸气压较接近，因此在分离时要选择适当的分离条件和蒸馏设备。

所用的平衡器是一填料或玻璃蒸馏柱，直径 20 mm，填料为直径 3～4 mm 的玻璃球，充填高度 750 mm。分馏头以计时继电器控制电磁开关启闭。填料层上部馏出口均有流量计量装置。精馏柱用真空夹套绝热，夹套内壁镀银。精馏柱下部的蒸馏瓶容量为 1000 mL，以电炉加热。

三氯化磷的精馏提纯是在上述填料式精馏柱中进行的，用分析纯试剂作原料，蒸馏液分三部分收集。根据 PCl_3AsCl_3 系的实际分离能力和原料中杂质含量选用下列比例：第一部分取总蒸馏液的 15%，第二部分取总蒸馏液的 60%，第三部分余下残液为总蒸馏液的 25%。馏出速度为 0.17 mL/min。回流比为 1～28。

每次精馏加入料液 750 mL 于蒸馏瓶中，加热至沸，随后降低加热电流使其保持最大回流量，经全回流 2 h 后开始按规定速度馏出。

必要时，将第一次精馏得到的三氯化磷再精馏一次。

三氯化磷的氢还原是在一垂直放置的透明石英管中进行的。石英管直径为 25 mm，外面用电阻炉加热，加热区分上下两段，每段各长 350 mm。

钢瓶氢气经过焦性没食子酸──→铂石棉（400 ℃）──→固体氢氧化钾提纯。提纯后的氢气分两路经过流量计进入反应管：一路通入三氯化磷贮存容器把三氯化磷气体带入反应管；另一路直接进入反应管。操作开始前先通氢气驱除系统中的空气，随后将反应管加热至所需温度，通入三氯化磷和氢气的混合气体。反应后的废气通过一鼓泡器排出。生成的磷沿管壁滴入收集器，部分未及冷凝的磷蒸气在随废气通过收集器时冷凝下来。磷沿管壁滴下的过程中有少量在反应管末端部位转化成赤磷黏附于管壁上。

还原是以一次精馏的第二部分馏分，分别在 400 ℃（上段、下段均为 400 ℃）、600 ℃（上段、下段均为 600 ℃）、800 ℃（上段为 800 ℃、下段为 500 ℃）下进行通氢还原。在 400 ℃ 时，可以观察到反应在进行，但速度很慢，仅在反应管末端析出很薄的一层沉积物。在 600 ℃ 时，反应速度仍然比较慢，得到的产物也不多。在 800 ℃ 时，当 $N(H_2):N(PCl_3) \approx 3.5:1.0$ 时，磷的析出速度为 3～4 g/h，回收率约为 95%。

为了便于贮存或满足使用上的需要，可以将获得的白磷转化为赤磷。只要将白磷转移到另一玻璃管中，抽真空封闭后逐步加热至 300～350 ℃，大约一周即白磷将全部转化为赤磷。

（2）直接蒸馏法

将 5 kg 99% 的工业磷，放入 10 L 的蒸馏烧瓶中，移至沙浴上，装上分馏器，接好冷凝管，用密封式电炉进行加热，并用调压变压器来控制温度，升温要缓慢，待磷全部熔化为液体时，将温度升高 300 ℃，开始蒸馏。操作应在通风橱内进行。先将初馏液 0.2 kg 另放，作下次原料；中段馏液 4 kg 作为中间品（半成品）；残留液 0.8 kg，作原料，但只能反复利用 3 次，否则要影响产品质量，以上操作为第一次蒸馏。

将上述得到的 4 kg 半成品，完全按照上述同样的操作重复蒸馏一次，经过两次蒸馏约得磷 3 kg。经化学及仪器分析后，纯度达 99.999％。由于白磷的贮藏和保管不如赤磷安全，所以必须将白磷转化为赤磷，其操作的方法如下：将 3 kg 高纯磷，装进硬质的玻璃管中，移至管式电炉内，在通氮下进行加热，温度控制在 300～350 ℃，保持数小时后，进行冷却，即得高纯赤磷。

5. 说明

①直接蒸馏法是大量生产高纯红磷的好方法，由于蒸馏设备还不够精密，其最高纯度只能达到 99.999％，多次蒸馏纯度也不会有显著的提高。

②用直接蒸馏法所得的高纯红磷，如再转化为三氯化磷，然后用还原法制备元素磷，其纯度可达 99.9999％。区熔操作也能达到同样的效果。

6. 产品标准

含量（P）	≥99.999％	≥99.99％
杂质最高含量：		
铝（Al）	$\leqslant 5\times10^{-5}$％	$\leqslant 5\times10^{-4}$％
镁（Mg）	$\leqslant 6\times10^{-5}$％	$\leqslant 1\times10^{-4}$％
铬（Cr）	$\leqslant 2\times10^{-5}$％	$\leqslant 5\times10^{-4}$％
锰（Mn）	$\leqslant 6\times10^{-6}$％	$\leqslant 5\times10^{-5}$％
铁（Fe）	$\leqslant 1\times10^{-4}$％	$\leqslant 1\times10^{-3}$％
钴（Co）	$\leqslant 2\times10^{-5}$％	$\leqslant 5\times10^{-5}$％
镍（Ni）	$\leqslant 6\times10^{-6}$％	$\leqslant 1\times10^{-4}$％
铜（Cu）	$\leqslant 1\times10^{-5}$％	$\leqslant 5\times10^{-5}$％
银（Ag）	$\leqslant 6\times10^{-6}$％	$\leqslant 5\times10^{-5}$％
锡（Sn）	$\leqslant 6\times10^{-6}$％	$\leqslant 6\times10^{-5}$％
金（Au）	$\leqslant 6\times10^{-6}$％	$\leqslant 6\times10^{-5}$％
铅（Pb）	$\leqslant 1\times10^{-6}$％	$\leqslant 5\times10^{-5}$％
铋（Bi）	$\leqslant 6\times10^{-6}$％	$\leqslant 6\times10^{-5}$％

7. 产品用途

电子工业用于半导体生产的扩散、掺杂工艺。

8. 参考文献

[1] 杨晓亮. 高纯磷化工工艺技术数据库开发 [D]. 郑州：郑州大学，2009.

[2] 徐肇锡. 半导体用高纯磷的制造 [J]. 无机盐工业，1994（4）：31.

3.21　高纯三氧化二锑

三氧化二锑（Antimony trioxide；Stibous oxide；Antimonous oxide），分子式 Sb_2O_3，相对分子质量 294.498。

1. 产品性能

白色无臭的粉状结晶，溶于浓盐酸、硫酸、碱和酒石酸溶液；不溶于水。相对密度 5.67，熔点 656 ℃，为两性氧化物。

2. 生产方法

三氯化锑经精馏后用电导水水解，经后处理得高纯三氧化二锑。

$$2SbCl_3 + 6NH_3 \cdot H_2O =\!=\!= Sb_2O_3 + 6NH_4Cl + 3H_2O。$$

3. 工艺流程

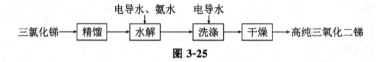

图 3-25

4. 生产工艺

将 7 kg 三氯化锑经精馏提纯后放入搪玻璃反应锅中，加热溶解后，缓慢地加入盛 90 L 煮沸电导水的 100 L 搪玻璃反应锅中，不断搅拌。这时就会出现白色氯氧化锑和三氧化二锑的混合沉淀，即加入 28% 的高纯氨水调 pH 至 8～9，静置过夜。次日，吸出清液，将沉淀过滤，滤渣再置于 100 L 搪玻璃反应锅中，加入 50 L 热电导水，加热至沸，用氨水调 pH 至 8～9，如此反复洗涤 5 次，溶液中的 Cl^- 已全部去净。将沉淀过滤，在 120 ℃ 烘 16 h，得高纯三氧化二锑约 3.5 kg，转化率为 80%。

5. 产品标准

含量（Sb_2O_3）		≥99.99%	
盐酸溶解试验		合格	
杂质最高含量：			
硫酸盐（SO_4）	5×10^{-3}%	碲（Te）	1×10^{-4}%
铜（Cu）	1×10^{-4}%	硒（Se）	1×10^{-4}%
铅（Pb）	1×10^{-4}%	硫（S）	1×10^{-4}%
镉（Cd）	1×10^{-4}%	砷（As）	1×10^{-4}%
锌（Zn）	1×10^{-4}%	硅（Si）	1×10^{-4}%

6. 产品用途

电子工业用于半导体生产的掺杂、扩散工艺。

7. 参考文献

[1] 胡汉祥，何晓梅，谢华林. 从铅阳极泥中制备纳米三氧化二锑粉体的研究 [J].
武汉理工大学学报，2006（4）：14-16.

[2] 李志松，陈东旭，童孟良，等. 湿法三氧化二锑生产工艺的改进 [J]. 无机盐工
业，2007（9）：41-43.

3.22　高纯氧化钙

氧化钙（Calcium oxide），分子式 CaO，相对分子质量 56.08。

1. 产品性能

白色粉末，在湿空气中能吸收二氧化碳和水分；遇水变为氢氧化钙并放出大量
热；溶于酸、甘油和糖溶液，不溶于醇。其相对密度为 3.2～3.4，熔点 2572 ℃，沸
点 2850 ℃，折光率 4.838。

2. 生产方法

由高纯硝酸钙和高纯碳酸铵反应生成碳酸钙，经加热脱水得氧化钙。

$$Ca(NO_3)_2 + (NH_4)_2CO_3 \longrightarrow 2NH_4NO_3 + CaCO_3,$$

$$CaCO_3 \xrightarrow{\triangle} CaO + CO_2 \uparrow 。$$

3. 工艺流程

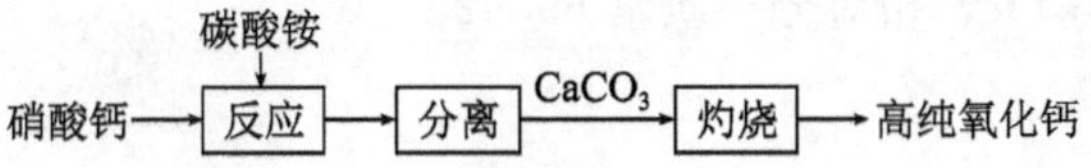

图 3-26

4. 生产工艺

以 NH_3 和 CO_2 为原料，通过气体洗涤装置，净化气体后进行气相反应，得纯度
为 99.99% 的碳酸铵。将 600 g 经过重结晶的光谱纯硝酸钙溶于 1000 mL 的电导水
中，如溶液混浊则需进行过滤。加热至 60 ℃ 左右，在不断搅拌下加入由 250 g 碳酸
铵溶于 1000 mL 电导水制得的溶液，待沉淀沉降后将溶液倾出，抽滤，并用电导水
洗涤沉淀 3～4 次。充分吸干后，于 220 ℃ 恒温干燥 3～4 h，得高纯碳酸钙。

将上述高纯碳酸钙装入一只大的瓷蒸发皿，在马弗炉中灼烧，温度逐渐上升至
1000 ℃，于 1000 ℃ 左右恒温 8 h。取出稍冷后，立即放入干燥器内，得 99.999% 的
高纯氧化钙。

5. 产品标准

含量（CaO）	≥99.999%
灼烧失重	≤10%
乙酸溶液试验	符合要求

杂质最高含量：

氯化物（Cl^-）	$3\times10^{-3}\%$	铟（In）	$1\times10^{-5}\%$
硫酸盐（SO_4^{2-}）	$5\times10^{-2}\%$	铋（Bi）	$1\times10^{-5}\%$
硝酸盐（NO_3^-）	$5\times10^{-3}\%$	镁（Mg）	$1\times10^{-5}\%$
钴（Co）	$1\times10^{-5}\%$	锌（Zn）	$1\times10^{-4}\%$
镍（Ni）	$1\times10^{-5}\%$	锑（Sb）	$1\times10^{-4}\%$
铜（Cu）	$1\times10^{-5}\%$	硼（B）	$1\times10^{-4}\%$
银（Ag）	$1\times10^{-5}\%$	砷（As）	$1\times10^{-4}\%$
钼（Mo）	$1\times10^{-5}\%$	硫（S）	$1\times10^{-4}\%$
铅（Pb）	$1\times10^{-5}\%$	铁（Fe）	$1\times10^{-4}\%$
镓（Ga）	$1\times10^{-5}\%$		

6. 产品用途

电子工业中用于半导体生产的扩散、掺杂工艺。

7. 参考文献

[1] 冯雅丽，马玉文，李浩然. 盐湖副产硫酸钙转化法制备高纯氧化钙 [J]. 中南大学学报（自然科学版），2012，43（8）：3308-3313.

3.23　三氧化二硼

三氧化二硼（Boron trioxide）又称氧化硼（Boron oxide）、硼酸酐（Boric anhydride），分子式 B_2O_3，相对分子质量 69.62。

1. 产品性能

无色玻璃状晶体或粉末，有强吸湿性，熔点 577 ℃，沸点约 1500 ℃，质硬且脆，表面有滑腻感，无味。对热稳定，高温下，也不为炭所还原，但碱金属、镁、铝均能使之还原为单体硼。在 600 ℃ 左右变为黏性很大的液体。硼酸酐在空气中可强烈地吸水，而生成硼酸。可溶于酸、乙醇、热水，微溶于冷水。三氧化二硼可与若干金属氧化物化合形成具有特征颜色的硼玻璃。能与碱金属、铜、银、铅、砷、锑、铋氧化物完全混溶。

2. 生产方法

采用硼酸加热法制备，即将硼酸加热脱水而得。硼酸法又可分为常压法和真空法两种。常压法系将硼酸在常压下加热灼烧经抽丝制取；真空法是将硼酸放置在密闭加热器中，在真空下加热制取。常压法所用设备简单，而真空法的热利用率和产品纯度较高。

3. 工艺流程

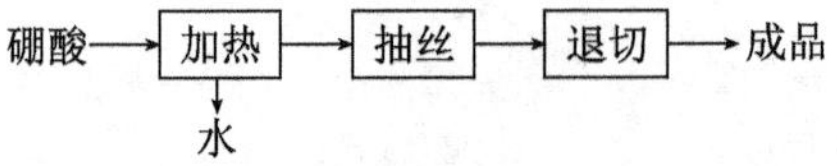

硼酸 → 加热 → 抽丝 → 退切 → 成品
　　　　↑
　　　　水

图 3-27

硼酸 → 烘干 → 真空脱水 → 管式炉真空脱水 → 成品

图 3-28

4. 生产工艺

（1）硼酸真空法

将硼酸置于不锈钢盘中，于烘箱内烘 4.5 h，再升温至 150 ℃ 烘 4 h，其间搅拌 6～10 次，使其脱水均匀。脱水硼酸粉碎后在真空干燥箱内于 200 ℃ 下真空烘 1.0～4.5 h，再升温至 260 ℃ 烘 4 h。粉碎放入管式炉中，于 280 ℃ 下真空脱水 4 h，得氧化硼。

（2）实验室法

将硼酸置于装有五氧化二磷的干燥器内，在真空中于 200 ℃ 脱水，得到三氧化二硼。注意加热应缓慢升温度至 200 ℃，否则，物料表面烧结影响水分逸出。硼酸用量越多，真空 200 ℃ 保温时间越长，如取 3 g 硼酸，约需加热 1 h。

5. 产品用途

高纯三氧化二硼用于半导体生产的扩散和掺杂工艺。还用作硅酸盐分解的助熔剂、耐热玻璃添加剂及硼化物的原料。

6. 参考文献

[1] 周煜磊，吴介达. 粉状三氧化二硼的制备 [J]. 化学试剂，2002（1）：53-54.

3.24　高纯碳酸锶

碳酸锶（Strontium carbonate）分子式 $SrCO_3$，相对分子质量 147.63。

1. 产品性能

白色，无臭、无味粉末，溶于稀酸，微溶于含有二氧化碳的水中或铵盐溶液中，几乎不溶于水；1350 ℃ 时分解成为氧化锶和二氧化碳。相对密度为 3.62，20 ℃ 时，在 100 g 水中溶解度为 0.001 g。6.07 MPa 时，熔点 1497 ℃。

2. 生产方法

（1）合成法

高纯碳酸铵与高纯硝酸锶反应生成碳酸锶。

$$(NH_4)_2CO_3 + Sr(NO_3)_2 \xlongequal{\hspace{1em}} SrCO_3 \downarrow + 2NH_4NO_3 。$$

（2）提纯反应法

工业碳酸锶用盐酸溶解后，加氢氧化钠碱析，然后用二氧化碳酸化，即得碳酸锶。

$$SrCO_3 + 2HCl \xlongequal{\hspace{1em}} SrCl_2 + H_2O + CO_2 \uparrow ,$$
$$SrCl_2 + 2NaOH \xlongequal{\hspace{1em}} 2NaCl + Sr(OH)_2 \downarrow ,$$
$$Sr(OH)_2 + CO_2 \xlongequal{\hspace{1em}} SrCO_3 + H_2O 。$$

3. 工艺流程

（1）合成法

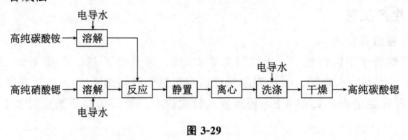

图 3-29

（2）提纯反应法

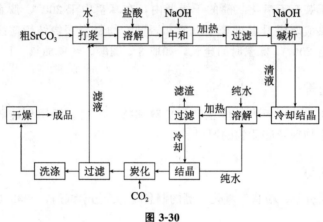

图 3-30

4. 生产配方（kg/t）

（1）合成法

碳酸铵（高纯）	4.0
硝酸锶（高纯）	8.4

（2）提纯反应法

粗制碳酸锶（70%～80%）	100
盐酸（工业级）	50
烧碱（工业级，95%）	41
水（去离子水）	80
二氧化碳（食品级，以100%计）	21

5. 生产工艺

（1）合成法

将 2 kg 高纯碳酸铵用电导水溶解后进行过滤，将透明的滤液放在一只白瓷缸中。将 4.2 kg 高纯硝酸锶放入白瓷缸中，用电导水溶解并配成饱和溶液过滤。然后用一根装有二通活塞的虹吸管，把碳酸铵溶液吸入硝酸锶的白瓷缸中，边缓慢搅拌边缓慢吸入。溶液全部加完后，仍需继续搅拌几分钟，静置数小时。

把瓷缸中沉淀的碳酸锶，用小型不锈钢离心机甩干。再用热电导水边甩边洗数次，待甩干后，放入 200 ℃ 烘箱中烘干，得高纯碳酸锶。

说明：①采用重结晶法提纯硝酸锶。将分析纯硝酸锶用电导水溶解，为了除去 Ba^{2+} 一种方法可加 $(NH_4)_2Cr_2O_7$ 使之生成 $BaCr_2O_7$ 沉淀，滤去 $BaCr_2O_7$ 沉淀。滤液用甲醛水还原过量的 CrO_4^{2-}，然后用氨沉淀 Cr^{3+}，滤去 $Cr(OH)_3$ 后按一般重结晶法提纯；另一种方法是在硝酸锶中加入少量 H_2SO_4，因为 $BaSO_4$ 的溶解度 $[K_{sp}(BaSO_4)=1×10^{-10}]$ 较 $SrSO_4$ $[K_{sp}(SrSO_4)=2.8×10^{-7}]$ 为小，因此 $BaSO_4$ 在 $SrSO_4$ 沉淀之前先析出。

在一般情况下，将分析纯硝酸锶进行两次重结晶就可达到光谱纯级。

②碳酸铵最好是随需要量多少进行配制，现配现用。

（2）提纯反应法

①粗碳酸锶的溶解及精制。将粗碳酸锶与水以 m（粗碳酸锶）：m（水）5：4 的比例混合打浆，然后加入盐酸溶解（按理论量的 4.03 倍加入）。再加入 NaOH 溶液调节溶液 pH 至 14。加热至 95～100 ℃，趁热过滤，弃渣，得到 $SrCl_2$ 溶液。

②碱析。向上述溶液中加入 NaOH 溶液（为理论量的 4.05 倍），有大量 $Sr(OH)_2$ 结晶析出，静置，冷却至约 5 ℃，待 $Sr(OH)_2$ 充分析出后过滤，收集滤液回收。

③纯化。将 $Sr(OH)_2$ 晶体溶解于热的纯水中，升温至约 95 ℃，趁热过滤，弃渣。滤液静置冷却，冷水冷却至约 5 ℃，离心分离，滤液回收。重结晶一次。

④碳酸化。将 $Sr(OH)_2$ 晶体用纯水溶解后加入碳酸化罐中，罐底鼓泡通入 CO_2，即生成碳酸锶沉淀，待沉淀完全后过滤分离，沉淀物料用纯水洗至中性。滤液及洗涤液可用于打浆。

⑤干燥。洗净后的物料送入干燥器脱水干燥，即得高纯碳酸锶。

6. 产品标准

干燥失重		≤1%	
盐酸溶解试验		合格	
杂质最高含量：			
铬（Cr）	$1×10^{-4}$%	钾（K）	$1×10^{-3}$%
铝（Al）	$1×10^{-4}$%	钡（Ba）	$3×10^{-4}$%
铁（Fe）	$1×10^{-4}$%	锰（Mn）	$3×10^{-4}$%
硼（B）	$1×10^{-4}$%	铟（In）	$3×10^{-4}$%
砷（As）	$1×10^{-4}$%	铋（Bi）	$3×10^{-4}$%
硅（Si）	$5×10^{-4}$%	银（Ag）	$1×10^{-4}$%
硝酸盐（NO₃）	$1×10^{-2}$%	镁（Mg）	$1×10^{-4}$%
镓（Ga）	$3×10^{-4}$%	锡（Sn）	$6×10^{-4}$%
铜（Cu）	$1×10^{-4}$%	镍（Ni）	$6×10^{-4}$%
镉（Cd）	$1×10^{-4}$%	氯化物（Cl⁻）	$1×10^{-3}$%
锌（Zn）	$1×10^{-4}$%	硫酸盐（SO₄²⁻）	$1×10^{-2}$%
铅（Pb）	$1×10^{-4}$%	钙（Ca）	$1×10^{-3}$%
钠（Na）	$5×10^{-4}$%	钴（Co）	$1×10^{-4}$%

7. 产品用途

电子工业中用于生产彩色电视机的显像管及制造电磁体和锶铁氧体。它是生产其他高纯锶盐的原料，用于生产荧光玻璃和锶玻璃。另外，还用作钯的载体，也用于医药、造纸、红色烟火、信号弹等。

8. 参考文献

［1］ 刘建明. 高纯碳酸锶清洁生产工艺基础研究 ［D］. 唐山：河北联合大学，2014.

［2］ 刘红梅，谷芳芳，李帅，等. 低温湿法制取高纯碳酸锶 ［J］. 辽宁化工，2012，41 （11）：1121-1123.

［3］ 王淑云，李国庭. 高纯碳酸锶制备新工艺研究 ［J］. 河北化工，2008 （4）：16-18.

3.25　超细四氧化三钴

四氧化三钴分子式为 Co_3O_4，相对分子质量 240.82。

1. 产品性能

蓝色或黑色粉末，露置空气中吸潮，但不生成水化物。不溶于水，能缓缓溶于无机酸。加热至 950 ℃ 时变成氧化亚钴，具有很强的氧化性。

2. 生产方法

在真空条件，碳酸钴加热至 350 ℃，所得产物吸收氧得黑色四氧化三钴；氧化钴或硝酸钴在空气中高温灼烧得四氧化三钴。

$$6CoO + O_2 \stackrel{\triangle}{=\!=\!=} 2Co_3O_4 ,$$

或
$$Co(NO_3)_2 + O_2 \longrightarrow Co_3O_4 + NO_2 \uparrow 。$$

3. 生产工艺

在氯化钴溶液中滴加一定浓度的纯碱，生成碱式碳酸钴沉淀。沉淀离心分离，洗涤 pH 至 7 左右，然后加入氯化钴水溶液，于一定温度下水浴加热，调 pH 形成水合氯化钴胶体，再加入十二烷基苯磺酸钠，用甲苯或二甲苯萃取，制得稳定性好、透明度高的玫瑰红色有机溶胶，蒸馏除去溶剂，再经低温干燥，得超细四氧化三钴。

4. 说明

①在氯化钴中加入少量表面活性剂，在搅拌下按化学式计量加入 Na_2CO_3。盐碱浓度低，过饱和度小，晶体生长占优势，反应时间长，沉淀颗粒大，不易重新溶解生成胶体；盐碱浓度大，过饱和度大，成核速度快，沉淀颗粒小，同样也不易生成胶体。一般选择氯化钴质量浓度 0.5 mol/L，碳酸钠质量浓度 0.5 mol/L，胶溶温度 50～

70 ℃，时间 0.5 h，pH 6.5～7.5。表面活性剂质量浓度为 0.1 mol/L，加入量为溶液总量的 2/5。

②萃取剂二甲苯一般取相比 1：1。萃取分离后的胶体粒子含有结构水和吸附水化层，须经回流脱水并经减压蒸馏脱除二甲苯。于 150 ℃ 以下真空干燥，即得到透明性四氧化三钴。

③超细四氧化三钴于 200 ℃ 下处理得到的超细微粒是氧化钴和三氧化二钴的混合物；于 400 ℃ 以上处理得到的超细微粒是四氧化三钴。

5. 产品标准

含量（以 Co 计）	≥72.0%～73.5%
硫化物（以 SO_4 计）	≤0.1%
铁（Fe）	≤0.04%
镍（Ni）	≤0.2%
重金属（以 Cu 计）	≤0.08%
碱及碱土金属	≤0.60%

6. 产品用途

超细四氧化三钴具有较好的线性电阻、温度特性、电气性能，适用于气敏、热敏电气元件。高纯四氧化三钴用于制造电阻。

7. 参考文献

[1] 陈平. 超细四氧化三钴的合成与电化学性能研究 [D]. 湘潭：湘潭大学，2007.
[2] 倪海勇，吕明钰，周绍辉，等. 超细四氧化三钴的制备 [J]. 广东有色金属学报，2005（4）：13-15.

3.26　高纯氧化铋

氧化铋（Bismuth trioxide）又称三氧化二铋，分子式 Bi_2O_3，相对分子质量 465.96。

1. 产品性能

黄色无臭粉末，立方体和菱形结晶，加热变褐红色，冷时仍变黄色，能溶于酸，不溶于水。相对密度 8.8，熔点 820 ℃，沸点 1890 ℃。正方晶系晶体熔点 860 ℃。

2. 生产方法

99.9% 的铋与硝酸反应生成硝酸铋，经水解后，干燥、灼烧，得高纯氧化铋。

$$Bi + 6HNO_3 =\!=\!= Bi(NO_3)_3 + 3H_2O + 3NO_2\uparrow,$$

$$2Bi + 8HNO_3 =\!=\!= 2Bi(NO_3)_3 + 4H_2O + 2NO_2\uparrow,$$

$$Bi(NO_3)_3 + 3NH_3 \cdot H_2O =\!=\!= Bi(OH)_3\downarrow + 3NH_4NO_3,$$

$$2Bi(NO_3)_3 \xrightarrow{\triangle} Bi_2O_3 + 3H_2O。$$

3. 工艺流程

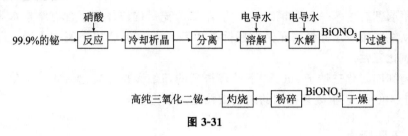

图 3-31

4. 生产配方 （kg/t）

铋（工业品，99.9%）	32.0
高纯硝酸（$d=4.42$，71%）	70.0

5. 生产工艺

将 16 kg 99.9% 的工业铋置于不锈钢的反应锅内，用少量稀硝酸洗去表面污物，再用电导水洗涤金属铋，然后缓慢地加入高纯 HNO_3 ［35 kg HNO_3（$d=4.42$）加 20 L 电导水］溶液，约需 1 h 方可加完。加完后反应 10 min 左右（如反应速度慢可以用蒸汽加热，加速反应），尽量使铋过量些。稍冷后过滤，将滤液吸入不锈钢反应锅中进行浓缩，直至相对密度 4.9（温度在 65～70 ℃ 时），将该液倒入特制的不锈钢冷却槽中，在搅拌下进行冷却结晶，必要时可重结晶。用离心机将结晶甩干，得硝酸铋。将硝酸铋用电导水溶解成为饱和溶液，吸入一只盛有大量热电导水的不锈钢反应锅中，在搅拌下进行水解，静置数分钟，使碱式硝酸铋完全沉淀。倾出上层清液，用离心机或漏斗将沉淀物吸干，再用热电导水洗涤数次，再行吸干，置于不锈钢容器中进行干燥。

将干燥的碱式硝酸铋研碎，放于瓷的蒸发皿中，移至马弗炉中，于 500 ℃ 左右灼烧 7～8 h；稍微冷却后加以研碎，再行放入炉内灼烧 4～5 h。冷却后取出，得 99.99% 的高纯氧化铋。

6. 产品标准

含量（Bi_2O_3）	$\geqslant$99.99%		
灼烧失重	$\leqslant$1%		
酸溶解试验	符合检验		
杂质最高含量：			
氯化物（Cl^-）	5×10^{-3}%	镓（Ga）	1×10^{-4}%
硫酸盐（SO_4^{2-}）	2×10^{-3}%	镍（Ni）	1×10^{-4}%
氮（N）	5×10^{-3}%	铝（Al）	1×10^{-4}%
砷（As）	4×10^{-3}%	钛（Ti）	5×10^{-5}%
镉（Cd）	5×10^{-4}%	钙（Ca）	1×10^{-5}%
钴（Co）	1×10^{-4}%	铜（Cu）	5×10^{-4}%
锰（Mn）	1×10^{-4}%	钡（Ba）	5×10^{-4}%

铁 (Fe)	$1\times10^{-4}\%$	硼 (B)	$1\times10^{-4}\%$
镁 (Mg)	$5\times10^{-4}\%$	硅 (Si)	$1\times10^{-4}\%$
铬 (Cr)	$1\times10^{-4}\%$	铅 (Pb)	$5\times10^{-4}\%$

7. 产品用途

用于电阻元件及锗酸铋类的铋单晶的制造。

8. 参考文献

[1] 俞章毅. 一种制备高纯氧化铋工艺的研究 [J]. 化工时刊, 2006 (7): 34-35.

[2] 李德良, 黄念东, 许中坚. 超细高纯氧化铋的制备研究 [J]. 无机盐工业, 2001 (1): 15-16.

3.27　氮化硼

氮化硼 (Boron nitride), 分子式 BN, 相对分子质量 24.82。

1. 产品性能

白色结晶性粉末, 相对密度 2.25。不溶于水, 在沸水中缓慢水解生成硼酸和氨。约在 3000 ℃升华。

2. 生产方法

(1) 三氧化二硼法

三氧化二硼与尿素在高温下反应, 生成氮化硼。由于三氧化二硼在高温下挥发, 因此产率只有 34%。

$$B_2O_3+(NH_2)_2CO \longrightarrow 2BN+CO_2\uparrow+2H_2O。$$

(2) 氯化硼法

三氯化硼与氨在 1000 ℃下反应, 生成氮化硼。

$$BCl_3+4NH_3 \longrightarrow BN+3NH_4Cl。$$

氨与三氯化硼的混合气体在石英管前部约 600 ℃ 与过量氨混合, 在管的中部温度由 500 ℃ 逐渐升高到 1000 ℃, 反应完毕。在 1000 ℃的氨气流中继续加热 1 h, 可得到纯氮化硼。

(3) 硼酸法

在氮气氛下, 硼酸与尿素在高温下反应, 生成氮化硼。

$$2H_3BO_3+(NH_2)_2CO \longrightarrow 2BN+CO_2\uparrow+5H_2O。$$

3. 工艺流程

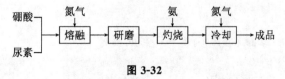

图 3-32

注: 该工艺流程为硼酸法的工艺流程。

4. 生产配方 （kg/t）

尿素	100
硼酸	50

5. 生产工艺

将 1000 g 分析纯尿素用电导水 500 mL 重结晶一次，将 500 g 分析纯硼酸用 2000 mL 电导水重结晶，重复进行 3 次重结晶。

将重结晶后纯度达到高纯的尿素及硼酸按 m（尿素）：m（硼酸）＝2：1 的比例装在三颈烧瓶内，于电炉上加热到 60 ℃ 开始熔融，呈透明状；通入氮气，让氮气流带走反应时放出的水分，维持 2 h，再缓慢升高至 160 ℃ 左右。此时透明体变白，然后固化。继续升温至 320 ℃，此时有大量尿素分解和氨挥发出，当挥发至 2～3 h 后，停止加热，冷却。反应物呈炉渣样的白色固体。用玛瑙器具将其磨成粉后，装入石英舟内；舟放在石英管中，在通氨情况下，于 1000 ℃ 烧 16～24 h，然后在氮气气流中冷至室温。500 g 硼酸与 1000 g 尿素反应可得约 190 g 高纯氮化硼。

6. 说明

（1）原料配比对含量、质量、比表面的影响

当硼酸与尿素以 m（硼酸）：m（尿素）＝1：1 时，中间体孔小、质硬、难磨细，含量不易达到规定指标，且对玻璃有腐蚀，使 Na、Ca 含量增加。这可能是尿素量少，中间物侵蚀玻璃所致。当 m（硼酸）：m（尿素）＞1：2 时，中间体疏松、多孔、脆而易磨，表面大，含量容易达到规定指标，对玻璃腐蚀小，保证了纯度。而 m（硼酸）：m（尿素）＝1：3 时，比表面增大，单耗增加，故应以 m（硼酸）：m（尿素）＝1：2 为宜。

（2）温度对含量和活性的影响

研究表明，温度增加，氮化速度加快，产品含量提高，但活性降低（即不易溶于浓硫酸）。这可能是由于高温下，晶形变化所致。例如，在 1000 ℃ 时，通氨灼烧 25 h，所得的氮化硼只有两个晶面，且易溶于浓硫酸；在 1200 ℃ 时，通氨灼烧 25 h，所得的氮化硼样品不易溶于浓硫酸。

（3）反应器材质对产品的影响

用玻璃反应器所得氮化硼的纯度只能达 99.99％，主要由于 Na、Ca 含量高而影响氮化硼纯度。用石英反应器氮化硼纯度可达到 99.999％，但用四五次后，石英内壁产生发毛现象。用刚玉反应器和刚玉球磨机，成品中 Al、Ca 含量偏高，不易达到 99.99％。

7. 产品标准

含量（BN）	≥99.999％	≥99.99％
杂质最高含量：		
钴（Co）	≤$2×10^{-5}$％	≤$5×10^{-4}$％

镍（Ni）	$\leqslant 2\times 10^{-5}\%$	$\leqslant 5\times 10^{-4}\%$
铋（Bi）	$\leqslant 2\times 10^{-5}\%$	$\leqslant 5\times 10^{-4}\%$
钙（Ca）	$\leqslant 1\times 10^{-4}\%$	$\leqslant 5\times 10^{-4}\%$
铜（Cu）	$\leqslant 5\times 10^{-5}\%$	$\leqslant 5\times 10^{-4}\%$
铁（Fe）	$\leqslant 1\times 10^{-4}\%$	$\leqslant 5\times 10^{-4}\%$
铝（Al）	$\leqslant 1\times 10^{-4}\%$	$\leqslant 5\times 10^{-4}\%$
砷（As）	$\leqslant 5\times 10^{-5}\%$	$\leqslant 5\times 10^{-4}\%$
磷（P）	$\leqslant 5\times 10^{-5}\%$	$\leqslant 5\times 10^{-4}\%$
钠（Na）	$\leqslant 5\times 10^{-5}\%$	$\leqslant 5\times 10^{-4}\%$
钾（K）	$\leqslant 1\times 10^{-4}\%$	$\leqslant 5\times 10^{-4}\%$

8. 产品用途

用于半导体的固体掺杂工艺、半导体用高温材料、仪器中防中子辐射用包装材料。

9. 参考文献

[1] 周莹莹，孙润军，张昭环，等. 氮化硼合成的工艺及性能研究 [J]. 硅酸盐通报，2017，36（1）：186-190.

[2] 姚茜，陈珊珊. 常压化学气相沉积法制备二维六方氮化硼 [J]. 曲靖师范学院学报，2017，36（3）：23-29.

3.28　硼酸

硼酸（Boric acid），分子式 H_3BO_3，相对分子质量 64.83。

1. 产品性能

白色结晶粉末或无色微带珍珠状光泽的鳞片，为六角形三斜系结晶。它与皮肤接触有滑腻感，无臭，味微酸苦后带甜。露置空气中无变化，当加热至 $100\sim 105\ ℃$ 失去一分子水而形成偏硼酸；于 $140\sim 160\ ℃$ 长时间加热，转变为焦硼酸；遇水蒸气则挥发。可溶于水、乙醇及甘油，0.1 mol 溶液的 pH 为 5.1，是由盐酸和硫酸加于硼砂溶液或盐酸分解方硼石而制得。

2. 生产方法

（1）合成法

硼砂硫酸法即将硼砂溶解后加入硫酸复分解制得硼酸，制得的硼酸再经提纯得高纯硼酸。

（2）重结晶法

将分析纯硼酸溶于电导水中趁热过滤，浓缩析晶，离心得光谱纯硼酸。

（3）离子交换法

硼酸溶液经过强酸性离子交换树脂，溶液中的阳离子 Fe^{3+}、Al^{3+}、Cu^{2+}、

Ca^{2+}、Mg^{2+}、Pb^{2+}、Zn^{2+}、Na^+ 和 NH_4^+ 等被树脂所交换：

$$R^-(SO_3H)_n + Me^{n+} \longrightarrow R^-(SO_3)_n Me + nH^+。$$

式中，Me 表示金属元素。

而硼酸溶液中的杂阴离子 SO_4^{2-}、NO_3^-、Cl^- 等（以 Ac^{m-} 表示），则在通过强碱性阴离子交换树脂柱时被交换，经过离子交换的溶液加热浓缩，析晶，真空干燥得高纯硼酸。

（4）活性炭吸附法

将直径为 $2×10^3$ mm 粒状活性炭于氮气流或真空炉中 800～900 ℃ 灼烧 1 h，冷后放入 1：1 的盐酸中浸泡数小时，过滤用电导水洗涤，于高纯水中煮 0.5 h，于 110 ℃ 下干燥，得处理的活性炭。分析纯硼酸溶液用活性炭吸附，过滤，浓缩析晶，真空干燥得高纯硼酸。

3. 工艺流程

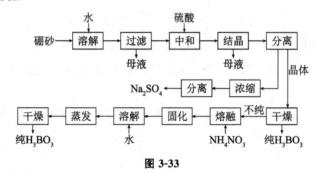

图 3-33

注：本工艺流程为合成法的工艺流程。

4. 生产工艺

（1）合成法

在配料槽内按 m（水）：m（硼砂）＝2：1 的比例加入，开动搅拌，升温度至 90 ℃，待硼砂完全溶解后过滤除去不溶物，此时控制溶液质量为浓度 320～340 g/L，溶液用泵打入反应罐。

用蒸汽加热溶液升温至 80 ℃，在搅拌下缓慢加入硫酸，控制 pH 至 2～3，在 85～90 ℃ 下反应 0.5 h。中和后溶液冷却降温至 35～37 ℃，泵入冷却槽。

在冷却槽中，将硼酸用冷水冷却至 30～35 ℃，析出硼酸晶体，至溶液中硼酸质量浓度在 120 g/L 以下，离心分离，晶体用水洗涤。晶体再用 3.5 倍的沸水重结晶数次，直至取少量晶体在坩埚里熔融时呈无色玻璃状，此时送晶体入气流干燥器，用 90～95 ℃ 的热气流干燥，得纯品。若晶体在坩埚里呈灰色就说明晶体中含有机物，可将硼酸与硝酸铵混合熔融为均匀液体，再使其固化为三氧化二硼，然后再加水煮沸溶解，蒸发结晶，经热气流干燥，即得纯硼酸。

分离硼酸结晶后的一次母液主要含硫酸钠和未析出的硼酸，用泵打入中和槽，加硼砂调节 pH 至 4～5，再送入浓缩罐以蒸汽加热浓缩至 361～373 g/L 时，析出硫酸钠，经洗涤得到副产品。此时的二次母液及重结晶得到的母液返回配料槽作溶解硼砂用。

（2）重结晶法

将 2 kg 分析纯硼酸溶于 16 000 mL 煮沸的电导水中，如未能全溶，可置电炉上加热溶解，趁热过滤。滤液蒸发浓缩，冷却析晶，用小型不锈钢离心机甩干。再反复操作两次，制得光谱纯硼酸。

（3）离子交换法

将 80 mL 再生转化为氢型的强酸性阳离子交换树脂和 160 mL 再生转化为羟基型的强碱性阴离子交换树脂在烧杯中混合后，装入 20 mm×1000 mm 的硬质玻璃交换柱中，此时树脂层高度为 800 mm。注意不要在树脂层中形成气泡，若有气泡可用长玻璃棒搅拌以排除。用高纯水适当淋洗交换柱，并将柱中水位放在稍比树脂层高一点时为止。

再将 4000 g 分析纯硼酸置入 5000 mL 硬质烧杯中，加 4000 mL 的电导水加热至 50~60 ℃，溶解后趁热用绸布过滤，冷却后将滤液注入交换柱中。交换速度控制在 6~10 mL/min。将经过离子交换的溶液加热浓缩，然后倒入塑料杯中冷却，使硼酸结晶析出。抽滤，高纯水洗涤。结晶置于滤纸上真空（20~30）×133.32 Pa、50 ℃ 以下干燥 2 h。打开真干燥箱，擦去箱内水分，并继续在 30~40 ℃ 下于真空度小于 50×133.32 Pa 烘 2 h，取出置干燥器内冷却得高纯硼酸。

5. 产品标准

阳离子	符合光谱规定
水不溶物	≤0.005%
甲醇不挥发物	≤0.05%
硫酸盐（SO_4^{2-}）	≤0.001%
氯化物（Cl^-）	≤0.0001%
硝酸盐（NO_3^-）	≤0.0005%
磷酸盐（PO_4^{3-}）	≤0.001%
砷（As）	≤0.0002%

6. 产品用途

用于制备高纯三氧化二硼。高纯三氧化二硼用于半导体生产的扩散、掺杂工艺。

7. 参考文献

[1] 张国才. 高纯度硼酸的制备研究 [D]. 北京：北京交通大学，2012.

3.29　三氯氧磷

三氯氧磷（Phosphorus oxychloride）又称磷酰氯、氧氯化磷，分子式 $POCl_3$，相对分子质量 153.33。

1. 产品性能

无色透明发烟液体，凝固点 2 ℃，沸点 105.3 ℃，相对密度 4.675，易挥发，有强烈的刺激性气味。置于潮湿空气中水解为磷酸和氯化氢，发生白烟。易被水和乙醇分解，并放出大量热和氯化氢。有强腐蚀性。

2. 生产方法

（1）氯化水解法

由三氯化磷滴水通氯，再进行蒸馏而得。

$$PCl_3 + Cl_2 + H_2O \Longrightarrow POCl_3 + 2HCl。$$

（2）三氯化磷氧化法

用干燥的氧气与三氯化磷作用生成三氯氧磷。

$$2PCl_3 + O_2 \Longrightarrow 2POCl_3。$$

（3）五氯化磷合成法

由五氧化二磷与五氯化磷作用制得。

$$P_2O_5 + 3PCl_5 \Longrightarrow 5POCl_3。$$

（4）三氯化磷合成法

由三氯化磷和氯酸钾反应得三氯氧磷。

$$3PCl_3 + KClO_3 \Longrightarrow 3POCl_3 + KCl。$$

工业生产多采用氯化水解法。

3. 工艺流程

（1）氯化水解法

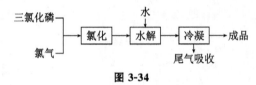

图 3-34

（2）三氯化磷合成法

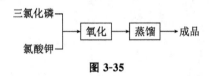

图 3-35

4. 生产配方（kg/t）

（1）氯化水解法

三氯化磷（98.5%）	1040
液氯（99.5%）	470

（2）三氯化磷合成法

三氯化磷（98.5%）	200
氯酸钾（99%）	66

5. 生产工艺

（1）氯化水解法

在 1000 L 的夹层反应釜中加入 1300 kg PCl_3，然后滴水并通氯，加水量为 PCl_3

质量的 0.13；通氯量为 PCl_3 质量的 0.516。控制通氯气与水的质量比在 3.97 左右。通氯及滴水速度分别为 25~35 kg/h 和 6.25~8.80 kg/h。氯气与三氯化磷作用生成五氯化磷，生成的五氯化磷水解生成三氯氧磷和氯化氢。氯化氢用水吸收得到副产物盐酸。

当氯气和水量加足后，即可用夹套蒸汽加热（105~109 ℃），使反应器内反应物汽化，经空塔冷凝器冷凝后，再全部回流入反应器中。然后二次通氯，以继续氯化残存的三氯化磷。当回流至反应物色泽洁白且三氯化磷残存量在 0.2% 以下时，即可由冷凝器直接导出作为成品。

（2）三氯化磷合成法

在装有回流冷凝器的反应器中，加入 200 g 三氯化磷，缓慢分批次加入研细的氯酸钾，每次 0.5~4.0 g，共加 66 g。反应猛烈进行。反应完毕蒸馏，收集沸点 105~108 ℃ 馏分得三氯氧磷。

6. 产品标准

外观	无色透明
含量（$POCl_3$）	≥99%
馏程（105~109 ℃）的馏分	≥96%
三氯化磷（PCl_3）	≤0.2%

7. 产品用途

在电子工业用于半导体生产的外延、扩散工序，用作半导体掺杂源及光导纤维材料，也用作制药工业的氯化剂和催化剂。

8. 参考文献

[1] 茅建明. 三氯氧磷生产工艺研究及在化学工业中的应用 [J]. 精细化工原料及中间体，2003（6）：14-15.

[2] 高飞，司宪. 三氯氧磷清洁生产工艺的研究 [J]. 开封医专学报，2000（2）：48-49.

3.30　三氯化磷

三氯化磷（Phosphorus trichloride）分子式为 PCl_3，相对分子质量 137.33。

1. 产品性能

无色澄清的发烟液体，如有微量的游离黄磷存在时，颜色泛黄且混浊。熔点 2 ℃，沸点 105.3 ℃，相对密度 4.675。能溶于乙醚、苯、氯仿、二硫化碳、四氯化碳。置于潮湿空气中能水解成亚磷酸和氯化氢，发生白烟而变质。遇乙醇和水起分解反应，遇氧能生成氧氯化磷。与有机物接触会着火。有毒！

2. 生产方法

黄磷与氯气在控制条件下反应得三氯化磷。

$$2P + 3Cl_2 = 2PCl_3 \text{。}$$

3. 工艺流程

图 3-36

4. 生产配方（kg/t）

黄磷（P，99%）	230
液氯（Cl_2，99%）	784

5. 生产工艺

（1）工业制法

将黄磷在夹层锅中用 55～60 ℃ 热水加热熔融成液体，熔融的黄磷经保温的导管送入反应锅中，反应锅内应贮有一定量的底磷和三氯化磷（可使反应缓和并防止五氯化磷生成），然后通入经干燥的氯气进行氯化反应，反应放热。产生的三氯化磷蒸气经泡罩塔分馏冷凝后，一部分回流入反应锅中，以调节氯化反应；另一部分为成品，进入包装工序。

需要注意以下两点：

①反应产生的黄磷下脚料，可在蒸馏锅中加热至 600～700 ℃，使黄磷气化蒸出，冷凝回收，循环使用；

②氯气、三氯化磷是强腐蚀性气体或挥发性液体，生产中必须采取有效的安全防范措施。

（2）实验室制法

在曲颈甑中加入 100 g 干燥红磷，甑的上口插入一根直径为 8～10 mm 的玻璃导管，由该导管通入干燥的 CO_2，排出装置内的空气，导管下端距离红磷表面约 3 cm。甑的颈口与一个支管烧瓶相连，支管向上斜出，倾角 45 ℃，支管上接回流冷凝器，并装上干燥（$CaCl_2$）管，烧瓶用冷水冷却（浸入冷水中）。

加热曲颈甑，直至上部出现黄色升华物为止，由玻璃导管开始向甑内通入干燥氯气，反应立即进行。严格控制加热温度和氯气流量，使反应既无黄磷的升华，又不生成固体五氯化磷。如有黄磷升华，应加大氯气流量和减弱加热；如有五氯化磷生成，需增强加热并减小氯气流量。反应进行到大约剩余 1/4 的磷为止。所得粗品中可能含有少量 $POCl_3$、P、PCl_5，可加入少许红磷，加热至 60 ℃，五氯化磷被还原。粗品经蒸馏，收集 75～77 ℃ 的馏分，即得三氯化磷纯品。

6. 产品标准

外观	无色透明
含量（PCl_3）	≥99%
游离磷	≤0.005%
馏程（74.5～77.5 ℃）的馏分	≥95%

注：该产品标准为三氧化磷工业品的标准。

7. 产品用途

电子工业用于半导体生产的外延、扩散工序，也用作有机合成（药物合成）的氯化剂和催化剂及高纯磷制备的原料。

8. 参考文献

[1] 王志勇. 三氯化磷生产工艺的优化 [J]. 氯碱工业，2009，45（8）：27-32.

3.31　二氧化锆

二氧化锆又称氧化锆，分子式 ZrO_2，相对分子质量 123.22。

1. 产品性能

白色质重无定型粉末。溶于氢氟酸、硫酸，微溶于盐酸和硝酸，不溶于水。能与碱共熔生成锆酸盐。相对密度 5.6。熔点 2677 ℃。

2. 生产方法

四氯化锆（试剂级）水解、酸析后，再用水溶解，析出得八水合氯氧化锆，得到的八水合氯氧化锆于 800 ℃ 下灼烧分解，得到高纯二氧化锆。

$$ZrCl_4 + 9H_2O \longrightarrow ZrOCl_2 \cdot 8H_2O + 2HCl,$$

$$ZrOCl_2 \cdot 8H_2O \xrightarrow[\triangle]{800\ ℃} ZrO_2 + 2HCl + 7H_2O。$$

3. 工艺流程

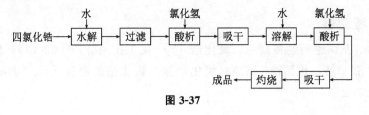

图 3-37

4. 生产工艺

称取 15 kg 试剂级四氯化锆置于 50 L 白瓷缸中（操作须在通风橱内进行），加电导水使其全部溶解，静置过夜，次日过滤。将滤液倒入三颈瓶内，通氯化氢气体使氯氧化锆析出，吸干氯氧化锆，再用电导水溶解，过滤。滤液再通氯化氢气体，取少量样品置于小石英舟中于 400 ℃ 灼烧 3 h，冷却后将 ZrO_2 送光谱分析，若小样分析合格，即可把吸干的 $ZnOCl_2 \cdot 8H_2O$ 盛于石英容器中进行真空灼烧（温度从 300 ℃ 开始缓慢升至 800 ℃ 保持 8 h），停止加热后仍要用抽气管继续抽气数小时，冷却后取出疏松的氧化锆。

5. 说明

①将 K_2ZrF_6 溶于氢氟酸和硫酸中，蒸发至冒 SO_3 烟，除去 Si 并使其转化为

$Zr (SO_4)_2$。用热水浸出后以氨水沉淀之再用盐酸溶解 $Zr (OH)_4$，进行蒸发冷却，过滤析出针状 $ZrOCl_2 \cdot 8H_2O$ 结晶。用电导水使结晶溶解后再用氨水沉淀为 $Zr (OH)_4$，于 100 ℃ 灼烧得 ZrO_2。

②称取 50 kg 试剂级八水合氯氧化锆（$ZrOCl_2 \cdot 8H_2O$）于 50 L 搪玻璃反应锅中，加约 15 L 电导水，可加热使其溶解，然后按照合成法进行操作，可获得光谱纯氧化锆。

6. 产品标准

含量		≥99.99％	
杂质最高含量：			
铝（Al）	5×10^{-6}	锡（Sn）	1×10^{-6}
铋（Bi）	2×10^{-6}	铅（Pb）	1×10^{-6}
镓（Ga）	2×10^{-6}	银（Ag）	5×10^{-6}
钙（Ca）	10×10^{-6}	钛（Ti）	1×10^{-6}
铁（Fe）	1×10^{-6}	铬（Cr）	50×10^{-6}
钴（Co）	5×10^{-6}	硼（B）	3×10^{-6}
硅（Si）	10×10^{-6}	锑（Sb）	3×10^{-6}
锰（Mn）	1×10^{-6}	氯化物（Cl^-）	100×10^{-6}
镁（Mg）	1×10^{-6}	硫酸盐（SO_4^{2-}）	200×10^{-6}
镍（Ni）	5×10^{-6}		

7. 产品用途

电子工业用于研磨抛光材料，用于单晶硅片研磨及其他半导体基片的研磨、抛光。

8. 参考文献

[1] 韩汉民. 从斜锆石制备高纯二氧化锆 [J]. 化工技经济，2002 (1)：17-24.
[2] 刘娟，张清河，徐绍德. 高纯氯氧化锆和二氧化锆的制备 [J]. 河南化工，2002 (1)：20-21.

3.32　三氧化二铝

三氧化二铝又称 STA-1020 磨料，分子式 Al_2O_3，相对分子质量104.96。

1. 产品性能

白色粉末，易吸水但不潮解，溶于浓硫酸，不溶于水、乙醇和乙醚。熔点 2050 ℃。

2. 生产方法

硫酸铝铵热分解或氢氧化铝灼烧可制得三氧化二铝。硫酸铝与硫酸铵作用生成硫酸铝铵，用酒石酸除杂后，通入氯化氢生成三氯化铝，三氯化铝于 900 ℃ 下灼烧，转变成三氧化二铝，经酸煮洗涤后得成品。

3. 工艺流程

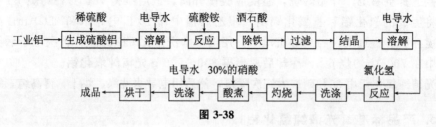

图 3-38

4. 生产工艺

（1）硫酸铝铵热分解法

①称取 300 g 工业铝，置于 15 L 烧瓶中，加入 500 mL V（H_2O）：V（H_2SO_4）＝1：1 的试剂一级稀硫酸进行反应，如反应缓慢可加热，反应约需 8 h，其溶液相对密度可达到 4.38。稍冷却过滤，滤液倒入陶砂锅中待冷却结晶，然后把结晶吸干，得结晶硫酸铝。

②称取 220 g 三级试剂（NH_4）SO_4，溶于蒸馏水中，过滤，将澄清的滤液放置于烧杯中。

③将吸干的结晶硫酸铝，放入白瓷小缸内，用电导水进行溶解，在不断搅拌下缓慢地加入（NH_4）$_2SO_4$。加完后，再加 10 g 酒石酸（除 Fe），然后加热溶液，待结晶将要析出时，趁热过滤。将滤液浓缩，冷却结晶，把结晶甩干后再重结晶两次（母液回收）。

④取 4.5 kg 符合质量要求的硫酸铝铵，加入 1500 mL 电导水溶解过滤，在室温下通入 HCl 气体，直至 $AlCl_3$ 完全析出为止。把 $AlCl_3$ 的结晶吸干，在结晶表面用 HCl 洗涤一次，除去微量的 SO_4^{2-}。

⑤将上述高纯度的 $AlCl_3$ 放入石英烧杯中，移入马弗炉内，打开电源于 900 ℃ 加热灼烧 8 h，得 220 g Al_2O_3。

⑥由于 Al_2O_3 是从 $AlCl_3$ 转化而来，虽然经过 8 h 的灼烧，难免还有微量的氯根存在，因此需用 30％高纯稀硝酸加热煮 0.5 h，进行吸干，再加稀硝酸煮，如此操作 3 次。将 Cl^- 全部除去，然后用电导水洗涤，吸干烘干，得 200 g 高纯氧化铝。

（2）氢氧化铝灼烧法

①三氯化铝的制备。取 500 g 99.99％的条状铝，先用加热至 90 ℃ 左右的热电导水洗涤 3 次（如有油状物质，须用石油醚洗净），再用热电导水洗一次，置于 10 L 大口烧瓶中，加入 5000 mL、V（水）：V（氧化铝）＝1：1 的电导水分析纯盐酸加热（如反应剧烈，可分次加入约 200 mL 的电导水）。反应减缓后，即缓慢加入 1000 mL 水和 1000 mL HCl，待其反应正常。然后再加入 1000 mL 水和 1000 mL HCl，继续加热，反应正常进行，共用 HCl 4500 mL 左右，反应时间 14 h 左右。反应完毕后，瓶中应留有少量铝条。静置一夜，次日过滤。

将滤液（6000～7000 mL）置于 25 kg 聚乙烯桶中，通 HCl 气体酸析。用水冷却。酸析 3～4 h，则有 $AlCl_3$ 结晶析出。静置过夜，次日用瓷漏斗过滤，吸干，并用高纯盐酸洗涤至滤液无色，得光谱纯三氯化铝。

②氧化铝的制备。将上工序生产的三氯化铝置于石英管中，管一端盖好罩子，另一端接上真空系统，开始灼烧，温度应缓慢升高，最后维持 700 ℃，灼烧 7 h，待冷却后将生成的氧化铝和氢氧化铝倒入聚乙烯桶中加 10 L 电导水和 2500 mL 高纯氨水，搅拌后静置过夜，经离心机甩干，用电导水洗至无 Cl⁻ 为止，再次甩干后置于石英管中在 700 ℃ 灼烧 6 h，冷却后取出得 800～900 g 光谱纯氧化铝。

光谱纯氧化铝用 30％硝酸煮三次除氯，然后用电导水洗涤、烘干，得高纯三氧化铝。

5. 产品标准（光谱纯氧化铝）

硫酸盐（SO_4^{2-}）	≤0.005％
氯化物（Cl^-）	≤0.008％
硝酸盐（NO_3^-）	≤0.001％
灼烧失重	≤2％
阳离子	符合光谱规定

6. 产品用途

用于配制硅单晶片研磨材料。

7. 参考文献

[1] 刘丽. LED 衬底用高纯三氧化二铝材料制备新技术研究 [D]. 昆明：昆明理工大学，2014.

3.33　氧化镁

氧化镁（Magnesium oxide）分子式为 MgO，相对分子质量 40.30。

1. 产品性能

氧化镁系白色细腻而疏松的粉末，几乎不溶于水，在空气中易吸收水分和二氧化碳，有轻质与重质两种；溶于稀酸。其相对密度为 3.19～3.71（因制备时温度的差异），熔点在 2800 ℃ 以上，沸点 3600 ℃。

2. 生产方法

镁与硝酸作用生成硝酸镁，硝酸镁与草酸反应生成草酸镁，草酸镁灼烧生成氧化镁。

$$Mg + 4HNO_3 = Mg(NO_3)_2 + 2NO_2 \uparrow + 2H_2O，$$

$$Mg(NO_3)_2 + HO{-}\overset{O}{\overset{\|}{C}}{-}\overset{O}{\overset{\|}{C}}{-}OH \longrightarrow Mg(COO)_2 + 2HNO_3，$$

$$Mg(COO)_2 \overset{\triangle}{=\!=} MgO + CO + CO_2。$$

3. 工艺流程

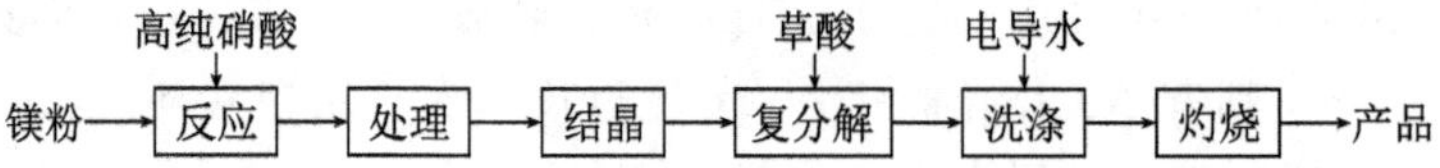

镁粉 → 反应 → 处理 → 结晶 → 复分解 → 洗涤 → 灼烧 → 产品
（高纯硝酸、草酸、电导水）

图 3-39

4. 生产工艺

称取 1 kg 工业金属镁粉，放入小白瓷缸内，在搅拌下缓慢地滴加高纯稀硝酸（1份硝酸和 1 份电导水混合）进行反应，在反应时还要加一些电导水，当 pH 为 8 时停止加酸，静置几分钟后，进行过滤。将滤液倒入小白瓷缸内，另加 500 mL 电导水稀释，并在该液中再加入 20 mL 30％的 H_2O_2，静置过夜。过滤，在滤液内加入少量高纯硝酸调节 pH 至 6，浓缩，结晶，必要时再重结晶一次。将硝酸镁进行光谱半定量分析，如质量符合指标，就得到光谱纯的硝酸镁，不合格再重结晶。

取高纯的 132 g 草酸，配成饱和溶液，在不断地搅拌下，把草酸溶液加入到光谱纯的硝酸镁溶液中，此时即可看到大量的白色沉淀物出现，待沉淀物完全沉降后，于 90～100 ℃加热几分钟，冷却。将 MgC_2O_4 沉淀物在漏斗上抽干或用离心机甩干，并用电导水连续洗涤数次，然后取出成品放入大型瓷蒸发皿中，于 700 ℃干燥 5 h。稍冷后得 200 g 高纯氧化镁。

5. 说明

也可以优级硝酸镁为原料：称取 500 g 优级纯硝酸镁 $Mg(NO_3)_2$ 放入 2000 mL 的烧杯内，用 1000 mL 的电导水溶解，然后在溶液中加入 5 g 99.9％的镁粉（起置换反应），这时 pH 为 8。并加热数分钟接近沸腾时取下，冷却。将溶液进行过滤，蒸发，结晶，最好重结晶两次。

$Mg(NO_3)_2$ 基本达到光谱纯的质量指标。

将光谱纯硝酸镁与高纯草酸反应，后续操作与上述相同。

6. 产品标准

含量		≥99.99％	
杂质最高含量：			
铁（Fe）	$5×10^{-6}$	硅（Si）	$3×10^{-6}$
镍（Ni）	$5×10^{-6}$	氯化物（Cl^-）	$20×10^{-6}$
铝（Al）	$1×10^{-6}$	硫酸盐（SO_4^{2-}）	$50×10^{-6}$
钴（Co）	$1×10^{-6}$	硝酸盐（NO_3^-）	$50×10^{-6}$
砷（As）	$0.5×10^{-6}$	铜（Cu）	$1×10^{-6}$
磷（P）	$2×10^{-6}$	铅（Pb）	$1×10^{-6}$
硼（B）	$1×10^{-6}$	镉（Cd）	$1×10^{-6}$
锰（Mn）	$1×10^{-6}$	钾（K）	$10×10^{-6}$
铋（Bi）	$3×10^{-6}$	钠（Na）	$10×10^{-6}$
锡（Sn）	$10×10^{-6}$	钙（Ca）	$30×10^{-6}$
钡（Ba）	$10×10^{-6}$	锌（Zn）	$1×10^{-6}$
锶（Sr）	$3×10^{-6}$		
水中溶解度		0.25％	
盐酸中不溶物		0.02％	
灼烧失重		5％	

7. 产品用途

电子工业用作配制硅单晶片研磨材料。

8. 参考文献

[1] 张晨洋，陈建铭，宋云华. 菱镁矿混合氯化镁焙烧制备高纯氧化镁 [J]. 无机盐工业，2016，48 (12)：27-31.

[2] 陈峥，刘素芹，张金娜. 高纯氧化镁的研究与开发 [J]. 盐科学与化工，2017，46 (4)：32-35.

[3] 袁烺，肖嘉慧，陈虹旭，等. 以工业轻烧氧化镁为原料制备高纯氧化镁的实验研究 [J]. 黑龙江大学工程学报，2017，8 (3)：36-39.

3.34 二氧化硅溶胶型抛光液

1. 产品性能

硅单晶片是半导体的主要基片材料之一。硅单晶在生产过程中由于晶体生长可能出现晶体内缺陷，也可因制备过程中留下的机械损伤及污染导致半导体成品率的降低。为获得表面光洁、平整的硅片，提高半导体成品率，对硅片必须进行研磨和抛光。研磨可使硅片表面达到微米级加工精度，但硅片经研磨后还会有一定的损伤层，需在抛光机中进行抛光。目前，硅片的抛光均使用二氧化硅抛光液，二氧化硅抛光液一般由 0.5 μm 左右的二氧化硅颗粒的溶胶与必要的添加剂组成。抛光液的 pH 要求稳定，根据抛光机、硅片的种类不同，所定的抛光温度和压力也不同，因此对抛光液的 pH 有不同的具体要求。抛光液中的二氧化硅颗粒要求在 0.5 μm 左右为最佳，颗粒分布越窄越好，颗粒形状最好为圆形，内核坚实，内表面小，外表面大，具有良好的吸附能力。此外，抛光液中杂质要求严格，尤其是金属离子（如钠、钾）要控制在百万分之几。二氧化硅溶胶型抛光液的特点是二氧化硅颗粒不沉淀，使用方便，不黏抛光垫，易于清洗、抛光速度高、质量好。

2. 生产方法

先将二氧化硅颗粒配制成硅溶胶，再加入添加剂进行稳定性处理，最后加入缓冲剂控制抛光液的 pH，即得成品。

3. 工艺流程

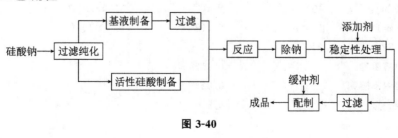

图 3-40

4. 生产工艺

（1）硅溶胶制备

硅溶胶制备有 3 种方法。

①浓缩法。将平均直径在 15～25 nm 的二氧化硅盐酸溶液投入恒温蒸发锅中作基液，在恒温下蒸发并不断滴加硅酸钠，二氧化硅颗粒逐渐长大到所需粒径。用这种方法制得的硅溶胶含钠量高，稳定性差。

②常压法。以 4％的硅酸钠作基液，加入通过阳离子交换树脂处理的 pH 为 3.0～3.5、含量为 3％～4％的工业硅酸钠溶液，滴加硅酸钠溶液 pH 至为 9～10，12 h 后即得 15～25 nm 的硅溶胶。

③加压法。将 30％的二氧化硅、颗粒直径 8～10 nm 的硅溶胶投入高压釜，充氮气使压力升至 4.96 MPa，再升温至压力达 2.94 M～3.43 MPa，2 h 后，冷却、放料，也可得到 15～25 nm 的硅溶胶。

（2）添加剂的制备

用环氧乙烷和乙二胺在醇溶液中制成 N-(β-羟基）乙二胺，特点是羟基的亲水性和胺基的碱性均有利于抛光的速度和质量。其沸点高，难挥发，稳定性及水溶性都很好。可稳定抛光液分颗粒分散性和悬浮性。

（3）抛光液的配制

将硅溶胶与添加剂混合均匀，再加入可稳定抛光液 pH 的稳定剂，常用的 pH 稳定剂为 $Na_2B_4H_7 \cdot 10H_2O$-NaOH 缓冲剂，可使 pH 稳定在 10.5～11.0。

5. 产品用途

用于硅单晶片制备加工过程中研磨后的抛光。

6. 参考文献

[1] 刘瑞鸿. 二氧化硅介质层 CMP 抛光液研制及其性能研究 [D]. 大连：大连理工大学，2009.

[2] 翟靖. SiO_2 抛光液实验研究 [D]. 无锡：江南大学，2012.

3.35　三氧化钨

三氧化钨又称钨酸酐，分子式 WO_3，相对分子质量 234.85。

1. 产品性能

淡黄色斜方晶系结晶粉末，熔点 1473 ℃。加热即变为深橙黄色，熔融时呈绿色。在空气中极稳定，不溶于水或酸（氢氟酸除外），能缓慢地溶于氨水或浓碱溶液。与氯气加热反应生成氯氧化物，但不能与溴、碘反应。

2. 生产方法

（1）金属钨法

由金属钨在氧气中充分加热而得。

$$2W + 3O_2 \xrightarrow{\triangle} 2WO_3。$$

（2）焙烧脱水法

先将钨酸溶于液氨中得仲钨酸铵结晶。然后，在高温炉中进行焙烧即得。

$$12H_2WO_4 + 4H_2O + 10NH_3 = 5(NH_4)_2O \cdot 12WO_3 \cdot 11H_2O，$$

$$5(NH_4)_2O \cdot 12WO_3 \cdot 11H_2O = 12WO_3 + 10NH_3\uparrow + 16H_2O。$$

（3）钨酸法

在 600～800 ℃ 下焙烧钨酸而得。

$$H_2WO_4 = WO_3 + H_2O。$$

3. 工艺流程

图 3-41

4. 生产配方（质量，份）

钨精矿（WO$_3$，65％）	1810
盐酸（31％）	3600
氨水（30％）	2800
氯化铵	940

5. 生产工艺

钨精矿与盐酸反应生成钨酸，粗钨酸经过滤、洗涤后，溶解于氨水中，过滤，得钨酸铵溶液，用盐酸中和，蒸发浓缩，析出仲钨酸铵结晶。经进一步精制提纯，得纯钨酸铵。将钨酸铵于高温下灼烧，冷却，研磨，得三氧化钨。

6. 产品标准

含量（WO$_3$）	≥99％
水分	≤0.5％
氧化物（R$_2$O$_3$）	≤0.01％
硫（S）	≤0.01％
钼（Mo）	≤0.01％
氧化钙（CaO）	≤0.01％
650 ℃ 氯化残渣	≤0.05％

7. 产品用途

用于制备电阻元件、X 射线屏、硬质合金及金属钨。

8. 参考文献

［1］邱如斌. 高纯三氧化钨中 20 种痕量杂质元素的光谱分析［J］. 龙岩学院学报，2005（3）：96-98.

[2] 李连清. 高纯三氧化钨制备新工艺 [J]. 宇航材料工艺，2002（4）：45.

3.36　二氧化锡

二氧化锡（Tin dioxide）又称氧化锡，相对分子质量 150.70。

1. 产品性能

白色或微灰色粉末，熔点 1127 ℃，沸点 1850～1900 ℃（升华）。不溶于水、醇、碱液，与强碱共熔可生成可溶于水的锡酸盐，在酸中也极难溶，在浓硫酸中长久加热才能溶解。

2. 生产方法

（1）氧化法

金属锡被硝酸氧化得二氧化锡。

$$Sn + 4HNO_3 \rule{1em}{0.4pt} SnO_2 + 4NO_2 \uparrow + 2H_2O。$$

（2）液相氧化法

锡矿球磨后还原焙烧得一氧化锡，得到一氧化锡与硫酸反应生成硫酸亚锡，硫酸亚锡用氧气或其他氧化剂进行液相氧化得二氧化锡，得到水合二氧化锡，最后经灼烧得二氧化锡。

$$2SnO_2 + C_2 \rule{1em}{0.4pt} SnO + CO_2，$$

$$SnO + H_2SO_4 \rule{1em}{0.4pt} SnSO_4 + H_2O，$$

$$2SnSO_4 + O_2 + 2H_2O \rule{1em}{0.4pt} 2SnO_2 + 2H_2SO_4。$$

（3）制备高比表面二氧化锡

在剧烈搅拌下，往含量为 15%～20% 的四氯化锡溶液中缓慢滴加氨水，随着氨水的加入，不断产出白色胶状的氢氧化锡沉淀，当溶液 pH 接近 4 左右时，停止加入氨水；过滤，滤液返回循环使用，滤饼用蒸馏水洗涤数次，洗涤时可先将滤饼用 4.0 mol/L 硝酸反复洗，然后再用 70～80 ℃ 热水洗涤至溶液中无氯离子、硝酸根离子，洗液 pH 4～5，将洗净的滤饼于一定温度下焙烧数小时，即得高比表面二氧化锡产品。

不同的焙烧温度对二氧化锡的比表面影响很大，欲获得高比表面、高催化活性的二氧化锡，焙烧温度不宜过高，在焙烧时间为 5 h 时，焙烧温度 300 ℃ 左右为宜，这时产物的比表面大于 100 m²/g。

（4）制备超细二氧化锡

将四氯化锡溶解于蒸馏水中，在搅拌条件下缓慢滴入氨水以调节胶体的 pH，浓缩成凝胶，经老化、沉降和数次洗涤，加入无水乙醇进行溶剂置换，经过滤后的样品置入高压釜内，加入抽提溶剂，在一定温度和压力下达到超临界条件，反应一定时间，回收溶剂，再经热处理，即得超细二氧化锡。

（5）分解法制高纯氧化锡

用石英或玻璃蒸馏器蒸馏无水四氯化锡，取中间馏段，用电导水水解，得正锡酸，正锡酸加热脱水得偏锡酸，进一步灼烧得二氧化锡。

$$SnCl_4 + 4NH_3 \cdot H_2O \Longrightarrow Sn(OH)_4 \downarrow + 4NH_4Cl,$$

$$Sn(OH)_4 \overset{\triangle}{=\!=\!=} H_2SnO_3 + H_2O,$$

$$H_2SnO_3 \xrightarrow{700 \sim 800\ ℃} SnO_2 + H_2O。$$

3. 工艺流程

（1）氧化法

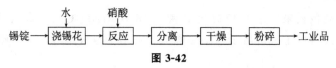

图 3-42

（2）液相氧化法

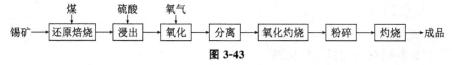

图 3-43

4. 生产工艺

（1）氧化法

先将 99% 的锡锭放入熔锡锅中，加热熔化，然后倒入冷水中爆成锡花。将锡花缓慢加入装有密度为 4.9 g/cm³ 硝酸的反应釜中，锡花的加入量为浓硝酸质量的 0.68。不断搅拌下氧化氮气体不断放出，加完锡花后仍不断搅拌至无氧化氮逸出为止。反应完后将上层清液返回反应釜中反复使用，生成的二氧化锡用热水洗涤至无硝酸根。烘干、粉碎，即得二氧化锡。

（2）液相氧化法

将锡矿石粉碎后放入球磨机中进行粉碎，使其粒度为 −200 目的含量大于 95%，煤经球磨后使其粒度达到 −100 目的含量大于 95%。然后按 m（矿料）：m（煤）= 1.00：0.15 的比例倒入混料机中混合，混合后的矿料放入特制的具有还原气氛的加热炉中，控制炉内温度为 800 ℃ 左右，保温 1 h，放料冷却。

将还原焙烧后的矿料放入搪瓷反应釜中，加入 7 mol/L 的硫酸，其用量为矿料量的 2 倍，升温并搅拌，使反应温度保持微沸，反应 1 h，这时大部分的锡已被硫酸浸出。将反应完的物料用涤纶长丝滤布板框压滤机分离，残渣弃去，滤液进入下一工序。

将滤液放入搪瓷反应釜中，不断搅拌并通氧气或其他氧化剂，使硫酸亚锡被氧化成水合二氧化锡，氧化完全后用离心机过滤，滤液中含铁约 25 g/L，砷约 0.3 g/L，可在滤液中加入石灰调 pH 至 8~9，上清液可达到排放标准。水合二氧化锡进入下一工序。

在水合二氧化锡结晶中除含有四价锡外还裹有 $(SnO)_3 \cdot 2H_2O$ 和 $Sn(OH)_2$ 等二价锡，为了提高产品质量，需将二价锡进一步氧化成四价锡。先将水合二氧化锡放入烘房中使物料烘干，然后用万能粉碎机粉碎至 100 目含量大于 96%。粉碎后的物料移入双层逆向长型箱式电阻炉中，控制炉温 600 ℃，灼烧 15 min，物料由白色变灰白色，说明物料已基本脱水，这时再将物料推至电炉中部，控制炉温 850 ℃，并通空气强制氧化，物料中的 $(SnO)_3 \cdot 2H_2O$ 和 $Sn(OH)_2$ 即可被氧化为二氧化锡，氧化时间为 $10\sim20$ min，物料的颜色由灰白色变为白色，即得二氧化锡。

（3）制备高纯二氧化锡

将 1000 g 99％的锡条或屑状锡置于 500 mL 三颈反应瓶中，通过经净化的氯气进行氯化，反应生成四氯化锡，加入相当于 $SnCl_4$ 量 1％的锡过夜。取出上层澄清液于烧瓶中进行分馏。弃去 110 ℃ 以下的初馏液（占 5％～10％），截取中段（114 ℃）馏出液（约 70％）。向中段馏出液中加入 0.5％的分析纯草酸铵过夜。将馏出液再进行两次或三次分馏。然后在室温下使其吸足氨气至暴露于大气中不再发烟的白色固体，加入沸腾的电导水，得正锡酸沉淀。用倾析法洗涤，以除去氯化铵。将正锡酸于蒸汽锅中烘干，后置于石英皿中，放入马弗炉内，于 850 ℃ 左右进行灼烧，稍冷后得高纯二氧化锡。

5. 产品标准

（1）工业品

含量（SnO_2）	$\geqslant$96％
硫酸盐（SO_4^{2-}）	$\leqslant$0.50％
铁（Fe）	$\leqslant$0.10％
重金属（Pb）	$\leqslant$0.25％

（2）光谱纯

阳离子	符合光谱规定
水中不溶物	$\leqslant$0.150％
碱度（以 NaOH 计）	$\leqslant$0.100％
氯化物（Cl^-）	$\leqslant$0.001％
硫酸盐（SO_4^{2-}）	$\leqslant$0.003％

6. 产品用途

主要用作搪瓷和电磁材料。在工业上，可利用玻璃表面上或陶瓷表面上二氧化锡薄膜的电性能，制作具有高热稳定性和可靠性的电阻器、特用灯具（如信号灯）和防冻玻璃。二氧化锡薄膜还具有反射远红外线的特性，可制作绝热玻璃，防止热能散发。

7. 参考文献

[1] 王成彦. 高纯超细氧化锡的研制 [J]. 有色金属，2001（3）：40-43.

3.37 氧化镧

氧化镧（Lanthanum oxide）分子式 La_2O_3，相对分子质量 325.81。

1. 产品性能

白色粉末，相对密度 6.51，熔点 2315 ℃，沸点 4200 ℃，不溶于水，易吸收空气中二氧化碳，易溶于酸。

2. 生产方法

（1）碳酸镧分解法

碳酸镧在 $800\sim900$ ℃ 高温条件下灼烧得氧化镧。

$$La_2(CO_3)_3 \xrightarrow{\triangle} La_2O_3 + 3CO_2\uparrow 。$$

（2）硝酸镧分解法

硝酸镧灼烧分解得氧化镧。

$$2La(NO_3)_3 \cdot 6H_2O \xrightarrow{\triangle} La_2O_3 + 3N_2O_5 + 12H_2O 。$$

（3）萃取法

利用萃取剂将镧分离后，用草酸与镧作用生成草酸镧沉淀，将沉淀经灼烧得氧化镧。

$$8La^{3+} + 3C_2O_4^{2-} \longrightarrow 4La_2(C_2O_4)_3\downarrow ，$$

$$2La_2(C_2O_4)_3 + 3O_2 \longrightarrow 2La_2O_3 + 12CO_2\uparrow 。$$

3. 工艺流程

（1）萃取法一

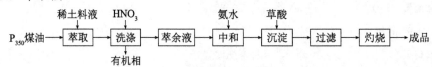

图 3-44

注：式中 P_{350} 属中性磷型萃取剂，它的中文全称是甲基磷酸二甲庚酯，其结构式为

$$CH_3{-}P\overset{O}{\underset{}{\!-\!}}(OCH\overset{CH_3}{C_6H_{13}})_2 。$$

P_{350} 为淡黄色透明液体，能与一般有机溶剂，如煤油、苯、二甲苯、四氯化碳等互溶，在 25 ℃ 时相对密度为 0.9148，在水中的溶解度为 0.01 g/L，黏度为 7.5677×10^{-3} Pa·s，表面张力 28.9×10^{-3} N/m，26.66 Pa 时沸点为 $120\sim122$ ℃，燃点 219 ℃，闪点 165 ℃，25 ℃ 时折射率为 4.4360。

（2）萃取法二

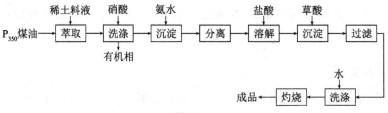

图 3-45

4. 生产工艺

（1）萃取法一

萃取液按 $V(P_{350}) : V(煤油) = 7 : 3$ 的比例混合配制，然后用 1 mol/L HNO_3 洗涤，除掉有机相中的杂质铁等，且可减少萃取过程中料液中的 HNO_3 被 P_{350} 萃取，保证稀土萃取率。

提取镧的原料是分离铈后的混合轻稀土，其成分大致为 w（La_2O_3）50%、w（CeO_2）微量、w（Pr_6O_{11}）8%～10%、w（Nd_2O_3）32%～34%。配制成含 ΣR_xO_y 320～330 g/L、0.5 mol/L HNO_3 的硝酸稀土溶液。

按 V（萃取液）：V（料液）＝7：1 的比例混合共萃取 38 级，萃取后再用 0.5 mol/L HNO_3 洗涤有机相，再按 V（有机相）：V（洗液）＝7：1 的比例混合共洗涤 22 级。洗涤后的有机相可以经反萃后得 Pr、Nd 化合物，有机相再返回使用。萃余液与洗涤液合并后用氨水中和。

中和后的萃余液与洗涤液用草酸沉淀出草酸镧，静置后过滤，用清水洗涤，滤饼置于马弗炉中于 900 ℃ 下灼烧，得氧化镧，纯度 99.8%～99.9%，收率 99%。

（2）萃取法二

有机相由 50% 的 P_{350} 和 50% 的磺化煤油组成。料液所用稀土原料的组成为 w（La_2O_3）45%～50%、w（Pr_6O_{11}）8%～12%、w（Nd_2O_3）25%～32%、w（Sm_2O_3）5%～8%、w（Y_2O_3）2%、w（CeO_2）<0.6%。将此原料溶于硝酸中配成含 ΣR_xO_y 200 g/L、4 mol/L NH_4NO_3、0.32 mol/L HNO_3 的无铈硝酸稀土料液。按 V（有机相）：V（料液）＝2.4：1.0 的比例混合萃取，共萃取 16 级，然后用 pH 为 1～2 的硝酸溶液洗涤有机相，再按 V（洗液）：V（有机相）＝1：48 的比例混合，共洗涤 6 级，洗涤液与萃余液混合用于提镧，有机相经反萃后可得富镨钕稀土，然后有机相可返回使用。

萃余液和洗涤液混合后加入氨水使镧转化为沉淀，静置后过滤，滤液中含有硝酸铵可作化肥使用。滤饼再用盐酸溶解，然后加入草酸的饱和溶液使镧生成草酸镧沉淀，用清水洗涤至加入硝酸银无氯化银沉淀产生。将固体放入马弗炉中灼烧，灼热温度 900～1000 ℃，时间 1 h，放料冷却得氧化镧。

5. 产品标准

稀土杂质含量	光学玻璃用	La_2O_3-04	La_2O_3-1	La_2O_3-2	（日本）高纯
ΣR_xO_y	—	0.01%	0.05%	0.1%	—
氧化铈（CeO_2）	<0.002%	—	—	—	0.8×10^{-6}%
氧化镨（Pr_2O_{11}）	<0.002%	—	—	—	$<2\times10^{-6}$%
氧化钕（Nd_2O_3）	<0.001%	—	—	—	$<2\times10^{-6}$%
氧化钐（Sm_2O_3）	<0.002%	—	—	—	$<2\times10^{-6}$%
氧化铁（Fe_2O_3）	<0.0005%	<0.0005%	<0.001%	<0.005%	4.2×10^{-6}%
二氧化硅（SiO_2）	<0.0005%	<0.0005%	<0.05%	<0.01%	<0.01%
氧化钙（CaO）	<0.05%	<0.05%	<0.02%	<0.03%	—
铜（Cu）	<0.0005%	<0.0005%	<0.001%	<0.005%	—
镍（Ni）	<0.001%	<0.001%	<0.001%	<0.005%	—
铅（Pb）	<0.005%	<0.005%			

6. 产品用途

氧化镧广泛用于温度补偿的陶瓷电容器、高介电常数陶瓷电容器、微波用电容器、热敏电阻的制造中，也用于制造光学玻璃和催化剂。

7. 参考文献

[1] 胡芳菲，王长华，李继东. 直流辉光放电质谱法测定高纯氧化镧中 25 种杂质元素 [J]. 冶金分析，2014，34（3）：24-29.

[2] 李标国，周永芬，李俊然，等. 高纯氧化镧的制备 [J]. 稀有金属，1984（6）：56-58.

3.38　二氧化钛

二氧化钛（Titanic oxide）又称钛白，分子式 TiO_2，相对分子质量 79.90。

1. 产品性能

白色无定形粉末，微热呈黄色，强热则呈棕色，不溶于水、盐酸、硝酸或稀硫酸，溶于浓硫酸、氢氟酸。相对密度约为 4.0，熔点 1850 ℃。

二氧化钛有 3 种同素异形体，在自然界中分别以 3 种矿物形态存在，即金红石、锐钛矿和板钛矿。二氧化钛俗称钛白或钛白粉。工业产品二氧化钛按其晶型分为金红石型和锐钛型两大类，无论是从光亮度、着色力、遮盖力，还是从耐久性来说，金红石型优于锐钛型。因此，工业生产的钛白金红石型约占 75%，锐钛型约占 25%。

二氧化钛的主要物理性质

	锐钛型	金红石型
晶型	四方晶系	四方晶系
密度/（g·cm⁻³）	3.9	4.2
熔点/℃	转化为金红石型	1855
莫氏硬度	5.5～6.0	6～7
折射率	2.52	2.71
反射率（400 nm）	88%～90%	47%～50%
着色色调	蔚蓝	微黄
耐光性	倾向粉化	优良
荧光性	无	强
相对遮盖力（PVC，20%）	333	414
相对着色力	1300	1700
紫外线吸收（360 nm）	67%	90%
介电常数	31	114
不透明度（cm²/g）	2.0	294.0

2. 生产方法

（1）四氯化钛水解法

四氯化钛经精制后用电导水水解，经灼烧，得高纯钛白。

$$TiCl_4 + 4H_2O \Longrightarrow Ti(OH)_4 \downarrow + 4HCl,$$

$$Ti(OH)_4 \overset{\triangle}{\Longrightarrow} TiO_2 + 2H_2O.$$

（2）四氯化钛氧化法

钛矿经氯化后得到四氯化钛，四氯化钛经精制后，用空气氧化，经后处理得二氧化钛。

$$2FeTiO_3 + 3C + 7Cl_2 \xrightarrow{\triangle} 2TiCl_4 + 2FeCl_3 + 3CO_2，$$
$$TiCl_4 + O_2 == TiO_2 + 2Cl_2。$$

（3）硫酸法

钛铁矿用浓硫酸分解，制得硫酸氧钛溶液，经净化除铁后，水解析出偏钛酸，将偏钛酸煅烧，得二氧化钛。

$$FeTiO_3 + 2H_2SO_4 == TiOSO_4 + FeSO_4 + 2H_2O，$$
$$TiOSO_4 + (n+1)H_2O == TiO_2 \cdot nH_2O + H_2SO_4，$$
$$TiO_2 \cdot nH_2O \xrightarrow[\triangle]{900\ ℃} TiO_2 + nH_2O。$$

3. 工艺流程

（1）四氯化钛水解法

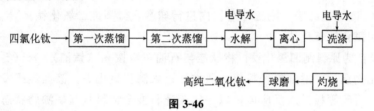

图 3-46

（2）四氯化钛氧化法

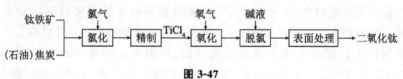

图 3-47

（3）硫酸法

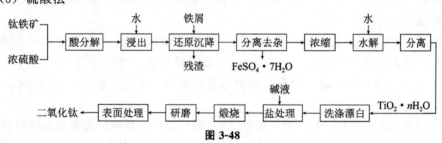

图 3-48

4. 生产配方（kg/t）

（1）四氯化钛水解法

四氯化钛	138
电导水	900

（2）硫酸法

钛铁矿（TiO$_2$，50%）	2300～2400
硫酸（100%）	3680～3840

5. 生产工艺

(1) 四氯化钛水解法

用干燥的仪器装置一套蒸馏设备,磨口接处要紧密,并包以聚四氟乙烯薄膜。将 2500 mL $TiCl_4$ 置于 5000 mL 圆底烧瓶中,加少量玻璃珠后加热开始第一次蒸馏,用调压器控制温度,当温度上升到 137~140 ℃ 时,$TiCl_4$ 液体开始馏出。初馏液放置回收,然后接取成品,蒸到最后的残液同样可回收使用。把中段的成品移至另一套蒸馏器中进行第二次蒸馏,操作方法同上。

在小白瓷缸中加入电导水 9000 mL,然后缓慢地加入 800 mL 已蒸馏两次的 $TiCl_4$,不需搅拌,再加入 2500 mL 高纯氨水,调 pH 至 7。此时有大量的沉淀析出,将其倒入 13 号离心袋内(两层),放在吊架上进行自然干燥,用沸电导水洗涤数次,吊干过夜。次日,取下离心袋放入离心机内进行甩干,在 100 ℃ 以下的烘箱内干燥。

将干燥的 $Ti(OH)_4$ 放入瓷坩埚内,在马弗炉中于 900 ℃ 下灼烧 6 h,即得微黄色 TiO_2 粗品。

将上述 TiO_2 粗品装入刚玉球磨机内进行球磨,得高纯二氧化钛。

(2) 四氯化钛氧化法

①以钛渣为原料制四氯化钛。将钛渣与石油焦炭按 m(钛渣):m(石油焦炭)= 10:3 的比例混合,混合料经粉碎、风选后进入沸腾氯化炉。液氯经挥发器进入炉底部气室中,再经筛板进入反应段,以一定流速将混合物料吹起呈沸腾状态。氯化所得的混合气体产物由炉顶排出入收尘与冷凝系统。炉渣由筛板上方的排渣口排出。生产过程炉内反应温度控制在 800~1000 ℃,混合物料的料层高度控制在 0.5~1.0 m,通氯速度一般控制在 0.10~0.15 m/s,排渣量控制在加料量的 7% 左右。

从炉顶排出的混合气体主要成分为 $TiCl_4$,另外,还有 $MnCl_2$、$FeCl_3$、$SiCl_4$、$AlCl_3$、$MgCl_2$、$VOCl_2$、CO_2 和 CO 等,还会夹带一些气液相中的固体物料的微粒,通过控制一定温度,并经收尘、淋洗、冷凝、沉降、过滤等分离办法,将所含杂质进行初步分离,得粗品 $TiCl_4$。

粗品 $TiCl_4$ 经精馏后采用铜法除钒。铜法除钒的原理是以铜丝作还原剂,将 $VOCl_3$ 还原成不溶于 $TiCl_4$ 的 $VOCl_2$,$VOCl_2$ 是沸点高、难溶于 $TiCl_4$ 的固体,易与 $TiCl_4$ 分离。工业生产中这一过程是在铜丝蒸馏塔内完成的。粗 $TiCl_4$ 经精馏、除钒,得 $TiCl_4$ 成品。

②四氯化钛的氧化。高温氧气流和 $TiCl_4$ 蒸气在反应器中反应生成极微小的 TiO_2 粒子。它随气流进入水冷重力吸尘器、水冷旋风收尘器及布袋收尘器等收尘系统被收集,然后再对氧化产物 TiO_2 进行表面处理即得钛白成品。

氧化过程是将 $TiCl_4$ 加入溶解锅中然后加晶型转化剂 $AlCl_3$,即可得到含有一定量的 $AlCl_3$ 与 $TiCl_4$ 的混合气体;也可采用升华法,即将由 $AlCl_3$ 发生炉产出的蒸气直接混入 $TiCl_4$ 蒸气中。

混合气体由保温管导入喷头,氧气则由缓冲罐导入喷头。由喷头喷出的气体在 CO 辅助火焰下在氧化炉中发生反应,生成含 TiO_2 的悬浮气体。它通过冷却器后进入落灰箱,进行第一级收集,随后进入旋风分离器进行第二级收集,最后再经布袋收集。收集 TiO_2 后的尾气送入碱洗塔,经洗涤后即可放空。

在钛白的生产过程中，TiO_2 微粒常发生团聚，从而使亲油性变差，在油中难以分散。因而制成的油漆放置久后会析出 TiO_2。此外钛白在日光的照射下，由于晶型的变化，会引起油漆变黄和粉化。在生产过程中 TiO_2 微粒还吸附了不少氯，氯对油漆也是十分有害的，因此钛白的脱氯和表面处理是非常必要的。脱氯和表面处理的做法是将氧化产品 TiO_2 先用碱液洗涤除去吸附的氯，然后加入六偏磷酸钠或其他分散剂对 TiO_2 微粒进行分散，通过浮选除去其中颗粒较大的 TiO_2，随后用 $Al_2(SO_4)_3$ 和 $NaOH$ 溶液进行处理，使 TiO_2 微粒表面上沉积一层 $Al(OH)_3$ 包膜，经煅烧则形成 Al_2O_3 包膜。最后再用表面活性剂加以处理以改善 TiO_2 颗粒的亲油性。经上述处理后将产品烘干即得成品。

后处理也可采用干法后处理。干法后处理的方法要点是将氧化产品首先经高温水蒸气、热空气并添加少量有机胺在沸腾床中进行脱氯；然后再添加 $AlCl_3$、$SiCl_4$ 等无机卤化物或者有机硅，通过低温氧化法和气相水解法使铝、硅等的氧化物沉积在 TiO_2 颗粒的表面上。

（3）硫酸法

酸分解在衬有耐酸板的分解槽中进行，将 92%～94% 的浓硫酸装入分解槽并送入压缩空气，在搅拌的条件下加入磨细（−200～−325 目）的钛铁矿精矿。精矿与硫酸的混合物用蒸汽加热至 125～135 ℃，开始反应激烈，并伴随着放热，温度迅速上升到 200 ℃ 左右，几分钟之内反应基本完成。为使反应进行完全，可让物料在槽中放置 2.0～4.5 h。酸分解过程中，硫酸的加入量要过量，使浸出液中存留一定量（20% 左右）的硫酸，此时，矿物的分解率可达 95% 左右。

酸分解后的物料在 60～70 ℃ 时加水浸出，并用压缩空气搅拌。通过浸出可获得质量浓度为 120～150 g/L TiO_2 的浸出液。

浸出液中含有一定量的 Fe^{2+} 和 Fe^{3+}，Fe^{3+} 在酸性溶液中水解时，易形成难溶的氢氧化物和碱式硫酸铁并与偏钛酸同时沉淀出来，污染二氧化钛。从溶液直接除去 Fe^{3+} 是十分困难的。一般采用铁屑还原法。在浸出液中加入铁屑，铁屑的加入量视精矿中 Fe^{3+} 的含量而定，但应稍许过量，以免被还原的 Fe^{2+} 重新被空气氧化成 Fe^{3+}。还原后的浸出液进入沉降槽中除去不溶物残渣后，冷冻至 5 ℃ 左右，此时溶液中二价铁以 $FeSO_4 \cdot 7H_2O$ 形态结晶析出，通过离心机分离除去。

除铁后，溶液经过滤、浓缩，然后通过水解析出偏钛酸。

水解有稀释法和晶种法两种。稀释法是把原始溶液加热浓缩到 TiO_2 质量浓度 240～260 g/L 和 H_2SO_4 质量浓度 480～520 g/L。然后加水再将浓缩液稀释，稀释至溶液中 H_2SO_4 质量浓度为 380～400 g/L 为止。稀释时 $TiOSO_4$ 水解析出偏钛酸。

为了防止过早发生水解，蒸发浓缩是在 70～75 ℃、8000 Pa 下，于真空蒸发器中进行。

晶种法是把晶种（钛的氢氧化物胶体溶液）加入到原始溶液中，在搅拌的条件下，加热溶液至沸腾并维持 2～4 h，直到溶液中的钛几乎完全水解沉淀析出。由于水解过程是在强酸性溶液中进行，因此溶液中一些杂质，如铁、锰、钒等不发生水解仍残留在溶液中。

稀释法和晶种法所得产品纯度相同，但稀释法所得二氧化钛色素性质好些。因此，生产颜料用的钛白需采用稀释法。

经水解析出偏钛酸后，通过真空过滤得到偏钛酸滤饼，其滤液为稀硫酸废液。

为除去偏钛酸滤饼所吸附的杂质，需经漂白处理。方法是向装有偏钛酸的漂洗槽中，加入约 5% 的硫酸溶液和一定量的锌粉（用量约为 TiO_2 质量的 0.5%）。用蒸汽加热浆料到 80～90 ℃，至少量钛（约 0.5 g/L）以三价钛形态转入溶液为止。这时吸附在偏钛酸沉淀上的杂质，如铁、铬、钒等被还原同时又被酸浸出到溶液中。然后偏钛酸沉淀再经水洗，使铁含量降低至 0.04% 以下。

漂白后的偏钛酸还需经过盐处理。如果生产锐钛型钛白，所用的盐处理剂为 Sb_2O_3、H_3PO_4、K_2SO_4，它们的加入量分别占 TiO_2 量的 0.10%、0.26%、4.00%。若生产金红石型钛白，则所用的盐处理剂为 $ZnSO_4 \cdot 7H_2O$、金红石晶种，其加入量分别占 TiO_2 量的 0.5%、2.0%。

偏钛酸煅烧的主要目的是脱水使其生成结晶二氧化钛。该工序在回转窑中进行。煅烧温度一般为 850～950 ℃，视产品要求加以控制。煅烧所得产品一般还要进行后处理，以除去较粗的烧结粒子并引入添加剂以改善表面性能。后处理具体做法是将煅烧产品湿式研磨至 325 目，研磨时液固比控制在 1∶1 左右，浆液 pH 8～10。研磨之后，用水将悬浮液稀释到 TiO_2 质量浓度约为 20.0 g/L，并加入适量的 NaOH 溶液，使沉淀完全稳定。然后将浆液加热至 60～80 ℃，进行表面处理，加入 $Al_2(SO_4)_3$ 形成 $Al(OH)_3$ 沉淀覆盖在 TiO_2 表面上，经水洗过滤，干燥，即得产品二氧化钛。

6. 说明

硫酸法的优点是可直接用钛铁矿作原料，并且生产设备比较简单，工艺技术容易掌握。其主要缺点是硫酸耗量大和三废量大。但如果采用 70%～80% TiO_2 的钛渣作为原料，则可将硫酸消耗量降低 1/3 左右，排出的副产物也可减少很多。

氯化法的优点是工序较短，设备安排紧凑；以气相反应为主，能耗较低；氯气可循环使用，排放的三废仅为硫酸法的 1/10 左右；易生产金红石型优质钛白。它的缺点是技术难度大，需用复杂的控制系统；设备易发生堵塞、腐蚀问题较严重；投资一般较高。

与氯化法相比硫酸法的优点是可直接以廉价易得的钛铁矿作原料，工艺技术成熟；无设备堵塞和严重的腐蚀问题，不需复杂的控制系统；投资一般较低。但其工序较长，设备庞杂；浓硫酸用量大，排放的废液、废渣量也大，每生产 1 t 钛白需耗酸 4～5 t，排放 8～10 t 20% 的稀硫酸废液和 3 t 左右的硫酸亚铁，蒸汽用量大、能耗高；产品质量一般较差。

目前发展的倾向是氯化法，这主要是从环境生态的保护及产品质量方面考虑。

7. 产品标准

（1）工业品规格

	颜料用（锐钛型）	搪瓷用	电焊条用	电容器用
TiO_2 含量	≥97.0%	≥98.5%	≥98.5%	≥98.5%
着色力	≥90%	—	—	—

项目			
吸油量	≤30%	—	—	≤0.1%
三氧化二铁含量	—	≤0.025%	—	≤0.1%
三氧化硫含量	—	≤0.15%	—	≤0.15%
pH	6.5~7.5	—	—	—
硫（S）	—	—	≤0.05%	—
磷（P）	—	—	≤0.05%	—
二氧化硅	—	—	—	≤0.2%
五氧化二磷	—	—	—	≤0.1%
三氧化二铝	—	—	—	≤0.1%
氧化镁、氧化钙	—	—	—	≤0.2%
锑（Sb）	—	—	—	≤0.03%
灼烧减量	—	—	—	≤0.5%
细度 325 目筛余	≤0.5%	≤0.1%	≤0.5%	≤0.3%
比表面积（m²/g）	—	—	—	900~1200
相对密度	—	—	—	≥3.9%

（2）高纯品规格

含量（TiO_2）		≥99.99%	
杂质最高含量：			
镍（Ni）	$1×10^{-4}$%	铁（Fe）	$5×10^{-4}$%
锰（Mn）	$1×10^{-4}$%	铝（Al）	$5×10^{-4}$%
金（Au）	$1×10^{-4}$%	钙（Ca）	$5×10^{-4}$%
铬（Cr）	$1×10^{-4}$%	镁（Mg）	$5×10^{-4}$%
锡（Sn）	$1×10^{-4}$%	镓（Ga）	$1×10^{-4}$%
钡（Ba）	$1×10^{-4}$%	铋（Bi）	$1×10^{-4}$%
钯（Pd）	$1×10^{-4}$%	钴（Co）	$1×10^{-4}$%

8. 产品用途

在电子工业中，TiO_2 具有很高的介电常数和电阻，是制造电子陶瓷的重要材料。这类电子陶瓷已广泛用于制造各种电子元器件。

在焊条工业中，钛白是电焊条的主要成分。它在电焊条药皮中用作造渣剂、黏结剂和稳定剂。这种焊条可交流电、直流电两用。焊接时脱渣容易、点弧快、电弧稳定，并且焊缝美观、机械性能好。

在冶金工业中，纯度高的 TiO_2 可制造高级合金钢，适用于国防军工和化工耐蚀设备。TiO_2 也是制造碳化钛、氮化钛等硬度极高的材料的原料。

另外，钛白在涂料工业、油墨工业、造纸工业、塑料工业、橡胶工业、化纤工业、搪瓷工业及催化剂工业中都具有广泛的用途。

9. 参考文献

[1] 赵玉仲，孙建军，李军，等. 流化床气相水解制备高纯二氧化钛 [J]. 化工学报，2017，68（10）：3978-3984.

[2] 罗志强，杜剑桥. 电子用高纯二氧化钛制备方法研究 [J]. 涂料工业，2011，41

（8）：31-33.

3.39　硝酸锰

硝酸锰（Manganese nitrate）又称硝酸亚锰（Manganous nitrate），分子式 $Mn(NO_3)_2$，相对分子质量 178.95。

1. 产品性能

浅玫瑰色长针状菱形晶体，熔点 25.9 ℃、沸点 129.4 ℃，易潮解，极易溶于水，溶于乙醇。于 160～200 ℃ 氧化分解为二氧化锰。

2. 生产方法

（1）单质锰法

单质锰与硝酸反应，经提纯、浓缩得硝酸锰。

$$3Mn+8HNO_3 \longrightarrow 3Mn(NO_3)_2+2NO\uparrow+4H_2O。$$

（2）复分解法

碳酸锰与硝酸反应生成硝酸锰。

$$MnCO_3+2HNO_3 \longrightarrow Mn(NO_3)_2+CO_2\uparrow+H_2O。$$

3. 工艺流程

（1）单质锰法

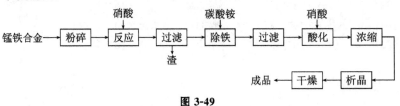

图 3-49

（2）碳酸锰法

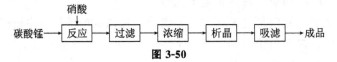

图 3-50

4. 生产工艺

（1）单质锰法

将含锰 76% 的锰铁合金粉碎，取 100 g 锰铁合金粉末于通风条件下搅拌少量分次加入 500 mL 34% 的硝酸中。待反应完毕（不再产生氧化氮气体），置沙浴加热，过滤。取出滤液 100 mL，加碳酸铵至溶液呈弱碱性，产生氢氧化铁和碳酸锰沉淀，过滤，沉淀用水洗涤后，加至其余的 400 mL 滤液中。于 90～95 ℃ 加热 30 min，此时 Fe^{3+} 以氢氧化铁形式沉淀出来，趁热过滤。滤液用硝酸酸化，在低于 70 ℃ 下浓缩，冷却析晶（必要时加六水合硝酸锰晶种），分离，于氢氧化钠干燥器中放置一昼夜，以除去游离硝酸，得六水合硝酸亚锰。

（2）碳酸锰法

将 200 g 碳酸锰加入 400 mL 35％的硝酸中至溶解反应完全。过滤，滤液用硝酸调至微酸性，于 60～70 ℃ 浓缩至相对密度 4.65（40 ℃），析晶，分离，得六水合硝酸锰。

5. 产品用途

高纯硝酸锰用于钽电容器生产及制备 MnO_2 半导体涂层。

6. 参考文献

[1] 米玺学，马春红，万军，等. 钽电容器用高纯硝酸锰的制备 [J]. 湿法冶金，2013，32（5）：333-335.

3.40 钛酸钡

钛酸钡（Barium titanate）分子式 $BaTiO_3$，相对分子质量 233.21。

1. 产品性能

钛酸钡又称偏钛酸钡，白色结晶粉末，有四种不同晶型：高于 120 ℃ 时为立方晶型，5～120 ℃ 时为正方晶型，5～90 ℃ 时为斜方晶型，低于 90 ℃ 时为斜方六面体型。钛酸钡可溶于浓盐酸、氢氟酸中，但难溶于水和碱溶液中。熔点 1625 ℃，相对密度 6.08，具有很高的介电常数。

2. 生产方法

（1）固态法

固态法有两种：一种是碳酸钡法，即碳酸钡与二氧化钛于高温下发生反应，生成钛酸钡和二氧化碳。

$$BaCO_3 + TiO_2 \stackrel{}{=\!=\!=} BaTiO_3 + CO_2，$$

另一种是以硝酸钡为原料在高温下与二氧化钛反应，生成钛酸钡与五氧化二氮。

$$Ba(NO_3)_2 + TiO_2 \stackrel{}{=\!=\!=} BaTiO_3 + N_2O_5。$$

由于固相法的副产物是气相易于与产品分离，所以常用于试剂级或高纯级钛酸钡的制备。

（2）碳酸盐沉淀法

以 $TiCl_4$、$BaCO_3$ 和 NH_4HCO_3 为主要原料。工艺过程是先配制好一定浓度的 $TiCl_4$ 溶液，再按等物质的量比与 $BaCO_3$ 浆料混合。然后在室温下加入到 NH_4HCO_3 和 NH_3 的混合液中，生成偏钛酸和碳酸钡的共沉淀物。

$$TiCl_4 + H_2O \stackrel{}{=\!=\!=} TiOCl_2 + 2HCl，$$
$$BaCO_3 + 2HCl \stackrel{}{=\!=\!=} BaCl_2 + H_2O + CO_2 \uparrow，$$
$$TiOCl_2 + BaCl_2 + 4NH_4HCO_3 \stackrel{}{=\!=\!=} H_2TiO_3 + BaCO_3 + 4NH_4Cl + H_2O + 3CO_2 \uparrow。$$

将所得共沉淀物过滤、洗涤，除去沉淀中夹带的 Cl^- 等杂质后，再进行干燥、粉碎。然后在低于 1000 ℃ 温度下煅烧 2～3 h，即得 $BaTiO_3$ 粉体。产品的纯度一般可达到 99.5% 以上，平均粒度小于 1 μm。

也可使用碳酸铵代替碳酸氢铵作为沉淀剂，其生产工艺类似。

（3）氢氧化钡水热法

该法所用含钡原料为氢氧化钡，所用含钛原料有四氯化钛、二氯氧钛、硫酸氧钛。生产工艺过程分为两步：第一步将 $TiCl$、$TiOCl_2$ 或 $TiOSO_4$ 进行水解制得 $TiO_2 \cdot xH_2O$，水解可在常温或加热的条件下进行，水解完全后，过滤、洗涤除去沉淀物中夹带的 Cl^- 或 SO_4^{2-} 等杂质；第二步将制得的 $TiO_2 \cdot xH_2O$ 与 $Ba(OH)_2$ 溶液混合，在一定的压力和温度下进行反应制得 $BaTiO_3$，再经过滤、洗涤、干燥即得成品。

（4）草酸法

该法的生产过程是先将 $TiCl_4$、$BaCO_3$（或 $BaCl_2$）及 $H_2C_2O_4$ 配制成一定浓度的溶液，净化除去 Sr、Ca、Mg 等杂质后，将 $TiCl_4$ 溶液与 $BaCl_2$ 溶液等摩尔混合，加热升温至 70 ℃ 左右，再加入 $H_2C_2O_4$ 溶液，加入量为钡量的 2 倍（以物质的量计）。在 70 ℃ 左右的温度下，搅拌混合 3~5 h，生成草酸氧钛钡沉淀。

$$BaCl_2 + TiCl_4 + 2H_2C_2O_4 + 5H_2O \xrightarrow{\triangle} BaTiO(C_2O_4)_2 \cdot 4H_2O + 6HCl,$$

经过 3~5 h 反应获得上述沉淀后，通过过滤进行液固分离，将沉淀物洗涤除去其中所含的氯离子等杂质。再将沉淀物干燥，然后送入隧道窑进行煅烧，煅烧温度控制在 900~920 ℃，煅烧时间 2~3 h。

$$BaTiO(C_2O_4)_2 \cdot 4H_2O \xrightarrow{\triangle} BaTiO_3 + 2CO_2\uparrow + 2CO\uparrow + 4H_2O_{\circ}$$

煅烧后的产物经筛分得钛酸钡。该法目前应用较多。

（5）醇盐法

该法又称有机法，以醇钡和醇钛为原料。

一种方法是将醇钛和醇钡按等摩尔比溶于有机溶剂中，然后将其混合液与助燃气体（如氧气或空气）一道通进雾化器，点火燃烧，此时醇钛和醇钡发生分解并反应生成钛酸钡。

$$Ba(OR)_2 + O_2 \xrightarrow{\triangle} BaO + CO_2 + H_2O,$$
$$Ti(OR')_4 + O_2 \xrightarrow{\triangle} TiO_2 + CO_2 + H_2O,$$
$$BaO + TiO_2 \longrightarrow BaTiO_3_{\circ}$$

用该法制备 $BaTiO_3$，产品的粒度可由原料液中醇钛和醇钡的浓度来控制，平均粒度 0.01~0.20 μm，纯度可达到 99.9%。

另一方法是醇盐水解法。它以二异丙醇钡和四叔戊醇钛的混合物通过水解制备 $BaTiO_3$。其工艺过程是将上述两种醇盐溶液等摩尔搅拌混合，再回流混合，在纯水中进行水解，便可得到 $BaTiO_3$ 沉淀。沉淀经分离、洗涤、干燥后得高纯超细 $BaTiO_3$ 粉体。

$$Ba(OC_3H_7)_2 + H_2O \longrightarrow BaO + 2C_3H_7OH,$$
$$Ti(OC_5H_{11})_4 + 2H_2O \longrightarrow TiO_2 + 4C_5H_{11}OH,$$
$$BaO + TiO_2 \longrightarrow BaTiO_3_{\circ}$$

用该法制得的 $BaTiO_3$ 纯度很高，可达 99.99%；粒度也很细，平均粒度约为 0.1 μm。

(6) 邻苯二酚钛钡法

采用 TiO_2（纯度 98%）和 $Ba(OH)_2 \cdot 8H_2O$（纯度 98%）为原料，邻苯二酚为配位剂，先制得 $(NH_4)_2[Ti(C_6H_4O_2)_3] \cdot 2H_2O$，再将 $(NH_4)_2[Ti(C_6H_4O_2)_3] \cdot 2H_2O$ 转化为钡盐，然后煅烧钡盐即得 $BaTiO_3$。因邻苯二酚对钛（Ⅳ）有很强的配位能力且易准确控制 Ba、Ti 的物质的量的比，故生成的 $BaTiO_3$ 具有纯度高、粒度小、均匀性好、烧结温度低等优点。

该法制备过程的主要化学反应如下：

$$3C_6H_6O_2 + 6NH_3 \cdot H_2O + Ti(SO_4)_2 \longrightarrow (NH_4)_2[Ti(C_6H_4O_2)_3] \cdot 2H_2O \downarrow + 2(NH_4)_2SO_4 + 4H_2O,$$

$$(NH_4)_2[Ti(C_6H_4O_2)_3] \cdot 2H_2O + Ba(OH)_2 \cdot 8H_2O \longrightarrow Ba[Ti(C_6H_4O_2)_3] \cdot 3H_2O + 2NH_3 + 9H_2O,$$

$$2Ba[Ti(C_6H_4O_2)_3] \cdot 3H_2O + 39O_2 \xlongequal{\triangle} 2BaTiO_3 + 36CO_2 + 18H_2O。$$

该法可为电子工业制备高纯超细级钛酸钡。

3. 工艺流程

(1) 固相法

1) 碳酸钡法

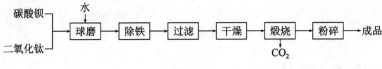

图 3-51

2) 硝酸钡法

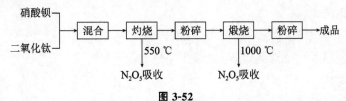

图 3-52

(2) 碳酸盐沉淀法

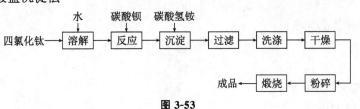

图 3-53

(3) 氢氧化钡水热法

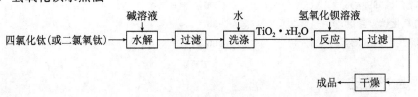

图 3-54

（4）草酸沉淀法

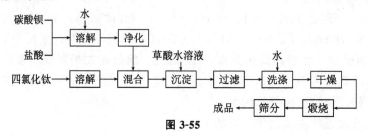

图 3-55

（5）醇盐法

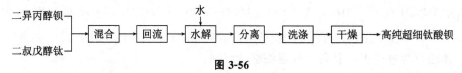

图 3-56

（6）邻苯二酚钛钡法

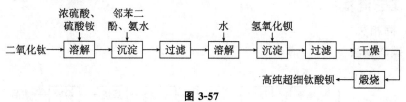

图 3-57

4. 生产配方（kg/t）

（1）固相法

1）碳酸钡法

碳酸钡	236
二氧化钛	90

2）硝酸钡法

硝酸钡（99%）	264
二氧化钛（99.5%）	81

（2）碳酸盐沉淀法

四氯化钛	190
碳酸钡	198
碳酸氢铵	308

（3）草酸沉淀法

草酸（≥99.4%）	1200
四氯化钛（≥99.9%）	960
碳酸钡（$BaCO_3$≥99.2%）	960

5. 生产工艺

（1）固相法

1）碳酸钡法

将等摩尔的 $BaCO_3$ 和 TiO_2 放入用聚乙烯等材料制成的有机球磨机中，按比例加入玛瑙球和纯水，用湿式球磨方法进行混合。球磨的目的有两：一是使两种物料混合均匀；二是将物料磨细到一定的粒度。

混料中应注意球磨机的内衬和球材质的选择，尽可能不混入有害杂质。球磨机的形状和它的转速直接影响混匀和粉碎的效率。粉碎效率随时间的增长而降低，故依靠延长球磨时间来提高混料效果是有限的。一般球磨时间控制在 $24\sim36$ h。料、球、水三者的质量比一般为 $1:2:2$。具体操作时可根据物料的吸水情况、浆料的黏度对上述比例作些适当调整，以达到较佳的混料效果为标准。

在工业规模生产中，混料时难免混入铁等有害杂质，此时可通过脱铁设备除去。例如，让球磨后的浆料通过一大型电磁铁，浆料中的铁屑将被吸附在磁性钢栅上而被分离除去。

球磨除铁后的浆料通过过滤（或压滤）脱水送去干燥。干燥可在干燥箱中进行，也可采用带鼓风机的大型烘干设备。干燥后的物料在隧道窑中进行煅烧，煅烧温度一般控制在 $1250\sim1300$ ℃，在此温度下保持 $2.5\sim3.5$ h。控制好隧道窑的煅烧温度和时间是该法的关键环节，对产品的质量影响很大。

经煅烧所得的产品（$BaTiO_3$）还需研磨才可获得粉体。

该法简便易于操作，成本也较低。但必须依赖机械粉碎，长时间的粉碎往往会使物料受到严重污染；同时由于物料不易混合均匀，反应也难进行得十分彻底。因此，该法所制得的 $BaTiO_3$ 纯度较低，一般为 98.5% 左右；粒度也较大，粉体的平均粒度一般为 2 μm 左右。

实验室制法是将 9.0 g 二氧化钛与 23.6 g 碳酸钡装入 50 mL 铂坩埚中，再用 66 g 无水氟化钾覆盖。开始时不加盖，缓慢加热，使物料熔融。然后将盖盖严，于 1160 ℃下保温 12 h，以每小时 25 ℃ 降温，冷却至 900 ℃，加入助熔剂，缓慢冷却至室温。将反应物料浸入热水中，取出得钛酸钡。

2）硝酸钡法

将等物质的量的二氧化钛和硝酸钡混合均匀，于 $500\sim600$ ℃ 下缓慢加热 3 h。然后将物料粉碎，进一步在 1000 ℃ 下煅烧，得到较高纯度的钛酸钡。

（2）碳酸盐沉淀法

以偏钛酸为原料，以碳酸铵为沉淀剂。

先将偏钛酸进行净化处理，除去所含杂质得高纯偏钛酸。然后进行浆化，在浆化过程中控制适当温度，缓慢加入可溶性钡盐 $[$如 $BaCl_2$、$Ba(NO_3)_2]$ 及沉淀剂 $(NH_4)_2CO_3$，混合搅拌 $1\sim2$ h。待沉淀反应进行完全后，过滤、洗涤，除去沉淀物中夹带的杂质。再将沉淀物干燥，经粉碎后再进行煅烧。煅烧温度控制在 $900\sim960$ ℃，煅烧时间 $2\sim3$ h，经煅烧即得 $BaTiO_3$ 粉体。用该法制备的 $BaTiO_3$ 纯度可达 99.7%，平均粒度为 0.4 μm 左右。

（3）氢氧化钡水热法

水热法各国所采用压力和温度有所不同。例如，瑞士采用的压力为 2 M～50 MPa，温度为 $200\sim370$ ℃；日本采用的压力为 0.5 MPa，温度约为 150 ℃；丹麦采用的压力为 30 M～60 MPa，温度为 $380\sim450$ ℃。压力和温度高，可以提高反应速度、缩短反应时间。但也有采用常压的，温度为反应物料的沸腾温度。常压水热法的反应时间较长，在剧烈搅拌的条件下，10 h 左右才能使反应进行得比较完全。水

热法所制得的 $BaTiO_3$ 粒度一般很小，但产品纯度往往不是很理想。主要原因是由于 $Ba(OH)_2$ 易吸收空气中的 CO_2，部分生成 $BaCO_3$，因而影响产品的纯度。为了防止 $BaCO_3$ 的生成，操作过程可用 N_2 保护。也可以将产品先用稀醋酸溶液洗涤分离除去 $BaCO_3$，再用纯水洗涤，干燥，这样所得的产品纯度可达到 99.5％以上。

（4）草酸沉淀法

将碳酸钡与盐酸反应生成氯化钡水溶液，将 $TiCl_4$ 和草酸分别溶解于水形成溶液。将上述 3 种溶液精制，等物质的量的 $BaCl_2$、$TiCl_4$ 溶液混合后，在 70～100 ℃下加入 2 mol 的草酸溶液，沉淀出草酸氧钛钡，过滤，洗涤至无 Cl^-，干燥，在 700～1000 ℃的炉中煅烧、筛分，包装得钛酸钡产品。

（5）醇盐法

分别将醇钛和醇钡溶于有机溶剂中，然后将此混合物与空气（或氧）一起通进雾化器，点火燃烧，所产生的热量将醇钛和醇钡分解，钡和钛直接反应生成很细的 $BaTiO_3$ 单晶。颗粒大小可由原料液的浓度控制，晶型由煅烧温度控制。

（6）邻苯二酚钛钡法

将二氧化钛加入到一定量的浓硫酸和硫酸铵溶液中，加热使之溶解。冷却至室温后将它滴加到邻苯二酚的氨溶液中，溶液的 pH 控制在 12～13，此时钛几乎完全转化成铁锈色的邻苯二酚合钛（Ⅳ）酸铵沉淀。过滤后，再将所得沉淀溶于适量水中，加热至 70 ℃，边搅拌边滴加 $Ba(OH)_2$ 溶液。物料中 $n(Ba):n(Ti)$ 控制在 1:1 左右。加入 $Ba(OH)_2$ 溶液时，即生成棕色的邻苯二酚合钛（Ⅳ）酸钡沉淀。经过滤洗涤、干燥后，在 800 ℃温度下煅烧 4 h 左右，即得产品 $BaTiO_3$。

用该法制取的 $BaTiO_3$ 纯度可达 99.96％，粉体的平均粒度小于 0.2 μm，其烧结温度在 1250 ℃左右，与固相法生产 $BaTiO_3$ 相比，可降低烧结温度 60～100 ℃。

6. 产品标准

（1）工业规格（电子工业）

含量（$BaTiO_3$）	≥99.88％
粒径/μm	0.01～0.20

（2）电子级系列产品规格

牌号	$n(BaO)/n(TiO_2)$	$BaTiO_3$	杂质最高含量			
			SrO	Na_2O	Al_2O_3	SiO_2
BT-100P	0.985	≥98.0％	4.40％	0.100％	0.20％	0.20％
BT-100G	0.980	≥98.0％	4.60％	0.100％	0.20％	0.20％
BT-100M	4.000	≥98.0％	4.20％	0.100％	0.20％	0.20％
BT-101	4.010	≥98.0％	4.40％	0.200％	0.10％	0.02％
HBT-1	4.000	≥99.0％	0.20％	0.100％	0.10％	0.01％
HBT-2	4.000	≥99.5％	0.01％	0.010％	0.02％	0.03％
HBT-3	4.000	≥99.5％	0.01％	0.010％	0.03％	0.03％
H_pBT-1	4.000	≥99.8％	0.02％	0.010％	0.03％	0.03％
H_pBT-2	4.000	≥99.9％	0.01％	0.005％	0.01％	0.01％

7. 产品用途

$BaTiO_3$ 的介电常数约为 1700，通过掺杂其介电常数可提高到 20 000 以上。它的绝缘性能良好，常温时其电阻率大于 10^{12} Ω/cm，但若往 $BaTiO_3$ 中掺入微量的稀土元素，其电阻率可下降到 $10^{-2} \sim 10^4$ Ω/cm。与此同时，若温度超过材料的居里温度（Tc），则其电阻率在几十度的温度范围内可增大 $3 \sim 10$ 个数量级，即产生 PTC 效应。当 $BaTiO_3$ 在直流电场的作用下；在居里温度（Tc）120 ℃ 以下会产生持续的极化效应。极化的 $BaTiO_3$ 具有铁电性和压电性。由于钛酸钡具有上述电性能，因此它已成为制造许多电子元器件的重要原材料。

钛酸钡主要用于制造高介电陶瓷电容器、选层瓷介电容器及正温度系数热敏电阻（或称 PTC 热敏电阻）等电子元器件。随着电子工业的发展，应用已越来越广。

高纯 $BaTiO_3$ 中掺入微量的稀土氧化物可制得半导体陶瓷。半导体陶瓷的特点是导电性随环境改变而改变。例如，当温度或电压改变时，或者当它们暴露在某种气体或水分中时，电阻就发生改变。因此，半导体陶瓷广泛用作传感器材料，用来制作热敏电阻等电子元器件。

8. 参考文献

[1] 杨勇，叶宇玲，张朝兰，等. 超声化学法制备高纯钛酸钡的工艺研究 [J]. 无机盐工业，2015，47（4）：36-38.

[2] 程忠俭，常玉普，陈英军. 电子级高纯钛酸钡的生产 [J]. 无机盐工业，2010，42（9）：43-45.

3.41　钛酸锶

钛酸锶（Strontium titanate），分子式 $SrTiO_3$，相对分子质量 183.50。

1. 产品性能

白色结晶粉末，属立方晶型，相对密度 5.11，熔点 2020 ℃。它是铁电材料，但其 $Tc = -250$ ℃，故在使用温度下实际上是顺电相。钛酸锶的介电常数为 250，若掺入少量 Bi_2O_3、TiO_2 后，其介电常数可提高几倍。钛酸锶可溶于浓盐酸、硝酸和氢氟酸，但不溶于水和碱溶液。钛酸锶晶体具有高折射指数，其电性能与钛酸钡相似。

2. 生产方法

（1）固相法

碳酸锶或硝酸锶与二氧化钛于高温下反应，生成钛酸锶，经球磨、酸洗、干燥得成品。

$$SrCO_3 + TiO_2 \xrightarrow{\triangle} SrTiO_3 + CO_2 \uparrow ,$$

$$Sr(NO_3)_2 + TiO_2 \xrightarrow{\triangle} SrTiO_3 + N_2O_5 。$$

（2）液相碳酸盐沉淀法

偏钛酸溶液与氯化锶溶液混合后，与碳酸铵作用，生成的碳酸锶与偏钛酸共沉淀，经干燥粉碎，碳酸锶与偏钛酸于高温下反应，生成高纯度钛酸锶。

$$SrCl_2 + (NH_4)_2CO_3 == SrCO_3 + 2NH_4Cl,$$

$$SrCO_3 + H_2TiO_3 \xrightarrow{\triangle} SrTiO_3 + CO_2\uparrow + H_2O。$$

（3）草酸沉淀法

四氯化钛、氯化锶和草酸反应，生成草酸氧钛锶沉淀，将沉淀分离、洗涤、干燥后，于 900 ℃下煅烧得钛酸锶。

$$TiCl_4 + SrCl_2 + 2H_2C_2O_4 + 5H_2O \xrightarrow{\triangle} SrTiO(C_2O_4)_2 \cdot 4H_2O + 6HCl,$$

$$SrTiO(C_2O_4)_2 \cdot 4H_2O \xrightarrow{\triangle} SrTiO_3 + 2CO_2\uparrow + 4H_2O + 2CO\uparrow。$$

3. 工艺流程

（1）固相法

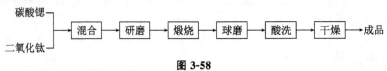

图 3-58

（2）液相碳酸盐沉淀法

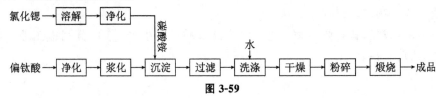

图 3-59

（3）草酸沉淀法

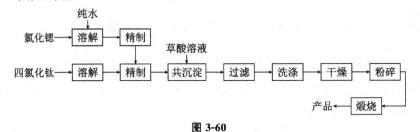

图 3-60

4. 生产配方（kg/t)

（1）固相法

碳酸锶	148
二氧化钛	80

（2）液相碳酸盐沉淀法

氯化锶（＞99%）	159
碳酸铵（＞99%）	96
偏钛酸（＞99.5%）	98

（3）草酸沉淀法

氯化锶（$SrCl_2 \cdot 6H_2O$，＞99％）	700
草酸（$H_2C_2O_4 \cdot 2H_2O$，≥99％）	1000
四氯化钛（$TiCl_4$，＞99.9％）	800

5. 生产工艺

（1）固相法

将等物质的量的 $SrCO_3$ 和 TiO_2 装入球磨机中，通过球磨进行混合和粉碎。然后将混合均匀的物料置于电炉中进行煅烧，煅烧温度一般控制在 1250 ℃ 左右，煅烧时间 2.5～3.0 h。经煅烧制得 $SrTiO_3$ 熔块。熔块再经粉碎后，酸洗除杂、过滤、洗涤，最后将滤饼干燥即得钛酸锶成品。

（2）液相碳酸盐沉淀法

将来自钛白粉厂的偏钛酸和市售的氯化锶净化除杂，使其纯度达到 99.8％以上。然后将两者按一定配比进行混合，在常温、激烈搅拌的条件下，加入适量的沉淀剂碳酸铵；反应 2.0～4.5 h。再过滤、洗涤，除去沉淀物中夹带的 Cl^- 等杂质。将洗净后的沉淀物干燥、粉碎后，进行煅烧。煅烧温度不高于 1000 ℃，煅烧时间不超过 3 h 为宜。用该法制备的钛酸锶纯度大于 99.5％，粉体的平均粒径小于 0.5 μm。该法原料成本与生产能耗均较低，产品质量高。

（3）草酸沉淀法

先将四氯化钛、氯化锶、草酸分别配制成一定浓度的溶液，再将四氯化钛溶液和氯化锶溶液混合，混合液中 $n(Ti^{4+}) : n(Sr^{2+}) = 1.00 : (4.01～4.02)$。然后将混合液缓慢加入到温度为 60～70 ℃ 的草酸溶液中，并在此温度下反应 2.5～3.0 h。草酸的用量略高于锶量的 2 倍（以物质的量计）。反应完成后，过滤、洗涤。需进行多次洗涤，洗至滤液用 $AgNO_3$ 溶液检验不出现浑浊为止，表明沉淀中夹带的 Cl^- 等杂质已被洗去。然后将过滤洗涤后的沉淀物进行干燥，粉碎后再进行煅烧，煅烧温度控制在 890～910 ℃，煅烧时间 2.5 h 左右，得钛酸锶。

6. 说明

①草酸沉淀法生产高纯钛酸锶，使其锶钛摩尔比为 1：1，关键技术之一是精确控制四氯化钛和氯化锶的原料配比。但四氯化钛易挥发水解，使得定量控制较为困难。

②同钛酸钡生产方法类似，也可用水热法制备钛酸锶。先将四氯化钛、氯氧化钛或硫酸氧钛进行水解，得到水合二氧化钛沉淀，过滤、洗涤除去 Cl^-、SO_4^{2-} 等杂质。然后将其与水溶性锶盐或氢氧化物按物质的量比 1：（1～2）的比例混合，在 pH 大于 13 的强碱性溶液中进行反应。反应温度高于 100 ℃，反应时间 8～10 h。反应生成物经过滤、洗涤、干燥即得钛酸锶成品。用该法制得的 $SrTiO_3$ 纯度可达 99.5％以上，粉体的平均粒度在 0.03 μm 左右。

7. 产品标准

牌号	SrTiO₃	$n(SrO):n(TiO_2)$	粒度/μm	杂质最高含量			
				Al₂O₃	SiO₂	Na₂O	Fe₂O₃
ST	97.00%	4	4.1	0.100%	0.300%	0.100%	0.200%
HST-1	98.10%	4	4.1	0.100%	0.030%	0.050%	0.020%
HPST-1	99.90%	4	4.0	0.030%	0.030%	0.002%	0.002%
HPST-2	99.98%	4	4.0	0.005%	0.005%	0.001%	0.002%

8. 产品用途

钛酸锶与钛酸钡相似，主要用途是用作电子陶瓷材料，制造陶瓷电容器和 PTC 热敏电阻。$SrTiO_3$ 晶界层陶瓷电容器是 20 世纪 70 年代中期发展起来的一种性能优异的电容器，与 $BaTiO_3$ 晶界层电容器相比，它具有介电损耗低、温度稳定性好、体积小等优点，因而较快地得到推广应用。$SrTiO_3$ 还可用来制作多功能传感器。例如，在 $SrTiO_3$ 中掺入一定量的 $BaTiO_3$ 和 $MgCr_2O_4$，通过烧结形成多孔结构的 $SrTiO_3$-$BaTiO_3$-$MgCr_2O_4$ 陶瓷可制作温度湿度双功能传感器。这种陶瓷传感器通过测定电阻和电容两个电参量的变化，可以独立地检测湿度和温度的变化。它也是制备低温超导体、人造宝石的材料。

9. 参考文献

[1] 曾瑞文，吴贵岚. 高纯微细钛酸锶钡固溶体的研制 [J]. 江西化工，2003（3）：85-87.

[2] 李新怀，方晓明，陈泽民. 钛酸锶高纯超细粉制备新工艺的研究 [J]. 湖北化工，1995（4）：34-36.

3.42 碳酸钙

碳酸钙（Calcium carbonate）分子式 $CaCO_3$，相对分子质量 100.10。

1. 产品性能

白色晶体或粉末，无臭、无味。520 ℃ 转变为方解石，825 ℃ 分解为氧化钙和二氧化碳。不溶于水，溶于酸，微溶于氯化铵溶液。

2. 生产方法

（1）盐酸法

优质大理石（$CaCO_3$）用盐酸分解得氯化钙，得到的氯化钙与碳酸铵作用得碳酸钙。

$$CaCO_3 + 2HCl = CaCl_2 + CO_2 \uparrow + H_2O,$$
$$CaCl_2 + (NH_4)_2CO_3 = CaCO_3 \downarrow + 2NH_4Cl。$$

（2）高纯品制法

高纯硝酸钙用电导水溶解后与高纯碳酸铵反应，经后处理得高纯碳酸钙。

$$Ca(NO_3)_2 + (NH_4)_2CO_3 \Longrightarrow CaCO_3 \downarrow + 2NH_4NO_3。$$

3. 工艺流程

（1）盐酸法

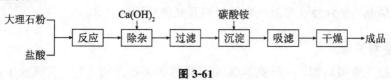

图 3-61

（2）高纯品制法

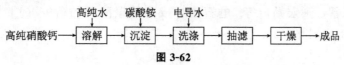

图 3-62

4. 生产工艺

（1）盐酸法

将 400 g 白色优质大理石（$CaCO_3$）粉末分次加入 2400 mL 12％的盐酸中得氯化钙溶液。加入 20 g 漂白粉充分搅拌，放置 4～5 h 后，加入 120 g $Ca(OH)_2$ 试剂，调整溶液呈碱性，水浴加热 0.5 h。溶液中铁、锰等杂质被氧化并生成不溶性氢氧化物沉淀，过滤去杂，滤液加热后，于搅拌下加入 680 g 碳酸铵，至沉淀完全后，继续于水浴上加热 0.5 h，吸滤，水洗，于 200 ℃ 干燥，得试剂级碳酸钙。

（2）高纯品制法

将 600 g 经过重结晶分析合格的光谱纯 $Ca(NO_3)_2$ 溶于 1000 mL 的电导水中，如有混浊需进行过滤。加热至 60 ℃ 左右，在不断搅拌下加入 $(NH_4)_2CO_3$ 溶液，使沉淀完全，待沉淀沉降后将溶液倾出，用抽滤器过滤，并用电导水洗涤沉淀 3～4 次。然后充分吸干，在电炉上或电烘箱中除去水分，在 220 ℃ 时恒温 3～4 h，得光谱纯碳酸钙。

5. 说明

①$CaCO_3$ 的粉末洗涤系将 $CaCO_3$ 从漏斗中取出来放在烧杯内，加电导水搅匀后，再进行抽滤，如此反复 3～4 次，除去可溶性盐类。

②生产 $CaCO_3$ 前，首先要对原料 $Ca(NO_3)_2$ 进行光谱半定量分析，如其中镁含量大于 0.003％，则不能作原料。

6. 产品标准

盐酸不溶物	≤0.005％
氯化物（Cl^-）	≤0.001％
硫酸盐（SO_4^{2-}）	≤0.005％
磷酸盐（PO_4^{3-}）	≤0.001％

氮（N）	≤0.001%
铅（Pb）	≤0.0008%
阳离子	符合光谱分析要求
碱度	合格

7. 产品用途

用作单晶硅切片胶、厚膜电容器材料及光谱分析试剂等。

8. 参考文献

[1] 无机盐工业编辑部. 一种高纯沉淀碳酸钙的制备方法 [J]. 无机盐工业，2017，49（9）：51.

[2] 李晨，张雷，张宏勋，等. 电石渣合成高纯碳酸钙的研究 [J]. 无机盐工业，2011，43（4）：52-54.

3.43 普通金属厚膜电阻浆料

普通金属厚膜电阻浆料由普通金属氧化物（如 CuO、CdO、In_2O_3、Tl_2O_3、SnO_2、MoO_2）及难熔化合物（如碳化物、硼化物、硅化物、氮化物）与玻璃黏结料组成。

1. 生产配方（kg/t）

（1）配方一

铜粉	68.0
硼粉	6.4
玻璃	25.6

注：该配方方阻 $0.02\ \Omega$。

（2）配方二

铜粉	72.8
玻璃	16.0
硼粉	14.2

注：该配方方阻 $0.015\ \Omega$。

（3）配方三

铜粉	75.2
硼粉	16.0
玻璃	8.8

注：该配方方阻 $120\ k\Omega$。

（4）配方四

铜粉	77.6
玻璃	16.0
硼粉	6.4

注：该配方方阻 $100\ k\Omega$。

（5）配方五

氧化镉	30～80
玻璃	70～20

（6）配方六

六硼化镧（LaB$_6$）	15～50
玻璃	85～50
TCR 改进剂	1～20

注：该配方为六硼化镧电阻浆料。其中 TCR 改进剂为 TiO、Si、Ge、晶体石墨等。浆料在氮气氛中烧结，其烧结峰值温度 910 ℃，保温 6～8 min，升温、降温速度为 80～100 ℃/min。

（7）配方七

二硅化钼	8～30
玻璃	92～70
改进剂	1～6

注：该配方为二硅化钼电阻浆料。在不影响电阻性能的前提下，可加入硼酸铅作助熔剂，以降低烧结温度。

2. 生产方法

典型的电阻浆除了上述配方中的以导电和电阻材料作为导电相、以玻璃作为黏结剂外，还应加入流变剂、溶剂、表面活性剂：

金属或金属氧化物	～27%
玻璃料	～40%
乙基纤维素	～6%
溶剂	～26%
表面活性剂	～1%

一般在氮气氛下（氧含量小于 $3 \times 100 \times 10^{-6}$）烧结。

3. 参考文献

[1] 唐高峰. LSCO 厚膜电阻浆料的研究［D］. 成都：电子科技大学，2012.

3.44　贵金属厚膜电阻浆料

贵金属厚膜电阻浆料主要由贵金属或氧化物、玻璃料、流变调整剂、溶剂等组成。

1. 生产配方（质量，份）

（1）配方一

	1	2	3	4
钌酸铋	10	10	10	10
玻璃	2.5	5.0	10	15
方阻（Ω，25.4 μm）	34.0	62.1	1205	13
电阻温度系数（+25～125）/℃	-65×10^{-6}	-5×10^{-6}	55×10^{-6}	137×10^{-6}

（2）配方二

	（一）	（二）
钯粉	4～15	8～27
银粉	0～12	
玻璃粉		92～73

注：该配方中可掺人（Li^+、Sb^{3+} 等），制成 10～100 kΩ 方阻的钯银电阻。

（3）配方三

$La_2O_3 + MnO_2$	30～40
玻璃料	60～20
有机载体	20～40
氧化碲、氧化铝和贵金属的树脂酸盐	10

注：该配方可加工成表面电阻值为 2 kΩ 有丝印能力的电阻浆料。其温度系数特别小。

2. 参考文献

[1] 柴佚. 氧化钌及其电阻浆料的制备及性能研究 [D]. 昆明：昆明理工大学，2017.

[2] 银锐明. 新型 $BaPb_{(1-x)}Bi_xO_3$ 厚膜电阻浆料的研究 [D]. 长沙：国防科学技术大学，2005.

3.45 聚合物厚膜电阻浆料

聚合物厚膜电阻浆料以树脂和炭黑为主要原料制成，简称 PTF 电阻浆料。

1. 生产配方（kg/t）

乙炔炭黑	2～5
石墨	17.5～4.5
树脂（如酚醛类树脂）	80～70
填料	15～24
溶剂（乙醇等）	适量

该电阻浆料可加工成方阻范围为 60～25 kΩ 的电阻。

2. 参考文献

[1] 吴伟平. 聚合物厚膜电阻 [J]. 电子元件与材料，1982（4）：54-55.

3.46 热敏电阻材料

1. 生产配方

（1）配方一

$BaTiO_3$ 系 PTC 热敏电阻材料配方通式为 $(Ba_{1-x-y-\infty}Pb_xSr_yLa_\infty)(Ti_{1-z}Zr_z)O_3$，具体 $BaTiO_3$ 系 PTC 热敏电阻配方与性能如下：

转变点/℃	x/mol	y/mol	z/mol	ρ/ $(\Omega \cdot cm)$	∂ max/℃
10	—	0.35	0.11	200～30000	7.8×10^{-2}
20	—	0.35	0.07	100～15000	5.8×10^{-2}
30	—	0.30	0.04	100～15000	3.4×10^{-2}
40	—	0.30	0.02	10～5000	0.10～0.35
50	—	0.28	—	10～5000	0.10～0.35
60	—	0.24	—	5～5000	0.15～0.40
70	—	0.20	—	5～5000	0.15～0.40
80	—	0.16	—	5～5000	0.15～0.40
90	—	0.12	—	5～5000	0.15～0.40
100	—	0.08	—	5～5000	0.15～0.40
110	—	0.04	—	10～5000	0.15～0.40
170	0.13	—	—	30～5000	0.10～0.30
190	0.18	—	—	50～5000	0.10～0.30
210	0.23	—	—	50～5000	0.10～0.30
250	0.33	—	—	50～5000	0.10～0.30

配方中还可掺入摩尔分数为 20%～50% 的晶粒抑制剂 Al_2O_3、SiO_2、CaO、La_2O_3 等，以提高热敏电阻材料的性能，降低系统的烧结温度，抵消系统中的有害杂质的影响。

（2）配方二

$(Mg_{1-p}Ni_p)(Al_xCr_yFe_z)_2O_4$

其中，$0.001 \leqslant p \leqslant 0.999$，$x+y+z=1$，$0.005 \leqslant x \leqslant 0.9$，$0.02 \leqslant y \leqslant 0.95$，$0.005 \leqslant z \leqslant 0.7$。

按需要调整配方中的 p、x、y、z 的值可得到不同性能的高温热敏电阻材料。

（3）配方三

$(Ma_{1-p}Co_p)(Al_xCr_yFe_{z-q}Co_q)_2O_4$

其中，$0.001 \leqslant p \leqslant 0.999$，$0.001 \leqslant q \leqslant 0.500$，$x+y+z=1$，$0.01 \leqslant x \leqslant 0.90$，$0.03 \leqslant y \leqslant 0.90$，$0.01 \leqslant z \leqslant 0.70$。

通过调整 p，q，x，y，z 可获得不同性能的高温热敏电阻材料。

（4）配方四

$Mg(Al_{1-x}Cr_x)_2O_4 + LaCrO_3$

其中，$0.03 \leqslant x \leqslant 0.7$，$LaCrO_3$ 的摩尔分数为 3%～20%。

该配方为高温热敏电阻材料。

2. 参考文献

[1] 李旭琼，张廷玖，骆颖，等. 高温 NTC 热敏电阻材料的研究进展 [J]. 电子元件与材料，2015，34 (12)：7-9.

3.47　湿敏材料

湿敏材料分为电解质系、有机物系、金属氧化物系、陶瓷系和半导体单晶系。实际应用的湿敏材料有 $MgC_2O_4 + TiO_2$ 系、金红石系、$MgAl_2O_4$、$MgFe_2O_4$、LiF/Al_2O_3、

$Sr_{0.95}La_{0.05}SnO_3$、$ZnCr_2O_4$-$LiZnVO_4$、α-Al_2O_3 $(MgO)_{0.98}$ $(KO_{0.5})_{0.02}$ (Fe_2O_3)、$LiNbO_3$、$CsPMo_{12}O_{40}$ 和 $[(CH_3)_2NH_2]_3PMo_{12}O_4$ 等。

1. 生产配方（摩尔分数）

（1）配方一

ZnO	50.0%
Cr_2O_3	41.0%
V_2O_5	4.5%
Li_2CO_3	4.5%

（2）配方二

二氧化钛（金红石型）	95%～99%
五氧化二钒	1%～5%

该配方为金红石系湿敏材料的生产配方。

（3）配方三

氧化钠	0.01%～12.00%
五氧化二钒	0.05～10.00%
硅粉	加至100%

（4）配方四

氧化镁	35%～40%
三氧化二铬	35%～40%
二氧化钛	30%～20%

该配方为铬镁（$MgCr_2O_4$-TiO_2）湿敏材料。用于湿敏电阻等湿敏元件。

2. 生产工艺

（1）生产配方一的生产工艺

该配方为 $ZnCr_2O_4$-$LiZnVO_4$ 湿敏材料，按上述摩尔分数混合，经研磨后，在800 ℃下预烧2 h，再经粉碎，成型后在1300 ℃下烧结，即得多孔性湿敏材料。用于湿敏电阻等湿敏元件的制造。

（2）生产配方三的生产工艺

该配方为 Si-Na_2O-V_2O_5 系湿敏材料。在该配方中加入适量 SiO_2、ZrO_2、Al_2O_3、CaO、MgO 等，则可以通过低共熔物的形成而生成复杂的玻璃相，从而提高感湿体的机械强度，但其电阻率也会增大。

3. 参考文献

[1] 李晓舟. 新型复合湿敏材料的设计和制备 [D]. 北京：北京化工大学，2016.

3.48 普通金属厚膜导体

普通金属厚膜由普通金属氧化铜、氧化镍、氧化铝、氧化镉等与玻璃烧结而成，用作电阻材料。

1. 生产配方（摩尔分数）

（1）配方一

	镍	硼	玻璃	膜电阻 $Rs/(\Omega/cm^2)$
（一）	97%	3%	0	0.200
（二）	99%	1%	0	4.000
（三）	93%	2%	5%	0.130
（四）	91%	4%	5%	0.068
（五）	87%	3%	10%	0.070
（六）	83%	2%	15%	0.900
（七）	82%	3%	15%	0.170
（八）	81%	4%	15%	0.060
（九）	80%	5%	15%	0.040
（十）	78%	2%	20%	4.800
（十一）	77%	3%	20%	0.200
（十二）	76%	4%	20%	0.150

配方一中的（一）、（二）不含玻璃，在玻璃基片上烧结成导体，其他配方都在氧化铝基片上烧结成导体。

（2）配方二

	铝	硼	玻璃	膜电阻 $Rs/(\Omega/cm^2)$
（一）	80.0%	0	20%	0.200
（二）	74.5%	0.5%	25%	0.020
（三）	74.0%	4.0%	25%	0.020
（四）	49.0%	4.0%	50%	0.010
（五）	83.0%	2.0%	15%	0.020
（六）	87.0%	3.0%	10%	0.020
（七）	77.0%	3.0%	20%	0.030
（八）	86.0%	4.0%	10%	0.025
（九）	75.0%	5.0%	20%	0.040

该配方为铝硼导体，用作电阻材料。

2. 参考文献

[1] 张庆秋，李耀霖，赵子衷. 复合厚膜 NTC 热敏电阻材料的研究 [J]. 华南理工大学学报（自然科学版），1992（2）：73-79.

[2] 唐珍兰. 系列化厚膜 PTC 热敏电阻浆料的研制 [D]. 长沙：国防科学技术大学，2005.

3.49　电阻用基片材料

1. 生产配方（质量，份）

（1）配方一

	（一）	（二）
煅烧三氧化二铝	65	65

高岭土	25	24
膨润土	—	2
碳酸钡	4	4
生滑石	3	2
方解石	3	3

（2）配方二

	（一）	（二）
煅烧三氧化二铝	70	70
高岭土	10	10
菱镁矿	—	2
氧化镁	1	—
碳酸钡	4	4
方解石	5	5
生滑石	5	5
膨润土	7	7

（3）配方三

煅烧三氧化二铝	93.5	95.0
苏州 1 号土（$Al_2O_3 \cdot 2SiO_2 \cdot 2H_2O$）	4.95	—
碳酸钙	3.25	4.00
二氧化硅	4.28	—
烧滑石（$3MgO \cdot 4SiO_2 \cdot H_2O$）	—	4.00

（4）配方四

煅烧三氧化二铝	94.0
苏州 1 号土（$Al_2O_3 \cdot 2SiO_2 \cdot 2H_2O$）	3.0
烧滑石（$3MgO \cdot 4SiO_2 \cdot H_2O$）	3.0

2. 产品用途

（1）配方一、配方二所得产品用途

配方一、配方二为 75% 的三氧化二铝基片，用作电阻材料。

（2）配方三、配方四所得产品用途

配方三、配方四为 95% 的 Al_2O_3 基片，用于制作电阻等电器材料。

3. 参考文献

[1] 皇甫加顺，盛树，李宝河，等. 各向异性磁电阻材料的研究进展 [J]. 中国材料
    进展，2011，30（10）：14-21.
[2] 赵鸣，王卫民，张昌松，等. ZnO 低压压敏电阻陶瓷材料研究进展 [J]. 材料科
    学与工程学报，2005（6）：915-918.

3.50 电阻用玻璃介质

电阻用玻璃和玻璃釉介质配方主要有 4 个系列，即硅铅系列、硅钛系列、硅铅钛
系列及其他系列。

1. 生产配方（质量，份）

（1）配方一

氧化铅	50～65
二氧化硅	14～32
硼酸	10～36

（2）配方二

四氧化三铅	53～67
硼酸	9～37
二氧化硅	9～25

（3）配方三

一氧化铅	63～68
三氧化二硼	5～25
二氧化硅	14～32

配方一至配方三为电阻用硼硅铅玻璃釉介质配方，配方三为二氧化钌电阻用玻璃釉介质配方。

（4）配方四

	（一）	（二）
氧化铅	58.10	60.87
二氧化锆	4.20	4.02
氧化锌	5.41	5.02
三氧化二硼	14.30	14.97
二氧化硅	24.50	24.11
氧化镁	6.39	—

该配方为钌系电阻用高黏度玻璃介质配方。

（5）配方五

氧化铅	65.68
二氧化硅	16.51
三氧化二硼	10.00
氧化锆	2.40
氧化锌	5.41

该配方为钌系电阻用中黏度玻璃介质配方。

（6）配方六

氧化铅	75.15
二氧化硅	13.41
三氧化二硼	9.04
氧化锌	5.40

该配方为钌系电阻用低黏度玻璃介质配方。

2. 参考文献

[1] LUO H，LI S H，LIU J S，et al. Preparation of fine glass powders by chemical

reaction and their application in thick film resitor poste suitable for LTCC technology [J]. Precious metals，2014，35（3）：24-28.

[2] 刘博洋，黄妹婷，叶丰. $La_{55}Al_{25}Ni_{10}Cu_{10}$ 大块金属玻璃的电阻性能研究 [J]. 轻金属，2013（10）：55-58.

3.51 电阻瓷

电阻瓷通常指用于碳膜、金属膜、金属氧化膜电阻基体的长石瓷、低碱瓷及氧化铝瓷。

1. 生产配方（质量，份）

（1）配方一

	（一）	（二）
长石	15	28
石英	25	24
苏州土	50	35
祁门土	—	13
宁海土	10	—

该配方为长石电阻瓷配方，（一）用于碳膜电阻基体，（二）用于金属膜电阻基体。

（2）配方二

	（一）	（二）
烧块	48	35
苏州土	20	50
石英	10	15
生滑石	2	—
水曲柳黏土	20	
其中烧块配方：		
苏州土	65.5	64.8
碳酸钡	24.6	30
方解石	12.9	8.2

该配方为低碱瓷配方。

（3）配方三

	（一）	（二）
煅烧氧化铝	65	65
苏州土	22	24
膨润土	4	4
水曲柳黏土	4	
碳酸钡	4	4
生滑石	2	2
方解石	2	3

该配方为七五瓷氧化铝陶瓷配方。

2. 产品用途

用于电阻基体。

3. 参考文献

[1] 周庆波，李强，唐斌. 大通流片式 ZnO 压敏电阻瓷料研制 [J]. 广东技术师范学院学报，2015，36（5）：14-15.

[2] 张野. 高纯氧化铝粉体的制备及烧结的研究 [D]. 大连：大连交通大学，2012.

3.52　电极浆料

电极浆料由导电贵金属组成，用于制作电子元件的电极。

1. 生产配方（kg/t）

（1）配方一

金	77.9
银	44.85
钯	23.25
硼硅铅玻璃	5.00
瓷粉	2.00

该配方为银-45-金-80-钯-25 电极浆料配方。

（2）配方二

银	46.0
金	27.6
钯	18.4
硼硅铅玻璃	5.0
瓷粉	3.0

该配方为银-50-金-30-钯-20 电极浆料配方。

配方中硼硅铅玻璃组成：

氧化铅	80%
三氧化二硼	10%
二氧化硅	10%

2. 产品用途

用于制作电子元件（如集成电路、晶体管、电阻、电容等）的电极。

3. 参考文献

[1] 陆广广. 新型电子元器件电极浆料组成与性能的研究 [D]. 合肥：合肥工业大学，2009.

[2] 关俊卿，贺昕，陈峤，等. 高温共烧铂电极浆料的制备研究 [J]. 贵金属，2013，34（S1）：167-170.

[3] 张静，杨彦，袁梦鑫. 新型电子元器件电极浆料组成与性能的研究 [J]. 电子世

界，2014 (18)：144.

3.53　氧化银浆

氧化银浆由氧化银（导电材料）、助熔剂（氧化铋、硼酸铅）、黏合剂（蓖麻油、松香）溶剂等组成。

1. 生产配方（kg/t）

（1）配方一

氧化银	64.10
助熔剂	3.85
松香（松节油）溶液	32.05

该配方为电阻用银浆配方，烧结温度为 400～500 ℃。

（2）配方二

氧化银	70.07
氧化铋	4.42
硼酸铅	0.71
蓖麻油	4.47
松香（松节油）溶液	15.63
松节油	6.70

该配方为电容器用银浆配方，烧结温度 840～860 ℃。

2. 产品用途

配方一用于制作电阻电极；配方二用于制作电容器电极。

3. 参考文献

[1] 肖阳，刁平. 过氧化银电极制备和电性能研究 [J]. 电源技术，2017，41 (7)：1017-1019.

[2] 李长锁，王纪三. 高价氧化银电极的研究 [J]. 哈尔滨工业大学学报，1985 (S4)：73-79.

3.54　分子银浆

分子银浆通常由导电材料（银泥）、助熔剂（如氧化铋、硼酸盐熔块）、黏合剂、溶剂等组成。下面介绍几个常用分子银浆配方。

1. 生产配方（质量，份）

（1）配方一

银泥（Ag，≥85%）	5
F37-树脂（黏合剂）	1
甲苯	5

（2）配方二

银泥（Ag，≥85%）	75.40
氧化铋	4.73
硝化纤维	3.20
环己酮	9.62
混合油	7.05

其中混合油的组成：

松节油	24%
大茴香油	41%
邻苯二甲酸二丁酯	35%

（3）配方三

银泥（Ag，≥85%）	70.15
氧化铋	4.45
硝化纤维	3.37
环己酮	12.94
混合油	9.09

（4）配方四

银泥（Ag，≥85%）	70.21
硼酸盐熔块	4.70
硝化纤维	2.00
环己酮	18.05
混合油	8.02

2. 产品用途

配方一用于制作碳膜电阻电极用分子银浆；配方二用于制作高功率陶瓷电容器电极用分子银浆；配方三用于制作低功率陶瓷电容器电极用分子银浆；配方四用于制作云母电容器电极用分子银浆。

3. 参考文献

[1] 吕霖娜，杨雁博，李学海，等. 银电极制备方法综述 [J]. 电源技术，2016，40（10）：2088-2091.

[2] 张庆秋，李耀霖，黄功远. 印刷用分子银电极浆料的研制 [J]. 电子元件与材料，1993（2）：45-48.

3.55 低介瓷

低介瓷有滑石瓷和三氧化二铝瓷。按温度系数，属于国家标准中的 1 类 A 组，但其介电常数小于 12。

1. 生产配方（质量，份）

（1）配方一

	（一）	（二）
烧滑石	60	50

生滑石	24	25
苏州土	5	15
碳酸钡	10	10
三氧化二铝	1	—

（2）配方二

	（一）	（二）
烧滑石	60	60
生滑石	24	13
苏州土	6	7
南港土	—	3
碳酸钡	10	10
菱镁矿	—	7

（3）配方三

	（一）	（二）
烧滑石	60	60
生滑石	10	—
膨润土	6	2
碳酸钡	6.5	5
黏土	8	15
菱镁矿	6.5	8
氧化镁	3	—

配方一至配方三为滑石低介瓷配方。

（4）配方四

	（一）	（二）
煅烧氧化铝	65	70
苏州土	14	10
膨润土	4	5
宁海土	14.5	—
生滑石	2.5	5
方解石	3	2
碳酸钡	4	5
菱镁矿	—	2

（5）配方五

	（一）	（二）
煅烧氧化铝	93.5	70.0
黏土	—	10
苏州土	4.95	—
膨润土	—	7
碳酸钡	—	5
石英	4.28	—
碳酸钙	3.25	—
方解石	—	3
菱镁矿	—	2

（6）配方六

	（一）	（二）
煅烧氧化铝	95	95
苏州土	2	—
石英	—	1
滑石	3	3
碳酸钡	—	1

该配方用于制作九五瓷氧化铝，烧结温度为 1650～1700 ℃。

2. 产品用途

用作电器、电子材料。配方三可用于电容器，配方四可用于制作电阻瓷。

3. 参考文献

[1] 李小图，吴霞宛，孙济洲，等. 一种高频低介 MLC 用瓷料系统的研究 [J]. 压电与声光，2004（1）：48-51.

[2] 沈德元. 热压铸成型滑石瓷材料制备工艺的改进 [J]. 电子元件与材料，1986（3）：45-47.

3.56　高频电容器用高介瓷

高介瓷是国家标准中的 1 类瓷，绝大多数是以钛、锆、锡等高价金属氧化物为基础，形成高介电常数的金红石结构或钙钛矿结构。

1. 生产配方（质量，份）

（1）配方一

	A	B	C	N
$MgTiO_3$ 烧块	100.0	93.5	94.7	89.6
方解石	—	6.5	8.3	10.4
氧化锌	0.2	0.2	0.2	0.2

该配方为钛酸镁-钛酸钙系高介瓷配方，A、B、C、N 为瓷介组别。

（2）配方二

	A	U-100	U-100	U-150
二氧化钛	4.7	8.2	6.09	10
三氧化二镧	3.4	14.82	12.41	10
Mg_2TiO_4	96.5	—	2	—
$CaTiO_3$	—	78	79.05	80
菱镁矿	—	0.95	—	—
其他	微量	微量	微量	微量

（3）配方三

	B	N
二氧化钛	24	24

苏州土	2	2
膨润土	3	3
菱镁矿	71	69
荧石	0.45	2

2. 产品用途

用于制造各类高频电容器。

3. 参考文献

[1] 陈烁烁. 大容量多层片式陶瓷电容器及高介瓷粉的制备方法 [J]. 电子世界，2014 (14)：457-458.

[2] 江涛，郭育源，江丽君. CSBT-BNT-NT 系高介瓷料 α_ε 系列化的研究 [J]. 电子元件与材料，2000 (3)：16-18.

3.57 电容器用强介瓷

强介瓷主要是铁电瓷。其特点是介电常数随外加电场强度变化而发生改变，即具有非线性。强介瓷又根据其非线性强弱，分为强非线性和弱非线性。弱非线性瓷又可分为 $BaTiO_3$-$MTiO_3$、$BaTiO_3$-$MZrO_3$、$BaTiO_3$-$MSnO_3$（M 代表两价金属）和钛酸钡多种盐几类。

1. 生产配方（kg/t）

（1）配方一

	CT-2	高烧成独石瓷
钛酸钡烧块	68.60	95.88
二氧化钛	5.05	—
钛酸锶	20.0	—
$La_2O_3 \cdot 3TiO_2$	—	3.26
阳东土	—	0.382
方解石	6.35	—
三氧化二锑	—	0.382
三氧化二铬	—	0.096

该配方用于制造钛酸钡-钛酸盐瓷。

（2）配方二

	（一）	（二）
钛酸钡烧块	94.5	90.0
锆酸钙（$CaZrO_3$）	5.5	6.0
二氧化锆	—	1
三氧化二铋	—	2
氧化锌	—	2.5

氧化镍（NiO）	0.4	—
三氧化二铁	0.4	—

（3）配方三

	（一）	（二）
钛酸钡烧块	90	90
三氧化二铋	2.0	0.2
碳酸钡	—	3.4
二氧化锆	1	6
锆酸钙	6	—
氧化锌	1.0	4.4
三氧化二锑	—	0.4

配方二和配方三用于制造钛酸钡-锆酸盐瓷。

（4）配方四

	（一）	（二）
钛酸钡	94.8	92.2~93.2
二氧化钛	—	1
三氧化二铋	4.83	4.20~2.92
氧化锌	0.30~0.62	—
二氧化锡	2.11	2.80

该配方为钛酸钡-锡酸盐瓷配方。

（5）配方五

	K-4000	K-6000
钛酸钡	89	88~90
锆酸钙	6	3~5
锡酸铋	4	—
锆酸铌铋	—	2~4
氧化锌	1	1~2
钛酸钙	1	—
其他	微量	微量

2. 产品用途

弱非线性强介质主要用作电容器介质。

3. 参考文献

[1] 江涛，陈绍茂，郭育源，等. 中温烧结 $BaTiO_3$ 基多相铁电瓷料 X7R 特性 [J]. 华南理工大学学报（自然科学版），1996（3）：124-128.

[2] 金琼. 高介电常数铁电瓷料的改性 [J]. 电子元件与材料，1984（5）：20-22.

3.58　厚膜电容器介质浆料

厚膜电容器介质浆料分低介常数浆料、中介常数浆料、高介电常数浆料3种，分别用于制造小容量、中容量和大容量的厚膜电容器。

1. 生产配方（质量，份）

（1）配方一

C7-5B 瓷料	75
铋-镉-铅玻璃	25

该配方为中介电常数复合介质浆料，介电常数 1300，于 980 ℃ 下烧结，用于制造中容量厚膜电容器。

（2）配方二

钛酸钡	75
钛酸锶	25
玻璃	15

该配方为高介电常数复合介质浆料。

2. 参考文献

[1] 何晓舟. 高压混合钽电容器介质氧化膜制备工艺探索 [D]. 西安：西安电子科技大学，2016.

3.59 镍

镍（Nickel）元素符号 Ni，原子序数 28，稳定同位素[58]Ni、[60]Ni、[61]Ni、[63]Ni、[64]Ni。相对原子质量 58.69。

1. 产品性能

银白色坚硬金属，熔点 1555 ℃，沸点 2837 ℃，相对密度 8.908。不溶于浓硝酸，缓慢溶于稀硫酸和盐酸，溶于稀硝酸和王水。在热空气中表面被氧化生成氧化镍。

2. 生产方法

氧化镍用氢还原得镍。

$$NiO + H_2 \longrightarrow Ni + H_2O。$$

3. 生产工艺

镍的氧化物在 270～280 ℃ 下用氢气还原，可得到可燃性镍粉；在 350～400 ℃ 下用氢还原 2.0～2.5 h，可得稳定的粉末状金属镍，也可在 600～700 ℃ 下用氢还原 1 h 得金属镍。

4. 产品用途

用作电子管材料、催化加氢催化剂及镍盐制造。

5. 参考文献

[1] 姜以宏, 叶广郁. 电子管栅极镍—钼压焊工艺研究 [J]. 电子工艺技术, 1991 (1): 34-35, 33.

[2] 许生林, 魏成富, 曹江, 等. 镍团簇的结构与电子性质 [J]. 西华大学学报（自然科学版）, 2009, 28 (2): 87-91.

3.60　硝酸锶

硝酸锶（Strontium nitrate）分子式 $Sr(NO_3)_2$, 相对分子质量 214.63。

1. 产品性能

硝酸锶为白色或淡黄色立方晶体, 外观为白色颗粒或粉末。相对密度 2.986, 熔点 570 ℃。易溶于水和液氨, 微溶于无水乙醇和丙酮。加热硝酸锶放出氧, 生成亚硝酸锶, 进一步放出一氧化氮和二氧化氮而生成氧化锶。硝酸锶为氧化剂, 与有机物接触、碰撞、遇火时会引起燃烧和爆炸。

2. 生产方法

（1）硝酸法

天青石（硫酸锶矿石）用盐酸除钙后, 与纯碱作用生成碳酸锶, 碳酸锶再与硝酸反应生成硝酸锶。

$$SrSO_4 + Na_2CO_3 \longrightarrow SrCO_3 \downarrow + Na_2SO_4,$$

$$SrCO_3 + 2HNO_3 \longrightarrow Sr(NO_3)_2 + H_2O + CO_2 \uparrow。$$

（2）复分解法

工业碳酸锶与浓硝酸反应, 经分离得到硝酸锶。

$$SrCO_3 + 2HNO_3 \longrightarrow Sr(NO_3)_2 + H_2O + CO_2 \uparrow。$$

该法常用于制备高纯试剂。

3. 工艺流程

（1）硝酸法

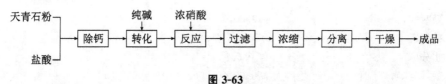

图 3-63

（2）复分解法

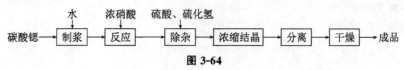

图 3-64

4. 技术配方（质量，份）

（1）硝酸法

天青石（>65%，$SrSO_4$）	200
纯碱（≥98%，Na_2CO_3）	150
盐酸（≥31%，HCl）	100
碳酸锶（≥98%，$SrCO_3$）	120

（2）复分解法

硝酸（≥98%）	147
碳酸锶（98%）	189

5. 生产工艺

（1）硝酸法

1）制备硝酸锶粗品

将天青石粉碎，加入工业盐酸和水，除去钙盐，用水洗涤至中性。加入纯碱，搅拌，得碳酸锶，用水洗至中性，过滤。加入50%的硝酸，搅拌反应完成后压滤，滤液加热蒸发，冷却结晶，离心分离。晶体用冷水洗涤后用于提纯。

2）硝酸锶提纯

取500 g晾干晶体溶于4 L水中，加热至70～80 ℃。另取7.5 g重铬酸铵溶于含2.5 mL浓氨水的300 mL水中，搅拌下缓慢加入上述热溶液中。加热1 h，静置过夜，过滤除去铬酸钡沉淀。滤液加热至75～80 ℃，用12 mL硝酸酸化，加入35 mL 40%的甲醛，使$Cr_2O_7^{2-}$还原为Cr^{3+}。加入25 mL氨水，搅拌，静置，过滤除去氢氧化铬沉淀。蒸发滤液至比重为4.45，冷却结晶，洗涤，干燥。

将干燥的晶体溶解于热的蒸馏水中，过滤，滤液进行加热蒸发，冷却结晶，纯水洗涤，干燥，即得高纯硝酸锶。母液可循环使用。

（2）复分解法

将147 g碳酸锶用300 g水搅成浆状，加入126 mL浓硝酸反应，加热煮沸8～10 min，滤去不溶物。滤液用少量硫酸、草酸和硫化氢分步沉淀，以除去钡、钙、重金属及铁等杂质，加硝酸调pH至2。浓缩，析晶，过滤，干燥得试剂级硝酸锶。

6. 产品标准

硝酸锶	≥99.0%
硝酸钙	≤0.2%
水分	≤0.5%
铁	≤0.02%
水不溶物	≤0.2%
氯化物（Cl^-）	≤0.01%
重金属（以Pb计）	≤0.01%

7. 产品用途

用作显像管和电子管阴极材料、光学玻璃、光谱分析试剂，也用作焰火、信号弹等。

8. 参考文献

[1] 程忠俭，郭娜，张娟. 高纯硝酸锶的工艺研究 [J]. 无机盐工业，2011，43（1）：43-44.

[2] 李炳华，李少亮，蔡金，等. 分析纯硝酸锶生产工艺质量控制点的研究 [J]. 辽宁化工，2012，41（6）：623-624.

3.61　碘化铋

碘化铋（Bismuth iodide）又称三碘化铋（Bismuth triiodide），分子式 BiI_3，相对分子质量 589.69。

1. 产品性能

灰黑色有金属光泽的结晶或粉末，溶于无水乙醇、盐酸、氢碘酸和碘化钾溶液，微溶于氨，不溶于冷水。在热水中分解成氧铋化物。相对密度（d_4^{15}）5.778，熔点 408 ℃。

2. 生产方法

（1）单质铋法

金属铋与碘直接反应，生成碘化铋。

$$2Bi + 3I_2 \!=\!=\! 2BiI_3 。$$

（2）氯化铋法

三氧化铋与浓的氢碘酸作用得碘化铋。

$$BiCl_3 + 3HI \!=\!=\! BiI_3 + 3HCl 。$$

（3）氧化铋法

三氧化二铋的盐酸饱和溶液，与碘溶于氯化亚锡的浓盐酸饱和溶液反应，经分离得三碘化铋。

$$Bi_2O_3 + 3I_2 + 3SnCl_2 + 6HCl \!=\!=\! 2BiI_3 + 3SnCl_4 + 3H_2O 。$$

3. 工艺流程

单质铋法

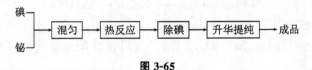

图 3-65

注：该工艺流程为单质铋法的工艺流程。

4. 生产配方（kg/t）

碘	40
铋	90

5. 生产工艺

将 90 g 铋与 40 g 碘在研钵中混合研匀后，迅速装入反应器中，加热反应。反应完毕，通入 CO_2 气流于温热的反应器以除去过量碘。然后在 CO_2 气流中使三碘化铋升华，得到成品。

6. 产品用途

用于显像管生产，也用作分析试剂。

7. 参考文献

[1] 韩汉民. 高纯碘化铋的制备 [J]. 福建化工，1994（2）：20-21.

3.62 碳酸钡

碳酸钡（Barium carbonate）分子式 $BaCO_3$，相对分子质量 197.35。

1. 产品性能

白色粉末，有 3 种晶形：斜方（<811 ℃）、六方（811~982 ℃）、立方（>982 ℃）。有毒，无臭、无味，相对密度 4.43，熔点 1740 ℃。1400 ℃ 时开始烧结，1450 ℃ 时分解为氧化钡和二氧化碳。不溶于乙醇或冷水，极难溶于沸水，微溶于含二氧化碳的水，可溶于酸和氯化铵溶液，微吸潮。

2. 生产方法

（1）碳化法

重晶石与炭在高温下发生氧化还原反应生成硫化钡，生成的硫化钡经水浸取，与二氧化碳反应得碳酸钡。

$$BaSO_4 + 2C \xrightarrow{\triangle} BaS + 2CO_2 \uparrow,$$

$$2BaS + 2H_2O \xrightarrow{\triangle} Ba(OH)_2 + Ba(HS)_2,$$

$$Ba(OH)_2 + CO_2 \xrightarrow{} BaCO_3 \downarrow + H_2O,$$

$$Ba(HS)_2 + CO_2 + H_2O \xrightarrow{} BaCO_3 \downarrow + 2H_2S,$$

$$2BaS + CO_2 + H_2O \xrightarrow{} BaCO_3 \downarrow + Ba(HS)_2。$$

（2）复分解法

由可溶性钡盐 [$BaCl_2$、$Ba(NO_3)_2$、BaS] 与可溶性碳酸盐 [Na_2CO_3、$(NH_4)_2CO_3$] 作用生成碳酸钡。

$$BaCl_2 + Na_2CO_3 \xrightarrow{} BaCO_3 \downarrow + 2NaCl,$$

$$BaS+(NH_4)_2CO_3 =\!=\!= BaCO_3 \downarrow +(NH_4)_2S,$$

$$Ba(NO_3)_2+Na_2CO_3 =\!=\!= BaCO_3 \downarrow +2NaNO_3。$$

（3）中和法

氢氧化钡与 CO_2 发生中和反应得碳酸钡。

$$Ba(OH)_2+CO_2 =\!=\!= BaCO_3 \downarrow +H_2O。$$

3. 工艺流程

（1）碳化法

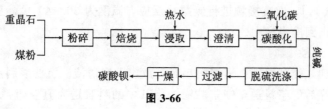

图 3-66

（2）复分解法

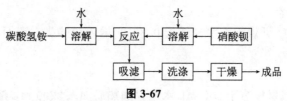

图 3-67

若使用高纯试剂和电导水，可得到高纯碳酸钡。

（3）中和法

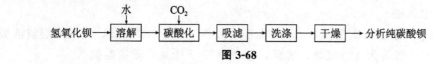

图 3-68

4. 生产配方（kg/t）

（1）碳化法

重晶石（含 $BaSO_4$ 100%）	1538
石灰石（含 $CaCO_3$ 98%）	522
原料煤（以 29.3 MJ/kg 计）	650
焦炭（以 29.3 MJ/kg 计）	650
燃料煤（以 21 MJ/kg 计）	1600

（2）复分解法

碳酸氢铵	386.7
硝酸钡	1800

5. 生产工艺

（1）碳化法

1）配料、煅烧

将重晶石与煤粉按 m（重晶石）：m（煤粉）＝5：1 的比例混匀，投入反射炉煅烧，炉内温度 900～1200 ℃，翻动，烧成后出料。

2）浸取、澄清

将煅烧成的硫化钡熔体放入浸取槽，用逆流过滤浸取法浸取。先用相对密度约 4.028 的热稀碱液浸取（质量浓度 160～220 g/L，稀释为 $d=4.083～4.100$ 的溶液后送入澄清桶）。浸取渣继续用热水（或碳酸化洗涤废水）浸取。硫化钡溶液在澄清桶内沉降，分离，上层澄清液送至碳化塔。

3）碳酸化

将澄清液从碳化塔顶送入，向下喷淋，在塔底通入经洗涤净化的石灰窑气 $[w(CO_2)<20\%]$，逆流接触进行碳酸化反应，温度为 30～40 ℃，直至生成的浆料达到要求，排出到洗涤桶中。

4）洗涤、吸滤

洗涤桶中加入纯碱搅拌。澄清数小时，放出上层清液。沉淀浆料用软水浸泡，搅拌，然后将洗涤后的浆料送至钡浆贮锅。将其中的料浆送入真空过滤器，真空吸滤，分离出的料浆送至烘床上。

5）干燥、粉碎

在 200～300 ℃ 下烘干至水分低于 0.3%，送入粉碎机粉碎至 120 目以下，过筛即得碳酸钡成品。

（2）复分解法

将 77.3 g 碳酸氢铵溶于 900 mL 水中，加热后加入 3200 mL 溶有 360 g 硝酸钡的热溶液，反应有大量沉淀产生。静置，吸滤，用热水洗涤沉淀至无 NO_3^- 为止。于 100 ℃ 下干燥，得碳酸钡。

（3）中和法

将 80 g 八水合氢氧化钡溶于 500 mL 热水中，通入二氧化碳，直层上层清液加碳酸钠不再产生沉淀为止。吸滤，洗涤，于 100 ℃ 下干燥，得碳酸钡。

6. 产品标准

	一级	二级	三级
碳酸钡（$BaCO_3$）	≥99.2%	≥98.5%	≥98.0%
水分	≤0.30%	≤0.30%	≤0.30%
还原性物质（以 S 计）	≤0.05%	≤0.10%	≤0.15%
盐酸不溶物灼烧残渣	≤0.20%	≤0.35%	≤0.50%
铁（Fe）	≤0.004%	≤0.008%	≤0.012%
细度（2300 孔/cm² 筛余物）	≤0.20%	≤0.30%	≤0.50%

注：适用于碳化法制的 $BaCO_3$，除水分外其他指标均以干基计。

7. 产品用途

高纯碳酸钡大量用于制造显像管，是电子陶瓷和磁性材料。广泛用于仪器仪表、冶金工业、陶瓷涂料、火焰信号弹原料及光学玻璃的辅料，还用作分析试剂、杀鼠剂等。

8. 参考文献

[1] 冯冬梅，王君，戴佳佳，等. 以硫化钡黑灰为原料制备碳酸钡工艺研究 [J]. 山东化工，2017，46（2）：23-25.

[2] 付靖春. 高纯球状碳酸钡晶体的制备研究 [J]. 无机盐工业，2016，48（10）：50-53.

3.63　氧化铕

氧化铕（Europium oxide）分子式 Eu_2O_3，相对分子质量 354.93。

1. 产品性能

微红的白色粉末，熔点 2002 ℃，相对密度 7.42。难溶于水，溶于酸生成相应的盐。露置空气中吸收二氧化碳渐变成碳酸铕。

2. 生产方法

（1）萃取法

萃取法分离铕是利用二价铕与三价稀土萃取性能的差异，但在萃取过程中，铕（Ⅱ）可能被氧化，导致铕的收率低，条件控制较难。铕的提取方法有两种：还原萃取法和还原反萃法。还原萃取法是先将三价稀土配制成料液，用锌粉还原或用多孔石墨电解还原铕，再用萃取剂将三价稀土萃入有机相，使铕留在水相中。用这种方法提取铕的萃取体系有 TBP-煤油/4 mol/L $NH_4SCN/RECl_3$ 体系，自含铕（Eu_2O_3）2% 的原料中得到纯度为 99% 的 Eu_2O_3，收率 50%～60%。改用 $P_{350}＋P_{204}$-煤油/$NH_4SCN/RECl_3$ 体系，自含 Eu_2O_3 4.5% 的原料中萃取，得到 99.9% 的氧化铕，收率 90%。还原反萃法是先将三价稀土及铕（Ⅲ）预先萃入有机相中，再用锌粉还原，盐酸反萃，铕（Ⅱ）进入反萃液中。

萃取　　　　　　　　$RECl_3＋P_{204}^{3-} \longrightarrow RE\text{-}P_{204}＋3HCl$，

　　　　　　　　　　$EuCl_3＋P_{204}^{3-} \longrightarrow Eu\text{-}P_{204}＋3HCl$，

还原反萃　　　$Eu\text{-}P_{204}＋Zn＋2Cl_2 \longrightarrow EuCl_2＋ZnCl_2＋P_{204}$，

氧化　　　　　　　$Eu^{2+}＋H_2O_2＋H^+ \longrightarrow Eu^{3+}＋2H_2O$。

（2）电解还原法

该法是在盐酸体系中加入适量的 HBr（其物质的量浓度为 0.010～0.016 mol/L）其中的 Br^- 能起到阳极去极化作用，使电解电压稳定。电解时 Eu^{3+} 在阴极上被还原成 Eu^{2+}，Br^- 在阳极上被氧化成 Br_2。

$$2Eu^{3+}＋2Br^- \xrightarrow{\text{电解}} 2Eu^{2+}＋Br_2。$$

电解法所采用的电极材料是多孔碳板，孔率 50%，圆电极直径 11 cm、厚度 0.25 cm，两个电极间的间隔 1 cm，每个电极有效面积 86 cm^2，Eu^{3+} 质量浓度为 $6×10^{-3}$ mol/L，溴离子的质量浓度为 0.003 mol/L，阴极电解液与阳极电解液的流比为 5∶1，电解槽电压为 20 V，Eu^{3+} 还原反应的电流为 0.4 A，如果没有氧气存在，可以得到 99.9％的 Eu^{2+}，电解后接萃取法进行分离。

（3）化学还原法

三价铕用锌粉还原成二价铕后，具有碱土金属的性质，可在碱性条件下在溶液中存在，用氨水使其他三价元素形成氢氧化物沉淀下来。当溶液中二价铕含量高时，也能形成 $Eu(OH)_2$ 沉淀，为了防止铕损失，通常加入一定量的 NH_4Cl，使 Eu^{2+} 形成溶于水的配合物。

然后将 Eu^{2+} 用 H_2O_2 氧化，用草酸沉淀后，灼烧得氧化铕。

3. 工艺流程

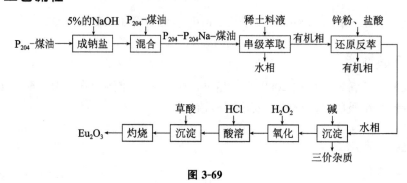

图 3-69

注：该工艺流程为萃取法的工艺流程。

4. 生产工艺

（1）萃取法

首先，将50％的 P_{204}-煤油与已加热到 80 ℃ 的 5％的 NaOH 按 1.0：4.5 比混合，静置后，氢氧化铁絮状物沉淀下来，分离弃去，然后再用 NaOH 重新处理一次使 P_{204} 全部成钠盐。再与等体积未皂化的 P_{204}-煤油溶液混合，即得 $P_{204}Na$-煤油溶液。在氢气或氩气的保护下，萃取料液，料液中含 $\sum RE_xO_y$ 80 g/L，HCl 溶液浓度为 $4.078\sim4.084$ mol/L，配料液的原料为含 $w(Sm_2O_3)=6.3\%$，$w(Eu_2O_3)=12\%$，$w(Gd_2O_3)=25\%$ 的富集物。用串级萃取法萃取 4 级，然后用 0.092 mol/L HCl 溶液洗涤 2 级，再用锌粉加盐酸还原反萃，锌粉加量为 Zn 1 g/L，酸度 pH＝3，维持温度 $60\sim70$ ℃，保温搅拌 $2\sim3$ h，相比＝10：1，还原率大于 95％。将所得反萃液加入碱液，使三价稀土沉淀，过滤、滤液为二价铕。二价铕再经氧化、酸溶、草酸沉淀，灼烧得氧化铕。可得纯度为 99.9％的 Eu_2O_3。

（2）化学还原法

将混合氧化稀土或氯化稀土用酸溶解，使溶液中含 RE_2O_3 50 g/L，pH $3\sim4$，再加入 NH_4Cl 固体，使其在溶液中的浓度为 4.5 mol/L，然后将此溶液加入到密闭容器中，在室温条件下加入粒度约为 200 目的锌粉，锌粉用量为 10 g/L，搅拌 $10\sim20$ min，还原反应完毕，在同一容器中再加 2 mol/L 的氨水，用量与原溶液体积相同，搅拌下有大量沉淀产生，三价稀土被沉淀下来。静置，加入二甲苯或煤油等有机溶剂，作为过滤时的保护层，厚度约 2.5 cm，滤饼可用于提取其他稀土元素，滤液中含二价铕，加双氧水进行氧化，氧化过程中有沉淀析出，生成了 $Eu(OH)_3$ 沉淀然后过滤，滤饼用盐酸溶解，溶解后加入饱和草酸溶液，使铕生成草酸铕沉淀，静置过滤，清水洗涤滤饼，再将滤饼置于马弗炉中于 900 ℃ 下灼烧，得 Eu_2O_3 产品。

该工艺可从含 5％以上 Eu_2O_3 的原料中得到纯度大于 99.9％的产品，其收率则随原料中 Eu_2O_3 含量的增加而增加，若原料中含 Eu_2O_3 为 20％～30％时，一次回收率可达 85％以上。也可使低品位的 Eu_2O_3 原料先进行锌粉还原，硫酸共沉淀富集，再进行提纯，则可从含 Eu_2O_3 6％～10％的原料中得到纯度大于 99.95％的氧化铕。

二价铕易被氧化，故操作需在惰性气体氛（氮气氛）下进行，否则会影响收率。

5. 产品用途

氧化铕是重要的稀土类荧光材料，广泛用于显示器、光源及检测器制造中。含 Eu^{3+} 荧光体的组成、发光色及用途如下：

荧光体	发光色	用途
$Y_2O_2S：Eu^{3+}$	红	彩色显像管
$Y_2O_3：Eu^{3+}$	红	三基色荧光灯投射式显像管
$YVO_4：Eu$	红	校正光色荧光灯
$Gd_2O_3：Eu$	红	彩色投影电视
$Y(P，V)O_4：Eu^{3+}$	红	高压水银灯
$BaFCl：Eu^{2+}$	蓝紫	X 射线感光屏
$BaFX(X=Cl、Br、I)：Eu^{2+}$	蓝紫	计算机射线照相
$(Sr、Ca)_{10}(PO_4)_6Cl_2：Eu^{2+}$	蓝	三基色荧光灯
$BaMg_2Al_{16}O_{27}：Eu^{2+}$	蓝	三基色荧光灯
$Sr_2P_2O_7：Eu^{2+}$	蓝紫	重氮复印机用灯
$(Sr、Mg)P_2O_7：Eu^{2+}$	紫外–蓝	光复制灯
$3Sr_3(PO_4)_2SrCl_2：Eu^{2+}$	蓝	荧光灯

6. 参考文献

[1] 杨德华，刘志强. 荧光级氧化铕生产工艺评述 [J]. 材料研究与应用，2016，10（2）：75-80.

[2] 韩旗英，杨金华，李景芬. 高纯氧化铕分离提纯工艺综述 [J]. 湖南有色金属，2012，28（6）：26-29.

3.64　氟化镁

氟化镁（Magnesium fluoride）化学分子式为 MgF_2，相对分子质量 62.30。

1. 产品性能

无色四方晶系晶体或粉末，熔点 1266 ℃，沸点 2239 ℃，折射率 4.378～4.390。在电光下加热呈现弱紫色荧光，其晶体有良好的偏振作用，特别适于紫外线和红外线。能溶于硝酸，微溶于稀酸，难溶于醇和水。有毒！

2. 生产方法

（1）碳酸镁法

碳酸镁与氢氟酸反应生成氟化镁。

$$MgCO_3 + 2HF == MgF_2 + H_2O + CO_2 \uparrow。$$

（2）氧化镁法

氧化镁与氟氢酸反应得氟化镁。

$$MgO + 2HF == MgF_2 + H_2O。$$

（3）硫酸镁法

硫酸镁与氟化钠反应，经分离得氟化镁。

$$MgSO_4 + 2NaF == MgF_2 + Na_2SO_4。$$

（4）高纯氟化镁制备

将高纯氧化镁与高纯氟氢酸反应得氟化镁，得到的氟化镁经灼烧处理得高纯氟化镁。

$$MgO + 2HF == MgF_2 + H_2O。$$

3. 工艺流程

（1）碳酸镁法

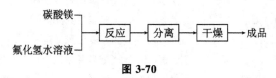

图 3-70

（2）高纯氟化镁制法

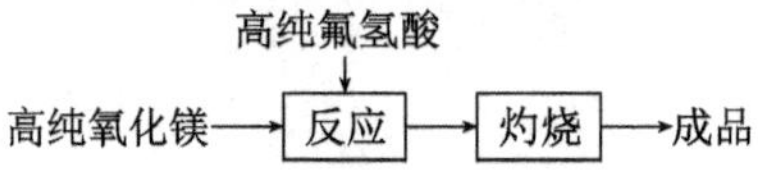

高纯氧化镁 ——→ 反应 ——→ 灼烧 ——→ 成品

图 3-71

4. 生产工艺

（1）碳酸镁法

在衬铅的反应器中盛过量的氢氟酸（40％），在搅拌下将碳酸镁溶于其中，反应生成的氟化镁，经过滤、洗涤，并在 105 ℃ 左右进行干燥，再经粉碎后即得成品。

（2）高纯氟化镁制法

将 500 g 99.99％的高纯氧化镁置于特制的聚乙烯塑料烧杯中，加入一定量的电导水，用塑料棒搅成糊状，然后缓慢加入 1500 mL 高纯氢氟酸，搅拌后放入水浴中煮 5～6 h，并应不断地搅拌。待 MgO 全部转化为氟化镁时，用煮沸的电导水进行倾析法洗涤两次，吸滤沉淀。用塑料匙将白色沉淀物放入 1000 mL 的白金蒸发皿中于电炉上灼烧，并用铂金棒搅拌使其干燥，然后冷却，得 600 g 高纯氟化镁。

5. 说明

①制备氟的化合物必须用白金器皿，为节省白金用量，可以在白银内衬一层薄薄

的铂片代替。

②操作时要特别小心防止机械杂质及灰尘进入成品中，因为这些产品无法再行重结晶，因此生产场地要特别清洁。

6. 产品标准

(1) 工业品标准

含量（MgF_2）	97.0%～98.0%
水分	≤4.0%
二氧化硅（SiO_2）	≤0.9%
钠（Na）	≤0.1%
钙（Ca）	≤0.1%

(2) 高纯品标准

含量（MgF_2）		≥99.99%	
杂质最高含量：			
氯化物（Cl^-）	3×10^{-3}%	硫酸盐（SO_4^{2-}）	5×10^{-5}%
总氮量（N）	3×10^{-3}%	干燥失重	6×10^{-2}%
镉（Cd）	1×10^{-4}%	钴（Co）	1×10^{-4}%
硼（B）	1×10^{-4}%	铝（Al）	1×10^{-3}%
钛（Ti）	3×10^{-3}%	锡（Sn）	1×10^{-4}%
铜（Cu）	1×10^{-4}%	锰（Mn）	3×10^{-4}%
铁（Fe）	1×10^{-3}%	锑（Sb）	3×10^{-4}%
铅（Pb）	3×10^{-4}%	硅（Si）	1×10^{-3}%
镓（Ga）	1×10^{-4}%	镍（Ni）	3×10^{-4}%
铋（Bi）	1×10^{-4}%	银（Ag）	1×10^{-4}%
钙（Ca）	3×10^{-4}%	铬（Cr）	1×10^{-4}%

7. 产品用途

用于阴极射线屏的荧光材料，光学透镜的反、折射剂及焊接剂。用于制造陶瓷、玻璃、冶炼镁金属的助焙剂、光学仪器中镜头及滤光器的涂层。

8. 参考文献

[1] 徐超，张钦辉，刘晓阳，等. 提拉法生长高质量氟化镁单晶 [J]. 人工晶体学报，2017，46 (11)：2304-2305.

[2] 杨华春. 高纯氟化镁新工艺研究 [J]. 轻金属，2014 (6)：19-22.

3.65　高纯碲

碲（Tellurium）元素符号 Te，相对原子质量 127.60。同位素有：^{120}Te、^{122}Te、^{123}Te、^{124}Te、^{125}Te、^{126}Te、^{128}Te、^{130}Te。

1. 产品性能

用还原法制得的碲是深灰色脆质粉末或晶体，有毒，外形如石墨。碲溶于浓硫酸时呈红色，能溶于硝酸、王水、氢氧化钾、氰化钾溶液，不溶于水及中性溶剂。在空气中燃烧，有绿蓝色火焰，形成二氧化物。熔融的碲能溶解许多金属。其相对密度6.25，熔点449.8 ℃，沸点1390 ℃，有金属光泽，易导热和导电。

2. 生产方法

（1）还原法

碲用王水溶解后浓缩，用水合肼还原得到碲沉淀。分离后用硝酸溶解，过滤，浓缩，得硝酸碲。硝酸碲水解后用高纯盐酸溶解，去杂后用水合肼还原，烘干后于氢气流下升华，得高纯碲。

（2）区域熔融法

以直径为3.3 cm、长度为80 cm的石英管作为外管，选用石墨舟作盛器，采用高纯氮（加5%～10%的氢）作为保护性气体下进行无氧区域熔融。以经过蒸馏和升华的工业碲为原料，经15～20次区熔后，得高纯碲。

3. 工艺流程

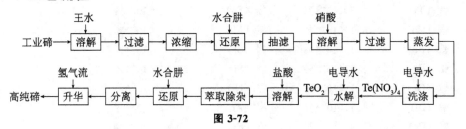

图3-72

注：该工艺流程为还原法的工艺流程。

4. 生产工艺

将50 g 99.9%的工业碲置于600 mL烧杯中，用王水溶解，搅拌，待溶解完毕后，过滤。然后在滤液里加入高纯盐酸，稍稍加热驱除HNO_3。接着加热浓缩得$TeCl_4$溶液，加2倍电导水稀释，过滤。将滤液继续加热，在80 ℃左右加水合肼（1份水合肼和2份水）还原。水合肼量为碲的2倍，待棕黄色沉淀全部出现后进行抽滤，用电导水洗pH至6～7，抽干。

称取20 g上述碲，置于600 mL烧杯中，用220 mL电导水和160 mL高纯硝酸将其溶解，驱除NO_2，使溶液自绿黄色变为微黄色为止。溶解温度不宜过高，应控制在30～40 ℃，然后将溶液过滤，滤液进行蒸发得硝酸碲，并用少量电导水加以洗涤。

取5倍于硝酸碲量的电导水进行水解，并用倾泻法洗涤，水解生成二氧化碲，再加高纯盐酸溶解为四氯化碲。

将四氯化碲先用异丙醚萃取两次，再用乙醚萃取，振摇20 min，放置几分钟，待分层后分去有机相，如水相析出白色二氧化碲，可加少量HCl再行溶解，过滤，使滤液澄清后用水合肼还原（其浓度比为 1 份水合肼和 2 份水）。于 80 ℃ 时使碲沉淀完全，吸干洗涤，进行烘干。在 550 ℃ 氢气中熔融，并于氢气流下 800 ℃ 升华一次，获得高纯碲。

5. 产品标准

	（一）	（二）
含量（Te）	≥99.99%	≥99.999%
杂质最高含量：		
铁（Fe）	1×10^{-7}%	1×10^{-6}%
镍（Ni）	1×10^{-7}%	—
镓（Ga）	1×10^{-7}%	—
铝（Al）	1×10^{-7}%	5×10^{-7}%
钴（Co）	1×10^{-7}%	5×10^{-8}%
铜（Cu）	1×10^{-7}%	1×10^{-7}%
铅（Pb）	1×10^{-6}%	1×10^{-7}%
铊（Tl）	1×10^{-7}%	1×10^{-7}%
锑（Sb）	1×10^{-7}%	1×10^{-6}%
镁（Mg）	1×10^{-6}%	4×10^{-7}%
钙（Ca）	1×10^{-6}%	1×10^{-6}%
硼（B）	1×10^{-7}%	2×10^{-7}%
磷（P）	1×10^{-7}%	5×10^{-7}%
硫（S）	1×10^{-7}%	1×10^{-6}%
硒（Se）	1×10^{-6}%	5×10^{-7}%

6. 产品用途

可用于制作半导体材料。

7. 参考文献

[1] 赵海涛. 碲生产工艺优化的探索与实践 [J]. 铜业工程，2016（6）：45-47，72.
[2] 李永红，刘兴芝. 用熔融结晶原理生产高纯碲的方法 [J]. 辽宁大学学报（自然科学版），2014，41（2）：137-141.

3.66 高纯硒

硒（Selenium）元素符号 Se，相对原子质量 78.964。稳定同位素有 ^{74}Se、^{76}Se、^{77}Se、^{78}Se、^{80}Se、^{82}Se。

1. 产品性能

硒系灰色或暗红色非金属元素，有毒，与硫同族，有棒状、粒状或粉末状等；光泽极强，在空气中燃烧则发出红色火焰而成二氧化硒；能溶于二硫化碳、浓硫酸，不溶于水、醇。其相对密度为 4.8，熔点 220.2 ℃，沸点 690 ℃。

2. 生产方法

硒粉与硝酸反应，经浓缩、结晶、去汞后得二氧化硒，经升华提纯后用肼还原，还原经后处理得高纯硒。

3. 工艺流程

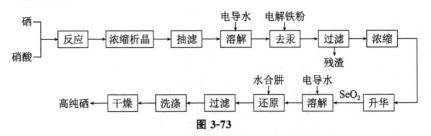

图 3-73

4. 生产工艺

将工业用（或试剂级）硝酸用泵吸入不锈钢硝酸贮槽，然后将 45 kg 硝酸放入 100 L 搪玻璃反应锅中，用 15 kg 蒸馏水稀释。

在不锈钢或塑料容器内装入 20 kg 硒粉，缓慢加到搪玻璃反应锅中，与硝酸反应约 2 h，若原料系块状的硒则需磨成粉，这样既能使反应顺利进行，又能节省时间。加料不宜太快，否则会引起结块，反而影响反应速度。

投料完毕后，打开蒸汽阀门，进行加热浓缩至结晶出现。此时应停止加热，将反应锅内的结晶与溶液直接加热浓缩，直至全部结晶出现为止。然后冷却、抽滤、洗涤、甩干。

将上述结晶移于不锈钢反应锅内，加入 50 L 电导水（70～80 ℃），在搅拌下使结晶溶解，溶后保温，加入 4.5 kg 99.95％的电解铁粉，边加边搅拌，加完后让其静置澄清 1 h 过滤。将滤液倒入 4.50 L 搪玻璃反应锅中，浓缩待结晶出现后移入铁锅中进行炒干，在搅炒过程中必须注意勤炒，防止 SeO_2 黏结锅底。加热温度稍低些，否则易使 SeO_2 升华而损失。

将炒干的 SeO_2 放入升华器中，每批放 16～20 kg，拧紧盖子，打开电源进行加热，约 15 min 便开始升华，约升华 5 h 后，停止加热。稍冷却后，取其中间馒头形突出部分 7～8 kg。注意：在取料时应谨慎安全，身穿保护衣，并戴好防毒面具。

将升华得到的二氧化硒加入电导水，（每千克 SeO_2 加入 4.7 kg 电导水）溶解。用 4 号砂芯漏斗过滤，将澄清的滤液置于白瓷缸中，然后在搅拌下缓慢加入预先过滤好的水合肼进行还原，直至 pH＝7 左右。在操作时要注意安全，须在通风橱内进行，或用排气风扇排除废气。将上述还原得到的硒稍加冷却后，用漏斗铺上白府绸布进行吸干，并用电导水洗涤一下，再吸干。

将成品放在盘中，于 70～80 ℃ 烘箱内干燥，得到纯度为 99.999％的高纯硒。

5. 说明

①电解铁粉可置换硒中的铅、汞等杂质；而铁不易升华，当 SeO_2 升华时，Fe 留在升华器底部。

②硒有毒！且易升华，操作过程必须采取有效防范措施。

6. 产品标准

含量（Se）		≥99.999%	
杂质最高含量：			
铁（Fe）	1×10^{-5}%	铟（In）	1×10^{-5}%
钴（Co）	1×10^{-5}%	铊（Tl）	1×10^{-5}%
镍（Ni）	1×10^{-5}%	硼（B）	2×10^{-5}%
铜（Cu）	1×10^{-5}%	钙（Ca）	1×10^{-5}%
银（Ag）	1×10^{-5}%	镁（Mg）	1×10^{-5}%
金（Au）	1×10^{-5}%	锑（Sb）	5×10^{-5}%
铝（Al）	1×10^{-5}%	硫（S）	1×10^{-4}%
镓（Ga）	1×10^{-5}%	碲（Te）	1×10^{-4}%
铋（Bi）	1×10^{-5}%	砷（As）	5×10^{-5}%
铅（Pb）	1×10^{-5}%	磷（P）	5×10^{-5}%

7. 产品用途

高纯硒是一种半导体材料，用于整流器件，也用于半导体生产的扩散、掺杂工艺，还用于照相曝光剂、冶金添加剂等。

8. 参考文献

[1] 高远，吴昊，王继民. 高纯硒的制备方法 [J]. 稀有金属，2009，33（2）：276-278.

[2] 吴昊. 高纯硒提纯工艺研究 [D]. 长沙：中南大学，2011.

第四章 电子工业特种气体与高纯试剂

电子工业特种气体是微电子工业的重要主要原材料，被称为半导体材料的"粮食"和"源"，不但用于半导体工业，还用于液晶显示器件（LCD）、分立器件、非晶硅太阳能电池和光导纤维的制造。高纯气体中 N_2、H_2、Ar 等在电子工业中主要用作稀释气和运载气，而硼烷（B_2H_6）、磷烷（PH_3）、砷烷（AsH_3）等主要用作气体掺杂剂。

在微电子工业中，由于高纯单晶硅是一种本征半导体，其导电性能很不理想，必须有控制地掺入微量的杂质元素，才能具备所需的电性能。因为掺杂剂是有控制地加入，用量极小，一般在万分之几到十万分之几，且是直接加于硅片内，因此对其质量要求甚高。

电子特种气体产品除了要求"超纯"之外，还要求"超净"，即对特气中粒子和金属杂质有极严格的要求。硅片污染源的颗粒容许尺寸一般为最小线宽的 $1/10\sim 1/5~\mu m$。

半导体器件性能的好坏，在很大程度上取决于所用电子特种气体的质量，电子气体纯度每提高一个数量级，都会极大地推动半导体器件有质的飞跃。同时，电子特种气体多为易燃、易爆、剧毒物质，对生产工艺和安全操作有极高的要求。

超净高纯试剂也称湿法化学品（Wet chemicals）或工艺化学品（Process chemicals），是大规模或超大规模集成电路及高档半导体器件制造过程中的关键化学品，主要用于硅单晶片的清洗、光刻、腐蚀等工序中，它的纯度和洁净度对集成电路的成品率、电性能及可靠性有着十分重要的影响。对于兆位级器件，$0.10~\mu m$ 的颗粒就可能造成器件失效。亚微米级（$4.0\sim 35.0~\mu m$）器件要求 $0.1~\mu m$ 的颗粒在 10 个片以下，同时要求各种金属杂质，如 Fe、Cu、Cr、Ni、Al、Na 等，控制在目前分析技术的检测下限以下（约为 1×10^{10} 原子/cm^2）。目前国际 SEMI 标准化组织将超净高纯试剂按应用范围分为 4 个等级：SEMI-C1 标准（适用于 $>4.2~\mu m$ IC 工艺技术的制作）、SEMI-C7 标准（适用于 $0.8\sim 4.2~\mu m$ IC 工艺技术的制作）、SEMI-C8 标准（适用于 $0.09\sim 0.20~\mu m$ IC 工艺技术的制作）、SEMI-C12 标准（适用于 $0.09\sim 0.20~\mu m$ IC 工艺技术的制作）。

超净高纯试剂通常由低纯试剂或工业品经过纯化精制而成，其工艺过程包括选料、提纯、过滤、分装、贮存等环节。随着集成电路的集成度的不断提高，对超净高纯试剂中的可溶性杂质和固体颗粒的控制越来越严，同时对生产工艺、生产环境、包装方式及包装材质等提出了更高的要求。为了满足我国集成电路的发展需求，我国正在加快超净高纯试剂的研制开发与生产。

4.1 高纯氢

高纯氢（High purity hydrogen）分子式 H_2，相对分子质量 2.02。

1. 产品性能

无色、无臭、无毒、无腐蚀的可燃气体。氢无毒，但不能维持生命，它是一种窒息剂。

氢分子由两种同分异构体组成，即正氢和仲氢。在常温下，正氢与仲氢分子个数比为 75：25。随着温度降低，仲氢比例提高，伴随着放出转化热。20.4 K 时平衡组成 x（正氢）：x（仲氢）为 0.2%：99.8%。

正氢（Orthohydrogen）在 $-252.8\ ℃$、104.3 kPa 时，气体密度 4.331 g/cm³，液体密度 70.96 g/cm³，在 0 ℃、104.3 kPa 时，气体相对密度 [ρ（空气）$=1$] 为 0.069 960。沸点 252.8 ℃，熔点 $-259.2\ ℃$，临界温度 239.96 ℃，临界压力 1315 kPa，临界密度 30.12 g/cm³，三相点 $-259.2\ ℃$（7.20 kPa）。在空气中的可燃限 4.0%～75.0%（体积）。自燃温度 574.2 ℃。

仲氢（Parahydrogen）沸点 $-252.9\ ℃$，熔点 $-259.3\ ℃$，临界温度 $-240.17\ ℃$，临界压力 1293 kPa，临界密度 34.43 g/cm³。三相点 $-259.3\ ℃$（7.042 kPa）。在 $-252.9\ ℃$、104.3 kPa 时，气体密度 4.338 g/cm³，液体密度 70.78 g/cm³。

在常温下常压下，氢气无腐蚀性，但在高温高压下，氢气可引起某些钢种的脆裂。

2. 生产方法

（1）电解水制备氢气

经低温吸附法或低温液化法或金属氢化物吸氢净化法制得高纯氢。

$$2H_2O \xrightarrow{\text{电解}} 2H_2 \uparrow + O_2 \uparrow 。$$

以电解氢为原料，还可采用变压吸附法、中空纤维膜扩散法或钯膜扩散法制得高纯氢。

（2）以工业氢为原料氢制高纯氢

99% 的工业氢经减压进入低压干燥器除去油污及少量水分后，进入除氧炉脱氧，经冷却除去反应生成的水，升压进入中压干燥器进一步除水后，送入中压纯化器吸附脱除各种杂质，再经膜压机加压后，送入高压纯化器进一步净化管路系统的杂质，即可获得高纯氢。

3. 工艺流程

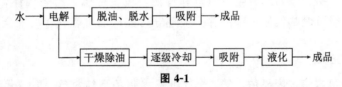

图 4-1

4. 生产工艺

以电解氢或其他工业氢气为原料，可采取下列方法纯化。

（1）低温吸附法

以工业含氢尾气或电解氢为原料，经脱油、脱水、脱高沸点组分，然后在液氢温度下采用活性炭或分子筛吸附脱除氮、氧、氩等低沸点杂质，两台吸附器交换使用，以实现连续操作，可制取纯度为 99.9999% 的氢。

（2）低温液化法

氢经干燥除油后，逐级冷却到液氮温度，吸附纯化，采用膨胀机制冷或高压节流膨胀制冷，将部分氢气液化。液氢纯度通常高于 99.999%。

（3）金属氢化物吸氢净化法

以电解氢为原料，经干燥脱水、预净化得纯度为 99.99% 的氢，将其通入贮氢合金筒中，利用贮氢合金在低温下吸氢、高温（98 ℃）下放氢的特性，可制取纯度达 99.9999% 的超纯氢。

5. 产品标准

	超纯氢	高纯氢	纯氢
氢（H_2）	≥99.9999%	≥99.999%	≥99.99%
一氧化碳（CO）	≤0.1×10^{-6}	≤1×10^{-6}	≤5×10^{-6}
二氧化碳（CO_2）	≤0.1×10^{-6}	≤1×10^{-6}	≤5×10^{-6}
氮（N_2）	≤0.4×10^{-6}	≤5×10^{-6}	≤60×10^{-6}
水（H_2O）	≤4.0×10^{-6}	≤3×10^{-6}	≤30×10^{-6}
氧（O_2）	≤0.2×10^{-6}	≤1×10^{-6}	≤5×10^{-6}
甲烷（CH_4）	≤0.2×10^{-6}	≤1×10^{-6}	≤10×10^{-6}

注：含量系指体积比。国标中"超纯氢""高纯氢"中氧含量系指氧和氩的总量；"超纯氢"系指管道氢，不包括钢瓶装氢。该标准选自 GB/T 7445。

6. 产品用途

主要为大规模和超大规模集成电路制造中提供还原气氛，是配制 SiH_4/H_2、PH_3/H_2、B_2H_6/H_2 等混合掺杂气的底气，也用于真空材料和器件生产中。

7. 安全与贮运

氢气是一种窒息性气体，具有可燃、易爆性。处理和使用时应做到：绝不能在有火焰、过热或有火花区域使用氢气瓶；只使用防爆设备和不打火的工具；绝不能用明火检查氢气是否泄漏，只能用皂液。氢无腐蚀性，在常温下可装在按承受所需工作压力而设计的任何普通金属容器内。适用于装液态氢的容器金属包括奥氏体镍铬钢、铜、铜硅合金、铅、蒙乃尔合金、黄铜和青铜。包装标志：易燃气体。不能与含氧、其他强氧化性或可燃物气瓶一起贮存。应遵守有关压缩可燃气体的安全规定。

8. 参考文献

[1] 胡志华，刁志伟，廖显伯，等. 光伏电解水制备高纯氢气 [J]. 云南师范大学报（自然版），2004（6）：20-22.

[2] 古共伟，陈健，郜豫川，等. 高纯氢制备工艺 [J]. 低温与特气，1998（4）：27-32.

4.2　高纯氮

高纯氮（High purity nitrogen）分子式 N_2，相对分子质量 28.01。

1. 产品性能

在常温常压下是无色、无味、无臭、无毒的气体，是窒息性气体。在常压下降温至 -195.8 ℃时变成无色透明、易于流动的液体。冷却至 -210.1 ℃时即凝固成雪状固体。氮在空气在不燃烧，常温下呈惰性。可与一些特别活泼的金属，如 Li、Mg 形成氮化物。

高纯氮是热和电的不良导体。低温液氮的不带磁性。微溶于水、酒精和醚。水中溶解度为 2.35 mL/100 mL H_2O。在 0 ℃、0.1 MPa 时沸点 84.8 K。-195.8 ℃、104.325 kPa 时，液体密度 808.14 kg/m³。气体密度 4.60 kg/m³。临界温度 -146.9 ℃，临界压力 3400 kPa，临界密度 311 kg/m³。折射率（液体 77.12 K，104.325 kPa）4.198 44。

2. 生产方法

以空分装置生产的普通氮气为原料气，通过化学法及吸附干燥法净化得高纯氮气。也可以将空气液化后进行精馏，制取高纯氮气。

3. 工艺流程

图 4-2

4. 生产工艺

将空分装置生产的普通氮气于 200~250 ℃下初除氧，经膜压机压缩后再进一步除氧，再经 5Å 分子筛吸附脱水后充瓶，得高纯氮。也可使用变压吸附法、膜分离法制取纯氮和高纯氮。

5. 产品标准

	优级品	一级品	合格品
氮（N_2）	≥99.9996%	≥99.9993%	≥99.999%
氧（O_2）	≤4.0×10⁻⁶	≤2.0×10⁻⁶	≤3.0×10⁻⁶
水（H_2O）	≤4.0×10⁻⁶	≤2.6×10⁻⁶	≤5.0×10⁻⁶
氢（H_2）	≤0.5×10⁻⁶	≤4.0×10⁻⁶	≤4.0×10⁻⁶
二氧化碳（CO_2）	≤4.0×10⁻⁶	≤2.0×10⁻⁶	≤3.0×10⁻⁶
甲烷（CH_4）	≤4.0×10⁻⁶	≤2.0×10⁻⁶	≤3.0×10⁻⁶
一氧化碳（CO）	≤4.0×10⁻⁶	≤2.0×10⁻⁶	≤3.0×10⁻⁶

注：国标中氮纯度中包含微量惰性气体氦气、氖气、氩气，液态氮不规定水含量。

6. 产品用途

高纯氮主要用于半导体器件和彩色显像管的生产中，在集成电路、半导体和电真空器件制造中用作保护气和运载气，也用作化学气相淀积时的载气。作为液体扩散源的携带气（或气体扩散源的稀释气），在室温扩散炉中用作器件的保护气。高纯氮还在外延、光刻、清洗和蒸发等工序中，作为置换、干燥、贮存和输送用气体；也用于石油、化工及氮分子激光器的生产。且可作分析仪器载气，如标准气、校正气、平衡气及在线仪表标准气等。

7. 安全与贮运

氮气无毒、不可燃，但是一种窒息性气体。氮气可以贮存在按贮存压力设计的任何普通金属结构容器里。适用于液氮的金属包括 18-8 不锈钢、奥氏体铬镍合金、铜、黄铜、蒙乃尔合金和铝。

8. 参考文献

[1] 张猛，石文星. 移动式制备高压高纯氮气技术 [J]. 化工自动化及仪表，2016，43（10）：1104-1106，1110.

[2] 董红军. 高纯氮气纯化工艺及组分分析技术探讨 [J]. 化学工程与装备，2010 (8)：70-71.

4.3　高纯氧

高纯氧（High purity oxygen）分子式 O_2，相对分子质量 32.00。

1. 产品性能

常温下为无色、无臭、无味气体。在常压下冷却至 $-182.9\ ℃$ 时，即成天蓝色透明、易流动的液体。冷却至 $-218.78\ ℃$ 时，生成蓝色结晶。沸点 $-182.96\ ℃$，熔点 $-218.78\ ℃$。临界温度 $-118.57\ ℃$，临界密度压力 5043 kPa，临界密度 436.1 g/cm^3。三相点为 -218.78（0.1480 kPa）。氧在常温下与有些物质不反应，在高温下能与多种元素直接进行氧化还原反应。氧不可燃，但助燃。氧无毒，但人在高浓度氧中，对肺和中枢神经有不良影响。

2. 生产方法

使用特殊的低温精馏装置把商品液氧精制成纯度为 99.999％ 的高纯氧，促进半导体器件制造的高速发展。集成电路集成度越高，对氧的纯度要求也越高；1 兆位电路需用纯度为 99.99％ 的氧，4 兆位集成电路需用纯度为 99.995％ 的氧，而 16 兆位的集成电路需要 99.999％ 的高纯氧。随着集成电路集成度的提高，要求氧的纯度也要提高，因此，开展高纯氧的研制，有着十分重要的意义。

提纯氧的方法有多种，最常用的是低温精馏法和催化法。利用低压水电解装置出来的电解氧，经过催化脱氢，干燥除水和催化除烃的工艺流程，可得纯度达99.995％以上高纯氧。

以空分装置生产的氧为原料经两级精馏后得99.5％以是的氧，再进入高纯氧塔，经过两次低温馏后得99.995％以上高纯氧，以液态排入高纯氧液体贮槽中，然后用专用液体槽车送至用户或经汽化后压缩充瓶。

3. 工艺流程

（1）电解氧为原料

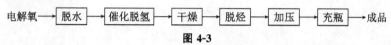

电解氧 → 脱水 → 催化脱氢 → 干燥 → 脱烃 → 加压 → 充瓶 → 成品

图 4-3

（2）空分氧为原料

空气 → 液化 → 精馏 → 二级精馏 → 低温精馏 → 二级低温精馏 → 成品

图 4-4

4. 生产工艺

水电解装置制造的电解氧纯度约为99.8％，经管道输送并减压后进入氧气缓冲罐，由膜压机一段加压至4.2 MPa，进入纯化器。纯化器主要由4部分组成：脱水器（脱水器的主要功能是消除氧气中的碱液成分）、脱氢器（脱氢器中装有催化剂，当氧气通过脱氢器时，电解氧中的主要杂质氢在催化剂作用下与氧发生反应生成水）、干燥器（干燥器的作用是除去反应生成的水）、脱烃器（脱烃器里也装有催化剂，目的是脱除一氧化碳、甲烷等杂质）。合格的高纯氧气从纯化器出来后，再经膜压机二段加压至15 MPa，送至充气汇流排，充入合格的待充气瓶，各项技术的指标经分析检测合格后，就可作为高纯氧气气体标准物质产品。

气瓶预处理是保证合格产品的重要工序。气瓶预处理有3个关键点：一是要选择合格的气瓶。所谓合格的气瓶，首先要完全符合国家质量技术监督局颁发的《气瓶安全监察规程》，气瓶外表面的颜色、字样、符合 GB/T 7144—2016《气瓶颜色标记》的规定。不符合充装条件的气瓶严禁充装。对气瓶的气密性检验要严格，逐瓶用检漏液进行检验，瓶阀最好选用无爆破片的氩阀，或者专用气瓶阀，通常情况下禁止用其他气瓶改制成高纯氧气瓶，特殊情况下的改制应由专业单位进行，并事先用四氯化碳清洗掉气瓶内壁残存的油污，以确保安全和质量。有条件的还可以对气瓶内壁进行抛光或涂层处理。二是对传统的加热真空处理流程进行改进。可在气瓶与真空泵之间加入冷凝管和除水系统，这样做可以防止水分大量进入真空泵油内，而影响抽真空效果。三是加热抽真空过程不能一次完成，首次抽真空后还必须充入合格的高纯氧气进行置换，然后再抽真空，这样反复抽空置换2～3次。虽然每次抽真空的真空度可以达3～5 Pa，理论计算，瓶内残存的氮、水的杂质量对高纯氧的杂质的含量影响不大，$[w(N_2) < 0.5 \times 10^{-6}, w(H_2O) < 0.5 \times 10^{-6}]$ 实际上，由于真空表的安装置靠近真空泵，因此其指示值与被处理气瓶内部实际真空度之间存在的一定的误差。所以上述措施是非常必要的。

5. 产品标准

纯度	≥99.995%
尘埃（ϕ≥5.4 μm）/（粒/L）	≤3.5
杂质最高含量/（μg/g）	
N_2	10
Ar	5
CH_4	1
CO_2	0.5
CO	1
H_2O	1

6. 产品用途

20 世纪 60 年代以前，高纯氧主要用于制造性能优异的燃料电池。70 年代初，因光导纤维和半导体工业的迅速发展，要求提供纯度很高的氧。80 年代开发的钢材激光切割工艺，用高纯氧代替纯氧，可使切割速率提高 50%，且可得到高质量的切割工件。目前，高纯氧主要用于制造大规模集成电路，用于半导体器件的热氧化、扩散、化学气相淀积、等离子、干蚀刻等工艺中。还可用于光导纤维、彩电显像管制造并作标准气、校正气、零点气等。

7. 安全与贮运

氧无毒。但人在高浓度氧中对肺、中枢神经有不良影响，氧不燃，但助燃。氧气包装标志：不燃气体和氧化剂。气体氧无腐蚀性，可以贮存在按其他奥氏体铬镍合金、铜、蒙乃尔合金、黄铜和铝。所有可燃物质、特别是油和油脂，不得与高浓度氧接触。对所有可能的着火源，都必须加以封闭或撤离。对氧气的管理应遵守压缩气体安全管理的有关条例。对液氧还必须遵守有关低温液体的安全管理条例。

8. 参考文献

[1] 强志炯，杨泉生，沈涛. 高纯氧气气体标准物质的研制与生产 [J]. 低温与特气，2000（2）：25-28.

[2] 李义良，刘芝联，何玉兰. 超高纯氧的制备 [J]. 低温与特气，1994，（2）：40-43.

4.4 高纯氦

高纯氦（High purity helium）分子式 He，相对分子质量 40.0。

1. 产品性能

氦气为无色、无味、无臭气体。不可燃，也不助燃，化学性质不活泼，是一种窒息剂。沸点−268.9 ℃。24.1 ℃、104.3 kPa 时气体密度 0.165 kg/m^3，是难液化气体。临界温度－267.9 ℃，临界压力 227 kPa，临界密度 69.4 kg/m³。三相 0 ℃ 时在水中溶解度 0.0094（体积比）。在－268.9 ℃ 和 104.3 kPa 下液体密度 124.98 kg/m³。在空气中含量 4.6×10⁻⁴%。

2. 生产方法

从天然气（有的天然气含氦达 7%）中提氦。将天然气先经催化加氧脱氢，采用带膨胀机的制冷循环，高压冷凝吸附制取高纯氦。

将空分得到的 90% 的氖氦混合气，经吸附除氮，精馏后除氢，再吸附纯化，可得高纯氦。

3. 工艺流程

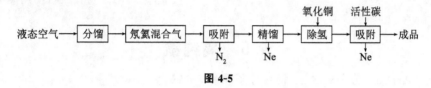

图 4-5

4. 生产工艺

将液体空气分馏得到的含量为 90% 的氖氦混合气体，在常压液氮温度下经活性炭吸附除氮，可得到含量为大于 99.9% 的纯氖氦混合气，经氖氦分离器，得到 99.9% 的粗氦产品及含量大于 98% 的粗氖产品。粗氦经氧化铜炉除氢，再在低温、中压、高压下用椰壳活性炭吸附除氖，即可制得纯度为 99.999% 的高纯氦。

5. 产品标准

	高纯氦	一级品	二级品
氦（He）	≥99.999%	≥99.995%	≥99.99%
氖（Ne）	<4.0×10⁻⁶	<15.0×10⁻⁶	<25.0×10⁻⁶
氢（H₂）	<4.0×10⁻⁶	<3.0×10⁻⁶	<5.0×10⁻⁶
氧（O₂）	<4.0×10⁻⁶	<3.0×10⁻⁶	<5.0×10⁻⁶
氮（N₂）	<2.0×10⁻⁶	<10×10⁻⁶	<20×10⁻⁶
一氧化碳（CO）	<0.5×10⁻⁶	<4.0×10⁻⁶	<4.0×10⁻⁶
二氧化碳（CO₂）	<0.5×10⁻⁶	<4.0×10⁻⁶	<4.0×10⁻⁶
甲烷（CH₄）	<0.5×10⁻⁶	<4.0×10⁻⁶	<4.0×10⁻⁶
水（H₂O）	<3.0×10⁻⁶	<10.0×10⁻⁶	<15.0×10⁻⁶

6. 产品用途

在半导体工业中用于生成锗和硅晶体的保护气、某些混合气的底气，电子工业中用作运载气、激光气；也用于原子反应堆和加速器，激光器、火箭、冶炼和焊接时的保护气体。

7. 安全与贮运

氦是无毒的，但它可以通过置换空气中的氧而造成窒息危险。较长时间吸入含氧小于10％的空气可导致脑组织损伤或死亡，最初的症状包括恶心、呕吐和哮喘，暴露在这样的大气中的人不能自救或呼救。吸入纯氦气会立即失去知觉并且几乎立即死亡。在大量使用气态氦或液氦时，应在通风良好的地方进行，以避免形成缺氧空气。

氦气包装标志：不燃气体。氦气无腐蚀性、化学惰性，因此可以充装在空的按工作压力设计的任何普通金属制的容器中。适用于液氦的材质有18-8不锈钢、奥氏体镍铬合金、铜、蒙乃尔、黄铜和铝。

8. 参考文献

[1] 周鹏云，冷奎. 高纯氦气体标准物质的研制 [J]. 低温与特气，2003（3）：20-22.

4.5 高纯氩

氩（Argon）分子式 Ar，相对分子质量 39.95。

1. 产品性能

无色、无味、无毒气体。化学性质不活泼，单原子分子。微溶于水。沸点-185.9 ℃，熔点-189.2 ℃。24.1 ℃，104.3 kPa 时气体密度 4.650 kg/m²。三相点-199.3 ℃（68.9 kPa）。临界温度-122.3 ℃，临界压力 4905 kPa，临界密度 535.6 kg/m³。氩是一种简单的窒息剂。

2. 生产方法

空分提氩，即将液化的空气进行精馏，得到粗氩，粗氩进一步加工（通过催化除氧精馏法或低温吸附法）得高纯氩。

也可提纯合成氨尾气副产品氩，得高纯氩。

3. 生产工艺

（1）空分副产品氩的精制

从空分装置粗氩塔出来的氩的纯度为95％～98％，含氧2％～5％，含氮最高为1％，进行纯化的方法有以下两种。

①催化除氧精馏法。此法是在粗氩中加入过量氢，在催化剂（铜、钯等）作用下使其中的氧与氢结合生成水，使残余氧含量低于 1 mg/kg，然后经干燥除水，最后经精馏除去氮和残余氢。这种方法适于在大型空分装置上附设精氩装置而实现纯化，氩的纯度可达99.9999％，目前国外大量使用此法。

②低温吸附法。由于4Å分子筛在-183 ℃对氧的选择吸附能力较大，常压下每克4Å分子筛可吸附氧约75 mL；而5Å分子筛在-193～-123 ℃，对氮的吸附能力较大，常压下每克5Å分子筛可吸附氮约80 mL；因此把两种分子筛吸附器串联起来，即可除去氩中氮和氧，获得99.999％以上的超纯氩。此法流程简单、安全、成本低，但要求粗氩含量最好在98％以上。

（2）合成氨尾气副产品氩的精制

合成氨尾气中含氩 7.6%、氢 55.2%，其余为氮、甲烷、氨。提氩的典型流程是经过两个精馏塔和分离器而获得液氩。近年来，为提高氩的回收率，在上述流程基础上加了中压氮洗塔。原联邦德国设计了一种同时回收氩、氢、氮的氨厂尾气处理低温工艺流程，亦采用了氮洗法，所得氩的纯度为 99.9995%，总杂质含量小于 4 mg/kg。

4. 说明

①适用于液氩的金属包装材料有 18-8 不锈钢和其他奥氏镍铬合金、铜、黄铜和铝。气态氩通常贮存在高压气瓶、管束和管速拖车中，液氩通常贮存在设在用户现场的真空绝热贮槽内。

②为获得更高纯度的氩，国外一直在积极开发新技术。例如，英国氧气公司制造的 Ar/He 纯化装置，在 700 ℃ 时以钛粒除去 O_2、N_2，以氧化铜清除烃类、氢、CO_2，以分子筛除去 H_2O，纯化后杂质总含量 <1 mg/kg。

5. 产品标准

	优级品	一级品	合格品
氩（Ar）	≥99.9996%	≥99.9993%	≥99.999%
氮（N_2）	≤2×10^{-6}	≤4.0×10^{-6}	≤5.0×10^{-6}
氧（O_2）	≤1.0×10^{-6}	≤1.0×10^{-6}	≤2.0×10^{-6}
氢（H_2）	≤0.5×10^{-6}	≤1.0×10^{-6}	≤1.0×10^{-6}
水（H_2O）	≤1.0×10^{-6}	≤2.6×10^{-6}	≤4.0×10^{-6}
总碳（以 CH_4 计）	≤0.5×10^{-6}	≤1.0×10^{-6}	≤2.0×10^{-6}

6. 产品用途

高纯氩在半导体工业中用作生产高纯硅和锗的保护气；可用作系统清洗、屏蔽和加压用的惰性气体；还用于充填弧光灯、荧光灯和电子管。

7. 参考文献

[1] 陆峻峰，陆恺荪，盛波. 关于高纯氩生产过程中杂质分析的讨论 [J]. 深冷技术，2000（3）：18-19.
[2] 刘芙蓉，张元珍，高宁波. 高纯氩工艺流程模拟计算 [J]. 化学工程，1996（5）：60-63.

4.6　高纯氯气

高纯氯气（High purity chlorine）又称电子级氯（Eletronic grade chlorine），相对分子质量 70.91。

1. 产品性能

在常温下压下为黄绿色有毒气体。具有强烈刺激性、窒息气味、易液化为呈深黄色的液氯。氯是极强的氧化剂。在空气中不燃烧，但能助燃，一般的可燃物大都能在氯气中燃烧，就像在氧气中燃烧一样。一般可燃性气体或蒸气都能与氯气形成爆炸性混合物。氯也能与乙炔、松节油、乙醚、氨、烃类、大多数塑料及某些金属粉末剧烈反应，发生爆炸生成爆炸性产物。含水分的氯气会腐蚀铁等大部金属。氯溶于水、碱溶液、二硫化碳和乙醇等有机溶剂。它非常容易溶解在盐酸中。蒸气气压294.61 kPa（4.4 ℃），熔点 -100.98 ℃，沸点 -34.05 ℃。-34.1 ℃，104.325 kPa 时，液体密度 1562.5 kg/m³，气体密度 3.2127 kg/m³。临界温度144 ℃，临界压力 7710 kPa，临界密度 573 kg/m³。三相点 4.3945 kPa（-100.98 ℃）。折射率（气体、25 ℃、104.325 kPa）4.000 713。最空气中高容许质量浓度 1 mg/m³。

2. 生产方法

工业液氯经干燥吸附、冷凝等工艺提纯，得高纯氯。工业液氯中的质含量很复杂，主要有 H_2O [（2000～3000）$\times 10^{-6}$]，O_2（0～5%）、CO_2（0～4%）、（N_2）（0～17%）、（H_2）（300$\times 10^{-6}$）、（CH_4）（25$\times 10^{-6}$）及一些金属离子等[①]，若以工业液氯为原料制取高纯氯，则必须将工业液氯中所有杂质清到极低的程度。氯不仅剧毒，而且有强氧化和强腐蚀的异常活泼的化学性质，除极少数稀有气体，氯几乎能与所有元素形成化合物。必须选择不受氯腐蚀、不与氯发生化学反应的干燥剂与吸附剂。此外，还必须选择适宜的干燥、吸附、再经和冷凝的工艺条件，以及与此工艺过程相适应的耐强腐蚀和耐强氧化的设备材质及分检测方法。

3. 工艺流程

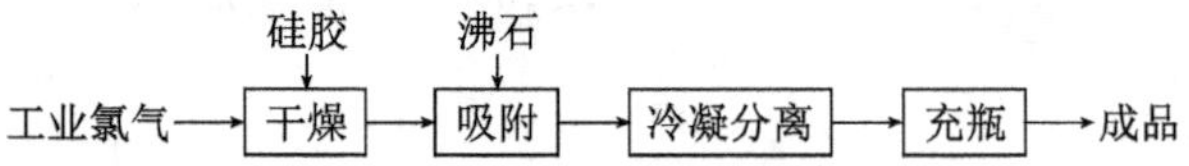

图 4-6

4. 生产工艺

首先，将工业氯气在 0.3 M～0.6 MPa 下用硅胶干燥，可以将氯气中 95% 以上的水除去，然后用化学处理过的沸石吸附器中进一步除去水、二氧化碳及少量碳氢化合物，再减压至 0.06 MPa 左右，进入-20 ℃下的冷凝器中进行冷凝分离，在-20 ℃、0.06 MPa 条件下 H_2、N_2、O_2、CO 等不凝气体冷凝器顶部导入收塔处理后排放，高纯液体氯装入已处理过并冷却到约-20 ℃和处于负压下钢瓶中。

5. 产品标准

氯（Cl_2）	≥99.995%
水（H_2O）	≤5$\times 10^{-6}$
二氧化碳（CO_2）	≤1$\times 10^{-5}$
氮（N_2）	≤1$\times 10^{-5}$

---

① 均为体积分数。

氧（O_2）	$\leqslant 2 \times 10^{-6}$
甲烷（CH_4）	$\leqslant 2 \times 10^{-6}$
氢（H_2）	$\leqslant 4 \times 10^{-6}$

6. 产品用途

高纯氯用作半导体材料的气体刻蚀剂。特别是与三氯化硼在一起时可用于铝的刻蚀。高纯氯还可用于 MCVD、VAD、PCVD 等四种光导纤维制造中，以及半导体生产中的晶体生长、热氧化学工艺中。

氯是具有刺激性、腐蚀性、高氧化性的剧毒气体。TWA：1×10^{-6}（$3\ mg/m^3$）（ACGIH）。氯能侵袭肺、鼻、喉和眼睛，在高浓氯气中会引起肺水肿以致死亡。呼吸 1000×10^{-6} 氯后同样会致死。中毒症状包括不平静、咳嗽、大量流涎、胸部不舒服、恶心、呕吐、皮肤和黏膜变成蓝色，缺氧致死。接触液体会引起强烈局部刺激和烫伤。生产操作和贮运过程必须采取有效防范措施。

液氯包装标志：有毒气体。常温下，干氯不腐蚀钢，但有水和湿气存在时，由于生成盐酸和次氯酸，呈强腐蚀性，故应保持设备中无水。管路、阀门和容器下用时应密雨过天封或加帽，以与大气中湿气隔离。

钢瓶应贮存在室外并远离可燃材料。使用的钢瓶应竖放在露天或强制通风室内。防止钢瓶过热，钢瓶温度不能超过 45 ℃。

7. 参考文献

[1] 孔祥芝. 光导纤维用高纯氯气的研制 [J]. 低温与特气，1995（2）：10-12.

4.7　高纯氯化氢

高纯氯化氢（High purity hydrogen chloriade）又称电子级盐酸（气）。分子式 HCl，相对分子质量 36.46。

1. 产品性能

常温常压下为具有刺激臭味的无色有毒气体。易溶于水。盐酸为氯化氢的水溶液，是无色或微黄色液体，并易溶于乙醇、醚和其他多种有机物。它在空气中发烟，不燃烧，潮湿时具有强烈的腐蚀性，超过 $1\ \mu g/g$ 时有刺激性令人窒息气味，最高允许质量浓度为 $5 \times 10^{-3}\ mg/L$。熔点 -114.2 ℃，沸点 -85.0 ℃。-85.1 ℃，104.325 kPa 时液体密度 1191 kg/m^3，气体密度 2.1 kg/m^3。临界温度 54.4 ℃，临界压力 8258 kPa。蒸气压 2584 kPa（0 ℃）、4227 kPa（22.1 ℃）、6550 kPa（40.6 ℃）。

2. 生产方法

（1）提纯法

以工业氯化氢气体为原料，经冷冻除水后，再经常温吸附器、低温吸附器及中压吸附器吸附，精馏塔精馏，再次低温吸附、低温吸附器及中压吸附器吸附，进行精馏塔，再次低温吸附，冷凝后得 99.995％的高纯氯化氢，再经汇流排灌瓶。

（2）直接合成法

由氢气、氯气直接合成后，再以吸附、精馏、提纯得高纯氯化氢。

3. 工艺流程

（1）提纯法

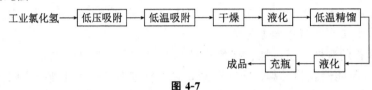

图 4-7

（2）直接合成法

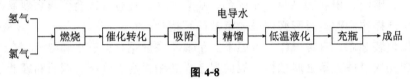

图 4-8

4. 生产工艺

将 98％～99％的工业氯化氢气体导入低压吸附器除去氯化氢中 95％以上水分，然后再进行低温吸附器及中压吸附器吸附，经干燥剂干燥后，氯化氢气体含水量可降到 10×10^{-6} 以下。采用耐酸性好的吸附剂低温吸附可将二氧化碳含量降到 10×10^{-6} 以下。

再进入膜压机二段，压缩到 4.2 MPa 以上送到冷凝器，使氯化氢液化后进入精馏塔，以低温精馏法除去氧、氮、氢等低沸点杂质。经缓冲罐进入膜压机二段，压缩到 4.2 MPa。经冷凝器冷凝液化得高纯液体氯化氢充瓶。系统中排出的所有废气送至中和槽，用碱液中和处理。

5. 产品标准

氯化氢（HCl）	≥99.995％
水（H_2O）	$<1 \times 10^{-5}$
氧（O_2）	$<4 \times 10^{-6}$
氮（N_2）	$<2 \times 10^{-5}$
二氧化碳（CO_2）	$<1 \times 10^{-5}$
总烃（THC）	$<5 \times 10^{-6}$
氢（H_2）	$<4 \times 10^{-6}$
氯（Cl_2）	$<3 \times 10^{-5}$

6. 产品用途

半导体工业中，高纯氯化氢用于外延生行、扩散和砷化镓高温气相刻蚀。高纯氯化氢还可用于发光二极管的生产。用于金属表面化处理，激光用混合气、胶片生产，以及光导纤维表面处理。

7. 安全与贮运

氯化氢是一种强刺激性有毒气体，w（TVL）$= 5 \times 10^{-6}$。如果吸入则引起呼吸系统发生痉挛、肺水肿。含量为 $(1300 \sim 2000) \times 10^{-6}$，可在几分钟内致死。中毒症状：对眼、鼻、喉和伤处（在高浓度下对皮肤）有严重刺激，导致视力减退。生产操作和贮运过程中，应采取有效的防范措施。

工作区应适当通风，备有不会被污染的安全喷淋设备和洗眼浴。使用橡胶或塑料围裙子、套袖及化学安全护目镜。还应备有呼吸器。

液化氯化氢包装标志：不燃气体。副标志：腐蚀品。直接与无水氯化氢接触的管线、阀门和设备可采用不锈钢、铸钢或低碳钢。

8. 参考文献

[1] 杨小波，冯勇，马宝财，等. 高纯氯化氢气体的制备方法综述 [J]. 广东化工，2015，42（15）：145-146.

[2] 都金贵，慕玉萍. 高纯盐酸及氯化氢工艺的优化 [J]. 中国氯碱，2011（3）：2-3.

4.8　高纯二乙基碲

高纯二乙基碲（High purity diethyltellurium）分子式 Te（C_2H_5）$_2$，相对分子质量 185.72，结构式：

$$CH_3CH_2\!-\!Te\!-\!CH_2CH_3。$$

1. 产品性能

常压下为淡黄色液体。有剧毒！有强烈的大蒜臭味，易燃烧。与水发生激烈反应。可溶于乙醇。不稳定，放置后可自行分解。空气中最高允许质量浓度为 0.1 mg/m³。沸点 137 ℃，液体密度（15 ℃）1599 kg/m³。折射率（n_D^{15}）4.5182。

2. 生产方法

在氮气保护下，碘乙烷在甲醛、亚硫酸氢钠和氢氧化钠存在下与碲反应，经水蒸气蒸馏、减压蒸馏，得高纯二乙基碲。

$$CH_3CH_2I + Te \xrightarrow[\text{NaHSO}_4\text{、NaOH}]{\text{HCHO}} (CH_3CH_2)_2Te + NaI。$$

3. 工艺流程

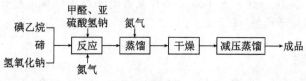

图 4-9

4. 生产工艺

将甲醛、亚硫酸氢钠加入反应器中，充氮驱尽空气，在氮气保护下，向反应器中加入氢氧化钠、碘乙烷和碲，加热，搅拌反应。反应完成后，在氮气保护下进行蒸馏。干燥后减压蒸馏得高纯二乙基碲。

5. 产品标准

二乙基碲 $[Te(C_2H_5)_2]$	$\geqslant 99.999\%$
铁（Fe）	$<1\times10^{-6}$
硅（Si）	$<3\times10^{-6}$
锗（Ge）	$<1\times10^{-6}$
硒（Se）	$<5\times10^{-6}$

注：含量为质量比，纯度中包含微量其他有机物。

6. 产品用途

电子工业中用于以 MOCVD 法生长 HgCdTe/CdTe/GaAs 多层质材料。由二乙基碲制作的红外探测器中的探测材料 CdHgTe，可用于导弹制导、红外遥感、激光通信、红外雷达等许多方面，也用于半导体材料的掺杂剂。

7. 安全措施

二乙基碲有毒，在空气中易氧化自燃。使用二乙基碲应遵守可燃、有毒物质使用有关安全规定。着火时，使用粉末灭火器、干燥的砂子灭火，绝对禁止使用水和泡沫灭火剂。

二乙基碲对氧、水、热敏感，在空气中自燃。因此合成、贮运、使用等必须在惰性气氛中进行。反应装置置于排风柜内。工作人员应穿戴耐火手套、靴、围裙、浸镀铅的石棉护具或浸镀铝的玻璃纤维护具。

采用内壁涂层的不锈钢鼓泡瓶封装，确保阀门接管畅通，瓶内空间充高纯氮气保护。高纯二乙基碲应贮存在冰箱中。产品运输时瓶外用充氮气的软包装袋保护，并放入塑料袋中，然后封入内衬有无机防火材料的铁盒中，再固定在木箱中。

8. 参考文献

[1] 赵岳五. 分级结构碲的可控合成、表征及应用 [D]. 温州：温州大学，2012.
[2] 旷芹法. 二乙基碲的毒性 [J]. 工业卫生与职业病，1984（2）：127.

4.9 电子级硅烷

电子级硅烷（Electronic grade silane）又称电子级甲硅烷、电子级四氢化硅，分子式 SiH_4，相对分子质量 32.112。

1. 产品性能

硅烷是一种无色压缩气体，在空气中自燃。比容 0.749 m^3/kg。0 ℃、

104.3 kPa 时气体密度 4.44 kg/m³，－185 ℃下液体密度 711 kg/m³。在 104.3 kPa（104.3 kPa）下，熔点－184.7 ℃，沸点－112 ℃。临界温度－3.4 ℃，临界压力 4842 kPa（绝对），临界密度 247 kg/m³。在水中溶解度可忽略。与空气混合后形成爆炸混合气，具有令人窒息的气味。硅烷加热到约 400 ℃，开始分解成非晶态硅和氢，在 600 ℃ 以上即以晶态硅的形式分解出来。

2. 生产方法

硅化镁法，即硅的金属化合物（如硅化镁）与工业氯化铵在液氨介质中发生反应生成硅烷。

$$Si+2Mg \xrightarrow[600\ ℃]{真空} Mg_2Si,$$

$$Mg_2Si+4NH_4Cl \xrightarrow{液氨} SiH_4 \uparrow +2MgCl_2+4NH_3 \uparrow 。$$

氢化锂铝法，氢化锂铝与四氯化硅反应，生成硅烷。

$$LiAlH_4+SiCl_4 \xrightarrow{Et_2O} SiH_4 \uparrow +AlCl_3+LiCl。$$

3. 生产工艺

用纯度 99.9％的镁粉（30～60 目）与干燥硅粉（纯度 99％，120 目）以 m（镁粉）：m（硅粉）＝5：3 在低真空下进行固相反应得硅镁合金。在反应釜内硅镁合金在液氨介质中与氯化铵反应，生成硅烷，生成的硅烷经－80 ℃的冷凝提纯和 4Å、5Å 分子筛提纯可得高纯硅烷。

4. 说明

硅烷的杂质来源：①反应时的溶剂蒸气；②原料及副产物蒸气；③反应时使用的保护性气体，如氢气、氮气、氩气等；④原料中带有的杂质在反应后也会形成挥发性的氢化物。所用的保护性气体对使用影响不大。对于溶剂蒸气，一般采用低温冷凝和分子筛吸附的方法除去。对原料蒸气可采用洗涤吸收的方法除去。比较困难的是一些挥发性的氢化物的分离。通常根据这些氢化物的性质采用以下一种或几种方法结合进行分离。

（1）低温精馏

这是普遍采用的技术。

（2）吸附

利用硅藻土、活性炭、沸石、分子筛等对气体氢化物吸附特性不同将其分离。

（3）热分解法

总体说来，气体氢化物的热稳定性较差，但它们之间的相对差别很大，可利用这一性质提纯气体氢化物。硅烷可通过一个加热到 350 ℃ 充填了石英碎片的管子而除去许多氢化物杂质。

5. 产品标准

	I	II
氧（O_2）	$\leqslant 10 \times 10^{-6}$	$\leqslant 0.03 \times 10^{-6}$

氮（N_2）	—	$\leqslant 3.2 \times 10^{-6}$
氩（Ar）	$\leqslant 10 \times 10^{-6}$	$\leqslant 6.17 \times 10^{-6}$
氢（H_2）	$\leqslant 500 \times 10^{-6}$	$\leqslant 330 \times 10^{-6}$
水（H_2O）	$\leqslant 3 \times 10^{-6}$	—
总烃（THC）	$\leqslant 5 \times 10^{-6}$	4.2×10^{-6}
$CO + CO_2$	$\leqslant 10 \times 10^{-6}$	0.5×10^{-6}
氯硅烷	$\leqslant 10 \times 10^{-6}$	—

6. 产品用途

在电子工业中，硅烷广泛用于外延淀积单晶硅膜和生产多晶硅膜。硅烷还可用于制造非晶硅太阳电池。

7. 安全与贮运

包装标志：易燃气体。

装运硅烷的钢瓶应需符合有关规定。

8. 参考文献

[1] 刘海霞. 高纯硅烷的制备方法研究 [J]. 无机盐工业，2017，49（2）：54-56.

[2] 郝伟强，郑安雄，陈德伟，等. 电子级硅烷的精制提纯 [J]. 化工生产与技术，2016，23（5）：28-29.

4.10 电子级磷烷

电子级磷烷（Electronic grade phosphine）又称电子级磷化氢、高纯磷烷（High purity phosphine），分子式 PH_3，相对分子质量 34.00.

1. 产品性能

磷烷结构为三角锥形，P—H 键的键角 93°，键长 142 pm（1 pm＝10^{-12} m），键能 322 kJ/mol。纯净的 PH_3 为无色、剧毒性、有恶臭味、可燃气体，微溶于冷水，溶于乙醇和乙醚。PH_3 的物理性质：

沸点（101.3 kPa）/℃	−87.78
三相点/℃	−133.8
临界温度/℃	54.3
临界压力/kPa	64.5×101.3
熔点（104.3 kPa）/℃	−132.5
气体密度（24.1 ℃，0.1 MPa）/（g/L）	4.53
液体密度（−90 ℃）/（g/mL）	0.746
气化热/（kJ/mol）	14.6
蒸气压（20 ℃）/kPa	35.6×101
爆炸极限（空气中）	4.3%～98.0%

磷烷在 375 ℃ 发生分解，分解成 P 和 H_2，其反应：$2PH_3 \longrightarrow 2P + 3H_2$，在约

6000 ℃下完全分解。磷烷易被一般氧化剂，如高锰钾和次氯酸钠氧化，与砷烷不同，它与碱起反应，磷烷是一种强还原则，与氧、氯、氟和一氧化氮等氧化剂反应激烈。

2. 生产方法

①磷化铝水解得到磷烷和氢氧化铝。国外多采用该法生产磷烷。

$$AlP + 3H_2O \longrightarrow Al(OH)_3 + PH_3。$$

②三氯化磷用氢化锂还原，得磷烷。

$$PCl_3 + 3LiH \longrightarrow PH_3 + 3LiCl。$$

③在以磷在碱性条件下发生歧化，生成次磷酸二氢钾中，得到磷烷。

$$8P + 6KOH + 6H_2O \longrightarrow 6KH_2PO_2 + 2PH_3。$$

④亚磷酸热分解，得到磷烷和磷酸。

$$4H_3PO_3 \longrightarrow PH_3 + 3H_3PO_4。$$

3. 工艺流程

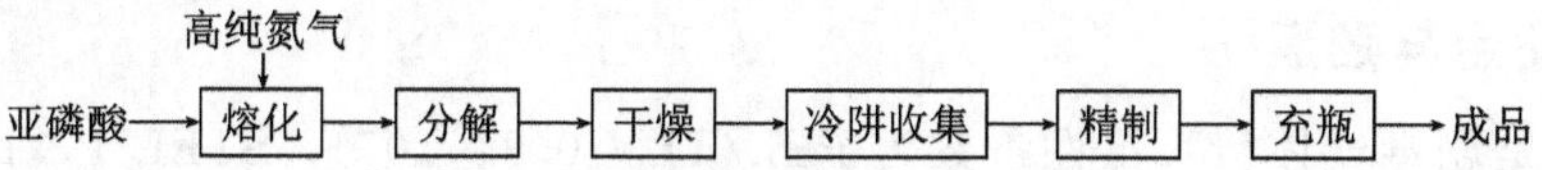

高纯氮气

亚磷酸 → 熔化 → 分解 → 干燥 → 冷阱收集 → 精制 → 充瓶 → 成品

图 4-10

4. 生产工艺

将干燥的亚磷酸晶体装入反应器中，用高纯氮气置换全系统，置换合格后抽空系统，反应器加热升温，晶状亚磷酸在74 ℃时熔化，180 ℃沸腾，约200 ℃时开始分解，放出磷烷。将反应产物磷烷导入（−105～−95 ℃）冷阱，经初级干燥后，进入（−130～−125 ℃）冷阱，接着用两个−190 ℃的液氮冷阱收集粗磷烷产品。粗产品经 A 型分子筛吸收及高效干燥器吸附纯化，过滤后得高纯磷烷，充瓶。

在制备磷烷的各工艺中，都会产生和带来如 N_2、H_2、O_2、Ar、AsH_3、H_2O、CO_2、CH_4、P_2H_4、CO、CH_4、C_3H_8 等杂质，这些杂质对半导体器件制造中的晶体生长、InP、CaP、InGa、AsP、有机金属气相外延和分子束外延都有致命的破坏性。一般采用分子筛吸附法能将 PH_3 中的活性杂物（如 H_2O、CO_2、AsH_3、C_3H_8）除到一定的数量级，吸附法对 PH_3 中杂质的初级净化仍然发挥巨大的作用。而对轻组分，如 H_2、N_2、O_2、Ar、CO、CH_4 采用低温精馏进行纯化。由于 PH_3 的沸点较低（101.3 kPa、−87.78 ℃），因此、采用普通的 NH_3、氟利昂冷剂无法实现 PH_3 的冷凝。液氮冷凝为 PH_3 的低温精馏提供了条件，CO、NF_3、CF_4、SiH_4 都可采用类似的精馏方法，可得到 4N 的 PH_3，用于低级别的芯片生产。

低温加工的 PH_3 仍含量微量的杂质，通过精馏吸附仍达不到 6N 的 PH_3 纯度。催化法，可将 PH_3 中的"10^{-6}"杂质降到"10^{-9}"数量级。也有采用分子筛改性工艺，使分子筛带有化学活性功能团。

5. 产品标准

	I	II
磷烷（PH_3）	≥99.999%	99.99%

氮（N_2）	$\leqslant 5 \times 10^{-6}$	10×10^{-6}
氧（O_2）	$\leqslant 1 \times 10^{-6}$	3×10^{-6}
总烃（THC）	$\leqslant 1 \times 10^{-6}$	3×10^{-6}
$CO + CO_2$	$\leqslant 2 \times 10^{-6}$	10×10^{-6}（CO_2）
水（H_2O）	$\leqslant 2 \times 10^{-6}$	2×10^{-6}
砷烷（AsH_3）	$\leqslant 1 \times 10^{-6}$	2×10^{-6}
氢（H_2）	—	20×10^{-6}

注：混合气充瓶压力 15 MPa，纯磷烷充瓶压力 3.5 MPa。

6. 产品用途

磷烷是 IC 制造极为重要的原料，是半导体器件制造中的重要 N 型掺杂源，同时磷烷还用于多晶硅化学气相沉淀、外延 GaP 材料、离子注入工艺、MOCVD 工艺、磷硅玻璃（PSG）钝化膜制造工艺中。它在发光二极管的磷钾化镓膜的生产中也占有重要地位。磷烷还可用于制造非晶硅太阳电池。

7. 安全与贮运

磷烷是剧毒气体！其毒性参数为 PEL/TLV 0.3×10^{-6}，STEL 1×10^{-6}，LC_{50} 20×10^{-6}，ZDLH 200×10^{-6}，属剧毒危害品，接触 PH_3 产生如下中毒症状。

①急性中毒：血压下降、呼吸困难、呕吐、挛、昏睡，与食物中毒相似。磷烷中毒损害肝脏和胃。

②慢性中毒：胸部有下压迫感、头痛、眩晕、食欲不振、贫血等。慢性中毒损害骨骼组织，引起骨膜炎。

磷烷可用作于中枢神经系统和肺脏，导致肺水肿。通常，症状迅速出现，2000×10^{-6} 的情况下几分钟后死亡；500×10^{-6} 时，45 min 后死亡。症状包括昏晕、恶心、呕吐、腹泻、颤抖、强渴、呼吸困难、痉挛。吸入后，应立即受害者移到非污染区，确保通风，如果呼吸微弱或停止，采取人工呼吸的同时要及时输氧，叫救护车，保持温暖及静卧，如果眼睛或皮肤接触，用水冲洗患处至少 15 min，脱掉污染的衣服，请医生处理。磷烷易燃、易爆，着火时，戴上正压呼吸器，快速关闭可熄灭阀出口处火焰的阀门。

包装标志：有毒气，副标志：易燃气体。纯磷烷对一般金属不产生腐蚀，在半导体工业多选用 316 L 不锈钢气瓶贮存。贮存在阴凉、通风良好、干燥的地方。

8. 参考文献

[1] 孙福楠，岳成君，李健，等. 高纯磷烷的规模化生产 [J]. 低温与特气，2006（1）：27-29.

[2] 俞云祺. 高纯磷烷的研制 [J]. 低温与特气，1986（2）：42-46.

4.11　高纯砷烷

高纯砷烷（High purity arsine）又称电子级砷烷（Eletronic grade arsine）、电子

级三氢化砷。分子式 AsH₃，相对分子质量 77.95。

1. 产品性能

砷烷沸点为 $-62.5\ ℃$，常温下为无色气体，剧毒！TLV－TWA：$0.05×10^{-6}$ $(0.2\ mg/m^3)$。具有大蒜臭味，热稳定性较差，受热时易分解为氢气和砷。砷烷作为电子工业的重要基础材料之一，可用于 GaAsP 生长，N 型硅外延、扩散，离子注入掺杂等。

砷烷为可燃气体，与空气混合形成可燃混合气，在空气中可燃界限 4.5%～64.0%（体积）。砷烷微溶于水和有机溶剂，在水中溶解度 23 mL/mL。易与高锰酸钾、溴和次氯酸钠等起反应生成砷的化合物。砷烷在室温下稳定，在 230～240 ℃ 下开始分解。

蒸气压：1514.7 kPa（24.1 ℃），2199 kPa（40.6 ℃）。在 20 ℃ 和 104.3 kPa 下气体密度 3.24 kg/m³。在 24.1 ℃、104.3 kPa 下，气体相对密度 [d（空气）＝1] 2.69。24.1 ℃、104.3 kPa 下气体比容 0.312 m³/kg。液体密度 4.339 kg/m³（20 ℃），104.3 kPa 下凝固点 $-116.9\ ℃$，临界温度 99.9 ℃，临界压力 6598 kPa。

2. 生产方法

砷粉和锌粉反应生成砷化锌（As₂Zn₃），再与稀硫酸反应得到粗砷烷，经多级吸附纯化后得高纯砷烷。反应式：

$$2As+3Zn \Longrightarrow As_2Zn_3,$$
$$As_2Zn_3+3H_2SO_4 \Longrightarrow 3ZnSO_4+2AsH_3。$$

3. 工艺流程

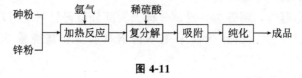

图 4-11

4. 生产工艺

将 450 g 砷粉和 600 g 锌粉充分搅匀后，放入石英器皿内，再置于不锈钢反应罐中，为了防止砷氧化，反应罐先抽真空后，再充分入高纯氩气至常压，开始加热，温度控制在 600～620 ℃，加热时间 3～4 h，压力维持在 0.13～0.14 mPa，反应生成砷化锌，收率 93%。

将砷烷反应系统进行抽真空后，充氮气至 1 MPa，压力稳定后应在 12 h 内无变化。将 2800 g 砷化锌置于砷烷反应器中，再将稀硫酸置于贮酸罐中，然后缓慢加酸于砷烷反应器中，以加酸量控制砷烷生成的速度，并同时开启搅拌器，使物料充分接触反应完毕。反应生成的粗砷烷经不同类型分子筛吸附剂等进行提纯。

用两个液氮冷阱捕集砷烷气。反应结束后，将冷阱后的不凝气用真空泵抽去，然后取下冷阱外面的液氮罐，让砷烷挥发，再经砷烷纯化器进一步除杂后，充入预先处理洁净的钢瓶中，即得成品高纯砷烷。

5. 产品标准

砷烷（AsH_3）	≥99.995%
氧（O_2）	≤$1×10^{-6}$
氮（N_2）	≤$5×10^{-6}$
氢（H_2）	≤$2×10^{-6}$
水（H_2O）	≤$2×10^{-6}$
总烃（THC）	≤$1×10^{-6}$
$CO+CO_2$	≤$2×10^{-6}$
磷烷（PH_3）	≤$10×10^{-6}$
硫化氢（H_2S）	≤$1×10^{-6}$

6. 产品用途

用于半导体工业硅、锗外延生长、纯化、扩散和离子注入 N 型掺杂等。

7. 安全与贮运

砷烷为无色剧毒气体，是一种溶血性毒物，可使神经中毒。TLV-TWA：$0.05×10^{-6}$（$0.2\ mg/m^3$）。吸入 $250×10^{-6}$ 的砷烷气体可立即致死。由于中毒症状可滞后发生，所以对于怀疑吸入砷烷的情况下，应保持医疗观察 48 h。中毒症状包括剧烈的头痛、恶心、黄疸症、少尿和无尿，尿可变成暗色和带血，皮肤可能会变成黄色或金属金，眼睛可能由蓝变白。生产操作和贮运中必须采取有效防范措施。

使用和贮存必须在通风的气瓶柜、排风柜内进行，由于与空气混合可形成爆炸混合气，因此应远离热源和火源，使用前所有管线、接头、设备等应彻底检漏和接地。必须使用防火花工具和防爆设备。

包装标志：有毒气，副标志：易燃气体。大部分市售材料均可用于包装。由于砷烷主要用于半导体工业，因此建议采用不锈钢材料。在高纯系统中要用不锈钢减压器。

砷烷气瓶充装系数≤0.18 kg/L。

8. 参考文献

[1] 于剑昆. 高纯砷烷的合成与开发进展 [J]. 低温与特气，2007（1）：16-21.
[2] 胡玉亭. 高纯砷烷的合成 [J]. 保定师范专科学校学报，2002（2）：45-46.

4.12 电子级二氯二氢硅

电子级二氯二氢硅（Electronic grade dichlorxilane）又称高纯二氯硅烷。分子式 SiH_2Cl_2，相对分子质量 104.01，结构式：

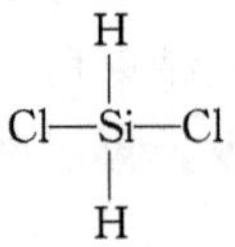

$$Cl-\overset{\displaystyle H}{\underset{\displaystyle H}{Si}}-Cl$$ 。

1. 产品性能

常温常压下是一种高可燃、具腐蚀性的有毒气体，沸点 8.2 ℃，熔点 −122 ℃。蒸气压：104.33 kPa（8.2 ℃）、167.18 kPa（20.0 ℃）、303.98 kPa（40 ℃）、526.89 kPa（60 ℃）。在 24.1 ℃、104.3 kPa 下气体比容 0.239 m^3/kg。液体密度：1235 kg/m^3（24.1 ℃），1188 kg/m^3（40.6 ℃）。临界温度 176.0 ℃，临界压力 467 kPa，临界密度 463 kg/m^3。与空气和氧化剂混合形成混燃气。在空气中的可燃限 4.1%～98.8%（体积）；自燃温度 58 ℃。在空气中能点燃，其蒸气比空气重得多。与水或水汽接触迅速水解产生硅、硅氧烷和盐酸。眼睛、皮肤和黏膜接触其后会导致严重烧伤。

电子级二氯二氢硅是半导体工业重要的硅源气，具有沉积速度快，沉积薄膜均匀、沉淀温度较低等特点。

2. 生产方法

在催化剂存在下，三氯氢硅歧化得到二氯二氢硅。

$$2SiHCl_3 \longrightarrow SiH_2Cl_2 + SiCl_4。$$

三氯氢硅加氢还原制备多晶硅中产生的尾气可提取二氯二氢硅。得到的二氯二氢硅经精馏、络合、纯化、吸附等工艺，可得到电子级二氯二氢硅。

一般二氯二氢硅中的主要杂质是三氯化硼。从半导体意义上讲，器件的成品率、电学特性的优劣，在很大程度上取决于硅源中活性组分硼含量的高低。由于三氯化硼同二氯二氢硅的沸点相差仅为 4 ℃，因此，采用传统的精馏提纯法，若要将杂质三氯化硼除到"10^{-9}"数量级，需要较高的精馏塔，这在实际中实现起来很困难。采用吸附法也难将三氯化硼降到"10^{-9}"数量级。从分子结构上看 BCl_3 分子中的硼原子是三价并具有六电子外层结构，这使得它成为强的电子接受体，而能够与在其组成中具有电子给予体的原子（如 O、N、S）的化合形成络合分子，达到除硼的目的，因此络合法是一个有效的纯化方法。

3. 工艺流程

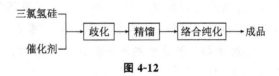

图 4-12

4. 生产工艺

将二氯二氢硅粗品进行精馏，然后进行络合吸附。由于络合剂多为高沸点的油状或结晶状的高黏稠物质，为了使络合剂在使用时能充分同二氯二氢硅接触，同时避免含碳络合剂在使用过程中流失而玷污产品，在操作中应选用对强腐蚀性二氯二氢硅十分稳定的多孔吸附剂作为络合物的担体。由于二氯二氢硅分子不稳定，在多孔吸附剂中容易发生歧化反应（$3SiH_2Cl_2 \Longleftrightarrow 2SiH_3Cl + SiCl_4$）从而影响二氯二氢硅的正常使用，因此，在使用前必须对此担体进行化学改性。采用物理方法将络合剂均匀地载涂在担体上，所有操作都是严格在无氧、无水、无尘埃下进行，否则，担体或络合剂会导致高纯二氯二氢硅受到污染。络合吸附系统处理好后，导入精馏二氯二氢硅，开始几分钟的纯化产品不要收集，目的是让二氯二氢硅来冲洗、置换系统。络合反应器内发生下列反应：

$$M + BCl_3 \longrightarrow M \cdot BCl_3,$$
$$M + PCl_5 \longrightarrow M \cdot PCl_5,$$
$$M + E_x Cl_y \longrightarrow M \cdot E_x Cl_y。$$

式中，M 代表络合剂；E 代表各种金属离子。

络合纯化对除去 $SiHCl_2$ 中痕量杂质非常有效，产品可满足电子工业要求。

5. 产品标准

二氯二氢硅（SiH_2Cl_2）	$>97\%$
铁（Fe）	$<5.0 \times 10^{-8}$
碳（C）	$<1.0 \times 10^{-8}$
硼（B）	$<3.0 \times 10^{-8}$
砷（As）	$<5.0 \times 10^{-8}$
铝（Al）	$<1.0 \times 10^{-9}$
磷（P）	$<3.0 \times 10^{-8}$
氯硅烷	$<3\%$

6. 产品用途

电子工业中重要的硅源气，主要用于多晶硅外延生长，以及化学气相沉积二氧化硅和氮化硅。它是一种性能优良的外延沉积材料。它的硅含量（质量比）比三氯氢硅和四氯化硅高。二氯二氢硅沉积硅更有效，且沉积温度比其他氯硅烷低。在降低温度条件下，采用二氯二氢硅沉积厚层所需时间大幅低于采用硅烷所需时间。形成的沉积薄膜均匀；生成的外延硅完全符合起大规模集成路（VLSI）对硅源的要求。

7. 安全与贮运

SiH_2Cl_2 为易燃、有毒和腐蚀性物质，TLV 值未定，可采用氯化氢的 TWA 值，即 5×10^{-6}（ACGIH）。在空气中水解转化为氯化氢。被人或动物吸入后可引起呼吸道发炎和刺激、喉痉挛和肺水肿。液体接触皮肤能引起剧烈的组织刺激和坏死。生产操作和贮运中应采取有效防护措施。

SiH_2Cl_2 气瓶绝不能置于高于 54.7 ℃ 的环境，否则会引起气瓶超压，绝不允许接触明火。二氯二氢硅自燃温度低，暴露于热源附近或由于水与二氯二氢硅反应均可引起自燃。二氯二氢硅泄漏时燃烧生成的酸分解物可迅速侵蚀泄漏区金属。在二氯二氢硅系统投入使用之前，必须彻查全部管线、接头、设备等是否有漏处。必须使用防火花工具和防爆设备。

二氯二氢硅包装标志有毒气体，副标志易燃气体。当完全不含水时，二氯二氢硅可用普通碳钢瓶包装。若有少量水存在，由于与水反应，生成氯化氢，呈强腐蚀性，所以处理二氯二氢硅的设备必须用干燥的惰性气体吹干。输送时最好用聚四氟乙烯、镍、蒙乃尔及某些型号的不锈钢。国内采用内壁涂层的碳钢瓶包装。

气瓶贮存于阴凉、通风、干燥处，远离火源、辐射热源，防雨、防晒。

8. 参考文献

[1] 孙福楠. 高纯二氯二氢硅的生产和应用 [J]. 化工新型材料，1996（11）：27-28.

[2] 孙福楠，冯庆祥，陈国忠. 配合法净化电子级二氯二氢硅 [J]. 化学世界，1997（8）：405-406.

4.13　高纯三氟化磷

高纯三氟化磷（High purity phosphorus trifluoride）又称电子级三氟化磷（Electronic grade phosphorus trifluoride），分子式 PF_3，相对分子质量 87.97。

1. 产品性能

常温下为无色、不可燃气体。沸点 $-104.1\ ℃$，熔点 $-154.5\ ℃$，气体密度 3.907 g/L，$-1018\ ℃$ 时液体密度 4.6 g/mL。遇湿气会分解，与水及碱溶液迅速反应。毒性极大，可与血红蛋白反应。空气中的最高允许浓度（TLV）为 $1.0\ mg/m^3$。

2. 生产方法

①红磷与液体氟化氢在密闭系统中反应，得 99％ 的三氟化磷。

$$2P+6HF\Longrightarrow 2PF_3+3H_2。$$

②三氯化磷与氟化氢反应得三氟化磷，经纯化得高纯三氟化磷。

$$PCl_3+3HF\Longrightarrow PF_3+3HCl。$$

3. 工艺流程

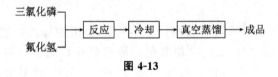

图 4-13

4. 生产工艺

将三氯化磷加入铁质反应器中，于 $50\sim60\ ℃$ 水浴中加热，然后缓慢通入无水氟化氢得三氟化磷粗品，反应得到的产物经冷却收集、精馏，得 99.0％ 的高纯三氟化磷。

5. 产品用途

在电子工业中用作磷离子注入剂，作为 N 型半导体的主要掺杂剂。

6. 安全与贮运

三氟化磷为剧毒气体，生产、贮运和使用必须采取有效的防范措施。操作应在通风橱密闭系统中进行，操作人员应穿戴好防护用具。

产品用 0.7 L、4.3 L 钢瓶包装。必须有极毒标志，按毒品气体有关规定贮运。

7. 参考文献

[1] 宁振球，毕巨邦，东舜华. 一种制造高纯三氟化磷气体的简易方法 [J]. 微电子学，1980（6）：57-60.

4.14 高纯三氟化砷

高纯三氟化砷（High purity arsenic trifluoride）分子式 AsF_3，相对分子质量 134.92。

1. 产品性能

常温常压下为无色油状液体。沸点 63 ℃，凝固点 -8.5 ℃，相对密度 2.73。遇水即水解，生成 As_2O_3 和 HF，因此带湿气 AsF_3 不能贮存在玻璃容器。剧毒液体，TLV 为 0.2 mg/m³（以 As 计）。

2. 生产方法

三氧化二砷与氟化氢反应，经纯化得高纯三氟化砷。

$$As_2O_3 + 6HF \Longrightarrow 2AsF_3 + 3H_2O。$$

3. 工艺流程

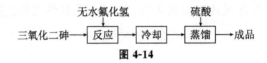

图 4-14

4. 生产工艺

将三氧化二砷加入铁质反应器中，在 140 ℃ 油浴中加热，然后缓慢通入无水氟化氢，反应产物用水（18 ℃）冷却液化，得三氟化砷粗品，将所得的粗产品添加 10%（体积）硫酸，进行蒸馏，常压下收集 60～75 ℃ 的馏分，得高纯三氟化砷产品。

5. 产品标准

含量（AsF_3）	≥99%
凝固点/℃	-8.5

6. 产品用途

在微电子工业中用作砷离子注入剂，作为 N 型半导体的主要掺杂剂。

7. 安全与贮运

产品为剧毒物质，TLV 为 0.2 mg/m³（以 As 计）。操作时要戴厚橡皮手套、面罩。中毒时，将受害者移出污染区，保持温暖，必要时施以人工呼吸，立即送医院医治。车间内加强通风。产品用 0.7 L、4.3 L 钢瓶包装，有剧毒标志。按极毒物质规定运输和贮存。

8. 参考文献

[1] 袁宝和. 半导体使用气三氟化砷的研制 [J]. 科技创新导报，2014，11 (16)：60-61.

4.15　电子级三氟化硼

三氟化硼（Electronic grade boron trifluoride），分子式 BF_3，相对分子质量 67.81。

1. 产品性能

在室温和大气压下为无色、有腐蚀性、不可燃的有毒气体。在 104.3 kPa 下沸点 -100.3 ℃，熔点 -128 ℃。在 24.1 ℃、104.3 kPa 下的相对密度 $[\rho\,(空气) = 1]$ 2.32。在 0 ℃、104.3 kPa 下密度 3.08 kg/m³。临界温度 -12.3 ℃，临界压力 4985 kPa，临界密度 594.1 kg/m³。在 104.3 kPa 下三相点 -127.1 ℃。在湿空气中强烈发烟。具有刺激性的令人窒息的臭味。能侵蚀黏膜和皮肤。三氟化硼与水迅速生成水合物 $BF_3 \cdot H_2O$ 和 $BF_3 \cdot 2H_2O$。

2. 生产方法

①以化学纯氟硼酸钠（含 $NaBF_4$ 99%）为原料，经过预纯化处理，在 600~700 ℃、负压下分解成气态 BF_3，生成的 BF_3 被液氮冷阱捕集到贮气钢瓶中，而分解副产物氟化钠则留在反应器内，可用热水清洗除掉。

$$NaBF_4 \xrightarrow[\text{负压}]{600\sim700\ ℃} BF_3 \uparrow + NaF。$$

②用高浓硫酸与三氧化二硼和氟硼酸钠的混合物反应即生成三氟化硼气体，生成的三氟化硼经蒸馏提纯即得纯三氟化硼。

3. 工艺流程

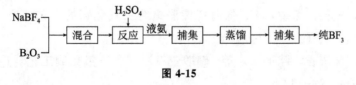

图 4-15

4. 生产配方

氟酸钠（按 100%计）	659
三氧化二硼（按 100%计）	70
浓硫酸（按 98%计）	600
发烟硫酸（按 100%计）	588

5. 生产工艺

将 600 g 氟硼酸钠和 100 g 三氧化二硼研细混合均匀，装入 1500 mL 圆底烧瓶中。加入 600 mL 硫酸（300 mL 浓硫酸和 300 mL 发烟硫酸的混合物），振摇。在烧瓶上口装一个长 30～50 cm 的直管冷凝器，上端连接一个装有大颗粒三氧化二硼的干燥管。经此逸出的三氟化硼气体进入一个用液氮冷却的捕集器。捕集器通道由于产物凝结而影响流通，可加热使之变成熔融态。注意先局部用小火加热捕集器，避免三氟化硼发泡，然后再整体加热。这一反应在 180 ℃ 下可顺利进行，约 3 h 完成。

捕集器的产品再经蒸馏（控制沸程范围）提纯，即得纯三氟化硼。

6. 说明

干燥三氟化硼对普通金属无腐蚀性，但有水分存在时，可迅速腐蚀普通金属。适用做包装的材料有不锈钢、蒙乃尔、镍和因科内尔，密封材料有聚四氟乙烯和其他适宜的氟碳或氟氯碳塑料。禁用材料有橡胶、尼龙、酚醛树脂和聚氯乙烯。包装标志不燃气体，副标志毒害品。

7. 产品标准

	I	II
三氟化硼（BF_3，$\times 10^{-6}$）	≥99.99%	99.9%
氮（N_2）＋氧（O_2）	≤20×10^{-6}	50×10^{-6}
二氧化硫（SO_2）	<10×10^{-6}	10×10^{-6}
四氟化硅（SiF_4）	<10×10^{-6}	400×10^{-6}
硫酸盐（SO_4^{2-}）	<8×10^{-6}	8×10^{-6}

8. 产品用途

用作有机合成催化剂、火箭的高能燃料、烟熏剂等；并可用作半导体生产中硅、锗外延、扩散和离子注入过程的 P 型掺杂剂；也可用于核技术和光导纤维、分析试剂、消毒剂和焊接剂。

9. 参考文献

[1] 张卫江，郭玉，徐娇，等. 低温精馏法提纯三氟化硼的工艺研究 [J]. 现代化工，2014，34（9）：137-141.
[2] 罗安涛，郭庆省，陈平文，等. 硼酸萤石法制备三氟化硼工艺 [J]. 辽宁化工，2002（9）：397-398.

4.16   三氯化硼

三氯化硼（Boron trichloride）又称氯化硼（Boron chloride），分子式 BCl_3，相对分子质量 117.17。

1. 产品性能

三氯化硼在低于 12.5 ℃ 时为无色带有强烈臭味的液体。在水中水解生成氯化氢和硼酸，并放出大量热量。在湿空气中水解生成烟雾。固体三氯化硼为六方晶格的晶体。凝固点 −107.3 ℃，沸点 12.5 ℃。相对密度 (d_4^{11}) 4.349，有毒。

2. 生产方法

（1）三氟化硼

三氟化硼与三氯化铝反应得三氯化硼。

$$BF_3 + AlCl_3 \Longrightarrow BCl_3 + AlF_3。$$

（2）直接合成法

直接合成法又称元素硼直接氯化法，将元素硼加热通氯气，通过自燃反应制得。

$$2B + 3Cl_2 \Longrightarrow 2BCl_3。$$

（3）高温氯化法

将硼酐（或硼砂、硼酸）和炭混合，加热至 600～700 ℃，通入氯气反应得三氯化硼。

$$B_2O_3 + 3C + 3Cl_2 \longrightarrow 2BCl_3 + 3CO。$$

（4）复分解法

将氟硼酸钾和三氯化铝在油浴上加热，反应得三氯化硼。

$$3KBF_4 + 4AlCl_3 \xrightarrow{\triangle} 3KCl + 3BCl_3 + 4AlF_3。$$

此外，也可由硼和氯化银、氯化汞或氯化铅加热制得；或由四氯化碳和硼在 200～250 ℃ 加热制得；也可由三氯化砷和三溴化硼、三氧化二硼与五氯化磷、氯气或氯化氢与硫化硼、氯气与硼化钙反应制得。

3. 工艺流程

（1）三氟化硼法

图 4-16

（2）直接合成法

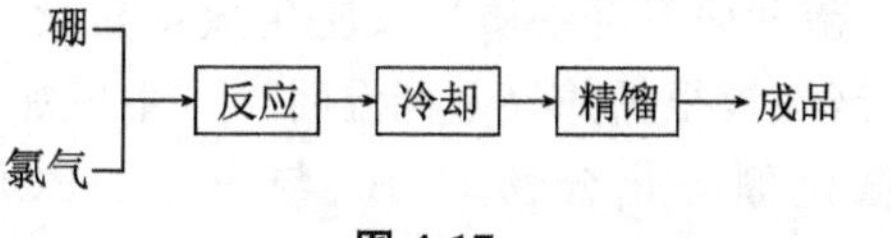

图 4-17

4. 生产工艺

（1）三氟化硼法

在反应瓶中装入 134 g 无水氯化铝，在加热下导入三氟化硼气体进行反应生成三氯化硼，所生成的三氯化硼导入一个 U 形管中冷却（用液氮冷凝至 −80 ℃）。将粗品与少量 Hg 摇振后重新冷凝，约得 94 g 三氯化硼。

（2）直接合成法

将干燥的元素硼粉放入管式反应炉的反应管里，反应管内装有一定量的与管同材质的填料。为使氯与硼粉充分进行反应，先用惰性气体排除空气，然后加热至 300 ℃，通入小量氯气，在温度达 650 ℃ 时，可大量通入氯气，温度控制在 650～750 ℃。生成的三氯化硼由接收器用干冰冷却收集，收集的三氯化硼再经精馏即得成品。反应管中的剩余硼粉可继续与新加硼粉一起参与反应，直至管中残渣影响反应时为止。

（3）复分解法

将 266.6 g 无水三氯化铝和 124 g 氟硼酸钾（KBF_4）投入反应器中，混匀，用油浴加热 4 h。缓慢将温度由 150 ℃ 升至 170 ℃。反应生成的 BCl_3 随之被蒸馏出反应体系，进入 U 型管中冷却（用液氮冷凝至 −80 ℃）得三氯化硼粗品。得到的粗品再蒸馏一次，得三氯化硼纯品。

5. 产品标准

| 含量（BCl_3） | ≥99.5% |
| 游离氯（Cl^-） | ≤0.005% |

6. 产品用途

用于半导体掺杂工艺及高纯硼的制造。

7. 参考文献

[1] 保松. 高纯三氯化硼的纯化研究 [D]. 大连：大连理工大学，2016.

[2] 朱心才. 5N 三氯化硼的研制 [J]. 低温与特气，1997（2）：32-38.

4.17 三溴化硼

三溴化硼（Boron tribromide）分子式 BBr_3，相对分子质量 250.54。

1. 产品性能

常温下为无色透明的（或稍带黄色的）发烟液体，凝固点 −46 ℃，沸点 94.3 ℃，相对密度（d_4^{25}）3.353。性质与三氯化硼相似，能与许多电子对给予体（如含磷、氮、砷、氧、硫和卤素等物质）反应生成配位化合物。与氨反应剧烈，反应条件对其影响较大。当溶液很稀并处于低温时，可生成加成化合物；而在较高温度下产物则为氨基硼、氮化硼等化合物。BBr_3 与 PH_3、PCl_3、PCl_5、$POCl_3$、PBr_3、AsH_3 及许多氨的取代物反应则生成 1∶1 的加成化合物。三溴化硼可溶于四氯化碳。易被水、醇等分解。三溴化硼是一强 Lewis 酸，能与碱反应形成络合物和加成产物。

2. 生产方法

（1）直接合成法

将硼粉加热后溴化得到三溴化硼。

$$2B + 3Br_2 \!=\!\!=\!\! 2BBr_3。$$

（2）复分解法

三溴化铝与三氟化硼（或氟硼酸钾、KBF_4）反应得三溴化硼。

$$AlBr_3 + BF_3 \Longrightarrow BBr_3 + AlF_3。$$

另外，碳化硼与碳的混合物或三氧化硼与碳的混合物或硫化硼在高温下溴化，也可得三溴化硼。

3. 工艺流程

（1）直接合成法

图 4-18

（2）复分解法

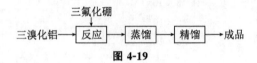

图 4-19

4. 生产配方（kg/t）

（1）直接合成法

硼粉（85%）	60
溴素（100%计）	1700

（2）复分解法

三溴化铝（100%计）	266.8
三氟化硼	264.0

5. 生产工艺

（1）直接合成法

将干燥的元素硼粉装入管式反应炉的反应管中，为使反应能充分进行，反应管内应放一定量的填料，填料材质与管壁同。将反应管加热至 850 ℃，另外，将溴素在溴釜中也同时加热至微沸，然后通入反应管。反应开始时有大量烟雾出现，随后即有淡黄色液体溴化硼生成。

将上述所得溴化硼液体放入脱溴器中，与活性炭、锌粉和铝屑共同加热回流至生成的溴化硼为无色为止。再经粗馏、精馏即得完全无色的溴化硼成品。

（2）复分解法

在反应器内装入 266.8 g 三溴化铝，反应器的导管与一个三氟化硼发生器相连。调节三氟化硼气流，使其在 50 min 内导入 264 g 三氟化硼。用无焰热源加热反应器，升华出的三溴化铝在反应器上部与三氟化硼发生反应，生成的 BBr_3 被蒸出，经 U 型管冷却至 -78 ℃，U 型管尾部连接一个干燥管，以防吸潮。馏出物中含有少量溴，可通过与汞共振荡以除去。进一步精馏，得三溴化硼纯品。

6. 产品标准

含量（BBr₃）	≥99.998%
杂质最高含量：	
铁（Fe）	$2×10^{-7}$
镁（Mg）	$1×10^{-7}$
铝（Al）	$4×10^{-7}$
铜（Cu）	$1×10^{-8}$
锰（Mn）	$3×10^{-8}$
镍（Ni）	$3×10^{-8}$
钼（Mo）	$3×10^{-8}$
银（Ag）	$3×10^{-8}$
铋（Bi）	$3×10^{-8}$
锡（Sn）	$3×10^{-8}$
镓（Ga）	$3×10^{-8}$

7. 产品用途

用作半导体掺杂材料，也用作有机合成催化剂、制造元素高纯硼及有机硼的原料。

8. 参考文献

[1] 夏雯，刘淑凤，蒋文全，等. 高纯三溴化硼的制备 [J]. 化学试剂，2014，36（6）：569-570.

4.18 电子级乙硼烷

电子级乙硼烷（Electronic grade diboran）又称电子级硼化氢、电子级硼烷。分子式 B_2H_6，相对分子质量 27.67。

1. 产品性能

在常温下压下为无色有毒气体，有令人作呕、窒息的气味。很不稳定，在室温下也能分解，在空气中能自燃；遇水激烈分解放出氢气；与氯气可发生爆炸性反应；能与氨、甲醇、乙醛、乙醚，以及锂、钠、钙、铝等金属反应猛烈；也能与金属氢化物反应。对机械碰撞不敏感。易溶于二硫化碳、乙烷、戊烷和乙醚等。熔点 -165.5 ℃，沸点 -92.5 ℃。蒸气压 3699.38 kPa（15.5 ℃）。液体密度（-92.5 ℃、101.3 kPa）421 kg/m³，271 kg/m³（0 ℃、101.3 kPa）。气体密度（0 ℃、104.3 kPa）4.4275 kg/m³。临界温度 16.7 ℃，临界压力 4002 kPa，临界密度 166 kg/m³。高可燃气体，燃点 38～52 ℃。在空气中的爆炸中的爆炸界限 0.8%～98.0%。乙硼烷剧毒，TLV 0.1 mg/m³。

2. 生产方法

$NaBH_4$ 与 I_2 反应生成乙硼烷，经吸附纯化得电子级乙硼烷；也可以将 $NaBH_4$

与硫酸反应生成乙硼烷，乙硼烷经纯化得电子级乙硼烷。

$$2NaBH_4 + I_2 =\!=\!= B_2H_6 + 2NaI + H_2 \uparrow。$$

$$2NaBH_4 + H_2SO_4 =\!=\!= B_2H_6 + Na_2SO_4 + 2H_2 \uparrow。$$

3. 工艺流程

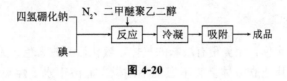

图 4-20

4. 生产工艺

首先用高纯氮将装置内的空气置换干净，加入 $NaBH_4$ 和适量二甲醚聚乙二醇（DG），将反应器中氮气抽空，再缓慢加入预先配好的碘溶液，反应生成的气体通过逐级冷凝，制得粗乙硼烷，再经吸附纯化得电子级乙硼烷。

5. 产品标准

乙硼烷（B_2H_6）	$\geqslant 99.99\%$
氮（N_2）	$\leqslant 10 \times 10^{-5}$
$CH_4 + C_2H_6$	$\leqslant 80 \times 10^{-5}$

6. 产品用途

在半导体工业中用作硅和锗外延生长、纯化、扩散和离子注入过程的 P 型杂质掺杂源。当与硅和氧反应时，乙硼烷化学气相淀积生成纤波导的包覆层。可用作火箭和导弹的高能燃料，并用于制药、金属焊接、有机合成等。

7. 安全与贮运

乙硼烷剧毒，TLV 0.1×10^{-6}（$0.1 \, mg/m^3$）。吸入硼烷可引起肺水肿和出血，长时间接触会损坏肝和肾，皮肤接触能导致皮炎。生产贮存运输中应采取有效防范措施。

包装标志，易燃气体，副标志：毒害品，适用于作包装的结构材料，有普通金属，其中包括 300 不锈钢、黄钢、铝、蒙乃尔、K-蒙乃尔、镍，以及聚乙烯、橡胶、聚四氟乙烯等。乙硼烷贮存区远离明火、火花、热源。应尽量减少硼烷贮存期内分解和避免与空气接触。在室温条件下，瓶装纯乙硼烷每月要分解 $10\% \sim 20\%$，在低温下乙硼烷可以贮放几个月且分解速率低得多。但在极低温下钢瓶有潜在故障，所以乙硼烷贮存温度不应低于 $-80 \, ℃$。瓶装乙硼烷压力应高于大气压，以防空气漏入形爆炸混合物，美国压缩气体协会（CGA）规定，在室温条件下气瓶压力下不应低于 $207 \, kPa$，这样在 $-80 \, ℃$ 时气瓶压力不会低于大气压。运输时，钢瓶应放入木箱或绝热容器内部，外部装满干冰以提供至少 10 天制冷。

8. 参考文献

[1] 韩美，朱心才. 乙硼烷的制备方法 [J]. 低温与特气，1998（2）：37-40.

[2] 刘振烈. 高纯乙硼烷的生产 [J]. 低温与特气，1992 (2)：72.

4.19 高纯二氧化碳

高纯二氧化碳（High purity carbon dioxide）分子式 CO_2，相对分子质量 44.01。

1. 产品性能

常温常压下为无色、无臭稍有酸味的气体，液化后变成无色、无臭的液体，固化后变成白雪一样的薄片或立方体。它不燃烧不助燃。能溶于水、烃类及大多数有机溶剂中。气态二氧化碳对人有窒息作用。空气中最高容许浓度 5000 $\mu g/g$。熔点 -56.6 ℃，沸点 -78.5 ℃。0 ℃、3845 kPa 时，液体密度 4.977 kg/m^3，临界温度 34.0 ℃，临界压力 7384.5 kPa，临界密度 468 kg/m^3，三相点 -56.6（416 kPa）。折射率（气体，0 ℃，104.325 kPa）4.000。

二氧化碳是一种弱酸性气体，在有水存在时，能腐蚀某些普通金属。

2. 生产方法

以酿酒发酵过程中的副产物 CO_2 气体为原料，经吸附膨胀法或吸附精馏法纯化，得高纯二氧化碳。

3. 工艺流程

（1）吸附膨胀法

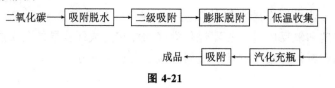

图 4-21

（2）吸附精馏法

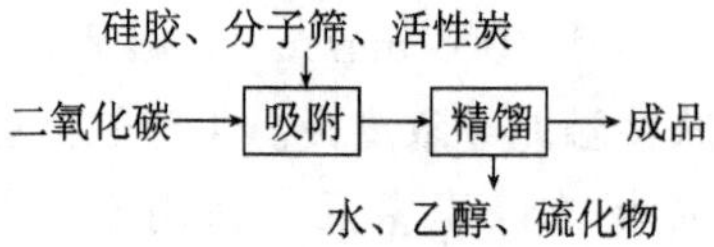

图 4-22

4. 生产工艺

（1）吸附膨胀法

将酿酒发酵过程产生的副产物二氧化碳气体导入一级吸附器内，脱除水、乙醇和烃类物质，然后导入二段吸附器至规定压力，电吸附器出口端连接膨胀脱附装置，当 CO_2 压力膨胀到常压时，以吸附相提取高纯二氧化碳，用低温泵收集产品，然后汽化升压充入钢瓶，得高纯二氧化碳。

（2）吸附精馏法

将酿酒厂副产物二氧化碳气体用硅胶、3Å 分子筛和活性炭作为吸附剂，吸附脱除水、乙醇和硫化物等，经吸附处理的 CO_2 送入精馏装置中，精馏除去低沸点杂质，可得高纯二氧化碳产品。

5. 产品标准

二氧化碳（CO_2）	$\geq 99.995\%$
氮（N_2）	$\leq 3.0 \times 10^{-5}$
氧（O_2）	$\leq 1.0 \times 10^{-5}$
水（H_2O）	$\leq 5.0 \times 10^{-6}$
总烃（THC）	$\leq 5.0 \times 10^{-6}$
乙醇（C_2H_5OH）	$\leq 1.0 \times 10^{-6}$
硫化物	$\leq 1.0 \times 10^{-6}$

6. 产品用途

高纯二氧化碳主要用作电子工业半导体制备工艺的保护气，医学研究及临床诊断、二氧化碳激光器、检测仪器的校正气，以及配制其他特种混合气。在聚乙烯聚合反应中用作调节剂。液体二氧化碳用作制冷剂，用于电子部件、导道导弹、飞机等部件的低温试验；也用作灭火剂。固体二氧化碳广泛用作冷冻剂。

7. 安全与贮运

二氧化碳气体不可燃、不助燃，本身无毒，但是它能控制呼吸功能，是一种窒息剂，呼吸含 CO_2 体积分数大于 5% 的空气是危险的。发生冷烧伤或冻伤时，应立即请医用药。

包装标志：不燃气体。二氧化碳系统可用普通金属材料。但碳钢用于低温，温度分低于 $-28.9\ ℃$ 时应采用奥氏体不锈钢、铝、铜及其合金。二氧化碳气瓶充装不大于 $0.60\ kg/L$。二氧化碳以液态或固态装运。使用和贮存区应适当通风。液态和固态二氧钢瓶不能过热，否则会发生猛烈爆炸。

8. 参考文献

[1] 汪海燕，李开明，吴平，等. 高纯二氧化碳的提纯工艺及分析方法 [J]. 低温与特气，2016，34（4）：24-26.
[2] 蒋广生. 高纯液态二氧化碳的生产技术和设备 [J]. 硫磷设计与粉体工程，2005（1）：38-40.

4.20 高纯甲烷

高纯甲烷（High purity methane）分子式 CH_4，相对分子质量 16.04。

1. 产品性能

高纯甲烷是一种无色、无臭、无味的可燃气体。沸点 $-164.49\ ℃$，凝固点 $-182.61\ ℃$。$15.6\ ℃$、$104.3\ kPa$ 时气体密度 $0.6784\ kg/m^3$，相对密度 $[\rho\ (空气)＝1]\ 0.554\ 91$；在沸点下液体密度 $425.61\ kg/m^3$。临界温度 $-82.10\ ℃$，临界压力

4640.86 kPa，临界密度 164.63 kg/m³。三相点 −182.5 ℃ （14.65 kPa）。15.6 ℃、104.3 kPa 时真实气体燃烧热 37694.15 kJ/m³。闪点 −187.7 ℃。

溶于乙醇、乙醚及其他有机溶剂，微溶于水。甲烷无毒，但空气中甲烷含量若过高，使氧的含量远低于正常水平，则能使人窒息。甲烷与空气能形成爆炸性混合物，爆炸极限为 5.3%～15.4%（体积分数）。

2. 生产方法

甲烷广泛存在于自然界。工业甲烷主要来自天然气（含甲烷 30%～90%）、焦炉煤气（含甲烷 23%～28%）、烃类裂解气（含甲烷 4.0%～34.3%）、炼油厂气（含甲烷 4.4%）。池沼中植物在水下被厌氧细菌分解而产生甲烷气体，因此甲烷又称沼气。将生物物质加工为富含甲烷的燃料气，现已引起了各国重视。

采用吸附膨胀法或吸附-间歇精馏法可将工业甲烷纯化为 99.99% 的高纯甲烷。

将天然气提氦装置的副产品液甲烷 [w（CH_4）在 98% 以上] 经一个或两个低温甲烷精馏塔，脱除氮、氧杂质，再经吸附器脱除 C_2 以上烃类，也可获得纯度 99.99% 以上的高纯甲烷。

3. 工艺流程

（1）吸附-膨胀脱附法

天然气 → 工业甲烷 → 四级吸附 → 膨胀脱附 → 成品

图 4-23

（2）吸附-间歇精馏法

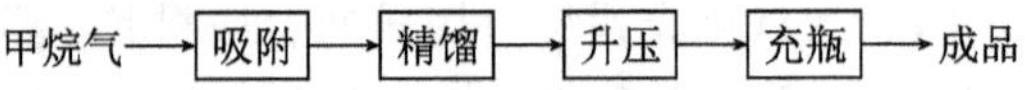

甲烷气 → 吸附 → 精馏 → 升压 → 充瓶 → 成品

图 4-24

4. 生产工艺

（1）吸附-膨胀脱附法

将工业甲烷导入多级吸附的分离装置中，在一级、二级吸附器中吸附除去沸点比甲烷沸点高的杂质组分，一级吸附器中使用 A 型或 X 型分子型；然后在三级、四级吸附器中利用吸附相中各被吸附组分与气相中各相应平衡组分的比例不同，在膨胀脱附过程中先脱出氢、氮杂质，在脱附末期，从吸附相中获得高纯甲烷。

（2）吸附-间歇精馏法

将乙烯装置尾气即甲烷-氢气导入吸附器，吸附脱除水、二氧化碳和 C_2 以上烃类杂质，然后导入间歇精馏塔，塔温控制在 90～112 K 进行低温精馏。当汽凝的液甲烷充满精馏塔后，停止引入原料，进行减容间歇精馏。当塔顶排出气体中总杂质浓度低于指标要求后，停止精馏，即可得纯度为 99.995 以上的高纯甲烷。升温、升压，将产品充入钢瓶。

5. 产品标准

甲烷（CH₄）	≥99.99%
氢（H₂）	≤5.0×10⁻⁶

氮（N_2）	$\leqslant 4.0 \times 10^{-4}$
水（H_2O）	$\leqslant 5.0 \times 10^{-6}$
氧（O_2）	$\leqslant 1.0 \times 10^{-4}$
一氧化碳（CO）	$\leqslant 5.0 \times 10^{-6}$
总烃（THC）	$\leqslant 5.0 \times 10^{-6}$
乙烷（C_2H_6）	$\leqslant 1.5 \times 10^{-5}$
二氧化碳（CO_2）	$\leqslant 1.0 \times 10^{-6}$

6. 产品用途

用于非晶硅太阳电池的生产及大规模集成电路干法刻蚀或等离子刻蚀气的辅助添加气，还用于计数管充填气、金属表面渗碳膜淀积。在化工、冶金、电工、石油等工业部门和科研、航空、原子能等领域被广泛用作标准气、校正气。高纯甲烷燃烧用于制造特种质量电子器件用的炭黑。

7. 安全与贮运

甲烷是易燃气体。虽然无毒性，但在高浓度下是窒息剂，当空气中甲烷含量达10%时，眼睛和前额感到受压，呼吸新鲜空气后此感觉可消失。在更高含量开始出现窒息症状，呼吸急速、疲劳、恶心、呕吐，导致失去知觉并由于缺氧而造成死亡，车间内应加强通风。生产、贮运和使用必须遵守可燃、压缩气体的安全规程。贮存和使用应远离点火源（包括马达的闪火），所有甲烷的管线和设备应接地。甲烷不能与含氧、氯或其他氧化剂或可燃钢瓶一起贮存。

甲烷包装标志：易燃气体。甲烷按非液化压缩气体装运。甲烷是非腐蚀性气体，可用一般金属材料（低温液体除外）。对于液甲烷，应采用18-8不锈钢和奥氏体镍-铬合金、铜、蒙乃尔、黄铜与铝等材料。

8. 参考文献

[1] 张亚斌，张洪彬，闫云，等. PDHID分析超高纯甲烷中微量杂质成分 [J]. 低温与特气，2016，34（5）：32-37.

[2] 王林军，张学民，张东，等. 从沼气中分离高纯甲烷的研究进展：水合物分离法 [J]. 中国沼气，2011，29（5）：34-37.

4.21　高纯硫化氢

高纯硫化氢（High purity hydrogen sulfide）分子式 H_2S，相对分子质量34.08。

1. 产品性能

常温常压下为无色有毒气体。有特殊的臭鸡蛋气味并有刺激性。TLV-TWA：14 mg/m^3。易燃，能与空气混合形成爆炸性气体。潮湿的硫化氢腐蚀性很大，具有还原性。易溶于水，可溶于乙醇、石油、二硫化碳、四氯化碳等。熔点 -8.29 ℃。沸点 -60.3 ℃。自燃温度260 ℃。蒸气压1579 kPa（15.5 ℃）。-60.2 ℃、

104.325 kPa 时液体密度 914.9 kg/m³，气体密度 4.93 kg/m³。临界温度 100.4 ℃，临界压力 9010 kPa，临界密度 394 kg/m³。折射率（气体，25 ℃，104.325 kPa）4.005845，空气中的爆炸界限 4.3%～46.0%（体积分数）。20 ℃、104.3 kPa 时，在水中溶解度 38 kg/m³。

2. 生产方法

电解水得到的氢经纯化后和硫黄直接合成粗硫化氢，得到的粗硫化氢经纯化可得 99.50%～99.99% 的高纯硫化氢。

$$2H_2O \xrightarrow{\text{电解}} 2H_2 + O_2,$$

$$2H_2 + S_2 \Longrightarrow 2H_2S 。$$

3. 工艺流程

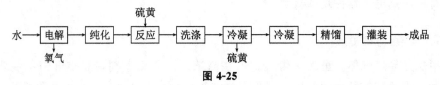

图 4-25

4. 生产工艺

水电解制得氢气，将纯氢气减压后通入干燥器进行进一步纯化，纯氢气经计量进入反应器底部与硫黄直接接触反应，生成硫化氢，与未反应的氢及硫蒸气一起进入硫化氢洗涤器，洗掉一部分硫蒸气，再进入凝器将剩余部分硫蒸气冷凝下来，回收硫黄。干净的硫化氢气体经压缩机压缩后进入硫化氢冷凝器，冷凝纯化的液体硫化氢收集在贮罐中，进一步减压精馏得高纯硫化氢产品。

5. 产品标准

硫化氢（H₂S）	≥99.9%	99.99%
空气	≤5.0×10⁻⁴	5.0×10⁻⁵
二氧化碳（CO₂）	≤2.0×10⁻⁴	3.0×10⁻⁵
水（H₂O）	≤2.0×10⁻⁴	1.0×10⁻⁵
总烃（THC）	≤1.0×10⁻⁴	1.0×10⁻⁵

6. 产品用途

用于半导体工业中大规模集成电路的制造及显像荧光粉的生产。也可用作有机合成的还原剂、标准气、校正气。并用于金属腐蚀试验及表面处理。作硫醇和合成药物的原料气。

7. 安全与贮运

硫化氢为无色、可燃的有毒气体，TLV $10×10^{-6}$（14 mg/m³）。吸入硫化氢能引起中枢神经系统的抑制，有时由于刺激作用和呼吸的麻痹而导致最终死亡，超过 $7.0×10^{-8}$ 会导致急剧中毒，先是呼吸过快以至呼吸麻痹而死亡。在高浓度硫化氢中几秒内就会发生虚脱、休克，能导致呼吸道发炎、肺水肿，并伴有头痛、胸部痛及呼吸困难。生产操作和贮运过程必须采取有效的防范措施。

包装标志：易燃有毒气体，对于处于常温压力下的干硫化氢可采用碳钢材质；但对湿硫化氢不适用，铝材对于湿或干硫化氢即使在高温度条件下也可看作 A 类结构材料。纯硫化氢采用不锈钢气瓶装运。

必须遵守带压、可燃、有毒气体的安全规定，容器和管路应预保护，以防损坏、倒流和着火。硫化氢贮存区附近不得有氧化可燃材料、酸或其他腐蚀性材料。硫化氢避免暴露于高温环境，贮存于阴凉通风处。

8. 参考文献

[1] 于国贤，赵志远. 高纯硫化氢的研制与生产 [J]. 低温与特气，1996（2）：57-62.

4.22　高纯三氟甲烷

高纯三氟甲烷（High purity trifluoromethane）又称电子级氟仿（Electronic grade fluoroform）。分子式 CHF_3，相对分子质量 70.01，结构式：

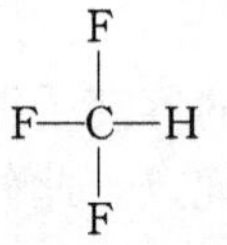

$$F-\underset{\underset{F}{|}}{\overset{\overset{F}{|}}{C}}-H \ 。$$

1. 产品性能

氟仿为无色、无臭、不可燃气体。沸点 $-82\,℃$，熔点 $-155.2\,℃$，液体密度 $4.442\ \mathrm{g/mL}\ (-80\,℃)$，临界温度 $25.7\,℃$，液体折射率 $4.215\ (-73\,℃)$。微溶于水，在 $25\,℃$、$0.1\ \mathrm{MPa}$ 下，其在水中的含量为 0.1%。能溶于乙醇、酮、乙醚、苯、四氯化碳，不溶于乙二醇及甘油。化学性质不活泼，$170\,℃$ 以上能与三氧化二氮（N_2O_3）反应，$100\,℃$ 时与氟化亚硝酰反应，光化氯化反应非常慢，不进行光化溴化反应。

2. 生产方法

二氟一氯甲烷在催化剂存在下，发生歧化反应，得到氟仿、三氯甲烷和二氟二氯甲烷等，经低温精馏纯化得高纯三氟甲烷。

$$CHClF_2 \longrightarrow CHF_3 + CHCl_3 + CCl_2F_2 + \cdots 。$$

3. 工艺流程

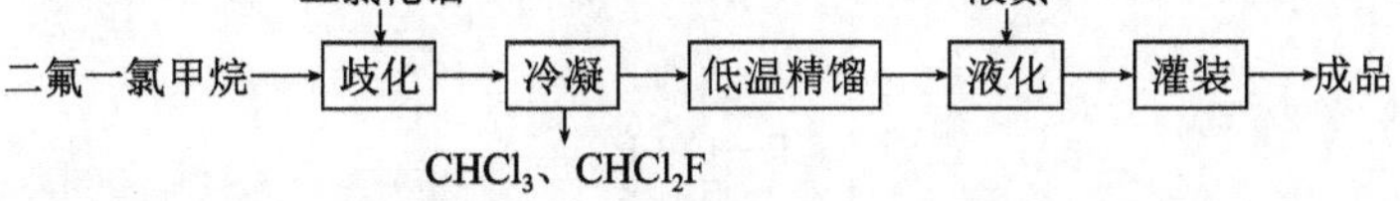

三氯化铝　　　　　　　　　液氮

二氟一氯甲烷 → 歧化 → 冷凝 → 低温精馏 → 液化 → 灌装 → 成品

$CHCl_3$、$CHCl_2F$

图 4-26

4. 生产工艺

将二氟一氯甲烷在一定温度和压力条件下，以一定流量导入一级歧化反应器中，在无水三氯化铝存在下发生歧化反应。反应产物经一级冷凝器使氯仿冷凝除去 $CHCl_3$，未反应的 $CHClF_2$ 进入第二级歧化反应器进一步反应。从第二级歧化反应器出来的产物，经二级冷凝使氯仿、二氟二氯甲烷冷凝除去。然后导入低温精馏釜中，进行间歇精馏除去 $CHClF_2$、O_2、N_2 等杂质，得到纯度 99.99% 以上的高纯 CHF_3，将所得高纯 CHF_3 用液氮冷液化后灌装于铝合金容器中。

5. 产品标准

氯仿（CHF_2）	≥99.99%	99.995%
氧（O_2）	<2.0×10^{-5}	不计
氮（N_2）	<5.0×10^{-5}	不计
氟碳 12（CCl_2F_2）	<1.0×10^{-5}	5.0×10^{-6}
氟碳 22（$CHClF_2$）	<1.0×10^{-5}	5.0×10^{-6}
氟碳 13（$CClF_3$）	<1.0×10^{-5}	5.0×10^{-6}
水（H_2O）	<1.0×10^{-5}	5.0×10^{-6}

6. 产品用途

高纯氟仿是微电子工业广泛应用的等离子蚀刻气体之一，尤其是对二氧化硅膜的刻蚀，具有刻蚀速度快、选择性好的优点。此外，氟仿还用于低温混合制冷剂、红外检测器直接冷却剂，也用于有机合成。

7. 安全和贮运

在生产贮运和使用中氟仿可视作低毒或无毒气体，但高含量氟仿有麻醉作用，与可燃性气体燃烧时分解产生有毒氟化物。用钢或铝合金容器装运，按高压液化气体贮运。贮存于阴凉、通风、干燥处。

8. 参考文献

[1] 袁淑筠，廖恒易. 高纯三氟甲烷的制备工艺 [J]. 低温与特气，2014，32（6）：19-22.

[2] 何双材，徐娇，胡欣，等. 浅述高纯三氟甲烷的生产及应用 [J]. 有机氟工业，2015（1）：12-18.

4.23　高纯四氟化碳

高纯四氟化碳（High purity carbon tetrfluorid）又称电子级四氟甲烷（Electronic grade tetrafluoromethane），分子式 CF_4，相对分子质量 88.00，结构式：

$$F-\underset{\underset{F}{|}}{\overset{\overset{F}{|}}{C}}-F \; 。$$

1. 产品性能

常温常压下为无色无臭、无毒气体。在空气中不燃烧，化学性质不活泼是最稳定的有机化合物之一。微溶于水。熔点 $-184\ ℃$，沸点 $-128.0\ ℃$，临界温度 $-45.6\ ℃$。临界压力 $3739\ kPa$，临界密度 $629\ kg/m^3$。折射率（$-73\ ℃$）4.151。

在 $900\ ℃$，与 Cu、Ni、W、Mo 都不发生反应，仅在电弧温度下缓慢分解。四氟化碳虽然是无毒气体，但与可燃气体燃烧时，会分解产生有毒氟化物。

2. 生产方法

（1）直接氟化法

用碳与氟直接反应得到系列氟烷，系列氟烷经低精馏提纯得高纯四氟化碳。

$$6C+9F_2 \xrightarrow{>600\ ℃} CF_4+C_2F_6+C_3F_8+\cdots。$$

（2）工业法

以工业四氟化碳为原料，经纯化处理得高纯四氟化碳。

3. 工艺流程

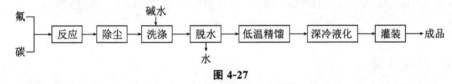

图 4-27

4. 生产工艺

在装有活性炭的反应炉中，缓慢通入高浓氟气，通过加热器加热、供氟速率和反应炉冷却来控制反应温度。在温度大于 $600\ ℃$ 的条件下反应，反应生成四氟化碳及少量同系物。将反应产品经除尘、碱洗（除去 HF、CoF_2、SiF_4、CO_2 等。）脱水处理后，可获得含量为 85% 左右的 CF_4 粗品，同时约 10% 的 C_2F_6 和 5% 的 C_3F_8。然后将粗品导入低温精馏釜中，进行间歇精馏，通过控制精馏温度（$-196\sim-85\ ℃$），将 O_2、N_2、H_2 除去，并得到高纯 CF_4。用液氮深冷灌装于铝合金或钢容器中。有 4 L、8 L、40 L 铝合金或钢容器，充瓶压力通常低于 $12.5\ MPa$。

5. 产品标准

四氟甲烷（CF_4）	$\geqslant99.99\%$	99.995%
氧（O_2）	$\leqslant5\times10^{-6}$	不计
氮（N_2）	$\leqslant20\times10^{-5}$	不计
氟碳 13（CHF_3）	$\leqslant5.0\times10^{-6}$	5.0×10^{-6}
氟碳 23（CHF_3）	$\leqslant5.0\times10^{-6}$	5.0×10^{-6}
氟碳 116（C_2F_6）	$\leqslant5.0\times10^{-6}$	5.0×10^{-6}
水（H_2O）	$\leqslant1.0\times10^{-5}$	5.0×10^{-6}

6. 产品用途

四氟化碳是目前微电子工业中用量最大的等离子蚀刻气体，四氟化碳高纯气可广泛应用于硅、二氧化硅、氮化硅、磷硅玻璃及钨等薄膜材料的蚀刻，也大量用于电子器件表面清洗、太阳能电池气体、激光器工作介质、低温制冷、气体绝缘等方面。

7. 安全与贮运

在生产贮运和使用过程中，四氟甲烷可按无毒或低毒气体考虑，但其与可燃性气体燃烧时，会分解产生有毒氟化物。高浓度下的 CF_4 为窒息气体。四氟甲烷可用钢瓶和铝合金容器装运，按压缩气体运输。

8. 参考文献

[1] 唐忠福. 氟碳合成高纯四氟化碳的工艺技术 [J]. 低温与特气，2013，31（1）：32-34.

4.24　高纯六氟乙烷

高纯六氟乙烷（High purity hexo fluoroehane）又称电子级六氟乙烷（Electronic grade hexo fluoroehane）。分子式 CF_6，相对分子质量 138.01，结构式：

$$F_3C—CF_3。$$

1. 产品性能

六氟乙烷为无色、无臭、无味的不可燃气体，不溶于水，溶于乙醇。沸点 $-78.2\ ℃$，熔点 $-100.6\ ℃$，临界温度 $19.7\ ℃$。液体密度（$-80\ ℃$）$4.600\ g/cm^3$。六氟乙烷是惰性气体化合物，化学性质不活泼，在 $600\ ℃$ 以下与石英不反应，在 $842\ ℃$ 下还不全部分解。

2. 生产方法

在 $400\sim600\ ℃$ 条件下，活性炭与氟直接反应生成六氟乙烷及同系氟化物，经除尘、碱洗、脱水后，低温精馏、低温吸附脱水得高纯六氟乙烷。

$$C+F_2 \xrightarrow{400\sim600\ ℃} C_2F_6+CF_4+C_3F_8+\cdots。$$

3. 工艺流程

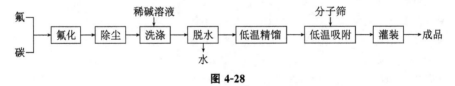

图 4-28

4. 生产工艺

将高浓度氟气缓慢导入在装有活性炭的反应炉中，通过控制电加热、供氟速率和冷却反应炉来控制反应温度，于 $400\sim600\ ℃$ 条件发生氟化，生成六氟乙烷及同系物。反应产物经过除尘、碱洗、脱水后，可获得含 CF_4 约 80%、C_2F_6 $10\%\sim15\%$、

C_3F_8 4%～6% 的粗品，然后将粗品混合物进行间歇低温精馏，在釜温 $-45 \sim -35$ ℃ 时收集 C_2F_6，用分子筛进行低温吸附脱水，得高纯六氟乙烷，充瓶包装，使用 4 L 或 8 L 铝合金容器，充瓶压力通常低于 12.5 MPa。

5. 产品标准

六氟乙烷（C_2F_6）	≥99.7%
空气、氟碳 14、一氧化碳	<0.2%
水（H_2O）	$<1.0 \times 10^{-5}$
酸度	$<0.1 \times 10^{-6}$
其他氟碳	<0.30%
固体残渣	<0.01%

6. 产品用途

在电子工业中用作等离子蚀刻剂和表面清洗剂，也用于低温制冷和光纤维中。

7. 安全与贮运

在生产、贮运和使用过程中，六氟乙烷可视为无毒气体，但与可燃气体一同燃烧时，分解产生有毒的氟化物。使用铝合金容器和钢瓶装运，按压缩气体贮运。

8. 参考文献

[1] 丁元胜，蔡伟豪，褚晨啸，等. 高纯六氟乙烷的制备及应用研究进展 [J]. 浙江化工，2017，48（9）：1-5.

4.25　高纯六氟化硫

高纯六氟化硫（High purity sulfur hexafluoride）又称电子六氟化硫（Electronic grade sulfur hexafluoride），分子式 SF_6，相对分子质量 146.06。

1. 产品性能

常温常压下为无色、无臭、无毒的不可燃气体，是一种窒息剂。对热稳定，化学性质稳定，无腐蚀性。电绝缘性能和消弧性能好。微溶于水，不溶于盐酸和氨。易液化。2156 kPa、24.1 ℃ 时，蒸气压 -50.8 ℃，升华温度 -68.8 ℃，液体密度（-50.8 ℃）1180 kg/m^3。20 ℃、104.3 kPa 时，气体密度 6.17 kg/m^3，0 ℃、104.3 kPa 时，气体密度 6.52 kg/m^3。临界温度 45.5 ℃，临界压力 3759 kPa，临界密度 736 kg/m^3。折射率（气体，0 ℃、104.325 kPa）4.000 783。

2. 生产方法

以工业六氟化硫为原料，经吸附干燥、低温固化得纯度为 99.995% 的高纯六氟化硫。

3. 工艺流程

工业六氟化硫 → 吸附脱水 → 微孔过滤 → 冷冻固化 → 气化 → 冷冻 → 充瓶 → 成品

图 4-29

4. 生产工艺

将工业六氟化硫于常温下经吸附干燥脱水，然后通过微孔过滤器过滤，导入冷却阱，使 SF_6 在低温下固化。再在合适的真空环境下除去杂质气体。最后使冷阱中的 SF_6 气化，将 SF_6 气体导入低温接收器中冷凝，得高纯六氟化硫，将高纯六氟化硫充瓶。

5. 产品标准

六氟化硫氢（SF_6）	≥99.995%
四氟化碳（CF_4）	≤1.5×10^{-5}
空气	≤5.0×10^{-6}
水（H_2O）	≤5.0×10^{-7}

6. 产品用途

在半导体工业中用作等离子刻蚀剂；在光纤制备中用作生产掺氟玻璃的氟源；在制造低损耗优质单模光纤中用作隔离层的掺杂剂，还可用作氮准分子激光器的掺加气体。也用于电子设备、雷达波导、粒子加速器、变压器避雷器等作气体绝缘体。

7. 安全与贮运

SF_6 是无毒不可燃气体，但是一种窒息剂。TLV：1000×10^{-6}。在高浓度下，窒息的症状包括呼吸困难、喘息、皮肤和黏膜变蓝、全身痉挛。车间内加强通风。采用不锈钢瓶或铝合金气瓶运。

8. 参考文献

[1] 王家录. 高纯六氟化硫的研制 [J]. 低温与特气，1988（2）：13-17.

[2] 陈兴龙. 六氟化硫工艺节能改造 [J]. 化学工业与工程，2010，27（6）：521-524.

4.26 高纯五氟化钽

高纯五氟化钽（High purity tantalum pentafluoride）又称电子级五氟化钽（Electronic grade tantalum pentafluoride），分子式 TaF_5，相对分子质量 275.95。

1. 产品性能

白色固体，有毒，沸点 229 ℃，熔点 97 ℃。吸湿性大，与水作用发出声音，密度（20 ℃）4.74 g/cm³。

2. 生产方法

高纯氟与高纯钽粉于 370 ℃ 左右发生氟化反应，经真空蒸馏得高纯五氟化钽。

$$5F_2 + 2Ta \xrightarrow{370\ ℃} 2TaF_5 。$$

3. 工艺流程

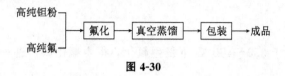

图 4-30

4. 生产工艺

在装有高纯钽粉的反应器中导入经过净化的高纯氟气体，反应温度 350～390 ℃，氟化生成五氟化钽。将得到的氟化产物进行真空蒸馏，收集 −10 ℃ 真空蒸馏分，得五氟化钽。

5. 产品标准

外观	白色固体
五氟化钽（TaF_5）	≥99%
熔点/℃	97

6. 产品用途

在微电子工业中用作化学气相淀积硅化钽或钽膜，制作低电阻、高熔点的电路互连线和栅极。

7. 安全与贮运

产品有毒，氟为高氧化性腐蚀性气体。设备应注意密闭，车间内应加强通风。操作人员应穿戴劳保用具。按有毒化学品规定包装与贮运。

8. 参考文献

[1] 于兰. 钽氧氟化合物及钽酸盐的合成与性质探究 [D]. 苏州：苏州大学，2015.

4.27　高纯六氟化钨

高纯六氟化钨（High purity tungsten hexafluoride）又称电子级六氟钨（Electronic grade tungsten hexafluoride），分子式 WF_6，相对分子质量 297.92。

1. 产品性能

在常温常压下是一种无色、无臭气体，有毒！是一种刺激性和腐蚀性很强的气体，对眼睛、皮肤的腐蚀性是极严重的，产生的烧伤类型同氟化氢，在空中允许极限浓度（TLV）为 10 mg/m³。气体密度是空气密度的 10 倍。于 17.1 ℃ 冷凝为淡黄色的液体，而在低于 2 ℃ 时便生成白色固体。凝固点 2.3 ℃，沸点 17.2 ℃，三相点 2.0 ℃，液体密度（15 ℃）3.441 g/mL。六氟化钨很容易水解生成 WO_2 和 HF，是强氧化剂，在室温下能与许多金属反应，但在室温下，铜、黄铜、钢、不锈钢也可以使用，只是在使用之前，系统各部件应当彻底清洗和干燥，并用氟或六氟化钨预先钝化，使之生成一层氟化膜以保护材料免遭进一步腐蚀。

2. 生产方法

高纯钨粉与氟于 350～450 ℃ 下发生氟化，得六氟化钨，进一步经真空蒸馏，得高纯六氟化钨。

$$3F_2 + W \xrightarrow{350～450 \ ℃} WF_6 。$$

3. 工艺流程

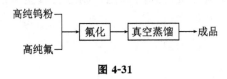

图 4-31

4. 生产工艺

在装有高纯钨粉的反应器中，导入经过净化的高纯 F_2，控制反应温度在 350～450 ℃，氟化反应产物经过 1～3 级接收器，在第 1 级回收高沸点杂质，第 2 级在 -80 ℃ 回收 WF_6，第 3 级在 -196 ℃ 回收过剩 F_2。得到的六氟化钨粗品送入真空蒸馏器中蒸馏，在低温下收集高纯 WF_6，用 0.7 L、4.3 L 钢瓶装运。

5. 产品标准

六氟化钨（WF_6）	≥99.8%
氧（O_2）	$<2.0 \times 10^{-4}$
氮（N_2）	$<3.0 \times 10^{-4}$
氢（H_2）	$<3.0 \times 10^{-5}$
活性氟（F^-）	$<5.0 \times 10^{-4}$

6. 产品用途

在电子工业中 WF_6 用于离子注入或化学气相淀积（CVD）硅化钨或钨膜，用以制作低电阻、高熔点的电路互连线和栅极，还用于抗 X 射线、γ 射线的保护罩及高效太阳能吸收器生产中。

7. 安全与贮运

六氟化钨为有毒气体，原料氟具有强氧化性和腐蚀性。车间应加强通风，操作人员应穿戴劳保用具。产品采用 0.7 L、4.3 L 钢瓶充装。按有毒气体贮运。

8. 参考文献

[1] 陈志刚，陈财华，冯振雷. 高纯六氟化钨制备工艺研究 [J]. 中国钨业，2014，29（1）：43-47.

4.28 高纯六氟化钼

高纯六氟化钼（High purity molybdenum hexafluoride）又称电子级六氟化钼（Electronic grade molybdenum hexafluoride），分子式 MoF_6，相对分子质量209.93。

1. 产品性能

低温下为白色结晶固体，有毒，沸点35 ℃，熔点17.5 ℃。吸湿性大，与水反应发出声音，在潮湿空气中产生蓝烟，是一种强氧化剂。气体密度是空气密度的7倍，液体密度2.543 g/mL（19 ℃）。在空气中允许极限浓度（TLV）为5 mg/m³。

2. 生产方法

高纯钼粉与氟直接反应，反应产物经纯化得高纯六氟化钼。

$$Mo + 3F_2 \xrightarrow{250\sim300\ ℃} MoF_6。$$

3. 工艺流程

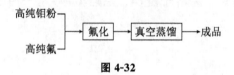

图 4-32

4. 生产工艺

在装有纯化钼粉的反应器中，导入经过净化的高纯氟气，控制反应温度在250～300 ℃，氟化生成六氟化钼。氟化产物经过1～3级接收器，在第1级回收高沸点杂质，第2级在－5～5 ℃回收六氟化钼，第3级回收过剩的氟及低沸点杂质。将六氟化钼经真空蒸馏，得高纯六氟化钼。使用0.7 L、4.3 L钢瓶充装。

5. 产品标准

六氟化钼（MoF_6）	≥99%
氧（O_2）	<2.0×10^{-4}
氮（N_2）	<3.0×10^{-4}
氢（H_2）	<3.0×10^{-5}
活性氟（F^-）	<5.0×10^{-4}

6. 产品用途

在电子工业中用作化学气相淀积硅化钼或钼，以制作低电阻、高熔点的互连线栅极。

7. 安全与贮运

六氟化钼为低沸点腐蚀性有毒物质,在湿空气中水解生成氢氟酸。在空气中允许极限(TLV)为 5 mg/m³。车间内加强通风,操作人员应穿戴劳保用具。产品用钢瓶充装。按有毒气体贮运。

8. 参考文献

[1] 仝庆. 六氟化钼的制备及其工艺参数优化研究 [J]. 低温与特气,2017,35 (4):28-30.

4.29 高纯二甲基镉

高纯二甲基镉(High purity dimethylcadmium)分子式为 C_2H_6Cd,相对分子质量 142.48,结构式:

$$CH_3—Cd—CH_3。$$

1. 产品性能

常温常压下为无色透明具有大蒜臭味的有毒液体,熔点 $-4.5\ ℃$。沸点 $-105.5\ ℃$,液体密度 1984 kg/m³,气体密度 4.9 kg/m³。可燃,在空气中自燃,加热时能发生爆炸,遇水也能引起爆炸。易溶于醚类、烷烃类等。空气中最高允许浓度(TLV)为 0.05 mg/m³。

2. 生产方法

二氯化镉与碘化甲基镁反应,然后经二级蒸馏提纯得二甲基镉。

$$CdCl_2 + 2CH_3MgI \longrightarrow Cd(CH_3)_2 + MgI_2 + MgCl_2。$$

3. 工艺流程

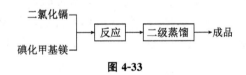

图 4-33

4. 生产工艺

在无水乙醚中二氯化镉与碘化甲基镁发生反应生成二甲基镉、氯化镁和碘化镁,过滤后经二级精馏提纯得高纯二甲基镉。整个装置在通风橱中,确保反应和操作在无氧、无水条件下进行。

5. 产品标准

二甲基镉 [Cd (CH₃)₂]	≥99.999%
铁(Fe)	$<5×10^{-5}$

硅（Si）	$<3\times10^{-5}$
锗（Ge）	$<1\times10^{-5}$
硒（Se）	$<5\times10^{-5}$

6. 产品用途

用于导体工业中 MOCVD 法生长 HgCdTe/CdTe/GaAs 多层异质材料，其中 $Cd(CH_3)_2$ 是必不可少的原材料。HgCdTe 是第三代红外材料，由它制作的红探测器可用于导弹制导、红外遥感、激光、雷达等领域。也用于有机合成，用作聚合反应催化剂。

7. 安全与贮运

二甲基镉有毒，在空气中自燃，与水发生剧烈反应。在生产操作、贮运和使用中，应确保无氧、无水操作。车间内加强通风，操作人员应穿戴劳保用品。着火时，使用粉末灭火器或干沙子灭火。绝对禁止使用泡沫灭火器。使用内壁涂层的不锈钢鼓泡瓶密封包装，按可燃有毒物质规定贮运。高纯产品应贮存在冰箱中。产品运输时瓶外用充氮气的软包装袋保护，并放入塑料袋中，然后封入内衬有机防火材料的铁盒中，再固定在木箱中。

8. 参考文献

[1] 孙酣经，黄澄华. 化工新材料产品应用手册 [M]. 北京：中国石化油出版社，2002.

4.30　高纯三甲基铟

高纯三甲基铟（High purity trimethyl indium）分子式为 $In(CH_3)_3$，相对分子质量 159.93。结构式：

$$H_3C—In—CH_3 \quad 。$$
$$\underset{CH_3}{|}$$

1. 产品性能

常温常压下为无色透明具有特殊臭味的升华性针状结晶，熔点 88 ℃，沸点 134 ℃，液体密度（10 ℃）1568 kg/m³，相对密度（d_4^{19}）4.568。空气中最高容许浓度（TLV）0.1 mg/m³。对氧和水敏感，在空气中自燃，遇水分解放出甲烷气体。能与乙烷、庚烷等脂肪族饱和烃、甲苯、二甲苯等芳香族烃可以任意比例混溶；能与 AsH_3、PH_3、醚类、叔胺等形成稳定的络合物。

2. 生产方法

（1）以金属铟为原料

在乙醚中铟和镁与 CH_3I 反应，分馏出 $(CH_3)_3In \cdot OEt_2$，用惰性溶剂解络，脱去乙醚和惰性溶剂。减压分馏，真空升华纯化得纯品三甲基铟。

$$2Et_2O + 2In + 4Mg + 7CH_3I \longrightarrow 2(CH_3)_3In \cdot OEt_2 + 3MgI_2,$$

$$(CH_3)_3In \cdot OEt_2 \xrightarrow[\triangle]{\text{惰性溶剂}} In(CH_3)_3 + Et_2O。$$

在碱金属存在下，铟与碘甲烷发生类似反应。反应在乙醚中进行，反应中可使用的碱金属包括锂、钠、钾、铯，其中效果最好的是锂，而甲基卤化物中的卤素一般选择溴或碘。反应结束后，产物经过滤、洗涤、蒸馏等方法分离出来。

$$In + 3Li + 3CH_3I \xrightarrow{C_2H_5OC_2H_5} In(CH_3)_3 + 3LiI。$$

该方法的显著优点是原料简单易得且便于后续的纯化处理。

（2）以三氯化铟为原料

三氯化铟在乙醚溶剂中与甲基锂反应，该反应一般包括 3 个步骤：首先合成溶剂加合物 $(R_3In)_y \cdot E$，E 表示醚；然后溶剂加合物与配体 L 反应形成配体加合物 $(CH_3)_3In \cdot L$，L 代表含芳基的磷配体；最后配体加合物热分解，将三甲基铟以气体的形式释放出来。

$$InCl_3 + 3CH_3Li + E \longrightarrow In(CH_3)_3 \cdot E + 3LiCl,$$

$$In(CH_3)_3 \cdot E + L \longrightarrow In(CH_3)_3 \cdot L + E \uparrow,$$

$$In(CH_3)_3 \cdot L \longrightarrow In(CH_3)_3 \uparrow + L。$$

上述方法使用 n（三氯化铟）：n（甲基锂）$= 1 : 3$ 的比反应。改进的方法使用 n（三氯化铟）：n（甲基锂）$= 1 : 4$ 的比反应，生成四甲基锂盐，化学反应式如下：

$$InCl_3 + 4CH_3Li \xrightarrow{C_2H_5OC_2H_5} [Li(Et_2O)_n] \cdot [In(CH_3)_4] + 3LiCl。$$

其中，与锂离子配合的乙醚在温和条件下可于真空中完全除去，剩下的产物可用有机溶剂洗涤纯化。然后将铟的三卤化物或铟的有机卤化物（如氯化甲基铟）与四甲基铟锂在惰性溶剂中反应，产生三甲基铟和氯化锂的混合物：

$$3Li[In(CH_3)_4] + InCl_3 \longrightarrow 4In(CH_3)_3 + 3LiCl。$$

该方法简化了反应步骤，反应过程中不需要加热、产物易分离，是目前国外采用较多的合成方法。

此外，三甲基铟溶剂加合物中乙醚的去除也可通过改变反应步骤来解决。用高沸点醚从 $[(CH_3)_3In \cdot E]$ 中交换出乙醚，形成易分解、难挥发的加合物，化学反应式如下：

$$(CH_3)_3In \cdot E + R_2O \rightleftharpoons (CH_3)_3In \cdot OR_2 + E \uparrow,$$

虽然上述反应趋于向左进行，但乙醚在反应混合物中挥发性最强，可通过加热使平衡右移生成 $[(CH_3)_3In \cdot OR_2]$，然后通过热分解得三甲基铟。

$$(CH_3)_3In \cdot OR_2 \longrightarrow (CH_3)_3In \uparrow + R_2O。$$

（3）电化学合成法

电化学合成方法是以高纯铟为阳极，在格氏试剂的乙醚溶液中进行。电解过程可以在制备格氏试剂的反应器中插入电极后进行，而不需将原料与镁分离。电解时镁将在阴极沉积，且当反应混合物中有过量烷基卤化物时，镁将再次与烷基卤化物反应生成格氏试剂。镁将循环反应。

$$6CH_3MgX + 2In \longrightarrow 2(CH_3)_2In \cdot E + 3Mg + 3MgX_2,$$

$$Mg + CH_3X \longrightarrow CH_3MgX,$$

$$3CH_3MgX + 3CH_3X + 2In \longrightarrow 2(CH_3)_3In \cdot E + 3MgX_2。$$

式中，E 代表乙醚，X 代表卤素。

格氏试剂的电解可以获得高的产率和电流效率（约为 100%），其缺点同样在于只能获得醚配合物。

然后将醚配合物用惰性溶剂解络，脱去乙醚和惰性溶剂，减压分馏得三甲基铟。

3. 工艺流程

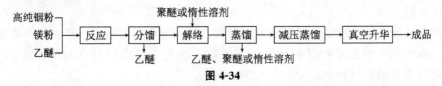

图 4-34

4. 生产工艺

在反应器中加入无水乙醚，然后加入高纯铟粉和镁粉，滴加甲基碘，反应生成三甲基铟乙醚配合物、碘化甲基镁、碘化镁。加入惰性溶剂解络，在同一装置中蒸馏脱去乙醚和惰性溶剂。然后减压分馏得到粗品，将粗品经真空升华得高纯三甲基铟。也可采用加合—分解—蒸馏法提纯，将聚醚加入到合成的三甲基铟配合物中，得三甲基铟与聚醚的加合物，常压蒸馏以除去所有挥发性杂质，然后将加合物热分解、减压蒸馏使三甲基铟以气体的形式与聚醚分离，在液氮冷阱中冷却，所有不挥发的杂质均被去除。该方法中用到的聚醚为二乙二醇二甲醚、三乙二醇二甲醚或四乙二醇甲醚。聚醚分子中的多个氧原子可与多个产物分子形成加合物，选择恰当的聚醚与被纯化的三甲基铟化合物的沸点有足够大的差距，蒸馏时它们能完全分离。也可选择恰当的聚醚可以使加合物的分解温度小于它的沸点，以使加合物先分解。

$$In(CH_3)_3 + L \longrightarrow In(CH_3)_3 \cdot L,$$
$$In(CH_3)_3 \cdot L \longrightarrow In(CH_3)_3 \uparrow + L。$$

式中，L 代表聚醚。

该方法操作简单，不需要使用复杂的仪器设备，并且能将产物提纯到 10^{-6} 级，是目前国外使用较广的一种纯化方法。

逐区提纯精炼法也可用于三甲基铟粗品的提纯，它是一种以连续的液-固相平衡为基础的反复纯化技术。将要精炼的三甲基铟加入精炼器的液-固相平衡管中，在化合物流动过程中，杂质在管的每一个单元得到一次分离。如此反复多次，直到化合物的纯度达到要求。该方法需使用特殊装置，操作简单，但产物的回收率较低。

5. 产品标准

二甲基铟 $[In(CH_3)_2]$	$\geqslant 99.999\%$
硅（Si）	$\leqslant 2.0 \times 10^{-6}$
镁（Mg）	$\leqslant 2.0 \times 10^{-6}$
铁（Fe）	$\leqslant 2.0 \times 10^{-6}$
锌（Zn）	$\leqslant 2.0 \times 10^{-6}$

6. 产品用途

高纯三甲基铟可用作半导体工业中金属有机气相沉积（MOCVD）和金属有机分

子束外延（MOMBE）等技术生长半导体微结构材料的铟源，也用作先电功能材料的原料。

7. 安全与贮运

三甲基铟在高温下不稳定，在空气中自燃，与水剧烈反应，生产、贮运和使用中应特别注意安全。着火时使用粉末灭火器、干燥的沙子、蛭石等灭火，绝对禁止使用泡沫灭火剂。

产品采用内壁涂层的不锈钢鼓泡瓶封装。确保阀门接管畅通，瓶空间充高纯氮气保护。高纯三甲基铟应贮存在冰箱中。危险货物包装标志应符合 GB 190 规定，包装、贮运指示标志符合 GB/T 191—2008 规定。

8. 参考文献

[1] 舒万艮，李雄，王歆燕. 三甲基铟、三乙基铟制备的研究进展 [J]. 稀有金属，1999（3）：65-67.

[2] ЕФРЕМОР Е А，李光文. 三甲基铟的分离与纯化方法 [J]. 低温与特气，1990（3）：40-41.

4.31　高纯三甲基锑

高纯三甲基锑（High purity trimethyl antimony）分子式为 C_3H_9Sb，相对分子质量 166.86，结构式：

$$CH_3—Sb—CH_3 \quad 。$$
$$\qquad\quad |$$
$$\qquad\quad CH_3$$

1. 产品性能

常温常压下为具有大蒜臭味的无色透明液体。对氧对水敏碱，对热不稳定。在空气中迅速氧化，有时能爆炸；能与氧、硫、卤素迅速化合。熔点 $-62\ ℃$，沸点 $80.6\ ℃$。$15\ ℃$、$100\ kPa$ 时液体密度 $1528\ kg/m^3$。空气中最高允许浓度（TLV）为 $0.5\ mg/m^3$。有毒！

2. 生产方法

在乙醚中三氯化锑与碘化甲基镁反应，经分离、解络、精馏得高纯三甲基锑。

$$6CH_3MgI+2SbCl_3+2Et_2O \longrightarrow 2(CH)_3Sb \cdot Et_2O+3MgI_2+3MgCl_2，$$

$$(CH_3)_3Sb \cdot OEt_2 \longrightarrow Sb(CH_3)_3+Et_2O。$$

3. 工艺流程

图 4-35

4. 生产工艺

在反应器中加入无水乙醚、高纯碘甲烷和镁粉进行格氏反应，反应完成后，加入高纯三氯化锑进一步反应，反应物经蒸馏、用惰性溶剂解络，然后精馏，得高纯三甲基锑。应确保反应和各操作在无氧、无水条件下进行。

5. 产品标准

三甲基锑 $[Sb(CH_3)_3]$	$\geqslant 99.999\%$
铁（Fe）	$\leqslant 2.0 \times 10^{-6}$
镁（Mg）	$\leqslant 2.0 \times 10^{-6}$
硅（Si）	$\leqslant 2.0 \times 10^{-6}$
锌（Zn）	$\leqslant 2.0 \times 10^{-6}$

注：含量为质量比，纯度中包含微量其他有机物。

6. 产品用途

高纯三甲基锑是电子工业中 MOCVD 工艺的原材料，用作发光二极管制造中 AsGa、GaP、GaAsP 等的 N 型掺杂剂；也用于有机合成。

7. 安全与贮运

三甲基锑没有毒性数据，但可以认为是有毒物质。同时易自燃，燃烧放出的氧化物剧毒。锑的三价盐比五价盐毒性大。严重中毒时（吸入、摄入）引起严重的呼吸故障或循环系统故障导致死亡。锑可以直接导致心肌中毒，在空气中允许的极限浓度（TLV）为 0.5 mg/m³。生产操作、贮运和使用过程中应采取有效防范措施。三甲基锑的溅射引起衣服着火时，用防火袋、无菌布包起受害者，送往医院进行治疗。着火时，使用粉末灭火器、干燥的沙子等灭火剂。

高纯产品采用内壁涂层的不锈钢鼓泡瓶封装。确保阀门接管畅通。瓶空间充高纯氮气保护。高纯三甲基锑应贮存在冰箱中。危险货物包装标志应符合 GB 190—2009 规定，包装、贮运指示标志应符合 GB/T 191—2008 规定。产品运输时瓶外用充氮气的软包装袋保护，并放入塑料袋中，然后封入内衬有无机防火材料的铁盒中，再固定在木箱中。

8. 参考文献

[1] 徐耀中. 高纯三甲基锑的制备与研究 [D]. 苏州：苏州大学，2016.

[2] 徐耀中. 高纯三甲基锑的制备 [J]. 中国新技术新产品，2016（2）：50-52.

4.32　高纯三甲基镓

高纯三甲基镓（High purity trimethyl gallium），分子式 $Ga(CH_3)_3$，相对分子质量 114.83。

1. 产品性能

常温常压为无色透明液体，有毒，对水、氧气敏感。在空气中易氧化、室温下易燃。室温下稳定，高温时自行分解。可与水激烈反应，与有活泼氢的醇类、酸类激烈反应。与 AsH_3、PH_3、醚类、胺类等能生成稳定的络合物。用烃类溶剂稀释到 25% 以下的三甲基镓失去其自燃特性。在室温下需在 N_2、Ar 惰性气体中贮存。与庚烷、甲苯、二甲苯可以任意比例混溶。

2. 生产方法

三甲基铝与三氯化镓发生反应生成三甲基镓和氯化二甲铝。

$$3(CH_3)_3Al + GaCl_3 \longrightarrow (CH_3)_3Ga + 3(CH_3)_2AlCl。$$

金属与氯气反应得三氯化镓，另由碘甲烷与镁粉反应生成碘化甲基镁，然后与三氯化镓反应生成三甲基镓醚配合物，加热解络生成三甲基镓。

$$2Ga + 3Cl_2 \longrightarrow 2GaCl_3，$$

$$CH_3I + Mg \longrightarrow MgCH_3I，$$

$$2GaCl_3 + 6MgCH_3I + R_2O \longrightarrow 2Ga(CH_3)_3 \cdot OR_2 + 3MgI_2 + 3MgCl_2，$$

$$Ga(CH_3)_3 \cdot OR_2 \xrightarrow{\triangle} Ga(CH_3)_3 + R_2O。$$

3. 工艺流程

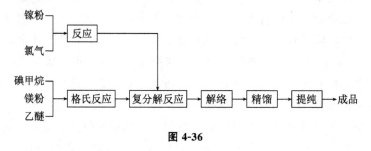

图 4-36

4. 生产工艺

在无水乙醚中加入碘甲烷和镁粉发生格氏反应，然后加入由镓粉与氯气反应生成的三氯化镓进行复分解反应生成三甲镓配合物，蒸馏分出三甲镓配合物，加热解络，经精馏提纯得高纯三氯化镓。

5. 产品标准

三甲基镓 $[Ga(CH_3)_3]$	≥99.99%
铁（Fe）	≤2.0×10⁻⁶
硅（Si）	≤2.0×10⁻⁶
铜（Cu）	≤2.0×10⁻⁶
铁（Mg）	≤2.0×10⁻⁶

注：含量为质量比，纯度中包含其他微量有机物。

6. 产品用途

用作电子工业的 MOCVD 工艺中镓源；用于制造 GaAs、AsGaAl 等半导体化合物；用于制造发光二极管等电子元件及制造太阳能电池。

7. 安全与贮运

虽无三甲镓的毒性资料，但可认为其有毒，吸入高浓度（15 mg/m³）气体中毒。对水、氧、热敏感，生产、贮运和使用时应采取有效的防范措施。着火时，使用粉末灭火器、干燥的沙子、蛭石等灭火剂，绝对禁止用水和泡沫灭火器。

产品采用壁涂层的不锈钢鼓泡瓶封装。确保阀门接管畅通。瓶内空间充高纯氮气保护。高纯三甲基镓应贮存在冰箱中。危险货物包装标志应符合 GB 190—2009 的规定，包装、贮运指示标志应符合 GB/T 191—2008 的规定。产品运输时瓶外用充氮气的软包装袋保护，并放入塑料袋中，然后封入内衬有无机防火材料的铁盒中，再固定在木箱中。

8. 参考文献

[1] 任帅. 三甲基镓的合成与纯化 [D]. 北京：北京化工大学，2013.
[2] 赵飞燕，张小东，郭昭华，等. 三甲基镓制备与提纯技术的研究进展 [J]. 稀有金属与硬质合金，2017，45 (6)：24-30.

4.33　高纯三甲基铝

高纯三甲基铝（High purity trimethyluminium），分子式 $(CH_3)_3Al$，相对分子式质量 72.09。

1. 产品性能

常温常压下无色透明液体，对氧敏感。熔点 15.28 ℃，沸点 127.12 ℃。20 ℃、100 kPa 时液体密度 752 kg/m³。在空气中自燃，瞬间就能着火；遇水发生爆炸性分解反应。与有活泼氢的醇类、酸类激烈反应；与 AsH_3、PH_3、醚类、胺类等生成稳定的络合物。能与己烷、庚烷等脂肪烃及苯、二甲苯等芳香烃以任意比例相溶。用烃类溶剂稀释至 25% 以下的三甲基铝失去其自燃性。

2. 生产方法

在无水乙醚中碘甲烷与镁反应生成碘化甲基镁，然后碘化甲基镁与三氯化铝反应生成三甲基铝。

$$CH_3I + Mg + 2Et_2O \longrightarrow CH_3MgI \cdot 2Et_2O,$$
$$3CH_3MgI \cdot 2Et_2O + AlCl_3 \longrightarrow (CH_3)_3Al + 3MgICl + 6Et_2O.$$

也可由铝与碘甲烷反应生成甲基铝倍半碘化物，所得产品在干燥的癸烷中于 165 ℃ 下与钾钠合金反应生成三甲基铝。

$$2Al + 3CH_3I \xrightarrow{\text{回流}} Al_2(CH_3)_3I_3,$$

$$Al_2(CH_3)_3I_3 + 3Na \xrightarrow{K} Al(CH_3)_3 + Al + 3NaI。$$

还可由碘甲烷与镁铝粉反应生成三甲基铝和二碘化镁。

$$6CH_3I + 3Mg + 2Al \longrightarrow 2(CH_3)_3Al + 3MgI_2。$$

将得到的三甲基铝粗品进行两次减压精馏，得高纯三甲基铝。

3. 工艺流程

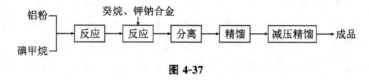

图 4-37

4. 生产工艺

在反应器中加入碘甲烷和铝粉，加热回流反应得甲基铝倍半碘化物。将甲基铝倍半碘化物加入干燥的癸烷中，加入钾钠合金，加热至 165 ℃ 反应，生成三甲基铝，分离出三甲基铝和癸烷混合液，进行两次精馏（常压或减压精馏），得到高纯三甲基铝。所有操作应在无氧、无水条件下进行。

5. 产品标准

三甲基铝 $[Al(CH_3)_2]$	$\geqslant 99.99\%$
铁（Fe）	$< 2.0 \times 10^{-6}$
硅（Si）	$< 2.0 \times 10^{-6}$
铜（Cu）	$< 2.0 \times 10^{-6}$
铁（Mg）	$< 2.0 \times 10^{-6}$

注：含量为质量比，纯度中包含微量的其他有机物。

6. 产品用途

电子工业用作 MOCVD 工艺的原材料，二极管、晶体管和集成电路生产中用于淀积铝膜，某些半导体工业中用作掺杂剂。三甲基铝也用作烯烃聚合的催化剂，还用作火箭燃料。

7. 安全与贮运

三甲基铝同其他金属有机化合物一样，对氧、水敏感，在空气中自燃。生产和使用三甲基铝应遵守可燃、有毒物质使用有关安全规定，反应必须在惰性气体气氛中进行，反应装置设于排柜内。工作人员应穿戴耐火的手套、靴、围裙，浸镀铝的石棉护具或浸镀铝的玻璃纤维护具。工作场所必须备有原则立场火石棉盖、二氧化碳灭火器（用于可扑灭小火）、干粉灭火剂（碳酸氢钠或磷酸盐、用于扑灭烷基铝着火）。绝不可用水、四氯化碳或溴氯甲烷灭火剂，因为烷基铝与这些化合物接触会发生剧烈反应。

产品采用内壁深层的不锈钢鼓泡瓶封装，确保阀门接管畅通，瓶空间充高纯氮气保护。高纯三甲基铝应贮存在冰箱中。危险货物包装标志符合 GB 190—2009 的规定。包装、贮运指示标志应符合 GB 191—2008 的规定。产品运输时瓶外用充氮气的软包装袋保护，并放入塑料袋中，然后封入内衬无机防火材料的铁盒中，再固定在木箱中。

8. 参考文献

[1] 贾军纪，朱博超，陈雪蓉，等. 三甲基铝的合成 [J]. 石油化工，2006（4）：334-336.

[2] 赵晓东，陈雪蓉. 三甲基铝的工艺模拟及试生产 [J]. 石化技术与应用，2005（6）：18-20.

4.34　高纯三乙基铝

高纯三乙基铝（High purity triethyl aluminum），分子式 $Al(CH_2CH_3)_3$，相对分子质量 114.17，结构式：

$$CH_3CH_2-Al-CH_2CH_3$$
$$|$$
$$CH_2CH_3$$

1. 产品性能

常温常压下为无色透明液体，对氧、水敏感。在空气中自燃，有时会发生爆炸；与水剧烈反应。温度高于 100 ℃ 开始分解，可生成稳定的络合物。与己烷、庚烷、二甲苯可以任意比例相溶；与含有活泼氢醇、酸类发和激烈反应。在室温下需在 N_2、惰性气体 Ar 中保存。熔点 -46.8 ℃，沸点 186.6 ℃，液体密度（25 ℃）0.8392 g/cm^3。

2. 生产方法

在无水乙醚中溴乙烷与镁反应生成碘化乙基镁，然后碘化乙基镁与三氯化铝反应生成粗品三乙基铝；也可由铝与溴乙烷反应生成倍半碘化乙基铝，所得产品在干燥的癸液中于 165 ℃ 下与钾钠合金反应生成粗品三乙基铝；还可由溴乙烷与镁铝粉反应生成粗品三乙基铝和二溴化镁。

将得到的三乙基铝粗品进行两次减压精馏，得高纯三乙基铝。

3. 工艺流程

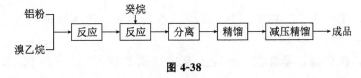

图 4-38

4. 生产工艺

在反应器中加入溴乙烷和铝粉，加热回流反应，得到倍半溴乙基铝。将倍半溴乙基铝加入干燥的癸烷中，加入钾钠合金，加热于 165 ℃ 下反应，生成三乙基铝，分离出三乙基铝和癸烷混合液，进行两次精馏（常压或减压精馏），得高纯三乙基铝。所有操作应在无氧、无水条件下进行。

也可以粗制三乙基铝（纯度 93%）为原料，在四氢呋喃溶液中与水反应生成 Al_2O_3 固体，Al_2O_3 可吸附粗产品中有害杂质。反应结束后，蒸出四氢呋喃，进行减压精馏，取 115.5 ℃ 时的馏分即得高纯三乙基铝。若产品质量达不到要求，可重复上述操作。

5. 产品标准

三乙基铝 [Al (CH₂CH₃)₃]	≥99.999%
铁 (Fe)	≤2×10⁻⁶
硅 (Si)	≤2×10⁻⁶
镁 (Mg)	≤2×10⁻⁶
锌 (Zn)	≤2×10⁻⁶
镓 (Ga)	≤2×10⁻⁶

6. 产品用途

三乙基铝是电子工业 MOCVD 工艺的原材料；在二极管、晶体管、集成电路生产中用于淀积铝膜；在某些半导体制作中用作掺杂剂。

三乙基铝是有机合成的中间体，并用作烯烃聚合的催化剂。

7. 安全与贮运

三乙基铝同其他金属有机化合物一样，对氧，水敏感，在空气中自燃。生产和使用三乙基铝遵守可燃、有毒物质使用有关安全规定反应必须在惰性气体气氛中进行反应装置于排柜内。工作人员应穿戴耐火的手套、靴、围裙、浸镀铝的石棉护具或浸镀铝的玻璃纤维护具。工作场所必须备有原则立场火石棉盖、二氧化碳灭火器（用于可扑灭小火）、干粉灭火剂（碳酸氢钠或磷酸盐、用于扑灭火烷基铝着火）。绝不可用水、四氯化碳或溴氯甲烷灭火剂，因为烷基铝与这些化合物接触会发生剧烈反应。

产品采用内壁深层的不锈鼓泡瓶封装，确保阀门接管畅通，瓶空间充高纯氮气保护。高纯三乙基铝应贮存在冰箱中。危险货物包装标志符合 GB 190—2009 规定。包装、贮运指示标志应符合 GB/T 191—2008 规定。产品运输时瓶外用充氮气的软包装袋保护，并放入塑料袋中，然后封入内衬无机防火材料的铁盒中，再固定在木箱中。

8. 参考文献

[1] 陆凤贞，丁永庆，王嘉宽，等. 高纯三乙基铝和三乙基镓的研究 [J]. 化学世界，1986 (7)：6-9.
[2] 萧明威，涂嘉浩，单渊复. 直接法合成三乙基铝 [J]. 上海化工，1989 (5)：28-32.

4.35 高纯二乙基锌

高纯二乙基锌（High purity diethylzinc），分子式 $Zn (CH_2CH_3)_2$，相对分子质量 123.52，结构式：

$$CH_3CH_2-Zn-CH_2CH_3。$$

1. 产品性能

常温常压下为无色、透明、流动性液体。有恶臭味、有毒！对水、对氧敏感，对热不稳定。在空气中能自燃，与水剧烈反应。易溶于己烷、庚烷等脂肪族饱和烃及甲苯、二甲苯等芳香族烃中。可与叔胺、环状醚形成稳定的络合物；与具有活泼氢的醇类、酸类剧烈反应。熔点 $-30\ ℃$，沸点 $117.6\ ℃$。$20\ ℃$、$100\ kPa$ 时液体密度 $1207\ kg/m^3$，气体密度 $4.3\ kg/m^3$，折射率（液体、$20\ ℃$、$104.325\ kPa$）4.4983，空气中最高允许浓度（TLV）$50\ mg/m^3$。

2. 生产方法

金属锌粉、溴乙烷和碘乙烷在铜盐和催化剂存在下进行反应，加热使生成的 $EtZnX$（X＝Br、I）转化为二乙基锌，蒸馏分离，再经精馏纯化，得高纯二乙基锌。

$$2Zn+C_2H_5I+C_2H_5Br \xrightarrow[催化剂]{Cu\ 盐} C_2H_5ZnI+C_2H_5ZnBr，$$

$$2C_2H_5ZnI+2C_2H_5ZnBr \xrightarrow{\triangle} 2Zn(C_2H_5)_2+ZnI_2+ZnBr_2。$$

也可将碘乙烷与锌、锌钠合金或铜锌对反应，经纯化处理得二乙基锌。铜、锌对由加热的锌粉和氧化铜混合物，在 $450\sim500\ ℃$ 高温下通入高纯氢气氧化铜还原得二乙基锌。

$$Cu+Zn+H_2 \xrightarrow[\triangle]{450\sim500\ ℃} Cu-Zn+H_2O，$$

$$2CH_3CH_2I+Cu+Zn \longrightarrow (CH_3CH_2)_2Zn+CuI_2。$$

乙基锂与氯化锌反应得二乙基锂。

$$2C_2H_5Li+ZnCl_2 \longrightarrow (C_2H_5)_2Zn+H_2O。$$

3. 工艺流程

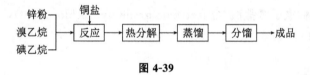

图 4-39

4. 生产工艺

在反应器中加入溴乙烷、碘乙烷和铜盐，缓慢加入锌粉，反应混合物加热分解得到二乙基锌，蒸馏得粗品，进一步精馏得高纯二乙基锌。反应在无水、无氧条件下进行。

5. 产品标准

二乙基锌 $[Zn(C_2H_2)_2]$	$\geqslant 99.999\%$
铜（Cu）	$\leqslant 1.0\times10^{-6}$
镁（Mg）	$\leqslant 2.5\times10^{-6}$
镓（Ca）	$\leqslant 2.0\times10^{-6}$
硅（Si）	$\leqslant 2.5\times10^{-6}$

注：含量为质量比，纯度中包含微量其他有机物。

6. 产品用途

在制造发光二极管中用作 AsGa、GaP、GaAsP 的 P 型掺杂剂。NOCVD 工艺的原材料，用于淀积锌膜，也用作有机合成和用作聚合反应催化剂。

7. 安全与贮运

二乙基锌没有毒性数据，但可按燃烧产物氧化锌考虑。吸入氧化锌烟尘可导致发烧、发抖、咳嗽、恶心、疲劳，几小时后发生出汗。吸入氧化锌烟雾颗粒可引起置换血液蛋白质，导致过热反应。在空气中允许极限浓度（TLV）为 50 mg/m³。若溅射到衣服上而引起着火时，用防火袋和无菌布包起受害者、立即送到医院治疗。着火时，应使用粉末灭器及干燥沙子灭火。

生产操作、贮运、使用中应用采取有效防范措施。

高纯产品采用内壁涂层的不锈钢鼓泡瓶封装。确保阀门接管畅通。瓶空间充高纯氮气保护。危险货物包装标志应符合 GB 190—2009 规定，包装、贮运指示标志应符合 GB/T 191—2008 规定。产品运输时瓶外用充氮气的软包装袋保护，并放入塑料袋中，然后封入内衬有无机防火材料的铁盒中，再固定在木箱中。

8. 参考文献

[1] 徐晓燕，娜布其，白俊清. 一种制备高纯度二乙基锌的方法 [J]. 科技创新导报，2013（9）：143.

[2] 赵晨阳，陈玉英. 二乙基锌的制备及提纯研究 [J]. 低温与特气，1997（2）：39-40.

4.36　高纯盐酸

高纯盐酸也称电子级盐酸（Electronic grade hydrochloricacid），分子式 HCl，相对分子质量 36.46。

1. 产品性能

本品为无色透明的溶液，在空气中发烟，有强酸性、刺激性酸味，能与水相互混溶。能与多种金属氧化物作用，亦能与碱反应生成盐，有腐蚀性，对皮肤与呼吸道有强刺激性。37%～38%的 HCl 的相对密度（d_4^{20}）4.187。

2. 生产方法

工业盐酸经化学预处理后，在高效连续精馏塔内精馏，控制操作条件，使成品含量保持在 36%～38%，收集成品在贮罐内。在百级超净间内经 0.2 μm 微孔滤膜过滤，然后分装。

3. 生产工艺

（1）蒸馏法

在平台上放置一套或多套蒸馏盐酸的设备，将工业盐酸用泵吸入烧瓶内，然后打开电源加热蒸馏，被蒸发的氯化氢气体先进入 20％的 $SnCl_2$ 洗涤瓶，并除去一定量的 As、Fe、游离氯等杂质。纯净的氯化氢气体再被电导水洗涤后，进入冷却槽中被电导水吸收为成品液，如要增加氯化氢气体的流速，可采取真空蒸馏法，可获纯度为 99.9990％～99.9999％的高纯盐酸。

用自动虹吸法将工业盐酸吸入 15 L 的大型三颈瓶内，安上直形冷凝管，随即接上弯头，连接一只装有高纯盐酸（$d=4.16$）的洗涤瓶，出口处接一只颗粒活性炭吸附塔，后面再接上一只电导水洗涤瓶，最后在一只水浴冷却槽中放置一只成品吸收瓶，内盛从工业盐酸中回收出来的高纯盐酸（$d=4.14$）。安装完毕后，打开电源加热蒸馏，蒸发的氯化氢气体先进入第一只盐酸洗涤瓶，除去一部分杂质；然后进入活性炭吸附塔，除去游离氯及其他杂质。纯净的氯化氢气体被电导水洗涤后，进入冷却槽中被高纯的淡盐酸吸收为成品液，如要加速氯化氢气体的流速时，可以采取真空蒸馏法。这一操作法所得到的高纯盐酸，纯度为 99.9990％～99.9999％，最后经超净过滤得成品。

（2）亚沸蒸馏法

①原料采用分析纯盐酸，含量 36％～38％。具体质量指标：

灼烧残渣（以 SO_4^{2-} 计）	5×10^{-6}
游离氯（Cl^-）	1×10^{-6}
砷（As）	1×10^{-8}
重金属（以 Pb 计）	5×10^{-7}
锡（Sn）	1×10^{-6}
铁（Fe）	2×10^{-7}

②仪器清洗。将仪器浸于水中，然后用洗涤剂刷洗，清水冲净，再用 8 mol/L 的 HNO_3 浸煮 16 h，随后用 6 mol/L 盐酸浸泡 16 h，最后用电导水漂洗，装入 10 mol/L 盐酸，用 220 W 功率进行亚沸蒸馏。利用蒸馏时的酸气和馏出液继续清洗，如此操作 2～3 次，使仪器洁净。

③操作。具体操作如下。

装入 1000 mL 10 mol/L 的分析纯盐酸，接通冷却水，控制加热器，功率范围在 225 W 时进行第一次亚沸蒸馏。当蒸馏液收集到 100 mL 左右馏分时（初馏液另放），调换接收瓶，收集中间馏分 600～700 mL。残液另放作原料。

将上述的中间馏分 1250 mL 装入亚沸馏蒸馏器内，进行第二次亚沸蒸馏，操作同上。收集中间馏分 600～700 mL，送分析。

分析结果：

盐酸含量	36.4％
锰（Mn）	$<2.0\times10^{-7}$
铜（Cu）	$<2.0\times10^{-7}$
铬（Cr）	$<2.0\times10^{-7}$
钒（V）	$<2.0\times10^{-7}$
钛（Ti）	$<5.0\times10^{-7}$
铁（Fe）	$<4.2\times10^{-6}$
镍（Ni）	$<4.5\times10^{-6}$
钠（Na）	$<2.0\times10^{-7}$

从分析结果看，两次亚沸蒸馏盐酸的纯度是很高的。

亚沸蒸馏一次，不同馏分的酸含量近似于常压蒸馏。当时含量超过恒沸点组成（20.24％盐酸）。例如，32％的盐酸进行亚沸蒸馏时，开始的馏出液含量较高（达36％左右），以后逐步降低，只要收集适当馏分，则可以通过亚沸蒸馏法制取浓的高纯盐酸。对32％的盐酸亚沸蒸馏，最终获得32％的高纯盐酸，其主要原因是从富集在冷凝管上的共沸物的 HCl 蒸气中吸收 HCl 的结果。

（3）等温扩散法

等温扩散法适用于实验室少量制备高纯盐酸，其不足之处是速度慢、成本高、回收率低。

操作方法：在洗净的直径为 30 cm 的干燥器内，加入 3 kg 试剂盐酸，瓷板上放置吸收杯，内放 300 mL 高纯水（三次离子交换水或用石英器蒸馏的蒸馏水）。杯子可用聚氯乙烯、聚四氟乙烯或石英制作。然后盖好干燥器的盖子，于 20～30 ℃ 下一周之内（或低于 15 ℃ 下两周之内）即可得到约 10 mol/L 的高纯盐酸。

若工业盐酸质量较差，就必须采取有效的提纯措施，如使用 20％的氯化亚锡、硫酸洗涤氯化氢气体，并采用活性炭吸附塔等方法。

用 20％的 $SnCl_2$ 洗涤液的目的是除去 As、Fe、游离氯。

$$Cl_2 + SnCl_2 = SnCl_4，$$
$$2FeCl_3 + SnCl_2 = 2FeCl_2 + SnCl_4，$$
$$2AsCl_3 + 3SnCl_2 = 2As + 3SnCl_4。$$

硫酸洗涤和活性炭吸附都有很好的分离杂质的作用，具体操作如下。

（1）硫酸洗涤作用

杂质	使用前含量	使用后含量
铁（Fe）	1.00×10^{-7}	3.00×10^{-7}
重金属	1.00×10^{-4}	2.00×10^{-4}
铜（Cu）	1.00×10^{-6}	1.00×10^{-6}
镍（Ni）	1.00×10^{-7}	1.00×10^{-7}
锑（Sb）	1.00×10^{-7}	1.00×10^{-7}
铅（Pb）	1.00×10^{-7}	1.00×10^{-7}

（2）活性炭吸附作用

杂质	使用前含量	使用后含量
铝（Al）	6.00×10^{-6}	1.50×10^{-6}
铜（Cu）	1.00×10^{-5}	2.00×10^{-5}
重金属	2.00×10^{-5}	5.00×10^{-5}
磷（P）	1.50×10^{-6}	5.00×10^{-5}
硫酸盐（SO_4^{2-}）	1.50×10^{-6}	1.00×10^{-4}
铁（Fe）	3.00×10^{-5}	1.00×10^{-4}

4. 产品标准

（1）低尘高纯级产品规格

盐酸（HCl）	36.5％～38.0％		
杂质最高含量：			
游离氯（Cl^-）	0.5×10^{-6}	钴（Co）	0.1×10^{-6}

硫酸盐（SO_4^{2-}）	$1.00×10^{-6}$	铜（Cu）	$1.0×10^{-7}$
亚硫酸盐（SO_3^{2-}）	$1.00×10^{-6}$	锂（Li）	$1.0×10^{-6}$
铝（Al）	$1.00×10^{-6}$	镁（Mg）	$1.0×10^{-6}$
砷（As）	$0.01×10^{-6}$	锰（Mn）	$1.0×10^{-6}$
钡（Ba）	$1.00×10^{-6}$	钠（Na）	$1.0×10^{-6}$
铅（Pb）	$0.10×10^{-6}$	镍（Ni）	$0.1×10^{-6}$
硼（B）	$0.10×10^{-6}$	银（Ag）	$0.1×10^{-6}$
镉（Cd）	$1.00×10^{-6}$	锌（Zn）	$1.0×10^{-6}$
钙（Ca）	$1.00×10^{-6}$	镓（Ga）	$5.0×10^{-7}$
铬（Cr）	$0.50×10^{-6}$	金（Au）	$5.0×10^{-7}$
铁（Fe）	$0.50×10^{-6}$	锡（Sn）	$1.0×10^{-6}$
钾（K）	$1.00×10^{-6}$	灼烧残渣	$5.0×10^{-6}$

（2）MOS级产品规格

盐酸（HCl）			$36.5\%～38.5\%$

杂质最高含量：

游离氯（Cl^-）	$0.50×10^{-6}$	镉（Cd）	$0.05×10^{-6}$
硫酸盐（SO_4^{2-}）	$1.00×10^{-6}$	钙（Ca）	$0.20×10^{-6}$
亚硫酸盐（SO_3^{2-}）	$1.00×10^{-6}$	铬（Cr）	$0.02×10^{-6}$
铵（NH_3）	$2.00×10^{-6}$	铁（Fe）	$0.20×10^{-6}$
铝（Al）	$0.05×10^{-6}$	钾（K）	$0.20×10^{-6}$
锑（Sb）	$0.02×10^{-6}$	钴（Co）	$0.02×10^{-6}$
砷（As）	$0.01×10^{-6}$	铜（Cu）	$0.02×10^{-6}$
钡（Ba）	$0.10×10^{-6}$	锂（Li）	$0.01×10^{-6}$
铅（Pb）	$0.05×10^{-6}$	镁（Mg）	$0.10×10^{-6}$
硼（B）	$0.05×10^{-6}$	锰（Mn）	$0.02×10^{-6}$
铟（In）	$0.02×10^{-6}$	锡（Sn）	$0.05×10^{-6}$
钼（Mo）	$0.10×10^{-6}$	铋（Bi）	$0.02×10^{-6}$
钠（Na）	$0.50×10^{-6}$	锌（Zn）	$0.05×10^{-6}$
镍（Ni）	$0.02×10^{-6}$	镓（Ga）	$0.02×10^{-6}$
铂（Pt）	$0.10×10^{-6}$	金（Au）	$0.10×10^{-6}$
银（Ag）	$0.03×10^{-6}$	灼烧残渣	合格
钛（Ti）	$0.05×10^{-6}$		

（3）BV-Ⅰ级产品规格

盐酸（HCl）			$35.0\%～37.0\%$

杂质最高含量：

游离氯（Cl^-）	$0.500×10^{-6}$	硫酸盐（SO_4^{2-}）	$0.200×10^{-6}$
铵（NH_3）	$0.500×10^{-6}$	亚硫酸盐（SO_3^{2-}）	$0.500×10^{-6}$
锂（Li）	$0.005×10^{-6}$	硼（B）	$0.010×10^{-6}$
钠（Na）	$0.050×10^{-6}$	砷（As）	$0.005×10^{-6}$
镁（Mg）	$0.010×10^{-6}$	锌（Zn）	$0.005×10^{-6}$
铜（Cu）	$0.002×10^{-6}$	铝（Al）	$0.020×10^{-6}$
镓（Ga）	$0.005×10^{-6}$	铅（Pb）	$0.003×10^{-6}$

钼（Mo）	0.005×10^{-6}	铋（Bi）	0.005×10^{-6}
银（Ag）	0.005×10^{-6}	镍（Ni）	0.002×10^{-6}
镉（Cd）	0.001×10^{-6}	锑（Sb）	0.030×10^{-6}
铟（In）	0.005×10^{-6}	钡（Ba）	0.005×10^{-6}
锡（Sn）	0.005×10^{-6}	铂（Pt）	0.003×10^{-6}
钾（K）	0.020×10^{-6}	金（Au）	0.003×10^{-6}
钙（Ca）	0.020×10^{-6}	汞（Hg）	0.002×10^{-6}
钛（Ti）	0.005×10^{-6}	锰（Mn）	0.001×10^{-6}
铬（Cr）	0.005×10^{-6}	铁（Fe）	0.030×10^{-6}
锶（Sr）	0.001×10^{-6}	钴（Co）	0.002×10^{-6}
铍（Be）	0.005×10^{-6}		

5. 产品用途

在电子工业中用作酸性清洗腐蚀剂；在集成电路制造工艺中主要用于硅片清洗。用时可与双氧水配合使用。

6. 参考文献

[1] 薛伟. 电子化学品高纯盐酸的生产工艺方法和生产装置 [J]. 化工设计通讯，2017，43（11）：153.

[2] 都金贵，慕玉萍. 高纯盐酸及氯化氢工艺的优化 [J]. 中国氯碱，2011（3）：22.

4.37　高纯硫酸

1. 产品性能

无色透明油状液体。在 25 ℃ 时密度为 4.83 g/mL，98.3% 的硫酸沸点为 338 ℃。硫酸具有强烈吸水性，可作为优良的干燥剂，可从纸、木、布等有机物中按水的氢氧个数比夺取水使之炭化，甚至着火。由于硫酸溶解热大，在稀释时应将硫酸在不断搅拌下缓慢地加入水中，以免温度急速上升。

2. 生产方法

BV-I 级：由工业品经精馏、超净过滤而得；MOS 和低尘高纯级：采用蒸馏法纯化，并经微孔滤膜过滤除去尘埃颗粒而得。

3. 生产流程

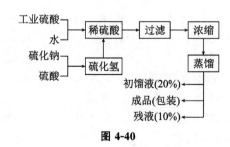

图 4-40

4. 生产工艺

（1）工艺一

1）稀释

以工业硫酸为原料，经分析后杂质较多，必须要经过硫化氢除杂处理。将工业硫酸与水按体积比 1：1 混合。注意，由于稀释时会产生大量热，因此要等到冷却后才能进行处理。

2）通 H_2S

将 H_2S 通入稀释过的硫酸中，用 0.01 mol/L $KMnO_4$ 做褪色试验，直至 $KMnO_4$ 溶液褪色为止，停止通 H_2S，静置过夜。

3）过滤

用石英砂、下填玻璃布，进行自动过滤除去硫化物。

4）蒸发

将稀硫酸进行加热蒸发，直至冒白烟。

5）蒸馏

将经过浓缩的浓硫酸吸入特制的蒸馏烧瓶内，同时放少许玻璃丝，装上短的分馏柱，套好长的冷却管，开始加热进行蒸馏。将初馏液（约为蒸馏液总量的 20%）放在容器内留作下次原料，中段蒸馏液为成品（约为蒸馏液总量的 70%），残液（约为蒸馏液总量的 10%）还可作为原料用。如控制得好，一次就可以达到高纯级；如达不到质量指标，再蒸馏一次，便能符合规格。

①符合质量指标的工业硫酸，一次蒸馏即可达到低尘高纯级产品的要求。经分析，质量好的硫酸，不必采用 H_2S 处理去杂质，可直接进行蒸馏。

②生产实践证明，采用蒸馏分馏法提纯硫酸，其效果尤为理想。

（2）工艺二

选用工业硫酸（优等品）为原料，在预处理槽加入适量 $KMnO_4$ 混合，放置沉降后，将处理后的硫酸加入石英精馏塔釜内，开始电加热，并给精馏塔冷凝器通冷却水，控制回流比，待精馏速度稳定后，收集成品在储罐内。然后在超净工作台内分装成品，包装瓶需在超净条件下清洗，经检查合格后，方可使用。如成品颗粒指标达不到产品标准，需经超净过滤。

①工业硫酸因杂质含量高，一般为微黄色黏稠液体，精馏提纯前须经化学预处理，加入氧化剂，如 $KMnO_4$ 使其中的还原物质被氧化。

②精馏物颗粒指标达不到质量指标，则需在百级超净间内经 0.2 μm 微孔滤膜过滤。选择化学稳定性好的玻璃瓶，在超净工作台内洗瓶和分装。

5. 产品标准

（1）低尘高纯级产品规格

硫酸（H_2SO_4）	95.0%～97.0%		
杂质最高含量：			
氯化物（Cl^-）	0.30×10^{-6}	镉（Cd）	0.50×10^{-6}
硝酸盐（NO_3^-）	0.50×10^{-6}	钙（Ca）	1.00×10^{-6}

铵盐（NH_4^+）	2.00×10^{-6}	镍（Ni）	0.10×10^{-6}
磷酸盐（PO_4^{3-}）	0.50×10^{-6}	银（Ag）	0.50×10^{-6}
灼烧残渣	5.00×10^{-6}	锌（Zn）	0.50×10^{-6}
铝（Al）	0.50×10^{-6}	铬（Cr）	0.10×10^{-6}
锂（Li）	1.00×10^{-6}	铁（Fe）	0.20×10^{-6}
镁（Mg）	1.00×10^{-6}	镓（Ga）	0.50×10^{-6}
锰（Mn）	0.50×10^{-6}	钾（K）	1.00×10^{-6}
砷（As）	0.02×10^{-6}	钴（Co）	0.50×10^{-6}
钡（Ba）	1.00×10^{-6}	铜（Cu）	0.10×10^{-6}
铅（Pb）	0.40×10^{-6}	钠（Na）	1.00×10^{-6}
硼（B）	0.20×10^{-6}	高锰酸钾还原物质	合格

（2）MOS级产品规格

硫酸（H_2SO_4）		$96.0\%\sim98.0\%$	
杂质最高含量：			
氯化物（Cl^-）	0.20×10^{-6}	镓（Ga）	0.02×10^{-6}
硝酸盐（NO_3^-）	0.20×10^{-6}	铟（In）	0.02×10^{-6}
铵盐（NH_4^+）	2.00×10^{-6}	钾（K）	0.10×10^{-6}
磷酸盐（PO_4^{3-}）	0.50×10^{-6}	钴（Co）	0.02×10^{-6}
灼烧残渣	5.00×10^{-6}	铜（Cu）	0.02×10^{-6}
锑（Sb）	0.02×10^{-6}	锂（Li）	0.05×10^{-6}
铝（Al）	0.05×10^{-6}	镁（Mg）	0.05×10^{-6}
砷（As）	0.01×10^{-6}	锰（Mn）	0.02×10^{-6}
钡（Ba）	0.20×10^{-6}	钠（Na）	0.20×10^{-6}
铅（Pb）	0.05×10^{-6}	镍（Ni）	0.02×10^{-6}
硼（B）	0.05×10^{-6}	银（Ag）	0.02×10^{-6}
镉（Cd）	0.05×10^{-6}	钛（Ti）	0.05×10^{-6}
钙（Ca）	0.20×10^{-6}	铋（Bi）	0.02×10^{-6}
铬（Cr）	0.02×10^{-6}	锌（Zn）	0.05×10^{-6}
铁（Fe）	0.10×10^{-6}	高锰酸钾还原物质	合格

（3）BV-Ⅰ级产品规格

硫酸（H_2SO_4）		97%	
不纯物最高含量：			
氯化物（Cl^-）	0.100×10^{-6}	锂（Li）	0.005×10^{-6}
硝酸盐（NO_3^-）	0.200×10^{-6}	硼（B）	0.030×10^{-6}
铵（NH_4^+）	1.000×10^{-6}	钠（Na）	0.050×10^{-6}
磷酸盐（PO_4^{3-}）	0.050×10^{-6}	镁（Mg）	0.020×10^{-6}
铬（Cr）	0.010×10^{-6}	镓（Ga）	0.003×10^{-6}
钼（Mo）	0.005×10^{-6}	砷（As）	0.005×10^{-6}
锡（Sn）	0.030×10^{-6}	银（Ag）	0.005×10^{-6}
铂（Pt）	0.003×10^{-6}	镉（Cd）	0.005×10^{-6}
硒（Se）	0.500×10^{-6}	铟（In）	0.005×10^{-6}
镍（Ni）	0.005×10^{-6}	锑（Sb）	0.030×10^{-6}

铜（Cu）	0.010×10^{-6}	钡（Ba）	0.005×10^{-6}
锌（Zn）	0.005×10^{-6}	铝（Al）	0.005×10^{-6}
锶（Sr）	0.001×10^{-6}	钾（K）	0.010×10^{-6}
汞（Hg）	0.002×10^{-6}	钙（Ca）	0.050×10^{-6}
铍（Be）	0.005×10^{-6}	钛（Ti）	0.005×10^{-6}
金（Au）	0.003×10^{-6}	铋（Bi）	0.005×10^{-6}
锰（Mn）	0.003×10^{-6}	钴（Co）	0.005×10^{-6}
铁（Fe）	0.030×10^{-6}	高锰酸钾还原物质	合格

6. 产品用途

在电子工业中，用作强酸性清洗腐蚀剂；在集成电路制造工艺中主要用于硅片清洗。可与双氧水配合使用。

7. 参考文献

[1] 朱静，丁雪峰，李天祥，等. 降膜结晶法在高纯硫酸制备中的应用 [J]. 无机盐工业，2014，46（6）：38-41.

4.38　高纯硝酸

1. 产品性能

无色透明液体，在空气中发黄烟，能与水任意混溶。能使有机物氧化或硝化。见光或遇空气变黄。有强腐蚀性，对皮肤和呼吸道有强刺激性。在 25 ℃ 时，密度为 4.42 g/mL（含量 70%）。

2. 生产方法

原料为含量 95% 以上的工业硝酸，在高效精馏塔内开始精馏时首先蒸出的是浓硝酸，沸点为 85.5 ℃。随着精馏进行，温度上升至 124.9 ℃ 时达到恒沸点，此时蒸出硝酸含量稳定在 69.2%。浓硝酸须加入纯水稀释至所需浓度，为了制备无色的硝酸，需通入净化的氮气，驱赶二氧化氮。

3. 生产工艺

（1）长颈分馏蒸馏

将密度为 4.5 g/mL 的硝酸 13 L 装入 15 L 的磨口烧瓶中，瓶内放入少许玻璃珠，装上高效的磨口米格形分馏柱，接好冷凝器，打开冷却水。在特制的电炉上进行加热，调压控温。控制分馏蒸馏速度。也可采用自动化、管道化进行大量生产。

（2）脱色

脱色的主要目的是除去溶液中的棕色二氧化氮。相对密度为 4.5 的浓硝酸高纯品不需脱色。相对密度为 4.40~4.42 的高纯硝酸需要进行脱色。

脱色的具体操作是将蒸馏出的成品浓硝酸，经分析合格后，加入电导水，进行稀释，然后通入经过净化的氮气，同时加热，驱赶二氧化氮。二氧化氮用碱吸收，见图 4-41。

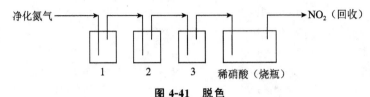

图 4-41 脱色

1，2—电导水洗涤瓶；3—空洗瓶

（3）高效精馏

以工业硝酸为原料，开始精馏时沸点为 85.5 ℃，硝酸含量将近 100％，随着精馏的进行沸点升高，当达到 124.8 ℃ 时为恒沸点，气液质量分数相等均为 68.4％。为了制备 69％～71％ 的硝酸，可用纯水稀释浓硝酸至相对密度为 4.40～4.42 即可。

此时硝酸因含有大量 NO_2，外观呈棕色，可用纯氮气驱赶 NO_2，此工序称之为"吹白"，经"吹白"所得到的硝酸为无色透明液体。

将工业硝酸（一级品）加入高效精馏塔釜中，开始电加热，并给精馏塔冷凝器通冷却水，控制回流比，收集成品在储罐内，用纯水稀释贮罐内的硝酸至相对密度为 4.40～4.42，然后向罐内通入氮气进行"吹白"，在超净工作台内分装成品，包装瓶应在超净条件下清洗，经检查合格后，方可使用。如成品颗粒指标达不到产品标准，需经超净过滤。

超净过滤的具体操作是在百级超净间内经 0.2 μm 微孔滤膜过滤。选择化学稳定性好的玻璃瓶，在超净环境下进行洗瓶和分装。

硝酸为一级无机酸性腐蚀品，其蒸气对呼吸道有强刺激性，操作时应严加小心，戴好防护用具。

4. 说明

①如用优级纯（一级品）相对密度为 4.42 的硝酸作原料进行蒸馏提纯，无论用什么设备质量都不稳定。将一级品硝酸连续蒸馏 3 次，勉强符合高纯硝酸指标，且时间长、成本高。这是因为一级硝酸浓度低、沸点高（100 ℃ 以上），在蒸馏时首先蒸出的是水，直至 120.5 ℃ 时才开始蒸出相对密度为 4.42 的硝酸水合物。因此，在蒸馏过程中，杂质容易随着硝酸气体一起带入成品中，分析一次蒸馏和两次蒸馏的成品，发现含杂质 Fe^{3+}、Cu^{2+} 和游离氯离子，不合格。

②用工业硝酸作原料有特殊的优越性，不但一次蒸馏就能达到高纯级硝酸，质量非常稳定，而且缩短了工时，降低了成本。其原因是工业硝酸沸点低、浓度高。蒸馏时以纯粹的硝酸气体冷却逐滴进入成品瓶中，不易带出杂质。

③为了确保高纯硝酸的质量，需严格控制温度和流速，这是提纯中的关键。用短颈蒸馏装置蒸馏，控制 40～50 滴/min 的流速（蒸馏速度）为适宜；用长颈蒸馏装置蒸馏，则速度可以增快，馏出液可成直线，产量比短颈蒸馏提高 2～3 倍，而且质量稳定。

④电导水是保证高纯硝酸质量的主要因素，特别在稀释浓硝酸（$d=4.42$）的高纯硝酸时更为重要，因此，电导水要事先进行分析，不合格者不能使用。

⑤操作场所必须通风良好，落实安全防范措施。

5. 产品标准

(1) 低尘高纯级产品规格

硝酸（HNO_3）		$69.9\% \sim 74.0\%$	
杂质最高含量：			
氯化物（Cl^-）	0.50×10^{-6}	钙（Ca）	0.50×10^{-6}
硫酸盐（SO_4^{2-}）	0.50×10^{-6}	铬（Cr）	0.10×10^{-6}
磷酸盐（PO_4^{3-}）	0.50×10^{-6}	铁（Fe）	0.50×10^{-6}
灼烧残渣	5.00×10^{-6}	镓（Ga）	0.10×10^{-6}
铝（Al）	0.50×10^{-6}	金（Au）	0.50×10^{-6}
砷（As）	0.02×10^{-6}	钾（K）	1.00×10^{-6}
钡（Ba）	1.00×10^{-6}	钴（Co）	0.50×10^{-6}
铅（Pb）	0.10×10^{-6}	铜（Cu）	0.05×10^{-6}
锰（Mn）	0.50×10^{-6}	锂（Li）	1.00×10^{-6}
钠（Na）	1.00×10^{-6}	锡（Sn）	1.00×10^{-6}
镍（Ni）	0.05×10^{-6}	镉（Cd）	0.50×10^{-6}
银（Ag）	0.50×10^{-6}	硼（B）	0.10×10^{-6}
锌（Zn）	1.00×10^{-6}	镁（Mg）	1.00×10^{-6}

(2) MOS 级产品规格

硝酸（HNO_3）		$69.0\% \sim 74.0\%$	
杂质最高含量：			
氯化物（Cl^-）	0.50×10^{-6}	铅（Pb）	0.50×10^{-6}
硫酸盐（SO_4^{2-}）	0.50×10^{-6}	镉（Cd）	0.05×10^{-6}
磷酸盐（PO_4^{3-}）	0.50×10^{-6}	钙（Ca）	0.10×10^{-6}
低氮氧化物	1.00×10^{-6}	铬（Cr）	0.02×10^{-6}
灼烧残渣	5.00×10^{-6}	铁（Fe）	0.20×10^{-6}
铝（Al）	0.05×10^{-6}	镓（Ga）	0.02×10^{-6}
砷（As）	0.01×10^{-6}	金（Au）	0.10×10^{-6}
钡（Ba）	0.10×10^{-6}	铟（In）	0.02×10^{-6}
铂（Pt）	0.10×10^{-6}	钾（K）	0.10×10^{-6}
铋（Bi）	0.02×10^{-6}	银（Ag）	0.02×10^{-6}
硼（B）	0.02×10^{-6}	锌（Zn）	0.50×10^{-6}
钴（Co）	0.02×10^{-6}	钼（Mo）	0.10×10^{-6}
铜（Cu）	0.02×10^{-6}	钠（Na）	0.30×10^{-6}
锂（Li）	0.01×10^{-6}	镍（Ni）	0.02×10^{-6}
镁（Mg）	0.10×10^{-6}	钛（Ti）	0.05×10^{-6}
锰（Mn）	0.02×10^{-6}	锡（Sn）	0.05×10^{-6}

(3) BV-Ⅰ级产品规格

硝酸（HNO_3）		70.0%	
杂质最高含量：			
氯化物（Cl^-）	0.050×10^{-6}	钛（Ti）	0.050×10^{-6}

硫酸盐（SO_4^{2-}）	0.100×10^{-6}	锶（Sr）	0.001×10^{-6}
磷酸盐（PO_4^{3-}）	0.050×10^{-6}	铜（Cu）	0.002×10^{-6}
低氮氧化物（以 N_2O_3 计）	1.000×10^{-6}	镓（Ga）	0.005×10^{-6}
锂（Li）	0.005×10^{-6}	钼（Mo）	0.005×10^{-6}
硼（B）	0.010×10^{-6}	银（Ag）	0.005×10^{-6}
钠（Na）	0.050×10^{-6}	镉（Cd）	0.001×10^{-6}
镁（Mg）	0.020×10^{-6}	铟（In）	0.005×10^{-6}
铝（Al）	0.020×10^{-6}	锡（Sn）	0.005×10^{-6}
钾（K）	0.050×10^{-6}	锑（Sb）	0.030×10^{-6}
钙（Ca）	0.050×10^{-6}	钡（Ba）	0.005×10^{-6}
铂（Pt）	0.003×10^{-6}	铁（Fe）	0.030×10^{-6}
金（Au）	0.003×10^{-6}	镍（Ni）	0.002×10^{-6}
铍（Be）	0.005×10^{-6}	铅（Pb）	0.003×10^{-6}
铬（Cr）	0.005×10^{-6}	铋（Bi）	0.005×10^{-6}
锰（Mn）	0.001×10^{-6}	钴（Co）	0.002×10^{-6}

6. 产品用途

在电子工业中用作强酸性清洗腐蚀剂；在集成电路制造工艺中主要用于硅片腐蚀工序。用时可与冰醋酸、双氧水配合使用。

7. 参考文献

[1] 廖小深，陈家楷，邓海英，等. 超净高纯硝酸纯化技术的研究进展 [J]. 材料研究与应用，2014，8（3）：156-159.

[2] 赵云翰. 一种电子级高纯硝酸提纯方法 [J]. 化工管理，2015（9）：97-98.

4.39 高纯氢氟酸

高纯氢氟酸（High purity hydrofluoric acid）又称电子级氢氟酸（Electronic grade hydrofluoric acid），分子式 HF，相对分子质量 20.006。

1. 产品性能

氢氟酸是氟化氢的水溶液，无色透明液体。具有刺激、腐蚀和毒性，对金属、玻璃、混凝土等具有强烈腐蚀性。可灼烧皮肤，并能渗透骨骼。50% 的 HF 水溶液在 25 ℃ 时密度为 4.15 g/mL。

2. 生产方法

依原料氢氟酸质量首先对其关键杂质进行化学预处理，然后在高效精馏塔内进行精馏（塔为四氟乙烯材质），成品收集在贮罐内，在百级超净间内经 0.2 μm 微孔滤膜过滤，最后分装。

3. 生产工艺

以钢瓶装工业氟化氢为原料，用聚乙烯管子接入洗涤瓶，然后打开钢瓶的阀门，将 HF 气体缓慢通入装有合格电导水的吸收器中，这样可制得试剂二级品的氢氟酸。

将上法得到的试剂二级氢氟酸，用铂、黄金、银、聚四氟乙烯或聚乙烯蒸馏器蒸馏 1～2 次即可制得高纯的氢氟酸。

在蒸馏时要严格控制流速，以利于保证产品质量，杂质主要集中在残液中，中段蒸馏液的杂质含量最少，初馏液及残馏液杂质含量一般均控制在 10％ 左右，集中放在一起留作下次原料。

中段馏液经超净过滤后在超净工作台内分装。

4. 说明

①由于铂、黄金、聚四氟乙烯价格昂贵，在实验室往往很难生产少量高纯氢氟酸。但可用 500 mL 聚乙烯瓶在瓶外环绕聚乙烯或聚氯化烯蛇管，蛇管内通入蒸汽加热聚氯化烯瓶。这种蒸馏器可用半年。在 80～90 ℃ 下蒸馏氢氟酸时，蒸馏速度为 10 mL/h，蒸馏得到的含量为 38％，每次加入试剂氢氟酸 150 mL，接收中段蒸馏液 90～100 mL 作成品，经 1～2 次蒸馏后，Fe、Al、Ca、Mg、Cu、Zn、Ti、Mn 含量降至 10^{-6}～10^{-4} 数量级，得高纯氢氟酸。

②易挥发性杂质的具体分离过程如下。

a. 硅氟酸（硅杂质）。硅氟酸在蒸馏过程中按下式分解：

$$2H_2SiF_6 \xrightarrow{\triangle} 2SiF_4 \uparrow + 4HF。$$

四氟化硅很容易挥发，利用蒸馏难以完全分离，因此加入 Na_2CO_3 或 NaF 将其转化成难挥发的 Na_2SiF_6。

$$H_2SiF_6 + Na_2CO_3 =\!=\!= Na_2SiF_6 \downarrow + CO_2 + H_2O，$$
$$H_2SiF_6 + 2NaF =\!=\!= 2HF + Na_2SiF_6 \downarrow 。$$

使 Si 留在蒸馏瓶内。

b. 硼酸（硼杂质）。加入 Na_2CO_3 形成难挥发的硼酸钠，蒸发时被分离。在氢氟酸中加入甘露醇，甘露醇和氢氟酸中的硼生成稳定的络合物。该络合物在氢氟酸沸腾的温度中蒸气压很低，防止了硼的蒸发，蒸馏条件：在一级试剂氢氟酸中，加入含酸 0.1％ 的试剂级甘露醇，以 50 mL/h 的速度蒸馏，弃去前段馏液 10％，收集中段蒸馏液 80％ 作为成品。经此法提纯制得的高纯氢氟酸含硼 1×10^{-9}。

③二氧化硫及有机物。在试剂级氢氟酸中加入适当 $KMnO_4$ 使有机物破坏；将 SO_2 转化成为 H_2SO_4，因 H_2SO_4 与 HF 沸点相差很大，可以通过蒸馏达到分离。

④选择化学稳定性好的聚乙烯瓶。在超净环境下进行洗瓶和分装。

⑤该产品属一级无机酸性腐蚀品，有强烈腐蚀性，其蒸气具有刺激性，接触皮肤可引起严重烧伤且不易治愈，应先用大量水冲洗后立即就医。生产过程必须采取有效的防范措施。

5. 产品标准

（1）低尘高纯级产品

氢氟酸（HF）		≥40％	
杂质最高含量：			
氯化物（Cl^-）	10.00×10^{-6}	铝（Al）	0.10×10^{-6}

硫酸盐（SO_4^{2-}）	10.00×10^{-6}	砷（As）	0.10×10^{-6}
亚硫酸盐（SO_3^{2-}）	20.00×10^{-6}	钡（Ba）	0.50×10^{-6}
磷酸盐（PO_4^{3-}）	1.00×10^{-6}	铅（Pb）	0.10×10^{-6}
硅氟酸盐（CS_2F_6Si）	200.00×10^{-6}	硼（B）	0.05×10^{-6}
镉（Cd）	1.00×10^{-6}	金（Au）	0.50×10^{-6}
钙（Ca）	1.00×10^{-6}	钾（K）	1.00×10^{-6}
铬（Cr）	0.02×10^{-6}	钴（Co）	0.50×10^{-6}
铁（Fe）	0.50×10^{-6}	铜（Cu）	0.05×10^{-6}
镓（K）	0.05×10^{-6}	锂（Li）	1.00×10^{-6}
镁（Mg）	0.50×10^{-6}	银（Ag）	0.10×10^{-6}
锰（Mn）	0.50×10^{-6}	锌（Zn）	1.00×10^{-6}
钠（Na）	1.00×10^{-6}	锡（Sn）	1.00×10^{-6}
镍（Ni）	0.10×10^{-6}	灼烧残渣	5.00×10^{-6}

（2）MOS 级产品规格

氢氟酸（HF）　　　　　　　　　　≥49.5%±4.0%

杂质最高含量：

氯化物（Cl^-）	5.00×10^{-6}	铝（Al）	0.10×10^{-6}
硫酸盐（SO_4^{2-}）	1.00×10^{-6}	锑（Sb）	0.02×10^{-6}
亚硫酸盐（SO_3^{2-}）	2.00×10^{-6}	砷（As）	0.05×10^{-6}
磷酸盐（PO_4^{2-}）	0.50×10^{-6}	铟（In）	0.02×10^{-6}
硅氟酸盐（CS_2F_6Si）	50.00×10^{-6}	钾（K）	0.10×10^{-6}
镉（Cd）	0.05×10^{-6}	钴（Co）	0.02×10^{-6}
钙（Ca）	0.10×10^{-6}	铜（Cu）	0.02×10^{-6}
铬（Cr）	0.02×10^{-6}	锂（Li）	0.02×10^{-6}
铁（Fe）	0.10×10^{-6}	镁（Mg）	0.20×10^{-6}
镓（Ga）	0.02×10^{-6}	锰（Mn）	0.02×10^{-6}
金（Au）	0.05×10^{-6}	钼（Mo）	0.10×10^{-6}
铊（Tl）	0.50×10^{-6}	银（Ag）	0.02×10^{-6}
钡（Ba）	0.10×10^{-6}	钛（Ti）	0.10×10^{-6}
铅（Pb）	0.02×10^{-6}	铋（Bi）	0.02×10^{-6}
硼（B）	0.02×10^{-6}	锌（Zn）	0.05×10^{-6}
钠（Na）	0.20×10^{-6}	锡（Sn）	0.02×10^{-6}
镍（Ni）	0.05×10^{-6}	灼烧残渣	5.00×10^{-6}
铂（Pt）	0.10×10^{-6}		

（3）BV-Ⅰ级产品规格

氢氟酸（HF）　　　　　　　　　　≥40%

杂质最高含量：

氯化物（Cl^-）	0.5×10^{-6}	钙（Ca）	0.050×10^{-6}
硫酸盐（SO_4^{2-}）	0.5×10^{-6}	锶（Sr）	0.001×10^{-6}
亚硫酸盐（SO_3^{2-}）	0.0002×10^{-8}	钛（Ti）	0.005×10^{-6}
磷酸盐（PO_4^{2-}）	0.400×10^{-6}	铬（Cr）	0.005×10^{-6}
硅氟酸盐（CS_2F_6Si）	20.000×10^{-6}	锰（Mn）	0.003×10^{-6}

锂（Li）	0.005×10^{-6}	铁（Fe）	0.050×10^{-6}
硼（B）	0.010×10^{-6}	钴（Co）	0.005×10^{-6}
钠（Na）	0.050×10^{-6}	铜（Cu）	0.005×10^{-6}
镁（Mg）	0.050×10^{-6}	锌（Zn）	0.005×10^{-6}
铝（Al）	0.050×10^{-6}	镓（Ga）	0.005×10^{-6}
钾（K）	0.050×10^{-6}	砷（As）	0.020×10^{-6}
铋（Bi）	0.005×10^{-6}	镍（Ni）	0.005×10^{-6}
钼（Mo）	0.005×10^{-6}	钡（Ba）	0.005×10^{-6}
银（Ag）	0.005×10^{-6}	铂（Pt）	0.003×10^{-6}
镉（Cd）	0.005×10^{-6}	铍（Be）	0.005×10^{-6}
铟（In）	0.005×10^{-6}	金（Au）	0.003×10^{-6}
锡（Sn）	0.005×10^{-6}	铅（Pb）	0.005×10^{-6}
锑（Sb）	0.030×10^{-6}		

6. 产品用途

在电子工业中用作强酸腐蚀剂；在集成电路制造工艺中主要用于硅片腐蚀工序中。可以与硝酸、乙酸、双氧水配制使用。

7. 参考文献

[1] 刘海霞. 浅议国内外超净高纯氢氟酸工艺技术差异 [J]. 无机盐工业，2017，49 (10)：16-18.

[2] 潘绍忠. 高纯氢氟酸的研究 [J]. 有机氟工业，2009 (2)：45-47.

4.40　高纯冰醋酸

高纯冰醋酸又称电子级乙酸（Electronic grade acetic acid），分子式 CH_3COOH，相对分子质量 60.052。

1. 产品性能

无色透明液体，在低温下凝固为冰状晶体。熔点 16.2 ℃，沸点 118 ℃，密度（25 ℃）4.05 g/mL，折射率（n_D^{20}）4.3718。具有刺激性气味，易燃，低温下凝结成薄片结晶。乙酸系弱酸，其离解常数为 4.74×10^{-5}。能与水、乙醇、乙醚混溶。

2. 生产方法

以工业乙酸为原料，经化学预处理后，在高效精馏塔内精馏，所得成品在百级超净间内经 0.2 μm 微孔滤膜过滤，然后分装。

3. 工艺流程

工业乙酸 → 化学预处理 → 精馏 → 超净过滤 → 包装

图 4-42

4. 生产工艺

(1) 蒸馏分馏法

将工业冰醋酸自动吸入蒸馏瓶中，加入少量 $KMnO_4$，装上磨口分馏柱，接上冷凝管，在甘油浴上加热蒸馏。蒸馏的速度可用调压变压器控制，弃去前段馏分 8%～10%，取中段馏分 75% 左右作成品；残留液留作下次原料使用。成品收集于瓶中，一次操作提纯可达到优级纯试剂。

将上述制品，吸入洁净干燥的蒸馏瓶内，装上磨口分馏弯头，接上冷凝器，与上述操作法相同再蒸馏一次，可获得高纯醋酸，收率 85%。

(2) 冻结法

将蒸馏分馏法制取的优级纯醋酸冷至 0 ℃，静置 3～4 h；然后把温度上升 5 ℃，倾出不结晶的液体，再微加热结晶的冰醋酸，待全部溶解后再冷却至 0 ℃。此时结晶再次析出，送样分析，如纯度未达到原定质量指标，再重复冻结 2～3 次，可达到高纯醋酸标准。最后经超净过滤得高纯醋酸。

5. 产品标准

(1) 低尘高纯级产品规格

冰醋酸（CH_3COOH）	≥99.5%		
杂质最高含量：			
不挥发物	8.0×10^{-6}	镁（Mg）	1.00×10^{-6}
氯化物（Cl^-）	1.0×10^{-6}	锰（Mn）	1.00×10^{-6}
硫酸盐（SO_4^{2-}）	1.0×10^{-6}	镍（Ni）	0.10×10^{-6}
乙酸酐（CH_3COO^-）	100.0×10^{-6}	铂（Pt）	0.50×10^{-6}
钡（Ba）	1.0×10^{-6}	银（Ag）	0.50×10^{-6}
铅（Pb）	0.3×10^{-6}	锌（Zn）	1.00×10^{-6}
镉（Cd）	1.0×10^{-6}	锡（Sn）	1.00×10^{-6}
钙（Ca）	1.0×10^{-6}	钾（K）	1.00×10^{-6}
铬（Cr）	0.5×10^{-6}	钠（Na）	1.00×10^{-6}
铁（Fe）	0.2×10^{-6}	锂（Li）	1.00×10^{-6}
镓（Ga）	0.5×10^{-6}	硼（B）	0.50×10^{-6}
钴（Co）	0.1×10^{-6}	砷（As）	0.03×10^{-6}
铜（Cu）	0.1×10^{-6}	还原高锰酸钾物质	合格
铬酸试验	合格		

(2) MOS 级产品规格

冰醋酸（CH_3COOH）	≥99.8%		
杂质最高含量：			
不挥发物	5.00×10^{-6}	乙酸酐（CH_3COO^-）	100.00×10^{-6}
与水混合试验	合格	铬酸试验	合格
氯化物（Cl^-）	1.00×10^{-6}	乙醛（CH_3CHO）	2.00×10^{-6}
硫酸盐（SO_4^{2-}）	1.00×10^{-6}	还原高锰酸钾物质	合格
铬（Cr）	0.05×10^{-6}	镓（Ga）	0.02×10^{-6}

钡（Ba）	0.10×10^{-6}	金（Au）	0.10×10^{-6}
铅（Pb）	0.05×10^{-6}	钴（Co）	0.02×10^{-6}
镉（Cd）	0.05×10^{-6}	铜（Cu）	0.02×10^{-6}
钙（Ca）	0.10×10^{-6}	镁（Mg）	0.10×10^{-6}
铬（Cr）	0.02×10^{-6}	锰（Mn）	0.02×10^{-6}
铁（Fe）	0.20×10^{-6}	钼（Mo）	0.10×10^{-6}
钾（K）	0.10×10^{-6}	锂（Li）	0.02×10^{-6}
钠（Na）	0.10×10^{-6}	铟（In）	0.02×10^{-6}
砷（As）	0.02×10^{-6}	锌（Zn）	0.05×10^{-6}
镍（Ni）	0.02×10^{-6}	锡（Sn）	0.05×10^{-6}
铂（Pt）	0.10×10^{-6}	锑（Sb）	0.02×10^{-6}
银（Ag）	0.02×10^{-6}	硼（B）	0.02×10^{-6}
钛（Ti）	0.05×10^{-6}	铋（Bi）	0.02×10^{-6}

（3）BV-Ⅰ级产品规格

冰醋酸（CH_3COOH）	$\geqslant 99.8\%$		
杂质最高含量：			
氯化物（Cl^-）	0.100×10^{-6}	镁（Mg）	0.010×10^{-6}
硫酸盐（SO_4^{2-}）	0.500×10^{-6}	铝（Al）	0.010×10^{-6}
磷酸盐（PO_4^{3-}）	0.500×10^{-6}	钾（K）	0.010×10^{-6}
锂（Li）	0.005×10^{-6}	铋（Bi）	0.005×10^{-6}
硼（B）	0.010×10^{-6}	铍（Be）	0.005×10^{-6}
钠（Na）	0.050×10^{-6}	钴（Co）	0.002×10^{-6}
钙（Ca）	0.020×10^{-6}	铜（Cu）	0.002×10^{-6}
钛（Ti）	0.005×10^{-6}	钼（Mo）	0.005×10^{-6}
锰（Mn）	0.001×10^{-6}	银（Ag）	0.005×10^{-6}
锶（Sr）	0.001×10^{-6}	镉（Cd）	0.002×10^{-6}
铁（Fe）	0.010×10^{-6}	铟（In）	0.005×10^{-6}
镍（Ni）	0.005×10^{-6}	锡（Sn）	0.030×10^{-6}
锌（Zn）	0.005×10^{-6}	锑（Sb）	0.030×10^{-6}
镓（Ga）	0.005×10^{-6}	钡（Ba）	0.005×10^{-6}
砷（As）	0.005×10^{-6}	铂（Pt）	0.003×10^{-6}
乙醛（CH_3CHO）	2.000×10^{-6}	金（Au）	0.003×10^{-6}
稀释试验	合格	还原重铬酸钾物质	合格

6. 产品用途

在电子工业中用作弱酸性腐蚀剂；在集成电路制造中主要用于硅片腐蚀工序中。可与氟化氢配制使用，与双氧水、硝酸配制强酸性氧化剂。

7. 参考文献

[1] 沈英. 超洁净和高纯度电子级醋酸的生产方法 [J]. 乙醛醋酸化工，2013（9）：35-37.

4.41 高纯草酸

高纯草酸（Oxalic acid）又称乙二酸，通常以二水合物形式存在。分子式 $C_2H_6O_4 \cdot 2H_2O$，相对分子质量 126.066。

1. 产品性能

无色结晶或白色粉末，无臭，有毒，1 g 草酸能溶于 7 mL 冷水、2 mL 沸水、2.5 mL 醇、4.8 mL 沸醇，也可溶于乙醚中（20 ℃ 时为 4.4 g/100 g），不溶于苯、氯仿及石油醚。

用升华法制得的无水草酸，为很容易吸水的针状结晶，189.5 ℃ 时熔融，高于此温度分解成 CO、CO_2 和 H_2O。无水草酸易溶于乙醚中（20 ℃ 时为 19%）。157 ℃ 升华。有毒！

2. 生产方法

由分析纯草酸经两次重结晶精制得高纯草酸。

3. 工艺流程

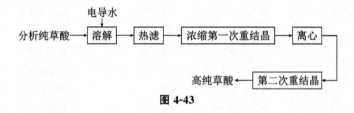

图 4-43

4. 生产工艺

将 500 g 分析纯草酸放入 2000 mL 的硬质玻璃烧杯内，在不断搅拌下溶于 1000 mL 90 ℃ 的电导水中，趁热过滤（用 4 号玻璃砂芯漏斗），将透明的滤液移置于 2000 mL 的烧杯中。打开电源进行加热，或用小型的搪玻璃反应锅用蒸汽加热。浓缩到有白色结晶出现（混浊现象出现）停止蒸发，冷却结晶，用小型离心机甩干或用漏斗抽干。如此操作重复 1~2 次就能获得高纯草酸，收率 70%。母液可回收利用。

也可用工业草酸为原料，经第一次重结晶得到试剂级草酸，然后按上述操作制取高纯草酸。

5. 产品标准

草酸（$C_2H_6O_4 \cdot 2H_2O$）	≥99.99%		
灼烧残渣（硫酸盐）	<0.01%		
水溶解试验	合格		
硫酸试验	合格		
杂质最高含量：			
氯化物（Cl^-）	5.00×10^{-6}	锰（Mn）	1.00×10^{-7}

总硫量（S）	$1.00×10^{-5}$	锡（Sn）	$5.00×10^{-7}$
氮化合物（N）	$1.00×10^{-5}$	镓（Ga）	$1.00×10^{-7}$
铁（Fe）	$5.00×10^{-2}$	镍（Ni）	$1.00×10^{-7}$
镁（Mg）	$5.00×10^{-7}$	钛（Ti）	$1.00×10^{-7}$
铅（Pb）	$5.00×10^{-7}$	银（Ag）	$1.00×10^{-7}$
铬（Cr）	$5.00×10^{-7}$	钡（Ba）	$1.00×10^{-7}$
铋（Bi）	$5.00×10^{-7}$	硅（Si）	$5.00×10^{-6}$
铝（Al）	$5.00×10^{-6}$	磷（P）	$5.00×10^{-6}$
钙（Ca）	$5.00×10^{-6}$	钠（Na）	$1.00×10^{-5}$
铜（Cu）	$5.00×10^{-7}$	钾（K）	$1.00×10^{-5}$
镉（Cd）	$5.00×10^{-7}$	砷（As）	$5.00×10^{-6}$
钴（Co）	$1.00×10^{-7}$	锌（Zn）	$1.00×10^{-6}$

6. 产品用途

用于半导体和显像管生产；用作还原剂和漂白剂。

7. 参考文献

[1] 赵军，王洁，杨秀英. 重结晶法生产高纯草酸 [J]. 河南化工，2001（1）：15-25.

4.42　电子级氨水

电子级氨水（Electronic grade ammonium hydroxide）分子式 $NH_3·H_2O$（或 NH_4OH），相对分子质量35.06。

1. 产品性能

无色透明液体，具有氨的特殊气味，呈强碱性。比水轻，常温下饱和氨水含氨量为25%～27%，25 ℃时密度为0.90 g/mL。能与醇、醚相混溶，遇酸剧烈反应放热生成盐，当热至沸腾时，氨气可全部从溶液中逸出。氨与空气的混合物有爆炸的危险性。

2. 生产方法

以钢瓶装液态氨为原料，在常温下挥发出氨气，通过洗涤除去氨中杂质，通入气体吸收塔，用高纯水吸收氨，含量达到25%以上时，在百级超净间内经0.2 μm微孔滤膜过滤，然后分装。

3. 工艺流程

图 4-44

4. 主要设备

液氨钢瓶	高锰酸钾洗涤塔
微孔过滤器	吸收罐
0.2 μm 微孔过滤器	超净分装工作台
EDTA 洗涤塔	高纯水贮罐

5. 生产工艺

以工业钢瓶液态氨为原料，在常温下挥发出氨气，调节控制阀控制其流速，将高锰酸钾、EDTA 等通入洗涤塔，除去工业氨中杂质。

处理后的氨气，经微孔过滤器，再通入装有高纯水吸收罐内吸收氨，当含量达到 25% 以上时，停止通氨。吸收罐需用冷水冷却。

氨的水溶液再经 0.2 μm 微孔过滤器过滤即为成品。选择化学稳定性好的聚乙烯瓶，在超净环境下进行洗瓶和分装。

6. 说明

①工业钢瓶氨含量 99.5%。氨具腐蚀性，对皮肤和呼吸道黏膜有一定刺激性，操作时应穿戴劳保用品。

②选择化学稳定性好的聚乙烯瓶包装，低温密闭保存。

7. 产品标准

（1）低尘高纯级产品规格

氨水（$NH_3 \cdot H_2O$）	25%～28%		
杂质最高含量：			
氯化物（Cl^-）	0.50×10^{-6}	硫化合物（S^{2-}）	3.0×10^{-6}
硫酸盐（SO_4^{2-}）	2.00×10^{-6}	镉（Cd）	0.5×10^{-6}
磷酸盐（PO_4^{3-}）	1.00×10^{-6}	钙（Ca）	1.0×10^{-6}
铝（Al）	1.00×10^{-6}	镓（Ga）	0.5×10^{-6}
砷（As）	0.05×10^{-6}	金（Au）	0.5×10^{-6}
钡（Ba）	1.00×10^{-6}	钾（K）	1.0×10^{-6}
铅（Pb）	0.20×10^{-6}	钴（Co）	0.5×10^{-6}
硼（B）	0.10×10^{-6}	铜（Cu）	0.1×10^{-6}
锡（Sn）	1.00×10^{-6}	镍（Ni）	0.1×10^{-6}
铁（Fe）	0.20×10^{-6}	铬（Cr）	0.5×10^{-6}
锂（Li）	1.00×10^{-6}	银（Ag）	0.5×10^{-6}
镁（Mg）	1.00×10^{-6}	锌（Zn）	1.0×10^{-6}
钠（Na）	1.00×10^{-6}	灼烧残渣	10.0×10^{-6}

（2）MOS 级产品规格

氨水（$NH_3 \cdot H_2O$）	25%～28%		
杂质最高含量：			
氯化物（Cl^-）	0.50×10^{-6}	镉（Cd）	0.10×10^{-6}

硫化合物（S^{2-}）	3.00×10^{-6}	钙（Ca）	0.20×10^{-6}
硫酸盐（SO_4^{2-}）	1.00×10^{-6}	铁（Fe）	0.10×10^{-6}
磷酸盐（PO_4^{3-}）	1.00×10^{-6}	镓（Ga）	0.02×10^{-6}
碳酸盐	10.00×10^{-6}	金（Au）	0.10×10^{-6}
铝（Al）	0.10×10^{-6}	铟（In）	0.02×10^{-6}
锑（Sb）	0.05×10^{-6}	钾（K）	0.20×10^{-6}
砷（As）	0.05×10^{-6}	钴（Co）	0.10×10^{-6}
钡（Ba）	0.10×10^{-6}	铜（Cu）	0.05×10^{-6}
铅（Pb）	0.10×10^{-6}	锂（Li）	0.02×10^{-6}
硼（B）	0.05×10^{-6}	镁（Mg）	0.10×10^{-6}
钼（Mo）	0.10×10^{-6}	钛（Ti）	0.10×10^{-6}
钠（Na）	1.00×10^{-6}	铋（Bi）	0.02×10^{-6}
镍（Ni）	0.05×10^{-6}	锌（Zn）	0.10×10^{-6}
铂（Pt）	0.10×10^{-6}	锡（Sn）	0.10×10^{-6}
铬（Cr）	0.05×10^{-6}	灼烧残渣	10.00×10^{-6}
银（Ag）	0.02×10^{-6}		

（3）BV-Ⅰ级产品规格

氨水（$NH_3\cdot H_2O$）		≥25%	

杂质最高含量：

氯化物（Cl^-）	0.300×10^{-6}	钛（Ti）	0.005×10^{-6}
硫酸盐（SO_4^{2-}）	1.000×10^{-6}	铬（Cr）	0.010×10^{-6}
磷酸盐（PO_4^{3-}）	0.400×10^{-6}	锰（Mn）	0.003×10^{-6}
碳酸盐（CO_3^{2-}）	10.000×10^{-6}	铁（Fe）	0.010×10^{-6}
锂（Li）	0.005×10^{-6}	钴（Co）	0.005×10^{-6}
硼（B）	0.010×10^{-6}	铜（Cu）	0.005×10^{-6}
钠（Na）	0.050×10^{-6}	锌（Zn）	0.005×10^{-6}
镁（Mg）	0.020×10^{-6}	镓（Ga）	0.005×10^{-6}
铝（Al）	0.010×10^{-6}	砷（As）	0.005×10^{-6}
钾（K）	0.020×10^{-6}	钼（Mo）	0.005×10^{-6}
钙（Ca）	0.050×10^{-6}	银（Ag）	0.005×10^{-6}
镉（Cd）	0.000×10^{-6}	金（Au）	0.003×10^{-6}
铟（In）	0.000×10^{-6}	铅（Pb）	0.005×10^{-6}
锡（Sn）	0.000×10^{-6}	铋（Bi）	0.005×10^{-6}
锑（Sb）	0.030×10^{-6}	镍（Ni）	0.005×10^{-6}
钡（Ba）	0.000×10^{-6}	还原高锰酸钾物质	合格
铂（Pt）	0.003×10^{-6}		

8. 产品用途

在微电子工业中作为碱性腐蚀清洗剂，可与过氧化氢、氟氢酸配套使用。

9. 参考文献

[1] 陈黎明，应劼，张笑旻. 半导体级高纯氨水中痕量杂质元素的检测［J］. 上海计

量测试，2015，42（3）：23-24.

4.43　电子级水

电子级水（Electronic grade water）分子式 H_2O，相对分子质量 18.0153。

1. 产品性能

无臭、无味、无色透明液体。在 25 ℃ 时理论纯水电阻率为 18.25 MΩ·cm，在 4 ℃ 时密度为 4.000 g/mL，pH（25 ℃）为 6.999，沸点 100 ℃，凝固点 0 ℃。

2. 生产方法

以自来水为原料，经多介质过滤器过滤，活性炭吸附，再经反渗透处理，离子交换后，经 3 μm 过滤器得粗纯水，然后，将粗纯水进一步进行离子交换、紫外光杀菌后，通过 0.2 μm 微孔过滤得电子级水。

3. 工艺流程

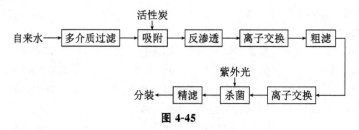

图 4-45

4. 生产设备

原水贮罐	原水泵
多介质过滤器	活性炭吸附罐
反渗透装置	初混床（离子交换）
过滤器（3 μm 微孔滤膜）	粗纯水槽
循环泵	精混床（离子交换）
紫外线杀菌剂	精滤器（0.2 μm 微孔滤膜）
超净工作台	

5. 生产工艺

一般以城市自来水为原水，通常总含盐量在 $(200\sim500)\times10^{-6}$，预处理可选无烟煤和石英砂作为多介质过滤器滤料和活性炭吸附，对原水机械杂质、有机物、细菌进行除去，而对无机离子效果不大。

采用反渗透膜技术可以除去水中溶解性无机盐、有机物、胶体、微生物、热原及病毒等。反渗透膜一般为醋酸纤维素、聚酰胺复合膜，其孔径为 0.4～4.0 μm，当施加压力超过自然渗透压时，原水中盐类、细菌及不溶物质被截留，而穿过半透膜为含盐量低的淡水，脱盐率可达 95％ 以上。

离子交换混合床主要用于除去无机离子，用它可除去溶解为微粒的无机盐，溶解的气体、SO_2、NH_3 及微量 Cl^-，从而达到净化水的目的。

微滤是制备电子级水关键技术之一，微孔过滤是目前应用最广泛的膜分离技术。通过 $0.1\sim10.0\ \mu m$ 微孔膜过滤可以除去溶液中微粒、胶体、微生物和细菌。在电子级水制备工艺中，采用粗滤（$3\sim10\ \mu m$）过滤器和精滤（$0.2\ \mu m$ 或 $0.45\ \mu m$）过滤器，可以除去水中微粒、树脂碎片、细菌等。精滤常用于水终端或用水再处理。

在精处理系统中采用两级紫外线杀菌器（一级为 185 nm 杀菌器，另一级为 2540 nm 杀菌器），来杀灭水中细菌微生物。

6. 产品标准

	EW-Ⅰ	EW-Ⅱ	EW-Ⅲ	EW-Ⅳ	EW-Ⅴ
电阻率最大值/（$M\Omega\cdot m$）	2.0	0.5	17	12	8
大于 $1\ \mu m$ 颗粒数/（个/mL）	1.0	5.0	10	100	500
钠最大含量/（$\mu g/L$）	0.5	5.0	10	200	1000
铁最大含量/（$\mu g/L$）	0.5	5.0	10	100	500

注：该产品标准为《电子级水》GB/T 1146.1—2013。

7. 产品用途

微电子技术在飞速地发展，尤其是进入 20 世纪 80 年代以来，每隔 $2\sim3$ 年就有新一代集成电路问世。超净高纯试剂是集成电路制造工艺中所需的专用试剂。由于试剂在清洗、光刻工序中直接与硅片相接触，随着集成度不断提高，对试剂中可溶性杂质和固体颗粒的控制也越来越严，同时对生产环境、提纯工艺、洗瓶和包装都提出更高的要求。

电子级水在微电子工业中或在超净高纯试剂制备中可作为溶剂、清洗剂，使用极广、用量相当大。

8. 参考文献

[1] 胡伟林. 反渗透法制取电子级超纯水工艺的改进 [J]. 水处理技术，2001（5）：296-299.

[2] 于志勇，宋小宁，方振鳌，等. 离子交换树脂制备超纯水工艺的影响因素研究 [J]. 化学与黏合，2014，36（4）：302-305.

4.44　电子级过氧化氢

电子级过氧化氢（Electronic grade hydrogen peroxide）又称双氧水，分子式 H_2O_2，相对分子质量 34.015。

1. 产品性能

无色透明液体，30% 过氧化氢在 25 ℃ 时密度为 4.11 g/mL。过氧化氢是极弱的酸，是强氧化剂，高浓度过氧化氢接触有机物时可使其燃烧，与二氧化锰作用会发生爆炸。贮存时能分解成水和氧气。

2. 生产方法

以电解法制备的过氧化氢为原料，将其加入列管式蒸发器内，调节蒸汽阀门控制蒸发速度，经减压蒸馏后，再串联几个水冷接收器收集过氧化氢，然后将不同接收器内所接收的过氧化氢混配成所需的浓度。超净过滤后在超净工作台内分装成品。

3. 工艺流程

图 4-46

4. 生产设备

过氧化氢贮罐	列管式蒸发器
减压蒸馏塔	冷凝器（3 台）
贮罐（3 台）	混配罐
0.2 μm 超净过滤器	超净工作台

5. 生产工艺

以电解法制备的工业过氧化氢为原料，经列管蒸发器蒸发，调节蒸汽阀门以控制蒸发速度，蒸发的双氧水经减压蒸馏塔内进行减压蒸馏，用串联的 3 个水冷接收器接受过氧化氢（前面接收器内为高浓度双氧水），然后将不同接收器内（不同浓度的）过氧化氢混配成所需的浓度。再经 0.2 μm 超净过滤器（0.2 μm 微孔滤膜）过滤，最后在超净工作台分装。

6. 说明

①电解法制备的工业过氧化氢的含量＞27.5％。每吨产品约消耗 1600 kg 工业过氧化氢。

②选择化学稳定性好的聚乙烯瓶，在超净环境下进行洗瓶和分装。

③过氧化氢为强氧化剂，遇有机物可引起火灾；皮肤接触会产生刺痛及暂时性变白，经大量水冲后，数小时症状可消失。

7. 产品标准

（1）低尘高纯级产品规格

过氧化氢（H_2O_2）		≥30％	
杂质最高含量：			
不挥发物	50.0×10^{-6}	金（Au）	0.5×10^{-6}
酸度（以 H_2SO_4 计）	40.0×10^{-6}	铜（Cu）	0.1×10^{-6}
氯化物（Cl^-）	2.0×10^{-6}	硼（B）	0.5×10^{-6}
硫酸盐（SO_4^{2-}）	5.0×10^{-6}	镁（Mg）	1.0×10^{-6}
磷酸盐（PO_4^{3-}）	2.0×10^{-6}	锰（Mn）	1.0×10^{-6}
铝（Al）	1.0×10^{-6}	镍（Ni）	0.1×10^{-6}

钡（Ba）	1.0×10^{-6}	银（Ag）	0.5×10^{-6}
镉（Cd）	1.0×10^{-6}	钴（Co）	0.5×10^{-6}
钙（Ca）	1.0×10^{-6}	锌（Zn）	1.0×10^{-6}
铬（Cr）	0.5×10^{-6}	锡（Sn）	1.0×10^{-6}
铁（Fe）	0.5×10^{-6}	钾（K）	1.0×10^{-6}
钠（Na）	1.0×10^{-6}	砷（As）	0.1×10^{-6}
锂（Li）	1.0×10^{-6}	镓（Ga）	0.5×10^{-6}

（2）MOS 产品规格

过氧化氢（H_2O_2）		$\geqslant 30\%$	
杂质最高含量：			
不挥发物	50.00×10^{-6}	铜（Cu）	0.02×10^{-6}
酸度（以 H_2SO_4 计）	40.00×10^{-6}	硼（B）	0.02×10^{-6}
氯化物（Cl^-）	0.50×10^{-6}	镁（Mg）	0.10×10^{-6}
硫酸盐（SO_4^{2-}）	2.00×10^{-6}	锰（Mn）	0.05×10^{-6}
氮化合物	4.00×10^{-6}	钼（Mo）	0.10×10^{-6}
磷酸盐（PO_4^{3-}）	2.00×10^{-6}	镍（Ni）	0.05×10^{-6}
铝（Al）	0.50×10^{-6}	铂（Pt）	0.10×10^{-6}
钡（Ba）	0.10×10^{-6}	银（Ag）	0.02×10^{-6}
铅（Pb）	0.05×10^{-6}	钛（Ti）	0.10×10^{-6}
镉（Cd）	0.05×10^{-6}	铋（Bi）	0.02×10^{-6}
钙（Ca）	0.20×10^{-6}	钴（Co）	0.02×10^{-6}
铬（Cr）	0.02×10^{-6}	锌（Zn）	0.10×10^{-6}
锂（Li）	0.02×10^{-6}	镓（Ga）	0.02×10^{-6}
铟（In）	0.02×10^{-6}	金（Au）	0.05×10^{-6}
锑（Sb）	0.02×10^{-6}	锡（Sn）	0.05×10^{-6}
砷（As）	0.05×10^{-6}	钾（K）	0.20×10^{-6}
铁（Fe）	0.10×10^{-6}	钠（Na）	0.50×10^{-6}

（3）BV-Ⅰ级产品规格

过氧化氢（H_2O_2）		$\geqslant 30.0\%$	
杂质最高含量：			
游离酸（以 H_2SO_4 计）	40.000×10^{-6}	硫酸盐（SO_4^{2-}）	0.500×10^{-6}
氯化物（Cl^-）	0.500×10^{-6}	磷酸盐（PO_4^{3-}）	0.400×10^{-6}
氮化合物	4.000×10^{-6}	锂（Li）	0.005×10^{-6}
镁（Mg）	0.020×10^{-6}	锰（Mn）	0.003×10^{-6}
铝（Al）	0.050×10^{-6}	钴（Co）	0.005×10^{-6}
钾（K）	0.020×10^{-6}	镍（Ni）	0.005×10^{-6}
锶（Sr）	0.001×10^{-6}	铜（Cu）	0.003×10^{-6}
钙（Ca）	0.050×10^{-6}	锌（Zn）	0.010×10^{-6}
钛（Ti）	0.005×10^{-6}	砷（As）	0.010×10^{-6}
铬（Cr）	0.005×10^{-6}	镓（Ga）	0.010×10^{-6}
铍（Be）	0.005×10^{-6}	铅（Pb）	0.005×10^{-6}
金（Au）	0.003×10^{-6}	铋（Bi）	0.010×10^{-6}

银（Ag）	0.005×10^{-6}	锡（Sn）	0.030×10^{-6}
硼（B）	0.010×10^{-6}	锑（Sb）	0.030×10^{-6}
钠（Na）	0.050×10^{-6}	钡（Ba）	0.050×10^{-6}
钼（Mo）	0.005×10^{-6}	铂（Pt）	0.003×10^{-6}
镉（Cd）	0.005×10^{-6}	铁（Fe）	0.020×10^{-6}
铟（In）	0.005×10^{-6}		

8. 产品用途

在微电子工业中作为清洗腐蚀剂；可与硫酸、硝酸、氢氟酸和氨水配制使用。

9. 参考文献

［1］柴春玲，郭晓冉，沈冲，等. 电子级过氧化氢水溶液制备技术进展［J］. 化学推进剂与高分子材料，2017，15（3）：42-45.

［2］佘林源. 过氧化氢纯化工艺研究［J］. 科技经济市场，2016（8）：2-3.

4.45 高纯甲醇

高纯甲醇又称电子级甲醇（Electronic grade methanol），分子式 CH_3OH，相对分子质量 32.042。

1. 产品性能

无色透明液体，易燃，能与水、乙醇、乙醚相混溶。其蒸气与空气混合形成爆炸性混合物。易被氧化成甲醛。有毒，误饮会引起双目失明。沸点 64.5 ℃，相对密度（d_4^{20}）0.793，折射率（n_D^{20}）4.3292。

2. 生产方法

工业甲醇经精馏纯化，微孔滤膜过滤得高纯甲醇。

3. 生产工艺

（1）制备分析纯甲醇

工业甲醇经脱水处理后用泵打入 200 L 搪玻璃锅中，接上不锈钢分馏器和冷凝器，打开蒸气阀开始蒸馏（蒸馏系统全部密封不漏气并在通风橱内进行）。先蒸出初馏物，取温度在 64～66 ℃时的馏分作为成品；留下的残液与初馏液回收利用。

（2）制备高纯甲醇

将上述制得的约 10 kg 试剂级甲醇，用自动吸入装置吸入特硬玻璃的蒸馏器内，用蒸汽加热进行蒸馏，弃去初馏液 500～600 mL，收集 64.5～65.5 ℃ 的中段馏分，用硬质料玻璃瓶盛装，最后留下 500～600 mL 残液，作为回收原料利用。

中段馏分经微孔滤膜过滤后分装。应选择化学稳定好的玻璃瓶，在超净环境下进行洗瓶分装。

4. 产品标准

（1）低尘高纯级产品规格

甲醇（CH_3OH）		$\geqslant 99.5\%$	
电阻率/（$M\Omega \cdot cm$）		$\geqslant 1$	
杂质最高含量：			
不挥发物	5.0×10^{-6}	铜（Cu）	0.1×10^{-6}
游离酸（以 CH_3COOH 计）	20.0×10^{-6}	镍（Ni）	0.1×10^{-6}
氯化物（Cl^-）	1.0×10^{-6}	钴（Co）	0.1×10^{-6}
游离碱（以 NH_3 计）	2.0×10^{-6}	铁（Fe）	0.2×10^{-6}
还原高锰酸钾物质	2.5×10^{-6}	锰（Mn）	1.0×10^{-6}
钠（Na）	1.0×10^{-6}	镉（Cd）	1.0×10^{-6}
水分	1000.0×10^{-6}	镁（Mg）	1.0×10^{-6}
铅（Pb）	0.1×10^{-6}	锌（Zn）	1.0×10^{-6}

（2）MOS 级产品规格

甲醇（CH_3OH）		$\geqslant 99.9\%$	
电阻率/（$M\Omega \cdot cm$）		> 1	
杂质最高含量：			
不挥发物	5.000×10^{-6}	铅（Pb）	0.010×10^{-6}
游离酸（以 CH_3COOH 计）	20.000×10^{-6}	铁（Fe）	0.100×10^{-6}
氯化物（Cl^-）	1.000×10^{-6}	锰（Mn）	0.010×10^{-6}
游离碱（以 NH_3 计）	1.000×10^{-6}	镉（Cd）	0.005×10^{-6}
还原高锰酸钾物质	2.500×10^{-6}	镁（Mg）	0.050×10^{-6}
水分	500.000×10^{-6}	锌（Zn）	0.010×10^{-6}
钴（Co）	0.010×10^{-6}	钠（Na）	0.500×10^{-6}
铜（Cu）	0.010×10^{-6}	硫酸试验	合格
镍（Ni）	0.010×10^{-6}		

（3）BV-Ⅰ级产品规格

甲醇（CH_3OH）（气相色谱法）		$\geqslant 99.9\%$	
电阻率/（$M\Omega \cdot cm$）		$\geqslant 3$	
杂质含量：			
水分	500.000×10^{-6}	铬（Cr）	0.005×10^{-6}
游离碱（以 NH_3 计）	1.000×10^{-6}	锂（Li）	0.001×10^{-6}
游离酸（以 $HCOOH$ 计）	20.000×10^{-6}	铜（Cu）	0.001×10^{-6}
钠（Na）	0.005×10^{-6}	铁（Fe）	0.001×10^{-6}
铝（Al）	0.005×10^{-6}	镍（Ni）	0.001×10^{-6}
钙（Ca）	0.003×10^{-6}	锌（Zn）	0.002×10^{-6}
钾（K）	0.003×10^{-6}	镉（Cd）	0.001×10^{-6}
不挥发物	1.000×10^{-6}	铅（Pb）	0.003×10^{-6}
硫酸试验	合格	银（Ag）	0.002×10^{-6}
锶（Sr）	0.001×10^{-6}	钡（Ba）	0.005×10^{-6}

钴（Co）	$0.001×10^{-6}$	还原高锰酸钾物质	合格
镁（Mg）	$0.001×10^{-6}$	水溶解试验	合格
锰（Mn）	$0.005×10^{-6}$		

5. 产品用途

电子工业用作清洗去油剂。

6. 参考文献

[1] 倪传宏，凌芳，郑琦，等. 共沸-吸附法制备高纯无水甲醇 [J]. 上海化工，2015，40（2）：8-10.

[2] 杨菌菌. 间歇精馏制备高纯甲醇的过程研究 [J]. 科技视界，2012（8）：35-36.

4.46　高纯无水乙醇

电子级乙醇（Electronic grade ethanol），分子式 CH_3CH_2OH，相对分子质量 46.069。

1. 产品性能

无色透明易挥发液体，沸点 78.5 ℃，密度（20 ℃）0.793 g/mL，折射率（n_D^{20}）4.3611。易吸潮、易燃，能与水、乙醚、三氯甲烷相混溶。其蒸气空气混合物爆炸极限为 3.5%～18.0%，能与水形成共沸混合物（乙醇含量为 95.6%）。

2. 生产方法

①以工业乙醇为原料，可采用分子筛吸附、戊烷共沸和新灼烧的氯化钙等脱水处理。然后在高效精馏塔内进行精馏得成品，所得成品在百级超净间内经 0.2 μm 微孔滤膜过滤，然后分装。

②以分析纯乙醇经脱水处理后蒸馏分馏得高纯乙醇，再经超净微孔滤膜过滤得成品。

3. 生产工艺

（1）钾型苯乙烯磺酸树脂脱水法

将 95% 的乙醇（分析纯）通过钾型苯乙烯磺酸树脂柱进行脱水，然后将脱水完全的乙醇吸入干燥的蒸馏器中，用蒸汽加热进行蒸馏，即得高纯的无水乙醇。

（2）氧化钙脱水法

将灼烧过的试剂级氧化钙，放置于盛有 95% 的分析纯乙醇的蒸馏器内 [m（乙醇）：m（氧化钙）＝4∶1]，装上冷凝器进行 4 h 回流，待脱水试验合格后，开始精馏，弃去一部分低沸点、高沸点物，即得高纯规格的乙醇。

精馏得到的中馏段在百级超净间内经 0.2 μm 微孔滤膜过滤，然后分装。选择化学稳定性好的玻璃瓶，在超净环境下进行洗瓶和装瓶。属一级易燃液体，应远离火源。

4. 产品标准

（1）低尘高纯级产品规格

乙醇（CH_3CH_2OH）		$\geqslant 99.5\%$	
杂质最高含量：			
游离酸（以 CH_3COOH 计）	20.00×10^{-6}	铅（Pb）	0.10×10^{-6}
游离碱（以 NH_3 计）	1.00×10^{-6}	铁（Fe）	0.10×10^{-6}
水分	2000.00×10^{-6}	钾（K）	1.00×10^{-6}
不挥发物	5.00×10^{-6}	锰（Mn）	0.05×10^{-6}
铜（Cu）	0.03×10^{-6}	镉（Cd）	0.05×10^{-6}
镍（Ni）	0.01×10^{-6}	镁（Mg）	0.02×10^{-6}
钴（Co）	0.01×10^{-6}	钠（Na）	1.00×10^{-6}
还原高锰酸钾物质	合格		

（2）MOS 级产品规格

乙醇（CH_3CH_2OH）		$\geqslant 99.7\%$	
杂质最高含量：			
游离酸（以 CH_3COOH 计）	20.000×10^{-6}	锌（Zn）	0.010×10^{-6}
游离碱（以 NH_3 计）	0.500×10^{-6}	不挥发物	2.000×10^{-6}
还原高锰酸钾物质	合格	水分	1000.000×10^{-6}
氯化物（Cl^-）	1.000×10^{-6}	酮	5.000×10^{-6}
硫酸盐	1.000×10^{-6}	镉（Cd）	0.005×10^{-6}
甲醇（CH_3CH_2OH）	200.000×10^{-6}	铁（Fe）	0.010×10^{-6}
钴（Co）	0.010×10^{-6}	铅（Pb）	0.010×10^{-6}
钠（Na）	0.500×10^{-6}	锰（Mn）	0.010×10^{-6}
镁（Mg）	0.010×10^{-6}	钾（K）	0.100×10^{-6}
铜（Cu）	0.010×10^{-6}		

（3）BV-Ⅰ级产品规格

乙醇（CH_3CH_2OH）（气相色谱法）		$\geqslant 99.8\%$	
杂质最高含量：			
水分	2000.000×10^{-6}	钙（Ca）	0.020×10^{-6}
游离酸（以 CH_3COOH 计）	20.000×10^{-6}	铬（Cr）	0.050×10^{-6}
游离碱（以 NH_3）计	1.000×10^{-6}	锂（Li）	0.001×10^{-6}
铜（Cu）	0.005×10^{-6}	锶（Sr）	0.001×10^{-6}
镁（Mg）	0.010×10^{-6}	铁（Fe）	0.010×10^{-6}
锰（Mn）	0.001×10^{-6}	钴（Co）	0.001×10^{-6}
银（Ag）	0.002×10^{-6}	镍（Ni）	0.001×10^{-6}
镉（Cd）	0.001×10^{-6}	钠（Na）	0.200×10^{-6}
钡（Ba）	0.005×10^{-6}	锌（Zn）	0.010×10^{-6}
钾（K）	0.010×10^{-6}	还原高锰酸钾物质	合格
不挥发物	2.000×10^{-6}	水溶解试验	合格
铝（Al）	0.005×10^{-6}	硫酸试验	合格

5. 产品用途

电子工业用作脱水去污剂，可与去油剂配合使用。

6. 参考文献

[1] 全灿，鄢雄伟，金君素，等. 高纯乙醇、乙酸乙酯、正己烷试剂标准规范及其纯化工艺研究进展 [J]. 化学试剂，2011，33（5）：385-392.

4.47　乙二醇

乙二醇（Ethylene glycol）又称甘醇、亚乙二醇、1，2-二羟基乙烷。分子式 $C_2H_6O_2$，相对分子质量 62.07，结构式：

$$HO—CH_2—CH_2—OH。$$

1. 产品性能

无色透明黏稠液体。凝固点 -12.9 ℃。沸点 197.6 ℃、107.3 kPa、140 ℃（97× 133.3 Pa）、100 ℃（10 × 133.3 Pa）、70 ℃（3 × 133.3 Pa）、20 ℃（0.06 × 133.3 Pa）。相对密度：(d_4^0) 4.1274、(d_4^{10}) 4.1204、(d_4^{20}) 4.1135、(d_4^{30}) 4.1065，折光率 4.43063（25 ℃）。溶于水、低级醇、甘油、丙酮、乙酸、吡啶、醛类、微溶于醚，几乎不溶于苯、二硫化碳、氯仿、四氯化碳。有甜味，具吸水性，易吸潮、易燃，有毒。

2. 生产方法

（1）环氧乙烷常压水合法

在环氧乙烷水溶液中加入 0.5%～4.0% 的稀硫酸（催化剂），反应温度 50～70 ℃、反应压力 9.8～19.6 kPa，反应时间 300 min，水合制得乙二醇。反应液用液碱中和，经蒸发器蒸发除去水分，得 80% 的乙二醇。再进入精馏塔蒸馏浓缩，得纯度 98% 以上的成品。

$$H_2C—CH_2 +H_2O \xrightarrow{硫酸} HO—CH_2—CH_2—OH。$$

（2）环氧乙烷加压水合法

常压水合法由于存在腐蚀、污染和产品质量问题，精制过程复杂，各国已逐渐停用，而改用环氧乙烷加压水合法。环氧乙烷加压水合法是目前工业规模生产乙二醇的唯一方法。将 m（环氧乙烷）：m（水）＝1：6 的比例混合的溶液在塔式反应器中，于 150～200 ℃、2.5 M～4.5 MPa 的条件下反应 1 h，直接液相水合制得乙二醇，以及副产二乙二醇、三乙二醇和多乙二醇。反应所得乙二醇溶液通过热交换器被冷却后进入膨胀器，在此将乙醛、巴豆醛等易挥发组成吹出，液体流入贮槽，再用泵送去蒸发提浓，经三效蒸发后的液体进入第一蒸馏塔进行真空蒸馏以脱除水分，塔顶粗乙二醇进入第二蒸馏塔，塔顶得到纯乙二醇，塔底得到多缩乙二醇，再进入填料塔蒸馏分出各种组分。

（3）乙烯氧化水合法

乙烯与含有抑制剂二氯乙烷的空气经混合、预热、过滤后，进入装有催化剂的氧化反应器生成环氧乙烷，冷却后于 $50\sim60\ ^\circ\text{C}$ 下用含量小于 0.1% 的硫酸水溶液吸收并水合成乙二醇，产物经中和、过滤、浓缩、蒸馏而得成品。具体反应条件：压力 $0.2\ \text{MPa}$，空速 $1700/\text{h}$，反应温度 $230\sim250\ ^\circ\text{C}$。反应气中，乙烯纯度大于 95%，二氯乙烷含量 1×10^{-6}，V（空气）：V（乙烯）$=$（$96\sim98$）：（$2\sim4$），乙烯单程转化率为 $30\%\sim40\%$，乙二醇选择性 $60\%\sim70\%$，总收率 $50\%\sim55\%$。

工业上，乙二醇的生产几乎完全与乙烯氧化制环氧乙烷的装置相配合，以省去中间的蒸馏过程，从而降低生产成本。在这类装置中生产每吨乙二醇大约消耗 99.95% 的乙烯 $750\ \text{kg}$，99.6% 的氧气 $1000\ \text{kg}$。

$$CH_2\!=\!CH_2+\tfrac{1}{2}O_2 \longrightarrow H_2C\underset{O}{\overset{\diagdown\diagup}{\text{———}}}CH_2+H_2O \longrightarrow HO\!-\!CH_2\!-\!CH_2\!-\!OH\,。$$

（4）乙烯直接水合法

乙烯直接水合法是美国 Halcon SD 公司首先开发的，又称 Oxirane 法。此法是乙烯在含 TeO_2 和 48% 的 HBr 催化剂存在下，在醋酸溶液中于 $160\ ^\circ\text{C}$、$2.84\ \text{MPa}$ 条件下氧化生成乙二醇、乙二醇二乙酸酯、乙二醇单乙酸酯的混合物，后两种产物可在 $170\sim130\ ^\circ\text{C}$、$0.12\ \text{MPa}$ 时在酸催化下水解成乙二醇。

$$CH_2\!=\!CH_2+2CH_3COOH+\tfrac{1}{2}O_2 \longrightarrow CH_3COOCH_2CH_2OOCCH_3+H_2O\,,$$

$$CH_3COOCH_2CH_2OOCCH_3+2H_2O \longrightarrow HOCH_2CH_2OH+2CH_3COOH\,。$$

上述反应中的醋酸可循环使用。乙烯转化率为 60%，乙二醇总选择性可达 97%，以乙烯计乙二醇收率约 94%。

此外，也可用钯催化剂（$PdCl_2$-$LiNO_3$-$LiCl$）生成单醋酸酯，经氧化水解，乙二醇收率均在 95% 以上，但催化剂回收率低。若用 $Ti(OH)_3$ 作催化剂，在 $160\ ^\circ\text{C}$、$7.16\ \text{MPa}$ 下，乙烯可以直接氧化成乙二醇，选择性达 89%，但该法反应时间长，收率不高。

（5）氯乙醇水解法

乙烯与次氯酸反应生成氯乙醇，氯乙醇在碱性介质中，控制反应温度 $100\ ^\circ\text{C}$，先生成环氧乙烷，而后在 $1\ \text{MPa}$ 条件下加压水解生成乙二醇，收率 90%。反应式为：

$$H_2C\!=\!CH_2+HOCl \longrightarrow ClCH_2CH_2OH \xrightarrow[-HCl]{\triangle} H_2C\underset{O}{\overset{\diagdown\diagup}{\text{——}}}CH_2 \xrightarrow{H_2O} HOCH_2CH_2OH\,,$$

$$ClCH_2CH_2OH+NaHCO_3 \xrightarrow{\text{水解}} HOCH_2CH_2OH+NaCl+CO_2\,。$$

（6）二氯乙烷水解法

由乙烯和氯气经加成反应得 1，2-二氯乙烷，1，2-二氯乙烷在 $100\sim200\ ^\circ\text{C}$、$8\ \text{M}\sim10\ \text{MPa}$ 下，于碱性介质中水解 $15\sim60\ \text{min}$ 后，可得 85% 的乙二醇。

$$CH_2\!=\!CH_2+Cl_2 \longrightarrow ClCH_2CH_2Cl\,,$$

$$ClCH_2CH_2Cl+Na_2CO_3+H_2O \longrightarrow HOCH_2CH_2OH+2NaCl+CO_2\,。$$

（7）甲醛氢甲酰化法

甲醛、一氧化碳和氢气在 $19.6\ \text{MPa}$、$120\ ^\circ\text{C}$ 下转化为乙醇醛，然后乙醇醛加氢生成乙二醇。

$$HCHO+CO+H_2 \longrightarrow HOCH_2CHO \xrightarrow{H_2} HOCH_2CH_2OH。$$

运用 HRh（CO）$_2$·（PPh$_3$）/胺系多组成均相催化剂，可使甲醛加氢生成乙醇醛的速率达到 25 mol/（L·h），甲醛转化率达到 95％。

（8）甲醛羰基化法

以甲醛、一氧化碳为原料，在 150～225 ℃、50.6 M～104.3 MPa 条件下经硫酸或 BF$_3$ 催化缩合生成乙醇酸，收率 90％。乙醇酸在硫酸催化剂的存在下，控制反应温度 210～220 ℃、压力 84.0 M～94.1 MPa，用甲醇酯化成乙醇酸甲酯，乙醇酸甲酯在 210～215 ℃、3.039 MPa 下，在亚铬酸铜催化下加氢生成乙二醇和甲醇。乙二醇收率 90％，甲醇则循环使用。

$$CH_2O+CO+H_2O \xrightarrow{H_2SO_4} HOCH_2COOH，$$

$$HOCH_2COOH+CH_3OH \xrightarrow{H_2SO_4} HOCH_2COOCH_3+H_2O，$$

$$HOCH_2COOCH_3+2H_2 \longrightarrow HOCH_2CH_2OH+CH_3OH。$$

由于反应中使用的硫酸量大，造成了严重的污染问题，目前该方法已被逐渐淘汰。

将工业乙二醇经高效精馏，然后用 0.2 μm 微子孔滤膜过滤，可得集成电路用乙二醇。

3. 工艺流程

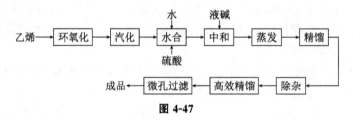

图 4-47

4. 生产工艺

乙烯与二氯乙烷（抑制剂）混合后，预热、过滤后进入装有氧化剂的氧化反应器内进行环氧化反应，反应生成环氧乙烷，冷却后用 0.1％的硫酸水溶液吸收，在 60～80 ℃、0.01 M～0.02 MPa 下水合生成乙二醇，一般得到的稀乙二醇含量为 13％～15％。将反应液用液碱中和 pH 至 7，蒸发浓缩为 80％的乙二醇。再在精馏塔中减压浓缩，得到含量大于 98％的成品。

水合反应可在 150～200 ℃、2.0 M～2.5 MPa 下，于管式反应器中进行。产物除乙二醇外，还有由环氧乙烷与乙二醇缩合生成的二乙二醇醚（一缩乙二醇）、二缩乙二醇及少量的高聚物。增大水的用量可以减少副产物，同时提高环氧乙烷的转化率，但却增加了产品分离的能耗。一般控制在 n（环氧乙烷）：n（水）=1：（15～20）。生成的乙二醇水溶液含量大约在 10％左右，经多效蒸发器脱水提浓和减压精馏而得到分离物。其中，m（乙二醇）：m（一缩乙二醇）：m（二缩乙醇）≈100：10：1。

将工业乙二醇采取吸附等方法脱去水、二甘醇、三甘醇等杂质，然后引入高效精馏塔内进行精馏，然后用 0.2 μm 微孔滤膜中过滤，得集成电路用乙二醇。

5. 产品标准

(1) BV-1 级产品规格

乙二醇（$HOCH_2CH_2OH$）		96%	
杂质最高含量：			
水分	500.000×10^{-6}	铬（Cr）	0.005×10^{-6}
游离酸（以 HCOOH 计）	10.000×10^{-6}	锂（Li）	0.005×10^{-6}
钠（Na）	0.300×10^{-6}	铁（Fe）	0.050×10^{-6}
镁（Mg）	0.010×10^{-6}	钴（Co）	0.001×10^{-6}
锰（Mn）	0.001×10^{-6}	镍（Ni）	0.001×10^{-6}
银（Ag）	0.001×10^{-6}	铜（Cu）	0.005×10^{-6}
铝（Al）	0.100×10^{-6}	锌（Zn）	0.010×10^{-6}
钡（Ba）	0.100×10^{-6}	镉（Cd）	0.001×10^{-6}
铅（Pb）	0.003×10^{-6}	钾（K）	0.020×10^{-6}
钙（Ca）	0.010×10^{-6}	锶（Sr）	0.001×10^{-6}

(2) MOS 级产品规格

乙二醇（$HOCH_2CH_2OH$）		>99.9%	
杂质最高含量：			
与水混合试验	合格	硫酸盐	1.00×10^{-6}
灼烧残渣（SO_4^{2-}）	10.00×10^{-6}	钠（Na）	0.20×10^{-6}
水分	100.00×10^{-6}	镁（Mg）	0.01×10^{-6}
游离酸（以 HCOOH 计）	10.00×10^{-6}	锰（Mn）	0.01×10^{-6}
氯化物（Cl^-）	0.50×10^{-6}	铁（Fe）	0.10×10^{-6}
铅（Pb）	0.01×10^{-6}	钾（K）	0.20×10^{-6}
钴（Co）	0.01×10^{-6}		
镍（Ni）	0.01×10^{-6}		
铜（Cu）	0.01×10^{-6}		
锌（Zn）	0.01×10^{-6}		
镉（Cd）	0.01×10^{-6}		

(3) 低尘高纯级产品规格

乙二醇（$HOCH_2CH_2OH$）		>99.5%	
杂质最高含量：			
与水混合试验	合格	钠（Na）	1.00×10^{-6}
灼烧残渣（SO_4）	20.00×10^{-6}	镁（Mg）	0.10×10^{-6}
水分	200.00×10^{-6}	锰（Mn）	0.10×10^{-6}
游离酸（以 HCOOH 计）	20.00×10^{-6}	铁（Fe）	0.30×10^{-6}
氯化物（Cl^-）	1.00×10^{-6}	钴（Co）	0.10×10^{-6}
硫酸盐	2.00×10^{-6}	镍（Ni）	0.10×10^{-6}
铜（Cu）	0.03×10^{-6}	镉（Cd）	0.10×10^{-6}
锌（Zn）	0.10×10^{-6}	铅（Pb）	0.02×10^{-6}
钾（K）	1.00×10^{-6}		

6. 产品用途

电子工业中用作集成电路清洗去油剂。工业中主要用于配制汽车冷却系统的抗冻剂及生产聚对苯二甲酸乙二酯（聚酯纤维和聚酯塑料的原料），也可用于生产其他合成树脂、溶剂、润滑剂、表面活性剂、软化剂、增湿剂、炸药等。

7. 安全与贮运

乙二醇对中枢神经系统有抑制作用，对肾脏、心、肝、肺有损害。车间内加强通风。操作人员应穿戴劳保用品。

产品用化学稳定性好的玻璃瓶、于超净环境下分装。贮存于阴凉、通风、干燥处。

8. 参考文献

[1] 孙慧道. 浅析乙二醇和二乙二醇的分离方法 [J]. 当代化工研究，2017（9）：111-112.

[2] 俞洪超，李如龙. 乙二醇生产过程的自动控制 [J]. 自动化应用，2017（11）：7-8.

[3] 葛欣，张英. 乙二醇的生产与制备 [J]. 山东化工，1997（2）：41-44.

4.48　高纯乙酸乙酯

乙酸乙酯分子式 $CH_3COOCH_2CH_3$，相对分子质量 88.11。

1. 产品性能

乙酸乙酯为无色透明易挥发液体，带有水果香味，能与水、乙醚、丙酮、三氯甲烷相混溶，易燃，对皮肤有刺激性，大量吸入体内会影响中枢神经。沸点 77 ℃，相对密度（d_4^{20}）0.8998～0.9400，折射率（n_D^{20}）4.3719，闪点－4 ℃。

2. 生产方法

工业品或分析纯品经脱水处理后精馏，所得成品经超净微孔滤膜过滤后分装。

3. 生产工艺

使用分析纯乙酸乙酯，其规格如下：

含量	≥99.5%
不挥发物	≤0.005%
酸度（以乙酸计）	≤0.005%
水分	微量

将分析纯乙酸乙酯放入有塞的大瓶中，再加入无水碳酸钾脱水，静置2天，用砂芯漏斗过滤。将滤液吸入50 L的搪玻璃蒸馏锅中，装上分馏柱及冷凝器，打开蒸汽阀进行加热蒸馏。蒸馏的速度可以用阀门控制，弃去初馏分另贮，收集沸点76～

77 ℃ 的馏出液，残液回收。必要时进行二次蒸馏，可获得高纯乙酸乙酯。

得到的高纯乙酸乙酯在百级超净间内经 0.2 μm 微孔滤膜过滤，然后分装。选择化学稳定性好的玻璃瓶，在超净条件下进行洗瓶和分装。

4. 说明

①分析纯乙酸乙酯（98%～99%）中，含有少量的不挥发物、游离酸（以乙酸计）、水分、戊醇和其他有机物及微量的某些金属元素。用 5% 的 Na_2CO_3 水溶液洗涤后再按上法蒸馏，但损失较大。

②在 1 L 乙酸乙酯中加 100 mL 乙酸酐，在水浴上加热回流数小时，分馏出乙酸乙酯后，按上述的操作步骤进行分馏蒸馏，此法可提高乙酸乙酯的含量。

5. 产品标准

(1) 低尘高纯级产品规格

乙酸乙酯（$CH_3COOCH_2CH_3$）		≥99.0%	
相对密度（d_4^{20}）		0.900～0.901	
杂质最高含量：			
游离酸	50.00×10^{-6}	钴（Co）	0.10×10^{-6}
硫酸试验	合格	铁（Fe）	0.03×10^{-6}
水分	2000.00×10^{-6}	锰（Mn）	0.10×10^{-6}
过氧化物	合格	锌（Zn）	0.10×10^{-6}
不挥发物	10.00×10^{-6}	镉（Cd）	0.05×10^{-6}
铅（Pb）	0.02×10^{-6}	镁（Mg）	0.50×10^{-6}
铜（Cu）	0.01×10^{-6}	钠（Na）	1.00×10^{-6}
镍（Ni）	0.10×10^{-6}	锂（Li）	0.05×10^{-6}
铝（Al）	1.00×10^{-6}	钾（K）	1.00×10^{-6}
钙（Ca）	0.50×10^{-6}	铬（Cr）	0.10×10^{-6}
银（Ag）	0.05×10^{-6}	钡（Ba）	1.00×10^{-6}
锶（Sr）	0.05×10^{-6}		

(2) MOS 级产品规格

乙酸乙酯（$CH_3COOCH_2CH_3$）		＞99.5%	
相对密度（d_4^{20}）		0.899～0.904	
杂质最高含量：			
游离酸	35.000×10^{-6}	不挥发物	5.000×10^{-6}
硫酸试验	合格	铅（Pb）	0.010×10^{-6}
水分	1000.000×10^{-6}	铜（Cu）	0.005×10^{-6}
醛	合格	镍（Ni）	0.005×10^{-6}
过氧化物	合格	钴（Co）	0.005×10^{-6}
钠（Na）	0.100×10^{-6}	锂（Li）	0.005×10^{-6}
钾（K）	0.500×10^{-6}	钙（Ca）	0.050×10^{-6}
银（Ag）	0.005×10^{-6}	钡（Ba）	0.100×10^{-6}
铁（Fe）	0.010×10^{-6}	镁（Mg）	0.010×10^{-6}

锰（Mn）	0.005×10^{-6}	铝（Al）	0.200×10^{-6}
锌（Zn）	0.010×10^{-6}	铬（Cr）	0.010×10^{-6}
镉（Cd）	0.005×10^{-6}	锶（Sr）	0.005×10^{-6}

（3）BV-Ⅰ级产品规格

乙酸乙酯（$CH_3COOCH_2CH_3$）		≥99.0%	
杂质最高含量：			
水分	500.000×10^{-6}	钠（Na）	0.030×10^{-6}
游离酸（以 CH_3COOH 计）	35.000×10^{-6}	镁（Mg）	0.001×10^{-6}
锰（Mn）	0.001×10^{-6}	钾（K）	0.005×10^{-6}
铁（Fe）	0.005×10^{-6}	镍（Ni）	0.001×10^{-6}
钴（Co）	0.001×10^{-6}	铜（Cu）	0.001×10^{-6}
银（Ag）	0.002×10^{-6}	锌（Zn）	0.005×10^{-6}
钡（Ba）	0.005×10^{-6}	镉（Cd）	0.001×10^{-6}
铬（Cr）	0.005×10^{-6}	铅（Pb）	0.003×10^{-6}
锂（Li）	0.001×10^{-6}	锶（Sr）	0.001×10^{-6}
铝（Al）	0.005×10^{-6}	钙（Ca）	0.005×10^{-6}
硫酸试验	合格	不挥发物	1.000×10^{-6}

6. 产品用途

电子工业中用作清洗去油剂。

7. 参考文献

[1] 全灿，鄢雄伟，金君素，等. 高纯乙醇、乙酸乙酯、正己烷试剂标准规范及其纯化工艺研究进展 [J]. 化学试剂，2011，33（5）：385-392.

[2] 季卫刚，周勉，肖湘，等. 乙酸乙酯制备方法的改进 [J]. 河南化工，2012，29（Z3）：20-21.

4.49 高纯乙酸丁酯

高纯乙酸丁酯（High purity n-butyl acetate），分子式 $C_6H_{12}O_2$，相对分子质量 116.16，结构式：

$$CH_3COOCH_2CH_2CH_2CH_3。$$

1. 产品性能

无色透明液体，凝固点 $-77\ ℃$，沸点 $126.1\ ℃$，相对密度 $d_4^{15}\ 0.8865$、$d_4^{25}\ 0.8764$。能与乙醇、乙醚和一般有机溶剂混溶，不溶于水。具有特殊的水果香味，易燃。有麻醉刺激作用，高浓度对眼、鼻有强的刺激性。工作场所最高允许含量 200×10^{-6}。

2. 生产方法

在硫酸催化下，乙酸与正丁醇发生酯化，经纯化后，用 $0.2\ \mu m$ 微孔滤膜过滤，得高纯乙酸丁酯。

$$CH_3COOH + CH_3CH_2CH_2CH_2OH \xrightarrow[120\ ℃]{H_2SO_4} CH_3COOCH_2CH_2CH_2CH_3 + H_2O。$$

3. 工艺流程

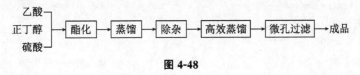

图 4-48

4. 生产工艺

将丁醇、乙酸和硫酸按比例投入酯化釜，在 120 ℃ 进行酯化，经回流脱水，控制酯化时的酸值在 0.5 以下，所得粗酯经中和后进入蒸馏釜，经蒸馏、冷凝、分离进行回流脱水，最后在 126 ℃ 以下蒸馏得工业品。

依据工业乙酸丁酯所含杂质情况，采取吸附等方法除杂后，送入高效精馏塔进行精馏，精馏得到的产品再经 0.2 μm 微孔滤膜过滤，得高纯乙酸丁酯。

5. 产品标准

(1) BV-1 级产品规格

乙酸丁酯（$CH_3COOCH_2CH_2CH_2CH_3$）	≥98%		
杂质最高含量：			
水分	$500.000×10^{-6}$	锰（Mn）	$0.001×10^{-6}$
游离酸（以 CH_3COOH 计）	$50.000×10^{-6}$	铁（Fe）	$0.010×10^{-6}$
钠（Na）	$0.010×10^{-6}$	钴（Co）	$0.001×10^{-6}$
镁（Mg）	$0.001×10^{-6}$	银（Ag）	$0.002×10^{-6}$
铜（Cu）	$0.001×10^{-6}$	铝（Al）	$0.005×10^{-6}$
锌（Zn）	$0.005×10^{-6}$	钙（Ca）	$0.003×10^{-6}$
镉（Cd）	$0.001×10^{-6}$	钾（K）	$0.010×10^{-6}$
铅（Pb）	$0.003×10^{-6}$	锶（Sr）	$0.001×10^{-6}$
钡（Ba）	$0.005×10^{-6}$	锂（Li）	$0.001×10^{-6}$
铬（Cr）	$0.005×10^{-6}$	镍（Ni）	$0.001×10^{-6}$
硫酸试验	合格	不挥发物	$10.000×10^{-6}$

(2) MOS 级产品规格

乙酸丁酯（$CH_3COOCH_2CH_2CH_2CH_3$）	≥97%		
电阻率/（MΩ·cm）	≥5		
杂质最高含量：			
游离酸（以 CH_3COOH 计）	$100.000×10^{-6}$	不挥发物	$10.000×10^{-6}$
水分	$1000.000×10^{-6}$	铅（Pb）	$0.010×10^{-6}$
硫酸试验	合格	铜（Cu）	$0.010×10^{-6}$
锰（Mn）	$0.010×10^{-6}$	镉（Cd）	$0.005×10^{-6}$
锌（Zn）	$0.010×10^{-6}$	钠（Na）	$0.500×10^{-6}$

镍（Ni）	0.010×10^{-6}	钴（Co）	0.010×10^{-6}
铁（Fe）	0.050×10^{-6}	镁（Mg）	0.050×10^{-6}

（3）低尘高产品规格

乙酸丁酯（$CH_3COOCH_2CH_2CH_3$）		$\geqslant 96$	
电阻率/（$M\Omega \cdot cm$）		$\geqslant 5$	
杂质最高含量：			
水分	2000.00×10^{-6}	铜（Cu）	0.10×10^{-6}
不挥发物	50.00×10^{-6}	镍（Ni）	0.10×10^{-6}
铅（Pb）	0.02×10^{-6}	钴（Co）	0.10×10^{-6}
镁（Mg）	1.00×10^{-6}	锌（Zn）	1.00×10^{-6}
铁（Fe）	0.10×10^{-6}	锰（Mn）	1.00×10^{-6}
镉（Cd）	1.00×10^{-6}	钠（Na）	1.00×10^{-6}

6. 产品用途

电子工业中用作集成电路清洗去油剂，也用于环化橡胶类负型光刻胶的配套试剂中。

7. 安全与贮运

乙酸丁酯对眼、鼻有刺激性，易燃。车间内加强通风，产品用玻璃瓶于超净条件下分装，贮存于阴凉、通风处，远离火源和热源。

8. 参考文献

[1] 杨柳新，蔡本松，余建军. 反应精馏法催化合成乙酸丁酯 [J]. 石油与天然气化工，2005（4）：5-7.

[2] 胡章，李楚燕，李思东，等. 乙酸丁酯制备实验改进 [J]. 当代化工，2015，44（10）：2398-2399.

4.50　高纯二氯甲烷

高纯二氯甲烷（High purity dichloromethane）分子式 CH_2Cl_2，相对分子质量 84.93，结构式：

$$Cl-\underset{\underset{H}{|}}{\overset{\overset{H}{|}}{C}}-Cl$$

1. 产品性能

无色液体，凝固点 $-95\ ℃$，沸点 $39.75\ ℃$，相对密度 d_4^{15} 4.3348、d_4^{25} 4.3167，d_4^{20} 4.3077，折光率 4.4244。能与乙醇、乙醚、二甲基甲酰胺混溶，微溶于水。易挥发，不燃烧，有与醚一样的气味。不能与金属钠接触，否则引起爆炸。有麻醉性、低毒性，对皮肤黏膜有刺激性。在空气中的允许含量为 500×10^{-6}。

2. 生产方法

(1) 甲醇氯化法

甲醇经气化后，与氯化氢在气相下催化氯化得一氯甲烷，得到的一氯甲烷再与氯气发生氯化，经后处理、精制得二氯甲烷。

$$CH_3OH + HCl \longrightarrow CH_3Cl + H_2O,$$

$$CH_3Cl + Cl_2 \longrightarrow CH_2Cl_2 + HCl。$$

(2) 甲烷氯化法

甲烷与氯气于 $380 \sim 400\ ℃$ 下发生热氯化得一氯甲烷，将得到的一氯甲烷经分离、纯化得二氯甲烷。

工业二氯甲烷经多效蒸馏和微孔过滤后，得高纯二氯甲烷。

$$CH_4 \longrightarrow CH_3Cl \longrightarrow CH_2Cl_2。$$

3. 工艺流程

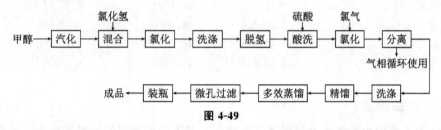

图 4-49

4. 生产工艺

将甲醇送入气化器中气化后，同氯化氢（循环）混合，在催化剂存在下，送入氯化器中进行气相反应，产生氯甲烷。气态产物在水洗涤器和碱洗涤器里分别用冷水和苛性钠洗涤，除去少量未反应的甲醇和氯后，送至脱氢塔，用硫酸再次洗涤除去反应过程中生成的二甲烷和水，得氯甲烷。将氯甲烷用氯气进一步氯化，使其与氯气反应得二氯甲烷和三氯甲烷及少量四氯化碳。经骤冷，冷凝分成含二氯甲烷和三氯甲烷的液相，以及氯化氢、未反应的氯甲烷、氯气的气相。气相分离出的氯化氢、氯甲烷和氯气可分别循环使用。液相先在吸收塔中用稀碱和水洗涤除去四氯化碳，再通过共沸蒸馏和精馏，分别获得二氯甲烷和三氯甲烷。

将二氯甲烷经化学处理除杂后，送入多效精馏塔进精馏，再用 $0.2\ \mu m$ 微孔滤膜过滤得高纯二氯甲烷。

5. 产品标准

(1) MOS 级产品的规格

二氯甲烷（CH_2Cl_2）		$> 99.5\%$	
电阻率/（$M\Omega \cdot cm$）		$\geqslant 100$	
杂质量高含量：			
不挥发物	5.000×10^{-6}	游离碱（以 NH_3 计）	5.000×10^{-6}
水分	100.000×10^{-6}	硫酸试验	合格

游离酸（以 CH₃COOH 计）	10.00×10^{-6}	游离氯	0.300×10^{-6}
钠（Na）	0.10×10^{-6}	锰（Mn）	0.010×10^{-6}
镁（Mg）	0.010×10^{-6}	铁（Fe）	0.050×10^{-6}
铜（Cu）	0.010×10^{-6}	锌（Zn）	0.050×10^{-6}
镓（Ga）	0.005×10^{-6}	钴（Co）	0.010×10^{-6}
镍（Ni）	0.010×10^{-6}	铅（Pb）	0.010×10^{-6}

（2）低尘高纯级产品规格

二氯甲烷（CH₂Cl₂）		>99.0%	
电阻率/（MΩ·cm）		≥100	
杂质量高含量：			
不挥发物	20.00×10^{-6}	游离氯	1.00×10^{-6}
水分	200.00×10^{-6}	钠（Na）	1.00×10^{-6}
游离酸（以 CH₃COOH 计）	20.00×10^{-6}	镁（Mg）	0.10×10^{-6}
游离碱（以 NH₃ 计）	10.00×10^{-6}	锰（Mn）	0.10×10^{-6}
硫酸试验	合格	铁（Fe）	0.10×10^{-6}
镓（Ga）	0.05×10^{-6}	铜（Cu）	0.09×10^{-6}
钴（Co）	0.10×10^{-6}	锌（Zn）	0.10×10^{-6}
镍（Ni）	0.10×10^{-6}	铅（Pb）	0.02×10^{-6}

6. 产品用途

电子工业中用作集成电路用清洗去油剂，是工业中重要的不燃性溶剂，如三乙酸纤维酯电影胶片的溶剂、金属表面油漆层的清洗脱膜剂、气溶胶的推动剂、石油脱蜡溶剂、热不稳定性物质的萃取剂，Friedel-Crafts 反应的溶剂、从羊毛提取羊脂和从椰子中提取食用油的萃取剂，也用作低温热载体、矿物油的闪点升高剂、烟雾剂的推进剂、灭火剂。

7. 安全与贮运

二氯甲烷低毒，对皮肤黏膜有刺激性，空气中最高允许含量为 500×10^{-6}，车间应加强通风。

采用化学稳定性好的玻璃瓶于超净条件下分装，贮存于阴凉通风处。

8. 参考文献

[1] 沈治荣，胡必明，何红莲. 高纯二氯甲烷的定量测定方法 [J]. 氯碱工业，2012，48（6）：29-33.

[2] 王捷. 7-ADCA 生产中二氯甲烷萃取工艺的优化改进 [J]. 产业与科技论坛，2014，13（8）：77-78.

4.51 高纯三氯甲烷

三氯甲烷（Trichloromethane）又称氯仿（Chloroform），分子式 CHCl₃，相对

分子质量 119.378。

1. 产品性能

无色透明、折光性强、有特殊臭味液体，能同乙醇、乙醚、苯、石油醚等任意混合，不与甘油混溶。氯仿在 100 mL 水中溶解 0.82 g。与水组成恒沸点为 56 ℃ 的恒沸混合物（含 97.5% 的 $CHCl_3$），与乙醇组成恒沸点为 59 ℃ 的恒沸混合物（含 93% 的 $CHCl_3$）。氯仿不燃烧，与空气不组成爆炸混合物。相对密度（d_4^{20}）4.484，沸点 61～62 ℃，凝固点 −63.5 ℃，折光率 4.4476（20 ℃）。有毒！

2. 生产方法

工业氯仿经除杂处理后脱水，精馏后经超净过滤分装。

3. 工艺流程

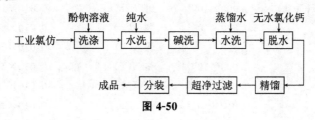

图 4-50

4. 生产工艺

（1）以工业氯仿为原料

大规模生产一般以工业氯仿为原料，由于工业氯仿中杂质有水、乙醇、光气和游离氯等，首先必须用酚钠洗涤光气，用纯水洗涤乙醇，也可用浓硫酸洗涤。用两次蒸馏水（每次用量为氯仿体积一半）洗涤 5～6 次，或用浓硫酸（每次用量为氯仿体积的 5%）洗涤 2 次。然后用稀的烧碱溶液洗 2 次，蒸馏水洗 2～3 次，经无水氯化钙（或无水碳酸钾）脱水后进行蒸馏分馏，获得的氯仿为试剂级，要获得高纯的氯仿，必须进行精馏。取精馏中段馏分，在百级超净间经 0.2 μm 微孔滤膜过滤，然后在超净工作台内分装。选择化学稳定性好的棕色玻璃瓶，在超净环境下进行洗瓶。

（2）以试剂级氯仿为原料

将试剂氯仿吸入一只 15 L 的搪玻璃反应锅中，加入少量的无水氯化钙或碳酸钾脱水剂，盖上盖子，静置 1～2 天，过滤。滤液吸入另一只干净的搪玻璃反应锅内，装上分馏柱，接好冷凝器，打开蒸汽阀门，加热分馏。将初馏液回收，收集沸程为 60～62 ℃ 的馏出液，保存于棕色磨口瓶中，残留液可作原料用。

馏出液在百级超净间经 0.2 μm 微孔滤膜过滤，在超净工作台内分装。

5. 产品标准

（1）低尘高纯级产品规格

三氯甲烷（$CHCl_3$）		>99%	
杂质最高含量：			
不挥发物	$20.00×10^{-6}$	硫酸试验	合格

水分	1000.00×10^{-6}	光气	合格
游离酸（以 HCl 计）	10.00×10^{-6}	铅（Pb）	0.02×10^{-6}
氯化物	1.00×10^{-6}	铜（Cu）	0.10×10^{-6}
游离氯	合格	镍（Ni）	0.10×10^{-6}
醛和酮	10.00×10^{-6}	钴（Co）	0.10×10^{-6}
铁（Fe）	0.10×10^{-6}	钠（Na）	1.00×10^{-6}
锰（Mn）	0.10×10^{-6}	锌（Zn）	0.05×10^{-6}
镉（Cd）	0.05×10^{-6}	镁（Mg）	0.05×10^{-6}

（2）MOS 级产品规格

三氯甲烷（CHCl$_3$）		＞99.5%	
杂质最高含量:			
不挥发物	5.000×10^{-6}	硫酸试验	合格
水分	500.000×10^{-6}	光气	合格
游离酸（以 HCl 计）	5.000×10^{-6}	铅（Pb）	0.010×10^{-6}
氯化物	0.500×10^{-6}	铜（Cu）	0.010×10^{-6}
游离氯（Cl$^-$）	合格	镍（Ni）	0.010×10^{-6}
醛和酮	5.000×10^{-6}	钴（Co）	0.010×10^{-6}
铁（Fe）	0.050×10^{-6}	镁（Mg）	0.010×10^{-6}
锰（Mn）	0.010×10^{-6}	锌（Zn）	0.010×10^{-6}
镉（Cd）	0.005×10^{-6}	钠（Na）	0.100×10^{-6}

6. 产品用途

电子工业中用作清洗去油剂。

7. 参考文献

[1] 叶忠祥. 高纯三氯甲烷中溴氯甲烷测定方法研究 [J]. 有机氟工业，2013（3）：61-62.

4.52　高纯环己烷

高纯环己烷（High purity cyclohexane）又称六氢化苯（Hexahydrozene），分子式 C$_6$H$_{12}$，相对分子质量 84.16，结构式：

。

1. 产品性能

无色液体，凝固点 6.5 ℃，沸点 80.7～81.0 ℃、60.8 ℃（400×133.3 Pa），相对密度（d_4^{20}）0.7785，折光率 4.4266，闪点－18 ℃。能与乙醇、苯、乙醚和丙酮相混溶，溶于甲醇，不溶于水。不纯时有特殊的刺激性气味。有毒，易燃，与空气形成爆炸性混合物，混合物爆炸极限为 4.31%～8.35%。

2. 生产方法

环己烷的合成方法主要是基于苯加氢的技术路线。当前工业上生产环己烷的工艺，可概括地将其划分为气相氢化法、液相氢化法及新近发展起来的催化蒸馏法，3 种工艺的一个共同的特点就是追求反应器中苯的高转化率，因为，常压下苯与环己烷沸点差仅为 0.7 ℃，且两者可形成共沸物，用普通精馏的方法难以将其分离出来，因此需要苯的高转化率以获得环己烷的高纯度，实现的具体方法是在高温和加压下操作，由此而来的问题是，苯在高转化率下加氢有副产物甲基环戊烷生成；另外，苯加氢反应属于强放热可逆反应，高温下的平衡转化率比较低。所以，现有工艺中均先采用多段固定床或气液加氢串联气固加氢固定床以提高苯的转化率，然后将环己烷和副产物进行分离。

通过反应精馏法用苯加氢合成环己烷，设备采用固定床反应器。固定床反应器是必不可少的。反应精馏方法具有优越性的同时也存在着一定局限性。首先它要求反应条件与精馏条件相匹配；其次，对于强放热的苯加氢反应，反应放出的热量可能导致反应区及其附近液相气化，严重时可使塔内部分甚至全部出现单一的气相区而破坏正常的精馏操作。因此，反应精馏法用于苯加氢合成环己烷需严格控制工艺条件。

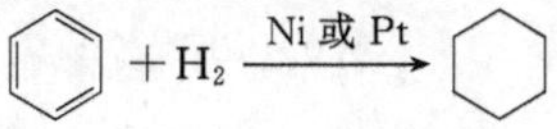

$$\bigcirc + H_2 \xrightarrow{\text{Ni 或 Pt}} \bigcirc 。$$

将工业环己烷经化学处理除杂，然后经多效精馏、微孔过滤，得高纯环己烷。

3. 工艺流程

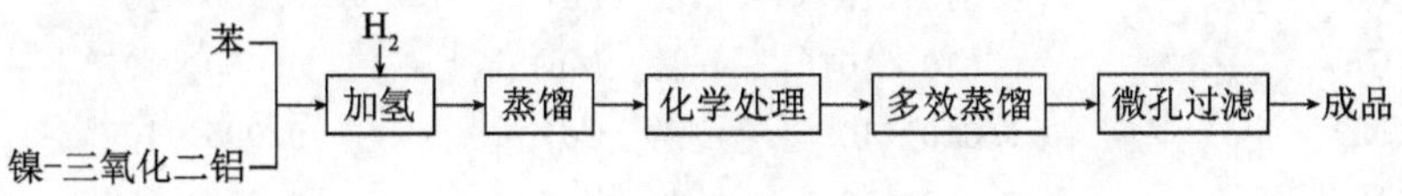

苯 ──┐
　　　H₂
镍-三氧化二铝 ──→ 加氢 → 蒸馏 → 化学处理 → 多效蒸馏 → 微孔过滤 → 成品

图 4-51

4. 生产工艺

（1）苯液相氢化法

以 Raney 镍为催化剂，在 200～240 ℃、3.92 MPa 条件下，苯加压催化加氢得到环己烷。生产 1 t 环己烷需要 0.94 t 苯，1284 m³ 80％的氢，自 1963 年由法国 SNPA 投产后，在全世界得到了应用。

苯常压氢化制环己烷的液体空速为 4.1/h，以镍-氧化铝为催化剂，反应温度 120～170 ℃，经管式固定床反应器反应，苯转化率达 99.9％，环己烷产率为 96％。

苯液相氢化法也可采用铂或钯作催化剂、少许锂盐作促进剂、铝作担体，允许原料苯硫质量浓度为 300 μg/L，反应温度 200 ℃、压力 3.45 MPa，苯转化率 100％。反应器流出物与原料、氢气及循环氢气热交换后，经过分离器，然后闪蒸得环己烷。

（2）苯的气相氢化法

以镍为化剂，反应温度 390 ℃，靠近反应器出口温度 220 ℃，压力 2.94 MPa。反应器为列管式，管外走冷却流体。干燥的、带压的气化苯与氢气及循环氢气从反应器顶部进入，底部出料，经过第 2 个反应器、冷凝器及分离器，得环己烷。

另外，工业环己烷通过化学处理除杂后，导入多效精馏塔内进行精馏，然后用 0.2 μm 微孔滤膜过滤，得高纯环己烷。

5. 产品标准

(1) BV-Ⅰ级企业标准

含量		>99.5%	
水分		<0.02%	
颗粒数（≥2 μm）/（个/100 mL）		≤300	
游离酸（以 CH_3CO_2H 计）		1×10^{-6}	
杂质最高含量：			
钾（K）	10.0×10^{-9}	锶（Sr）	1.0×10^{-9}
铜（Cu）	1.0×10^{-9}	铝（Al）	20.0×10^{-9}
铁（Fe）	20.0×10^{-9}	钙（Ca）	10.0×10^{-9}
锰（Mn）	1.0×10^{-9}	镝（Dy）	1.0×10^{-9}
镁（Mg）	5.0×10^{-9}	钠（Na）	10.0×10^{-9}
锌（Zn）	3.0×10^{-9}	锂（Li）	1.0×10^{-9}
银（Ag）	1.0×10^{-9}	钡（Ba）	5.0×10^{-9}
铬（Cr）	5.0×10^{-9}	铅（Pb）	3.0×10^{-9}
镍（Ni）	1.0×10^{-9}	钴（Co）	1.0×10^{-9}

(2) MOS级产品规格

杂质最高含量：			
不挥发物	5.000×10^{-6}	钴（Co）	0.010×10^{-6}
铅（Pb）	0.010×10^{-6}	铁（Fe）	0.100×10^{-6}
铜（Cu）	0.010×10^{-6}	锰（Mn）	0.050×10^{-6}
镍（Ni）	0.010×10^{-6}	镉（Cd）	0.005×10^{-6}
钠（Na）	0.500×10^{-6}	锌（Zn）	0.010×10^{-6}
镁（Mg）	0.010×10^{-6}		

(3) 低尘高纯级产品规格

杂质最高含量：			
不挥发物	10.00×10^{-6}	钴（Co）	0.10×10^{-6}
铅（Pb）	0.02×10^{-6}	铁（Fe）	0.30×10^{-6}
铜（Cu）	0.03×10^{-6}	锰（Mn）	0.10×10^{-6}
镍（Ni）	0.10×10^{-6}	镉（Cd）	0.05×10^{-6}
锌（Zn）	0.20×10^{-6}	钠（Na）	1.00×10^{-6}
镁（Mg）	0.10×10^{-6}		

6. 产品用途

电子工业中用于集成电路用清洗剂，也用于光刻胶显影剂。环己烷是重要的化工原料，大部分用于制造己二酸、己内酰胺及己二胺（占总消费量的98%）。小部分用于制造环己胺及其用作纤维素醚类、脂肪类、油类、蜡、沥青、树脂及生胶的溶剂、有机合成和重结晶溶剂。

7. 安全与贮运

环己烷有中等毒性，对中枢神经系统有抑制作用。易燃，与空气形成爆炸性混合物，爆炸范围 4.30%～8.35%（体积）。空气中最高允许含量为 $300×10^{-6}$。车间内应加强通风，操作人员应穿戴防护用具。

产品采用化学性质稳定的玻璃瓶，于超净条件下分装。贮存于阴凉通风处，远离火源热源。

8. 参考文献

[1] 张瑾，刘漫红. 苯加氢制备环己烷的催化剂研究进展 [J]. 化工进展，2009，28（4）：634-638.

[2] 姜旺峰，辛峰，姜峰，等. 用反应器和精馏塔外耦合方法合成环己烷的研究 [J]. 化学反应工程与工艺，2002，18（1）：6-8.

4.53　高纯丙酮

丙酮（Acetone），分子式 CH_3COCH_3，相对分子质量 58.080。

1. 产品性能

无色透明易挥发液体，沸点 56.5 ℃，密度 0.790～0.793 g/mL（20 ℃），折射率（n_D^{20}）4.3591。有特殊的辛辣气味，易燃，易溶于水、乙醇、乙醚等有机溶剂。其蒸气与空气的混合物爆炸极限为 2.55%～12.80%。有毒！

2. 生产方法

以工业丙酮为原料，经脱水化学预处理后，在高效精馏塔内进行精馏，所得成品在百级超净间内经 0.2 μm 微孔滤膜过滤，然后分装。

3. 工艺流程

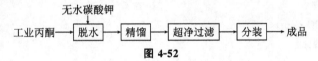

图 4-52

4. 生产工艺

（1）脱水、化学预处理

用干燥的色层析柱（容量大小按生产量而定），上段装有干燥的 3Å 分子筛，中段装有无水（分析纯）碳酸钾，下段装有干燥的 3Å 分子筛。将分析纯级丙酮缓慢流过 3Å 分子筛的色层析柱，使水分、酸、碱能符合规定的质量指标。

（2）精馏

将 2000 mL 经上述处理过的丙酮，移入 2500 mL 干燥的蒸馏瓶中，并加入 300 g 干燥的 3A 分子筛，装上一根精密分馏柱，上接冷凝器，蒸出处放一接受瓶，出气口须接干燥管。打开蒸汽阀，在水浴上加热蒸馏，浴温严格控制 65～70 ℃，收集沸程为 55～57 ℃ 的馏出物，得到 1600 mL 成品，产率 80%。

所得馏出物在百级超净间内经 0.2 μm 微孔滤膜过滤，然后分装。选择化学稳定性好的玻璃瓶，在超净条件下进行洗瓶和分装。属一级易燃液体，应远离火源。

5. 说明

①精馏是无水操作，所有仪器、容器必须干燥。丙酮对皮肤、呼吸道有刺激性，可引起头痛，操作时应避免吸入体内。

②干燥剂（脱水剂）除 3Å 分子筛和碳酸钾外，还可用无水氯化钙，但以上干燥剂在使用前须进行预干燥处理。

③为了除去还原性有机物杂质，可将丙酮与高锰酸钾稀溶液一起回流加热，直至加入的高锰酸钾紫色不消失为止。然后将丙酮蒸出，用脱水剂脱去水分后，再行蒸馏分馏（精馏）。

6. 产品标准

（1）低尘高纯级产品规格

含量		$>99.0\%$	
电阻率/（MΩ·cm）		>5	
杂质最高含量：			
游离碱（以 NH_3 计）	5.00×10^{-6}	钴（Co）	0.10×10^{-6}
高锰酸钾还原物质	合格	铁（Fe）	0.05×10^{-6}
水分	500.00×10^{-6}	锰（Mn）	1.00×10^{-6}
不挥发物	5.00×10^{-6}	镉（Cd）	1.00×10^{-6}
铅（Pb）	0.05×10^{-6}	镁（Mg）	1.00×10^{-6}
铜（Cu）	0.05×10^{-6}	锌（Zn）	1.00×10^{-6}
镍（Ni）	0.01×10^{-6}	钠（Na）	1.00×10^{-6}
游离酸（以 CH_3COOH 计）	20.00×10^{-6}		

（2）MOS 级产品规格

含量		$>99.5\%$	
电阻率/（MΩ·cm）		>5	
杂质最高含量：			
水分	200.000×10^{-6}	钴（Co）	0.010×10^{-6}
铅（Pb）	0.010×10^{-6}	铁（Fe）	0.050×10^{-6}
铜（Cu）	0.010×10^{-6}	锰（Mn）	0.010×10^{-6}
镁（Mg）	0.050×10^{-6}	镉（Cd）	0.005×10^{-6}
锌（Zn）	0.010×10^{-6}	游离酸（以 CH_3COOH 计）	20.000×10^{-6}
钠（Na）	0.500×10^{-6}	游离碱（以 NH_3 计）	1.000×10^{-6}
不挥发物	5.000×10^{-6}	高锰酸钾还原物质	合格
镍（Ni）	0.010×10^{-6}		

（3）BV-Ⅰ级产品规格

含量（气相色谱法）		$\geqslant 99.5\%$	
电阻率/（MΩ·cm）		>20	
杂质最高含量：			
水分	2000×10^{-6}	铁（Fe）	0.001×10^{-6}

游离酸（以 CH_3COOH 计）	10×10^{-6}	铝（Al）	0.005×10^{-6}
游离碱（以 NH_3 计）	5×10^{-6}	钡（Ba）	0.005×10^{-6}
钠（Na）	0.01×10^{-6}	钙（Ca）	0.003×10^{-6}
镁（Mg）	0.001×10^{-6}	铬（Cr）	0.005×10^{-6}
锰（Mn）	0.001×10^{-6}	钾（K）	0.003×10^{-6}
银（Ag）	0.002×10^{-6}	锶（Sr）	0.001×10^{-6}
锂（Li）	0.001×10^{-6}	不挥发物	1.000×10^{-6}
镍（Ni）	0.001×10^{-6}	铅（Pb）	0.003×10^{-6}
铜（Cu）	0.001×10^{-6}	钴（Co）	0.001×10^{-6}
锌（Zn）	0.001×10^{-6}	水溶解试验	合格
镉（Cd）	0.001×10^{-6}	还原高锰酸钾物质	合格

7. 产品用途

电子工业中用作清洗去油剂，可与乙醇、甲苯配合使用。

8. 参考文献

[1] 周淑珍，李涛，李玉，等. 高纯丙酮制备工艺研究 [J]. 河南化工，2010，27（5）：33-34.

[2] 蔡金，刘红胚，李炳华，等. 高纯试剂丙酮的提纯方法研究 [J]. 广东化工，2014，41（7）：60-61.

4.54 高纯丁酮

高纯丁酮（High purity butanone）又称集成电路用丁酮（Butanone for IC use），分子式 C_4H_8O，相对分子质量 72.11，结构式：

$$CH_3-\overset{\overset{\displaystyle O}{\|}}{C}-CH_2CH_3 \ 。$$

1. 产品性能

无色液体，易燃，有毒！熔点 $-86.3 \ ℃$，沸点 $79.6 \ ℃$，相对密度（d_4^{20}）0.8054，折光率 4.3788，闪点 $-3 \ ℃$。能溶于 4 份水中，但温度升高时溶解度降低，能与醇、醚、苯、氯仿、油类混溶。与水形成共沸物，含丁酮 88.7%，其沸点 $74.3 \ ℃$。在空气中爆炸限为 2%～10%。

2. 生产方法

（1）2-丁基醇氧化法

2-丁醇氧化脱氢得到丁酮。

$$CH_3-\overset{\overset{\displaystyle OH}{|}}{CH}-CH_2CH_3 \xrightarrow{[O]} CH_3-\overset{\overset{\displaystyle O}{\|}}{C}-CH_2CH_3 \ 。$$

（2）异丁苯法

正丁烯和苯在无水三氯化铝催化下发生烃化生成异丁苯，异丁苯氧化生成过氧化氢异丁苯，最后用酸分解到丁酮和苯酚。

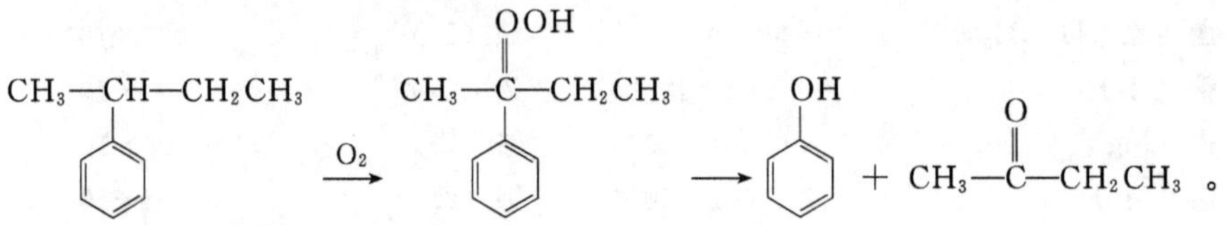

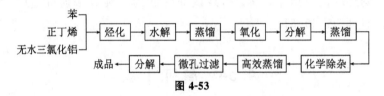

（3）丁烷液相氧化法

丁烷液相氧化的生产品是乙酸，同时副产品为丁酮（约占乙酸产量的 16%）。反应温度 150～225 ℃，压力 4.0 M～8.0 MPa。美国联合碳化物公司，1976 年用此法生产乙酸和副产物丁酮。目前在美国约 20% 的丁酮是用此法生产的。

（4）丁烯液相氧化法

以氯化钯/氯化铜溶液为催化剂，丁烯在 90～120 ℃、4.0 M～2.0 MPa 条件下进行氧化反应。

丁烯转化率约 95%，丁酮收率约 88%，得到的反应液通过蒸馏等方法提纯而得到成品。此法工艺过程较简单，但设备腐蚀严重，需用贵金属作催化剂。

$$CH_2=CHCH_2CH_3 \longrightarrow CH_3COCH_2CH_3 。$$

工业丁酮，经化学处理除杂后，进行高效蒸馏，微孔过滤，得高纯丁酮。

3. 工艺流程

苯
正丁烯 → 烃化 → 水解 → 蒸馏 → 氧化 → 分解 → 蒸馏 →
无水三氯化铝

成品 ← 分解 ← 微孔过滤 ← 高效蒸馏 ← 化学除杂 ←

图 4-53

4. 生产工艺

以无水三氯化铝为催化剂，苯与正丁烯在 50～70 ℃ 发生烃化反应，反应完毕，用冰水水解，蒸馏得异丁基苯。异丁苯 110～130 ℃、0.10 M～0.49 MPa 下，液相氧化生成异丁基苯过氧化氢。然后在酸催化剂存在下分解，生成丁酮和苯酚，最后分离蒸馏得丁酮工业品。

将工业丁酮，经化学处理除杂后，引入高效精馏塔内进行蒸馏，再用 0.2 μm 微孔滤膜过滤，得到高纯丁酮。

5. 产品标准

	BV-Ⅰ级企业标准	EL-UM级企业标准
含量	＞99.5%	＞99.8%
水分	＜0.01%	≤0.02%
颗粒数（个/100 mL）	≤300（2 μm 以上）	≤2000（0.5 μm 以上）
硫酸试验	合格	合格
蒸发残渣	—	＜5×10⁻⁶
游离酸（CH₃COOH）	＜10×10⁻⁶	＜2×10⁻⁶
游离碱（NH₃计）	＜5×10⁻⁶	＜20×10⁻⁶

杂质最高含量：

锂（Li）	1×10^{-9}	1×10^{-9}
钠（Na）	10×10^{-9}	10×10^{-9}
钾（K）	10×10^{-9}	10×10^{-9}
铜（Cu）	1×10^{-9}	1×10^{-9}
银（Ag）	2×10^{-9}	1×10^{-9}
金（Au）	—	1×10^{-9}
镁（Mg）	5×10^{-9}	1×10^{-9}
钙（Ca）	10×10^{-9}	3×10^{-9}
锶（Sr）	1×10^{-9}	1×10^{-9}
钡（Ba）	5×10^{-9}	10×10^{-9}
镍（Ni）	1×10^{-9}	1×10^{-9}
铁（Fe）	10×10^{-9}	10×10^{-9}
钴（Co）	1×10^{-9}	1×10^{-9}
锌（Zn）	3×10^{-9}	5×10^{-9}
镉（Cd）	1×10^{-9}	1×10^{-9}
镓（Ga）	—	10×10^{-9}
硅（Si）	—	10×10^{-9}
铝（Al）	20×10^{-9}	10×10^{-9}
锗（Ge）	—	10×10^{-9}
锡（Sn）	—	20×10^{-9}
铅（Pb）	3×10^{-9}	1×10^{-9}
锰（Mn）	1×10^{-9}	1×10^{-9}
铬（Cr）	5×10^{-9}	1×10^{-9}
砷（As）	—	50×10^{-9}

MOX 级产品规格

含量		$>99.0\%$	
杂质最高含量：			
碱度和酸度	合格	铜（Cu）	0.010×10^{-6}
水分	合格	镍（Ni）	0.010×10^{-6}
不挥发物	5.000×10^{-6}	锰（Mn）	0.010×10^{-6}
铅（Pb）	0.010×10^{-6}	钴（Co）	0.010×10^{-6}
锰（Mn）	0.010×10^{-6}	铁（Fe）	0.050×10^{-6}
镉（Cd）	0.005×10^{-6}	锌（Zn）	0.010×10^{-6}
镁（Mg）	0.050×10^{-6}	钠（Na）	0.500×10^{-6}

6. 产品用途

电子工业用作集成电路光刻工艺中的清洗去油剂，也用于润滑油脱蜡、涂料工业及多种树脂溶剂、植物油的萃取过程及精制过程的共沸精馏。其优点是溶解性强，挥发性较丙酮低，属中沸点酮溶剂。

7. 安全与贮运

丁酮属低毒品，能刺激眼睛及鼻喉的黏膜，当吸入其蒸气时，引起头痛，中毒严重时导致手脚麻木，长期接触可致发炎。空气中丁酮的允许最高含量为 200×10^{-6}。

在超净条件下进行洗瓶与产品分装。贮存于阴凉通风处，远离火源、热源。

8. 参考文献

[1] 张君芳. 异丁醛异构化制丁酮 [J]. 广西化工，1987 (4)：31-34.

4.55 高纯环己酮

高纯环己酮（High purity cyclohexanone），分子式 $C_6H_{10}O$，相对分子质量 98.14，结构式：

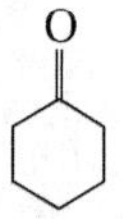

1. 产品性能

无色油状透明液体，熔点 $-45\ ℃$，沸点 $155\ ℃$，$47\ ℃$（$15 \times 133.3\ Pa$），相对密度 $d_4^{20}\ 0.9478$，折光率 $4.4500 \sim 4.4510$。闪点 $46\ ℃$。溶点于水、乙醇、醚及一般有机溶剂。在冷水中溶解度大于热水，$10\ ℃$ 时溶解度为 $10.5\ g/100\ g$，$20\ ℃$ 时溶解度为 $2.3\ g/100\ g$。

2. 生产方法

(1) 环己醇氧化法

苯酚加氢得环己醇，环己醇在氧化锌存在下，经气相氧化脱氢得环己酮。

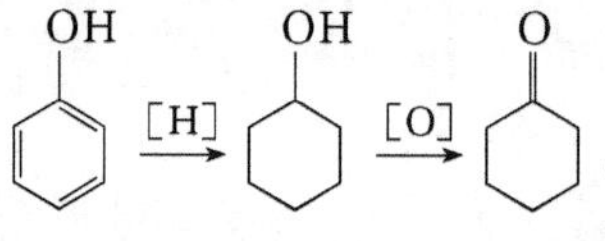

(2) 环己烷氧化法

环己烷氧化得到酮醇油，即环己酮、环己醇的混合物。将酮醇油进行催化脱氢反应，使其中的环己醇转化为环己酮。脱氢过程常用的催化剂有氧化锌、锌、钙的氧化物或碳酸的混合物等。反应温度 $360 \sim 420\ ℃$、压力 $0.1\ MPa$。反应器一般采用列管式，管内填装催化剂，管外用熔盐作载热体供热。单程转化率约 80%，选择性约 98%。产物经冷凝分离，得 80% 左右纯度的粗环己酮，通过脱轻组分蒸馏塔和成品塔，可得到精环己酮。

工业环己酮经化学处理除杂后，再经多效蒸馏、微孔过滤，得高纯环己酮。

3. 工艺流程

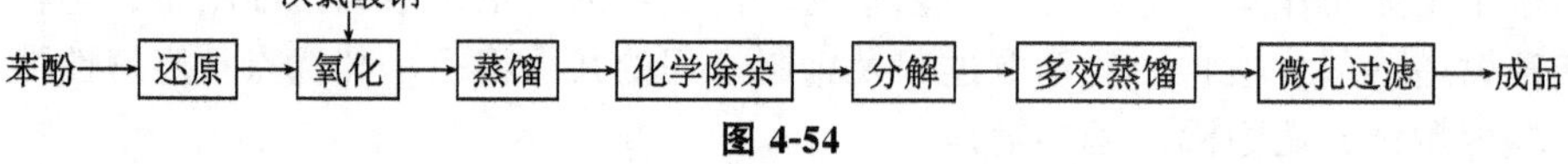

图 4-54

4. 生产工艺

将 $10\ g$ 新蒸馏过的环己醇、$100\ mL$ 乙酸乙酯、$3.0 \times 10^{-3}\ mol$ 相转移催化剂四

丁基溴化铵加入装有温度计和恒压滴液漏斗的锥形瓶中，开动磁力搅拌器，于室温下由恒压滴液漏斗滴入次氯酸钠（含有效氯 8.5%）120 mL。激烈搅拌反应，反应后加适量食盐，继续搅拌 15 min，然后分离两相。蒸馏有机相并收集 152～158 ℃ 馏分，即得环己酮。

由苯酚生产环己酮，可采用钯作催化剂一步完成。采用苯酚液相加氢制取环己酮的加氢反应温度 150～170 ℃，压力 0.2 M～0.4 MPa，苯酚转化率 95%，加氢反应完毕，经蒸馏得环己酮工业品。然后经化学处理除杂，采用多效精馏器蒸馏，0.2 μm 微孔滤膜过滤，得高纯环己酮。在超净条件下进行分装。

5. 产品标准

(1) MOS 级产品规格

含量		99.5%	
杂质最高含量：			
不挥发残渣	0.500×10^{-6}	铁（Fe）	0.050×10^{-6}
铅（Pb）	0.010×10^{-6}	锰（Mn）	0.010×10^{-6}
铜（Cu）	0.010×10^{-6}	镉（Cd）	0.005×10^{-6}
镍（Ni）	0.010×10^{-6}	镁（Mg）	0.050×10^{-6}
钴（Co）	0.010×10^{-6}	锌（Zn）	0.010×10^{-6}
钙（Ca）	0.500×10^{-6}	与水混合试验	0.010×10^{-6}

(2) 低尘高纯级产品规格

含量		99.0%	
杂质量最高含量：			
不挥发残渣	0.50×10^{-6}	铁（Fe）	0.10×10^{-6}
铅（Pb）	0.02×10^{-6}	锰（Mn）	0.05×10^{-6}
铜（Cu）	0.03×10^{-6}	镉（Cd）	0.05×10^{-6}
镍（Ni）	0.02×10^{-6}	镁（Mg）	0.50×10^{-6}
钴（Co）	0.02×10^{-6}	锌（Zn）	0.05×10^{-6}
钙（Ca）	1.00×10^{-6}	与水混合试验	合格

6. 产品用途

电子工业中用作集成电路中的清洗去油剂。环己酮也是重要化工原料（是制造尼龙的中间体）和重要的工业溶剂，如用于油漆，特别是用于那些含有硝化纤维或者氯乙烯聚合物或甲基丙烯酸酯聚合物油漆等。作为几种树脂的一般溶剂，可用于聚氯乙烯、氯乙烯共聚物甲基丙烯酸酯聚合物等；用作染料的溶剂、染色和褪光丝的均化剂；是农药的优良溶剂，用于有机磷杀虫剂等；也用作脂、蜡及橡胶的溶剂。

7. 安全与贮运

环己酮与空气混合可形成爆炸性混合物，爆炸极限 3.2%～9.0%（体积）。其在空气中的含量（TLV）超过 50×10^{-6} 时能刺激黏膜，损害呼吸道。高浓度的环己酮引起中毒时会致使血管损害、心肌、肺、肝脾、肾及脑的病变，并发生大块凝固性坏死，通过皮肤吸收引起震颤、麻醉、甚至死亡。对小鼠的致死含量为 8000×10^{-6}。大鼠经口 LD_{50} 为 3460 mg/kg，小鼠腹腔注射 LD_{50} 为 1950 mg/kg。

选择化学稳定性好的玻璃瓶分离。贮存于阴凉通风、干燥处，远离热源，火源。

8．参考文献

[1] 李艳霞，毛远方，谷新春. 水合法生产环己酮工艺的研究 [J]. 化工管理，2017 (13)：194.

[2] 姜承涛. 氧化法合成环己酮技术探讨 [J]. 化工管理，2015 (32)：142.

4.56　高纯异丙醇

异丙醇（2-Propanol）分子式 $(CH_3)_2CHOH$，相对分子质量 60.10。

1．产品性能

无色透明液体，沸点 82.3 ℃，闪点 14.7 ℃，密度 0.786 g/mL（25 ℃），折射率（n_D^{20}）4.3775，有乙醇气味。溶于水、乙醇和乙醚中，与水形成共沸物，其蒸气与空气混合物爆炸极限为 2%～12%。在常温可引起燃烧。有毒！

2．生产方法

以工业异丙醇为原料，经化学预处理脱水后，在高效精馏塔内进行精馏，所得成品在百级超净间内经 0.2 μm 微孔滤膜过滤，然后分装。

3．工艺流程

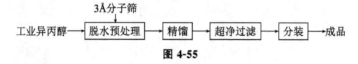

图 4-55

4．生产工艺

工业异丙醇中按 200 g CaO/1 L 工业异丙醇的量加入新鲜的氧化钙，回流数小时，然后蒸馏。馏出液中加氧化钙、无水硫酸铜或 5Å 分子筛，摇动，放置 48 h，分馏蒸出异丙醇，进一步脱水可在异丙醇中加入金属钠（8 g/L）回流，再蒸馏分馏（精馏），取中间馏段。

馏出物在百级超净间经 0.2 μm 微孔滤膜过滤，然后分装。选择化学稳定性好的玻璃瓶，在超净条件下进行洗瓶、分装。操作时应戴好防护用具。

5．产品标准

（1）低尘高纯级产品规格

含量	>99.5%
电阻率/（MΩ·cm）	≥10

杂质最高含量：

水分	2000.00×10^{-6}	铅（Pb）	0.05×10^{-6}
氯化物	2.00×10^{-6}	铜（Cu）	0.10×10^{-6}
硫酸试验	合格	镍（Ni）	0.10×10^{-6}
不挥发物	5.00×10^{-6}	钴（Co）	0.10×10^{-6}
锌（Zn）	1.00×10^{-6}	钠（Na）	1.00×10^{-6}
铁（Fe）	0.20×10^{-6}	锰（Mn）	1.00×10^{-6}
镁（Mg）	1.00×10^{-6}	镉（Cd）	1.00×10^{-6}

（2）MOS 级产品规格

含量		$>99.7\%$	
电阻率/（$M\Omega\cdot cm$）		>10	
杂质最高含量：			
水分	1000.000×10^{-6}	镍（Ni）	0.010×10^{-6}
硫酸盐	1.000×10^{-6}	钴（Co）	0.010×10^{-6}
氯化物	1.000×10^{-6}	铁（Fe）	0.100×10^{-6}
游离酸（以 CH_3CH_3COOH 计）	10.000×10^{-6}	锰（Mn）	0.050×10^{-6}
硫酸试验	合格	镉（Cd）	0.005×10^{-6}
不挥发物	5.000×10^{-6}	镁（Mg）	0.010×10^{-6}
铅（Pb）	0.010×10^{-6}	锌（Zn）	0.010×10^{-6}
铜（Cu）	0.010×10^{-6}	钠（Na）	0.500×10^{-6}

（3）BV-Ⅰ级产品规格

含量（气相色谱法）		$\geqslant99.5\%$	
电阻率/（$M\Omega\cdot cm$）		>20	
不纯物最高含量：			
水分	500.000×10^{-6}	钡（Ba）	0.005×10^{-6}
游离酸（以 C_2H_5COO 计）	20.000×10^{-6}	钙（Ca）	0.003×10^{-6}
钠（Na）	0.050×10^{-6}	铬（Cr）	0.005×10^{-6}
镁（Mg）	0.001×10^{-6}	镉（Cd）	0.001×10^{-6}
镍（Ni）	0.001×10^{-6}	铅（Pb）	0.003×10^{-6}
铜（Cu）	0.001×10^{-6}	铝（Al）	0.005×10^{-6}
锌（Zn）	0.001×10^{-6}	锶（Sr）	0.001×10^{-6}
锰（Mn）	0.001×10^{-6}	钾（K）	0.003×10^{-6}
铁（Fe）	0.001×10^{-6}	锂（Li）	0.001×10^{-6}
银（Ag）	0.002×10^{-6}	钴（Co）	0.001×10^{-6}
硫酸试验	合格	水溶解试验	合格
不挥发物	1.000×10^{-6}		

6. 产品用途

在电子工业中，主要用作清洗去油剂用于硅片等清洗。

7. 参考文献

[1] 梁凯. 超净高纯电子化学试剂：异丙醇制备方法 [J]. 化学工程师，2011，25

（7）：63-64.

4.57　高纯甲苯

甲苯分子式 C_7H_8，相对分子质量 90.15。

1．产品性能

无色透明液体，能与乙醇、乙醚、三氯甲烷、二硫化碳、丙酮等有机溶剂相混溶，不溶于水。有毒，气体吸入体内影响中枢神经，引起呕吐、头痛等。易燃。沸点 110.8 ℃，相对密度（d_4^{20}）0.867～0.870，闪点 6～10 ℃，折光率（n_D^{20}）4.4967。

2．生产方法

工业甲苯用硫酸和水洗涤，然后进行高效精馏，成品经超净过滤后分装。

3．工艺流程

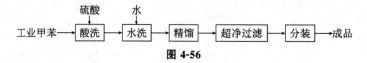

图 4-56

4．生产工艺

以工业甲苯为原料，在预处理罐内加入浓硫酸在搅拌下甲苯与浓硫酸充分混合，静置后分出深色酸层，再用水洗甲苯。

处理过的甲苯加入不锈钢塔釜内，加热，精馏，弃去最初馏出物，收集成品于贮罐内，在超净工作台分装产品。包装瓶应在超净条件下清洗。

5．说明

①为了去除噻吩和其他含硫杂质，工业甲苯必须用浓硫酸处理，并分去深色酸层。

②精馏液在百级超净间经 0.2 μm 微孔滤膜过滤。选择化学稳定性好的玻璃瓶分装。

③甲苯易燃、有毒，应在通风良好处操作。

6．产品标准

（1）低尘高纯级产品规格

含量		＞99.5％	
杂质最高含量：			
不挥发物	$5.0×10^{-6}$	铜（Cu）	$0.1×10^{-6}$
硫酸试验	合格	镍（Ni）	$0.1×10^{-6}$
水分	$300.0×10^{-6}$	钴（Co）	$0.1×10^{-6}$
硫化物（以 SO_4^{2-} 计）	$30.0×10^{-6}$	铁（Fe）	$0.1×10^{-6}$

铅（Pb）	$0.1×10^{-6}$	锰（Mn）	$1.0×10^{-6}$
镉（Cd）	$1.0×10^{-6}$	镁（Mg）	$1.0×10^{-6}$
钾（K）	$1.0×10^{-6}$	锌（Zn）	$1.0×10^{-6}$
钠（Na）	$1.0×10^{-6}$		

（2）MOS 级产品规格

含量		≥99.5%	
杂质最高含量：			
不挥发物	$3.000×10^{-6}$	铅（Pb）	$0.010×10^{-6}$
水溶液反应	合格	铜（Cu）	$0.010×10^{-6}$
游离酸	$5.000×10^{-6}$	镍（Ni）	$0.010×10^{-6}$
游离碱	$1.000×10^{-6}$	钴（Co）	$0.010×10^{-6}$
水分	$100.000×10^{-6}$	铁（Fe）	$0.020×10^{-6}$
硫化物（以 SO_4^{2-} 计）	$5.000×10^{-6}$	锰（Mn）	$0.010×10^{-6}$
硫酸试验	合格	镉（Cd）	$0.005×10^{-6}$
镁（Mg）	$0.010×10^{-6}$	钠（Na）	$0.100×10^{-6}$
钾（K）	$0.100×10^{-6}$	锌（Zn）	$0.010×10^{-6}$

（3）BV-Ⅰ级产品规格

含量（气相色谱法）		≥99.5%	
不纯物最高含量：			
水分	$300.000×10^{-6}$	镁（Mg）	$0.005×10^{-6}$
游离酸（以 HCl 计）	合格	锰（Mn）	$0.005×10^{-6}$
游离碱（以 NaOH 计）	合格	铁（Fe）	$0.010×10^{-6}$
钠（Na）	$0.010×10^{-6}$	钴（Co）	$0.010×10^{-6}$
铬（Cr）	$0.005×10^{-6}$	锌（Zn）	$0.001×10^{-6}$
钾（K）	$0.010×10^{-6}$	镉（Cd）	$0.001×10^{-6}$
镍（Ni）	$0.001×10^{-6}$	铅（Pb）	$0.003×10^{-6}$
铜（Cu）	$0.005×10^{-6}$	锂（Li）	$0.001×10^{-6}$
银（Ag）	$0.002×10^{-6}$	锶（Sr）	$0.001×10^{-6}$
铝（Al）	$0.005×10^{-6}$	不挥发物	$1.000×10^{-6}$
钡（Ba）	$0.005×10^{-6}$	硫化物	合格
钙（Ca）	$0.010×10^{-6}$	硫酸试验	合格

7. 产品用途

在电子工业中，用作清洗去油剂，可与丙酮、乙醇配合使用。

8. 参考文献

［1］莫虹，田森林，蒋蕾，等. Fenton 试剂液相催化氧化法净化甲苯气体 ［J］. 武汉理工大学学报，2010，32（5）：116-119.

4.58 高纯二甲苯

二甲苯 (Dimethyl benzene) 分子式为 $C_6H_4(CH_3)_2$，相对分子质量 106.18。

1. 产品性能

无色透明可燃性液体。能与乙醇、乙醚、三氯甲烷相混溶，不溶于水。有毒，气体吸入影响神经系统，引起恶心呕吐。沸点 137～140 ℃，相对密度 (d_4^{25}) 0.86～0.87，闪点 29 ℃。

2. 生产方法

工业二甲苯经酸洗、碱洗、水洗等预处理后，再经脱水后精馏，精馏液经超净过滤后分装。

3. 工艺流程

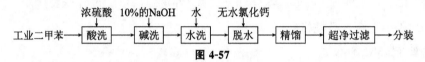

图 4-57

4. 生产工艺

工业二甲苯用浓硫酸洗涤，直至酸层无色，分去酸层，再用 10% 氢氧化钠水溶液洗涤，分去碱水层，再用水洗涤。最后用 4Å 分子筛或无水氯化钙干燥，水分合格后进行分馏。待馏出物变清亮开始接收成品，取中间馏分。

将中间馏分在百级超净间经 0.2 μm 微孔滤膜过滤，然后在超净工作台内分装。选择化学稳定性好的玻璃瓶，在超净环境下进行洗瓶。

5. 产品标准

（1）低尘高纯级产品规格

含量	>80%		
杂质最高含量：			
不挥发物	$10.0×10^{-6}$	镉 (Cd)	$1.0×10^{-6}$
铜 (Cu)	$0.1×10^{-6}$	钠 (Na)	$1.0×10^{-6}$
铁 (Fe)	$0.1×10^{-6}$	水分	$200.0×10^{-6}$
镁 (Mg)	$1.0×10^{-6}$	镍 (Ni)	$0.1×10^{-6}$
钾 (K)	$1.0×10^{-6}$	锰 (Mn)	$1.0×10^{-6}$
噻吩	$500.0×10^{-6}$	锌 (Zn)	$1.0×10^{-6}$
钴 (Co)	$0.1×10^{-6}$		

（2）MOS 级产品规格

含量	>96.0%		
杂质最高含量：			
不挥发物	$5.00×10^{-6}$	磷酸盐 (PO_4^{3-})	$1.00×10^{-6}$

硫化合物	60.00×10^{-6}	游离酸（以 HCl 计）	5.00×10^{-6}
水分	100.00×10^{-6}	游离碱（以 NaOH 计）	1.00×10^{-6}
甲苯	500.00×10^{-6}	铅（Pb）	0.01×10^{-6}
噻吩	500.00×10^{-6}	铜（Cu）	0.01×10^{-6}
硫酸试验	合格	镍（Ni）	0.01×10^{-6}
锌（Zn）	0.01×10^{-6}	铝（Al）	1.00×10^{-6}
钠（Na）	0.10×10^{-6}	钡（Ba）	1.00×10^{-6}
砷（As）	0.01×10^{-6}	钙（Ca）	1.00×10^{-6}
锗（Ge）	1.00×10^{-6}	金（Au）	0.50×10^{-6}
钾（K）	1.00×10^{-6}	硅（Si）	1.00×10^{-6}
锶（Sr）	1.00×10^{-6}	锡（Sn）	1.00×10^{-6}
钴（Co）	0.010×10^{-6}	硼（B）	0.100×10^{-6}
铁（Fe）	0.050×10^{-6}	铬（Cr）	0.500×10^{-6}
锰（Mn）	0.010×10^{-6}	镓（Ga）	0.050×10^{-6}
镉（Cd）	0.005×10^{-6}	锂（Li）	1.000×10^{-6}
乙苯	3.000×10^{-6}	银（Ag）	0.500×10^{-6}
镁（Mg）	0.010×10^{-6}		

（3）BV-Ⅰ级产品规格

含量（气相色谱法）	≥91%		
不纯物最高含量：			
水分	200.000×10^{-6}	钠（Na）	0.005×10^{-6}
游离酸（以 HCl 计）	合格	镁（Mg）	0.005×10^{-6}
游离碱（以 NaOH 计）	合格	铁（Fe）	0.010×10^{-6}
铬（Cr）	0.005×10^{-6}	锌（Zn）	0.005×10^{-6}
钾（K）	0.010×10^{-6}	镉（Cd）	0.001×10^{-6}
锂（Li）	0.001×10^{-6}	铅（Pb）	0.003×10^{-6}
铜（Cu）	0.001×10^{-6}	镍（Ni）	0.001×10^{-6}
硫酸试验	合格	硫化物	合格
锰（Mn）	0.001×10^{-6}	铝（Al）	0.005×10^{-6}
钴（Co）	0.001×10^{-6}	钡（Ba）	0.005×10^{-6}
钙（Ca）	0.010×10^{-6}	锶（Sr）	0.001×10^{-6}
银（Ag）	0.002×10^{-6}		

6. 产品用途

在电子工业，用作清洗去油剂。

7. 参考文献

[1] 沈澍，李士雨. 熔融结晶法分离提纯对二甲苯 [J]. 化工进展，2017，36（5）：1605-1611.

[2] 杨明庆，于克利，杨希志. 高纯间苯二甲醛合成工艺的改进 [J]. 精细化工中间体，2007（4）：32-33.

第五章 光刻胶及电子工业用涂料

光刻胶又称光致抗蚀剂（photoresist），是指通过紫外光、电子束、离子束、X射线等的照射或辐射，其溶解度发生变化的耐蚀剂刻薄膜材料。在微电子加工技术中，光刻工艺就要通过光刻胶将集成电路和半导体分立器件的微细电路图形的掩膜版转移至待加工的基片上，然后再进行刻蚀、扩散、离子注入及金属化等工艺。经曝光和显影而使溶解度增加的是正型光刻胶，使其溶解度减小的是负型光刻胶。按曝光光源和辐射源的不同，又分为紫外光刻胶（包括紫外正、负型光刻胶）、深紫外光刻胶、X-射线胶、电子束胶、离子束胶等。

紫外光刻胶适用 g 线与 i 线光刻技术。紫外光刻胶主要由感光剂（邻重氮萘醌化合物）、成膜剂（线性酚醛树脂）、添加剂及溶剂组成。深紫外光刻胶是为适应 KrF、ArF、F_2 等光刻技术而设计的。因为集成电路加工的临界线宽不断缩小，微细加工的分辨率要求不断提高。深紫外光由于波长短、衍射作用小，因而具有高分辨率的特点。在深紫外光刻工艺中应用最多的是化学增幅型光刻胶体系。以 X-射线、电子束或离子束为曝光源的光刻胶，统称辐射线光刻胶。由于 X-射线、电子束或离子束等的波长比深紫外光更短，几乎没有衍射作用，因而在集成电路制作中可获得更高的分辨率。辐射线光刻胶是由线宽小于 $0.1~\mu m$ 的加工工艺设计的，一般认为，电子束、离子束刻工艺适用于纳米级线宽。

目前光学光刻在超大规模集成电路的生产中依旧占据着主导地位。随着集成电路向亚微米、深亚微米方向的快速发展，在光刻工序中原有的光刻机及相配套的光刻胶已经无法满足新工艺的要求。因此，必须对光刻胶成膜材料、感光剂、添加剂进行深入的研究，以适应光刻工序新的要求。另外，随着立体图形制作工艺和微电机制作工艺的不断完善，三维加工和微电机制作用光刻胶也逐步成为研究的焦点。随着微电子工业的发展，对光刻胶的要求也越来越高。

5.1 紫外正性光刻胶

光刻胶是半导体技术不可缺少的部分，并在决定元件集成度中起着主要作用。目前光刻胶的线宽已接近 $0.1~\mu m$。

1. 产品性能

琥珀色或紫红色透明液体，感光材料，遇热分解，于 0～25 ℃下保存。最大紫外吸收 340～400 nm，感光波长至 500 nm。

2. 生产方法

由混合甲酚与甲醛缩聚制得酚醛树脂。

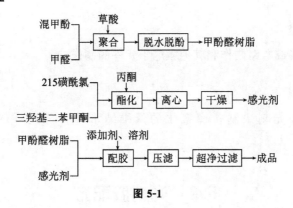

由 1-萘醌-2-重氮基-5-磺酰氯（简称 215 磺酰氯）与三羟基二苯甲酮发生酯化，得到感光剂。

将甲酚醛树脂、感光剂、添加剂和溶剂按一定比例混合配胶，制得紫外正性光刻胶。

3. 工艺流程

图 5-1

4. 生产配方（质量，份）

215 磺酰氯（≥98%）	70～80
丙酮	700～800
混甲酚（有效酚≥95%）	350
甲醛（36%～37%）	200
三羟基二苯甲酮	45～50
乙二醇单乙醚乙酸酯（添加剂）	650～700

5. 生产工艺

（1）合成甲酚醛树脂

将原料混甲酚和甲醛送入不锈钢釜，加入适量草酸为催化剂，加热回流反应 5～6 h，然后减压蒸馏去除水及未反应的单体酚，得到甲酚醛树脂。

（2）合成感光剂

在装有搅拌器的夹套反应罐中，先将三羟基二苯甲酮和215磺酰氯加至丙酮中搅拌下溶解，待完全溶解后，滴加有机碱溶液作催化剂，控制反应温度30～35 ℃，滴加完毕后，继续反应1 h。将反应液冲至水中，感光剂析出，离心分离，干燥。

（3）配胶

先将合成的树脂、感光剂与溶剂及添加剂按一定比例混合配胶，然后调整胶的各项指标使之达到要求，最后过滤分装。过滤分装的具体操作：光刻胶经过板框式过滤器粗滤后，转入超净间（100 级）进行超净过滤，滤膜孔径0.2 μm；经超净过滤的胶液分装即得成品。

6. 产品标准

固体含量	根据实际要求
黏度	根据实际要求
光敏性	最大紫外吸收340～400 nm，感光波长至50 nm
水分	<0.5%
灰分	<30×10⁻⁶
金属杂质	<1×10⁻⁶
应用实验	合格

7. 产品用途

用于大规模集成电路制作和其他微电子元件的制作。

8. 参考文献

[1] 王树龙. 紫外光刻法制备图案化的低维纳米结构陈列 [D]. 青岛：青岛大学，2008.

5.2 光刻胶配方

光刻胶（Photoresist）又称光致抗蚀剂，是由感光树脂、增感剂和溶剂3种主要成分组成的对光敏感的混合液体。它可使感光树脂光照后，树脂的溶解性或亲和性发生明显的变化，在光刻工艺过程中，用作抗腐蚀涂层材料。

半导体材料在表面加工时，若采用适当的有选择性的光刻胶，可在表面上得到所需的图像。光刻胶按其形成的图像分类有正型、负型两大类。在光刻工艺过程中，涂层曝光、显影后，曝光部分被溶解，未曝光部分留下来，该涂层材料为正型光刻胶；如果曝光部分被保留下来，而未曝光部分被溶解，该涂层材料为负型光刻剂。光刻胶生产技术较为复杂，品种规格较多，在电子工业集成电路的制造中，对所使用光刻胶有严格的要求。

1. 生产配方（质量，份）

（1）配方一

聚乙烯醇肉桂酸酯（干燥的）	10.0
5-硝基苊	1.0
环己酮	94.8

（2）配方二

聚乙烯醇肉桂酸酯	16.84
线性酚醛树脂	4.30
噻唑啉系光敏剂	0.16
对苯二酚	0.08
氯苯	143.30
环己酮	38.32

（3）配方三

间甲酚甲醛树脂	45
光敏剂	15
结晶紫	1
苦味酸	1
氨丙基三乙氧基硅烷（增黏剂）	2
硬脂酸	0.66
甲基溶纤剂乙酸酯	135.34

注：该配方为奥林公司的光刻胶配方。

（4）配方四

重氮萘醌磺酸酯	20
酚醛树脂	40
环氧树脂	2
乙醇/乙醚	320

2. 产品性能

（1）配方一所得产品性能

为负型光刻胶，在制造微型电路时，将光刻胶涂在半导体或其他金属上，经感光后，光刻胶照射部分硬化，成为抗腐蚀的坚硬薄膜层。将未感光部分经清洗或化学腐蚀法处理，得微型电路。

（2）配方二所得产品性能

为柯达公司配方，为负型光刻胶。涂布在线路板、半导体基片或其他基材的表面，经光照后，用化学腐蚀或其他方法制成线路图板。

（3）配方四所得产品性能

为正型光刻胶。可见光也极易使其感光。

3. 参考文献

[1] 周虎，李宁，蒋敏，等. 光致抗蚀剂的制备及其性能研究 [J]. 印制电路信息，2015，23（9）：10-13.

[2] 魏玮，刘敬成，李虎，等. 微电子光致抗蚀剂的发展及应用 [J]. 化学进展，

2014, 26 (11): 1867-1888.

5.3　193 nm 光刻胶

193 nm 光刻胶（193 nm Photoresist）由主体树脂、光致产酸剂和添加剂组成。

1. 产品性能

193 nm 光刻胶最佳分辨率为 0.1 μm，最小曝光量为 26 mJ/cm²，具有优异的分辨率、光敏性、黏附性和抗干法腐蚀性。

2. 生产方法

光刻胶是集成电路制作所需的关键性材料，它随集成电路的发展而发展，不断更新换代。集成电路的加工线宽不断缩小，将对光刻胶分辨率的要求不断提高。因为光刻胶成像时可分辨线宽与曝光波长成正比，与曝光机透镜开口数成反比，所以缩短曝光波长是提高分辨率的主要途径。因此，随着集成电路的发展，光刻工艺经历了从 g 线（436 nm）光刻、i 线（365 nm）光刻，到深紫外 248 nm 光刻，以及目前的 193 nm 光刻的发展历程。

以 KrF 激光为光源的 248 nm 光刻，已可以生产 256 M 至 1 G 的随机存储器，其最佳分辨率可达 0.15 μm，但对于小于 0.15 μm 的更精细图形加工，248 nm 光刻胶已无能为力了，这时候需要 193 nm（ArF 激光光源）光刻。以前的 i 线光刻胶、248 nm 光刻胶由于含有苯环结构，在 193 nm 吸收太高而无法继续使用，因此要寻求一种在 193 nm 波长下更透明的材料。

193 nm 光刻胶属于化学增幅抗蚀剂，其特点是配方中加入了光致产酸剂（PAG），在 ArF 激光源辐射下，PAG 释放出酸（H⁺），然后酸在适当的温度下催化主体树脂产生交联反应（对负胶而言）或脱保护反应（对正胶而言），使曝光区和非曝光区中的主体树脂在显影液中的溶解速率发生变化，显影后得到图形。

化学增幅抗蚀剂的基本组成：

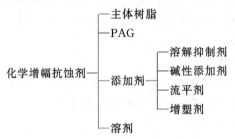

193 nm 光刻胶的主体树脂是以降冰片烯-5-羧酸-（8-乙基三癸基）酯为单体合成的。单体的合成以三环癸烷-8-酮为起始原料，与乙基格氏试剂反应后水解得对应的醇，再与丙烯酰氯发生酯化，最后与环戊二烯发生 Diels-Alder［4＋2］环加成反应，得单体。

单体与引发剂发生共聚反应得共聚物，共聚物再与 PAG、添加剂、溶剂配胶，经粗滤、精滤后，得成品。

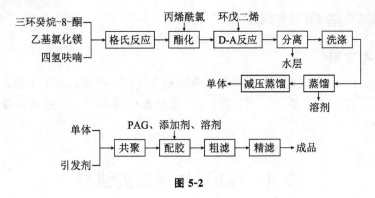

3. 工艺流程

三环癸烷-8-酮　　丙烯酰氯　环戊二烯
乙基氯化镁　→ 格氏反应 → 酯化 → D-A反应 → 分离 → 洗涤
四氢呋喃　　　　　　　　　　　　　　　水层

单体 ← 减压蒸馏 ← 蒸馏　溶剂

单体　　　PAG、添加剂、溶剂
　　　→ 共聚 → 配胶 → 粗滤 → 精滤 → 成品
引发剂

图 5-2

4. 生产工艺

单体合成所用玻璃仪器都要经 100 ℃ 烘干并趁热搭起来，整个反应全过程要在氮气保护下完成。

在 2 L 的四口烧瓶上安装氮导入管、温度计、搅拌、橡胶隔片，通过双针头管向瓶内压入 400 g 含 25％的乙基氯化镁（EtMgCl）的四氢呋喃（THF）溶液，用干冰冷却至 −30～−25 ℃。在另一三口反应烧瓶上安装 N₂ 导入管、玻璃塞子、橡胶隔片，通过双针头管向瓶内压入 153.6 g 三环癸烷-8-酮（TCD）和 480 g 无水 THF。当上述乙基氯化镁溶液冷至 −30～−25 ℃ 时，用 N₂ 向内压入 TCD 溶液，压入所用时间约 2 h，压完后移去冷槽，再搅拌反应 2 h。然后把反应液再次冷却至 −30～−25 ℃，用 125 mL 的恒压漏斗向反应液中滴加 108 g 丙烯酰氯，滴加时间为 1.0～4.5 h，滴完后移去冷槽，升温至室温搅拌过液，从琥珀色透明溶液中会出现白色沉淀。过夜后，用 125 mL 的恒压漏斗向反应液中滴加 75 g 新裂解的环戊二烯，滴完后，反应液升温至 50 ℃，反应 68 h，变成带白色沉淀的橙色液体。反应液冷至室温后，加去离子水至所有的盐均溶解并分成两层，上层有机层用 1×500 mL 饱和 Na₂CO₃ 洗，再用 2×500 mL 去离子水洗后，用无水 MgSO₄ 干燥，过滤后旋转蒸发除去 THF，得橙色油 300 g，减压蒸馏收集 158 ℃、666 Pa 馏分，得 189 g 纯的单体降冰片烯 5-羧酸-(8-乙基三环癸基) 酯。

将上述制备的高纯度单体按一定比例投料，加四氢呋喃溶解，充氮气赶走反应瓶内的空气，加热回流下滴加 AIBN，滴完后，在 N₂ 保护下回流过夜。反应液加入正己烷中，析出聚合物粉末，粉末再用 THF 溶解后，重新用正己烷析出，再次得到的聚合物粉末，经真空干燥，烘干得主体树脂。

将主体树脂、光致产酸剂、添加剂按比例依次加入溶剂中，配成一定溶度（含量10%～20%）的溶液，搅拌使各组分完全溶解后，先进行粗级过滤，粗滤后再经 0.2 μm 滤芯精细过滤，得 193 nm 光刻胶装入超净瓶中。

5. 产品标准

最佳分辨率/μm	0.1
最小曝光量/（mJ/cm²）	26

6. 产品用途

用作集成电路制作的光刻胶。

7. 参考文献

[1] 张巾玲. 193 nm 光刻胶酸敏单体的合成研究 [D]. 沈阳：东北大学，2011.

[2] 郑金红，黄志齐，陈昕，等. 193 nm 光刻胶的研制 [J]. 感光科学与光化学，2005（4）：300-311.

5.4　701 正性光致抗蚀剂

701 正性光致抗蚀剂为邻重氮萘醌正性光致抗蚀剂。

1. 产品性能

正性光致抗蚀剂与一般负性光致抗蚀剂不同，主要是邻重氮醌化合物。在曝光过程中，邻重氮醌化合物吸收能量引起光化学分解作用，经过较为复杂的反应过程，转变为可溶于显影液的物质，而未经感光的光致抗蚀剂则不溶于这种显影液。因此曝光显影后，所得图像与掩模相同，所以称作正性光致抗蚀剂。由于未经感光的光致抗蚀剂仍然保持它在紫外线照射下发生光分解反应的活性，故该种类型的光致抗蚀剂在光刻工艺过程中，能够多次曝光。邻重氮醌化合物都能溶解在乙二醇单甲醚中。为了改善光致抗蚀剂的成膜性和增加涂层的耐磨性，可以掺入线性酚醛树脂、聚酚、聚碳酸酯或乙酸乙烯和顺丁烯二酸酐的共聚物；或者将邻重氮醌-5-磺酰氯和带有羟基的树脂进行缩合，而将感光性官能团引入合成树脂的分子链上去。以酚醛树脂为例，将此反应表示：

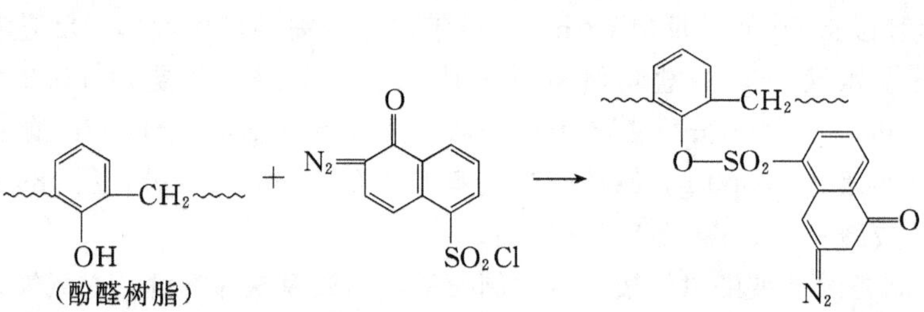

邻重氮醌化合物经光线照射后，发生分解反应，放出氮气，同时在分子结构上经过重排，产生环的收缩作用，从而形成相应的五元环烯酮化合物，五元环烯酮化合物水解后生成茚基羧酸衍生物。茚基羧酸衍生物遇稀碱性水溶液显影。邻重氮醌化合物

的光分解反应可用以下反应式表示：

$$\text{（反应式图）} \xrightarrow[-N_2]{\text{光能}} \xrightarrow{} \xrightarrow{HO_2} R \cdots COOH。$$

2. 生产方法

以 β-萘胺经重氮化、氧化生成邻重氮萘醌，再与磺酰氯反应生成 2-重氮-1-萘醌-5-磺酰氯，然后 2-重氮-1-萘醌-5-磺酰氯与酚醛树脂进行酯化反应生成产物。

$$\text{（反应式图）}$$

3. 主要原料

（1）感光剂

2-重氮-1，2-萘醌-5-磺酰氯的结构式：　　　　　　。

（2）成膜剂

成膜剂是正胶的基本成分，它对光刻胶的黏附性、抗蚀性、成膜性及显影性能均有影响，常用的为酚醛树脂，一般为了获得线型酚醛树脂，采用酚量多于醛量，以草酸作催化剂进行缩聚，反应后用水蒸气蒸馏脱酚，经热水水洗、冷却后即得线性酚醛树脂。

（3）添加剂

正胶中加入少量硫脲或脂肪酸如癸酸，有稳定作用，用羟基亚苄基丙酮可以增加胶的稳定性和批与批之间的重复性，加入表面活性剂可以改善胶的涂布性能。

4. 工艺流程

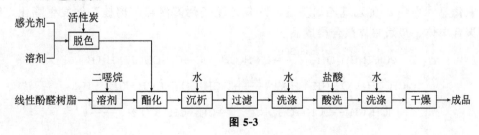

图 5-3

5. 产品用途

正性光刻胶由光分解剂和碱性可溶性树脂及溶剂组成，经过特殊加工精制成正性光刻胶。在受紫外光照射后、光照区光分解剂发生分解，溶于有机或无机碱性水溶液，未曝光部分被保留下来，与母版形成相同的图形。其特点是分辨能力强，可以获得亚微米级条宽的图形。由于感光速度快，可用于投影曝光和分步重复曝光，胶面较干净、均匀性好。在相对湿度50%的环境中对氧化硅、多晶硅、铝、铜、金、铂等均有很好的黏附性和抗蚀性。它的显影和曝光操作宽容度大，易于剥离，且耐热性好，可以耐140℃的烘烤，图形不变形。

适用于大规模集成电路和电子工业元器件及光学机械加工工艺的制作。除了用于接触曝光外，还可用于投影曝光和分步重复曝光等。

6. 参考文献

[1] 夏伟如，林保平，夏敏，等. 正性光致抗蚀剂用酚醛树脂的制备 [J]. 化工时刊，2002 (4)：21-24.

[2] 宛盼盼，佘亚萍，吕兴军，等. 两步法合成正性光致抗蚀剂用酚醛树脂的研究 [J]. 化工技术与开发，2008 (6)：4-7.

5.5　聚乙烯氧乙基肉桂酸酯

聚乙烯氧乙基肉桂酸酯为负型光致抗蚀胶，肉桂酸基为感光性官能团，其结构：

$$\text{⟨苯环⟩}-CH=CH-\overset{\overset{O}{\|}}{C}-O-CH_2-CH_2-O-[CH-CH_2]_n$$

1. 产品性能

聚乙烯氧乙基肉桂酸酯光刻胶在曝光下几乎不受氧的影响，无须氮气保护。分辨率高达1 μm左右，灵敏度较聚乙烯醇肉桂酸酯光刻胶高1倍，黏附性好，抗蚀能力强，图形清晰、线条整齐，耐热性好，显影后可在190℃坚膜0.5 h不变质。感光范围在250~475 μm，特别对436 μm十分敏感，是负型光刻胶。属线型高分子聚合物，常用溶剂为丙酮。

2. 生产方法

由氯乙醇分子间脱水制得二氯二乙基醚，然后在碱性条件下二氯二乙基醚脱一分子氯化氢，得到2-氯乙基乙烯基醚，2-氯乙基乙烯基醚再与肉桂酸钠发生酯化，得到聚合单体，最后单体聚合得成品。

$$2ClCH_2CH_2OH \xrightarrow{H_2SO_4} ClCH_2CH_2-O-CH_2CH_2Cl+H_2O,$$

$$ClCH_2CH_2-O-CH_2CH_2Cl \xrightarrow{NaOH} ClCH_2CH_2-OCH=CH_2+HCl,$$

$$ClCH_2CH_2-OCH=CH_2+ \text{⟨苯环⟩}-CH=CH-CO_2Na \xrightarrow{R_4NI}$$

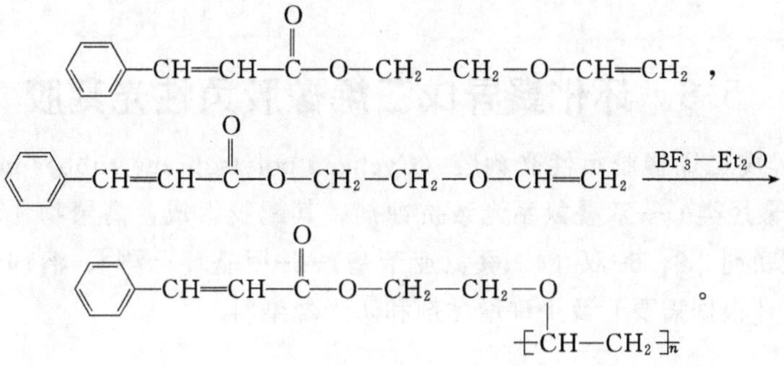

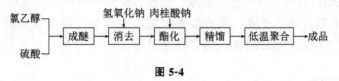

3. 工艺流程

图 5-4

4. 生产工艺

氯乙醇及硫酸在反应釜中经脱水反应生成二氯二乙基醚，二氯二乙基醚再在氢氧化钠作用下，加热至 200～220 ℃ 发生消去反应制得 2-氯乙基乙烯基醚，2-氯乙基乙烯基醚与由氢氧化钠和肉桂酸作用生成的肉桂酸钠，以及由碘甲烷与三乙烷反应生成的碘化甲基三乙基胺在反应釜中反应生成乙烯氧乙醇肉桂酸酯单体。单体经精制，在三氟化硼乙醚催化剂作用下在聚合釜内于低温进行阳离子聚合得成品。

5. 产品标准

外观	淡黄色透明液体
固体含量	10％～15％
黏度（25 ℃）/（Pa·s）	0.030～0.045
水分	＜0.2％
灰分	＜3％
金属杂质（Na、K、Mn、Fe、Al）	$< 1 \times 10^{-6}$

6. 产品用途

用于超高频晶体管、微波三极管等半导体元件及中大规模集成电路的制造。还用于等离子腐蚀、等离子去胶等半导体工业的新工艺中。

7. 参考文献

[1] 单英敏，曹瑞军，高颖，等. 水溶性负性光致抗蚀剂的研制 [J]. 影像科学与光化学，2008（2）：116-124.

[2] 黄家贤，李胜，李春荣，等. 聚（肉桂酸乙烯基氧乙酯）的合成与表征 [J]. 感光科学与光化学，1991（1）：52-57.

5.6 环化聚异戊二烯橡胶负性光刻胶

环化聚异戊二烯橡胶负性光刻胶（Cyclized polyisoprene rubber negative photo-resist）属于聚烃类——双叠氮系光致抗蚀剂。其配胶组成：高聚物［环化聚异戊二烯橡胶］、交联剂［2，6-双（4′-叠氮亚苄基）-4-甲基环己酮］、溶剂［甲苯等芳香烃］、添加剂［根据需要］及少许增黏剂和防光晕染料。

1. 产品性能

浅黄至琥珀色黏性、清亮透明液体。受光、受热会发生聚合反应，易受氧影响，易燃，闪点 31 ℃，易溶于苯、酮等溶剂。对二氧化硅、晶硅及金属有良好的黏附性，对醛、碱有很好的抗蚀性能，为负性光刻胶。

2. 生产方法

将高纯度异戊二烯单体在催化剂存在下进行聚合，再将聚异戊二烯橡胶在二甲苯中溶解，以对甲苯磺酸为催化剂进行环化，所得环化产物经精制、过滤，再与溶剂、交联剂等其余组分配胶，即得成品。

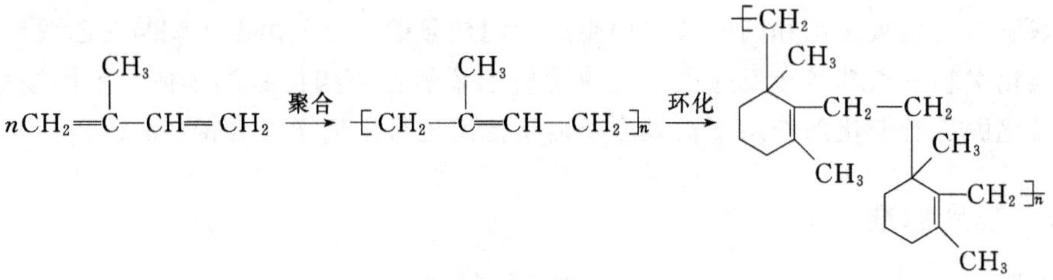

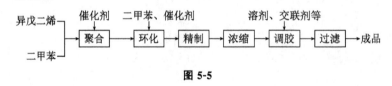

3. 工艺流程

异戊二烯、二甲苯 → 聚合 →（二甲苯、催化剂）→ 环化 → 精制 → 浓缩 →（溶剂、交联剂等）→ 调胶 → 过滤 → 成品

图 5-5

4. 生产工艺

在聚合反应釜中加入高纯度的异戊二烯单体和溶剂无水二甲苯，加入催化剂后进行离子聚合反应，制得聚异戊二烯。将所得聚异戊二烯加入不锈钢的环化反应釜中，再加入溶剂无水二甲苯，在通入氮气的条件下加入环化催化剂对甲苯磺酸进行环化反应，反应达一定程度后测定反应物环化率，通过环化率的测定，确定反应终点，终点确定后，向反应体系中加入终止剂终止环化反应，即得环化聚异戊二烯橡胶。用醋酸水溶液洗涤环化橡胶，除去未参加反应的聚合物，采用离心分离法精制。

精制后的胶液中含有微量水分，微量水分的存在对胶性能的影响很大，采用浓缩法使微量水分随二甲苯共沸蒸出。

将所制得的环化橡胶液计量后加入不锈钢调胶釜中，再加入定量的交联剂、添加剂搅拌混合，并按所需浓度加入溶剂无水二甲苯，稀释到一定黏度，保证其固体分含量符合要求。调胶完成后，在特别的不锈钢过滤器中，采用聚四氟乙烯超微过滤膜，在氮气保护和加压下将光刻胶过滤 2~3 次，第一次除去 1 μm 以上的粒子，第二次除去 0.1 μm 以上的粒子，即制得环化聚异戊二烯橡胶负性光刻胶。包装时采用玻璃瓶作容器，先用超声波清洗玻璃瓶，经超净干燥处理，然后在 100 级净化室内包装。用氮气加压贮罐中的胶液，进行灌装，密封后外加遮光袋。

5. 产品标准

外观	浅黄至琥珀色透明液体
固体含量	12%~26%
水分	≤0.02%~0.03%
金属杂质	≤1×10⁻⁶
膜厚/μm	4.05~6.00
针孔密度/（个/cm²）	≤8
分辨率/μm	2.5~20.0
黏度（30 ℃）/（MPa·s）	30、45、60、100、150、300、350、550

6. 产品用途

广泛用于大规模集成电路、功率管、分立器件、精密机械制造等的微细加工中。

7. 参考文献

［1］赵书仁. 光刻胶［J］. 精细石油化工，1989（3）：11-16.

［2］魏玮，刘敬成，李虎，等. 微电子光致抗蚀剂的发展及应用［J］. 化学进展，2014，26（11）：1867-1888.

5.7　聚酯型光刻胶

聚酯型光刻胶（Polyester photoresist）为负性光致抗蚀剂。其组成是高聚物（聚亚肉桂基丙二酸乙二醇酯）、增感剂（5-硝基苊）、溶剂（环己酮）、添加剂（根据需要）。

1. 产品性能

浅黄色透明液体。能溶于酮类、烷烃等溶剂，不溶于水、乙醇、乙醚等。有较好的黏附性和感光性，为负性光刻胶。

2. 生产方法

（1）直接缩聚法

以对甲苯磺酸为缩聚催化剂，由肉桂叉丙二酸和乙二醇直接缩合制得聚肉桂叉丙二酸乙二醇酯。

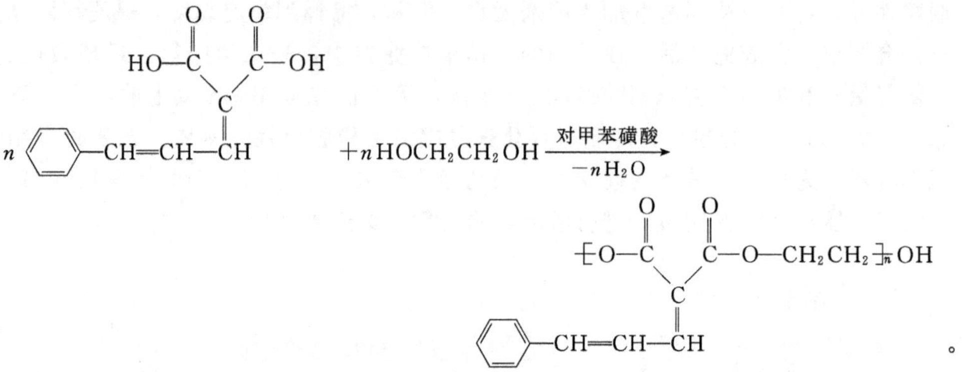

$$n \quad \text{[结构式]} \quad + n\,HOCH_2CH_2OH \xrightarrow[-nH_2O]{\text{对甲苯磺酸}}$$

$$\text{[结构式]} \quad 。$$

（2）酯交换法

由肉桂叉丙二酸二乙酯和乙二醇进行酯交换反应生成聚酯。反应可分两步进行：

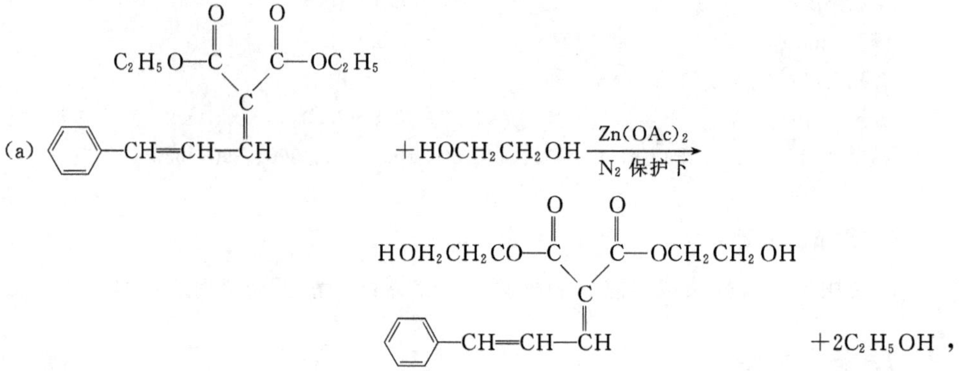

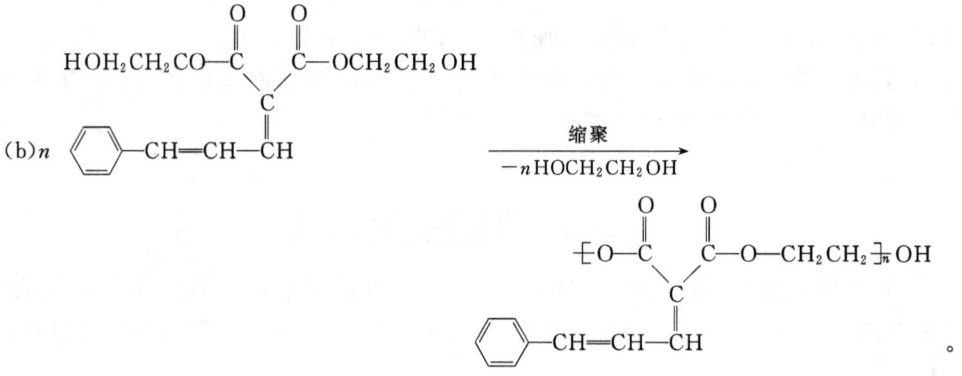

（a）$\text{[结构式]} \quad + HOCH_2CH_2OH \xrightarrow[N_2 \text{ 保护下}]{Zn(OAc)_2}$

$$\text{[结构式]} \quad + 2C_2H_5OH，$$

（b）n [结构式]

$$\xrightarrow[-nHOCH_2CH_2OH]{\text{缩聚}}$$

$$\text{[结构式]} \quad 。$$

3. 生产工艺

（1）直接缩聚法

在缩合反应釜中按缩聚催化剂 n（甲苯磺酸）：n（肉桂叉丙二酸）：n（乙二醇）＝ 1：200：400 的比例加入缩聚反应原料，在避光并由氮气保护的条件下进行缩聚反应，氮气还能带走反应放出的水分；反应开始时，将物料升温至 170 ℃，保温反应 2.5～3.0 h；再将物料升温至 200 ℃，同时抽真空（真空度为 400～667 Pa）继续反应。待缩聚反应完成后，将物料稍降温，并在氮气保护下趁热放料。物料冷却后固化，将固体粉碎即制得聚亚肉桂基丙二酸乙二醇酯。

（2）酯交换法

在不锈钢反应釜中，加入 70 份肉桂叉丙二酸二乙酯、35 份乙二醇，将通氮管插入液面下，通氮赶出釜内空气，于搅拌下加入 0.044 份乙酸锌，在氮气保护下加热升温进行反应，当釜内温度升至 150 ℃ 左右时，开始有乙醇蒸出，随着反应温度的升高，乙醇流出速度加快，将物料温度升至 160 ℃，保温反应 5~6 h，再将温度升至 170 ℃，保温反应 5~6 h，在此期间蒸出乙醇的量应达蒸出乙醇投料量的 85％ 以上，然后升温至 180 ℃，保温反应 2~3 h，再升温至 190 ℃，保温反应 1~2 h，这时乙醇蒸出速度已很慢，停止加热，继续搅拌和通氮，待内温降至 150 ℃ 以下时，取出通氮管，加入 0.02 份乙酸锌、0.036 份三氧化二锑，开始抽真空（真空度 133~267 Pa），加热升至 220 ℃。抽真空开始时，有大量的液体流出，主要是未蒸出的乙醇和过量的乙二醇，很快就没有馏出物馏出，再过十几分钟后又有馏出物滴出，这是缩聚反应放出的乙二醇，开始是无色透明的液体，后来有淡黄色油状物流出，抽真空反应 6 h 后，反应液显著变黏稠，达反应终点时，先停止抽真空，压氮气出料。冷却后变成又硬又脆的固体，粉碎后即制得聚肉桂叉丙二酸乙二醇酯。

（3）聚酯型光刻胶的配制

聚酯型光刻胶由高聚物、溶剂和增感剂及所需的添加剂配制而成。高聚物为聚肉桂叉丙二酸乙二醇酯，溶剂为环己酮，增感剂为 5-硝基苊。一般配比 m（高聚物）：m（溶剂）：m（增感剂）＝15.0：95.0：0.3。根据不同的光刻对象，可调节胶的浓度。配制时，将各组分混合，充分搅拌至高聚物全部溶解（有时有少量不溶物）后，用漏斗或不锈钢过滤器过滤，即得聚酯型光刻胶。

4. 产品标准

外观	浅黄色透明液体
固体含量	12％±1％
金属杂质	（1~2）×10⁻⁶
水分	≤0.08％
相对密度（d_4^{25}）	0.9640~0.9740
折射指数（25 ℃）	4.4670~4.4740
分辨率/μm	1~2
运动黏度/（mm/s）	8~25

5. 产品用途

用于集成电路、分立器件、功率管的细微加工，以及铝板刻、制版等。

6. 参考文献

[1] 梁广和，金章岩. 聚酯型光致抗蚀剂合成方法的探讨 [J]. 福建师范大学学报（自然科学版），1986（3）：65-68.

[2] 吕广铺，杨年光，黄建兴. 高抗蚀性的聚酯型光刻胶 [J]. 广东化工，1989（3）：27-30.

5.8　聚乙烯醇肉桂酸酯负性光刻胶

聚乙烯醇肉桂酸酯负性光刻胶（Polyvinyl cinnamate photoresist）也称聚肉桂酸

酯负性光致抗蚀剂。其配胶组成高聚物（聚乙烯醇肉桂酸酯）、增感剂（5-硝基苊）、溶剂（环己酮）、添加剂（根据需要而定）。

1. 产品性能

淡黄色液体。在紫外光照射下见光部分发生聚合反应，不见光的部分不聚合。曝光显影后图形清晰、质量稳定。对二氧化硅、铝、氧化铬等材料都有良好的附着力。耐氢氟酸、磷酸腐蚀，为负性光刻胶（曝光后发生聚合或交联反应，生成不可溶物质）。

2. 生产方法

将精制的聚乙烯醇放入吡啶中溶胀，滴加由肉桂酸与二氯亚砜反应制得的肉桂酰氯进行酯化反应。经洗涤、过滤、干燥后，与配胶组成中的其余组分混合，即得光刻胶成品。

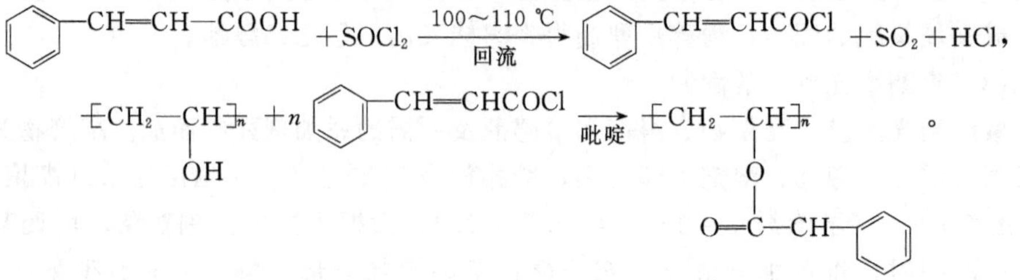

3. 工艺流程

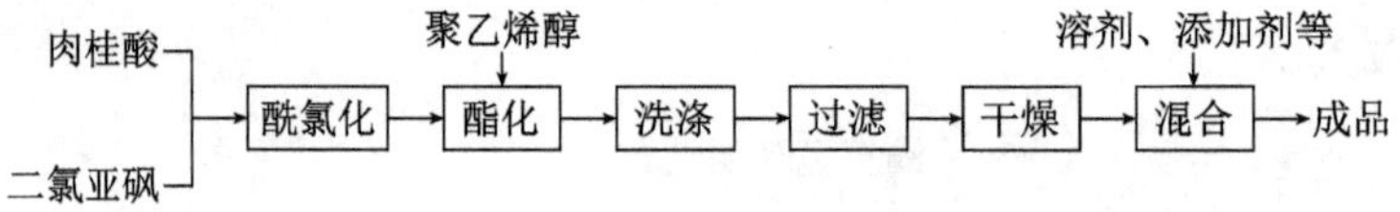

图 5-6

4. 生产工艺

（1）肉桂酰氯的制备

先将肉桂酸加入酰氯化反应器中，然后加入 $SOCl_2$ [m（肉桂酸）：m（二氯亚砜）=1.0：4.2]，迅速反应，加热升温至回流，维持温度 100～110 ℃，反应至计泡器中无气泡析出为止。酰氯化反应时间 3～4 h。反应完成后得棕黄色液体，先于 50 ℃ 下用水力真空泵抽去未反应的 $SOCl_2$，全部抽净后用机械真空泵减压蒸馏，收集 122～123 ℃、1067 Pa 馏分，冷却后得浅黄色固体，即得肉桂酰氯。

（2）聚乙烯醇肉桂酸酯的制备

先将精制的聚乙烯醇与 50% 的无水吡啶混合均匀，将此混合液加入酯化反应釜中，于 100 ℃ 下保温溶胀 12 h，待温度降至 50～55 ℃ 后，加入剩余的 50% 的无水吡啶，于搅拌下缓慢滴加肉桂酰氯，温度控制在 50～55 ℃，滴加完毕，于 50～60 ℃ 条件下继续反应 4 h，反应液逐渐变成黏稠体，同时有晶体析出。加入丙酮稀释、过滤，然后将滤液缓慢倒入蒸馏水中，聚乙烯醇肉桂酸酯呈纤维状沉淀析出，过滤后用水洗至无氯负离子，最后于暗处在 50～60 ℃ 下干燥至恒重。

（3）光刻胶的配制

将聚乙烯醇肉桂酸酯与增感剂 [5-硝基苊（加入量一般不大于聚乙烯肉桂酸酯质量的 10%）]、溶剂（环己酮）及所需的添加剂混合，待聚乙烯醇肉桂酸酯溶解完全后，充分搅拌，将各组分混合均匀，即得聚乙烯醇肉桂酸酯光刻胶。

5. 产品标准

外观	淡黄色液体
固体含量	9%～10%
水分	≤0.15%
金属杂质	≤$1×10^{-6}$
针孔密度/（个/cm²）	
（膜厚 0.4～0.6 μm）	≤4.5
（膜厚 1 μm）	≤0.5
分辨率/μm	2～4
黏度（30 ℃）/（MPa·s）	65±5

6. 产品用途

主要用于中、小规模集成电路和分立器件的微细加工等。

7. 参考文献

[1] 邵燕，姜劲松，许朝荣. 聚乙烯醇肉桂酸酯光刻胶的合成 [J]. 上海化工，1999（Z1）：36-37.

5.9　聚烯类-双叠氮光致抗蚀剂

1. 产品性能

这种光致抗蚀剂是由聚烯烃类树脂、双叠氮型交联剂和增感剂溶于适当的溶剂配制而成，由于它和衬底材料，特别是金属衬底的黏附性较好，并且具有较好的耐腐蚀性能，因而在集成电路、大面积集成电路及各种薄膜器件的光刻工艺中得到广泛应用。

2. 生产方法

由高纯异戊二烯单体制备环化橡胶，经精制、浓缩后，加入交联剂调胶，过滤得光致抗蚀剂。

3. 工艺流程

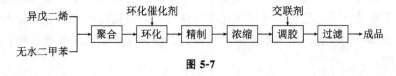

图 5-7

4. 主要原料

（1）聚烯烃类树脂

在这种光致抗蚀剂中所采用的树脂主要为环化橡胶，它是由天然橡胶或聚异戊二烯合成橡胶在催化剂作用下，部分环化而制成的。一般说来，橡胶具有较好的耐腐蚀性，但是它的感光活性很差。橡胶的分子量在数十万以上，因而溶解性甚低，无论在光致抗蚀剂的配制还是显影过程中都会有很大困难。因此，直接采用橡胶为原料配制光致抗蚀剂是不合适的。

（2）交联剂

交联剂又称作架桥剂，是聚烃类光致抗蚀剂的重要组成部分，这种光致抗蚀剂的光化学固化作用，依赖于带有双感光性官能团的交联剂参加反应，交联剂曝光后产生双自由基，它和聚烃类树脂相作用，在聚合物分子链之间形成桥键，变为三维结构的不溶性物质，这种光化学架桥交联反应可用下式表示：

$$C \xrightarrow{\text{光能}} \cdot C \cdot \xrightleftharpoons{+2P} P—C—P。$$

式中，C 为交联剂；P 为聚合物。

叠氮有机化合物、偶氮盐和偶氮有机化合物都可用作交联剂，它们不仅能够和聚烃类树脂相配合组成负性光致抗蚀剂，而且还能和一些线型聚合物，如聚酰胺、聚丙烯酰胺等相配合制成负性光致抗蚀剂。在聚烃类光致抗蚀剂里添加的交联剂以双叠氮有机化合物较为重要；在和环化橡胶配合使用时，双叠氮型交联剂不带极性基团，并且能够溶解于非极性溶剂，如三氯乙烯和芳烃等类型的芳香族双叠氮化合物。这种交联剂包括4，4′-双叠氮二苯基乙烯（**A**）、4，4′-二叠氮二苯甲酮（**B**）、2，6-双（4′叠氮苄叉）-环己酮（**C**）、2，6-双-(4′-叠氮苄叉)-4-甲基环己酮（**D**）等，它们的化学结构式如下：

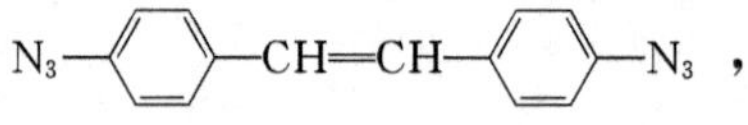

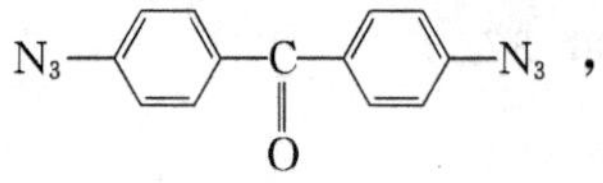

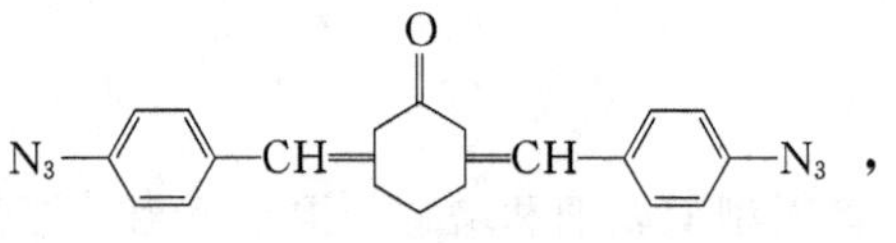

其中，以 2，6-双-(4-叠氮苄叉)-4-甲基环己酮（**D**）的效果最为突出。

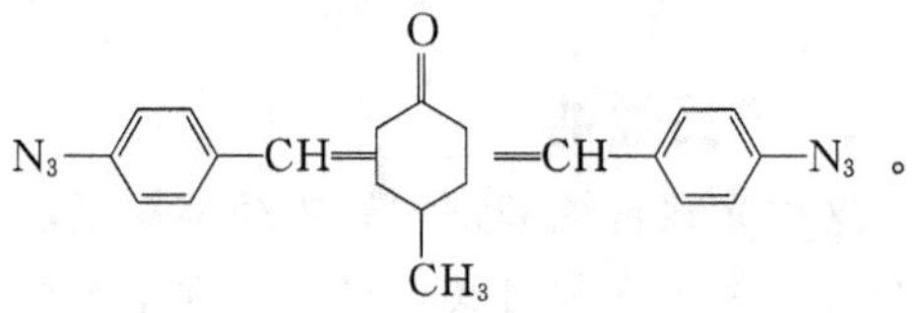

5. 生产工艺

（1）环化橡胶的制备

采用高纯度异戊二烯单体，用无水二甲苯作溶剂，加入催化剂进行聚合反应，制得聚异戊二烯。然后将其置于不锈钢反应器中，仍以无水二甲苯作溶剂，在通氮下加入环化催化剂进行环化反应，通过环化率的测定，确定反应终点，然后加入终止剂终止反应，即得环化橡胶。用醋酸水溶液洗涤，以除去未参加反应的聚合物，并用离心分离法精制。

（2）浓缩

精制后的胶液中含有微量水分，微量水分的存在对胶性能的影响很大，采用浓缩法使微量水分随二甲苯共沸蒸出。

（3）调胶

在不锈钢制的调胶釜中加入计量后的环化橡胶溶液，再加入定量的交联剂、添加剂，搅拌溶解，并按所需浓度加入无水二甲苯，稀释到一定黏度，保证其固体分含量符合要求。

（4）过滤

在特制的不锈钢过滤器中，采用聚四氟乙烯超微过滤膜，在氮气保护和加压下将胶过滤 2～3 次，第一次除去 $1\ \mu m$ 以上粒子，第二次除去 $0.1\ \mu m$ 以上的粒子。

（5）包装

包装容器（玻璃瓶）应事先用超声波清洗，经超净干燥处理，然后在 100 级净化室内进行包装。用氮气加压贮罐中的胶液，经管道送至包装工作台进行包装。计量后即用瓶塞塞紧，外加遮光袋，置入纸盒中。

6. 产品用途

聚烯类-双叠氮系光致抗蚀剂为负性光致抗蚀剂，用于半导体器件光刻及其他精细加工。

7. 参考文献

[1] 王俊峰. LDI 光致抗蚀剂的进展 [J]. 印制电路信息，2017，25（4）：10-12.

[2] 周虎，李宁，蒋敏，等. 光致抗蚀剂的制备及其性能研究 [J]. 印制电路信息，2015，23（9）：10-13.

5.10　5-硝基苊

5-硝基苊（5-Nitroacenaphthene；1，2-Dihydro-5-nitroacenaphthylene），分子式 $C_{12}H_9NO_2$，相对分子质量 199.21。结构式：

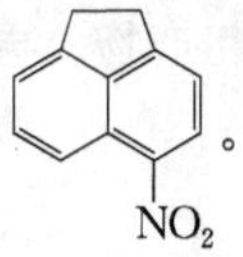

1. 产品性能

黄色针状结晶，熔点 104.5～102.5 ℃，熔点下易升华。溶于热水、乙醇、乙醚和石油醚，遇浓硫酸呈蓝紫色。

2. 生产方法

苊与硝酸硝化，硝化产物经分离得到 5-硝基苊。

硝酸与苊反应的副反应是氧化反应，易放出 NO、NO_2。硝酸铈铵是一种选择性好的硝化试剂。在相转移催化剂聚乙二醇（PEG）存在下，在醋酸介质中，苊与硝酸铈铵反应，反应条件温和选择性高，得 5-硝基苊，产率高。

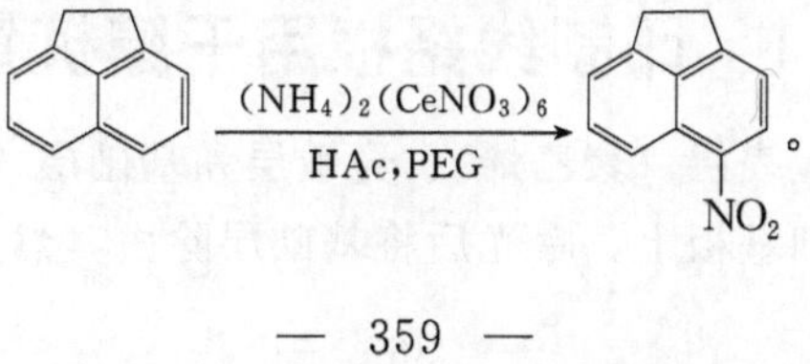

3. 工艺流程

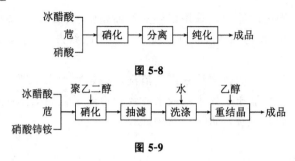

图 5-8

图 5-9

4. 生产工艺

（1）硝酸法

在干燥的搪玻璃反应锅中加入冰醋酸，在搅拌下加入工业芘，加热至 70 ℃ 搅拌 10 min，冷却至 23 ℃。控制温度 23～26 ℃ 并缓慢滴加 65％ 的硝酸，通过控制滴加速度使反应在 23～26 ℃ 下进行。加毕，在 23～26 ℃ 下搅拌 1 h，即生成 5-硝基芘。经过滤、水洗得粗品，粗品用乙醇重结晶，得成品。

（2）硝酸铈铵法

将 15.42 g 芘加入反应瓶中，再加入 200 mL 醋酸和 100 mL 聚乙二醇。另将 88.09 g 硝酸铈铵溶解在 150 mL 60％ 的醋酸中，加入滴液漏斗中，在搅拌下，滴加硝酸铈铵的醋酸溶液，加完。水浴加热到 40～50 ℃，反应 2 h，停止搅拌，放置 14 h 后，反应物完全转化为产物。将反应混合物倒入 1000 mL 水中，有黄棕色固体析出，抽滤，用少量蒸馏水洗 2～3 次，即得粗产物。再用乙醇重结晶、干燥得 5-硝基芘。

5. 产品标准

外观	黄色针状结晶
纯度	≥98％
熔点/℃	101～102

6. 产品用途

在电子工业中，用作光刻胶增感剂，也用作染料、医药中间体。

7. 参考文献

[1] 朱惠琴. 相转移法合成 5-硝基芘 [J]. 化学世界，2002（5）：259-260.

[2] 冯祥明，郑金云，李荣富，等. 5-硝基芘提高锂离子电池抗过充性能研究 [J]. 郑州大学学报（工学版），2008，29（4）：58-60.

5.11　印制线路板用干膜抗蚀剂

干膜抗蚀剂有 3 层，表层（聚乙烯）、光敏层和基础层（聚酯）。用时先将表层揭去，用热压法层压在基础基板上，曝光后将基础层除去，然后显影、制备图形。

1. 产品性能

该印制线路板用干膜抗蚀剂具有分辨率高（0.10～0.15 mm）、图形边缘线条陡直、可用稀碱溶液显影、使用安全、检验方便、低毒等特点。

2. 生产方法

甲基丙烯酸与甲基丙烯酸烷基酯在聚合釜内反应生成光聚合单体，光聚合单体在配料釜内与丙酮配成溶液，然后加入光敏引发剂、热阻聚剂、染料及其他助剂配成胶液。胶液在涂布机上涂敷在涤纶薄膜上，用热风干燥后得到抗蚀膜。抗蚀膜在复辊机上复辊一层聚乙烯保护膜，收卷成筒，即得产品。

3. 工艺流程

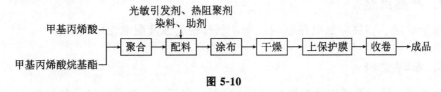

图 5-10

4. 生产配方（质量，份）

甲基丙烯酸（工业品）	40
甲基丙烯酸烷基酯（工业品）	60
光敏引发剂	适量
添加剂	适量
聚乙烯薄膜	适量
聚酯薄膜	适量

5. 生产工艺

光敏层中的基础聚合物通常用丙烯酸共聚物，如甲基丙烯酸与甲基丙烯酸烷基酯的光聚合单体。光聚合单体是光交联的成分，大部分光聚合单体是含丙烯酰基或甲基丙烯酰基的丙烯酸酯或甲基丙烯酸酯类化合物，在光敏层中占 25％～40％。因其基本上是液态化合物，在光敏层中可溶解基础聚合物并调整整个光敏层的黏度，从而提高层压时与基板的附着性，此外还可提高曝光时活性基团的扩散性，使光聚合速度即灵敏度提高。

光聚合引发剂可吸收光使光聚合单体聚合，放出活性基团，添加过多时稳定性差，过少时灵敏度低，不适合自动化大工业生产。

制作时可在感光树脂的丙酮溶液中加入光敏引发剂、热阻聚剂、染料及多种助剂，配成胶液，在一定温度下涂布于聚酯薄膜上，加热干燥得到抗蚀膜，再在上面覆涂一层聚乙烯膜，收卷成筒，即为产品。

6. 产品标准

抗蚀剂厚度公差/μm	±3
宽度/mm	485±5

气泡针孔（0.1～0.2 mm）/（个/m² 膜）	<15
凝胶粒子（0.1～0.2 mm）/（个/m² 膜）	<10
不平整度/（μm/m）	6
光谱吸收区/μm	310～440
感光度（25 ℃）/s	
（1000 W 汞灯、灯距 45 cm）	<50
显影性 [（35±2）℃，1%～2%的 Na_2CO_3]	<120
分辨率/mm	<0.1
耐电镀性	表面不发毛、渗漏、脱落
耐腐蚀性	表面不发毛、渗漏、脱落
去膜性（35～70 ℃，3%～5%的 NaOH）/s	<90

7. 产品用途

用于单层、多层印制电路板的生产，制作耐腐蚀及耐电镀的图形。

8. 参考文献

[1] 陈克奎. 最佳干膜抗蚀剂厚度 [J]. 印制电路信息，2000（6）：30-32.

[2] 吕洪久. 碱式干膜抗蚀剂 [J]. 化工新型材料，1987（8）：40.

5.12　感光撕膜片涂料

1. 产品性能

感光撕膜片是通过照相曝光（紫外光）把原图的图像拍摄下来。这种作用是由于他本身具有感光特性，即通过光的作用而发生化学变化，形成潜影图像，并经进一步的物理、化学处理，在底片上形成稳定的图像。由于它具有撕膜层，所以染色后可以撕剥。它适用于地图制印分层设色普染要素的制作工艺。用它加网套晒色层普染印刷版或加网套翻色层普染阳片都很方便。感光撕膜片也可用于电子器件、半导体器件和集成电路的制造。感光撕膜片是非银盐正型低感光度的复合软片，既能感光，又能撕膜。它由片基、结合层、撕膜层、感光抗蚀层、染色层 5 层组成，除片基外，其他各层都是相应的涂料所形成的膜层。片基是感光撕膜片涂料的载体，普遍使用经双向拉伸的聚薄膜，这里介绍其他各层的涂料组成。

2. 生产配方（质量，份）

（1）结合层涂料配方

丙烯酸树脂（30%）	149.20
混合溶剂（工业）	743.02

（2）撕膜层涂料配方

醇溶性聚酰胺树脂液（15%）	100.0
助剂（增塑和蚀刻时增溶）	0.15～0.20

醇溶红溶液（15%）	7.0
乙醇-水混合溶剂	适量

（3）感光抗蚀层涂料配方

黏结树脂	8
2.4.5 型光刻胶（工业）	5
助剂（7%）	7
混合溶剂（工业）	98

（4）染色层涂料配方

醇酸树脂（50.4%）	4.0
填料（工业）	0.56
颜料（工业品）	0.98
混合干料（工业品）	0.03
消泡剂（2%）	0.03
溶剂（工业品）	4.00

3. 生产工艺

（1）结合层涂料的生产工艺

将丙烯酸树脂与混合溶剂混合，搅拌均匀后，用 300 目铜网过滤后即得。固体分 3%～5%。常用结合层涂料树脂还有纤维素、乙烯类树脂，其中以丙烯酸树脂为最佳。结合层漆膜一般控制在 2～3 μm，施工黏度一般控制在 11～12 s（15 ℃，涂-4 杯）。

（2）撕膜层涂料的生产工艺

按配方量将各物料混合，搅拌均匀，用 300 目铜网过滤，施工黏度控制在 22 s（15 ℃，涂-4 杯）左右。涂布在结合层上面，经烘烤干燥形成撕膜层，应有一定的强度和韧性，以免在撕剥操作中由于撕膜层断裂而影响连续撕剥。

（3）感光抗蚀层涂料的工艺流程

黏结树脂是感光抗蚀层涂料的成膜剂，并能增强抗蚀性。助剂主要是用来改善膜层的柔韧性及提高其显影效果。感光抗蚀层涂料中所用的光刻胶是重氮萘醌类化合物，其感光范围在 300～460 nm。根据光刻胶分子结构中取代基空间排列不同又分为 2.4.4、4.2.4 和 2.4.5 光刻胶，它们的性质之间也有差异。目前国内使用的光刻胶为 2.4.5 型，其结构式：

配制感光抗蚀层涂料时，按配方比混合溶解后，用细绸布过滤。黏度控制在 11 s（25 ℃，涂-4 杯）左右。

（4）染色层涂料的工艺流程

染色层涂料的成膜剂通常采用醇酸树脂。颜料要具有阻光性。将各物料按配方比混合，研磨至细度＜30 μm。

4. 产品用途

用于感光撕膜片的制造。感光撕膜片适用于地图制印分层没色谱染要素的制作工艺；也用于电子器件、半导体器件和集成电路的制造。

5. 参考文献

[1] 柳村. 感光撕膜片涂料 [J]. 涂料工业，1983（2）：58.

5.13 聚酯抗静电涂料

该涂料由饱和聚酯、导电性氧化锌和具有还原性果糖组成。

1. 产品性能

可通过调节导电性氧化锌与展色剂的比例，获得不同表面电阻的涂料。当 m（导电性氧化锌）：m（展色剂）＝5：5时，涂料的表面电阻为 6.8×10^7 Ω（漆膜厚度为20 μm，下同）；当 m（导电性氧化锌）：m（展色剂）＝6：4时，表面电阻为 4.1×10^6 Ω；当 m（导电性氧化锌）：m（展色剂）＝7：3时，表面电阻为 7.5×10^5 Ω。

2. 生产配方（质量，份）

饱和聚酯	50.0
导电性氧化锌	35.0
果糖	0.35

注：m（导电性氧化锌）：m（展色剂）＝7：3。

3. 生产工艺

导电性氧化锌由氯化锌加入小量铝、锡、镓等三价金属物掺入之后焙烧而成，其电阻为 192 Ω（150 kg/cm³，相对密度为 4.530），平均粒径为 0.2 μm。涂料制法与一般涂料生产工艺相同。

4. 产品用途

用于电视机、家电防静电处理，以及需要导电化处理的电子工厂的墙面、玻璃、仪表等。

5. 参考文献

[1] 周旭，汪济奎，张帝漆，等. 热固化抗静电涂料的制备及性能研究 [J]. 中国胶粘剂，2016，25（3）：45-51.

[2] 吴连锋，刘艳明，王贤明，等. 抗静电涂料研究概述 [J]. 涂料工业，2016，46（8）：75-81.

5.14　丙烯酸树脂导电涂料

该导电涂料由丙烯酸树脂、电解铜粉、苯膦酸组成。

1. 产品性能

该涂料的漆膜电阻：初期，2×10^{-3} $\Omega \cdot$ cm；100 ℃，10 h 后，$1 \times 10^{-3} \sim$ 2×10^{-3} $\Omega \cdot$ cm；100 ℃，300 h 后，$(2 \sim 5) \times 10^{-3}$ $\Omega \cdot$ cm。

2. 生产配方（质量，份）

丙烯酸树脂（固含量 43%）	20
电解铜粉（粒径 20 μm）	80
苯膦酸	0.5～3.0

3. 生产工艺

在混合机中，按配方量依次加入铜粉、丙烯酸树脂、苯膦酸，充分混合，制得丙烯酸树脂导电涂料。

4. 产品用途

用于电子部件高性能电磁波保护罩。涂膜厚度为 50 μm，室温干燥 24 h，或 60 ℃ 通风条件下干燥 5 h 成膜。

5. 参考文献

[1] 白翰林，王执乾. 导电涂料应用研究现状与展望 [J]. 天津化工，2017，31 (4)：12-14.

5.15　改性甲基丙烯酸导电涂料

这种涂料由顺丁烯二酸化聚丙烯-甲基丙烯酸酯树脂、镍粉、二氧化硅粉末、γ-基三甲氧基硅烷组成。

1. 产品性能

该导电涂料涂层导电均匀，涂膜长期高温、高湿、冷热变化其导电性几乎不降低，涂膜耐久性优良，可保持长期的稳定导电性。

2. 生产配方（质量，份）

甲苯	138.00
顺丁烯二酸化聚异丙烯	24.80
甲基丙烯酸甲酯	138.00
偶氮二异丁腈	0.55
镍粉（粒径 10 μm）	600.00
二氧化硅粉末	18.00
γ-环氧丙氧基硅烷	12.00

3. 生产工艺

(1) 顺丁烯二酸化聚异丙烯制备

在装有氮气导入管、冷凝器、搅拌器、滴液漏斗的反应器中，装入数均分子量为20 000的聚异丙烯100份，通入氮气，边搅拌边升温至90 ℃。预先将20份顺丁烯二酸酐于80 ℃熔融，然后迅速加入反应器中，升温至175 ℃，连续搅拌4~5 h。降温至90 ℃，加入70份甲苯和30份正丁醇，停止通氮气，在90 ℃继续搅拌8 h，得顺丁烯二酸化聚异丙烯。

(2) 改性甲基丙烯酸树脂（树脂漆基）制备

在四口反应器中，装上冷凝管、氮气导入管、搅拌器和温度计，装入110份甲苯、24.8份顺丁烯二酸化聚异丙烯，用氮气驱尽反应器中的空气，将138.0份甲基丙烯酸酯和0.28份偶氮二异丁腈混合，在甲苯沸点温度下，用2 h滴入反应器中，然后将0.27份偶氮二异丁腈溶于28份甲苯中，在90 ℃下用2 h滴完，继续回流反应2 h，得到相对分子量为80 000、固含量为49%的树脂漆基。

(3) 导电涂料制备

将上述树脂漆基、12份 γ-环氧丙氧基三甲氧基硅烷和18份二氧化硅粉末用叶轮分散机搅拌均匀，然后，于搅拌下边搅拌边加入粒径10 μm的镍粉600份，充分分散后得导电涂料。

4. 产品标准

涂膜固有体积电阻/（Ω·cm）：	
膜厚30 μm	4.4×10^{-3}
膜厚50 μm	4.3×10^{-3}
耐热试验	合格

5. 产品用途

用于电子工业的电磁波屏蔽等多个领域，按常规法施工。

6. 参考文献

[1] 黄洁敏. 纳米导电涂料领域专利技术综述 [J]. 化工管理，2017 (26)：210.

5.16　银粉导电涂料

该导电涂料由银粉、涂料成膜基料和溶剂组成。银粉外观呈暗灰色，具有良好的导热、导电性。用于导电涂料的银粉可由化学方法、电化学方法或物理方法制得。银粉导电涂料有光固化型、常温固化型、热固化型和高温烧结型。

1. 生产配方（质量，份）

(1) 配方一

环氧树脂	6.0
苄甲醇	26.0

甲醛（37%）	180.0
氢氧化钠（30%）	适量
硝酸银	26.4
多元胺（固化剂）	适量

（2）配方二

水溶性纤维素衍生物	8
银粉	48
水	24

（3）配方三

玻璃粉料（32%的 $BaO \cdot$ 68%的 B_2O_3）	9.6
有机清漆	40.0
银粉	150.4

（4）配方四

丙烯酸环氧树脂	20.0
三羟甲基丙烷三丙烯酸酯	18.0
银粉（10 μm）	160.0
二苯甲酮（光敏剂）	2.0

2. 生产工艺

（1）配方一的生产工艺

该导电涂料为常温固化型银粉导电涂料，将环氧树脂溶于苄甲醇中，将氢氧化钠溶液加至硝酸银溶液中，得氧化银沉淀，将沉淀物加入环氧树脂苄甲醇溶液中，搅拌均匀，用冰水冷却，在≤30 ℃时，用37%的甲醛进行还原处理，反应完毕，析出超微银粒子和环氧树脂液的均匀混合物，洗涤。将混合物用多元胺固化，得电阻率为 1×10^{-3} $\Omega \cdot cm^2$ 的高导电性环氧树脂漆膜。

（2）配方二的生产工艺

该导电涂料为热固化型银粉导电涂料，将各物料按配方量混合研磨分散，得导电涂料，将导电涂料涂于非导体底材上，并于150 ℃固化1 h，制得电阻率为 2×10^{-5} $\Omega \cdot cm^2$ 的涂层。

（3）配方三的生产工艺

将各物料混合研磨10 h，得高烧结性导电涂料。涂覆于陶瓷板上，于500 ℃灼烧1 h，然后在850 ℃时以 V（H_2）：V（N_2）＝2：98的混合气体中加热20 min，可制得焊接附着力为17.9 kg/cm² 的导电涂层。

（4）配方四的生产工艺

该导电涂料为光固化型导电涂料，固化后电阻率为0.001 $\Omega \cdot cm$，即使是厚涂料，也易于光照固化。

3. 参考文献

[1] 白翰林，王执乾. 导电涂料应用研究现状与展望 [J]. 天津化工，2017，31（4）：12-14.

5.17 有机硅导电涂料

该涂料由有机硅、粒径 3 mm 的含三氧化锑的氧化锡、粒径 1 mm 的不锈钢球和溶剂组成。

1. 产品性能

该有机硅涂料导电性、硬度、强度、透明性、耐擦伤性及耐溶剂性优良，导电性长久稳定，对塑料底材附着力好。

2. 生产配方（质量，份）

有机硅强涂层溶液（Daicel Cr-coati，30%）	20.0
含三氧化锑的氧化锡（粒径 0.2 μm）	7.6
不锈钢球（粒径 1 mm）	100.0
异丙醇	6.0
丁酮	214.0

3. 生产工艺

将有机硅强涂层溶液（固含量 30%）和溶剂异丙醇和丁酮投入金属混合容器中，用变速搅拌机搅拌，搅拌下加入氧化锡和不锈钢球，混合分散 6 h，得有机硅导电涂料。

4. 产品用途

用于半导体容器、电子、电机部件、半导体工厂的地板、制品成型加工等领域的带电防止剂。常规法施工，涂层风干溶剂后于 80 ℃ 下烘干 4 h。干膜厚度为 2 μm。

5. 参考文献

[1] 常侠，聂小安，陈洁，等. 单组分有机硅导电涂料的制备及其性能研究 [J]. 热固性树脂，2012，27（6）：40-43.

[2] 刘成楼. 导电防腐耐热阻燃多功能涂料的研制 [J]. 现代涂料与涂装，2008（3）：4-7.

5.18 导电性水分散涂料

该导电性水分散涂料含有丙烯酸树脂、有机硅树脂 [m（丙烯酸树脂）：m（有机硅树脂）=63.8：（34.0~36.0）]、分散助剂和炭黑粒子。

1. 产品性能

该涂料电阻值为 10.3~10.4 Ω·cm，黏着性好，表面光滑，疏水性好，混炼基料中的炭黑粒子（也可以加金属粉末）不脱落。

2. 生产配方（质量，份）

聚丙烯酸钠水溶液（固含量30%）	4.50
有机硅水乳液（固含量30%）	44.22
聚羧酸钠水溶液（固含量25%）	2.26
壬基酚聚氧乙烯醚（乳化剂）	2.26
丙烯酸系水性乳液（固含量40%）	54.40
羧甲基纤维素水溶液（2%）	13.80
消泡剂	0.64
炭黑	5.20
氨水	4.40
水	74.14

3. 生产工艺

有机硅水性乳液中有效成分的结构通式：

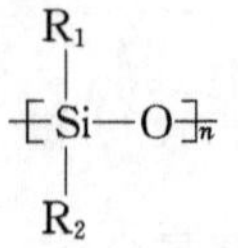

$$\left[\begin{array}{c} R_1 \\ | \\ Si-O \\ | \\ R_2 \end{array}\right]_n 。$$

其中，R_1、R_2 相同或异同，表示 $1 \sim 12$ 个碳原子的烷基、苯基、引入碳原子链（$C_{1 \sim 12}$）的烷基苯基或其衍生物，$n \geqslant 2$。

40% 的丙烯酸系水性乳液是自交联性丙烯酸树脂，是在聚丙烯酸酯树脂、丙烯酸酯苯乙烯共聚树脂、醋酸乙烯-丙烯酸酯共聚树脂与丙烯酸缩水甘油醚类、（甲基）丙烯酸酯类共聚，再引入交联基的乳液。

在反应器中，加入 56.4 份水，搅拌下加入 44.22 份 30% 的有机硅水乳液、2.26 份 30% 的聚羧酸钠水溶液、4.5 份 30% 的聚丙烯酸钠水溶液、2.26 份壬基酚聚氧乙烯醚，用变速搅拌充分混合。然后，搅拌下加入 5.2 份炭黑粒子，用胶体磨进行分散。再加入 54.4 份 40% 的丙烯酸系水性乳液、13.8 份 2% 的羧甲基纤维素水溶液、0.64 份消泡剂、4.4 份氨水和 17.74 份水，高速搅拌分散均匀，得导电性水分散涂料。

4. 产品用途

用于塑料薄膜、木材、陶瓷器、纸和各种绝缘物表面涂覆，以防止带电。

5. 参考文献

[1] 韩永生，邓红艳. 水性导电涂料的配方设计 [J]. 涂料工业，2002（7）：3-6.
[2] 王道明. 导电涂料的研制与应用 [D]. 大连：大连理工大学，2012.

5.19　酚醛铜粉导电涂料

该导电涂料由酚醛树脂和铜粉组成。

1. 产品性能

其固有电阻为 $4.74×10^4$ Ω·cm，电阻变化率为 50%。具有耐氧化性，导电性能长期保持不变；印刷性能良好。

2. 生产配方（质量，份）

酚醛树脂	100
铜粉末	400
油酸钾	16

3. 生产工艺

铜粉末形状为树脂状，平均粒径为 4.4 μm，视密度为 4.52 g/mL。按配方量将酚醛树脂、铜粉末、油酸钾混炼成铜粉浆，涂布于玻璃、环氧树脂基板上的两个电极间（电极间隔为 60 mm，带状、幅宽为 2 mm，厚度为 35～45 μm），然后进行网版印刷，在 150 ℃ 下加热固化 1 h 即得。

4. 产品用途

广泛用于电路基板。可代替银粉浆导电体，价格便宜。

5. 参考文献

[1] 李正莉，王煊军，刘祥萱，等. 高导电性铜基复合导电涂料的研制 [J]. 材料保护，2005（12）：58-61.

5.20 氧化锡胶体导电涂料

该导电涂料含有脱除碱的氧化锡胶体、丙烯酸乳胶树脂和混合溶剂，具有优良的导电性和透明性。

1. 生产配方（质量，份）

脱碱氧化锡胶体	50.0
丙烯酸乳胶树脂	10.0
混合溶剂 [V（水）：V（甲醇）＝1：1]	190.0

2. 生产工艺

（1）脱碱氧化锡胶体的制备

将 686 份水投入反应器中，加入 316 份锡酸钾、38.4 份酒石酸锑钾，溶解得到的混合液和硝酸（适量）在 12 h 内于搅拌下加到 50 ℃ 的 1000 份水中，保持 pH 为 8.5，进行水解，得到胶液。从溶胶中过滤出胶体粒子，洗净副产物盐。干燥后于 350 ℃ 空气中煅烧 3 h，再在 650 ℃ 空气中下煅烧 2 h，制得细粉的氧化锡胶体。将得到的氧化锡胶体 300 份加到 700 份含 30 份氢氧化钾的水溶液中，该混合液保持

30 ℃ 并在砂磨机中研磨 3 h。然后将制得的氧化锡胶体经离子交换树脂处理，得到脱碱的氧化锡胶体。该胶体不含沉淀物，固含量为 30％，平均粒径 0.07 μm，粒径小于 0.1 μm 粒子量为总粒子量的 80％。

（2）导电涂料制备

在反应混合器中加入 380 份 [V（水）∶V（甲醇）＝1∶1] 的混合溶剂，搅拌下加入 100 份上述制备的脱碱氧化锡胶体和 20 份丙烯酸乳胶树脂。充分搅拌，混合均匀即得氧化锡导电涂料。

3. 产品用途

可在玻璃或塑料等底材上形成优异导电性和透明性漆膜。用涂漆机（条型）涂到玻璃板上，在 110 ℃ 干燥 10 min，即得导电涂膜。也可以用喷涂法、辊涂法、旋转法、浸涂法、气刀辊涂法、轮转凹印法、丝网印刷等方法涂装，经干燥得导电涂膜。

4. 参考文献

[1] 高桂兰. 锑掺杂二氧化锡（ATO）纳米导电涂料的研究及分析测试 [D]. 长沙：中南大学，2004.

5.21　光固化导电涂料

该导电涂料由基料合成树脂、分散剂、丙烯酸酯、氧化锡和溶剂组成。

1. 产品性能

涂膜具有良好的耐擦伤性、透明性和导电性。涂膜表面电阻 5×10^6 Ω，光线透过率 85％，铅笔硬度 5H，发雾值 2.5％。用紫外光或可见光容易固化。

2. 生产配方（质量，份）

合成树脂	40.0
分散剂	100.0
季戊四醇四丙烯酸酯	160.0
丙烯酸四氢糠醇酯	20.0
三羟甲基丙烷三丙烯酸酯	40.0
四乙二醇二丙烯酸酯	40.0
含三氧锑的氧化锡（平均粒径 0.2 μm）	580.0
二苯甲酮	36.0
芳香酮	7.6
甲乙酮	1120

3. 生产工艺

（1）合成树脂的制备

在装有回流冷凝器、搅拌器及滴液漏斗的反应器中，装入 530 份 ε-己内酯开环聚合物（平均分子量 350），通入氮气驱尽空气，升温至 80 ℃，加入 1 份月桂酸二丁基锡（作催化剂），慢慢滴加 524 份 4，4′-二苯甲烷二异氰酸酯，滴完后在 80 ℃ 继续搅拌反应 1 h。然后向反应体系中加入 1 份聚合终止剂对苯二酚，然后加入 232 份丙烯酸-2-羟乙酯，继续搅拌 2 h，得到均分子量为 1500 的合成树脂。用作涂料的基料树脂。

（2）分散剂合成

在装有回流冷凝器、搅拌器及滴液漏斗的反应器中，装入 500 份 2-丁酮、320 份苯乙烯-顺丁烯二酸共聚物和少许吩噻嗪（约为共聚物含量的 0.0078%），搅拌下升温至 80 ℃。用滴液漏斗滴加 260 份月桂醇，滴完后于 80 ℃ 搅拌 6 h，得到苯乙烯-顺丁烯二酸共聚物衍生物，用作本涂料的分散剂。

（3）涂料制备

按配方将合成树脂、分散剂及其他原料混合，用球磨机研磨分散 24 h，得光固化导电涂料。

4. 产品用途

用于半导体晶片保存容器、电子、机电部件及半导体制造厂的地板、墙壁等的涂覆。可用喷涂、浸涂、辊涂等方法施工，涂布 4.5 μm 厚，在 50 ℃ 下溶剂干燥 5 min 后，在氮气氛下，用高压水银灯距离 10 cm 照射 0.5 h，得固化涂膜。

5. 参考文献

[1] 周功兵. 新型紫外光固化涂料及聚苯胺导电涂料的合成与性能研究 [D]. 长沙：湖南大学，2008.

[2] 马宝红. 紫外光固化导电涂料的制备及性能研究 [D]. 长春：长春理工大学，2010.

5.22　光固化电绝缘漆

该电绝缘漆由四（三羟甲基丙烷）季戊四醇癸二酸酯、活性稀释剂、光引发剂、稳定剂和二酚基丙烷二缩水甘油醚丙烯酸酯组成。

1. 产品性能

该涂料可提高光导纤维的断裂负荷。

2. 生产配方（质量，份）

四（三羟甲基丙烷）季戊四醇癸二酸酯	10.000
光引发剂	0.200
三乙二醇二甲基丙烯酸酯（活性稀释剂）	30.000
稳定剂	0.002
二酚基丙烷二缩水甘油醚丙烯酸酯	157.800

3. 生产工艺

在反应器中，加入 157.8 份二酚基丙烷二缩水甘油醚丙烯酸酯，然后加入三乙二醇二甲基丙烯酸酯 30 份，充分搅拌混合后，加入 10 份四（三羟甲基丙烷）季戊四醇癸二酸酯、0.2 份光引发剂、0.002 份稳定剂，混合均匀得光固化电绝缘漆。

4. 产品用途

电气绝缘漆，主要用于涂覆光导纤维。光导纤维拉伸后立即用抽涂法涂覆该电绝缘涂料，用汞灯的全谱紫外光波长 $200\sim400$ nm 进行固化，照射的总剂量不小于 3.5 J/cm^2。

5. 参考文献

[1] 朱道文，王守蓉. EA-2 光固化绝缘漆的研制 [J]. 涂料工业，1987（4）：16-21.

5.23　改性聚氨酯磁性涂料

该涂料由改性聚氨酯树脂、异氰酸酯、钴改性 γ-磁性氧化铁和溶剂组成。

1. 产品性能

该磁性涂料封闭性和附着力好，表面光泽为 90%，不易被污染。其中的磁性粉体具有优良的耐久性和分散性。

2. 生产配方（质量，份）

（1）配方一

改性聚氨酯树脂	75.0
钴改性 γ-磁性氧化铁	100.0
异氰酸酯	7.5
环己酮	40.0
丁酮	285.0

（2）配方二

改性聚氨酯树脂液	50
磁性粉末（Peferrico 2674）	50
2-丁酮	50

（3）配方三

聚氨酯树脂	60
氯乙烯-醋酸乙烯共聚物	10
乙基纤维素	30
炭黑	8
卵磷脂	2

含钴的 γ-氧化铁	148
2-丁酮	184
甲基异丁酮	62
环己酮	62
TDI 与三羟甲基丙烷反应物（GP105A）	10

3. 生产工艺

（1）配方一的生产工艺

采用下列配方（质量，份）制备改性聚氨酯树脂。

对苯二甲酸系多元醇（$\overline{M}=2000$）	240.0
2，4-甲苯二异氰酸酯（TDI-100）	34.3
环氧树脂	34.2
1，6-己二醇	4.25
己二酸	19.30
环己酮	489.0

在装有充氮导管、温度计、回流冷凝器和加料漏斗的反应器中，加入 240 份对苯二甲酸系多元醇、34.3 份 2，4-甲苯二异氰酸酯、34.2 份环氧树脂（以二元醇换算平均分子量为 1300，环氧当量为 213）和 92 份环己酮，于 80～90 ℃ 在氮气氛下反应 2 h。再加入 4.25 份 1，6-己二醇和 368 份环己酮，反应至异氰酸基（NCO）消失（红外吸收光谱 2250 cm^{-1}吸收峰消失）为止。然后加入 29 份环己酮和 19.3 份己二酸，升温至 135～140 ℃，反应 5 h。整个反应是在氮气氛下进行。得到平均分子量为 18 000、羧基浓度为 0.36 mg 当量/g 聚合体、羟基浓度为 0.45 mg 当量/g 的聚氨酯改性树脂。

将改性聚氨酯、钴改性 γ-磁性氧化铁、2-丁酮、环己酮按配方一的量混合后投入球磨机中混合分散 72 h，再加入异氰酸酯 L，混合分散 0.5 h，得聚氨酯磁性涂料。

（2）配方二的生产工艺

采用下列配方（质量，份）制备改性聚氨酯树脂液。

对苯二甲酸系多元醇	248.0
4，4'-二苯基甲基二异氰酸酯（MDI）	33.1
聚己内酰胺多元醇	55.1
甲酚酚醛系环氧树脂（环氧当量 213）	14.4
环己酮	559.0
1，6-己二醇	3.3
羟乙酸	4.9

将 248 份对苯二甲酸系多元醇、33.1 份 MDI、55.1 份聚己内酰胺多元醇、14.4 份甲酚酚醛系环氧树脂和 559 份环己酮投入装有搅拌器、温度计、氮气导管和回流冷凝器的反应器中，通入干燥的氮气驱尽空气，于 80 ℃ 下反应 2 h，加入 3.3 份 1，6-己二醇，然后于 80 ℃ 下反应至异氰酸基（NCO）消失，得到黏稠液体，加入 4.9 份羟乙酸，在 140 ℃ 下反应 14 h，得到溶液固体分为 30%、黏度 350 mPa·s（25 ℃）、羟基浓度为 0.54 mg 当量/g 的改性聚氨酯树脂液。

将 50 份改性聚氨酯液、50 份磁性粉末、50 份 2-丁酮装入球磨机中，混炼 72 h，得改性聚氨酯磁性涂料。该涂料柔韧耐磨，对基带的附着力优良，耐水解性高，磁粉分散好。

（3）配方三的生产工艺

采用下列配方（质量，份）制备聚氨酯树脂液。

聚己内酯多元醇（$\overline{M}=1250$）	313
聚己内酯多元醇（$\overline{M}=1000$）	250
4，4′-二苯基甲基二异氰酸酯（MDI）	113
2-丁酮	1013

将两种聚己内酯多元醇和 2-丁酮装入带有搅拌器、滴液漏斗、温度计和冷凝器（上装干燥管）的反应器中，于 80 ℃下滴入 4，4′-二苯基甲基二异氰酸酯，滴毕于 80 ℃下搅拌反应 9 h，得含羧基和羟基的聚氨酯树脂。

将聚氨酯树脂液、乙基纤维素、氯乙烯-醋酸乙烯共聚物、卵磷脂、炭黑、磁性材料及溶剂按配方量混合，用砂磨机混炼 6 h 后，与 GP105A〔2，4-甲苯二异氰酸酯（TDI）与三羟甲基丙烷的反应物〕10 份混合，分散均匀后过滤得磁性涂料。该磁性涂料耐湿性优良、磁性体表面光滑、磁粉分散性好。涂于聚酯薄膜上成 5 μm 干膜，拉伸强度为 411.6 MPa，拉伸率为 460%。

4. 产品用途

（1）配方一所得产品的用途

用于磁带、纸带、凹凸板、磁卡、圆盘等磁性体。

（2）配方二所得产品的用途

用于磁带、磁记录材料。刮涂涂装在聚氨酯膜上，室温下干燥 2 h 后，在 100 ℃中干燥 20 h 后成膜。

（3）配方三所得产品的用途

用于磁记录基料，制备磁记录材料。涂于磁记录片基上，溶剂风干后，于 60 ℃干燥 24 h，涂膜厚 5 μm。

5. 参考文献

[1] 张卫红，周文欣，余立明，等. 磁性涂料中粘合剂体系选择的研究 [J]. 河南科学，2000（1）：49-51.

5.24 磁性涂料

磁性涂料是由用作颜填料的磁性粉末、成膜基料、助剂及溶剂组成的。磁性涂料的研制和发展是磁性记录材料发展的前提。磁性记录材料按其形态可分为磁带、磁盘（软盘）、磁卡、磁鼓、磁泡等。由磁性涂料和底材构成的磁记录材料，以高记录密度、高灵敏度和高稳定性为其特点，其中磁性记录材料的质量，在很大程度上取决于磁性涂料。

1. 生产配方（质量，份）

（1）配方一

丙烯酸系低聚物	30
氯乙烯-醋酸乙烯酯共聚物	30
含钴 $\gamma-Fe_2O_3$	246
2-丁酮	240
甲苯	240
锆酸四乙酰丙酮	48

（2）配方二

聚酯	90
环氧树脂	90
聚氨酯	24
醋酸乙烯酯-氯乙烯共聚物	120
$\gamma-Fe_2O_3$	1200
卵磷脂	24
润滑剂	16
2-丁酮	1200
甲基异丁酮	500
环己酮	400

注：该涂料磁转换和物理性能好，用于磁性记录材料。

（3）配方三

热塑性聚氨酯橡胶	75
丙烯腈-偏二氯乙烯共聚物	200
$\gamma-Fe_2O_3$	1500
炭黑	75
润滑剂	15
四氢呋喃	2000～3000
二氧杂环己烷	3125

注：该磁性记录涂料活化期长，供录音带用。

（4）配方四

聚氨酯	24.6
乙烯醇-醋酸乙烯酯-氯乙烯共聚物	24.0
氧化铁磁粉	200.0
环己酮	60.0
2-丁酮	135.4

注：该磁性涂料配方引自日本公开特许 56-147856。其黏度低，适用于录音磁带。

（5）配方五

多异氰酸酯	4～26
醋酸乙烯-乙烯醇-氯乙烯共聚物	18～25
$\gamma-Fe_2O_3$	100
甲苯	65～100

甲基异丁酮	65～100
2-丁酮	65～100
炭黑	2.0～6.0
润滑油	0.5～2.0
豆油卵磷脂	0.5～2.0

注：该配方引自日本公开特许 55-147570，该磁性涂料改进了抗磁力和最大磁通量密度，供录音磁带用。

（6）配方六

氯乙烯可溶型热塑性聚氨酯弹性体	10.0
氯乙烯	40.0
部分皂化聚乙烯酯	0.4
过氧化二碳酸二（2-乙基己基）酯	0.025
水	100
$\gamma-Fe_2O_3$	192
$\alpha-$氧化铝	3.2
炭黑	8.0
大豆卵磷脂	4.8
脂肪酸改性有机硅	4.8
甲苯	240
2-丁酮	240

注：该涂料中磁粉分散性良好，其抗张力、表面平滑性、耐热性和耐久性优良。用于磁带、磁卡和磁盘等磁记录介质。涂于片基上，涂布干膜 10 μm。

（7）配方七

聚氨酯	4～16
马来酸-醋酸乙烯-氯乙烯共聚物	24～36
分散剂	4.2～7.0
添加剂	0.4～4.0
$\gamma-Fe_2O_3$	120～200

注：该磁性涂料表面性能好，剩磁通量密度高，用于磁性记录材料。

（8）配方八

聚氨酯	20.0
硝基纤维素	20.0
$\gamma-Fe_2O_3$	200.0
硅油	0.2
氧化钴	3.0
炭黑	6.0
肉豆蔻酸	2.0
甲基异丁酮	240.0
环己酮	120.0
甲苯	240.0

注：该磁性涂料滤过率 100%，供录像用。

(9) 配方九

酚醛树脂	20.0~60.0
环氧树脂	20.0~60.0
聚乙烯醇缩丁醛	4.5~30.0
聚氨酯	2.0~30.0
增强剂	0.1~15.0
磁粉	100.0
乙二醇乙醚醋酸酯-乙二醇丁醚	300.0~800.0

注：该磁性涂料具有优良的贮存稳定性和磁粉分散性。

(10) 配方十

多异氰酸酯	24
醋酸乙烯-乙烯醇-氯乙烯共聚物	30
聚酯聚氨酯	45
硬脂酸	3
硬脂酸丁酯	3
炭黑	15
含钴 γ-Fe_2O_3	300
Cr_2O_3	4.5
$CaCO_3$	28.8
2-丁酮	900

注：该磁性涂料附着力和耐磨性优良，供录音用。

(11) 配方十一

醋酸乙烯酯-乙烯醇-氯乙烯共聚物	44.0
多异氰酸酯	6.0~24.0
γ-Fe_2O_3	200.0
润滑剂	2.4
炭黑	4.0
聚乙二醇烷基醚磷酸酯	4.0~10.0
分散剂	2.0
甲苯	153.0
2-丁酮	153.0
甲基异丁酮	153.0

注：该磁性涂料活化期长，供录音用。

(12) 配方十二

丙烯酸系共聚物	154.0
多官能氮丙啶化合物	5.2
脂肪酸酯	6.0
γ-Fe_2O_3	200.0
水	240.0
二甲基乙醇胺	4.0

注：这种水性磁性涂料耐磨性能优良，供录音用。

（13）配方十三

丁腈橡胶	15.0
醋酸乙烯酯-氯乙烯共聚物	60.0
卵磷脂	6.0
溶剂	600.0
$\gamma-Fe_2O_3$	300.0
三甲铵乙内酯占比	0～4.0%
金刚砂占比	0～2.0%

注：该录音带用磁性涂料引自日本公开特许55-52538。抗静电性优良，供录音磁带用。

（14）配方十四

醋酸乙烯-氯乙烯共聚物	5.00
多异氰酸酯	5.00
聚氨酯	10.00
Fe_2O_3	50.00
硅油	0.05
2-丁酮	35.00
甲苯	25.00
甲基异丁酮	35.00

注：该录音带用磁性涂料引自日本公开特许56-23470。其耐磨性优良，供录音用。

（15）配方十五

环氧树脂	47.6
酚醛树脂	95.2
$\gamma-Fe_2O_3$	190.0
异丙基三（二辛基焦磷酸）钛酸酯	2.8
流平剂	10.3
醋酸酯溶纤剂	124.4
丁基卡必醇	104.2
溶纤剂	124.4

注：该磁性涂料用于录音磁盘。

（16）配方十六

乳胶基料	100.0
多羧醋盐	3.0
多元醇醚（表面活性剂）	6.0
$\gamma-Fe_2O_3$	100.0
水	112.0

注：该磁性涂料是载声体用水性磁性涂料，具有优良的耐水性和耐磨性。

（17）配方十七

聚氨酯	30.0
多异氰酸酯	12.0
乙烯聚合物	45.0
$\gamma-Fe_2O_3$	300.0

齐聚（氧三氟乙烯）	0.9
缩水山梨糖醇单油酸酯	3.0
丁酮	240.0
甲基异丁酮	240.0
甲苯	240.0

注：该磁性载声涂料具有摩擦系数小、耐久性优良等特点，适用于录音。

（18）配方十八

热塑性树脂	15.0
脂肪酸改性有机硅	4.5
大豆卵磷脂	4.5
γ-Fe_2O_3	60.0
α-氧化铝	4.0
炭黑	2.5
丁酮	75.0
甲苯	75.0

2. 生产工艺

（1）配方一的生产工艺

将锆酸四乙酰丙酮溶解于甲苯中，制成 2% 的溶液，然后将含钴 γ-Fe_2O_3 粉末浸渍于上述溶液中，搅拌 15 min，进行表面处理、干燥，得表面处理的含钴 γ-Fe_2O_3 磁性粉末。一般 240 份含钴 γ-Fe_2O_3 粉末经表面处理后，可得 246 份表面处理的含钴 γ-Fe_2O_3 磁性粉末。将含钴 γ-Fe_2O_3 与其余物料投入球磨机，充分分散即得磁性涂料。

该涂料用于声响磁带、摄像磁带、磁盘等。涂装于 15 μm 厚的聚酯薄膜上，于 90 ℃ 烘烤 1 min 除去溶剂，然后于 5 m 长辐射电子射线流水线照射固化成膜（漆膜 5 μm）。

（2）配方六的生产工艺

将 40.000 份氯乙烯、0.400 份部分皂化聚乙烯酯、0.025 份过氧化二碳酸二 (2-乙基己基) 酯和 100 份纯净水加入耐压不锈钢反应釜中，用氮气置换空气，然后加入氯乙烯可溶型热塑性聚氨酯弹性体 10 份，于 58 ℃ 下反应 15 h，脱去未反应的单体，脱水，干燥得聚合物粉末。

将制得的聚合物粉末与其余物料混合装入水平运动式全封闭球磨机中，混合研磨 8 h，过滤，得溶剂型磁性涂料。

（3）配方十八的生产工艺

可采用下列配方（质量，份）制备热塑性树脂。

氯乙烯可溶型热塑性聚氨酯弹性体	10	20
氯乙烯	90	76
丙烯酸丁酯	—	2
偏二氯乙烯	—	2
净水	200	200

部分皂化聚乙烯酯	0.8	0.8
过氧化二碳酸二（2-乙基己基）酯	0.05	0.05

在不锈钢耐压反应釜中，加入除氯乙烯可溶型热塑性聚氨酯以外的其他物料，用氮气驱尽反应器内的空气，然后加入氯乙烯可溶型热塑性聚氨酯弹性体，于 58 ℃下反应 15 h，将未反应的单体除去，脱水，干燥得热塑性树脂。将热塑性树脂及其他物料按配方比投入水平运动式全封闭球磨机中，混合研磨 8 h，过滤，得磁性涂料。

该磁性涂料制得的磁记录介质具有良好的抗张力、耐热性和耐久性。用于磁带、磁卡或磁盘等磁记录介质。涂于片基上，涂膜干膜 10 μm，在 0.2 T 的平行磁场内静置 1 s 进行趋向处理。

3. 参考文献

[1] 周金向，李木银，蔡亚夫. 制备噪声抑制片用磁性涂料的配方设计 [J]. 中国涂料，2016，31（1）：65-67.

[2] 周学梅，唐继海，曹红锦，等. 磁性空心微珠吸收剂及轻质雷达吸波涂料研究 [J]. 涂料工业，2009，39（11）：6-9.

5.25　磁带涂料

磁带涂料由磁性铁粉、涂料成膜材料、抗静电剂、润滑剂及溶剂组成。

1. 生产配方（质量，份）

（1）配方一

4，4′-(1-甲基亚乙基) 苯酚与（氯甲基）环氧乙烷的聚合物（环氧树脂 PKHH）	3.0
聚酯型聚氨酯	7.0
磁性铁粉	50.0
磁粉分散助剂（GAFACRE-610）	1.0~4.5
润滑剂	0.1
抗静电剂	1.0
环己酮	75.0

注：该配方为热塑性磁带用磁性涂料。

（2）配方二

环氧树脂 PKHH	3.0
聚酯型聚氨酯	7.0
磁铁粉	57.5
磁粉分散助剂（GAFACRE-610）	4.1
润滑剂	0.1
交联剂（Mondur CB-75）	3.0
抗静电剂	1.0
环己酮	85.0

注：该配方为热固性磁带涂料。

（3）配方三

聚酯型聚氨酯	4.00
乙烯基树脂	6.00
氧化铁磁粉	50.00
交联剂（聚氨酯预聚物）	4.85～4.90
丁酮、环己酮混合物	75.00
磁粉分散助剂（表面活性剂）	1.00
导电炭黑	1.00
硅油	0.10
氢氧化铝（磁头清洗剂）	适量

（4）配方四

A 组分

乙烯基树脂	19.0
热塑性聚氨酯树脂	15.0
含 $Co\gamma-Fe_2O_3$	151.0
环己酮	192.5

B 组分

Morthane CA-128	4.0
环己酮	118.5

（5）配方五

不干性油改性醇酸树脂	12.5
聚氨酯	10.0
合金粉末磁性材料（Fe-Co-Cr-B）	150.0
硅酮	4.5
油酸	4.5
胶体二氧化硅	3.0～30.0
多异氰酸酯	10.0
甲基异丁基酮	300.0

（6）配方六

聚氨酯	30
硝基纤维素	30
含钴 $\gamma-Fe_2O_3$	300
硅酮油	0.3
肉豆蔻酸	3
炭黑	9
氧化钴	4.5
甲基异丁酮	360
甲苯	360
环己酮	180

2. 生产工艺

（1）配方四的生产工艺

先将 A 组分的树脂和磁性铁粉投入环己酮中，研磨分散 40 min，随后将组分 B

加入，再研磨分散 40 min，得磁带涂料。涂布于聚酯薄膜上，所得磁带的特性：矩形比 0.838～0.860，矫顽力 745～750 A/m，开关场 0.495～0.475。

（2）配方五的生产工艺

将配方中的各物料按配方量混合，经球磨分散后，加入多异氰酸酯（作交联剂）再分散，过滤得磁带涂料，涂覆于聚酯薄膜上，经定向和滚涂处理得磁带，可用于视频记录。

（3）配方六的生产工艺

将配方中的各物料按配方量混合，研磨分散、过滤得磁带涂料，用于制作录像带。

3. 参考文献

[1] 陈德薰，赵晋良. 磁性涂料用粘合剂 [J]. 磁记录材料，1986（1）：16-20.

[2] 刘新华. 磁性涂料 [J]. 中外技术情报，1996（6）：31-32.

5.26　磁性记录材料

磁性记录材料能把声音、图像和各种信息记录下来并能付之再现，它是在底材上涂布磁性涂料制成的。磁性记录材料在现代科学技术的发展中起着重要的作用。

1. 生产配方（质量，份）

（1）配方一

环氧树脂	21
醋酸乙烯酯-氯乙烯共聚物	45
聚氨酯	15
γ-Fe_2O_3	300
丁酮	600
炭黑	21
油酸	3

注：该磁性涂料配方信噪比高，供录音用。

（2）配方二

乙烯基聚合物	80
丁腈橡胶	20
硅油	8
阴离子表面活性剂	8
γ-Fe_2O_3	400
丁酮	180
甲苯	180
甲基异丁酮	180

注：该磁性记录材料具有高温贮存性能好等特点，供录音用。

（3）配方三

热塑性聚氨酯	75
γ-Fe_2O_3	300

橄榄油	3
丁酮	300
甲苯	150
甲基异丁酮	150

注：该磁性记录材料具有优良的磁性光泽和耐磨性。

（4）配方四

甲苯撑二异氰酸酯-三羟甲基丙烷加成物	6.3
醋酸乙烯酯-氯乙烯共聚物	84
己二酸-缩乙二醇-三羟甲基丙烷缩合物	42
高铁酸钴	600
硅油	0.9
三氧化二铝	18
豆卵磷脂	9
甲苯	360
丁酮	1200

注：该磁性记录材料信噪比高，用于录像。

2. 生产工艺

按配方比将各物料装入球磨机，充分混合，制得磁性涂料，涂布于底材上，固化，制得磁性记录材料。

3. 产品用途

用于录音、录像。

4. 参考文献

[1] 赵美英，田恩吉. 磁性记录材料及其制品生产发展动向 [J]. 天津造纸，1991（2）：23-28.

5.27 光纤涂料

光纤涂料主要用于光导玻璃纤维表面的涂覆。

1. 生产配方（质量，份）

（1）配方一

全氟-正-壬基环氧丙烷与 4，4′-二氨基二苯甲烷加成物	28.8
均苯四甲酸酐	43.6
二氨基二苯甲烷	35.6
N，N-二甲基甲酰胺（DMF）	374.0

（2）配方二

聚四亚甲基醚乙二醇（$\overline{M}=2000$）	400.0
丙烯酸-2-羟乙酯	48.0
甲苯二异氰酸酯	69.6
丙烯酸异癸酯	220.0
苄基二甲基缩酮	30.0

（3）配方三

环氧丙烯酸树脂	88.0
邻苯二甲酸二烯丙酯	8.8
过氧化苯甲酰	2.2
有机硅偶联剂（KH-550）	0.5 份/100 份树脂液

（4）配方四

氨基甲酸酯丙烯酸酯	80
丙烯酸酯活性稀释剂	20
安息香醚光敏剂	2.5 份/100 份涂料
有机硅偶联剂（KH-550）	0.5 份/100 份涂料

2. 生产工艺

（1）配方一的生产工艺

在装有搅拌器、温度计、回流冷凝器的反应器中加入 43.6 份均苯四甲酸酐、35.6 份二氨基二苯甲烷、28.8 份全氟-正-壬基环氧丙烷与 4，4′-二氨基二苯甲烷加成物及 374 份 DMF，于 20～25 ℃下反应 10 h，得特性黏度为 0.5 dL/g、树脂含量为 20% 的光导涂料。涂布后在长 50 cm 红外线加热炉中 232 ℃下烘烤干燥。

（2）配方二的生产工艺

在装有回流冷凝器、搅拌器和温度计的反应器中，加入 69.6 份甲苯二异氰酸酯、400 份数均分子量为 2000 的聚四亚甲基醚乙二醇，于 70 ℃下反应 2 h。再加入 48 份丙烯酸-2-羟乙酯，于 70 ℃再反应 2 h，冷却，制得 517.7 份聚合物。然后添加 220 份丙烯酸异癸酯、30 份苄基二甲基缩酮，充分混合，制得光导纤维涂料。该涂层在低温下弹性率非常低，且耐水性、耐热性优良。

用于光导纤维的涂覆。以 50 m/min 的速度，涂布于直径 125 mm 的光导纤维表面，紫外线照射进行固化。

（3）配方三的生产工艺

该光纤涂料具有固化温度低、干燥性能好、附着力强、增强效果佳和耐化学腐蚀等特点。涂覆于光纤，经热固化炉，在 270 ℃ 炉温下两次固化，其抗张强度可达 29.4 N/mm² 以上，光纤的拉丝速度可达 10 m/min 以上。

（4）配方四的生产工艺

用于涂覆光纤。一次涂覆厚度可达 40～60 μm，通过高压汞灯辐射，拉丝速度达 20 m/min 以上，涂覆光纤的平均破断力大于 39.2 N，温度特性较优，−60～125 ℃ 循环下传输附加损耗为尼＜0.6 dB/km，高温（90 ℃）、高湿（相对湿度 95%）下传输附加损耗尼＜1.0 dB/km。

3. 参考文献

[1] 袁泉，刘慧仙，潘琦卉，等. 紫外光固化超低折射率光纤涂料的研究 [J]. 涂料工业，2018，48 (1)：44-47.

[2] 胥卫奇，王国志，刘文兴，等. 透 248 nm UV 光纤涂料的研制 [J]. 现代涂料与涂装，2014，17 (10)：10-12.

5.28 碳膜电阻器用阻燃涂料

碳膜电阻器的生产和使用占电阻器的绝大多数，阻燃涂料是碳膜电阻器生产的重要原料之一。碳膜电阻器用阻燃涂料有底漆、面漆和色环标志涂料。

1. 生产配方（质量，份）

（1）底漆配方

DPA-2（46%）	33.29
PT-4（50%）	30.60
增塑剂	7.65
调阻剂（10%）	2.14
消泡剂（工业品）	3.06
促进剂	0.31
二甲苯-环己酮 [V（甲苯）：V（环己酮）=7：3]	22.95

（2）面漆配方（中层）

A 组分

环氧树脂（36.6%）	34.09
混合颜填料（工业）	25.77
混合阻燃剂	43.14
二甲苯	适量
丁醇	适量

B 组分

T-2 固化剂（83%）	16.0
固化促进剂（30%）	4.09
环己酮（工业品）	0.95

（3）面漆配方（面层）

A 组分

环氧树脂（工业品）	22.03
混合颜填料	30.21
混合阻燃剂	22.76
二甲苯/丁醇 [V（甲苯）：V（环己酮）=7：3]	25.0

B 组分

T-2 固化剂（100%）	27.97
固化剂促进剂（30%）	2.32
环己酮（工业品）	4.98
二甲苯（工业品）	5.74

2. 产品标准

面漆产品标准如下：

	中层	面层
涂料固含量	(80±2)%	(75±2)%
涂料细度/μm	≤60	≤45
固化时间（180 ℃）/min	3	3
涂料施工期 [(30±5)℃] /h	48	48
漆膜阻燃性	—	0.11
漆膜耐温性	经 270 ℃ 10s 后，漆膜无变化； 155 ℃，1000 h 后，无明显变化	
漆膜耐电压性	25 ℃ 下 500 V，漆膜不击穿	
恒定湿热（21 天）	电阻值变化≤5%； 绝缘电阻＞10^{10} Ω	
温度循环试验	经 100 ℃ 和－55 ℃ 循环 4 次， 漆膜不破坏、不膨胀	

3. 产品用途

用于碳膜电阻器的表面涂覆。

4. 参考文献

[1] 李桂林. 电阻器专用涂料 [J]. 现代涂料与涂装，2002 (4)：29-30.

5.29　电磁屏蔽涂料

该电磁屏蔽涂料由丙烯酸树脂为成膜基料，镍粉为导电材料。形成的涂料附着力强、导电介质分散好、电磁屏蔽效果好。

1. 生产配方（质量，份）

丙烯酸树脂溶液	10.0～15.0
硅酸乙酯	0.6～0.8
镍粉	50.0～60.0
癸醇	30.0～40.0

2. 生产工艺

将丙烯酸树脂溶液和癸醇混合，加入硅酸乙酯，搅拌后加入镍粉，混匀后送入研磨机研磨。研磨时间对涂料中金属微粒的分散和稳定起重要作用。研磨时间短，金属微粒的分散性和涂料的稳定性差；研磨时间过长，会使涂料出现凝胶现象。研磨分散均匀得电磁屏蔽涂料。

3. 产品用途

用于电子产品外壳（塑料外壳）的涂覆，形成电磁屏蔽导电层，从而消除积累的静电荷。

4. 参考文献

[1] 王燕枫. 纳米铁氧体/石墨烯基水性电磁屏蔽涂料的制备及性能研究 [D]. 北京：北京理工大学，2016.

[2] 于雪艳，陈正涛，刘鹏，等. 电磁屏蔽涂料的制备及性能评价 [J]. 材料导报，2014，28（S1）：203-207.

5.30 层压线路板浸渍漆

层压线路板又称阻燃敷铜层压板，一般是将基材浸渍阻燃清漆后经压制成型而得。

1. 生产配方（质量，份）

（1）配方一

溴代环氧树脂（YDB-40）	44.0
环氧树脂（828）	9.0
异丙烯基苯酚系聚合物	67.5
二氨基二苯甲烷	0.5～0.7
2-丁酮	105.0

（2）配方二

溴代环氧树脂（含溴19%）	30
双酚 A 环氧树脂	30
酸酐类	22
磷酸三甲苯酯	6.6
氯代联二苯	6.6
饱和聚酯	5.55
三氧化二锑	14.1

注：该配方为阻燃环氧层压材料用阻燃清漆。

（3）配方三

环氧树脂	200.0
三聚氰胺硼酸盐	2.0～70.0
双氰胺	10.0
N，N-二甲基甲苯胺	4.0

（4）配方四

A 组分

四溴双酚 A 二缩水甘油醚	22.22
不饱和高级脂肪酸的酰亚胺基化合物	17.78

B 组分

苯酚	25.91
壬基酚	17.27
甲醛	12.95
氨水（25%）	0.86

C 组分

三氧化二锑	3.00

2. 生产工艺

（1）配方一的生产工艺

该配方为阻燃环氧层压板。用该配方制得的清漆浸渍玻璃布，放置一夜后，在 110 ℃ 处理 5 min，然后在 170 ℃、2.45×10^6 Pa 下压制成型，即可制成阻燃敷铜环氧层压板，可用作电子工业用线路板。经测试其阻燃性为 V-0 级。

（2）配方四的生产工艺

该配方为酚醛敷铜阻燃层压板浸渍漆。在四溴双酚 A 二缩水甘油醚和酰亚胺基化合物中加入甲苯，制成 60% 的环氧树脂溶液，并在 80 ℃ 下反应 4 h，制得 A 组分清漆；B 组分在 100 ℃ 下制得酚醛树脂。将 A 组分、B 组分混合，再加入阻燃剂 Sb_2O_3，混合均匀得浸渍漆。

用该浸渍漆浸渍纸基片材，经 160 ℃、9.8×10^6 Pa 热压成型即制得敷铜层压板，可用作电视机等线路板之用。

3. 参考文献

[1] 黄新东. 环保型环氧无溶剂浸渍漆的研制 [J]. 绝缘材料，2012，45（6）：14-16.
[2] 邓青山. 聚酯型无溶剂绝缘浸渍漆的研究 [D]. 株洲：湖南工业大学，2012.

5.31 磁性黏合剂

该黏合剂由黏合基料、磁粉、助剂和溶剂组成。

1. 生产配方（质量，份）

聚氨酯	40
醋酸乙烯酯-氯乙烯共聚物	20
多异氰酸酯	4
γ-Fe_2O_3	200
卵磷脂	2
甲苯	150
丙酮	150

2. 生产工艺

将聚氨酯、共聚物和多异氰酸酯投入甲苯与丙酮组成的混合溶剂中，打浆后加入卵磷脂和 Fe_2O_3，充分分散，得磁性黏合剂。该黏合剂表面光洁度好、硬度高。

3. 产品用途

用于磁记录材料、磁性载声体（如磁带、录像带）黏合。

4. 参考文献

[1] 郭文. 磁记录介质用新型粘合剂 [J]. 磁记录材料，1993（2）：62.

5.32 导磁胶

导磁胶一般由黏合基料（环氧树脂等）、助剂和磁性铁粉组成。

1. 生产配方（质量，份）

（1）配方一

环氧树脂 E-44	200
间苯二胺	30
羰基铁粉	500

（2）配方二

环氧树脂 E-51	50
顺丁烯二酸酐	12
羰基铁粉	200

2. 生产工艺

（1）配方一的生产工艺

该导磁胶主要用于收音机磁棒等高频用磁性零件的黏接。将配方中各组分混合调匀即可。固化条件：室温下 24 h 或 130～140 ℃下 1 h 固化。

（2）配方二的生产工艺

该导磁胶主要用于变压器铁芯黏接。将各组分混合，加热至 70～80 ℃，搅拌均匀即成。固化条件：用接触压力，130～140 ℃固化 5～6 h。

3. 参考文献

[1] 游英才. 磁性胶粘剂的研制 [D]. 成都：电子科技大学，2013.
[2] 赵勇. 254-12 常温固化导磁胶的研究 [J]. 粘合剂，1988（3）：21-23.

5.33 炭系导电涂料

炭系导电涂料常采用石墨、导电炭黑、导电炉黑、特异电炉黑、乙炔炭黑作为导电颜填料。

1. 生产配方（质量，份）

（1）配方一

聚乙烯吡咯烷酮	15.0
石墨	142.0
硅酸钾	744.0
水	102.0

（2）配方二

低透气性聚氨酯树脂	100.0
导电炭黑	12.0～25.0

注：该配方为常温固化型导电涂料。

（3）配方三

聚乙烯缩乙醛树脂（缩醛度为82%）	10.0
导电炭黑	2.5
N,N-二甲基甲酰胺（DMF）	50.0

2. 生产工艺

（1）配方一的生产工艺

该配方为高温烧结型导电涂料。按配方比将各物料混合均匀后，于400 ℃固化1 h，所得结构物电阻率为126 $\Omega \cdot cm$。

（2）配方三的生产工艺

该配方为热固化型导电涂料的生产配方。将各物料混合均匀后，得导电涂料。刷涂于玻璃上，厚为0.1 mm，于130 ℃干燥1 h，再200 ℃处理2 h即得。表面电阻为570 Ω，在0～15 ℃，电阻值波动不超过±2%。

3. 产品用途

涂布于非导体上，使之具有导电性并排除积累静电荷的能力。

4. 参考文献

[1] 梁实，桂其迹，马林，等. 新型碳系复合导电导磁涂料制备及表征 [J]. 四川建材，2013，39（4）：16-18.

[2] 白翰林，王执乾. 导电涂料应用研究现状与展望 [J]. 天津化工，2017，31（4）：12-14.

5.34　电子工业灌封料

电子元件封装塑料主要有环氧和有机硅两大类，其次还有酚醛、聚酯、聚丁二烯等。

1. 生产配方（质量，份）

（1）配方一

E-51 环氧树脂	200
590 固化剂	48
环氧丙烷丁基醚	40
石英粉	200
白炭黑	14
三乙醇胺	20

（2）配方二

A 组分

以乙烯基二甲基甲硅氧基为端基的聚二甲基硅氧烷	490
以三甲基甲硅氧基为端基的聚甲基氢基硅氧烷	10
丙烯腈	0.03

B 组分

以乙烯基二甲基甲硅氧基为端基的聚二甲基硅氧烷	498.7
有机硅-铂络合物	4.3
使用温度/℃	$-65\sim200$
黏度（25 ℃）/（Pa·s）	$(1500\sim2500)\times10^{-3}$
介电常数	2.9
介电损耗角正切	2×10^{-4}
体积电阻/（Ω·cm）	1×10^{15}
击穿电压/（kV/mm）	25

（3）配方三

A 组分

以三甲基甲硅基为端基的聚甲基氢基硅氧烷	20
以乙烯基二甲基硅氧基为端基的聚二甲基硅氧烷	960

B 组分

有机硅-铂络合物	2.6
以乙烯基二甲基硅氧基为端基的聚二甲基硅氧烷	997.4

（4）配方四

A 组分

硅橡胶 107（$\overline{M}=60\ 000$）	20
沉淀法白炭黑	3

B 组分

硼酸回流液	2
二月桂酸二丁基锡	0.09
甲苯	9.41

（5）配方五

107号硅橡胶	35
甲基三乙氧基硅烷低聚物	15
二月桂酸二丁基锡	0.25

（6）配方六

酚醛环氧树脂	50
三氧化二锑（阻燃剂）	3
反-[双（2，3-二溴丙基）丁烯二酸酯]	4
硅微粉（400目）	5
磷酸酯类	10
溴代二苯醚（阻燃剂）	适量

（7）配方七

丙烯酸改性环氧树脂	200
乙二醇二丙烯酸酯	26
钛白粉	8
氢氧化铝	80
苯偶姻乙基醚	4
过氧化苯甲酰	2

（8）配方八

E-51环氧树脂	102
氧化铝	100
石英粉	300
顺丁烯二酸酐	30
邻苯二甲酸酐	60
三乙醇胺（固化剂）	适量

（9）配方九

E-51环氧树脂	100
氯化聚醚	15
二氧化钛	50
间苯二胺	16

（10）配方十

双酚A二缩水甘油醚	260
双酚A	60
线型酚醛树脂	10
溴代环氧树脂	14
二溴代甲苯基甲酚缩水甘油醚	30

（11）配方十一

丙烯酸改性环氧树脂	66
氢氧化铝	60
苯偶姻乙基醚	8
过氧化苯甲酰	2
1，6-己二醇二丙烯酸酯	3～6

（12）配方十二

双酚 A 型环氧树脂	50
酸酐类固化剂	25
2-乙基-4-甲基咪唑	1～3
红磷粉末（用氢氧化铝处理过）	5
硅粉	0.25

注：该灌封料广泛用于薄膜电容器的包封。

（13）配方十三

双酚 A 环氧树脂（E-44）	100
三氧化二锑	10
酸酐-80	78
DMP-30	0.5
硅微粉	适量

（14）配方十四

溴代环氧树脂	50
E-51 环氧树脂	50
环氧活性阻燃稀释剂	10
邻苯二甲酸二丁酯	15
三氧化二锑	4
三乙烯四胺	9.5
固化条件	室温/3 天，或 80 ℃/3 h

注：主要用于电器元件灌封浇铸，阻燃型。

（15）配方十五

618 环氧树脂	200
邻苯二甲酸二丁酯	20
高岭土	80
三乙醇胺	28

注：用于电器元件灌封和浇铸。

（16）配方十六

环氧树脂	100
聚氯乙烯树脂	60～80
二（α-乙基丁基）磷酸酯	50
三氧化二锑	1～5
磷酸三甲苯酯	5～15
胺类催化剂	7～12
固化条件	80 ℃/3 h

注：具有良好的阻燃性，用于电器元件的灌封和浇铸。

2. 产品性能

（1）配方一所得产品性能

固化条件：室温 2～3 天或 80 ℃ 固化 4 h，然后再以 20 ℃/h 的速度升温至

120 ℃，保持 2 h。该配方为电子元件用环氧树脂封装料。

(2) 配方二所得产品性能

该配方为 GN-501 胶，在电子工业中用于各种电子元件的灌封、密封及高频电子元件封装，是良好的 H 级电绝缘材料。

(3) 配方三所得产品性能

固化条件：25 ℃ 固化 25 h 或 70~80 ℃ 固化 0.5~1.0 h，使用温度范围 −65~200 ℃；25 ℃时黏度为 (1500~2500) $\times 10^{-3}$ Pa·s，介电常数为 3.0，介电损耗正切为 2×10^{-4}，体积电阻率为 1×10^{15} Ω·cm，击穿电压为 25 kV/mm。该配方为 GN-502 胶，在电子工业用于各种电子元件的灌封、密封及高频电子元件封装。

(4) 配方四所得产品性能

固化条件：适用期 25 ℃、固化 4 h，150 ℃、固化 1 h。体积电阻为 2.05×10^{14} Ω·cm。该配方为 GT-1 表面密封胶。用于可控硅元件表面的密封。

(5) 配方五所得产品性能

固化条件：高温固化 24 h，该配方为嵌段甲基硅橡胶胶黏剂，用于电子元件的灌封。

(6) 配方六所得产品性能

该配方为阻燃性环氧树脂灌封料，主要用于电视机变压器灌封。

(7) 配方七所得产品性能

固化条件：浇注电器元件后，先用 2 kW 高压水银灯照射 30 s 后，然后在 120 ℃ 固化 2 h。该配方为阻燃性丙烯酸环氧树脂外包封料，用于电容器或电阻外包材料。

(8) 配方八所得产品性能

固化条件：100 ℃ 固化 2 h，再在 125 ℃ 固化 3 h；或 150 ℃ 固化 6 h。适用于晶体管封装。

(9) 配方九所得产品性能

固化条件：室温固化 24 h，然后在 150 ℃ 固化 2 h。该配方为纸质电容器用环氧树脂封装料。

(10) 配方十所得产品性能

先将生产配方十中各组分混匀后，加入 20 份 15 μm 双氰胺和 2.5 份三 (3-氯苯基) 1，1′-二甲基脲，混炼后，即可用于浸渍玻璃布，浸渍后在 140 ℃ 下固化 8 min，得预浸渍胶片，用于电器包覆。

(11) 配方十一所得产品性能

先将电容器置入模具中，灌注上述配方制得的灌封料，真空脱泡，在上部注入适量液状石蜡，于 2 kW 高压水银灯下照射 (上下左右各 5 s)，然后于 100 ℃ 固化 2 h，得到表面光滑的包覆电容器。

(12) 配方十三所得产品性能

环氧树脂与三氧化二锑混合加热到 100 ℃，加入酸酐-80，混匀后降温至 65 ℃，加入 DMP-30，得电器元件用浇注料。固化条件：90 ℃ 固化 1 h，然后在 100 ℃ 固化 3~4 h。

3. 参考文献

[1] 姚娜，李刚，李令明. 耐高温环氧灌封料的制备及性能研究 [J]. 热固性树脂，2014，29（4）：31-33.

[2] 李小丽. 基于环氧树脂灌封料的研究 [J]. 中国新技术新产品，2013（2）：19-20.

5.35 银粉填充型导电胶

银粉填充型导电胶是目前最重要的一类导电胶。其黏合基料有环氧树脂、酚醛树脂、聚氨酯、丙烯酸树脂。所用银粉有电解银粉、化学还原银粉、球磨银粉和喷射银粉，而最为普通使用的是电解银粉和还原银粉，一般银粉用量为 60%～70%。

1. 生产配方（质量，份）

（1）配方一

E-51 环氧树脂	100
B-63 甘油环氧树脂	10～12
邻苯二甲酸二辛酯	5～6
还原银粉	250～300
固化剂 [m（己二胺）：m（乙醇胺）=1：1]	13～15

（2）配方二

E-51 环氧树脂	100
F-70 环氧树脂	40
液体丁腈橡胶	25
银粉	550～600
647# 酸酐	120
KH-550	4
2-乙基-4-甲基咪唑	4

（3）配方三

E-35 环氧树脂	35
E-51 环氧树脂	40
AG-80 环氧树脂	25
液体丁腈橡胶	15
银粉	300
双氰胺	10

（4）配方四

303 间苯二酚甲醛树脂	25.0
三聚甲醛	5.0
氢氧化钠	4.5
银粉	90.0

（5）配方五

E-51 环氧树脂	20.0
200# 聚酰胺	10.0
沉淀银粉	90.0
间苯二胺	4.5

（6）配方六

301 酚醛树脂（80%）	20
聚乙烯醇缩丁醛（10%）	10
银粉	75

（7）配方七

环氧树脂 E-44	100
环氧树脂 D-19	30
邻苯二甲酸二烯丙酯	10
咪唑乙醇溶液（33%）	15
电解银粉	450

（8）配方八

聚酯树脂醋酸乙酯溶液（90%）	2
聚酯树脂改性甲苯二异氰酸酯溶液	8
还原法银粉	20

（9）配方九

酚醛-聚乙烯醇缩甲醛	33.0
电解银粉	80.0
苯	46.9
乙醇	20.1

（10）配方十

A 组分

锌酚醛树脂	9.0
E-44 环氧树脂	3.0
聚乙烯醇缩甲乙醛	7.0
乙酸乙酯	28.7
无水乙醇	12.3

B 组分

2-乙基-4-甲基咪唑	0.48

C 组分

还原银粉	40.0

（11）配方十一

氨基多环氧	18
液体丁腈-40	2
2-乙基-4-甲基咪唑	2
电解银粉	50

（12）配方十二

E-51 环氧树脂	35
W-95 环氧树脂	15
聚乙烯醇缩丁醛	2.5
端羧基液体丁腈橡胶	7.5
600# 稀释剂	5
KH-560	1
间苯二胺	10
2-乙基-4-甲基咪唑	4.5
还原银粉	150

（13）配方十三

锌酚醛树脂	20
聚乙烯醇缩丁醛	10
电解银粉	75
乙醇	95

（14）配方十四

W-95 环氧树脂	30
E-51 环氧树脂	70
羧基丁腈橡胶	10
聚乙烯醇缩丁醛	7
环氧稀释剂 600	10
间苯二胺	20
2-乙基-4-甲基咪唑	4.5
银粉	250～300

（15）配方十五

E-51 环氧树脂	100
200# 聚酰胺	50
间苯二胺	7.5
沉淀银粉	450

（16）配方十六

509 酚醛环氧树脂	100.0
647 酸酐	67.3
苄基二甲胺	7.5
沉淀银粉	450.0

（17）配方十七

A 组分

聚乙烯醇缩丁醛改性间苯二酚甲醛树脂（25%～30%）	100

B 组分

电解银粉	359.86
三聚甲醛	20.14

C 组分

| 氢氧化钠乙醇溶液（5%～10%） | 5.0 |

（18）配方十八

420 尼龙环氧胶	3
还原银粉	9
溶剂 [V（甲醇）：V（苯）＝7：2]	适量

（19）配方十九

E-51 环氧树脂	20
间苯二甲胺	3
银粉	40～45

（20）配方二十

E-42 环氧树脂	20
邻苯二甲酸二丁酯	2
590 稀释剂	1
三乙醇胺	3
银粉	50～60

（21）配方二十一

E-44 环氧树脂液	20.0
固化剂（胺）	4.5
银粉	40.0～50.0

（22）配方二十二

聚酯树脂的醋酸乙酯溶液（甲组分）	10
聚异氰酸酯的醋酸乙酯溶液（乙组分）	20
银粉	70

2. 产品性能

（1）配方一所得产品性能

该配方为 701 环氧导电黏合剂。在 20 ℃ 下固化 4～5 h，70～80 ℃ 下固化 1 h，然后在 120～130 ℃ 下固化 2.0～4.5 h。该胶电阻率为 $1\times10^{-3}\sim3\times10^{-2}$ Ω·cm，铝剪切强度为 23.3 M～24.4 MPa，不均匀扯离强度为 200～270 N/cm，可用于 -50～60 ℃ 下铝、铜件黏接。

（2）配方二所得产品性能

固化条件：120 ℃ 固化 3 h；电阻率 $10^{-4}\sim10^{-3}$ Ω·cm；抗剪切强度室温 19 MPa，60 ℃ 17.8 MPa，70 ℃ 20 MPa；不均匀扯离强度 180 N/cm；用于导电元件胶接。

（3）配方三所得产品性能

固化条件：80 ℃ 固化 1 h；电阻率（1～3）×10^{-3} Ω·cm；抗剪强度 20 MPa；用于电器元件的导电胶接。

（4）配方四所得产品性能

抗剪强度：25 ℃ 固化 2 h 为 5.6 MPa，25 ℃ 固化 12 h 为 7.9 MPa，25 ℃ 固化

72 h 为 10 MPa。电阻率为 $(2.0 \sim 2.6) \times 10^{-3}$ Ω·cm。用于电子元件、金属器件的黏接。

（5）配方五所得产品性能

固化条件：80 ℃ 固化 3 h；115 ℃ 固化 1 h。抗剪强度：25 ℃ 时大于 10 MPa，−40 ℃ 时大于 10 MPa，120 ℃ 时大于 12 MPa。抗拉强度：25 ℃ 时大于 18 MPa，100 ℃ 时大于 12 MPa。电阻率为 $(4.5 \sim 5.7) \times 10^{-3}$ Ω·cm。适用于电子元件、金属、陶瓷的导电胶接。

（6）配方六所得产品性能

固化条件：200～300 kPa，60 ℃ 固化 1 h；150 ℃ 固化 2 h。抗剪强度：室温为 15 MPa，60 ℃ 为 14 MPa，100 ℃ 为 12 MPa。抗拉强度为 50 MPa。电阻率：正常为 10^{-4} Ω·cm，海水浸 1 个月为 10^{-4} Ω·cm。主要用于金属材料的导电胶接。也用于印刷电路板的黏接与修补。

（7）配方七所得产品性能

固化条件：60 ℃、0.05 MPa 固化 5 h；电阻率为 $(1 \sim 2) \times 10^{-3}$ Ω·cm。铝剪切强度：20 ℃ 时为 10 MPa，120 ℃ 时为 11 MPa。铜剪切强度：20 ℃ 时为 10 MPa，120 ℃ 时为 11 MPa。铝不均匀扯离强度大于 100 N/cm。主要用于黏接电子管导电密封石墨银电极。

（8）配方八所得产品性能

固化条件：接触压，常温、5 天或 60 ℃、5 h。电阻率：常温固化 $(1 \sim 5) \times 10^{-3}$ Ω·cm，60 ℃ 固化 $10^{-4} \sim 10^{-3}$ Ω·cm。铝剪切强度：常温固化 ≥8 MPa，60 ℃ 固化 ≥10 MPa。该导电胶为 DAD-2 胶，也称铁锚 401 胶黏剂，主要用于电子器件的黏接。

（9）配方九所得产品性能

该配方为 DAD-3 胶黏剂。固化条件：160 ℃、0.05～0.10 MPa、2～3 h。电阻率为 10^{-4} Ω·cm。铝剪切强度：20 ℃ 时大于 15 MPa，120 ℃ 时大于 10 MPa。黄铜剪切强度＞15 MPa，紫铜剪切强度＞12 MPa。铝不均匀扯离强度＞200 N/cm。主要用于黏接大波导法兰、石英晶体引线和压电陶瓷黏接。

（10）配方十所得产品性能

m（A）:m（B）:m（C）＝60.00:0.48:40.00，先将甲组分混合均匀，再加入乙丙组分，得到 DAD-4 胶。

固化条件：49 kPa，80 ℃ 固化 1 h，再在 130 ℃ 固化 4 h。铝合金剪切强度：室温＞13.0 MPa，150 ℃ 时＞8 MPa，200 ℃ 时＞8 MPa。不均匀扯离强度（室温）＞100 N/cm。可用于无线电工业导电黏接，耐热性高。

（11）配方十一所得产品性能

依次称量加入混合，均质后得 DAD-5 胶。在 50 kPa 下，100 ℃ 固化 8 h。抗剪强度（铝）：室温时 ≥15.0 MPa，200 ℃ 时＞10.0 MPa。不均匀扯离强度（室温）≥150 N/cm。用于电子元件的导电部位黏接，代替锡焊和银钎焊，耐老化及耐介质性能好。

（12）配方十二所得产品性能

固化条件：80 ℃ 预热 0.5 h；49 kPa、160 ℃ 固化 3 h。剪切强度（铝合金）为

30 M～35 MPa；不均匀扯离强度为 320 N/cm。用于各种电子仪表部件的黏接及仪表组装。使用温度-60～100 ℃，该配方为 DAD-7 胶。

(13) 配方十三所得产品性能

固化条件：60 ℃ 固化 1 h，150 ℃ 固化 2 h。电阻率：$(2～5)×10^{-4}$ Ω·cm。铝剪切强度：20 ℃ 为 15 MPa，100 ℃ 为 10 MPa。主要用于铜、铝、波导元件的黏接。该配方为 3011 导电胶黏剂。

(14) 配方十四所得产品性能

固化条件：80 ℃ 固化 1 h，后再在150 ℃固化2～3 h。电阻率为 $10^{-4}～10^{-3}$ Ω·cm。剪切强度：黄铜（62 号）25.8 M～27.3 MPa，铝合金 27 M～30 MPa。不均匀扯离强度：黄铜180～250 N/cm，铝合金220～310 N/cm。该配方为 711 导电胶。主要用于铜、铝及合金的导电黏接。

(15) 配方十五所得产品性能

固化条件：80 ℃ 固化 3 h后，再在 115 ℃ 固化 1 h。电阻率：$(4.5～5.7)×10^2$ Ω·cm。铝合金剪切强度：-40 ℃ 时＞10 MPa，20 ℃ 时＞10 MPa，120 ℃ 时＞12 MPa。该配方为 HXJ-13 导电胶，主要用于黏接电子器件。

(16) 配方十六所得产品性能

固化条件：100 ℃ 固化 2 h，然后在 140 ℃ 固化 2 h；电阻率为 $3×10^2$ Ω·cm。铜剪切强度：20 ℃ 时＞4 MPa，150 ℃ 时＞3 MPa，-40 ℃ 时＞3 MPa。该配方为 HXJ-23 导电胶。用于耐热器件非结构定位的黏接。

(17) 配方十七所得产品性能

固化条件：常温下固化 24 h；电阻率为 $(2～5)×10^{-3}$ Ω·cm；铝剪切强度为 10 MPa。该配方为 303 导电胶黏剂，可用于 100 ℃ 以下电子元件的导电黏接。

(18) 配方十八所得产品性能

固化条件：165 ℃、0.1 M～0.3 MPa 固化 1～2 h，电阻率：$(2.4×10^{-4})～(2.4×10^{-3})$ Ω·cm。铝剪切强度：20 ℃ 时为 26.3 MPa，100 ℃ 时为 14.3 MPa。铝不均匀扯离强度为 420 N/cm，该配方为 305 导电胶黏剂，主要用于-60～120 ℃ 温度下金属件导电黏接。

(19) 配方十九所得产品性能

固化条件：45 ℃ 固化 72 h，或 80 ℃ 固化 6 h，或 120 ℃ 固化 3 h。电阻率 120 ℃ 时为 $2×10^{-4}$ Ω·cm，80 ℃ 时为 $5×10^{-4}$ Ω·cm，45 ℃ 时为 $1×10^{-3}$ Ω·cm。耐热性为 80 ℃，120 ℃时剪切强度为 17.1 MPa。该配方为 DY-10 导电胶，主要用于钛酸钡压电晶体、印刷电路波导和碳刷的黏接。

(20) 配方二十所得产品性能

固化条件：80 ℃ 固化 3.5 h，或 100 ℃ 固化 2.5 h。电阻率为 $(1～4)×10^{-4}$ Ω·cm。铝剪切强度＞16 MPa。该配方为环氧银粉导电胶，用于电子器件黏接。

(21) 配方二十一所得产品性能

固化条件：120 ℃ 固化 2 h，电阻率为 $(3～5)×10^{-3}$ Ω·cm。铝合金剪切强度为 11 M～14 MPa，紫铜剪切强度为 11.0 M～13.5 MPa。该配方为 901 导电胶，主要用于金属件的导电黏接。

（22）配方二十二所得产品性能

固化条件：室温下 2 d；或 80 ℃ 时 4.5 h。铝合金剪切强度：室温为 8 M～9 MPa，80 ℃ 为 10 M～12 MPa。黄铜剪切强度：室温为 8 M～10 MPa，80 ℃ 为 14 M～15 MPa。黄铜拉伸强度为 9 M～10 MPa。耐温变性：－80～150 ℃ 交变 3 次，强度不变。该配方为 902 导电胶，主要用于仪表的导电黏接。

3. 参考文献

[1] 郑涛，王洪，杨旭明. 银粉-环氧树脂导电胶的研制 [J]. 塑料工业，2016，44（1）：133-136.

[2] 王刘功. 高导电性银粉导电胶的制备及低成本化研究 [D]. 株洲：湖南工业大学，2012.

第六章　影像用化学品

影像用化学品主要分为两大类，一类是感光材料，另一类是影相冲洗加工用化学品。感光材料是一类特殊的化学品，在光的照射下，感光材料吸收光能，引起化学反应或物理变化，这些变化经过一定的加工处理得到固定的影像。感光材料在科学、文化、教育和国防等各领域得到广泛应用。感光材料又可分为乳剂用化学品、成色剂及功能性成色剂、增感染料、助剂。冲洗加工用化学品主要用于配制冲洗用的显影剂、漂白定影剂、稳定剂等。

6.1　氯化银

氯化银（Silver chloride；Gerargyrite）分子式 AgCl，相对分子质量 143.321。

1. 产品性能

白色粉末，遇光变黑，溶于氨水、氰化钾、硫代硫酸钠溶液，不溶于水、乙醇或稀酸。相对密度为 5.56，熔点 455 ℃，沸点 1550 ℃，折光率 2.701。

2. 生产方法

硝酸银与盐酸或氯化铵反应，经精制得光谱纯氯化银。

$$AgNO_3 + HCl \rightleftharpoons AgCl\downarrow + HNO_3,$$

或

$$AgNO_3 + NH_4Cl \rightleftharpoons AgCl\downarrow + NH_4NO_3.$$

3. 生产工艺

（1）盐酸法

将 1000 g 试剂一级硝酸银放入 2500 mL 的烧杯中，加 1300 mL 电导水使其溶解，用砂芯漏斗过滤。将滤液移入烧杯内，于电炉上加热蒸发，直到烧杯壁上有一层薄的 $AgNO_3$ 结晶出现为止。待冷却后，用离心机甩干结晶，置于烘箱内烘干，得 690 g 光谱纯硝酸银（母液还可回收再用）。

在暗室中，将上述重结晶得到的 552 g 硝酸银放入 640 mL 电导水中溶解。然后搅拌下加入 112 mL 高纯盐酸，得白色 AgCl 沉淀。吸滤，用电导水洗涤多次，使 NO_3^- 全部除去为止。最后于 70 ℃ 烘干，得高纯氯化银。

（2）氯化铵法

将光谱纯的硝酸银溶于电导水中，往滤液中缓慢加入 25% 的高纯氯化铵溶液，在滴加时要不断搅拌，使白色沉淀物缓慢析出，当再不析出沉淀时，停止加氯化铵，并置于暗处（暗室进行）使沉淀沉降。倾弃清液，加入 400 mL 电导水，搅拌，在砂芯漏斗中过滤，用电导水洗涤几次，将结晶于真空干燥箱中在 70～80 ℃ 、（50～60）×

133.3 Pa 下烘干。将成品用黑纸包好装在棕色试剂瓶中保存。

4. 产品标准

干燥失重	≤0.1%
可溶失重	≤0.1%
硝酸根（NO_3^-）	≤0.001%
硫酸盐（SO_4^{2-}）	≤0.002%
阳离子	符合光谱规定
氨水中溶解试验	合格

注：该产品标准为光谱纯级产品标准。

5. 产品用途

用于照相业、电镀业和光谱分析中。

6. 参考文献

[1] 刘龙江，黄遥，唐芳，等. 室温化学沉淀法合成纳米氯化银及其表征 [J]. 材料
    导报，2013，27（S2）：28-30.

6.2 硝酸银

硝酸银（Silver nitrate）分子式 $AgNO_3$，相对分子质量 169.873。

1. 产品性能

无色透明块状结晶，或白色小结晶，有毒，有腐蚀性，溶于水、乙醇，较易溶于
氨水；微溶于醚、甘油。在纯净干燥空气中稳定，但如含有有机物时则变黑。在
444 ℃ 时分解为银、氧、氮及氮的氧化物。加热至 450 ℃ 时，分解成银、二氧化氮
和氧，与水或乙醇的溶液呈中性反应。相对密度为 4.352（19 ℃），熔点 212 ℃。

2. 生产方法

银与硝酸反应得硝酸银。

$$4Ag + 6HNO_3 \Longrightarrow 4AgNO_3 + NO\uparrow + NO_2\uparrow + 3H_2O。$$

3. 工艺流程

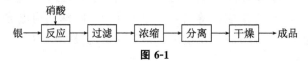

图 6-1

4. 生产配方（kg/t）

银（99.5%）	639
硝酸（98%）	660

5. 生产工艺

（1）工艺一

将银放入反应釜，先加入适量的水，再分批加入约 65% 的硝酸，当酸加完后加热，当 pH 至 3～4 时，出料入贮罐，并加水稀释至 20%～30%，静置 16 h，然后过滤。

滤液用硝酸酸化 pH 至 4.5 左右，抽入蒸发器，蒸发至液面起膜即可，然后放入结晶器内静置结晶 16 h 以上。结晶离心脱水，并用少量冷水洗涤，再送入烘房在 90～100 ℃ 烘 4 h 即得成品。母液循环使用。

（2）工艺二（试剂级产品）

将 86 mL 67% 的硝酸与 90 mL 水混合稀释，加热至 50 ℃，得稀硝酸溶液。将 120 g 银屑缓慢加入稀硝酸溶液中，待银全溶后，过滤。滤液蒸发至表面出现结晶膜，冷却析晶，抽滤，冰水洗涤 2 次。母液和洗液合并循环使用或蒸发析晶。于 110 ℃ 烘干，于棕色瓶中贮存。

（3）工艺三（无污染法）

将银屑加入耐压（4.5 MPa）耐酸反应器中，压入浓度 200 g/L 的硝酸溶液。投料比为 m（Ag）：m（HNO$_3$）＝1：4。然后通入压力为 0.3 MPa 的氧气，加热升温，于 50～70 ℃ 保温反应 4 h。反应结束，将料液过滤，滤液经蒸发浓缩，冷却结晶，过滤分离，烘干，得硝酸银。

本法在氧气和压力存在下，银与硝酸反应生成的 NO、NO$_2$ 转变为硝酸，达到无 NO$_x$ 逸出。故称无污染法。

（4）工艺四（高纯产品）

将纯度为 99.95% 的银屑放入溶解器内，在 74 ℃ 下喷入 45% 的硝酸，同时通入氧气得 AgNO$_3$。生成的 AgNO$_3$ 流入辅助塔，过量的硝酸可和反应器中的银反应。生成的 NO 被氧氧化为 NO$_2$，排出的气体在洗涤器内用水洗涤，即得稀 HNO$_3$，将回收的稀 HNO$_3$ 与浓 HNO$_3$ 混合，可再用于银的溶解。这种方法可以降低成本，并避免氧化氮进入空气而污染环境。

从辅助塔流出的 AgNO$_3$ 溶液内含有悬浮的银粒，可用筛滤分离，对于 AgNO$_3$ 溶液中含的 Cu、Fe、Si、Mg、Ca、Pb、Sn 等杂质，可在串联的容器内加入氧化银使溶液的 pH 升至 5.8～6.1，则上述杂质即成氢氧化物沉淀进行分离。容器内装紫外线辐射器，可将铂及其他贵金属还原。将硝酸银溶液过滤，滤液通过一个氧化铝塔，可从溶液中除去痕量 Pb、Cu 及其他杂质。浓缩析晶，离心分离，用电导水喷雾洗涤。将晶体溶于水制成 70% 的溶液，过滤后冷却结晶，于 21 ℃ 下缓慢进行摇动，以便得到大小符合要求的结晶，离心，在旋转式干燥器中干燥，得到纯度为 99.999 9% 的硝酸银。

（5）工艺五（工业法）

将银块用蒸馏水冲洗，除去表面污物，置于反应器中。先加蒸馏水，再加浓硝酸，使硝酸含量为 60%～65%。此时要控制加酸速度，保证反应速率平稳。为了降低硝酸消耗，在反应过程中保持金属银过量。当硝酸加完后，在夹套中通蒸汽加热至 100 ℃ 以上，蒸汽压维持 0.2 MPa，2～3 h 使氧化氮气体逸出。逸出的氧化氮气体在吸收塔内用纯碱溶液吸收。

然后将上述反应液抽入贮槽，用蒸馏水冲稀至密度为 $4.6\sim4.7\ g/cm^3$，冷却静止，过滤除去硫酸银、硝酸铋等杂质。

将过滤后的清液送入蒸发器，在保持溶液 pH 在 1 左右的情况下减压蒸发。此时如酸度过低，会造成结晶发暗、发黏，出现水不溶物等现象。溶液蒸发至液面出现结晶膜后，放入结晶器，静置、冷却结晶 $16\sim20\ h$。

结晶析出的晶体经离心分离后，用少量水洗涤，然后在 90 ℃ 下干燥 $2\sim3\ h$，即得硝酸银成品。

6. 说明

①分离母液与洗涤水送回蒸发器，循环使用。母液中含有金属杂质（Fe、Bi、Cu、Pb 等），当循环使用数次后，母液发浑，颜色呈墨绿色，表示杂质过多，可采用熔融法处理。熔融法处理：将母液蒸干后，在 400 ℃ 下加热熔融，以除去全部游离的 HNO_3。冷却后加蒸馏水，调节溶液 pH 至 $4\sim5$，使上述金属杂质以碱式盐形式沉淀，经澄清、过滤，得硝酸银溶液，并入反应液中，一起蒸发。

②含银废液可用工业盐酸处理，沉淀出氯化银，再用铁粉还原，然后焙炼成银块，作原料使用。

③硝酸银与乙炔反应生成乙炔银，在干燥条件下，受轻微摩擦就发生爆炸，故设备维修时严禁电石糊或乙炔气带入车间。此外，硝酸银是有氧化作用，用过的滤纸，遇火极易燃烧，需妥善保管。

④皮肤接触硝酸银见光后会变黑，故操作时要戴好防护用具。

7. 产品标准

（1）产品规格

	工业级	照相级
硝酸银	≥99.5	≥99.8000%
水不溶物	≤0.0050%	≤0.0050%
氯化物（Cl^-）	—	≤0.0005%
硫酸盐（SO_4^{2-}）	≤0.005%	≤0.0040%
铜（Cu）	合格	≤0.0005%
铋（Bi）	合格	≤0.0010%
铅（Pb）	合格	≤0.0005%
铝（Al）	—	0.0010%
铁（Fe）	≤0.0010%	0.0001%

（2）高纯品规格

含量	≥99.99%
水不溶物	≤5×10^{-3}%
氯化物（Cl^-）	≤5×10^{-4}%
硫酸盐（SO_4^{2-}）	≤2×10^{-3}%
锰（Mn）	≤1×10^{-4}%

铬（Cr）	$\leqslant 1\times 10^{-4}\%$
钙（Ca）	$\leqslant 5\times 10^{-5}\%$
铁（Fe）	$\leqslant 5\times 10^{-4}\%$
镁（Mg）	$\leqslant 5\times 10^{-4}\%$
铝（Al）	$\leqslant 5\times 10^{-4}\%$
铜（Cu）	$\leqslant 1\times 10^{-4}\%$
锌（Zn）	$\leqslant 1\times 10^{-4}\%$
砷（As）	$\leqslant 1\times 10^{-4}\%$

8. 产品用途

在感光工业生产中用于制造 X 光照相底片、电影胶片和照相胶片等；在电子工业生产中用来制备新型气体净化剂、导电黏结剂、AgX 分子筛等。还用于生产银锌电池、电子元件及工艺品镀银、腐蚀剂、杀菌剂，也作分析试剂和其他银盐的原料。

9. 参考文献

[1] 余元清，王强，祝志勇，等. 硝酸银生产工艺改进研究及效果 [J]. 船电技术，2016，36（8）：63-64.

[2] 杨积福，左永伟. 照相用硝酸银生产工艺技改实践 [J]. 广东化工，2015，42（15）：130-131.

6.3　溴化银

溴化银（Silver bromide）分子式 AgBr，相对分子质量 187.78。

1. 产品性能

浅黄色粉末，见光色变暗，密度为 6.473 g/cm³。熔点 432 ℃，1300 ℃ 以上分解。不溶于水、醇和多数酸中，溶于氰化钾、硫代硫酸钠及氯化钠等溶液。微溶于氨水和哌啶中。

2. 生产方法

溴化钾与硝酸银反应，生成溴化银沉淀。

$$AgNO_3 + KBr =\!=\!= AgBr\downarrow + KNO_3。$$

3. 工艺流程

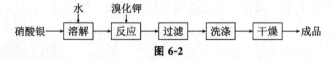

图 6-2

4. 生产配方（质量，份）

硝酸银（AgNO₃）	544
溴化钾（KBr）	400

5. 生产工艺

先将硝酸银溶液置于反应器中，加热至 50～60 ℃，然后在不断搅拌下缓慢加入溴化钾溶液，加入溴离子的量应使银沉淀完全为限。析出的沉淀过滤后，用水洗涤，在暗处干燥。再将其溶解于硝酸汞溶液中，冷却后即得溴化银结晶。

全部操作应在暗室或红光下进行。

6. 产品标准

含量（AgBr）	≥99.5%
水溶物	≤0.2%
硫代硫酸钠溶液溶解试验	合格
硝酸盐	合格

7. 产品用途

用于照相制版、电镀工业，还用作分析试剂。

6.4 碘化银

碘化银（Silver iodide）分子式 AgI，相对分子质量 344.77。

1. 产品性能

碘化银为亮黄色无臭微晶形粉末，有 α-碘化银、β-碘化银、γ-碘化银 3 种变体：自室温下至 137 ℃ 形成黄色立方晶系硫化锌型晶格的 γ-碘化银；温度在 137～146 ℃，形成黄绿色的具有六方晶系结构的 β-碘化银；温度高于 146 ℃ 至熔点（555.5 ℃），形成稳定的具有立方晶系的不规则结构的 α-碘化银，它具有良好的导电性。

碘化银无论是固体还是液体都有感光性，可感受从紫外线至约 480 mm 波长的光线。在光的作用下，分解成极小颗粒的"银核"，而逐渐变为带绿色的灰黑色。不溶于水和稀酸；微溶于氨水，和浓氨水一起加热时，由于形成碘化银-氨配合物结晶体，而转变为白色；易溶于碘化钾、氰化钾、硫代硫酸钠溶液和热硝酸中。

2. 生产方法

在暗室或红外光下，碘化钾与硝酸银反应生成碘化银沉淀。

$$KI + AgNO_3 \longrightarrow AgI\downarrow + KNO_3。$$

3. 工艺流程

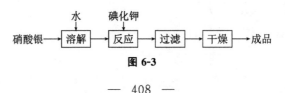

图 6-3

4. 生产配方（kg/t）

硝酸银（99.5%）	80
碘化钾 [w（Cl^-）<0.1%]	76

5. 生产工艺

在暗室或红外光下，将 50 g 硝酸银溶于 50 mL 水并加热到 50 ℃，另取 47.5 g KI 溶于 95 mL 水并加热至 50 ℃，趁热加至热的硝酸银溶液中，反应生成黄色碘化银沉淀。过滤，沉淀用水洗涤后，置于水浴上干燥，装入棕色瓶中。

工业工艺：将密度为 4.1 g/cm³ 的碘化钾溶液（所用碘化钾含氯量不得大于 0.1%）置于反应器中，其体积约为容器总体积的 1/3，缓慢加入密度为 4.1~4.2 g/cm³ 的硝酸银溶液（所用硝酸银含量不低于 99.5%），边加边剧烈搅拌，直至碘化钾溶液稍微过量（过量为 3% 左右）为止，此时生成大量黄色碘化银沉淀。将生成的碘化银沉淀静置几小时，过滤，再用蒸馏水洗涤，然后放入离心机内离心脱水，在低于 70 ℃ 的烘箱中干燥，即得成品。

6. 产品标准

	分析纯	化学纯
碘化银	≥99.5%	99.5%
水溶液反应	合格	合格
水溶物	≤0.025%	≤0.050%
氯化物	≤0.05%	≤0.100%
铜（Cu）	合格	合格

7. 产品用途

感光工业中，碘化银和溴化银混合可制造照相感光乳剂。在人工降雨中，用作冰核成形剂，能防雹、防霜冻、防雪、防风暴，甚至还可以防台风。电池工业中可用作热电电池的原料。

6.5　溴化钾

溴化钾（Potassium Bromide）分子式 KBr，相对分子质量 119.00。

1. 产品性能

白色结晶粉末，相对密度（d_4^{25}）2.75，熔点 730 ℃，沸点 1435 ℃。溶于水和甘油，微溶于乙醇和乙醚。稍有吸湿性。无臭。有咸味，微苦。见光易变黄。水溶液呈中性。

2. 生产方法

（1）尿素法

碳酸钾或氢氧化钾溶于水，在 50~60 ℃ 时加入尿素，溶解后缓慢通入溴素，即得溴化钾。

$$3K_2CO_3 + CO(NH_2)_2 + 3Br_2 = 6KBr + 4CO_2 \uparrow + N_2 \uparrow + 2H_2O$$
$$6KOH + CO(NH_2)_2 + 3Br_2 = 6KBr + CO_2 \uparrow + N_2 \uparrow + 5H_2O$$

（2）溴化铁法

溴与铁反应生成溴化铁，然后与碳酸钾反应，得溴化钾。

$$3Fe + 4Br_2 = 2FeBr_3 + FeBr_2$$
$$2FeBr_3 + FeBr_2 + 4K_2CO_3 + 4H_2O = 8KBr + 2Fe(OH)_3 \downarrow + Fe(OH)_2 \downarrow + 4CO_2 \uparrow$$

3. 工艺流程

（1）尿素法

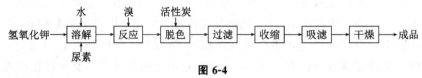

图 6-4

（2）溴化铁法

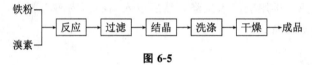

图 6-5

4. 生产配方（质量，份）

（1）尿素法

尿素	140
氢氧化钾	600
溴素	820

（2）溴化铁法

溴素（≥98%）	680
铁屑	180
碳酸钾（≥98%）	600

5. 生产工艺

（1）尿素法

将氢氧化钠溶于热水，加入尿素，在不断搅拌下缓慢注入液溴，开始流量较大，逐渐减小，在接近反应终点时流量变为更小。控制温度在 80 ℃ 左右，pH 至 6～7 时，反应达终点，停止加溴。如溶液有溴酸盐，可用氢溴酸调 pH 至 2，再用尿素、氢氧化钾调 pH 至 6～7；如有硫酸盐，将溶液加热至沸，加入溴化钡饱和溶液，检验 SO_4^{2-} 合格，溶液清亮，否则通氨气调节 pH 至 9～10。

在反应物料中加入活性炭，搅匀，静置 4～6 h。过滤，滤液浓缩，并维持溶液 pH 至 6～7。析晶（母液可循环使用），经干燥得成品。可进一步重结晶后，将其先用 95% 的乙醇洗涤，再用乙醚洗涤，空气中晾干后，于 115 ℃ 干燥 1 h，粉碎，再于真空烘箱内于 130 ℃ 干燥 4 h，即得试剂（照相）级产品。

（2）溴化铁法

将铁屑装入衬玻璃的容器中，通入溴与铁反应，添加适量的水，并持续到反应完成为止。将生成的溴化钾溶液送至塑料反应器。在搅拌下把碳酸钾滴加到塑料反应器内的溴化钾溶液中，再将反应液过滤，并把滤液送至玻璃衬反应器中进行加热（玻璃反应器是放在沙浴上加热的）。直到溶液开始析出结晶。静置 8～10 h，再通过离心机将溴化钾结晶物与母液分离，结晶物立刻封装。为进一步提纯可用蒸馏水于 0～100 ℃ 重结晶。晶体先用 95% 的乙醇洗涤，随后再用乙醚洗涤，并在空气中干燥，再于 115 ℃ 加热 1 h，粉碎，最后于 120～130 ℃ 真空干燥 3～4 h。

6. 产品标准（照相级）

含量	≥99.0%
水溶液反应	合格
澄清度试验	合格
水不溶物	≤0.005
氯化物（Cl^-）	≤0.2
溴酸盐（BrO_3^-）	≤0.001
碘化物（I^-）	≤0.005
氮化物（以 N 计）	≤0.001
硫酸盐（SO_4^{2-}）	≤0.002
钠（Na）	≤0.02
钙（Ca）	≤0.002
镁（Mg）	≤0.005
铁（Fe）	≤0.002
重金属（以 Pb 计）	≤0.0002
钡（Ba）	≤0.0002

7. 产品用途

照相工业用于乳剂制备及显影剂，还用于雕刻及石印、制特种肥皂，也用作分析试剂，医药上用作神经镇静剂。

6.6　溴化锂

溴化锂（Lithium bromide）分子式 LiBr，相对分子质量 86.845；二水合物 $LiBr \cdot 2H_2O$，相对分子质量 122.875。

1. 产品性能

白色晶体或粒状粉末，相对密度 3.464，熔点 550 ℃，极易潮解，易溶于水、乙醇和乙醚，热的溴化锂溶液可溶解纤维。

2. 生产方法

（1）中和法

氢氧化锂与氢溴酸发生中和反应，生成溴化锂。该法常用于试剂制备。

$$LiOH + HBr \longrightarrow LiBr + H_2O$$

（2）溴化铁法

溴与铁反应生成溴化铁，将碳酸锂与溴化铁作用，得到溴化锂。

$$3Fe+4Br_2 \longrightarrow 2FeBr_3+FeBr_2,$$

$$2FeBr_3+FeBr_2+4K_2CO_3+4H_2O \longrightarrow 8KBr+2Fe(OH)_3\downarrow+Fe(OH)_2\downarrow+4CO_2。$$

（3）碳酸锂法

碳酸锂与氢溴酸发生复分解反应，生成溴化锂。该法常用于试剂制备。

$$Li_2CO_3+2HBr \longrightarrow 2LiBr+H_2O+CO_2\uparrow$$

（4）尿素还原法

在尿素存在下，液溴与碳酸锂反应生成溴化锂。

$$3Br_2+3Li_2CO_3+CO(NH_2)_2 \longrightarrow 6LiBr+2H_2O+N_2\uparrow+4CO_2\uparrow。$$

3. 工艺流程

（1）中和法

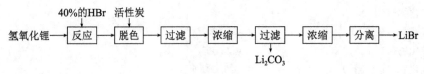

图 6-6

（2）溴化铁法

图 6-7

（3）复分解法

图 6-8

（4）尿素还原法

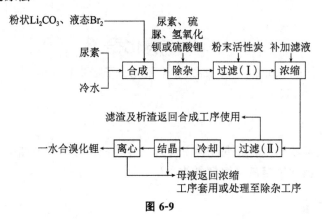

图 6-9

4. 生产配方（kg/t）

（1）中和法

氢氧化锂	400
氢溴酸（HBr，40%）	2000

（2）溴化铁法

溴素（≥99.9％）	1300
铁屑	750
碳酸锂	630

（3）复分解法

碳酸锂	280
氢溴酸（HBr，45％）	1520

（4）尿素还原法

尿素［CO（NH$_2$）$_2$，100％计］	199
碳酸锂（100％计）	1596
溴素（≥99％）	763

5. 生产工艺

（1）中和法

将 200 kg 40％的氢溴酸置于反应器中，然后逐渐加入 40 kg 氢氧化锂，发生中和反应，pH 至 5.0 左右。向反应液中加入少许硫酸锂，以除去钡；如果硫酸盐过量，则加入溴化锂（将氢氧化钡作用于氢溴酸而得）除去。最后溶液的 pH 仍为 5.0。加入活性炭脱色，过滤。滤液浓缩。在浓缩过程，首先出现混浊是碳酸锂（溶解度较小），过滤后进一步浓缩至 190～195 ℃，冷却，搅拌、结晶、离心分离，得一水合溴化锂，立即包装。

（2）溴化铁法

将 7.5 kg 铁屑置于陶瓷反应器中，加入 75 L 水，再缓慢加入 13 kg 溴素。反应开始后，用长型温度计控制温度在 70 ℃。温度过高，反应猛烈，则使溴素难于沉入水的底部与铁屑作用，以致溴素逸失。因而，必须认真控制溴素的加入速度，以保持反应温度不超过 70 ℃。加入溴素后，继续放置使反应进行完全。反应完毕，溴化铁溶液呈绿色，过滤。

将制得的溴化铁溶液置于搪瓷反应器中，加热，分批加入 6.3 kg 碳酸锂，搅拌使反应完全。过滤，滤液呈无色透明。滤渣洗涤后过滤。两种滤液合并，浓缩至表面似有结膜。冷却，结晶，离心分离得一水溴化锂。

（3）复分解法

将 280 g 碳酸锂投入反应器，加入 200 mL 水加热，在搅拌下缓慢加入 1520 g 45％的氢溴酸。反应有大量二氧化碳逸出，因此应防止反应液逸出。按常规法除去钙、镁、钡及硫酸盐杂质，过滤。滤液浓缩至有少量结晶出现时，冷却析晶，分离得一水溴化锂。

（4）尿素还原法（生产工艺）

在溶解槽中，不断搅拌下分批少量地将粉末碳酸锂加入冷的溴水中至饱和为止，再将剩余尿素全部加入，然后用泵把料液打入反应器中，缓慢通入液溴。开始时通溴量稍大一些，以后逐渐减小。当料液 pH≤3.0 时（开始有溴蒸气从液面逸出的瞬间）就应及时停止通溴。并分次少量地补加碳酸锂进行中和至 pH＝3.0～5.0，直至通溴结束。

加完碳酸锂后，将料液由 60 ℃ 升温至 80 ℃，调节 pH 至 5.0，无变化后即为反应终点。停止通溴和搅拌。取样进行杂质检查，再进行除杂处理，除去液溴（用尿素）、溴酸盐（用硫脲）、硫酸根（用氢氧化钡）或钡离子（用硫酸锂），最后控制 pH 至 5.0。

将上述净化的料液在快速搅拌下加入少量粉状活性炭进行脱色，然后过滤。滤液打入浓缩罐浓缩。当浓缩到溴化锂浓溶液的液温升高至 190～195 ℃ 时即达终点（在此前 1 h 停止加滤液，若浓缩过程中出现混浊物，则用捞晶法除去）。趁热放料进行过滤，以除尽不溶性杂质。滤液经冷却、搅拌、结晶、离心分离，得一水溴化锂，立即封装得成品。

6. 产品标准

外观	白色立方晶体或均匀状粉末
含量（以 $LiBr \cdot H_2O$ 计）	＞98.60％
碱度	符合标准
氯化物	＜0.01％
硫酸盐	＜0.02％
溴酸盐	符合检查标准
重金属（以 Pb 计）	＜0.001％
砷盐	＜0.000 01％

7. 产品用途

一种高效水蒸气吸收剂和空气湿度调节剂。54％～55％的溴化锂用作吸收式制冷剂，是氟利昂的换代产品。有机合成中用作 HCl 的脱除剂、医药上用作催眠剂和镇静剂。有机纤维（羊毛等）的膨胀剂。也用于照相、高级电池的电解质、化学试剂等。

8. 参考文献

[1] 白有仙. 尿素法制备无水溴化锂工艺研究 [J]. 江西化工，2017 (1)：62-63.

6.7　溴化锌

溴化锌（Zinc Bromide）分子式 $ZnBr_2$，相对分子质量 225.19。

1. 产品性能

无色、光亮的针状结晶，斜方晶系，有潮解性。相对密度 4.219，熔点 394 ℃，沸点 650 ℃。升华。水中溶解度：0 ℃ 时 390 g/100 mL，100 ℃ 时 670 g/100 mL。易溶于乙醇、乙醚、氨水，其水溶液在 37 ℃ 以上得无水盐，在 37 ℃ 以下得二水盐。在浓溶液中能产生复盐 $Zn(ZnBr_4)$。

2. 生产方法

（1）单质锌法

单质锌与溴或氢溴酸反应，生成溴化锌。

$$Zn+Br_2 =\!\!=\!\!= ZnBr_2,$$

或

$$Zn+2HBr =\!\!=\!\!= ZnBr_2+H_2\uparrow。$$

（2）氧化锌法

氧化锌与氢溴酸发生中和反应，生成溴化锌。

$$ZnO+2HBr =\!\!=\!\!= ZnBr_2+H_2O$$

3. 工艺流程

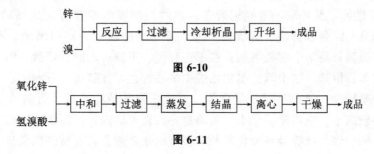

图 6-10

图 6-11

4. 生产配方（质量，份）

（1）单质锌法

锌（≥99%）	66
溴（100%计）	162

（2）氧化锌法

氧化锌（≥99.4%）	350
氢溴酸（≥50%）	750

5. 生产工艺

（1）单质锌法

将 66 g 纯锌与过量的溴水反应，反应过程注意冷却。反应完毕反应物因含过量溴呈红色。用装有石棉的漏斗过滤后，在水浴上加热，使溴挥发（在通风柜进行），得无色溶液。冷却至 0 ℃，析晶。结晶分离后在二氧化碳气流中升华一次，可得极纯的溴化锌。

（2）氧化锌法

将 50% 的氢溴酸加入带有搅拌器的反应器中，将蒸气连续导入反应器中的蛇管，以使酸溶液温度提高到 75～80 ℃。在不断搅拌下，把氧化锌缓慢加到热氢溴酸中，氢溴酸完全中和后反应液进行过滤。滤液经蒸发，浓缩而析出结晶，冷却得到溴化锌晶体。经离心分离，母液返回蒸发器循环再用。晶体升华提纯，得到无水高纯溴化锌。

6. 产品用途

用于照相业和制药工业。

6.8 碘

碘（Iodine）分子式 I_2，相对分子质量 253.81。

1. 产品性能

紫黑色鳞晶或片晶，有金属光泽。相对密度 4.93，熔点 113.5 ℃，沸点 184.35 ℃。性脆，易升华，蒸气呈紫色。碘对光的吸收带在可见光谱的中间部分，故透射的光只是红色和紫色。碘微溶于水，溶解度随温度升高而增加，不形成水合物；难溶于硫酸；易溶于有机溶剂；在不饱和烃、甲醇、乙醇、乙醚、丙酮、吡啶中呈褐色，在苯、甲苯、二甲苯、溴化乙烷中呈褐红色，在氯仿、石油醚、二硫化碳或四氯化碳中呈紫色；碘也易溶于氯化物、溴化物及其他盐溶液；更易溶于碘化物溶液，形成多碘离子。液碘微溶于水。液碘是一种良好溶剂，可溶解硫、硒、铵和碱金属碘化物、铝、锡、钛等金属碘化物及许多有机化合物。具有特殊刺激臭，有毒！

2. 生产方法

碘的生产方法受原料影响很大。以海藻为原料，有浸出法、灰化法、干馏法、发酵法。除浸出法外，其他各法多已淘汰。从海藻浸出液提碘，现都用离子交换法。从石油井水、地下卤水提碘，有离子交换法、空气吹出法、活性炭法、沉淀法（铜法和银法）、淀粉法及有机溶剂萃取法。目前工业生产主要采用离子交换法和空气吹出法。

（1）离子交换法

将料液（如以海藻为原料，需经浸泡，取浸泡液）加酸，通氯氧化，在离子交换柱中吸附，然后解吸、碘析、精制得成品碘。

$$2I^- + Cl_2 \xrightarrow{H^+} I_2 + 2Cl^-$$

（2）空气吹出法

将料液酸化，通入氯气，使碘盐氧化游离，同时吹入空气，将游离碘吹出。吹出的碘用二氧化硫吸收，然后通氯使碘游离，再经精制得成品碘。

粗碘的精制有升华法、熔融法和蒸气蒸馏法。升华法是将粗碘加热，在不高于 113.6 ℃ 下，使碘蒸气冷凝，即得较大颗粒结晶碘；蒸汽蒸馏法是以过热水蒸气通过粗碘层，使碘升华，冷凝收集于 50 ℃ 以下的水中，然后冷却结晶，过滤而得纯碘；熔融法是将粗碘在浓硫酸中熔融，冷却结晶，即得精碘。此法耗酸较多，但简单易行。

3. 工艺流程

（1）离子交换法

图 6-12

（2）空气吹出法

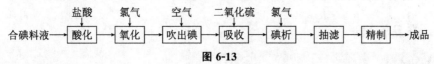

图 6-13

4. 生产配方（kg/t）

（1）离子交换法

海带	311 000
液氯（99%）	1020
焦亚硫酸钠（≥61%）	700
亚硝酸钠	240
硫酸（98%）	16 000
氯酸钾	170

（2）空气吹出法

含碘料液（制盐母液）	3680
液氯（≥99%）	2250
二氧化硫（SO_2，99%）	640
硫酸	22 070

5. 生产工艺

（1）离子交换法

将海带加其量 13～15 倍的水浸泡，浸泡一遍水含碘量在 0.3 g/L 以上，如浸泡两遍，则碘含量可达 0.50～0.55 g/L。浸泡水由于含有大量褐藻糖胶和其他杂质，影响联产品甘露醇的提取，故需加碱除去。碱液含量为 36%～40%。加碱后充分搅拌，使 pH 至 12，澄清 8 h 以上。上部清液用泵打入酸化槽，加酸酸化，控制 pH 在 2.0～4.5。沉渣再次加温澄清后，上部清液仍泵入酸化槽内，废渣可加酸及氧化剂氧化，通入专柱吸附提碘。上清液酸化后，送入氧化罐，通入氯气或次氯酸钠，氧化使碘游离。氯酸钠处理液经酸化后，加氧化剂，使所含碘沉淀后回收，通过交换柱的废碘水则用以提取甘露醇。

（2）空气吹出法

在含碘料液中加盐酸酸化，控制 pH 在 1～2，然后送入预热器，预热至 40 ℃ 左右，再通过高位槽进入氧化器，同时通入适量氯气，使料液中的碘离子氧化为碘分子。当氧化电位达到 520～530 mV（饱和甘汞电极）时，氧化率为 95%。将此氧化液送入吹出塔，从上部均匀淋下，从吹出塔下部鼓入已预热至 40 ℃ 的空气，将碘吹出，含碘空气自下部进入填充式吸收塔，空气中的碘被由塔上部喷淋下来的二氧化硫水溶液吸收，并被还原，生成氢碘酸溶液（吸收液）。

吸收液用泵打入吸收塔内，循环吸收多次，以提高所含碘化氢的浓度。当吸收液含碘约为 150 g/L 时，即送入碘析器。在不断搅动下，缓慢通入氯气，使碘游离沉淀。

再经过滤器用真空泵抽滤，所得粗碘加浓硫酸熔融精制，冷却结晶，即得成品碘。粉碎后，分装于棕色玻璃瓶中，或装入内衬塑料袋的木桶中，密封入库。

6. 产品标准

碘（I_2）	≥99.5%
氯化物及溴化物（Cl^-）	≤0.028%
不挥发物	≤0.08%
硫酸盐（SO_4^{2-}）	≤0.04%
有机物	无

注：该产品标准为药用级碘的产品标准。

7. 产品用途

用作照相感光乳剂，也用于制造电子仪器的单晶棱镜、光学仪器的偏光镜、通透过红外线的玻璃。

碘是制造无机和有机碘化物的基本原料，主要用于医药卫生方面，用以制造各种碘制剂、杀菌剂、消毒剂、脱臭剂、镇痛剂、放射性物质的解毒剂。碘化物也被用作饮水净化剂、游泳池消毒剂。在农业上，碘是制农药的原料，亦是家畜饲料添加剂；在工业上，用于生产合成染料、烟雾灭火剂、切削油乳剂的抑菌剂。

8. 参考文献

[1] 宋锡高. 精碘生产过程中的分析检测方法 [J]. 山东化工，2017，46（3）：73-75.

6.9　碘化钾

碘化钾（Potassium iodid）又称灰碘（Knollide），分子式 KI，相对分子质量166.00。

1. 产品性能

无色或白色立方晶体，无臭，具浓苦咸味。在湿空气中易潮解，遇光或久置于空气中能析出游离碘而呈黄色，在酸性水溶液中更易氧化变黄。易溶于水，溶解时吸热，水溶液呈中性或微碱性；溶于乙醇、丙酮、甲醇和甘油中。熔点680℃，沸点1330℃。

2. 生产方法

（1）还原法

将碘放入反应器中，加水，在搅拌下缓慢加入氢氧化钾溶液，使反应完全，溶液pH至5～6，呈紫色。

$$6KOH + 3I_2 \xrightarrow{\hspace{1cm}} 5KI + KIO_3 + 3H_2O。$$

为了还原碘酸钾，可缓慢加入甲酸。

$$KIO_3 + 3HCOOH \xrightarrow{\hspace{1cm}} KI + 3CO_2 + 3H_2O。$$

还原后调节 pH 至 9～10，加热保温，静置过滤，将清亮滤液减压浓缩，冷却结晶，滤出产品。

（2）碘化铁法

铁屑与碘反应生成碘化铁与碘化亚铁的混合物（Fe_3I_8），然后该混合物与碳酸钾反应，生成碘化钾。

$$3Fe+4I_2 = Fe_3I_8,$$

$$Fe_3I_8+4K_2CO_3 = Fe_3O_4+8KI+4CO_2\uparrow.$$

（3）中和法

氢碘酸与碳酸钾在氢气流中反应，得碘化钾。

$$2HI+K_2CO_3 = 2KI+H_2O+CO_2\uparrow.$$

3．工艺流程

（1）还原法

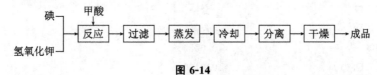

图 6-14

（2）碘化铁法

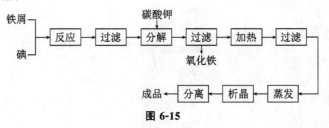

图 6-15

4．生产配方（kg/t）

（1）还原法

碘（工业品）	1000
氢氧化钾	500
甲酸	300

（2）碘化铁法

铁屑	75
碘	250
碳酸钾	170

5．生产工艺

（1）还原法

将碘片加入反应锅中，加水，然后缓慢加入相对密度为 4.3 的氢氧化钾溶液，不断搅拌，使之反应完全。反应液呈紫褐色，pH 为 5～6，若碱性强时，可再加适量碱，碘在碱性条件下发生歧化反应，生成碘化钾和碘酸钾溶液。在溶液中缓慢加入甲酸，发生还原反应，使碘酸钾还原为碘化钾。

在还原液中加入氢氧化钾，调 pH 至 9～10。通入蒸汽，保温 1～2 h，静置 6 h。过滤，除去不溶物（滤液须清亮）。滤液浓缩析晶，离心母液循环使用，结晶于 110 ℃ 下干燥，得 KI 成品。

（2）碘化铁法

将 15 g 铁屑及 100 mL 水置于反应瓶中，在不断搅拌下分次少量加入 50 g 碘。将混合物稍加热至碘完全溶解。分出铁屑，将溶液加热至沸并倾入由 34 g 碳酸钾溶于 100 mL 水的沸腾溶液中，由于有四氧化三铁析出溶液变浑浊。过滤，滤液应为无色并不含铁，否则再加入少量碳酸钾。过滤，用水洗涤沉淀，洗液并入滤液后，加热至沸并重新过滤。蒸发浓缩，冷却析晶。吸滤，用少量水洗涤，干燥得成品。

6. 产品标准

含量（优级纯）	≥99.0%
水溶液反应	合格
澄清度试验	合格
水不溶物	≤0.0050%
氯化物（Cl^-）	≤0.0100%
碘酸盐（IO_3^-）	≤0.0005%
氮化合物（以 N 计）	≤0.0010%
硫酸盐（SO_4^{2-}）	≤0.0020%
钠（Na）	≤0.0500%
镁（Mg）	≤0.0010%
钙（Ca）	≤0.0020%
铁（Fe）	≤0.0001%
重金属（以 Pb 计）	≤0.0002%
钡（Ba）	≤0.0010%

7. 产品用途

用于照相业作感光乳化剂，也用作医药、食品添加剂。

8. 参考文献

[1] 凌芳，宋忠哲，薛循育，等. 微通道反应器内合成高纯度碘化钾 [J]. 化学试剂，2017，39（7）：773-775.

6.10 碘化铵

碘化铵（Ammonium iodide）分子式 NH_4I，相对分子质量 144.94。

1. 产品性能

碘化铵为无色结晶或颗粒，常温时系立方晶体。551 ℃ 升华，相对密度 2.514。无臭、味咸。溶于水，溶解度大于溴化物、氯化物；溶于醋酸、氨，易溶于乙醇、丙酮，微溶于乙醚。具潮解性及感光性。受热时升华分解。遇光及空气能析出游离碘而呈黄色，甚至褐色。碘化铵水溶液更易被氧化。

2. 生产方法

(1) 直接法

在 200 g 粉碎的升华碘中，加入 560 mL 10％的氨水和 1200 mL 3％的过氧化氢，反应过程中碘溶解同时有氧放出，得到的反应物料于 80 ℃ 水浴上浓缩，冷却析晶，分离得碘化铵。

$$I_2 + 2NH_3 \cdot H_2O + H_2O_2 = 2NH_4I + O_2 \uparrow + 2H_2O。$$

(2) 碘化铁法

铁屑与碘在水中反应，生成八碘化三铁，然后八碘化三铁与碳酸铵反应生成碘化铵。

$$3Fe + 4I_2 = Fe_3I_8，$$

$$Fe_3I_8 + 4(NH_4)_2CO_3 + 4H_2O = 8NH_4I + 2Fe(OH)_3 + Fe(OH)_2 + 4CO_2 \uparrow。$$

(3) 中和法

用氨或碳酸铵中和氢碘酸，得到碘化铵。

$$NH_3 \cdot H_2O + HI = NH_4I + H_2O，$$

或 $$(NH_4)_2CO_3 + 2HI = 2NH_4I + CO_2 \uparrow + H_2O。$$

3. 工艺流程

中和法

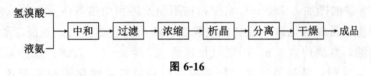

图 6-16

4. 生产配方（质量，份）

碘	1120
液氨	300

5. 生产工艺

将氨气通入氢碘酸中，中和 pH 至 8～9 时，停止通入氨气。

溶液进行过滤后，水浴真空蒸发，真空度应保持 600×133.3 Pa。待结晶大部析出，即停止蒸发，冷却，甩干。于 50～60 ℃ 烘干，即得成品，纯度为 99％。母液回收，循环使用。

6. 产品用途

用于照相业作为照相胶卷和底版的感光剂，也用于药物及碘化物合成。

6.11　碘化锂

碘化锂（Lithium iodide）通常为三水合物，分子式 LiI·$3H_2O$，相对分子质量 187.89。

1. 产品性能

无色或微黄色结晶。长期暴露在空气中或见光析出碘而变黄。73 ℃ 失出一分子结晶水，80 ℃ 失出二分子水，300 ℃ 成为无水物。相对密度 3.48。易潮解。溶于水、乙醇及丙酮。熔化时对玻璃、陶瓷和锅有腐蚀性。

2. 生产方法

碳酸锂与碘化氢反应得碘化锂。

$$Li_2CO_3 + 2HI \Longrightarrow 2LiI + CO_2 \uparrow + H_2O。$$

3. 工艺流程

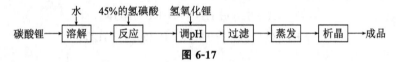

图 6-17

4. 生产工艺

将 540 g 碳酸锂加入 750 mL 水中，在不断搅拌和加热条件下，加入 45% 的氢碘酸，反应产生大量二氧化碳，控制加酸速度，防止反应物溢出。当反应物料 pH 为 3 时，停止加酸，煮沸约 0.5 h。用氢氧化锂调 pH 至 7~8。过滤，滤液蒸发至温度达 136 ℃ 为止。冷却，结晶得产品。如果没有隔绝空气，碘化锂会带黄色，共至会呈深棕色。

5. 产品用途

用于照相工业和制药工业。

6. 参考文献

[1] 罗建志，杨献奎，彭立培，等. 碘化锂的制备工艺进展 [J]. 无机盐工业，2015，47 (2)：9-12.

[2] 贾双珠，解田，李长安，等. 三水碘化锂的制备方法初步探究 [J]. 精细与专用化学品，2014，22 (11)：44-47.

6.12　硫代硫酸钠

硫代硫酸钠（Sodium thiosulfate）又称海波（Hypo）、大苏打（Antichlor），分子式 $Na_2S_2O_3$，相对分子质量 158.09。

1. 产品性能

无色透明单斜晶体，易溶于水，溶解时吸热，水溶液近中性；不溶于乙醇。在潮湿空气中有潮解性。在 33 ℃ 以上的空气中易风化，可被空气氧化，具有还原性。能溶解卤化银。热至 100 ℃ 则失去 5 个结晶水，灼烧则分解为硫化钠和硫酸钠。熔点 48.45 ℃。相对密度（d_4^{17}）4.729。

2. 生产方法

（1）亚硫酸钠法

将亚硫酸钠与硫黄粉、水一起加入反应器中，加热至沸腾，搅拌，反应液经真空蒸发、脱色、过滤、冷却结晶、脱水分离得产品。

$$Na_2SO_3 + S + 5H_2O \Longrightarrow Na_2S_2O_3 \cdot 5H_2O。$$

（2）硫化钠法

硫化钠在碳酸钠溶液吸收二氧化硫气体，再加适量硫黄，得硫代硫酸钠。

$$2Na_2S + Na_2CO_3 + 4SO_2 \Longrightarrow 3Na_2S_2O_3 + CO_2\uparrow，$$

$$2Na_2S + 3Na_2CO_3 + 6SO_2 + 2S \Longrightarrow 5Na_2S_2O_3 + 3CO_2\uparrow，$$

$$Na_2S + SO_2 + H_2O \Longrightarrow Na_2SO_3 + H_2S\uparrow，$$

$$Na_2CO_3 + SO_2 \Longrightarrow Na_2SO_3 + CO_2\uparrow，$$

$$Na_2SO_3 + S \Longrightarrow Na_2S_2O_3，$$

硫化钠溶液吸收硫后，通空气氧化，生成硫代硫酸钠。

$$Na_2S + S \longrightarrow Na_2S_2，$$

$$2Na_2S_2 + 3O_2 \longrightarrow 2Na_2S_2O_3。$$

3. 工艺流程

（1）亚硫酸钠法

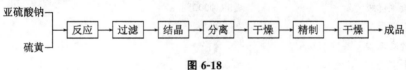

图 6-18

（2）硫化钠中和法

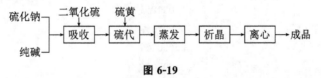

图 6-19

4. 生产配方（kg/t）

（1）亚硫酸钠法

硫黄（≥99.5%）	200
亚硫酸钠（≥96.0%）	800

（2）硫化钠中和法

硫黄	340
烧碱	48
碳酸钠	470

5. 生产工艺

（1）亚硫酸钠法

先用水将亚硫酸钠溶解，然后注入铸铁反应器中，并将溶液加热至沸腾。在连续搅拌下硫黄粉加到反应器内溶液中，使反应混合物沸腾 2～3 h，在溶液中添加适量水以补充蒸发过程损失的水分。沸腾一直延续到溶液不再显碱性（用石蕊试纸试验，pH 至 6.5～7.0）。将此溶液过滤并加热浓缩到开始形成结晶即可。静放 8～10 h，再将硫代硫酸钠结晶在真空泵抽吸下与母液分离，结晶物在密封过滤工序中干燥并立即装入密封容器中。可由乙醇溶液或水（0.3 mL/g）重结晶精制，然后在 35 ℃ 真空干燥为精品。

（2）硫化钠中和法

将硫化钠和适量纯碱用水溶解（含量为 21%～22%），澄清后，打入吸收塔以吸收二氧化硫气体，吸收终点控制在 6.5～7.0，吸收液经澄清，预热后打入浓缩锅，加入适量硫黄粉（按溶液中 Na_2SO_3 含量计算加硫量），加热搅拌，反应生成硫代硫酸钠溶液。

在该溶液中加入母液，并蒸发至 54%～58% 时，在脱硫器中进行脱硫，然后在缓慢搅拌、冷却的条件下进行冷却结晶，在 47 ℃ 左右加入晶种，经 18～20 h 后，结晶大量析出，即可离心分离，筛选后即得成品。

6. 产品标准

含量（优级纯）	≤99.0000%
水溶液反应	合格
澄清度试验	合格
水不溶物	≤0.0020%
硫酸盐及亚硫酸盐	≤0.0200%
硫化物	≤0.0002%
重金属（以 Pb 计）	≤0.0010%
砷（As）	≤0.0005%
钙（Ca）	≤0.0030%
铁（Fe）	≤0.0005%

7. 产品用途

用于照相业作定影剂，也用于电镀、鞣制皮革及织物印染。

8. 参考文献

[1] 陈世豪. 一种利用七水亚硫酸钠制备硫代硫酸钠产品的方法 [J]. 无机盐工业，

2014，46（11）：45-46.

6.13　硫代硫酸铵

硫代硫酸铵（Ammonium thiosulfate）分子式（NH$_4$）$_2$S$_2$O$_3$，相对分子质量148.20。

1. 产品性能

无色单斜晶系结晶，易潮解，易溶于水，稍溶于丙酮，不溶于醇、醚。水溶液久置有硫析出。加热至150 ℃分解形成亚硫酸铵、硫、氨、硫化氢及水。

2. 生产方法

（1）硫酸铵法

在硫酸铵水溶液中，加入五硫化铵及过量氨水，反应后，滤除游离硫，然后在低温下真空蒸发，得硫代硫酸铵。

（2）硫代硫酸钙法

在硫代硫酸钙水溶液中，加入过量碳酸铵，过滤，滤液在空气中静置片刻，再减压浓缩，析晶分离得成品。

$$CaS_2O_3 + (NH_4)_2CO_3 \Longrightarrow (NH_4)_2S_2O_3 + CaCO_3 \downarrow 。$$

（3）亚硫酸铵硫黄法

用过量的硫黄与亚硫酸铵在80～110 ℃反应，反应时用氨保护。溶液含量达70%时，于80～95 ℃过滤。滤液在20 ℃结晶，于50 ℃氨保护下干燥得硫代硫酸铵。

（4）亚硫酸铵法

将亚硫酸铵与多硫化铵进行复分解，滤除硫黄，用冷冻法结晶得到成品。

$$(NH_4)_2SO_3 + (NH_4)_2S_x \Longrightarrow (NH_4)_2S_2O_3 + (NH_4)_2S_{x-1}。$$

这里主要介绍亚硫酸铵法。

3. 工艺流程

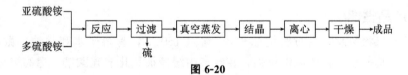

图 6-20

4. 生产配方（质量，份）

二氧化硫（液化）	1000
液氨（＞99%）	2000
硫黄粉	450

5. 生产工艺

将SO$_2$通入氨水中制得亚硫酸氢铵，亚硫酸氢铵进一步与氨水作用生成亚硫酸铵。因亚硫酸铵易潮解，故应尽快使用。

在伴有部分未溶解的多硫化铵溶液中，缓慢加入亚硫酸铵溶液。注意防止亚硫酸铵过量（即溶液始终应保持在深橙色，勿使变黄或变白），反应温度 30～50 ℃，始终保持氨过量以保持碱性反应。加入亚硫酸铵量应稍低于理论计算量，否则不易反应完全。加料完毕，搅拌均匀后，通蒸汽煮沸 3～5 h，以驱出硫化铵。溶液过滤。滤液在氨气保护下蒸发浓缩，趁热用活性炭过滤，以除去硫黄。滤液在冷却条件下结晶，离心脱水，用吸水剂进行干燥（干燥时，pH 应大于 8，否则应通氨气保护），得成品。

6. 产品标准

含量（照相级）	≥97.000%
水不溶物	≤0.400%
灼烧失重	≤0.200%
硫酸盐及亚硫酸盐	≤4.400%
铁（Fe）	≤0.005%
硫化物（S）	≤0.001%
碱度（以 NH_4OH 计）	≤0.400%
重金属（以 Pb 计）	≤0.001%

7. 产品用途

用于照相定影，较钠盐更易溶解卤化银的乳膜，具有水洗时间短而银回收容易的优点；还用于镀银的电镀液；也用作金属清洗剂、还原剂、铝镁合金浇铸保护剂以及化学试剂。

6.14 无水亚硫酸钠

无水亚硫酸钠（Sodium sulfite；Anhydrous），分子式 Na_2SO_3，相对分子质量 126.06。

1. 产品性能

白色粉末状结晶，相对密度 2.633，熔点 150 ℃，易溶于水和甘油，微溶于醇。强还原性，其七水合物还原性更强，在空气中缓慢被氧化成硫酸钠，遇高温分解为硫化钠和硫酸钠。

2. 生产方法

采用二氧化硫-纯碱法。硫黄燃烧生成二氧化硫，二氧化硫与纯碱和烧碱反应生成亚硫酸钠，再经中和、浓缩、干燥即得成品。

3. 工艺流程

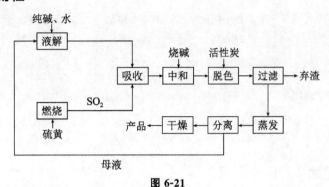

图 6-21

4. 生产配方（kg/t）

硫黄（>98%，以 100%计）	290.0
纯碱（>98%，以 100%计）	920.0
液体烧碱（>30%，以 100%计）	100.0

5. 生产工艺

（1）制 SO_2、净化

将硫黄粉碎至 5～10 mm 颗粒，以（28～30）kg 硫黄∶100m³空气的比例用空气送硫黄到燃烧炉中制取 SO_2 炉气，炉内燃烧温度 800 ℃ 左右，空气压力约 0.04 MPa。炉气（含 SO_2 8%～13%）送入冷却罐降温至 70～80 ℃。升华硫凝结后回收。SO_2 气体沿管子深入到罐底冒出，与罐内冷液充分接触除杂，气体送入吸收塔。

（2）吸收

将纯碱加水溶解，配成相对密度约为 4.116 的溶液，同时加纯碱 2%烧碱溶液，搅匀、静置，将清液泵入吸收塔顶，从喷头喷出，与从下而上鼓入的 SO_2 气体逆向接触，被碱液吸收后生成亚硫酸钠溶液，从塔底流出又泵入塔顶，继续吸收 SO_2，如此循环约 6 h。溶液中亚硫酸钠含量约 28%，pH 约 5.2。SO_2 被吸收后生成的 CO_2 从塔顶放出或回收。

（3）中和

将符合要求的硫酸亚钠溶液送至预热锅加热至沸，再送中和池，在不断搅拌下加入烧碱，直至 pH 9～10。静止 1～4 h，待不溶杂质沉降后，澄清液送至脱色筛脱色。

（4）蒸发结晶

脱色滤液送往蒸发锅加热至沸腾，并不断搅拌加热，陆续析出晶体，取出。

（5）干燥

取出的晶体在滤干筛中滤干（或送去烘房于 40 ℃ 以下烘干），得七水合亚硫酸钠。滤液倒入蒸发锅。

（6）制无水亚硫酸钠

上述物料在 150～155 ℃ 下干燥（或用约 200 ℃ 的干燥空气干燥），即得成品。

6. 产品标准

	工业一级品	工业合格品	食品级	摄影级
亚硫酸钠	96.0%	93.0%	96.0%	97.0%
铁（Fe）	0.0050%	0.0010%	0.0200%	0.0030%
水不溶物	0.0300%	0.0500%	0.0300%	0.5000%
重金属（以 Pb 计）	—	—	0.0010%	0.0020%
砷（As）	—	—	0.0002%	—
硫代硫酸钠	—	—	—	0.0300%

7. 产品用途

作为显影保护剂用于照相业，还广泛用于纺织工业、制革工业和食品工业，分别用作漂白剂、去钙剂和防腐剂。

8. 参考文献

[1] 耿斌，丁小兵，朱学文，等. 高纯无水亚硫酸钠生产工艺研究 [J]. 无机盐工业，2014，46（3）：54-56.

[2] 瞿尚君，高磊，唐照勇，等. 吸收低浓度二氧化硫烟气副产无水亚硫酸钠的研究 [J]. 硫酸工业，2015（1）：51-52.

6.15　磷酸银

磷酸银（Silver phosphate）分子式 Ag_3PO_4，相对分子质量 418.58。

1. 产品性能

黄色粉末或等轴晶系立方结晶，相对密度 6.370。受光变黑，赤热时呈褐红色。熔点 849 ℃，几乎不溶于水。溶解度 0.65 mg/100 mL 水（19.3 ℃）。可溶于无机酸、氨水、碳酸铵、氰化钾、硫代硫酸钠，不溶于液氨、醋酸乙酯。贮存时应避光。

2. 生产方法

硝酸银与磷酸氢二钠于水中反应，生成磷酸银沉淀，经后处理得成品。

$$3AgNO_3 + Na_2HPO_4 \Longrightarrow Ag_3PO_4 \downarrow + 2NaNO_3 + HNO_3$$

3. 工艺流程

图 6-22

4. 生产配方（质量，份）

硝酸银（≥99.5%）	1220
磷酸氢二钠（≥96.0%）	340

5. 生产工艺

先将磷酸氢二钠溶解在水中然后过滤；另将硝酸银用水溶解，然后过滤并送至反应器中。整个操作过程在暗室内进行。反应器由塑料制造，并装有搅拌器，在不断搅拌下将酸式磷酸钠溶液缓慢滴加到反应器内的硝酸银溶液中。当反应完成后即生成浅黄色的磷酸银沉淀。将该反应混合物静放 8～10 h，再将上层清液倾出。向沉淀物中加入适量水，使其充分混匀。静止片刻用倾析法洗涤沉淀物，直到将硝酸盐洗净。磷酸银沉淀物用真空泵抽吸洗涤，最后在 75～80 ℃ 干燥为成品。操作须在暗室中进行。

6. 产品标准

外观	黄色粉末
含量（Ag_3PO_4）	≥98.0%

7. 产品用途

用作照相感光材料、硝酸银代用品（用作照相乳剂），也用作有机玻璃稳定剂、催化剂。

8. 参考文献

[1] 王小燕，王捷，蒋炜，等. 两步法合成磷酸银及其光催化性能研究 [J]. 化工新型材料，2014，42（5）：108-110.

6.16　草酸亚铁

草酸亚铁（Ferrous oxalate）分子式 FeC_2O_4，相对分子质量 143.87。

1. 产品性能

淡黄色粉末，相对密度 2.28，斜方结晶。潮湿状态下也不会随光和空气变化，但用草酸碱溶液浸湿会迅速氧化。真空下于 142 ℃ 失水，空气中 160 ℃ 时分解，不脱水。隔绝空气加热时生成一氧化碳和二氧化碳。难溶于水，溶解度：冷水中 0.022 g/100 g、热水中 0.026 g/100 g，在草酸溶液中难溶，溶于冷盐酸溶液，溶解度为 44.08 g/L，在硝酸中氧化溶解，在草酸碱溶液中呈黄色，并溶解。

2. 生产方法

草酸铵与硫酸亚铁反应，经后处理得草酸亚铁。

$$(NH_4)_2C_2O_4 + FeSO_4 \longrightarrow FeC_2O_4 + (NH_4)_2SO_4。$$

3. 工艺流程

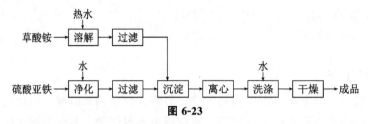

图 6-23

4. 生产配方（质量，份）

草酸铵（450～500 g/L）	780～810
硫酸亚铁（≥95%）	1560

5. 生产工艺

先将草酸铵溶解于热水，并进行过滤；另将硫酸亚铁晶体溶于水中并过滤。反应器由软钢制备，用不锈钢衬里，配备有搅拌器。将纯净的草酸铵溶液注入装有硫酸亚铁溶液的不锈钢反应器中，连续搅拌，并生成浅黄色的草酸亚铁沉淀。反应物静放 8～10 h 后，将上层清液倾除。草酸亚铁浆料再经离心分离，并不断用热水洗涤直到洗净游离的硫酸盐为止。所得草酸亚铁沉淀物再于 85～95 ℃ 干燥得草酸亚铁。

6. 产品用途

照相业用作显影剂。

7. 参考文献

[1] 吴鉴，姚耀春，龙萍. 锂离子电池原材料草酸亚铁粉体的制备 [J]. 粉末冶金技术，2013，31（6）：439-443.

6.17 铁氰化钾

铁氰化钾（Potassium ferricyanide）又称赤血盐钾（Potassium prussiate red），分子式 $K_3Fe(CN)_6$，相对分子质量 329.25。

1. 产品性能

深红色或金红色单斜晶系柱状结晶或粉末。溶于水、丙酮，不溶于乙醇、醋酸甲酯。常温下稳定，水溶液受光及碱作用易分解。遇亚铁盐则生成深蓝色沉淀。其热溶液遇酸作用产生剧毒的氢氰酸气体。

2. 生产方法

（1）电解法
黄血盐钾亚铁氰化钾饱和溶液在 45～50 ℃ 下进行电解氧化得铁氰化钾。

（2）氯气法

黄血盐钾（亚铁氰化钾）在 $60\sim65$ ℃下用氯气氧化，当 pH 达 7.0 时，用高锰酸钾调整调节氧化度及盐酸调 pH，然后经过滤，减压蒸发、结晶、离心、干燥，得成品。

$$2K_4Fe(CN)_6 + Cl_2 \Longrightarrow 2K_3Fe(CN)_6 + 2KCl。$$

3. 工艺流程

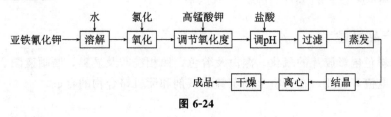

图 6-24

4. 生产配方（质量，份）

亚铁氰化钾 [$K_4Fe(CN)_6 \cdot 3H_2O$, 99%]	1590
液氯（100%）	150
高锰酸钾（99%）	80
盐酸（30%）	140

5. 生产工艺

将亚铁氰化钾 [$K_3Fe(CN)_6$] $\cdot 3H_2O$ 溶于水中制得饱和溶液，制得的饱和溶液加热至 65 ℃，通入氯气进行氧化。当反应物料 pH 达 6～7 时，停止通氯。再加入高锰酸钾调节氧化度，至用硫酸高铁铵检验变为红棕色为止。然后，物料在压缩空气搅拌下，用 15% 的盐酸调整溶液 pH 至 7～8。溶液经沉降、过滤去渣后，滤液于 400×133.3 Pa 下真空浓缩至相对密度 4.2 时，转入搅拌结晶器，于 25 r/min 搅拌下进行结晶，搅拌速度不宜过快，以免出现针状结晶。离心分离，水洗，干燥得铁氰化钾。

6. 说明

①生产设备一般需采用衬搪瓷反应罐、蒸发器、结晶器或衬橡胶，以免铁质裸露引起副反应：

$$3Fe(CN)_6^{4-} + 4Fe^{3+} \longrightarrow Fe_4[Fe(CN)_6]_3 \downarrow，$$

$$2Fe(CN)_6^{3-} + 3Fe^{2+} \longrightarrow Fe_3[Fe(CN)_6]_2 \downarrow。$$

②亚铁氰化钾遇酸分解，生成极毒的 HCN，若误口服，可与胃酸反应引起中毒，甚至死亡！氯气属剧毒物质。生产中应注意安全操作。

③试剂级铁氰化钾制备：将 260 g 工业铁氰化钾在低于 70 ℃下溶于 700 mL 水中。过滤，冷却，析晶，洗涤，室温干燥，得试剂级成品。

7. 产品标准

含量	≥99.500%
水不溶物	≤0.005%
氯化物（Cl^-）	≤0.005%
硫酸盐（SO_4^{2-}）	≤0.005%
亚铁氰化物［$Fe(CN)_6^{2-}$］	≤0.020%

8. 产品用途

用于彩色电影胶片的氧化、漂白及着色，照相洗印及显影，制晒蓝图。还用于印刷制版、电镀等行业。在分析上测定锌的试剂和无机铬合物的合成。

6.18 硼酸钠

硼酸钠（Sodium tetraborate）又称四硼酸钠、硼砂（Borax），分子式 $Na_2B_4O_7 \cdot 10H_2O$，相对分子质量 384.37。

1. 产品性能

无色、无臭、味咸、坚硬的结晶或颗粒，在干燥的空气中风化。易溶于水、甘油，不溶于乙醇，水溶液呈碱性，pH9.5。加热至 100 ℃ 失去 5 分子结晶水，320 ℃ 即完全失水。熔点 75 ℃。有毒。

2. 生产方法

（1）加压碱解法

将预处理的硼镁矿粉与氢氧化钠混合，加热加压分解得偏硼酸钠，经二氧化碳处理得硼砂。

$$2MgO \cdot B_2O_3 + 2NaOH =\!=\!= 2NaBO_2 + Mg(OH)_2\downarrow,$$

$$4NaBO_2 + CO_2 =\!=\!= Na_2B_4O_7 + Na_2CO_3。$$

（2）纯碱法

将预处理的硼镁矿粉与碳酸钠溶液混合加热，通 CO_2 升压后反应得硼砂。

$$2MgO \cdot B_2O_3 + Na_2CO_3 + CO_2 + xH_2O =\!=\!= Na_2B_4O_7 + 4MgO \cdot 3CO_2 \cdot xH_2O。$$

（3）硼酸法

实验室通常用硼酸与纯碱反应，制得硼砂。

$$4H_3BO_3 + Na_2CO_3 =\!=\!= Na_2B_4O_7 + CO_2 + 6H_2O。$$

3. 工艺流程

（1）加压碱解法

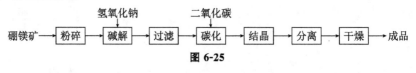

图 6-25

（2）硼酸法

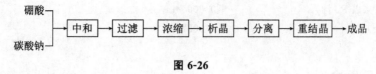

图 6-26

4. 生产配方（kg/t）

（1）加压碱解法

硼镁矿粉〔w（B_2O_3）＝12%〕	3253
氢氧化钠（98%）	262

（2）硼酸法

硼酸	50
无水碳酸钠	60

5. 生产工艺

（1）加压碱解法

天然硼镁中要求 w（B_2O_3）≥12%。将硼镁矿投入破碎机破碎后，进一步粉碎，然后经预处理。将预处理的硼镁矿粉与氢氧化钠溶液混合，在装有搅拌器的碱解器内加热加压，反应压力 0.4 MPa，反应时间 6~8 h。混料时加入氢氧化钠的量为化学计量的 160%~200%。碱解反应器采用夹套加热，也可直接蒸汽加热。

碱解的反应物料用叶片真空过滤机进行过滤和逆流洗涤。蒸发滤液使其含量保持在 28%~32%。然后通入 CO_2 进行碳化，生成硼砂。碳化终点 pH 控制在 9.4 左右。碳化反应液经冷却结晶、分离、干燥得成品。

注：①生产过程中排出的废料可作硼钙镁磷肥，还可制取碳酸镁、氧化镁。

②分离出的母液含四硼酸钠和碳酸钠，经苛化、过滤、蒸浓后返回碱解配料工序使用。

（2）硼酸法

将 4.2 kg 无水纯碱溶于 11 L 水中，加入 1 kg 硼酸，搅拌溶解。过滤，滤液浓缩至相对密度 4.16 时，冷却析晶。抽滤。得到的结晶溶于 3 L 热水，过滤，滤液用冰冷却，并不断搅拌，析出十水合硼砂。抽滤，用少量冷水洗涤。再溶于水重结晶，结晶于空气中干燥 2~3d，得试剂级十水合硼酸钠。

6. 产品标准

含量（$Na_2B_4O_7 \cdot 10H_2O$）	≥99.5%
澄清度试验	合格
盐酸不溶物	≤0.0030%
氯化物（Cl^-）	≤0.0005%
硫酸盐（SO_4^{2-}）	≤0.0050%
磷酸盐（PO_4^{3-}）	≤0.0010%
碳酸盐（CO_3^{2-}）	合格
钙及镁（以 Ca 计）	≤0.0050%

铁 (Fe)	≤0.0001%
重金属 (以 Pb 计)	≤0.0005%
砷 (As)	≤0.0001%

7. 产品用途

用于照相业和电子工业，用作缓冲剂、防腐剂和金属助熔剂。

8. 参考文献

[1] 张亨. 硼砂生产研究进展 [J]. 杭州化工，2012，42 (4)：7-11.

6.19　硫酸羟胺

硫酸羟胺（Hydroxylamine sulfate）又称羟胺硫酸盐、硫酸胲（Oxammonium sulfate）。分子式 $(H_2NOH)_2 \cdot H_2SO_4$，相对分子质量 164.15。

1. 产品性能

白色结晶，熔点 170 ℃（同时分解）。25 ℃时在100 mL 的水中溶解 63.7 g。几乎不溶于甲醇和 95% 的乙醇。其 0.1 mol 水溶液的 pH 为 3.7（25 ℃）。是一种强还原剂，在空气中极易吸湿，有腐蚀性并有毒。

2. 生产方法

在亚硝酸钠和纯碱中通入二氧化硫生成加合物，生成的加合物与丙酮反应生成丙酮肟，丙酮肟与硫酸反应生成硫酸羟胺。

$$2NaNO_2 + Na_2CO_3 + 4SO_2 + H_2O \Longrightarrow 2HON(SO_3Na)_2 ,$$

$$HON(SO_3Na)_2 + CH_3COCH_3 + H_2O \Longrightarrow HON = (CCH_3)_2 + 2NaHSO_4 ,$$

$$2HON = (CCH_3)_2 + H_2SO_4 + 2H_2O \Longrightarrow (H_2NOH)_2 \cdot H_2SO_4 + 2CH_3COCH_3 。$$

3. 工艺流程

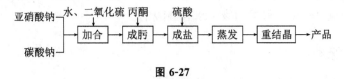

图 6-27

4. 生产配方（kg/t）

亚硝酸钠（98%）	125.0
碳酸钠（98%）	107.5
丙酮	100.0
硫酸（98%）	100.0
二氧化硫（99%计）	234.0

5. 生产工艺

将亚硝酸钠 250 g 溶于 800 mL 水中，加入 215 g 纯碱，将混合液冷却至 −5 ℃，于 −5 ℃ 条件下，向混合液中通入 SO_2 至刚果红试纸呈酸性为止。然后加入 200 g 丙酮，搅匀后，以酚酞为指示剂用氢氧化钠溶液中和至显碱性。将混合液加热至 20～30 ℃，保温过夜。蒸馏得到丙酮肟。

将丙酮及丙酮肟放入烧瓶中，加入 200 g 98% 的硫酸，然后蒸馏，先蒸出丙酮。再将残留物减压蒸发至干，得粗品。用水重结晶得纯品硫酸羟胺。

6. 产品用途

照相工业用作高敏感度的照相乳剂，用作影片、照相洗印药剂；还用于纤维染色、油脂精制及有机合成。

7. 参考文献

[1] 杜昕洋，龙波，刘乐乐，等. 低能耗制备硫酸羟胺的工艺研究 [J]. 高校化学工程学报，2018，32（1）：155-160.

6.20　二氧化硫脲

二氧化硫脲（Thiourea dioxide）分子式 $CH_4N_2O_2S$，相对分子质量 108.12。结构式：

$$\text{HN=CSO}_2\text{H} \atop \text{NH}_2$$

。

1. 产品性能

无臭的白色粉末，是一种既无氧化性又无还原性的稳定化合物。在水中的溶解度为 26.7 g/L（20 ℃）。饱和水溶液的 pH 约为 5.0。即使 20～30 ℃ 的水溶液也非常稳定，但加热或在碱的作用下会分解，游离出亚磺酸。熔点 126 ℃（分解）。

2. 生产方法

在冷却条件下，硫脲与双氧水反应得二氧化硫脲。

$$\text{H}_2\text{NCNH}_2 \atop \text{S} \quad \xrightarrow{\text{H}_2\text{O}_2} \quad \text{HN=C—SO}_2\text{H} \atop \text{NH}_2$$

。

3. 工艺流程

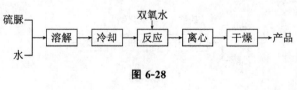

图 6-28

4. 生产配方（质量，份）

硫脲（90%）	780.0
双氧水（30%）	2104.0

5. 生产工艺

在反应锅中，加入蒸馏水，搅拌，夹套中通冷冻盐水将锅内温度降至 8～10 ℃，开始加入硫脲并滴加双氧水。控制滴加速度，使反应温度保持在 20 ℃ 以下。反应结束，可加水使反应温度不再上升。当 pH 达 2～3 且料温降至 5 ℃ 左右时，将物料离心甩干，干燥得二氧化硫脲。

6. 产品用途

用作照相胶化乳胶的敏化剂，还广泛用于印染工业和有机合成工业。

7. 参考文献

[1] 段志清. 二氧化硫脲的制备 [J]. 煤炭与化工，2017，40（4）：144-147.

6.21 N-乙基苯胺

N-乙基苯胺（N-Ethylaniline）又称乙苯胺（Monoethy laniline），相对分子质量 124.18，结构式：

$$\text{⟨benzene⟩—NHC}_2\text{H}_5 \text{。}$$

1. 产品性能

无色透明液体，熔点 -63.5 ℃，沸点 206 ℃。折光率（n_D^{20}）4.5559。相对密度（d_{25}^{25}）0.958，燃点 85 ℃（开杯）。不溶于水和乙醚，可溶于乙醇等有机溶剂，当暴露于空气中时迅速变成褐色。有毒！

2. 生产方法

苯胺与溴乙烷或乙醇反应，得 N-乙基苯胺。

$$\text{⟨benzene⟩—NH}_2 + \text{C}_2\text{H}_5\text{Br} \longrightarrow \text{⟨benzene⟩—NHC}_2\text{H}_5 + \text{HBr,}$$

或

$$\text{⟨benzene⟩—NH}_2 + \text{C}_2\text{H}_5\text{OH} \xrightarrow{\text{H}^+} \text{⟨benzene⟩—NHC}_2\text{H}_5 + \text{H}_2\text{O。}$$

3. 工艺流程

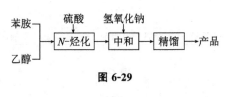

图 6-29

4. 生产配方 (kg/t)

苯胺 (≥995%)	856
乙醇 (≥95%)	600
硫酸 (98%)	137
氢氧化钠 (98%)	157

5. 生产工艺

在混合釜内按 n (苯胺)：n (乙醇)：n (硫酸) =1.0：4.3：0.1 加入苯胺、乙醇和硫酸。混合均匀后压入高压釜中，升温至 210 ℃，经 6~7 h，此时表压为 2.4 M~2.6 MPa，保温 11 h，然后缓慢放压，将乙醇及副产乙醚蒸气冷凝回收，物料靠余压压至中和分离釜中，用氢氧化钠中和，静置分层，除去废水，得粗品胺油，其中含 N-乙基苯胺约 60%、N，N-二乙基苯胺 21%~25%、未反应苯胺 15%~19%。将粗品胺真空精馏 (真空度为 0.096 M~0.097 MPa)，收集折光率 (n_D^{20}) 为 4.5545~4.5528 的馏分，即为 N-乙基苯胺，含量为 92%~93%。

6. 产品标准

外观	无色透明液体
含量	≥92%

7. 产品用途

用于感光材料工业及精细化工产品的合成。

8. 参考文献

[1] 王波，卢春山，张群峰，等. 三氯氧磷催化 N-烷基化制备 N-乙基苯胺和 N，N-二乙基苯胺 [J]. 化工生产与技术，2011，18 (4)：21-24，42，70.

[2] 李小年，张军华，项益智，等. 硝基苯和乙醇一锅法合成 N-乙基苯胺 [J]. 中国科学 (B 辑：化学)，2008 (1)：27-34.

6.22　柠嗪酸

柠嗪酸 (Citrazinic acid) 化学名称 2，6-二羟基异烟酸 (2，6-Dihdroxyisonicotinic acid)；2，6-二羟基-4-吡啶羧酸 (2，6-Dihgdroxyg-4-pyridinecarboxylic acid)。分子式 $C_6H_5NO_4$，相对分子质量 155.11，结构式：

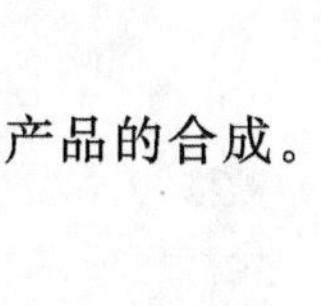

1. 产品性能

淡黄色针状结晶或粉末，工业品为淡褐色粉末。熔点 197~198 ℃ (在封闭管中快速加热）。不溶于水，略溶于热盐酸，可溶于氢氧化钠，碳酸钠溶液中。将其碱溶液放置时，呈蓝色。超过 300 ℃ 不熔融而碳化，见光或露置空气中颜色逐渐变深。

2. 生产方法

柠檬酸与甲醇或乙醇在硫酸催化下发生酯化，得到柠檬酸三酯。然后柠檬酸三酯与氨发生氨解，氨解得到的柠檬酸酰胺在硫酸存在下发生环化，得柠嗪酸。

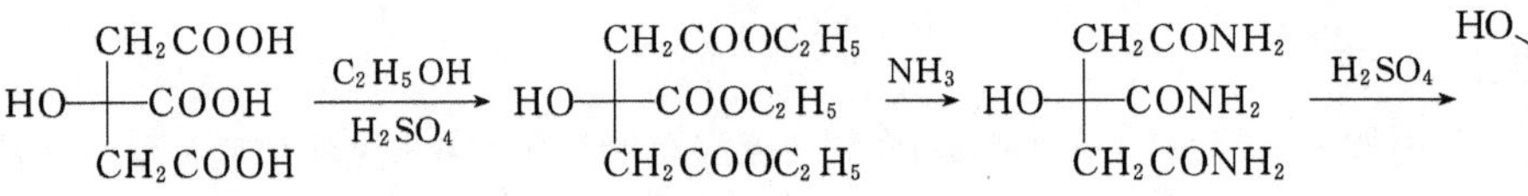

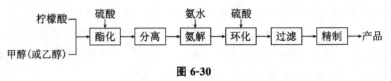

3. 工艺流程

柠檬酸、甲醇（或乙醇）→ 酯化（硫酸）→ 分离 → 氨解（氨水）→ 环化（硫酸）→ 过滤 → 精制 → 产品

图 6-30

4. 生产配方 (kg/t)

柠檬酸	1770
甲醇	900
氨水	180

5. 主要设备

酸化反应釜	贮槽
氨解环化反应罐	过滤器
精制釜	干燥箱

6. 生产工艺

在酯化反应釜中，加入甲醇、柠檬酸和催化剂硫酸，反应完毕，回收未反应的甲醇，经水洗、碱洗 pH 至 6.0，得柠檬酸三甲酯。

在柠檬酸三甲酯中加入氨水，于室温放置约 48 h，浓缩后，加 75％ 的硫酸，放置 12 h，于 130 ℃ 加热 10 min，用水稀释，过滤沉淀物即得粗品。将粗品溶于氨，加盐酸即得沉淀，再经过滤、水洗、干燥，得精品。

也可用乙醇与柠檬酸进行酯化反应。同样，酯化反应在硫酸存在下进行，经 48 h 脱水后，回收溶剂和乙醇，残留物经水洗、碱洗、水洗 pH 至 6，得柠檬酸三乙酯粗品。加入氨气，通氨气至饱和。放置以后，再通氨饱和，每天饱和 1 次，共 3 次，滤出结晶，将所得柠檬酸三酰胺于硫酸存在下在 120 ℃ 左右保温 3 h，缓慢倒入精制水中，得粗品，再用酸碱精制而得柠嗪酸。

7. 产品标准

外观	淡褐色粉末
熔点/℃	197～198

8. 产品用途

用于照相显影工艺中，也用于彩色胶片成色剂、药物和染料合成。彩色底片的显影处理工序中，作为漂白、定影液处理剂，配方（质量，份）：

ECTA	85.0
Na_2SO_3	20.0
柠嗪酸	4.0
$FeCl_3$（60%）	49.0
氨水（比重 0.920）	97.5
水	1000

9. 安全与贮运

酯化和氨解反应设备应密闭，车间内应加强通风，注意防火。产品采用瓦楞纸箱内衬塑料袋包装，贮存于阴凉通风处。

10. 参考文献

[1] 杨永甲. 柠嗪酸的合成 [J]. 湖南化工，1989（2）：51-53.
[2] 王继良，万清，郭俊. 柠嗪酸的制备 [J]. 云南化工，2000（1）：50-51.

6.23　菲尼酮

菲尼酮（Phennidone）的化学名称 1-苯基-3 吡唑烷酮（1-Phenyl-3-pyrazolidinone）。分子式 $C_9H_{10}N_2O$，相对分子质量 162.19，结构式：

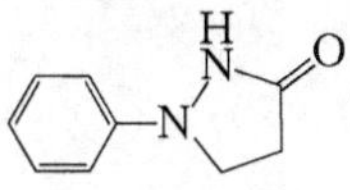

1. 产品性能

白色到淡褐色结晶粉末，熔点 121 ℃。易溶于稀碱或酸性溶液，1 g 能溶于 10 mL 沸水、10 mL 乙醇、37.5 mL 苯中；几乎不溶于醚及石油醚。对皮肤、黏膜有刺激性，对光不稳定。

2. 生产方法

苯肼在乙醇钠存在下与丙烯腈缩合，缩合物在酸性溶液中水解生成粗品，经提纯即得成品。

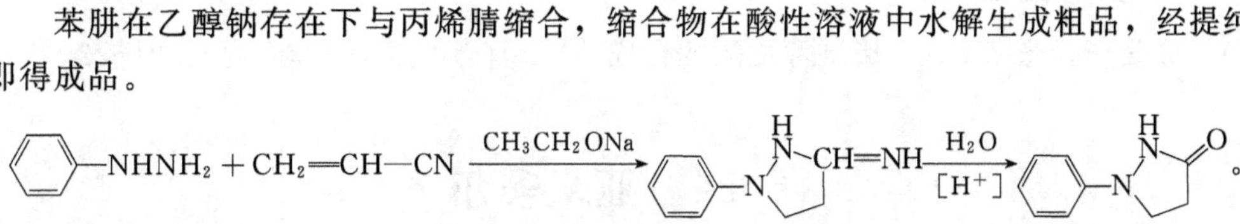

3. 工艺流程

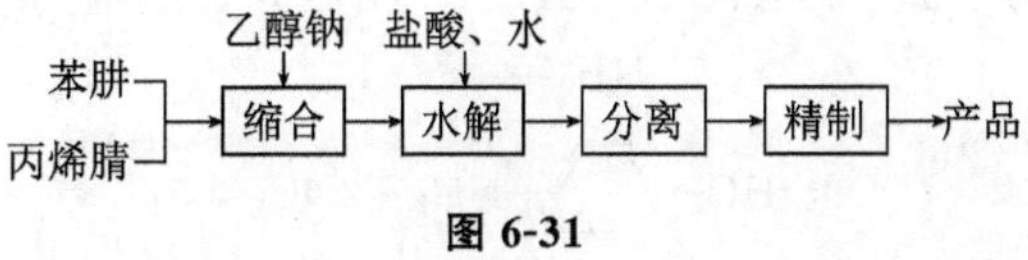

图 6-31

4. 生产配方（质量，份）

苯肼（98%）	108.0
丙烯腈	58.3
乙醇钠	68.0
盐酸（30%）	适量

5. 生产工艺

在缩合反应釜中，苯肼与丙烯腈在乙醇钠存在下发生缩合环化得亚胺中间体，得到的亚胺中间体在酸性条件下水解，经分离，精制得到菲尼酮。

6. 产品标准

外观	白色至淡褐色结晶粉末
含量	≥98.5%
灼烧残渣	≤0.10%
重金属（以 Pb 计）	≤0.002%
铁（Fe）	≤0.005%
挥发分（65 ℃）	≤0.10%
熔点/℃	119～121
三氯甲烷中不溶物	0.10%
亚硫酸钠中溶解度	合格
红外鉴定试验	合格

7. 产品用途

用作照相显影剂。

8. 安全与贮运

生产中使用苯肼、丙烯腈等有毒和腐蚀性原料。产品有过敏作用，对皮肤有刺激性，要防止与皮肤接触，防止将此产品粉尘吸入体内。操作人员穿戴好劳动保护用具。产品用棕色瓶包装，密封避光保存。

9. 参考文献

[1] 张爱华，张荣久. 显影剂菲尼酮的合成 [J]. 江苏化工，1996（4）：21-22.

6.24　亚米多尔

亚米多尔（Amidol）的化学名称为 2，4 二氨基苯酚盐酸盐（2，4-Diaminophenol dihydrochLoride），分子式 $C_6H_8N_2O \cdot 2HCl$，相对分子质量为 197.06，结构式：

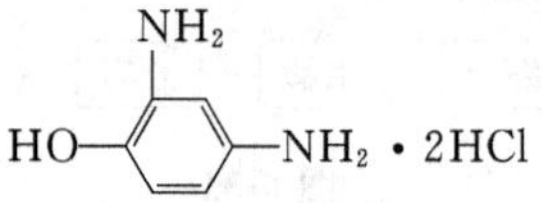

$$HO-\text{(苯环)}-NH_2 \cdot 2HCl, \quad NH_2$$

1. 产品性能

白色或灰色结晶，熔点 168～170 ℃。溶于水，微溶于乙醇和乙醚。

2. 生产方法

苯酚用硝酸硝化得到 2，4-二硝基苯酚及 2，3-二硝基苯酚、2，5-二硝基苯酚和 3，4-二硝基苯酚的混合物，经分离得 2，4-二硝基苯酚。2，4-二硝基苯酚经催化还原、酸析得亚米多尔。2，4-二硝基苯酚也可由 2，4 二硝基氯苯水解后酸化制得。

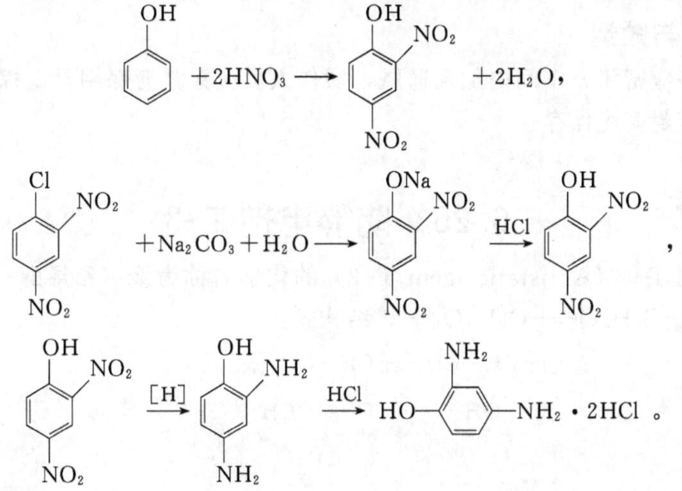

3. 工艺流程

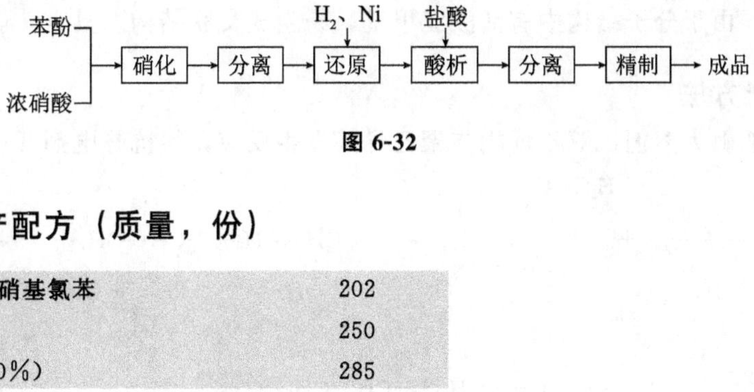

图 6-32

4. 生产配方（质量，份）

2，4-二硝基氯苯	202
碳酸钠	250
盐酸（30%）	285

5. 生产工艺

将 101 份 2，4-二硝基氯苯、125 份碳酸钠溶于 1000 份水中，加热回流反应，当反应物料油层完全消失，表明水解反应完全。用相对密度 4.19 的盐酸酸化，析出 2，4-二硝苯酚淡黄色结晶，过滤，水洗，于 60～70 ℃ 下干燥得 2，4-二硝基苯酚。2，4-二硝基苯酚经催化还原后，用盐酸酸析得亚米尔粗品，用乙醇重结晶得白色至灰色结晶。

6. 产品标准

外观	白色至灰色结晶
含量	$\geqslant 92.0\%$
对 NO_2 灵敏度试验	合格
灼烧残渣	$\leqslant 0.2\%$
干燥失重	$\leqslant 0.3\%$

7. 产品用途

用于照相显影剂。

8. 安全与贮运

反应设备应密闭，车间内加强通风，操作人员应穿戴劳保用具。棕色玻璃瓶或塑料桶包装，密封避光保存。

6.25 防静电剂 T-3

防静电剂 T-3（Antistatic agent T-3）的化学名称为聚（乙烯醇-乙酰乙酸乙烯酯），分子式 $\ce{(C_3H_4O)_x(C_6H_8O_3)_y}$，结构式：

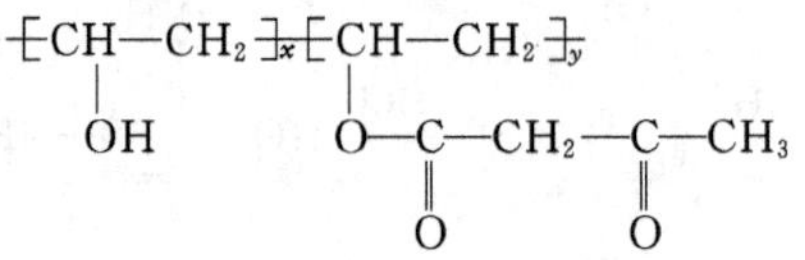

$$\left[CH-CH_2\right]_x\left[CH-CH_2\right]_y$$

。

1. 产品性能

白色至淡黄色纤维状物。溶于水、三氯甲烷、丙酮、四氢呋喃等溶剂，不溶于乙醇、异丙醇。由于分子结构中有活泼亚甲基，易生成交联结构。具有防静电作用。

2. 生产方法

以二甲亚砜为溶剂，双乙烯酮与聚乙烯醇发生反应，得抗静电剂 T-3。

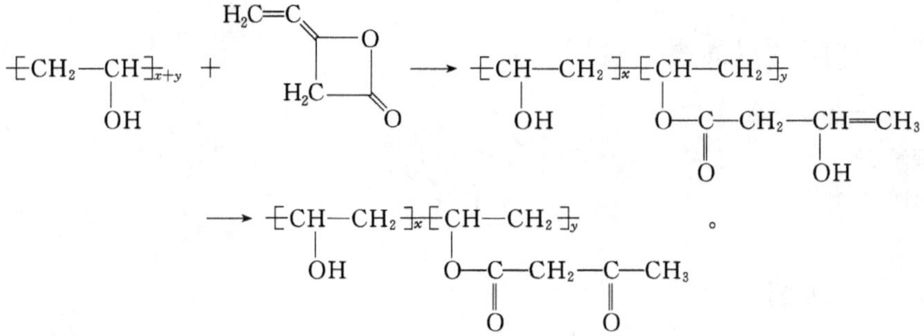

3. 工艺流程

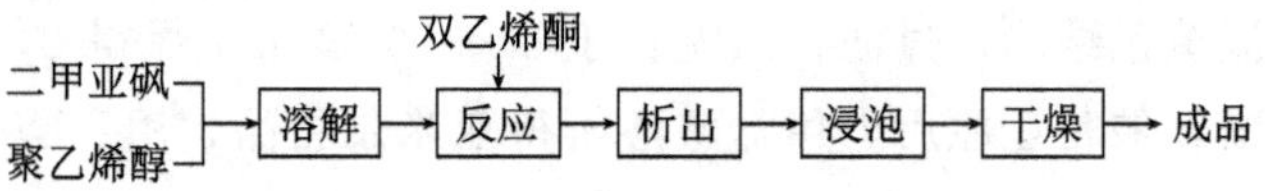

图 6-33

4. 生产配方（质量，份）

聚乙烯醇	100
双乙烯酮	62
二甲亚砜（可回收）	300
乙醇（可回收）	200

5. 主要设备

溶解锅	反应釜
析出槽	干燥箱

6. 生产工艺

在溶解锅中，将聚乙烯醇溶于二甲亚砜。将聚乙烯醇的二甲亚砜溶液转入反应釜中，加热升温，滴加双烯酮的二甲亚砜溶液。反应结束后，将反应液以细流流入乙醇中，析出产品。将粗产品浸泡于乙醇中，分离后干燥，可得纤维状产品。

7. 产品标准

外观	微黄色纤维状物
溶于物	≤3%
照相性能	合格
挥发分	≤8%

8. 产品用途

主要用于彩色相纸、彩卷护膜层中，起防静电作用。

9. 安全与贮运

设备应密闭，车间内加强通风，注意防火。操作人员应穿戴劳保用品。产品用内衬塑料袋的塑料桶包装，贮存于阴凉通风处。

10. 参考文献

[1] 陈红梅，魏杰. 一种新型结构感光材料防静电剂的研究 [J]. 内蒙古民族大学学报（自然科学版），2005（1）：47-50.

6.26　彩色显影剂 CD-2

彩色显影剂 CD-2（Colour developer CD-2）的化学名称为 2-氨基-5-二乙胺基甲苯盐酸（2 - Amino - 5 - diethyl - aminotoluene monohydrochloride；4 - N，N - Dierhyl-2-methyl-phenyl-enediamine monohydrochloride）。分子式 $C_{11}H_{19}ClN_2$，相对分子质量为214.74，结构式：

$$H_2N\text{—}\bigcirc\text{—}N(C_2H_5)_2 \cdot HCl \text{。}$$

1. 产品性能

浅白色结晶粉末，熔点 245 ℃，溶于乙醇、乙醚，不溶于水，但可溶于碱性水溶液。遇光或暴露在空气中变色。有毒！

2. 生产方法

将 3-甲基-N，N-二乙基苯胺溶于甲醇，在浓硫酸存在下用亚硝酸钠进行亚硝化，产物用铁粉或加氢还原，用活性炭脱色然后通入过量的氯化氢气体成盐，得到彩色显影剂 CD-2。

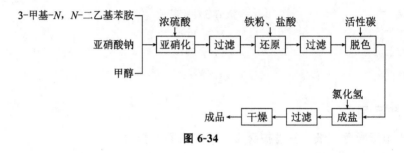

3. 工艺流程

图 6-34

4. 生产工艺

在亚硝化反应釜中。加入甲醇，搅拌下加入 3-甲基-N，N-二乙基苯胺和浓硫酸。冷却至 0 ℃，于 0～50 ℃ 下加入 50％的亚硝酸钠和浓硫酸，加料完毕，搅拌反应。过滤得 4-亚硝基-3-甲基-N，N-二乙基苯胺。

在还原反应釜中，加入水和盐酸，搅拌，加入还原铁粉，于 20～25 ℃ 下加入 4-亚硝基-3-甲基-N，N-二乙基苯胺。于 20～25 ℃ 下搅拌反应 3 h。反应完毕，过滤除去铁渣。滤液加碱中和，析出产品。将粗产品用活性炭脱色，趁热过滤除去炭渣。滤液通入过量氯化氢气体，冷却析晶，分离后干燥，得彩色显影剂 CD-2。

5. 产品标准

外观	淡白色结晶粉末
含量	≥98.0％
灰分	≤0.1％

重金属	≤0.001%
挥发分	≤0.500%
铁	≤0.001%
吸收值（437 nm）/［mL/（g·cm）］	≤0.05

6. 产品用途

用作彩色电影正片显影剂。

7. 安全与贮运

生产设备应密闭，车间内加强通风。操作人员应穿戴劳保用具。按有毒有机物规定贮运。

8. 参考文献

[1] 林媛媛. 彩色影像染料的合成研究及其应用 [J]. 感光材料，1996 (6)：23-24.

6.27　彩色显影剂 CD-3

彩色显影剂 CD-3 (Colour devoloper CD-3) 的化学名称为 4-氨基-N-乙基-N-（β-甲基磺酸酰胺基）-乙基-3-甲基苯胺倍半硫酸盐一水合物。分子式 $C_{12}H_{26}N_3O_9S_{2.5}$，相对分子质量 436.52，结构式：

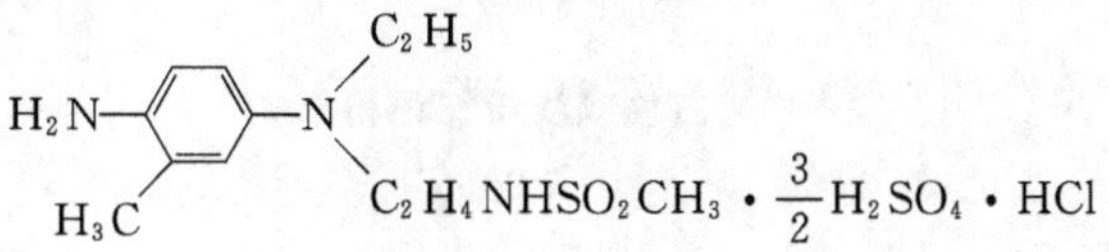

1. 产品性能

白色或浅粉红色粉末，熔点 128～130 ℃，遇光或暴露在空气下变色，溶于乙醇。

2. 生产方法

N-乙基间甲苯胺与甲基磺酰氨基乙基溴发生亲核取代反应得 N-乙基-N-β-甲基磺酰胺乙基间甲苯胺，得到的中间产物经亚硝化、还原，得彩色显影剂 CD-3。

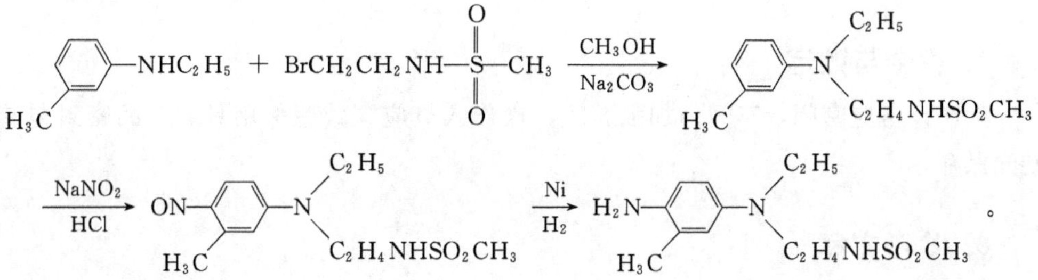

3. 工艺流程

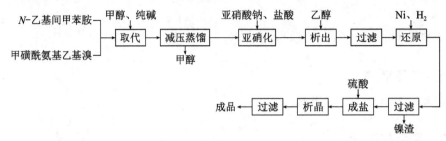

图 6-35

4. 生产工艺

在反应釜中加入甲醇水溶液，然后加入纯碱、N-乙基间甲苯胺和甲基磺酰乙基溴，搅拌下加热回流数小时，反应结束后，减压蒸除水和甲醇，残余物用水洗至中性，得 N-乙基-N-β-甲基磺酰胺乙基间甲苯胺。将此化合物加入盐酸水溶液，于 0～5 ℃ 下用亚硝酸钠进行亚硝化，反应结束后，用氨水中和至碱性，胶状物加入乙醇析出、过滤，用乙醇淋洗，得绿色粉状固体 N-乙基-N-β-甲基磺酰胺乙基间甲基亚硝基苯 **A**。将 **A** 溶于乙醇，用 Raney 镍催化加氢还原。反应物过滤后加入适量硫酸成盐，静置，析出结晶即得彩色显影剂 CD-3。

5. 产品标准

外观	白色或浅粉红色粉末
含量	≥99%
灰分	≤0.15%
重金属（以 Pb 计）	≤0.005%
挥发分（70 ℃）	≤0.6%
铁（Fe）	≤0.005%
照相性能	合格
红外光谱	合格

6. 产品用途

彩色显影剂。

7. 安全与贮运

生产设备应密闭，车间内加强通风，操作人员应穿戴劳保用具。产品密封包装，避光保存。

8. 参考文献

[1] 薛东升，姜桂兰. 水合肼还原用于彩色显影剂 CD-3 的生产 [J]. 精细与专用化学品，2008（2）：30-31.

6.28　彩色显影剂 CD-4

彩色显影剂 CD-4（Colour developer CD-4）的化学名称为 2-甲基-4-N-乙基-N-β-羟乙基胺基苯胺硫酸盐（2-Methyl-4-N-ethyl-N-β-hydroxyethyl amino aniline monosulfate）。分子式为 $C_{11}H_{20}N_2O_5S$，相对分子质量 292.35，结构式：

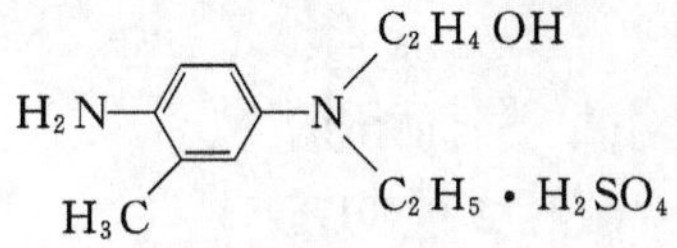

$$H_2N-\underset{H_3C}{\bigcirc}-N\underset{C_2H_5 \cdot H_2SO_4}{\overset{C_2H_4OH}{<}}$$

。

1. 产品性能

白色或浅粉红色粉末，熔点 152～156 ℃。溶于水、甲醇，遇光或暴露在空气中变色。

2. 生产方法

N-乙基间甲苯胺在碳酸钙存在下与氯乙醇发生亲核取代反应得 N-乙基-N-羟乙基间甲苯胺中间体，得到的中间产物与亚硝酸发生亚硝化得 2-甲基-4-N-β-羟乙基亚硝基苯胺亚硝化产物。亚硝化产物用铁粉或催化加氢还原，经分离精得彩色显影剂 CD-4。

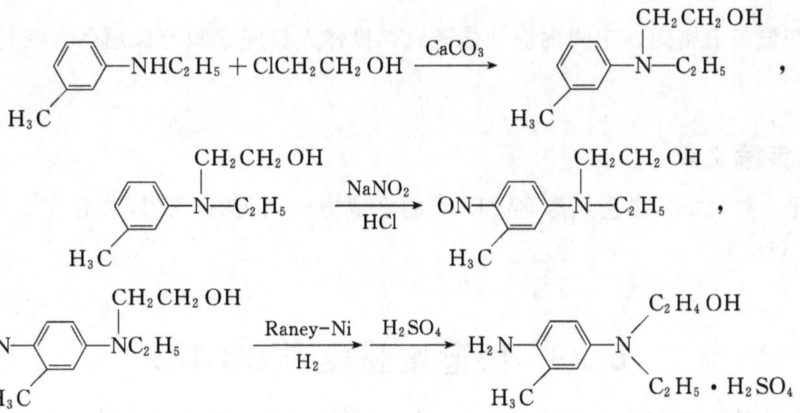

$$\underset{H_3C}{\bigcirc}-NHC_2H_5 + ClCH_2CH_2OH \xrightarrow{CaCO_3} \underset{H_3C}{\bigcirc}-N\overset{CH_2CH_2OH}{\underset{C_2H_5}{<}}，$$

$$\underset{H_3C}{\bigcirc}-N\overset{CH_2CH_2OH}{\underset{C_2H_5}{<}} \xrightarrow[HCl]{NaNO_2} ON-\underset{H_3C}{\bigcirc}-N\overset{CH_2CH_2OH}{\underset{C_2H_5}{<}}，$$

$$ON-\underset{H_3C}{\bigcirc}-N\overset{CH_2CH_2OH}{\underset{C_2H_5}{<}} \xrightarrow[H_2]{Raney-Ni} \xrightarrow{H_2SO_4} H_2N-\underset{H_3C}{\bigcirc}-N\overset{C_2H_4OH}{\underset{C_2H_5 \cdot H_2SO_4}{<}}。$$

3. 工艺流程

N-乙基间甲苯胺、氯乙醇 →[碳酸钙] 取代 → 减压蒸馏 →[亚硝酸钠、硫酸] 亚硝化 →[Ni、H₂] 还原 → 过滤（镍渣）→[硫酸] 成盐 → 析晶 → 成品

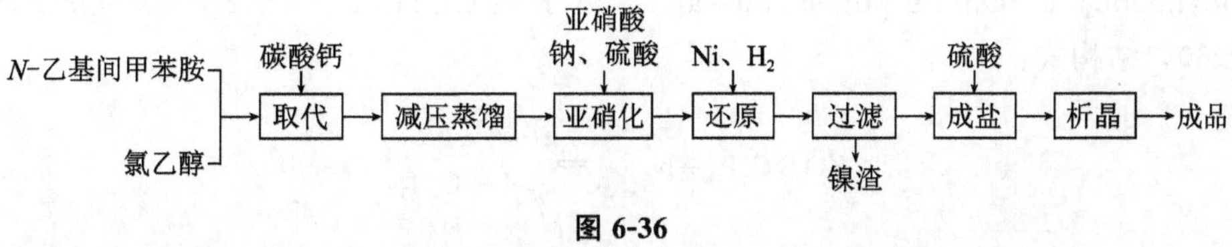

图 6-36

4. 生产工艺

在反应釜中加入氯乙醇、N-乙基间甲苯胺和碳酸钙，搅拌下加热，使 N-乙基间甲苯胺和氯乙醇在碳酸钙的存在下回流反应 30 h，反应结束后过滤，有机相用水

洗 3 次，减压蒸馏得 N-乙基-N-羟乙基间甲苯胺 **A**。将 **A** 溶于甲醇、浓硫酸，冷却至 0 ℃，控制在 0~5 ℃ 下，搅拌下加入浓硫酸，用亚硝酸钠亚硝化，得 2-甲基-4-N-β-羟乙基亚硝基苯胺 **B**，将 **B** 在乙醇用中 Raney 镍催化加氢还原，再用硫酸成盐。过滤除去镍渣，冷却，静止析晶，过滤，得彩色显影剂 CD-4。

5. 产品标准

含量	≥98.0%
灰分	≤0.10%
重金属（以 Pb 计）	≤0.001%
pH	2.0~2.3
挥发分（70 ℃）	≤0.5%
铁（Fe）	≤0.001%
溶液外观	合格
熔点范围/℃	150~156
照相性能	合格

6. 产品用途

彩色显影剂。

7. 安全与贮运

生产设备应密闭，车间内应加强通风，操作人员应穿戴劳保用品。密封包装，避光保存。

8. 参考文献

[1] 华平，沙兆林. 彩色显影剂 CD-4 的合成方法研究 [J]. 现代化工，2000（8）：44-45，47.

6.29 感蓝增感染料 SB 103

感蓝增感染料 SB103（Blue－sensitive dye SB 103）的化学名称为 3-乙基-5-[1-磺酸丁基-4-(1H)-亚吡啶基] 绕丹宁钾盐 {3-Ethyl-5-[1-sulfobutyl-4-(1H)-pyridylidene] rhodanine potassium salt}。分子式 $C_{14}H_{17}N_2O_4S_3K$，相对分子质量 412.60，结构式：

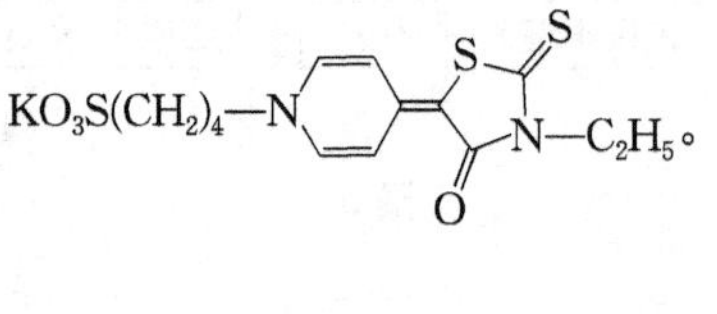

$$KO_3S(CH_2)_4-N \diagdown \diagdown = \diagdown \diagup S \diagup N-C_2H_5 。$$

1. 产品性能

橘红色针状结晶，熔点 300~302 ℃，最大吸收波长 460 nm，最大增感波长 480 nm。能溶于甲醇和水，微溶于乙醇，遇强酸强碱分解。对光热不稳定。

2. 生产方法

4-苯氧基吡啶与 1，4-丁基磺酸内酯反应，得 1-磺酸丁基-4-苯氧基吡啶，然后 1-磺酸丁基-4-苯氧基吡啶与 3-乙基绕丹宁缩合，缩合产物与碘化钾成盐得感蓝增感染料 SB 103。

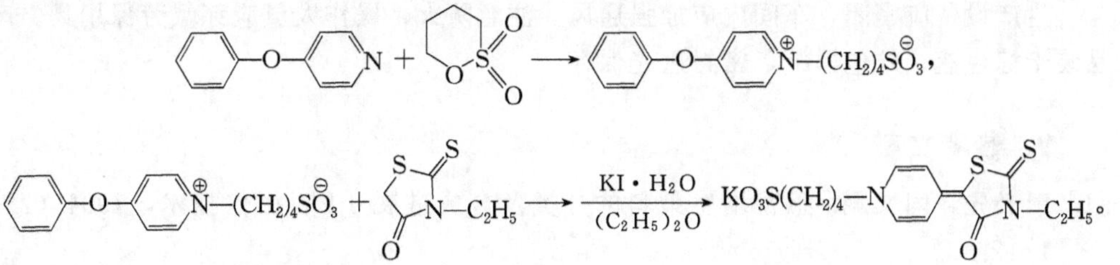

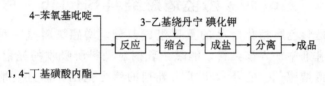

3. 工艺流程

图 6-37

4. 生产配方（kg/t）

吡啶/L	24.20
苯酚/L	47.80
3-乙基绕丹宁	6.90
1，4-丁基磺酸内酯	6.05
碘化钾	37.95
无水乙醚/L	925.70

5. 生产工艺

将 4-苯氧基吡啶与 1，4-丁基磺酸内酯反应，经分离得 1-磺酸丁基-4-苯氧基吡啶，然后 1-磺酸丁基-4-苯氧基吡啶与 3-乙基绕丹宁发生缩合得缩合产物与碘化钾成盐，经后处理得感蓝增感染料 SB 103。

6. 产品标准

含量	≥95％
干燥失重	≤5％
灼烧残渣	≤24.18％
熔点/℃	300～302
最大吸收/nm	460
最大增感/nm	480
溶解性能/[mL（甲醇）/g]	233

7. 产品用途

用于正性感光材料感蓝层。

8. 安全与贮运

生产设备应密闭，车间内应加强通风，注意防火，操作人员应穿戴劳保用具。产品装于棕色瓶，外包黑纸，密封避光保存。

9. 参考文献

[1] 彭必先，闫文鹏. 感蓝增感染料的分类及合成进展 [J]. 影像技术，1994（2）：1-12.

6.30 感蓝增感染料 SB 116

增感染料是彩色照相化学品的重要组成部分。增感染料是一种特殊的有机染料，在卤化银乳剂中加入该染料，能赋予乳剂对染料所吸收的光谱部分以感光性，因此，也称光谱增感剂。它不仅能扩大乳剂的感光范围，而且还能提高乳剂的感光度。

感蓝增感染料 SB 116 化学名称为 3，$3'$-二磺酸丙基-5，$5'$-二甲氧基硫菁三乙胺盐（3，$3'$-Disulfopropyl-5，$5'$-dimethoxythiacyanine triethylamine salt）。分子式 $C_{29}H_{41}O_8S_4N_3$，结构式：

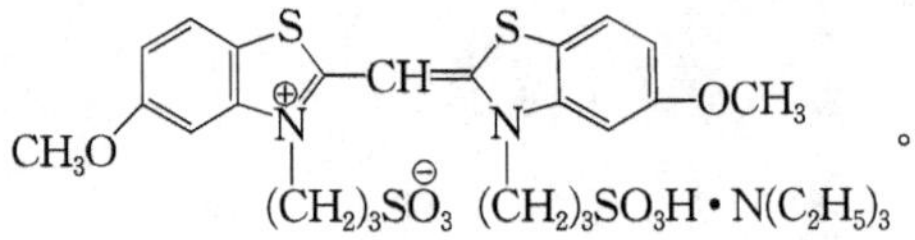

1. 产品性能

纯品为黄色粉末。极易溶于甲醇和水，能溶于乙醇。对光不稳定，遇强弱碱分解，最大吸收峰（λ_{max}）440 nm。

2-甲硫基-5-甲氧基苯并噻咪、2-甲基-5-甲氧基苯并噻唑分别与 1，3-丙基磺酸内酯反应，所得的反应物之间发生缩合反应得增感染料 SB 116。

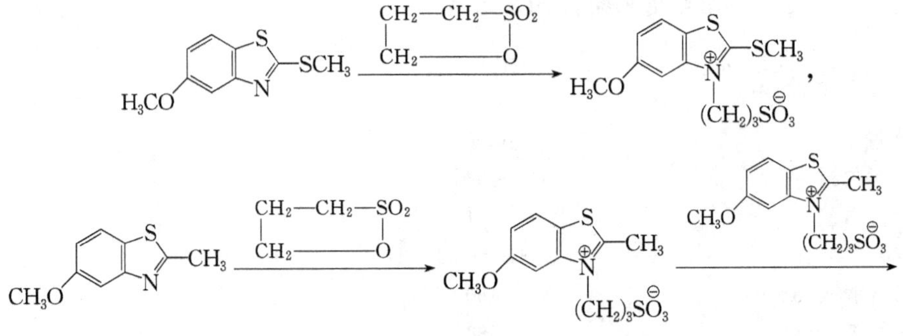

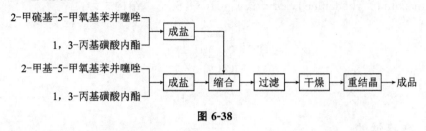

2. 工艺流程

2-甲硫基-5-甲氧基苯并噻唑 ┐
　　　　　　　　　　　　　├→ 成盐 ┐
1，3-丙基磺酸内酯 ┘　　　　　　　├
2-甲基-5-甲氧基苯并噻唑 ┐　　　　│
　　　　　　　　　　　　　├→ 成盐 → 缩合 → 过滤 → 干燥 → 重结晶 → 成品
1，3-丙基磺酸内酯 ┘

图 6-38

3. 生产配方（质量，份）

2-甲硫基-5-甲氧基苯并噻唑（熔点 42~43 ℃）	337
2-甲基-5-甲氧基苯并噻唑（熔点 272~274 ℃）	339
1，3-丙基磺酸内酯（142~144 ℃、266 Pa）	651
三乙胺（化学纯）	275

4. 生产工艺

在反应器中分别加入 2-甲基-5-甲氧基苯并噻唑内铵盐和 2-甲硫基-5-甲氧基苯并噻唑内铵盐与 1，3-丙基磺酸丙酯分别发生反应，所得产物加热相互反应，升温至溶液回流，加入三乙胺反应，冷却、过滤、干燥、重结晶得含量为 93.94% 的增感染料 SB 116。

5. 产品标准

含量	≥94%
干燥失重	≤4%
熔点/℃	>300
最大吸收/nm	440
最大增感/nm	460
溶解性能/［mL（甲醇）/g］	4200

6. 产品用途

用于彩色负片感蓝层。

7. 参考文献

[1] 梁岗，郭琼辉，孙志燕. 感蓝染料结构与增感作用的探讨 [J]. 感光材料，1994 (6)：12-16.

[2] 林媛媛. 2-甲硫基-6-羧甲基苯并噻唑的合成研究 [J]. 影像技术，1996 (1)：8-10.

6.31 感蓝增感染料 SB 102

感蓝增感染料 SB 102（Blue-sensitive dye SB 102）化学名称为 3-乙基-5-(3′-磺酸丙基-2′-苯并噻唑亚基) 绕丹宁 [3 - Ethyl - 5 - (3′ - sulfopropyl - 2′ - benzothiazoline) rhodanine]。分子式 $C_{15}H_{15}O_4S_4N_2$，结构式为：

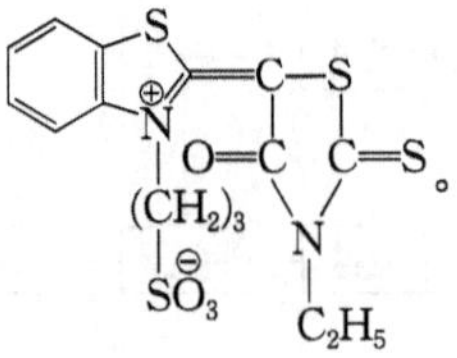

1. 产品性能

外观为黄色粉末，易溶于甲醇、氯仿、微溶于水、丙酮，不溶于乙醚和石油醚。遇强酸强碱分解，对光热不稳定。

2. 生产方法

2-甲硫基苯并噻唑与 1，3-丙基磺酸内酯成盐后，与 3-乙基绕丹宁发生缩合，得感蓝增感染料 SB 102。

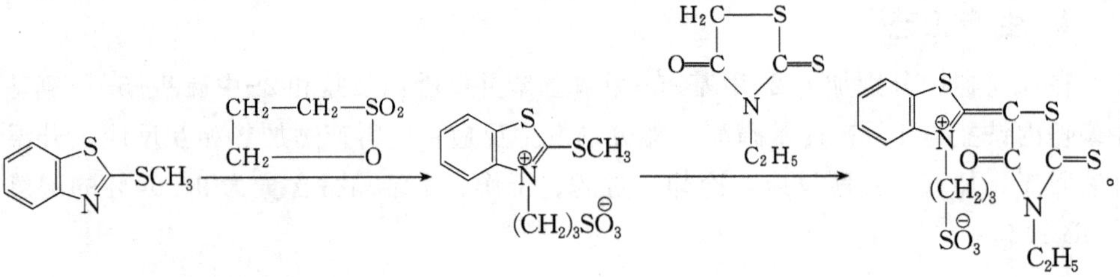

3. 生产配方（质量，份）

2-甲硫基苯并噻唑	489
1，3-丙基磺酸内酯	252
3-乙基绕丹宁	530
三乙胺	625
邻二氯苯（溶剂）	640

4. 生产工艺

在反应釜中，加入 64.0 份邻二氯苯，再加入 48.9 份 2-甲硫基苯并噻唑和 25.2 份 1，3-丙基磺酸内酯，搅拌发生成盐反应。然后与 3-乙基绕丹宁发生缩合，过滤后，干燥，重结晶得感蓝增感染料 SB 102。

5. 产品标准

含量	≥95%
灼烧残渣	≤3%
干燥失重	≤0.02%

熔点/℃	160.0～162.4
最大吸收/nm	428
最大增感/nm	470
溶解性/［mL（甲醇）/g］	477

6. 产品用途

用于彩色正片、彩色负片感蓝层。

7. 参考文献

［1］彭必先，闫文鹏. 感蓝增感染料的分类及合成进展［J］. 影像技术，1994（2）：1-12.

6.32　感绿增感染料 SG 203

感绿增感料染料 SG 203（Green-sensitive dye SG 203）的化学名称 5-苯基-5′-氯-3-磺酸丙基-3′-磺酸丁基-9-乙基氧碳菁内铵盐（5-Phenyl-5′-chloro-3-sulfopropyl-3′-sulfobutyl-9-ethyl-oxacarbocyanine inner-salt）。分子式 $C_{32}H_{32}O_8S_2N_2ClK$，相对分子质量 714.30，结构式：

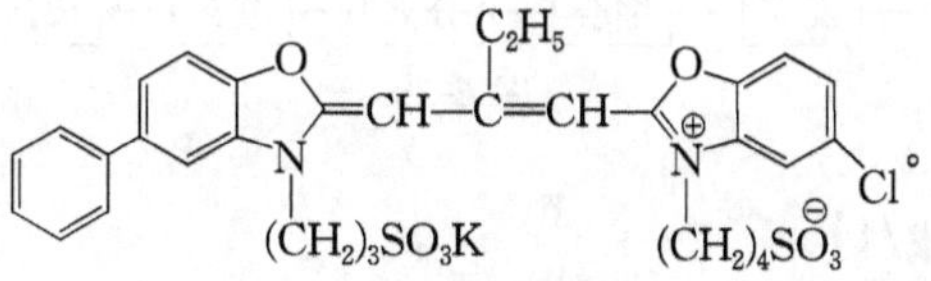

1. 产品性能

黄橙色固体粉末，熔点 252～254 ℃，最大吸收波长 499 nm，最大增感波长 540 nm。溶于水、DMF 和甲醇，不溶于乙醚、丙酮和石油醚等。在紫外灯下有绿色荧光，在甲醇溶液为橙黄色。对强酸，强碱、热和光不稳定。

2. 生产方法

2-甲基-5-苯基氧氮茚与 1，3-丁基磺酸内酯发生缩合反应得 2-甲基-5-苯基-1-磺酸丙基氧氮茚。2-甲基-5-苯基-1-磺酸丙基氧氮茚与 1，4-丁基磺酸内酯缩合得 2-甲基-5-氯-1-磺酸丙基氧氮茚，然后 2-甲基-5-苯基-1-磺酸丙基氧氮茚与原丙酸三乙酯缩合，缩合物与 2-甲基-5 苯基-1-磺酸丙基氧氮茚进一步缩合，经后处理得到感绿增感染料 SG 203。

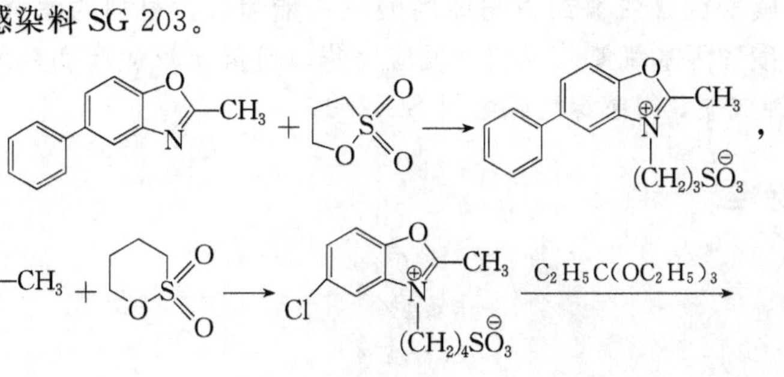

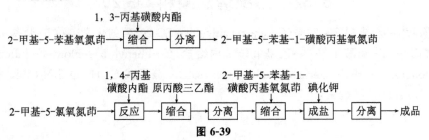

3. 工艺流程

2-甲基-5-苯基氧氮茚 → [缩合] → [分离] → 2-甲基-5-苯基-1-磺酸丙基氧氮茚

（1，3-丙基磺酸内酯）

2-甲基-5-氯氧氮茚 → [反应] → [缩合] → [分离] → [缩合] → [成盐] → [分离] → 成品

（1，4-丙基磺酸内酯 原丙酸三乙酯 2-甲基-5-苯基-1-磺酸丙基氧氮茚 碘化钾）

图 6-39

4. 生产配方（kg/t）

2-甲基-5-氯氧氮茚	1260
2-甲基-5-苯基氧氮茚	1240
1，4-丁基磺酸内酯	820
1，3-丙基磺酸内酯	600
原丙酸三乙酯	1100
碘化钾	2320

5. 生产工艺

在反应釜中，将 2-甲基-5 苯基氧氮茚与 1，3-丙基磺酸内酯缩合，反应完华，经分离得到中间体 2-甲基-5-苯基-1-磺酸丙基氧氮茚。另将 2-甲基-5-氯氧氮茚投入反应釜与 1，4-丁基磺酸内酯反应，得 1-磺酸丁基-2-甲基-5-氯氧氮茚，2-甲基-5-苯基-1-磺酸丙基氧氮茚再与原丙酸三乙酯缩合，得到的缩合中间体与 2-甲基-5-苯基-1-磺酸丙基氧氮茚反应，反应完华，分离出反应产物。最后将分离出的反应物与碘化钾成盐，得感绿增感染料 SG 203。

6. 产品标准

含量	＞90%
干燥失重	≤1%
熔点/℃	252～254

最大吸收/nm	499
最大增感/nm	540
溶解性能/［mL（甲醇）/g］	400

7. 产品用途

用于负性感光材料感绿层。

8. 安全与贮运

反应设备应密闭，车间内加强通风，操作人员应穿戴劳保用品。产品使用棕色玻璃瓶外色黑纸包装，密封避光保存。

9. 参考文献

[1] 彭必先，李群. 不对称感绿增感染料的研究进展 [J]. 感光科学与光化学，1996（3）：274-287.

6.33　感绿增感染料 SG 220

感绿增感染料 SG 220（Green-sensitive dye SG 220）的化学名称为 3，3′-二（磺酸丙基）-5-苯基-4′，5′-苯并-9-乙基氧硫碳菁内铵盐（3，3′-Disulfopropyl-5-phenyl-4′，5′-benzo-9-ethylozathiacarboc-yanine inner salt）。分子 $C_{35}H_{34}O_7N_2S_3$，相对分子质量为 690.86，结构式：

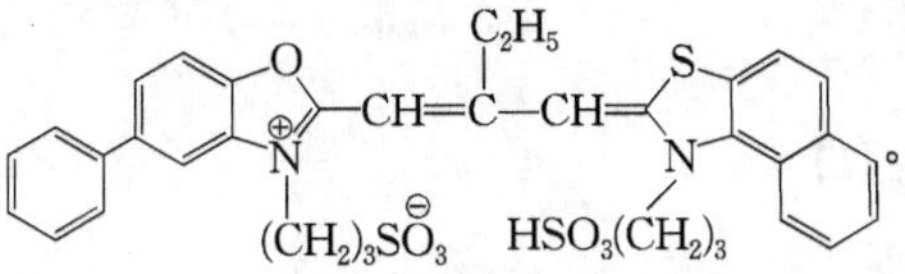

1. 产品性能

咖啡色或绿色闪光结晶，熔点 258.8～260.0 ℃，最大吸收波长 538 nm，最大增感波长 600 nm。溶于甲醇、乙醇、水和二甲基甲酰胺，不溶于乙醚、石油醚等。对光、热不稳定。

2. 生产方法

2-甲基-β-萘并硫氮茚与 1，3-丙基磺酸内酯反应，得 1-磺酸丙基-2-甲基-β-萘并硫氮茚。2-甲基-5-苯基氧氮茚与 1，3-丙基磺酸内酯反应，然后与原丙酸三乙酯缩合，缩合物与 1-磺酸丙基-2-甲基-β-萘并硫氮茚缩合，经后处理得感绿增感染料 SG 220。

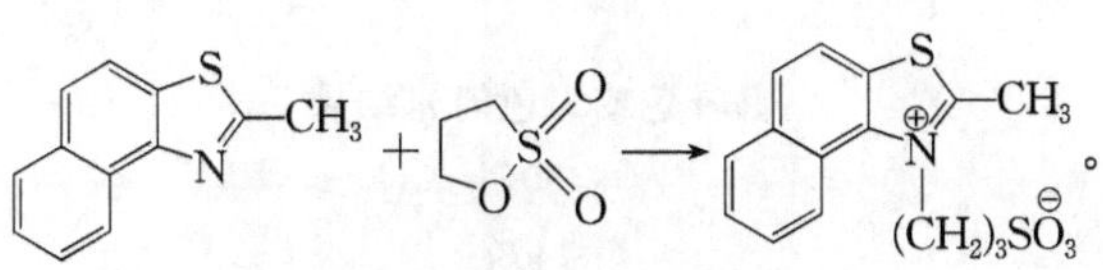

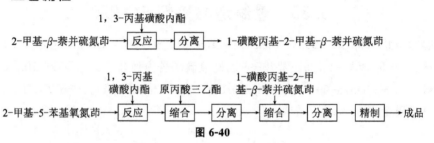

3. 工艺流程

1，3-丙基磺酸内酯

2-甲基-β-萘并硫氮茚 → 反应 → 分离 → 1-磺酸丙基-2-甲基-β-萘并硫氮茚

2-甲基-5-苯基氧氮茚 → 反应 → 缩合 → 分离 → 缩合 → 分离 → 精制 → 成品

（1，3-丙基磺酸内酯；原丙酸三乙酯；1-磺酸丙基-2-甲基-β-萘并硫氮茚）

图 6-40

4. 生产配方（kg/t）

2-甲基-5-苯基氧氮茚	2800
2-甲基-β-萘并硫氮茚	1940
原丙酸三乙酯	2460
1，3-丙基磺酸内酯	2100

5. 生产工艺

在反应釜中 2-甲基-β-萘并硫氮茚与 1，3-丙基磺酸内酯反应，反应结束，经分离，得中间体 1-磺酸丙基-2-甲基-β-萘并硫氮茚。另将 2-甲基-5-苯基氧氮茚投入反应釜中，搅拌下其与 1，3-丙基磺酸内酯反应，反应生成物进一步与原丙酸三乙酯缩合，缩合产物经分离后与 1-磺酸丙基-2-甲基-β-萘并硫氮茚发生缩合，经分离、精制，得感绿增感染料 SG 220。

6. 产品标准

外观	咖啡色或绿色闪光结晶
含量	≥90%
干燥失重	≤4%

灼烧残渣	≤14.25%
熔点/℃	258.8～260.0
最大吸收/nm	538
最大增感/nm	600
溶解性能/[mL（甲醇）/g]	477

7. 产品用途

用于负性感光材料感红层。

8. 安全与贮运

反应设备应密闭，车间内应加强通风，操作人员应穿戴劳保用品。产品使用棕色玻璃瓶外色黑纸包装，密封避光保存。

9. 参考文献

[1] 彭必先，李群. 不对称感绿增感染料的研究进展 [J]. 感光科学与光化学，1996（3）：274-287.

6.34　感绿增感染料 SG 201

感绿增感染料 SG 201（Green-sensitive dys SG 201）化学名称为 5，5′，6，6′-四氯-1，1′，3-三乙基-3′-丁基磺酸碳菁内铵盐（5，5′，6，6′-Tetrachloro-1，1′，3-triethyl-3′-sulfobutyl-imicarbocyanine inner salt）。分子式 $C_{27}H_{30}N_4SO_3Cl_4$，结构式：

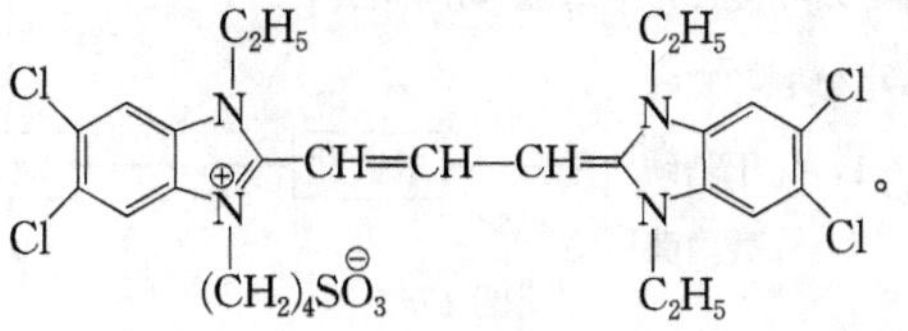

1. 产品性能

紫红色闪光结晶，熔点 285～287 ℃，甲醇溶液橙红色。可溶于甲醇、乙醇，微溶于醋酸乙酯、石油醚，不溶于苯、环乙烷。遇无机强酸强碱分解，对光、热稳定性差。

2. 生产方法

1-乙基-2-甲基-5，6-二氯苯并咪唑与碘乙烷发生 N-烃化生成对应的碘化铵盐 **A**，**A** 与二苯甲脒缩合生成半菁 **B**；1-乙基-2-甲基-5，6-二氯苯并咪唑与 1，4-丁基磺酸内酯反应生成内盐 **C**，内盐 **C** 与半菁 **B** 反应得感绿增感染料 SG 201。

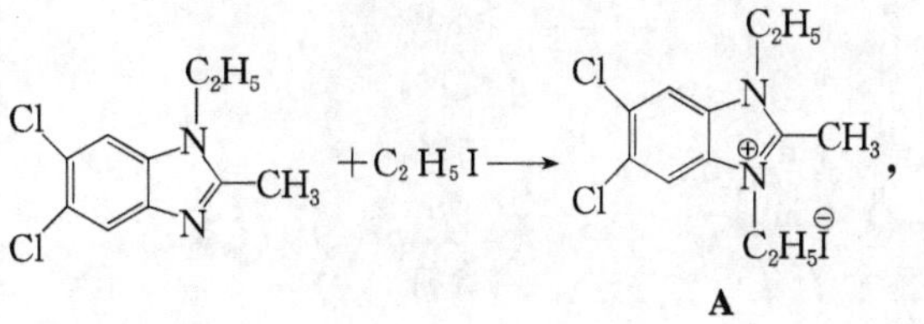

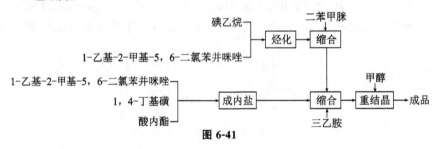

3. 工艺流程

图 6-41

4. 生产工艺

将碘盐 **A**、二苯甲脒和硝基苯加到反应釜内搅拌，物料升温至 140 ℃ 开始反应，加入乙酐继续反应，加入内盐 **C** 再反应，降温，加入三乙胺反应，加入无水乙醚，析出染料 SG 201 粗品，用甲醇重结晶得精品。

5. 产品标准

外观	紫红色闪光结晶
熔点/℃	285～287
纯度	≥80%
干燥失重	≤1%
最大吸收峰（λ_{max}）/nm	514
最大增感峰（S_{max}）/nm	570
照相性能	合格

6. 产品用途

用于负片感光材料感绿层，也适用于黑白片中，使感光性能得到提高。

7. 参考文献

[1] 彭必先，李群. 不对称感绿增感染料的研究进展 [J]. 感光科学与光化学，1996 (3)：274-287.

[2] 胡倩琪，邢学超，徐秀珍，等. 感绿增感染料超增感组合研究 [J]. 华东化工学院学报，1990 (4)：427-433.

6.35 感绿增感染料 SG 240

感绿增感染料 SG 240（Green-sensitive Dye SG 240）化学名称为 4，5，4′，5′-二苯并-3，3′-二磺酸丙基-9-乙基氧碳菁钾盐（4，5，4′，5′-Dibenzo-3，3′-disulfopropyl-9-ethyloxacarbocyanine potassium salt）。分子式 $C_{33}H_{31}N_2O_8S_2K$，结构式：

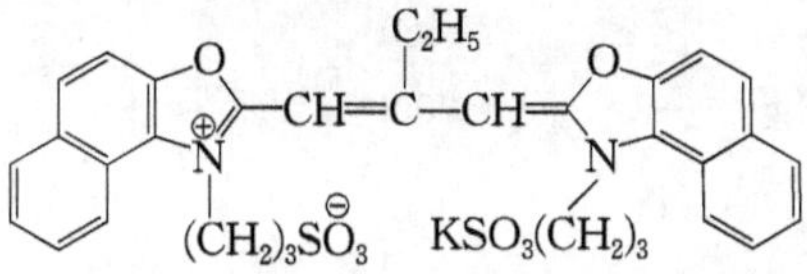

1. 产品性能

红色粉末结晶。易溶于甲醇、乙醇、丙酮，不溶于乙醚、石油醚和苯。对强酸强碱不稳定，最大吸收波长（λ_{max}）519 nm。

2. 生产方法

2-甲基-β-萘并噁唑与1，3-丙基磺酸内酯发生 N-烃化反应生成内酯，生成的内酯与原丙酸三乙酯发生缩合生成感绿增感染料 SG 240。

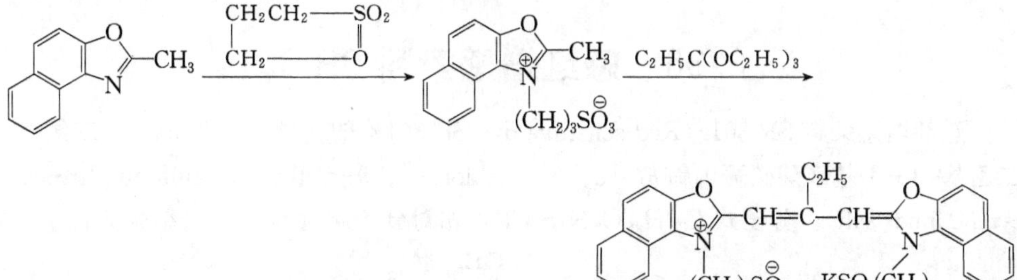

3. 工艺流程

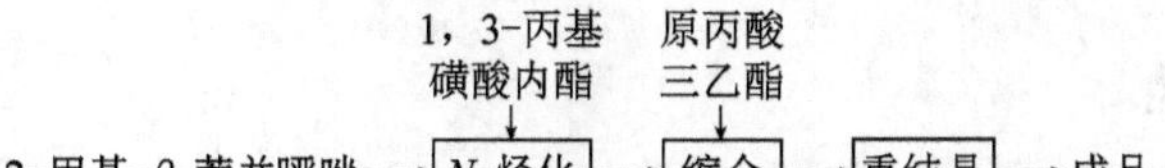

图 6-42

4. 生产配方（质量，份）

2-甲基-β-萘并噁唑	140
1，3-丙基磺酸内酯	185
原丙酯三乙酯	528

5. 生产工艺

2-甲基-β-萘并噁唑与1，3-丙基磺酸内酯发生 N-烃化反应生成内铵盐。内铵盐与原丙酸三乙酯发生缩合反应，缩合完毕，分离得粗产品，经重结晶得精品。

6. 产品标准

含量	>95%
干燥失重	≤4%
灼烧残渣	≤18.56%
熔点/℃	255~257
最大吸收峰（λ_{max}）/nm	519
最大增感峰（S_{max}）/nm	560
溶解性能［mL（甲醇）/g］	2000

7. 产品用途

用于负性感光材料感绿层。

8. 参考文献

[1] 罗世能，石俊英. 感绿增感染料电子能级和增感性能的研究 [J]. 感光科学与光化学，1986（1）：8-16.

[2] 胡倩琪，邢学超，徐秀珍，等. 感绿增感染料超增感组合研究 [J]. 华东化工学院学报，1990（4）：427-433.

6.36 感红增感染料 SR 301

感红增感染料 SR 301（Red-sensitive dye SR 301）的化学名称为5，5′-二氯-3，9-二乙基-3′-丁基磺酸碳菁内铵盐（5，5′-Dichloro-3，9-diethyl-3′-sulfobutylth-iacarbo-cynine inner salt）。分子式 $C_{25}H_{26}O_3N_2S_3Cl_2$，相对分子质量 569.60，结构式：

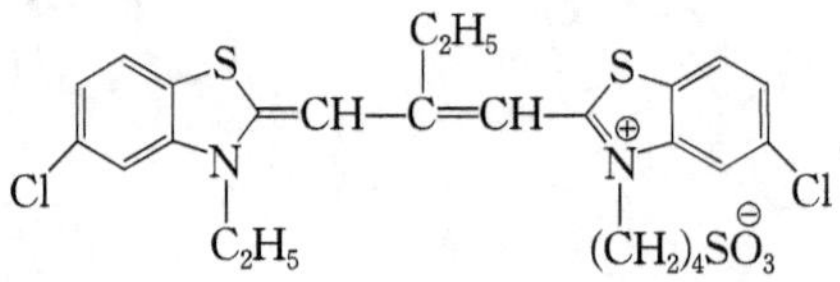

1. 产品性能

墨绿色结晶，熔点278~280 ℃。最大吸收波长555 nm。甲醇溶液为紫红色。溶于甲醇、乙醇，不溶于丙酮、乙醚等。对光热不稳定。

2. 生产方法

5-氯-2-甲基硫氮茚与 1，4-丁基磺酸丙酯反应得 1-磺酸丁基-5-氯-2-甲基硫氮茚。5-氯-2-甲基硫氮茚与碘乙烷发生季铵化，得 1-乙基-5-氯-2 甲基硫氮茚。1-乙基-5-氯-2 甲基硫氮茚再与丙酸酐发生缩合，缩合产物与对甲苯磺酸乙酯反应得磺酸酯衍生物，磺酸酯衍生物与 1-磺酸丁基-5-氯-2-甲基硫氯茚缩合，经分离精制得感红增感染料 SR 301。

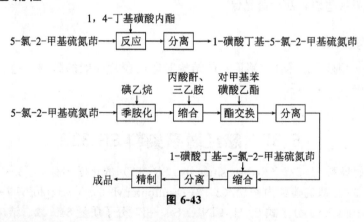

3. 工艺流程

图 6-43

4. 生产配方 （kg/t）

5-氯-2-甲基硫氮茚	2800
碘乙烷	1830

丙酸酐	8050
三乙胺	3380
对甲苯磺酸乙酯	2680
1，4-丁基磺酸内酯	582

5. 生产工艺

在反应釜中，5-氯-2-甲基硫氮茚与1，4-丁基磺酸内酯反应，反应结束后，经分离得到1-磺酸丁基-5-氯-2-甲基硫氮茚。另将5-氯-2-甲基硫氮茚与碘乙烷发生季铵化得1-乙基-5-氯-2-甲基硫氮茚季铵物，得到的季铵物在三乙胺存在下，与丙酸酐发生缩合，缩合产物与对甲苯磺酸乙酸发生酯交换。酯交换得到的对应的对甲磺酸酯衍生物与1-磺酸丁基-5-氯-2-甲基硫氮茚发生缩合，缩合完毕，经分离，精制得成品。

6. 产品标准

外观	墨绿色结晶
含量	≥90%
干燥失重	≤1%
熔点/℃	278～280
最大吸收/nm	555
溶解性能/ [mL（甲醇）/g]	2000

7. 产品用途

用于负性感光材料感红层。

8. 安全与贮运

反应设备应密闭，车间内应加强通风，操作人员应穿戴劳保用品。产品使用棕色玻璃瓶外色黑纸包装，密封避光保存。

9. 参考文献

[1] 景文盘，翟效平. 感红增感染料的结构对印刷胶片性能的影响 [J]. 信息记录材料，2006 (5)：34-38.

6.37 感红增感染料 SR 327

感红增感染料 SR 327 （Red-sensitive dye SR 327）的化学名称3，3′-二磺酸丙基-5，5′-二氯-9-乙基硫碳菁内铵盐（3，3-Disulfopropyl-5，5′-dichloro-9-ethylthiacarbocyanine inner salt）。分子式 $C_{25}H_{26}ClN_2O_6S_4$，相对分子质量 649.42。结构式：

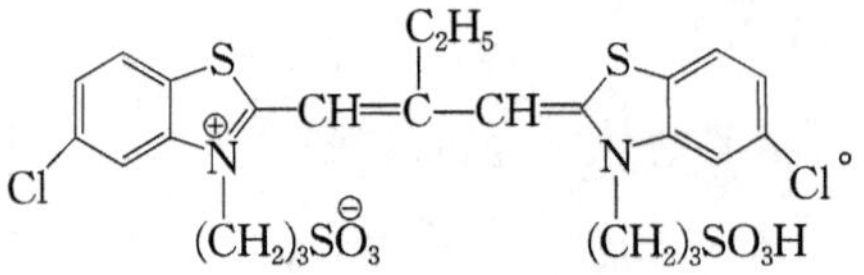

1. 产品性能

绿色带金属光泽粉末，熔点 213 ℃，最大吸收波长 552.4 nm，最大增感波长 640 nm。溶于甲醇、乙醇，遇强酸强碱分解，对光热不稳定。

2. 生产方法

5-氯-2-甲基硫氮茚与 1，3-丙基磺酸内酯反应得 1-磺酸丙基-5-氯-2-甲基硫氮茚。1-磺酸丙基-5 氯-2-甲基硫氮茚与原丙酸乙酯缩合，缩合物再与 1-磺酸丙基-5-氯-2-甲基硫氮茚反应，经后处理得感红增感染料 SR 327。

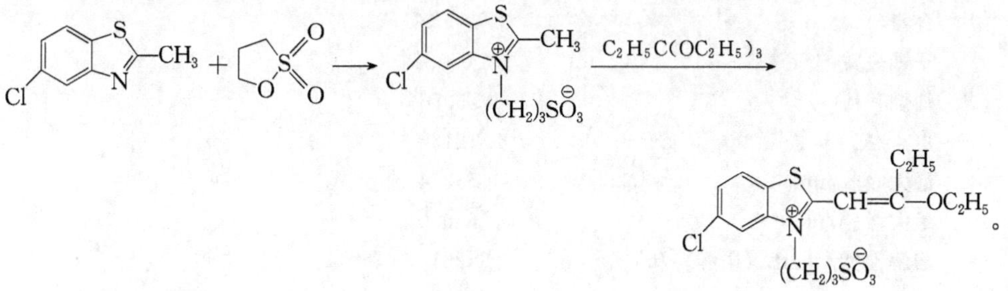

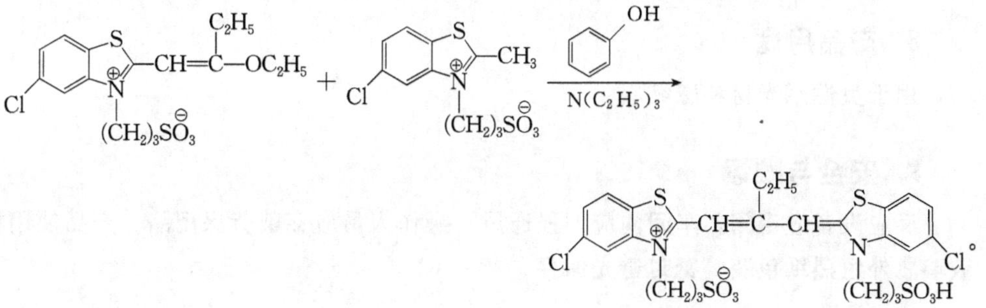

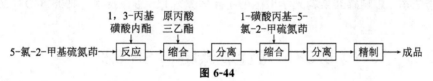

3. 工艺流程

5-氯-2-甲基硫氮茚 → 反应 → 缩合 → 分离 → 缩合 → 分离 → 精制 → 成品

（1，3-丙基磺酸内酯；原丙酸三乙酯；1-磺酸丙基-5-氯-2-甲硫氮茚）

图 6-44

4. 生产配方（kg/t）

5-氯-2-甲基硫氮茚	1266
1，3-丙基磺硫酸内酯	428
原丙酸三乙酯	520
三乙胺	650
苯酚	1800

5. 主要设备

反应釜	缩合反应釜
离心机	精制釜

6. 生产工艺

在反应釜中 5-氯-2-甲基硫氮茚与 1, 3-丙基磺酸内酯反应, 反应结束后经分离得 1-磺酸丙基-5-氯-2-甲基硫氮茚, 将一部分 1-磺酸丙基-5-氯-2-甲基硫氮茚与原丙酸三乙酯缩合得缩合产物, 得到的缩合产物与 1-磺酸丙基-5-氯-2-甲基硫氮茚在苯酚和乙胺存在下发生反应, 反应完毕, 分离、精制得感红增感染料 SR 327。

7. 产品标准

外观	绿色带金属光泽粉末
含量	≥95%
干燥失重	≤0.38%
灼烧残渣	≤5.5%
熔点/℃	213
最大吸收/nm	552.4
最大增感/nm	640.0
溶解性能/ [mL (甲醇) /g]	251

8. 产品用途

用于负性感光材料感红层。

9. 安全与贮运

反应设备应密闭, 车间内应加强通风, 操作人员应穿戴劳保用品。产品使用棕色玻璃瓶外色黑纸包装, 密封避光保存。

10. 参考文献

[1] 李晓军. 影响感红染料光学增感的主要因素 [J]. 影像技术, 1998 (2): 20-22.

6.38　感红增感染料 SR 322

感红增感染料 SR 322 (Red-sensitive Dye SR 322) 化学名称为 3, 3′-二磺酸丙基-5-氯-5′-甲基-9-乙基硫碳菁内铵盐 (3, 3′-Disulfopropyl-5-chloro-5′-methyl-9-ethyl-thiacarbocyanine inner salt)。分子式 $C_{28}H_{29}ClN_2O_0S_4$, 结构式:

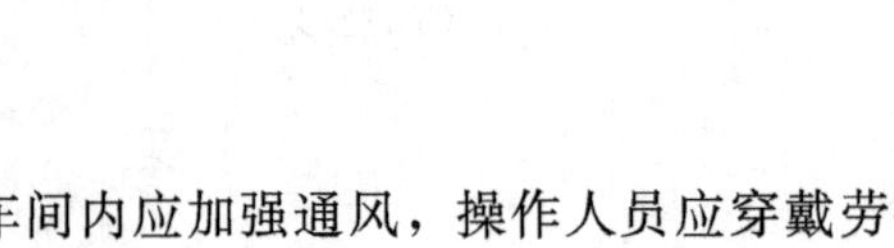

1. 产品性能

本产品外观为绿色结晶, 易溶于甲醇、乙醇, 溶于氯仿、水。对光和酸不稳定, 在甲醇中的最大吸收波长 (λ_{max}) 为 552.4 nm。

2. 生产方法

2，5-二甲基苯并噻唑与1，3-丙基磺酸内酯成盐，5-氯-2-甲基苯并噻唑与1，3-丙基磺酸内酯及原丙酸三乙酯的反应物缩合，得到的缩合物与成盐物进一步反应，经后处理得感红增感染料 SR 322。

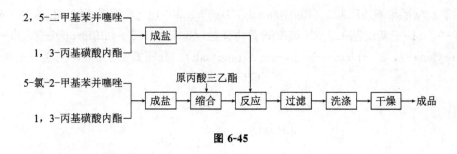

3. 工艺流程

2，5-二甲基苯并噻唑——┐
                    ├→ 成盐 ──────────────┐
1，3-丙基磺酸内酯——┘   │
                            原丙酸三乙酯   │
5-氯-2-甲基苯并噻唑——┐   ↓   ↓
                    ├→ 成盐 → 缩合 → 反应 → 过滤 → 洗涤 → 干燥 → 成品
1，3-丙基磺酸内酯——┘

图 6-45

4. 生产配方（质量，份）

2，5-二甲基苯并噻唑（熔点 38～40 ℃）	466.9
5-氯-2-甲基苯并噻唑	527.0
原丙酸三乙酯	689.0
1，3-丙基磺酸内酯	721.0

5. 生产工艺

2，5-二甲基苯并噻唑与1，3-丙基磺酸内酯反应内盐。5-氯-2-甲基苯并噻唑与1，3-丙基磺酸内酯反应生成的内盐，再与原丙酸三乙酯缩合得缩合物，得到的缩合物与2，5-二甲基苯并噻唑和1，3-丙基磺酸内酯形成的内盐进一步缩合，缩合物经过滤，滤饼用乙醚甲醇混液淋洗、离心、干燥得感红增感染料 SR 322。

6. 产品标准

外观	绿色结晶
含量	≥95%
干燥失重	≤5.75%
灼烧残渣	≤0.35%
熔点/℃	191～192
最大吸收/nm	552.4
最大增感峰（S_{max}）/nm	650
溶解性能/［mL（甲醇）/g］	210.5

7. 产品用途

用于彩色负片和彩色胶卷感红层。

8. 参考文献

[1] 景文盘，翟效平. 感红增感染料的结构对印刷胶片性能的影响 [J]. 信息记录材料，2006（5）：34-38.

6.39　感红增感染料 SR 303

感红增感染料 SR 303（Red-sensitive Dye SR 303）化学名称为 3-乙基-3′-磺酸丙基-9，11-亚新戊基-2，2′-硫二碳菁内铵盐（3-Ethyl-3′-sulfopropyl-9，11-neo-pent-ylene-2，2′-thiadicarbocya-nine inner salt）。分子式 $C_{29}H_{32}N_2O_3S_3$，结构式：

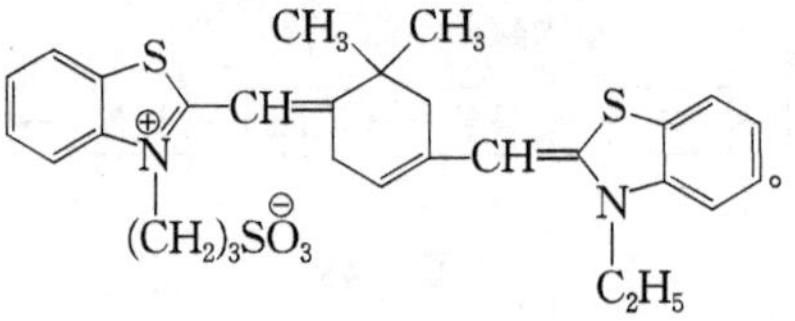

1. 产品性能

紫色结晶，易溶于甲醇、乙醇、丙酮和氯仿，微溶于水，不溶于苯和石油醚。最大吸收波长（λ_{max}）648 nm。

2. 生产方法

2-甲硫基苯并噻唑与 1，3-丙基磺酸内酯作用生成内盐；2-甲基苯并噻唑与对甲苯磺酸乙酯发生 N-乙基化反应，然后在 KI 存在下，N-乙基化产物与异佛尔酮发生缩合，缩合物与前面制得的内盐进一步缩合得感红增感染料 SR 303。

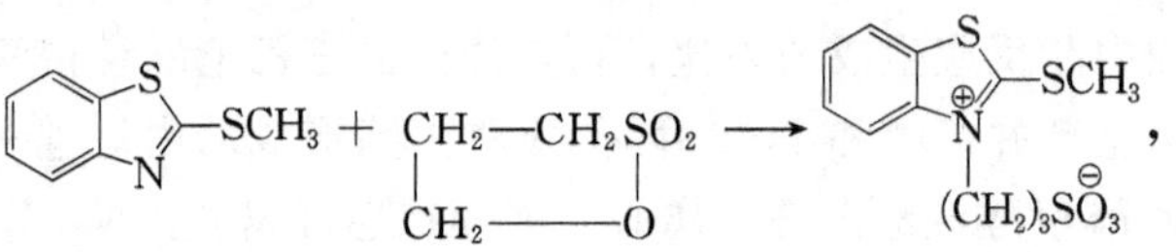

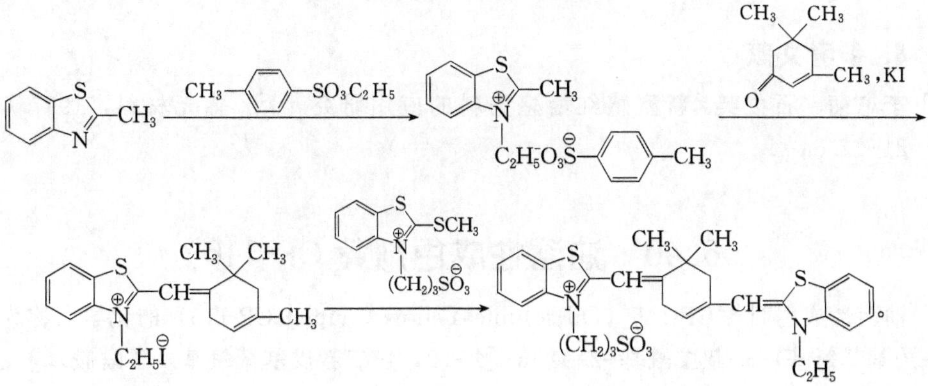

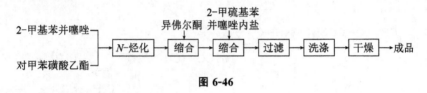

3. 工艺流程

图 6-46

4. 生产配方（质量，份）

2-甲基苯并噻唑	310
2-甲硫基苯并噻唑	80
对甲苯磺酸乙酯	416
异佛尔酮	400
1，3-丙基磺酸内酯	65

5. 生产工艺

2-甲基苯并噻唑与对甲苯磺酸乙酯发生 N-乙基化，然后在碘化钾存在下，N-乙基化产物与异佛尔酮发生缩合得缩合物，得到的缩合物与由 2-甲硫基苯并噻唑与 1，3-丙基磺酸内酯形成的内盐进一步缩合，经过滤、后处理得感红增感染料 SR 303。

6. 产品标准

含量	≥95%
干燥失重	≤5%
灰分	≤12%
熔点/℃	208～210
最大吸收峰（λ_{max}）/nm	648
最大增感峰（S_{max}）/nm	700
溶解性能/［mL（甲醇）/g］	303

7. 产品用途

用于正性感光材料感红层。

8. 参考文献

[1] 李忠菊，石俊英. 新型感红增感染料的应用研究 [J]. 感光材料，1997 (1)：21-22.

6.40 油溶性成色剂黄 CP 116

油溶性成色剂黄 CP 116（Oil-soluble Yellow Coupler CP 116）的化学名称为 α-(4-羧基苯氧基)-α-叔戊酰基-2-氯-5-[γ-(2，4-二叔戊基苯氧基）丁酰胺基] 乙酰苯胺 {α-(4-Carboxy phenoxy)-α-pivalyl-2-chloro-5-[α-(2，4-di-tert-amyl phenoxy) butyramido] acetanilide}。分子式 $C_{40}H_{51}ClN_2O_7$，结构式：

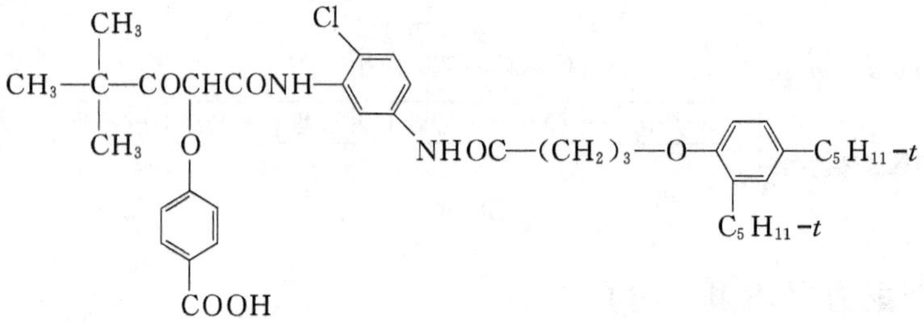

。

1. 产品性能

白色或带微黄色粉末，熔点 192～194 ℃，易溶于极性溶剂，难溶于非极性有机溶剂中。与彩色显影剂 CP-3 氧化物形成黄色染料。最大吸收波长（λ_{max}）为 440 nm。

2. 生产方法

三甲基乙酰乙酸乙酯与 3-(2，4-二叔戊基苯氧）丁酰胺基-6-氯苯胺发生缩合反应，生成 116 母体成色剂 **A**，**A** 经氯化、醚化、水解、酸化得油溶性成色剂黄 CP 116。

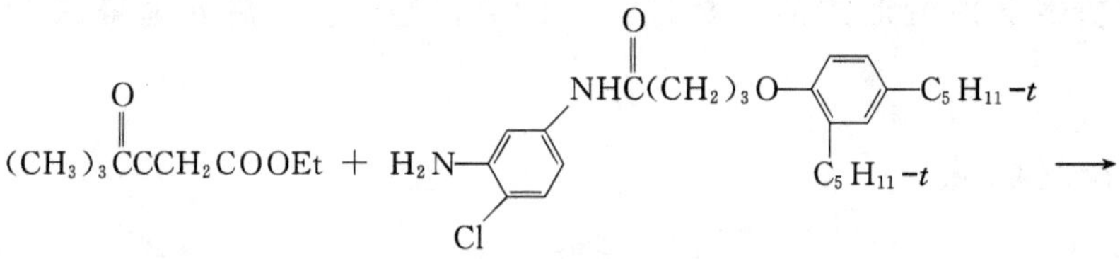

（简称三甲酯）　　　　（116 氨基物）

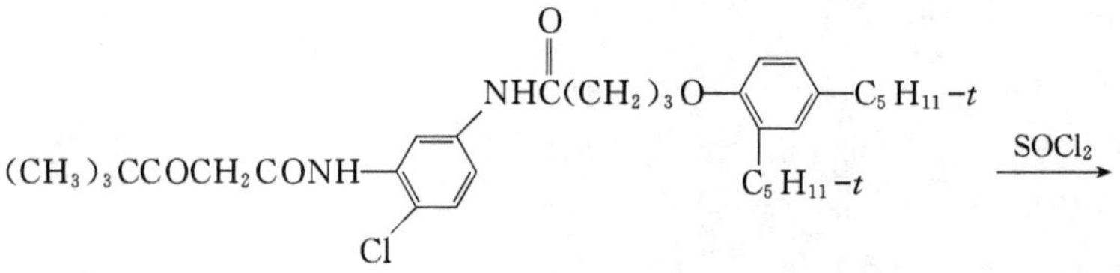

A　　　　（简称 116 母体成色剂）

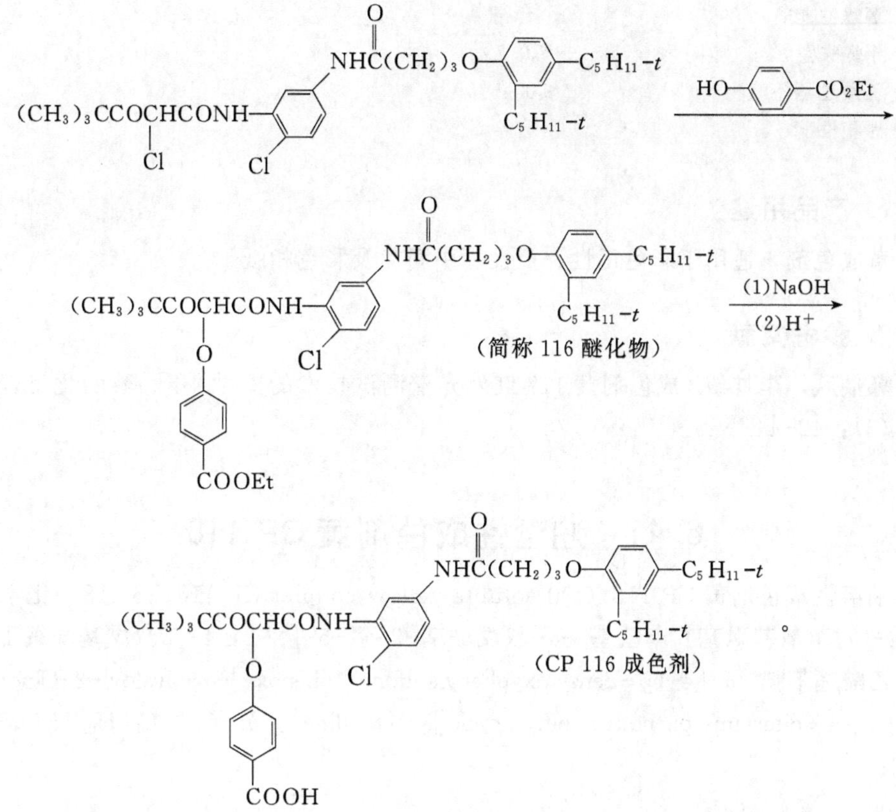

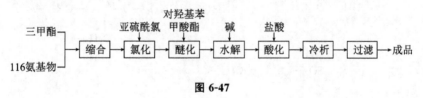

(CH3)3CCOCHCONH
Cl
Cl
NHC(CH2)3O
C5H11-t
C5H11-t
HO
CO2Et
(CH3)3CCOCHCONH
O
COOEt
(1)NaOH
(2)H+
(简称 116 醚化物)
(CH3)3CCOCHCONH
COOH
(CP 116 成色剂)

3. 工艺流程

三甲酯
116氨基物
亚硫酰氯
对羟基苯
甲酸酯
碱
盐酸
缩合
氯化
醚化
水解
酸化
冷析
过滤
成品

图 6-47

4. 生产工艺

在缩合反应釜中，加入溶剂二甲苯，搅拌下加入三甲基乙酰乙酸乙酯和 3-(2，4-二叔戊基苯氧）丁酰胺基-6-氯苯胺，加热升温至 140～160 ℃ 进行缩合反应。反应完毕，降温，加入亚硫酰氯进行氯化，至终点后，蒸出过量的亚硫酰氯和二甲苯，然后降温并进行酯化反应。再加入氢氧化钾水溶液进行水解，用盐酸酸化，蒸净丙酮，经过冷析后制得成品。

5. 产品标准

外观	白色或微黄色粉末
熔点/℃	192～196
灰分	≤0.3%
铁（Fe）	≤0.005%
纯度杂质含量	<1%

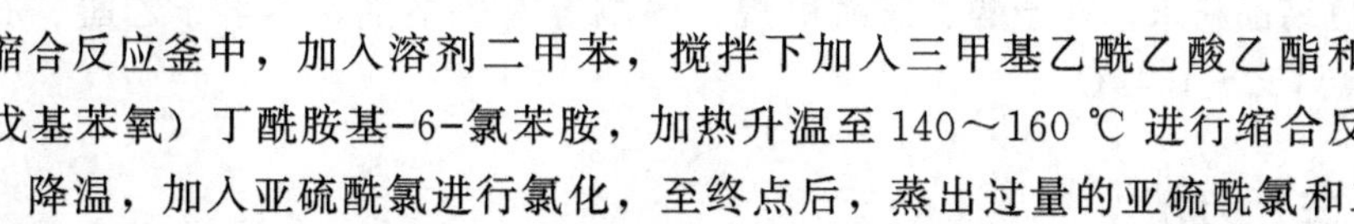

溶解性能	合格
干燥失重	≤0.2%
乙酸乙酯不溶物	≤0.45%
照相性能	合格

6. 产品用途

黄成色剂，适用于彩色正性、负性、中间片及彩色相纸。

7. 参考文献

[1] 郭瑞欣，李虹薇. 成色剂黄 117 红外光谱测试技术的探讨 [J]. 黎明化工，1991 (3)：42-44.

6.41 油溶性成色剂黄 CP 118

油溶性成色剂黄 CP 118（Oil-soluble yellow coupler CP 118；S 118）化学名称 α-[4-（对苄氧基砜基）苯氧基]-α-叔戊酰基-2-氯-5-[γ-2，4-二叔戊基苯氧丁酰胺基] 乙酰基苯胺 {α-[4-(p-Benzyloxyphenylsulfone) phenoxy]-α-pivaloyl-2-Chloro-5-[γ-（2，4-ditertamylphenoxy) butyramido] acetaniline}。分子式 $C_{52}H_{61}N_2O_8S$，结构式：

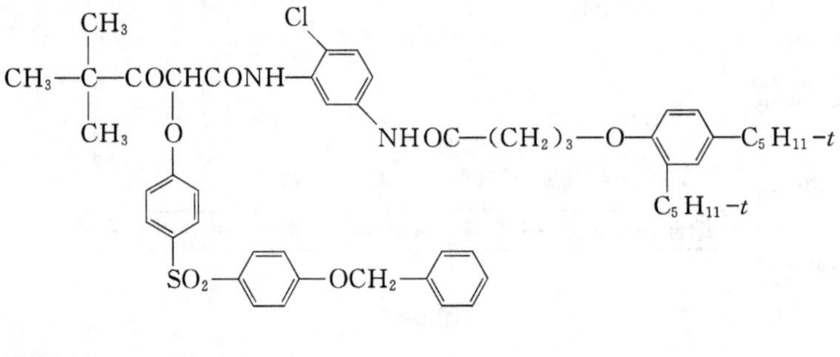

1. 产品性能

白色结晶粉末，溶于醇、三氯甲烷、丙酮等有机溶剂，不溶于乙醚、石油醚和水。熔点 152~154 ℃。

2. 生产方法

2，4-二叔戊基苯酚在碱性条件下与 γ-丁内酯发生醚化得 γ-（2，4-二叔戊基苯氧）丁酸，γ-（2，4-二叔戊基苯氧）丁酸与亚硫酰氯作生成酰氯后与 3-硝基-4-氯苯胺缩合，经催化氢化后得 CP 118 胺基物，CP 118 胺基物与三甲基乙酰乙酸乙酯缩合后，再与亚硫酰氯氯化，然后氯化物与 4-羟基-4'-苄氧基二苯砜反应得到油溶性成色剂黄 CP 118。

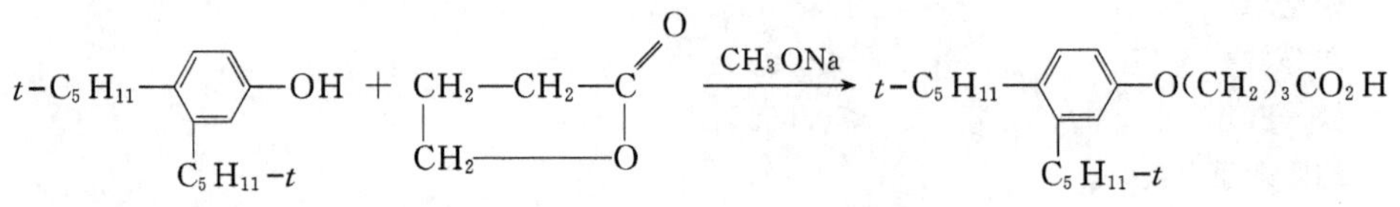

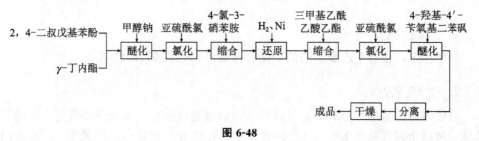

3. 工艺流程

图 6-48

4. 生产配方（质量，份）

5-[α-(2，4-二叔戊基苯氧基）丁酰胺基]-2-氯苯胺（95%）	540
三甲基乙酰乙酸乙酯	950
4-羟基-4′-苄氧基二苯砜	450

5. 产品标准

含量	≥92%
杂质（氯化物）	≤2%
挥发分	≤0.5%
灰分	≤0.3%
光吸收值	≤2.5%
铁（Fe）	≤0.0005%
溶解性	合格
照相性能	合格
红外光谱	合格

6. 产品用途

用于油溶彩色正片及彩色相纸作黄成色剂。

7. 参考文献

[1] 郭瑞欣，李虹薇. 油溶性成色剂红外光谱法测绘技术的探讨 [J]. 感光材料，1992（2）：16-17.

6.42 油溶性成色剂青 CI 320

油溶性成色剂青 CI 320（Oil-soluble cyan coupler CI 320），结构式：

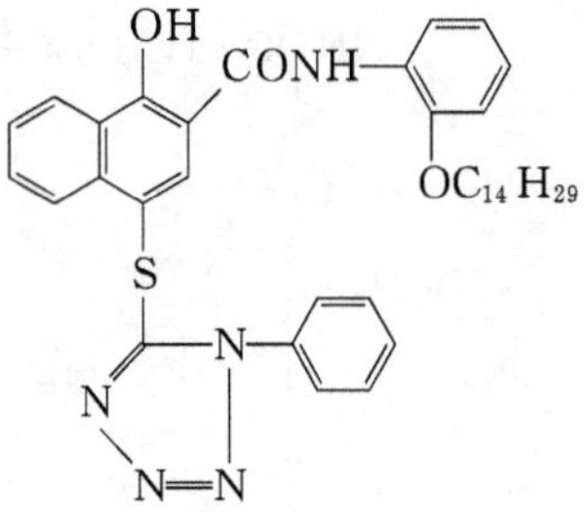

1. 产品性能

白色粉末，易溶于乙腈、乙酸乙酯、乙醇等，熔点 98～100 ℃。

2. 生产方法

以邻硝基酚为起始原料，经与溴代十四烷醚化反应后，加氢还原得到十四烷氧基苯胺，然后十四烷氧基苯胺与 1，2-酸苯酯缩合得成色剂母体。1-苯基-5-巯基四唑经 $SOCl_2$ 氯化后与成色剂母体缩合制得 CI 320 成色剂。

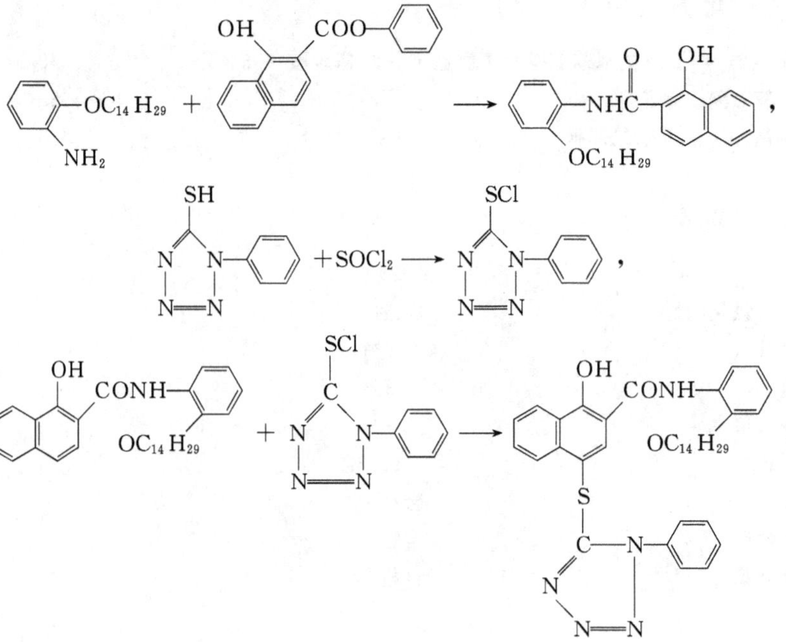

3. 工艺流程

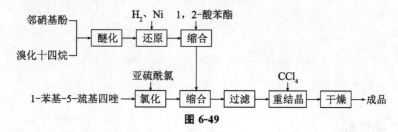

图 6-49

4. 生产配方（质量，份）

邻硝基酚（熔点 42～44 ℃）	365
溴代十四烷（98%）	740
1，2-酸苯酯（98%）	574
1-苯基-5-巯基四唑（100%）	342

5. 生产工艺

在醚化反应釜中，邻硝基酚与溴化十四烷反应，得对应的醚化产物，在 Ni 催化下加氢还原过滤后，蒸馏得对应的胺。然后对应的胺与 1，2-酸苯酯（1-羟基-2-萘甲酸苯酯）发生缩合，经过滤、洗涤、干燥得 CI 320 母体。

将 1-苯基-5-巯基四唑、四氯化碳和 $SOCl_2$ 于低温加于反应釜中，逐渐升温到回流温度，然后降温到 40 ℃ 以下，迅速加入 CI 320 母体，搅拌升温至回流，到反应终点，降温、析出产品，精制用四氯化碳重结晶得成品。

6. 产品标准

外观	白色针状结晶
含量	≥99%
熔点/℃	98～100
照相性能	合格

7. 产品用途

本产品与主青成色剂组合使用或单独作用，它在感红层内起到抑制显影作用，可以降低颗粒度、提高清晰度、增强边缘效应，达到改善画面质量的目的。一般适用于负性彩色感光材料中，如彩卷、彩底及彩正片中。

8. 参考文献

[1] 范桂香. 一种新的用于彩色相纸的青成色剂的合成研究 [J]. 感光材料，1997（6）：19-20.

6.43　油溶性成色剂青 CM 361

油溶性成色剂青 CM 361（Oil-soluble cyan coupler CM 361），结构式：

（CM 361）。

1. 产品性能

枣红色粉末，熔点 116～118 ℃，在冰醋酸中重结晶，熔点可达 198～200 ℃。易溶于酯类、丙酮中，很少溶于乙醇，不溶于水中。

2. 生产方法

对叔丁基酚与对硝基氯苯缩合得酚醚 **A**，得到的酚醚 **A** 经催化加氢得到对应的氨基物 **B**，**B** 与 1-羟基-2-萘甲酸苯酯缩合得对应的酰胺 **C**，**C** 与苯胺的重氮盐偶合得油溶性成色剂青 CM 361。

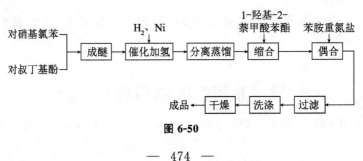

（CM 361）

3. 工艺流程

对硝基氯苯、对叔丁基酚 → 成醚 → 催化加氢（H_2、Ni） → 分离蒸馏 → 缩合（1-羟基-2-萘甲酸苯酯） → 偶合（苯胺重氮盐） → 过滤 → 洗涤 → 干燥 → 成品

图 6-50

4. 生产配方（质量，份）

对叔丁基酚（工业品）	485
对硝基氯苯（试剂三级）	463
1-羟基-2-萘甲酸苯酯（工业品，98％）	610
苯胺（试剂三级）	208
亚硝酸钠（98％）	157

5. 生产工艺

对叔丁基酚与对硝基氯苯在加热条件下发生反应，生成的硝基醚类在兰尼镍催化下加氢，经过滤，蒸馏得对应的伯氨化合物，进一步与1-羟基-2-萘甲酸发生缩合，得到酰胺，经过滤，洗涤、干燥得 CM 361 母体。

在反应釜中加入苯胺和盐酸，搅拌，用冰降温。在（5±2）℃加 30％的亚硝酸钠水溶液，此重氮液向温度降为 3 ℃ 的 CM 361 母体，丙酮和醋酸钠混合液中滴加，在室温下反应，过滤，水洗、烘干得到产品 CM 361。

6. 产品标准

外观	枣红色粉末
熔点/℃	116～118
含量	≥90％
照相性能	合格

7. 产品用途

可用于彩正、彩卷、彩底片中，在彩色的层片感红层中消除染料在感绿区的有害吸收，使彩色还原更为逼真，提高影像质量。

8. 参考文献

[1] 范桂香. 一种新的用于彩色相纸的青成色剂的合成研究 [J]. 感光材料，1997 (6)：19-20.

6.44 油溶性成色剂青 CP 324

油溶性成色剂青 CP 324（Oil-soluble cyan coupler CP 324；S-324）化学名称为 1-羟基-2-N-[γ-（2，4-二叔戊基苯氧）丁基] 萘甲酰胺 {1-Hydroxy-2N-[γ-（2, 4-ditert-amylphenoxy）-n-butyl] naphthamide}。分子式 $C_{31}H_{41}NO_3$，结构式：

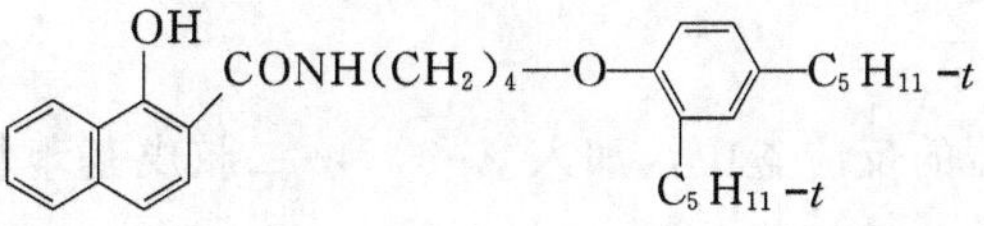

1. 产品性能

白色结晶，熔点 122～124 ℃，易溶于热的乙醇及热的石油醚，不溶于水。在照相过程中与显影剂的氧化物反应生成青色染料；与重氮盐偶合反应生成品红色染料。最大吸收峰（λ_{max}）为 690 nm。

2. 生产方法

将 γ-2，4-二叔戊基苯氧基丁酸加热升温并通入氨气反应得 γ-2，4-二叔戊基苯氧基丁腈，得到的丁腈再以兰尼镍和氨-乙醇溶液催化制得 γ-2、4-二叔戊基苯氧基丁胺，最后 γ-2，4-二叔戊基苯氧基丁腈与 1-羟基-2-萘甲酸苯酯反应得 CP 324。

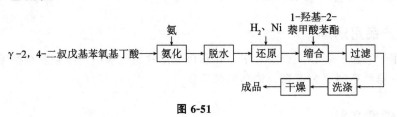

3. 工艺流程

γ-2，4-二叔戊基苯氧基丁酸 → 氨化 → 脱水 → 还原 → 缩合 → 过滤 → 洗涤 → 干燥 → 成品

（氨化上方标注：氨；还原上方标注：H_2、Ni；缩合上方标注：1-羟基-2-萘甲酸苯酯）

图 6-51

4. 生产配方（质量，份）

γ-2，4-二叔戊基苯氧基丁酸（熔点 95～96 ℃）	135
1-羟基-2-萘甲酸苯酯（工业品）	63
甲醇（工业品）	60
乙醇（工业品）	265
兰尼镍（工业品）	16
液氨（工业品）	33

5. 生产工艺

在装有回流冷凝器的反应釜中，加入 γ-2，4-二叔戊基苯氧基丁酸，在搅拌下，加热升温，并通入氨气，经氨化并脱水得 γ-2，4-二叔戊基氰基丁腈。将 γ-2，4-二叔戊基氰基丁腈转入催化氢化反应釜，在兰尼镍催化下，加氢还原得到对应的胺，经蒸馏得纯的 γ-2，4-二叔戊基苯氧基丁胺。

在缩合反应釜中加入 γ-2，4-二叔戊基苯氧基丁胺和 1-羟基-2-萘甲酸苯酯，回流，反应至无苯酚馏出，即反应完毕。经析出、过滤、淋洗、干燥，即得油溶性成色剂青 CP 324。

6. 产品标准

外观	白色粉末
含量	≥98%
熔点/℃	122~124
挥发分	≤0.5%
干燥失重	≤0.15%
铁（Fe）	≤0.0005%
乙酸乙酯不溶物	≤0.5%

7. 产品用途

主要用于制造油溶性彩色胶片、彩色相纸。

8. 参考文献

[1] 刘玉婷，吕峰，邹竞，等. DAR 青成色剂的合成 [J]. 应用化学，2004（6）：609-612.

6.45　油溶性成色剂青 S 398

油溶性成色剂青 S 398（Oil-soluble cyan coupler S 398）的化学名称为 2-[α-（2，4-二叔戊基苯氧基丁酰胺）]-4，6-二氯-5-甲基苯酚 {2-[α-（2，4-Di-tertamylp henoxy) butyramido]-4，6-dichloro-5-methylphenol}。分子式 $C_{27}H_{37}Cl_2NO_3$，结构式：

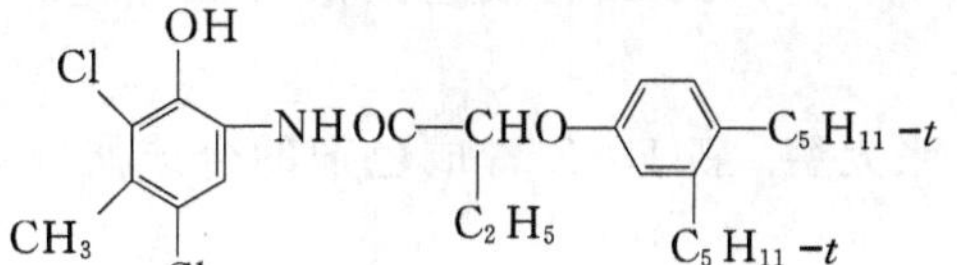

1. 产品性能

白色粉状结晶，溶于丙酮、氯仿、乙酸乙酯等有机溶剂，微溶于冷石油醚，不溶于水，熔点 148~152 ℃。

2. 生产方法

2，4-二叔戊基苯氧-α-乙基乙酰氯与 4，6-二氯-5-甲基-2-氨基苯酚发生缩合，得油溶性成色剂青 S 398。

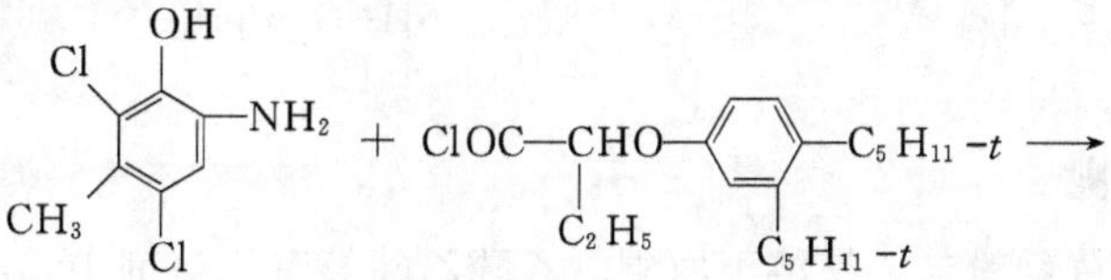

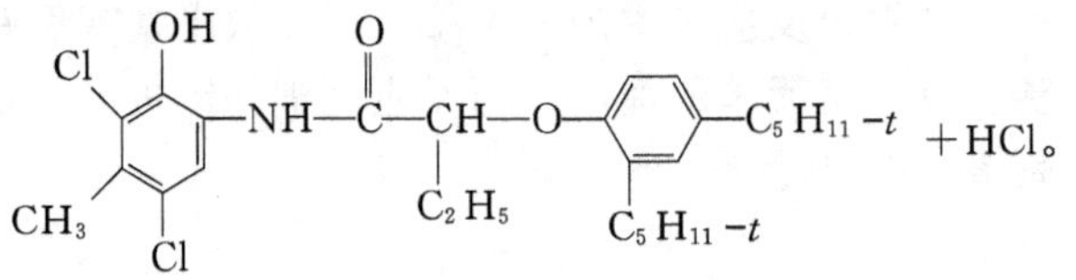

3. 生产工艺

在装有回流冷凝器的反应釜中，将 123 份 2，4-二叔戊基苯氧-α-乙基乙酰氯与 75 份 4，6-二氯-5-甲基-2-氨基苯胺缩合得白色晶体，白色晶体经分离、淋洗、干燥得油溶性成色剂青 S 398。

4. 产品标准

含量	≥94.00%
灰分	≤0.30%
挥发分	≤4.00%
铁（Fe）	≤0.005%
溶解性、照相性能	合格

5. 产品用途

用于制造油溶性彩色胶片和彩色相纸。

6. 参考文献

[1] 韩为，张秀岩，祁咏梅. 一种新型含砜基青成色剂的合成 [J]. 染料与染色，2011，48（2）：1-4.

[2] 刘玉婷，吕峰，邹竞，等. DAR 青成色剂的合成 [J]. 应用化学，2004（6）：609-612.

[3] 王明星，姜子文，张大德. 新 DAR 青成色剂的合成研究 [J]. 影像技术，1998（4）：10-12.

6.46　油溶性成色剂品 CP 254

油溶性成色剂品 CP 254 （Oil-soluble magenta coupler 254）的分子式为 $C_{34}H_{49}ClN_4O_2$，相对分子质量 584.24，结构式：

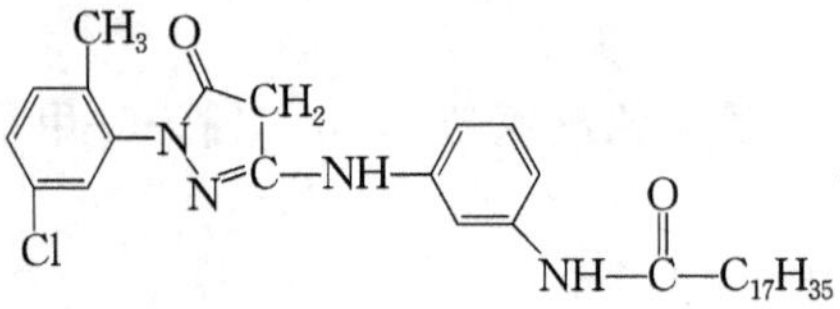

1. 产品性能

白色或带微黄色粉末，易溶于丙酮、乙酸乙酯等有机溶剂中，与 CD-2 显影剂生成染料的最大吸收峰（λ_{max}）550 nm，见光放色逐渐变深。

2. 生产方法

2-甲基-5 氯苯胺盐酸盐与亚硝酸钠、盐酸发生重氮化，经还原后与 β-亚胺基丙酸乙酯发生缩合环化，得 KB-吡唑酮。KB-吡唑酮与间硝基苯甲酰氯缩合得硝基物，经加氢得氨基物。最后氨基物与硬脂酰氯缩合得成色剂 CP 254。

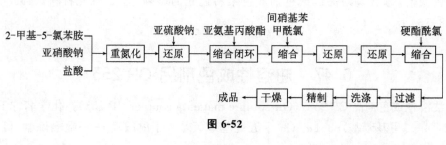

3. 工艺流程

```
2-甲基-5-氯苯胺 ─┐        亚硫酸钠  亚氨基丙酸酯  间硝基苯      硬脂酰氯
                │                           甲酰氯
  亚硝酸钠 ──────┼─→ 重氮化 → 还原 → 缩合闭环 → 缩合 → 还原 → 还原 → 缩合 ─┐
  盐酸 ─────────┘                                                        │
                                                                         │
              成品 ← 干燥 ← 精制 ← 洗涤 ← 过滤 ←─────────────────────────┘
```

图 6-52

4. 生产配方（kg/t）

KB-吡唑酮（工业品）	144.8
氰乙酸乙酯（工业品）	1700.0
间硝基苯甲酸（试剂三级）	697.0
十八酰氯（试剂三级）	575.8

5. 生产工艺

2-甲基-5氯苯胺盐酸盐与亚硝酸钠、盐酸在低于 5 ℃ 下发生重氮化得重氮盐，得到的重氮盐用亚硫酸钠、亚硫酸氢钠还原，得 2-甲基-5-氯苯肼盐酸盐。然后 2-甲基-5-氯苯肼盐酸盐与 β-亚氨基丙酸乙酯发生缩合环化，得 KB-吡唑酮。KB-吡唑酮与间硝基苯甲酰胺发生缩合，得对应的硝基物，硝基物经还原得氨基物。将氨基物加入反应釜，搅拌加热溶解然后加入十八碳酰氯，进行回流反应至终点后降温，于酸性水中析出。经过滤、水洗、精制得成品 CP 254。

6. 产品标准

外观	白色粉末
纯度	≥95%
灰分	≤0.1%
铁（Fe）	≤0.0003%
干燥失重	≤0.200%
灼烧残渣	≤0.003%
照相性能	合格

7. 产品用途

用于彩色正性感光材料彩正、彩纸和反转片中。

8. 安全与贮运

生产中使用有毒或腐蚀性原料，反应设备应密闭，车间内应加强通风，操作人员应穿戴劳保用品。密封包装，注意防潮、防热、避光。

9. 参考文献

[1] 宋红豪，王静，王荣荣，等. 1H-吡唑并 [5，2c]-1，2，4-三氮唑品成色剂的合成 [J]. 信息记录材料，2003（2）：20-22.

[2] 黄振国. 取代基对品红成色剂成色染料色光的影响 [J]. 感光材料，1985（6）：8-16.

6.47 油溶性成色剂品 CP 255

油溶性成色剂品 CP 255（Oil-soluble magenta coupler CP 255），化学名称 1-(6-氯-2，4-二甲基苯基)-3-[α-(3-十五烷基苯氧基）丁酰胺基]-5-吡唑烷酮〔1-(6-

Chloro-2，4-dimethylphenyl)-3-[α-(3-n-pentadecylphenoxy)-butyramido]-5-pyrazolone}。分子式 $C_{36}H_{52}ClN_3O_3$，结构式：

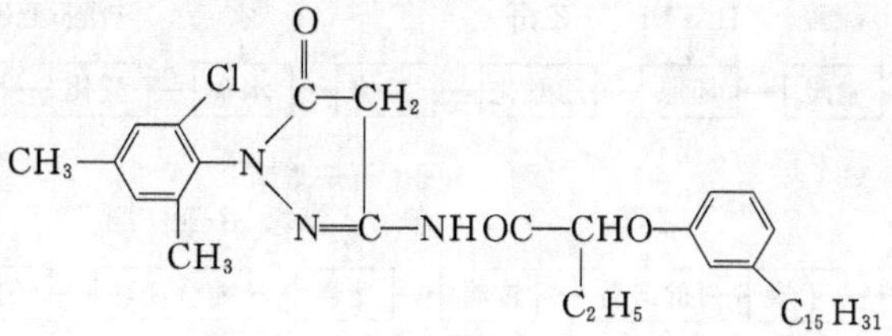

1. 产品性能

本产品为白色或带微黄色粉末，熔点 97～99 ℃，易溶于丙酮、乙酸乙酯等有机溶剂，在冷乙腈、石油醚中有一定溶解度。与 CD-2 显影剂形成染料的最大吸收峰（λ_{max}）为 536 nm。贮存中注意防潮、防湿、防热，要避光。

2. 生产方法

间二甲苯经硝化还原得 2，4-二甲基苯胺盐酸盐，经乙酰化、氯化、水解、酸化得 6-氯-2，4-二甲基苯胺盐酸盐，然后 6-氯-2，4-二甲基苯胺盐酸盐重氮化，与 β-亚胺酯缩合闭环得到 6-氯-2，4-二甲基-5′-吡唑酮，最后 6-氯-2，4-二甲基-5′-吡唑酮与 2-(间十五烷基苯氧基) 乙基乙酰氯缩合，脱酸得 CP 255 成色剂。

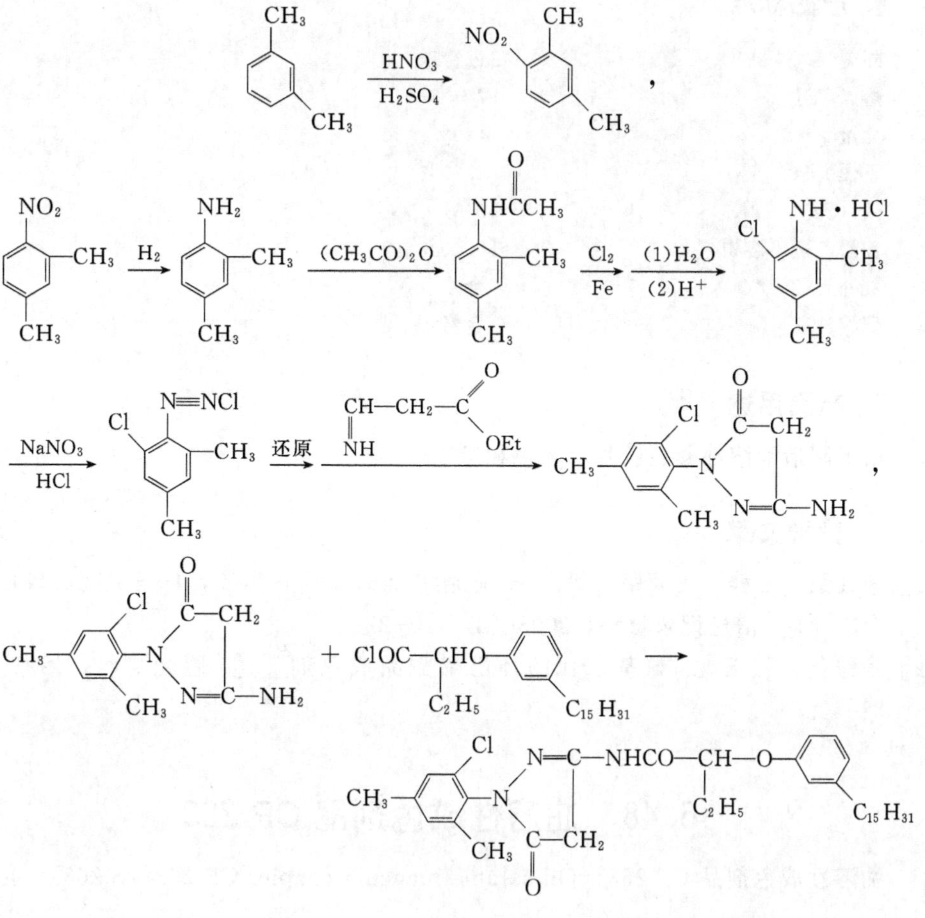

3. 工艺流程

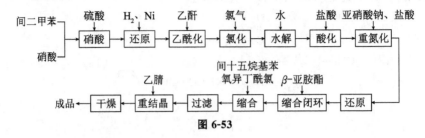

图 6-53

4. 生产配方（质量，份）

2-(间十五烷基苯氧基) 乙基乙酰氯（95%）	88
6-氯-2，4-二甲基-5′-吡唑酮（96%）	56

5. 生产工艺

将 CP 255 吡唑酮、乙腈和酰氯按序加入反应釜，加热回流至反应终点，降温析晶，过滤烘干经石油醚热溶，回流除去氯化氢，降温在室温下析晶，过滤，得粗品，用乙腈重结晶得 CP 255。

6. 产品标准

外观	白色粉末
熔点/℃	97～99
含量	≥90%
干燥失重	≤0.20%
铁（Fe）	≤0.01%
乙酸乙酯不溶物	≤0.40%
红外光谱	合格
照相性能	合格

7. 产品用途

用于制造油溶性彩色胶片、彩色相纸。

8. 参考文献

[1] 宋红豪，王静，王荣荣，等. 1H-吡唑并 [5，2-c]-1，2，4-三氮唑品成色剂的合成 [J]. 信息记录材料，2003（2）：20-22.
[2] 张秀英，韩玉龙. 氰基取代的环己烯酮品成色剂 [J]. 感光材料，1993（3）：38-40.

6.48　油溶性成色剂品 CP 263

油溶性成色剂品 CP 263（Oil-soluble magenta coupler CP 263；S 263），化学名

称 1-(2，4，6-三氯苯基)-3-[3-(2，4-二叔戊基苯氧基) 乙酰氨基] 苯甲酰氨基-5-吡唑烷酮 {1-(2，4，6-Trichlorophenyl)-3-[3-(2，4-ditert-amylphenoxy)-acetamido]-benzamido-5-pyrazolone}。分子式 $C_{34}H_{37}Cl_2N_4O_4$，结构式：

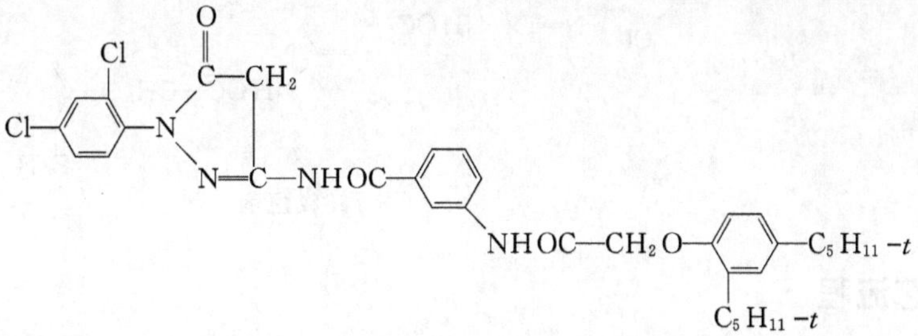

1. 产品性能

白色结晶粉末，易溶于甲醇、乙醇、丙酮、乙酸乙酯、冰醋酸等有机溶剂，不溶于水。熔点 175～176 ℃。最大吸收峰（λ_{max}）550 nm。

2. 生产方法

由苯胺通氯制得三氯苯胺盐酸盐，苯胺盐酸盐经重氮化、加成反应制得三氯苯肼，与亚胺酯缩合闭环制得吡唑酮，吡唑酮与间硝基苯甲酰氯缩合制得 CP 263 硝基物，经催化加氢制得 CP 263 氨基物，最后 CP 263 氨基物与 2，4-二叔戊基苯氧乙酰氯缩合制得 CP 263 成色剂。

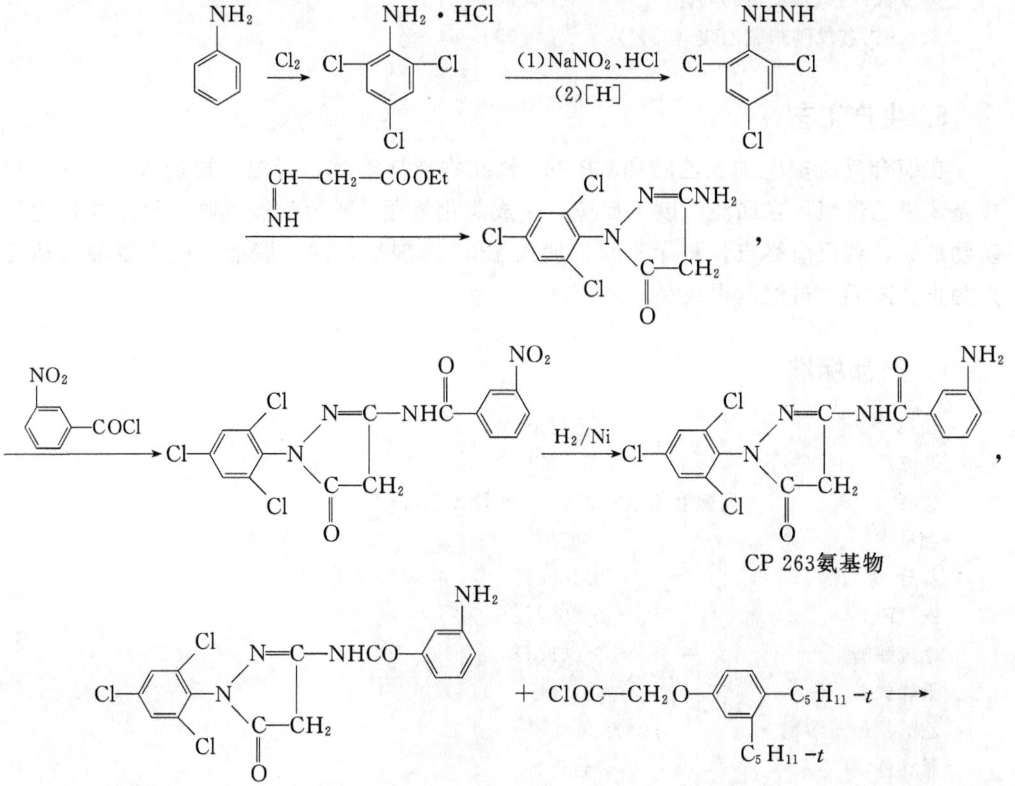

CP 263 氨基物

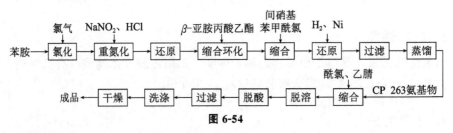

CP 263成色剂

3. 工艺流程

苯胺 → 氯化（氯气）→ 重氮化（NaNO₂、HCl）→ 还原 → 缩合环化（β-亚胺丙酸乙酯）→ 缩合（间硝基苯甲酰氯）→ 还原（H₂、Ni）→ 过滤 → 蒸馏 → CP 263氨基物 → 缩合（酰氯、乙腈）→ 脱溶 → 脱酸 → 过滤 → 洗涤 → 干燥 → 成品

图 6-54

4. 生产配方（质量，份）

苯胺（98%）	522
3-硝基苯甲酸（100%计）	470
β-亚胺丙酸乙酯（100%计）	550
2，4-二叔戊基苯氧乙酸（95%）	653

5. 生产工艺

在缩合反应釜中加入乙腈和 CP 263 氨基物搅拌溶解、升温，再加入 2，4-二叔戊基苯氧乙酰氯，在回流温度下反应，生成氯化氢用 5% 的碱液吸收，经取样化验氨基物消失，到反应终点，蒸净乙腈，加入 120# 溶剂油，回流脱酸，取样脱酸到达终点为止。降温、过滤制得成品。

6. 产品标准

外观	白色粉末
熔点/℃	175~176
纯度	高速液相色谱 254 nm 波段无杂峰
含量	>97%
灰分	≤0.1000%
铁（Fe）	≤0.0003%
燃烧残渣	≤0.0030%
干燥失重	≤0.2%
乙酸乙酯不溶物	≤0.4%
照相性能	合格

7. 产品用途

用于油溶性彩色底片和彩色反转片。

8. 参考文献

[1] 宋红豪，王静，王荣荣，等. 1H-吡唑并［5，2-c］-1，2，4-三氮唑品成色剂的合成［J］.信息记录材料，2003（2）：20-22.

6.49　油溶性成色剂品264

油溶性成色剂品264（Oil-soluble magenta couple 264），化学名称1-（2，4，6-三氯苯基）-3-［α-（3-叔丁基-4-羟基苯氧基）正十四酰胺基］-苯胺基）-5-吡唑酮。分子式$C_{39}H_{48}Cl_4N_4O_4$，相对分子质量778.64，结构式：

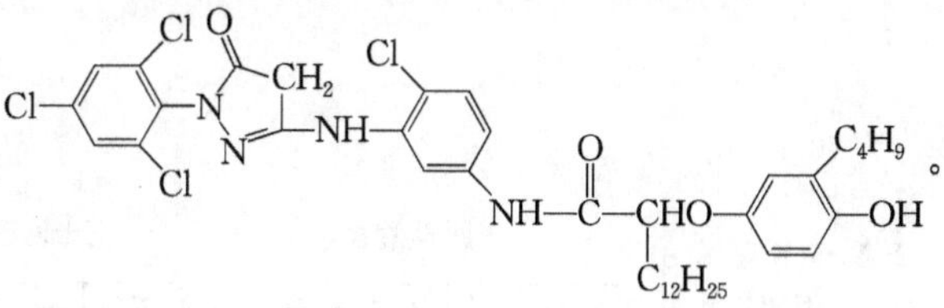

1. 产品性能

纯品为白色粉状结晶，熔点175～177℃。溶于苯、二甲苯、乙醚、氯仿、乙酸乙酯等有机溶剂，微溶于甲醇、乙醇、难溶于石油醚和水。对光热不稳定。

2. 生产方法

β-乙氧基-β-亚氨丙酸乙酯盐酸盐与2-氯-5-硝基苯胺在甲醇中缩合，缩合物与2，4，6-三氯苯肼环化得1-（2，4，6-三氯苯基）-3-（2-氯-5-硝基苯胺基）-5-吡唑酮，1-（2，4，6-三氯苯基）-3-（2-氨-5-硝基苯胺基）-5-吡唑酮经过还原得到对应的氨基物1-（2，4，6 三氯苯基）-3-（2-氯-5 氨基苯胺基）-5-吡唑酮（S 208），S 208再与α-（4-乙酰氧基-3-叔丁基苯氧基）正十四酰氯缩合，再经水解得产品。

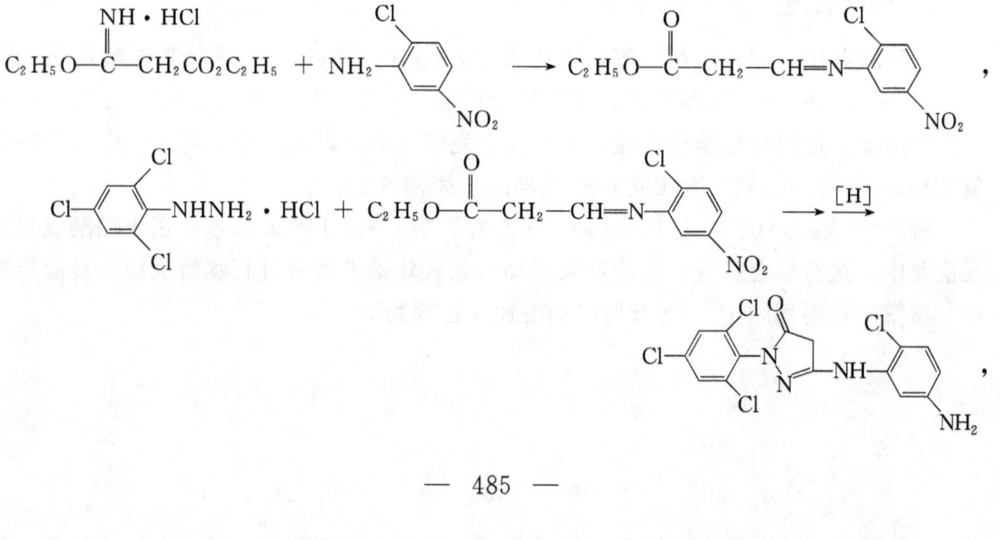

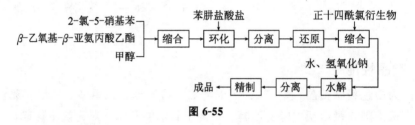

3. 工艺流程

图 6-55

4. 生产配方（质量，份）

β-乙氧基-β-亚氨基丙酸乙酯盐酸盐（95％）	13.0
苯肼盐酸盐	78.0
2-氯-5-硝基苯胺（99％）	5.525
α-（4-乙酰氧基-3-叔丁基笨氧基）正十四酰氯（90％）	14.2

5. 生产工艺

在反应釜中，加入溶剂甲醇，再加入 4.3 kg β-乙氧基-β-亚氨基丙酸乙酯盐酸盐和 0.78 kg 2-氯-5-硝基苯胺，加热搅拌反应，反应完毕，加入 5.525 kg 2，4，6-苯肼盐酸盐，进行环化缩合反应，缩合反应完毕，经分离后还原，得 1-（2，4，6-三氯基）-3-（2-氯-5-氨基苯胺基）-5-吡唑酮（简称 S 208）。

将 0.65 kg S 208 与 4.12 kg α-（4-乙酰氧基-3-叔丁基苯氧基）正十四酰氯投入反应釜中，进行缩合反应，反应结束后加入氢氧化钠水溶液进行水解反应，反应产物经分离精制，得到约 1000 g 96％的油溶性成色剂品 264。

6. 产品标准

外观	白色粉末结晶
熔点/℃	175~177
含量	>96%
光吸收值	<3
铁（Fe）	≤0.003%
溶解性	合格
照相性能	合格

7. 产品用途

可用于生产彩色相纸。

8. 安全与贮运

生产设备应密闭，车间内应加强通风，注意防火。操作人员应穿戴保用品。内衬塑料袋的纸板桶包装，避光保存。

9. 参考文献

[1] 刘玉婷，尹大伟，邹竞，等. 新型 DAR 成色剂的合成与照相性能研究 [J]. 感光科学与光化学，2006（3）：231-235.

6.50　油溶性成色剂马斯克品 263

油溶性成色剂马斯克品 263（Oil-soluble masking magenta coupler 263）又称 S M263。化名学称为 1-(2，4，6-三氯苯基)-3-[3-(2，4-二叔戊基苯氧基) 乙酰胺基] 苯甲酰胺基-4-对甲氧基苯基偶氮-5-吡酮 {1-(2，4，6-Thichlorophenyl)-3-[3-(2，4-ditert-amylphenoxy) acetamido] benzamido-4-p-methoxyphenylazo-5-pyrazolone}。分子式 $C_{43}H_{37}N_6O_5$，相对分子质量 823.74，结构式：

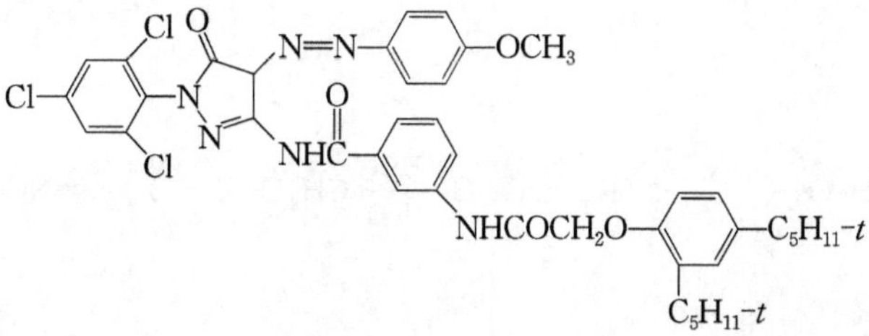

1. 产品性能

橙黄色粉状物，熔点 136~137 ℃。不溶于水，溶于甲醇、乙醇、吡啶等极性有机溶剂。

2. 生产方法

由苯胺发生氯代制得三氯苯胺盐酸盐，经重氮化、加成反应制得三氯苯肼，与亚胺酯缩合闭环制吡啶酮，吡啶酮与间硝基苯甲酰氯缩合制得 S 263 硝基物，经催化加氢制得 S 263 氨基物，最后 S 263 氨基物与 2，4-二叔戊基苯氧乙酰氯缩合制得 S 263。

另将对甲氧基苯胺与亚硝酸钠、盐酸进行重氮化，生成的重氮盐与 S 263 偶合，得到油溶性成色剂马斯克品 263。

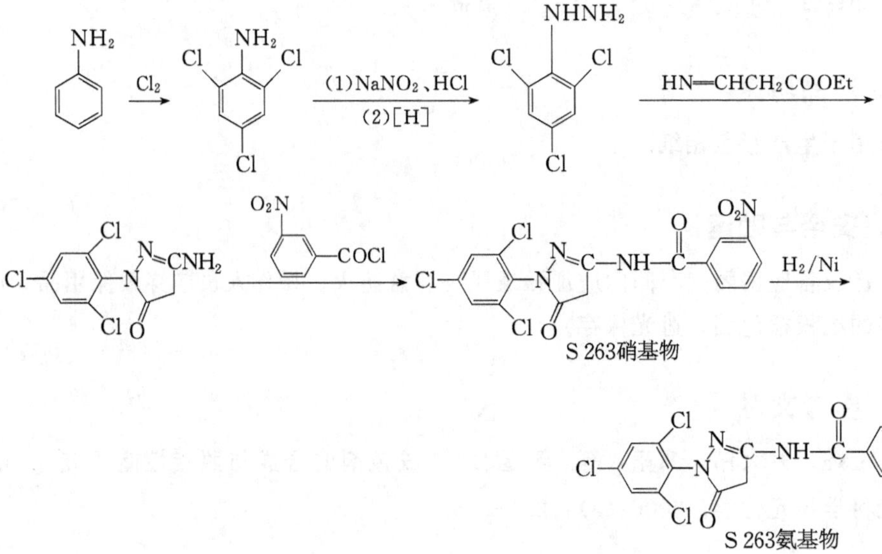

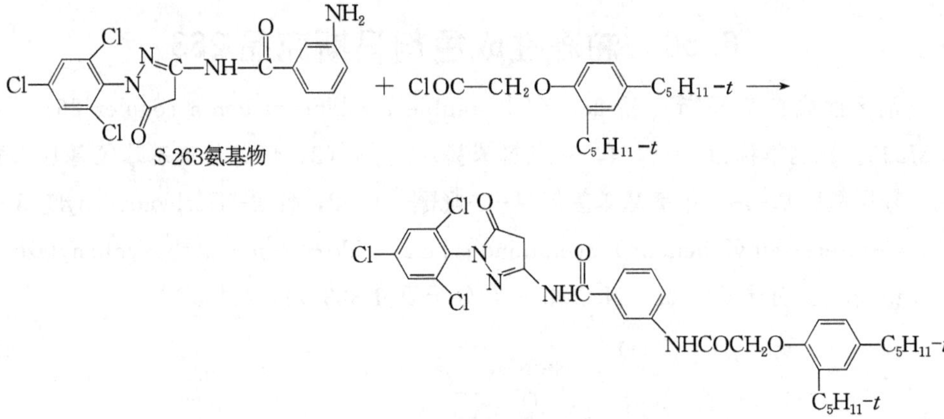

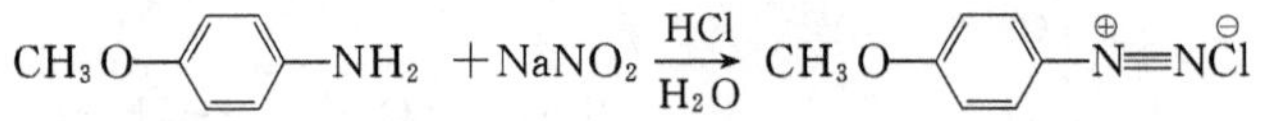

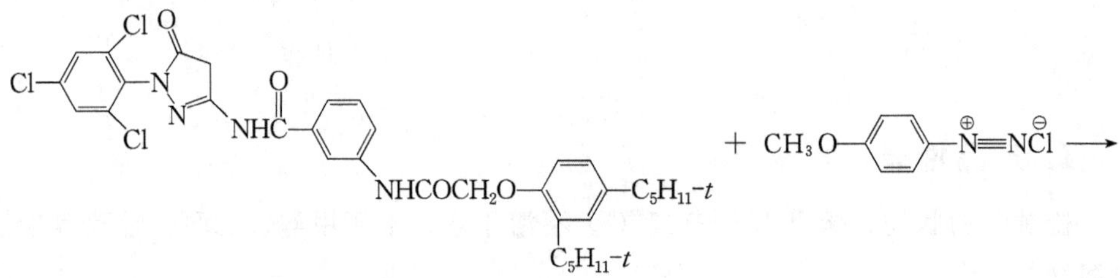

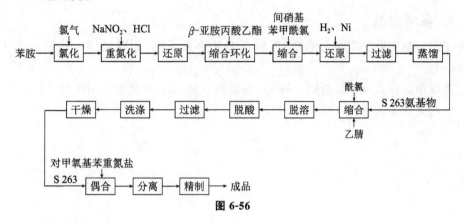

3. 工艺流程

图 6-56

4. 生产配方（kg/t）

苯胺（98%）	600.3
3-硝基苯甲酸（以100%计）	540.5
β-亚胺丙酸乙酯（以100%计）	632.5
2，4-二叔戊基苯氧乙酸（95%）	751.0
4-甲氧基苯胺（97%）	250.0

5. 生产工艺

在缩合反应釜中加入乙腈和 S 263 氨基物搅拌溶解，升温，加入 2，4-戊基苯氧乙酰氯，在回流温度下反应，生成氯化氢用 5% 的碱液吸收，经取样化验氨基物消失，即达到反应终点，回收乙腈，加入 120# 溶剂油，回流脱酸。降温，过滤制得 S 263。

在重氮反应锅中，加入冰水、盐酸和 4-甲氧基苯胺，搅拌下加入亚硝酸钠溶液进行重氮化，反应完毕得到重氮盐溶液。然后重氮盐与 S 263 偶合，偶合产物经分离精制，得油溶性成色剂马斯克品 263。

6. 产品标准

外观	橙黄色粉末
含量	≥97%
铁	≤0.002%
溶解性	合格
照相性能	合格

7. 产品用途

用作彩底感绿乳剂层的成色剂之一。

8. 安全与贮运

反应设备应密闭，车间内应加强通风，操作人员应穿戴劳保用品。内衬塑料袋的纸板桶包装，保存时注意避光、防潮。

9. 参考文献

[1] 于凯，赵宗琳. 新型无色 DAR 成色剂的合成 [J]. 影像技术，2010，22（3）：6-10.

[2] 陈继荣，陈志雄，崔新红，等. 品马斯克（Mask）成色剂应用研究 [J]. 感光科学与光化学，1993（1）：91-94.

第七章　磁性记录材料

磁记录是借助磁性介质的特性记录和贮存信息。磁性介质主要有金属薄膜和涂布型磁粉两大类。磁记录用磁粉主要有 $r\text{-}Fe_2O_3$、$Co\text{-}Fe_2O_3$、$Co\text{-}Fe_3O_4$、Fe_3O_4、CrO_2、立方状的 Fe_3O_4、锶铁氧体（$SrO \cdot 6Fe_2O_3$）、钡铁氧体（$BaO \cdot 6Fe_2O_3$）、钴钛氧体（$Co\text{-}Ti$）等。磁记录介质按实际应用可分为纵向磁记录和垂直磁记录。高密度磁记录介质、巨磁电阻材料和磁光效应材料是磁记录介质研究与应用的重要发展领域。

7.1　针状铁磁粉

针状铁磁粉（Acicular metallic iron magnetic powder）又称金属磁粉（Metallic magnetic power）、合金磁粉。

1. 产品性能

黑色粉末，立方晶体结构，铁磁性。溶于热盐酸，不溶于水和有机溶剂。

2. 生产方法

在铁黄或 $\gamma\text{-}Fe_2O_3$ 制备中，掺入锡、镁、镉、钴、镍等金属盐，然后将 $\gamma\text{-}Fe_2O_3$ 或 $\gamma\text{-}Fe_3O_4$ 用氢气还原成掺金属合金的磁粉。

3. 工艺流程

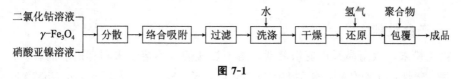

图 7-1

4. 生产工艺

将长轴在 40 nm 左右的 $\gamma\text{-}Fe_2O_3$ 针状磁粉分散于含金属钴盐和金属镍盐的水溶液〔溶液配方 $c\,(CoCl_2) = 0.175$ mol/L、$c\,[Ni\,(NO_3)_2] = 0.014$ mol/L、$w\,(Fe) = 14\%Co\text{-}0.4\%Ni$〕搅拌均匀后，用 3 mol/L 氨水与 0.054 mol/L 的氯化铵溶液中和络合，在 80～85 ℃ 温度下恒温 2 h，使钴和镍络合离子吸附在 $\gamma\text{-}Fe_2O_3$ 颗粒表面，经过滤和水洗涤后，干燥，然后在 400 ℃ 下用氢气还原，最后包覆一层高分子聚合物得针状铁磁粉。掺钴镍的合金磁粉的热稳定性明显改善，其矫顽力可以通过改变表面包覆镍的量进行调节。随着 $n\,(Ni)\,/n\,(Fe)$ 的增加，矫顽力和比饱和磁化强度将线性降低，当 $n\,(Ni) : n\,(Fe) = 1.0 : 0.2$ 时，矫顽力可控制在 55.7 kA/m 左右。

5. 说明

针状铁磁粉在室温下遇空气容易自燃，因此必须进行化学镀膜处理。常用的化学镀膜配方有 Co-P 膜和 Cu 膜两种。化学镀 Co-P 膜溶液配方：0.3 mol/L $CoSO_4$、0.3 mol/L 柠檬酸铵、0.3 mol/L 甘氨酸、0.9 mol/L NaH_2PO_4，pH 为 10.5（25 ℃，加 NaOH），80 ℃，w（P）$=4.5\%$，沉积速度 4.15×10^{-3} kg/（$m^2 \cdot$ h）。化学镀 $CuSO_4$ 14 kg/m^3、HCHO 40 kg/m^3、酒石酸钠钾 70 kg/m^3、氢硫基醋酸 0.001 L/m^3、甘油磷酸 1 L/m^3、NaOH 20 kg/m^3，室温，沉积速率 0.8 kg/（$m^2 \cdot$ h）。

6. 产品标准

外观	黑色粉末
矫顽力/（kA/m）	56～160
比饱和磁化强度/（nTm^3/g）	163
含水量	<0.5%

7. 产品用途

用作磁记录材料，如录像磁带。

8. 参考文献

[1] 滕荣厚，于英仪，刘思林，等. 合成 $\gamma'-Fe_4N$ 磁粉的关键因素 [J]. 粉末冶金技术，1998（4）：39-41.

[2] 刘新占. 针状磁粉的形态研究 [J]. 磁记录材料，1990（3）：45-53.

7.2　钡铁氧体磁粉

钡铁氧体磁粉（Barium ferrite magnetic powder）又称钡铁氧体，分子式：$BaO \cdot 6Fe_2O_3$。

1. 产品性能

褐色粉末，六角晶系；亚铁磁性。溶于热盐酸。不溶于水和有机溶剂。

基本磁性：比饱和磁化强度 89.2 nTm^3/g，$K=3.2 \times 10^{-7}$ J/m^3，$d=5330$ kg/m^3，$\theta_c=450$ ℃，$\rho=10^6 \Omega \cdot$ m。

钡铁氧体磁带是大容量、高性能的数字式磁记录媒体。钡铁氧体是硬磁材料，具有许多独特的磁特性，可作永磁材料、微波吸收材料、垂直磁记录材料及磁光记录材料等，在高科技领域有着十分广泛的应用前景。

2. 生产方法

制备钡铁氧体的方法有多种，如陶瓷工艺、玻璃晶化工艺、水热合成工艺、化学共沉淀工艺等。陶瓷工艺是生产钡铁氧体永磁材料的常用方法，工艺成熟，但用这种方法制备的磁粉化学活性差，粒径大，一般在 1 μm 左右，且粒度分布宽，形状各异，不适宜作磁记录材料。玻璃晶化工艺可获得粒度细，分布窄的钡铁氧体单晶，且磁性能好，国外多采用此法生产磁记录材料用的钡铁氧体磁粉，但设备复杂、成本高。水热合成法设备仪器昂贵，高压操作，不能获得好的钡铁氧体粒子。化学共沉淀的优点是工艺简单、操作方便、成本低，制得的钡铁氧体粒子均匀、易调节，易于工艺化生产，缺点是沉淀的水洗困难。

3. 工艺流程

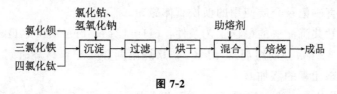

图 7-2

4. 生产工艺

(1) 化学共沉淀法

将铁、钡的氯盐溶液按一定比例混合，然后用 NaOH、Na_2CO_3 碱性溶液使其共沉淀，沉淀物过滤、水洗涤后，在 925 ℃ 下烧结得磁粉。将磁粉放入球磨机中球磨分散即得成品。

(2) 改进的化学共沉淀法

将分析纯级 $FeCl_3 \cdot 6H_2O$、$BaCl_2 \cdot 2H_2O$、$CoCl_2 \cdot 6H_2O$ 和 $TiCl_4$ 的盐酸溶液按要求的化学配比计量溶于蒸馏水中，在快速搅拌下加入到含有定量 NaOH 和 Na_2CO_3 的沉淀剂溶液中，调节溶液 pH 以确保金属离子同时沉淀出来，搅拌 20 min，过滤，在 100 ℃ 烘干，加入助熔剂及耐烧分散剂，在 900～950 ℃ 焙烧处理即得产品钡铁氧体。

共沉淀体系中 c（OH^-）的大小对最终产品的性能有显著影响。当 c（OH^-）低时，Ba^{2+}、Fe^{3+}，特别是用于取代的 Co^{2+} 和 Ti^{4+} 不能均匀沉淀，甚至导致 Co^{2+}、Ti^{4+} 不沉淀，影响最终产物的成分和性能；当 c（OH^-）过高，则增加产品的成本，也会带来其他不利因素。当 pH 低于 10 时，磁粉的磁性能低，且在此期间，c（OH^-）的波动易造成矫顽力的大波动，使性能不稳定；当 pH＞12 时强碱性介质为好。

随着 n（Fe^{3+}）：n（Ba^{2+}）的增加，磁粉的磁性能渐呈上升趋势，而且在 n（Fe^{3+}）：n（Ba^{2+}）＝（10.8～14.6）：1.0 时较高，以后逐渐下降。钡铁氧体的化学结构式 $BaO \cdot 6Fe_2O_3$，理论 n（Ba^{2+}）：n（Fe^{3+}）＝12：1，但实际上，少量的缺铁可造成钡铁氧体晶格缺陷，这样易于烧结过程中的离子扩散，促进固相反应完全。所以在计算配料时，要考虑以上因素，来确定适合的摩尔比。

共沉淀产物焙烧的目的是使 $Ba(OH)_2$ 和 $Fe(OH)_3$ 在高温反应，生成钡铁氧体。当焙烧温度达 650 ℃ 时，已形成部分钡铁氧体，但仍有氧化铁的谱线，温度越高，钡铁氧体的谱线越强，而氧化铁的谱线逐渐消失，得纯的钡铁氧体磁粉。这从产物的磁性能也能表现出来，磁性能随焙烧温度的升高而上升，当温度超过 950 ℃ 时，有可能使单畴粒子变成多畴粒子，使磁粉性能略有下降。

在改进的工艺中，加入助熔剂后，磁性能明显提高，而且随着助熔剂量的增加，矫顽力（H_c）和比饱和磁化强度（δ_s）均呈增加趋势，但趋于缓慢。因此选择料盐比为1：2。

纯钡铁氧体粉末，由于矫顽力高，广泛用作永磁材料，但是它不能作垂直磁记录材料。通过加入 Co^{2+}、Ti^{4+} 取代部分 Fe^{3+}，改变磁粉的矫顽力，使之适应垂直记录介质的需要。

随着取代量的增加，钡铁氧体磁粉的矫顽力逐渐下降，而比饱和磁化度 δ_s 基本上趋于稳定状态。这样只要适当调节取代量，以及选择好焙烧温度和时间，就可以得到所需要的垂直磁记录介质使用的钡铁氧体磁粉。

改进的化学共沉淀法的最佳工艺条件：$pH=12$；$n(Fe^{3+}):n(Ba^{2+})=11:1$、$m(共沉淀粉料):m(助熔剂)=1:2$；焙烧温度900 ℃，焙烧时间3 h。

（3）非晶态元素的添加

在玻璃晶化法中，除了 BaO-FeO 二元组分外，添加 B_2O_3 等非晶态元素，在合适组分条件下，高温熔化后，淬冷获得非晶态相，再进行退火处理，使微晶钡铁氧体析出。按 $n(B_2O_3):n(BaO):n(Fe_2O_3)=0.265:0.405:0.330$ 的比例将 $BaCO_3$、H_3BO_3 和 Fe_2O_3 原料粉末混合后，置于铂铑坩埚中，1350 ℃ 恒温熔化粉料45 min，然后淬冷成非晶态相，再在不同的温度下退火处理，结晶析出钡铁氧体微晶。用体积含量为10%～20%的醋酸进行分离溶解非晶杂质、清洗、干燥后可得45%的钡铁氧体微晶。磁粉颗粒粒径和本征矫顽力取决于退火温度。

（4）水热反应法

按化学式计量称取 α-FeOOH（铁黄）和氢氧化钡，溶于水得悬浮液将水悬浮液置于高压反应釜中进行水热反应，反应温度150～300 ℃，得六角片状的钡铁氧体磁粉。起始原料也可以采用铁盐与钡盐水溶液按照化学计量比例混合后，用共沉淀法相同的方法制备共沉淀物，然后进行水热反应得粒子较为均匀的六角片状的钡铁氧体磁粉。

5. 产品标准

外观	褐色粉末
矫顽力（H_c）/（kA/m）	55.0
比饱和磁化强度（δ_s）/ [（A·m²）/kg]	63.8
比表面积（S_s）/（m²/g）	27.52
轻敲密度 ρ/g·cm⁻³	4.27
吸油量/（mL/100 g）	28
吸湿量	0.90%
pH	7.20

6. 产品用途

用于磁卡等。

7. 参考文献

[1] 王犇，孟韵. 制备钡铁氧体磁粉的新工艺 [J]. 青岛科技大学学报（自然科学版），2003（S1）：4-6.

[2] 王勇，吕宝顺，要继忠，等. 传统陶瓷法工艺制备的钡铁氧体磁记录磁粉 [J]. 磁性材料及器件，2000（4）：52-54.

7.3　针状四氧化三铁磁粉

针状四氧化三铁磁粉（Acicular magnetite）又称四氧化三铁（Triiron tetraoxide）。分子式 Fe_3O_4，相对分子质量 232.53。

1. 产品性能

黑色粉末。立方晶体结构，$a=0.839$ nm；亚铁磁性。溶于热盐酸，不溶于水和有机溶剂。比饱和磁化强度（δ_s）105 nTm^3/g；居里温度（θ_s）585 ℃；磁致伸缩系数（λ_s）18×10^{-6}，磁晶各向异性常数（K_1）-4.1×10^4 J/m^3；密度 5197 kg/m^3。

2. 生产方法

亚铁盐溶液中加入 NaOH 溶液后，经空气氧化生成针状铁黄（FeOOH），铁黄过滤，水洗后干燥。干燥的铁黄在 270～300 ℃ 热处理脱水后，于 550 ℃ 焙烧约 30 min，得中间产物（针状铁红 α-Fe_2O_3），针状铁红通过还原得到针状 Fe_3O_4 磁粉。在氮气保护下降温到 80～100 ℃ 后，用空气氧化 2～3 h，以提高四氧化三铁磁粉的抗氧化稳定性。

$$2FeOOH(s)\!=\!=\!=\!\alpha\text{-}Fe_2O_3(s)+H_2O(g),$$
$$3\alpha\text{-}Fe_2O_3(s)+H_2(g)\!=\!=\!=\!Fe_3O_4(s)+H_2O(g)。$$

Fe_3O_4 磁粉的工业生产方法，按铁黄合成原料可以分为硫酸亚铁法和氯化亚铁法，前者得 α-FeOOH 针状铁黄中间产物，后者得 γ-FeOOH 片状铁黄中间产物。按照铁黄合成时的 pH 又可分为碱法和酸法。碱法中，亚铁离子在碱性条件下氧化得铁黄 FeOOH。

$$2FeSO_4+NaOH+O_2\!=\!=\!=\!2FeOOH+2Na_2SO_4+2H_2O。$$

3. 工艺流程

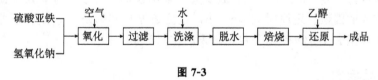

图 7-3

4. 生产工艺

（1）碱法-乙醇还原法

在 pH 接近 14 的条件下控制温度 35～40 ℃ 和溶氧速率，一步法合成。亚铁离子浓度 0.8 mol/L（pH 2.0～4.8）的硫酸亚铁溶液中搅拌下一次性加入等体积的氢氧化钠溶液，控制碱比（NaOH 的质量/$FeSO_4\cdot7H_2O$ 的质量）0.76～0.80，调整体系温度在 35 ℃ 左右，控制搅拌速率和空气通入速率，制得一定比表面积的铁黄，反应时间越短，铁黄的尺寸越小。过滤、洗涤 pH 至 7，滤饼用水打浆成为约 6% 的悬浮液，加热至 60～70 ℃ 后用表面活性剂包覆处理，常用的表面活性剂为油酸钠、聚磷酸盐或偏磷酸盐，表面处理剂的用量控制为铁黄质量的 0.5%～0.8%。表面处理 50 min 后，过滤，滤饼干燥。

干燥的铁黄在 280 ℃ 脱水处理，550 ℃ 焙烧 30 min 制得针状铁红。铁红用乙醇在回转炉内还原。当回转炉内温度达到 370～385 ℃ 时，喷雾加入乙醇水溶液（m（乙醇）：m（水）＝3∶1），每吨磁粉乙醇用量为 50 kg，还原时间 4.5 h。乙醇还原得到的产品，由于表面存在有机碳，不适合作包钴磁粉的中间产物。

（2）酸法-氢气还原法

在高径比为 3.0～3.5 的双层斜叶搅拌浆的反应釜中，先加入部分氢氧化钠使部分铁离子反应合成铁黄晶种，然后在控制 pH 和温度的条件下滴加氢氧化钠溶液使铁离子在晶种上生长。亚铁离子浓度 4.0～4.2 mol/L（pH 4.8～2.0）的硫酸亚铁溶液中搅拌下加入一定量的氢氧化钠溶液（晶种碱），晶种碱的加入量决定了最终铁黄的尺寸，晶种碱加入量越大，最终铁黄的尺寸越小。通常控制晶种碱的加入量总为铁当量的 33%～45%。调整温度为 35～40 ℃，在搅拌下通入空气，反应 45 min 至 1 h，晶种反应结束后升温到 75～80 ℃，然后在搅拌和通气下滴加氢氧化钠溶液，控制 pH 在 4.0～4.5，生长反应时间 9～12 h。铁黄制备反应结束后，加入水玻璃（SiO_2 添加量为 0.8%～2.0%）和硫酸，对铁黄进行表面包硅处理，提高热处理时的抗烧结能力。在铁黄合成后期添加 2% 的二价锰盐（以金属计）可以改善 Fe_3O_4 磁粉的磁性能稳定性。酸法铁黄结晶生成孪晶的趋势较为明显，通常添加铁黄总量 0.5%～4.0%（以金属离子计）的 Zn^{2+}、Cr^{3+} 等金属无机盐，以获得良好取向的铁黄结晶。原材料和工艺用水中的钙镁离子对铁黄的结晶有明显的影响，钙镁离子含量高，酸法铁黄粒子的长轴变长。

将固含量 4.5%～5.0% 的铁黄料用压滤机或真空转鼓过滤机过滤，用水洗涤除去杂质离子，用连续带式干燥机干燥。然后在 280 ℃ 脱水处理，550 ℃ 焙烧 30 min，得针状 γ-Fe_2O_3 铁红。

铁红在回转炉中用氢气还原。在回转炉中于 350 ℃ 下通入湿氢气或氢氨混合气体的湿氢气，水蒸气的比例一般控制在 10%～15%，不仅可以有效地抑制过度还原态（FeO 或 Fe）的出现，而且有利于减缓还原速度以避免还原烧结。回转炉内最高还原气体温度为 370～390 ℃，比表面积大，采用较低的还原温度，还原温度是还原烧结的最重要的因素。还原时间 4～5 h，过滤还原也容易烧结。氢气还原法制备得到的 Fe_2O_3 常作 γ-Fe_2O_3 磁粉和包钴磁粉的中间产物。

5. 产品标准

外观	褐色粉末
矫顽力/（kA/m）	23.9～28
比表面积/（m²/g）	18～30
比饱和磁化强度/（nTm³/g）	96～104
含水量	≤0.5%

6. 产品用途

用作纵向磁记录用磁粉，用于录音带、磁性墨水字符识别系统。

7. 参考文献

[1] 刘涉江，刘帅朋，杨宏扬，等. 改进型共沉淀法制备四氧化三铁磁粉及表征 [J]. 环境工程学报，2018，12（2）：434-440.

[2] 何秋星. 高比表面纳米四氧化三铁磁粉的研制 [D]. 长沙：中南大学，2003.

7.4 氧化铬磁粉

氧化铬磁粉（Chromium oxide magnetic powder）又称针状二氧化铬（Acicular chromium dioxide）。分子式 CrO_2，相对分子质量 83.99。

1. 产品性能

褐色粉末，溶于热盐酸，不溶于水和有机溶剂。四角晶系金红石结构，单晶体，铁磁性。

比饱和磁化强度 (δ_s) 126 nTm^3/g，居里温度 (θ_s) 116 ℃，电阻率 2.5×10^{-4} $\Omega \cdot m$，磁致伸缩系数 (λ_s) 1×10^{-6}，磁晶各向异性常数 (K_1) $3 \times 10^{-4} J/m^3$。

2. 生产方法

（1）热压水解法

重铬酸铵在 200～250 ℃ 下分解得到三氧化铬，然后热压水解得二氧化铬。

$$2(NH_4)_2Cr_2O_7 = 4CrO_3 + 4NH_3 + 2H_2O,$$

$$CrO_3 = CrO_2 + \frac{1}{2}O_2 。$$

（2）氧化法

将三氧二铬用碘酸氧化得二氧化铬。

$$Cr_2O_3 \xrightarrow{[O]} 2CrO_2 。$$

3. 工艺流程

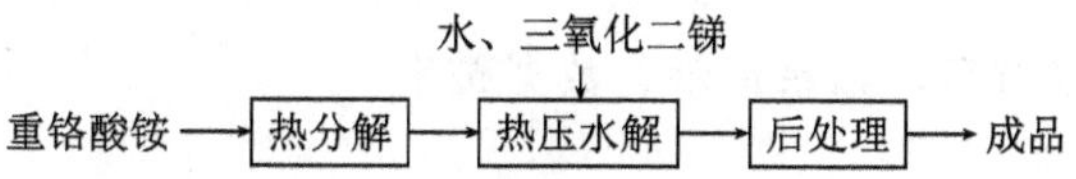

图 7-4

4. 生产工艺

（1）热压水解法

将结晶重铬酸铵 $(NH_4)Cr_2O_7$ 加热至 150～250 ℃ 分解得铬酐 CrO_3，得到铬酐 CrO_3 细粉，将 CrO_3 置于密闭的铂制容器中，加入晶体调节剂水溶液，水溶液的浓度以加入水量正好为 λ（CrO_3）的量为限。然后热压水解生成 CrO_2 磁粉。反应条件与晶体调节剂种类为其加入量有关。不加调节剂，400 ℃、4900 MPa 条件下，反应时间约 10 min，所得 CrO_2 磁粉的针形不好，粒子粗大（长轴 3～10 μm），矫顽力不高。添加 0.3% 的 Sb_2O_3 或添加 4.0% 的 Ru，350 ℃、2940 MPa 条件下，反应 2 h，得到

长轴 $0.2~\mu m$、轴比 8 左右的针形 CrO_2 磁粉。

热压水解法制备法的 CrO_2 磁粉容易与大气中的水气及磁带胶粘剂起化学反应，导致矫顽力随时间降低，为此需要进行表面处理。将 CrO_2 磁粉分散于亚硫酸钠水溶液中，搅拌加温至 $55~℃$，恒温 $15~h$，将上述表面还原后的磁粉过滤洗涤，干燥，得氧化铬磁粉。

（2）氧化法

用 $HClO_4$、H_5IO_6、HIO_3（用约 3% 的水溶化）等氧化剂与 Cr_2O_3 微细粉末按 $(4.4\sim3.0):1.0$ 比例混合。将混合物置于铂于密封容器中，反应溶液的酸碱度用 NH_4ClO_4 调节，在 $400~℃$、$1372~MPa$ 下反应 $45\sim120~min$，再降温至 $350~℃$，继续反应 $45~min$，所得 CrO_2 磁粉的矫顽力约为 $27.7~kA/m$。为了降低合成反应压力和改善 CrO_2 磁粉形貌和物理性能，通常需要添加其他元素以提高磁粉性能。

掺铑或铱也可以显著提高 CrO_2 磁粉的矫顽力。Sb、Te 和 Sn 亦是常用的添加剂。添加锑可以使晶粒细化，提高矫顽力，又可使反应温度降低至 $300~℃$，合成压力降低至 $4900~MPa$。

而添加 Fe 可明显改善 CrO_2 磁粉的针形，并使之微细化。先将 $Cr(NO_3)_2$ 与硝酸铁溶液混合，用烧碱共沉淀，获得非晶态沉淀物，再进行水热反应，在 $150\sim350~℃$ 生成 $(Cr,Fe)OOH$，然后在 $350~℃$、$490~MPa$ 下生成掺 Fe 的 CrO_2 磁粉。在铁含量为 4% 范围内，随着掺铁量的增加，CrO_2 颗粒尺寸减小，矫顽力上升，居里温度显著提高，而比饱和磁化强度随之下降。钴离子与铁离子的作用基本相同，但钴离子的掺入使居里温度显著下降。

5. 产品标准

外观	褐色粉末
比表面积/（m^2/g）	$20\sim40$
矫顽力/（kA/m）	$28\sim56$
比饱和磁化强度/（nTm^3/g）	$88\sim100$
含水量	$<0.5\%$

6. 产品用途

用作纵向磁记录材料，如录音带、数据磁带。

7. 参考文献

[1] 黄锡成. 二氧化铬磁粉的制备 [J]. 磁记录材料，1985（3）：58-64.

7.5　氮化铁磁粉

氮化铁磁粉（Iron nitride magnetic powder）主要包括 Fe_4N（$\gamma'-Fe_4N$）和 Fe_8N（即 $\alpha''-Fe_{16}N_2$）等。

1. 产品性能

褐色粉末，氮化铁磁粉是近几年发展起来的一种新型磁记录材料。从磁性能看，

Fe_8N 磁性能最佳。与目前普遍采用的磁记录材料 γ-Fe_2O_3 相比，氮化铁磁粉具有记录密度高、信噪比大、稳定性及耐腐蚀性好等特点。

2. 生产方法

氮化铁生产方法有氮化法、金属铁蒸发法等。氮化法是纯铁粉在氢气还原后，于氨氢混合气体中氮化，得到氮化铁磁粉。

$$8Fe + 2NH_3 \xrightarrow[550\ ℃]{H_2} 2Fe_4N + 3H_2。$$

3. 工艺流程

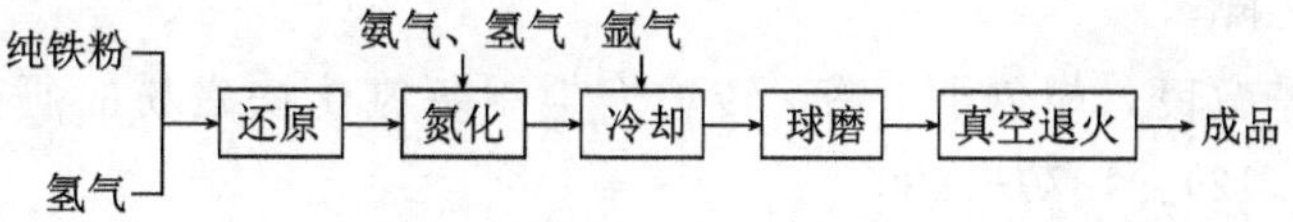

纯铁粉、氢气 → 还原 →（氨气、氢气）氮化 →（氩气）冷却 → 球磨 → 真空退火 → 成品

图 7-5

4. 生产工艺

将 20 g 粒度约 0.1 μm 的纯铁粉在流动的氢气中，于 550 ℃ 还原 4.5 h，然后，通入氨氢混合气体，$[V(NH_3) : V(H_2) \leqslant 3 : 4]$，在 550 ℃ 氮化处理 2 h 后，随炉冷却至室温。得 γ'-Fe_4N 磁粉，纯度 93.1%。

将 γ'-Fe_4N 磁粉与纯铁粉按一定比例混合成成分为 $Fe_{86}N_{14}$ 的混合粉末，取 15.0 g $Fe_{86}N_{14}$ 混合粉末在氩气气氛下进行高能振动球磨，球料比为 10 : 1。球磨 10 h 后的混合粉末进行 240 ℃、4 h 的真空退火处理，得含 α''-$Fe_{16}N_2$ 的复合磁粉。

5. 说明

①在使用纯铁粉制备 γ'-Fe_4N 的过程中，首先高纯氢气对铁粉进行还原，然后在某一温度下对铁粉作渗氮处理。渗氮介质多用氨气，氨在密封容器中的分解反应式为：$2NH_3 = N_2 + 3H_2$，氨气在 400 ℃ 以上可以充分分解。但是，此时铁粉的渗氮效果较差。只有将铁粉放在 NH_3 气流中加热，才能充分渗氮。实际上，分解的活性氮原子只有少部分可被铁粉吸收，大部分要重新结合成氮气，与氢气一起排出炉外。氨气分解率可表示：

$$d = \frac{V_{(N_2 + H_2)}}{V_{(NH_3 + N_2 + H_2)}}$$

可见，氨气流量越大，则分解率越低，反之相反。氨气分解率过低或过高均不利于活性氮原子的吸收。所以在氮化处理中，控制铁粉的氮化温度和氨氢比是十分重要的。另外，铁粉渗氮是一渐次扩散的过程，从氨气分解出来的活性氮原子被铁粉表面吸收，从而形成铁粉表面和内部氮的浓度差，导致氮原子的定向扩散。而氮化温度过低将直接影响 N 的活性。γ'-Fe_4N 制备中的氮化条件：铁粉氮化温度 550 ℃，氨气的分解率控制在 35%～40%，$V(NH_3) : V(H_2) \leqslant 3 : 4$，是较为适宜的。在合适的氮化温度和氮化气氛下，氮化时间对 γ'-Fe_4N 磁粉生成量的影响并不显著。

②在保证良好的还原状态下，影响金属铁粉发生氮化反应而形成 Fe_4N 的主要因

素是反应温度、时间、$V(NH_3):V(H_2)$。氮化反应温度与时间可针对起始物料 $\gamma\text{-}Fe_2O_3$ 的性状来确定。选择具有针状外形但尚存在孔洞、又未进行表面包覆处理的 $\gamma\text{-}Fe_2O_3$ 为原料，氮化温度不应超过 400 ℃，反应时间不能太长，否则易发生烧结；然而太低的温度和太短的时间不利于反应进行。保持适当的 $V(NH_3):V(H_2)$ 至关重要，因为 NH_3 在适当高的温度下会释放出活性氮原子，与铁微粒反应生成 Fe_4N，合适的 NH_3/H_2 比可使反应体系中维持足够的 N_2 分压和还原性气氛。

6. 产品用途

用作磁记录材料。

7. 参考文献

[1] 晁月盛，李敬民，胡创朋，等. 转炉烟尘制备氮化铁磁粉的研究 [J]. 功能材料，2006（12）：1879-1880.

[2] 晁月盛，马准备，杨玉玲，等. 新型磁记录材料：氮化铁磁粉制备的研究 [J]. 材料科学与工艺，2000（4）：93-96.

7.6　Co-Fe$_3$O$_4$ 磁粉

Co-Fe$_3$O$_4$ 磁粉（Cobalt coated ferrite oxide magnetic powder）又称包钴四氧化三铁磁粉，分子式 $(Co\text{-}Fe_3O_4)_x \cdot \gamma\text{-}Fe_2O_3$（$0<x<1$）。

1. 产品性能

褐黑色粉末，溶于热盐酸，不溶于水和有机溶剂。立方晶体结构，亚铁磁性。Co-Fe$_3$O$_4$ 是 $0.14\sim0.30\mu m$ 针状晶体表面延伸一层钴铁氧体（Co-Fe$_3$O$_4$）形成的磁粉。比表面积含量为 $24\sim32\ g/m^2$，比饱和磁性强度 $9.13\sim95.5\ nTm^3/g$。

2. 生产方法

硫酸亚铁制备黄 $\gamma\text{-}FeOOH$，经脱水得 $\gamma\text{-}Co\text{-}Fe_2O_3$，用氢气还原得 Fe_3O_4，然后在 Fe_3O_4 表面延伸一层钴铁氧体，得 Co-Fe$_3$O$_4$。

$$4FeSO_4+8NaOH+O_2 = 4\alpha\text{-}FeOOH+4Na_2SO_4+2H_2O，$$

$$2\alpha\text{-}FeOOH = \alpha\text{-}Fe_2O_3+H_2O，$$

$$3Fe_2O_3+H_2 = 2Fe_3O_4+H_2O，$$

$$2Fe_3O_4+CoSO_4 \xrightarrow{\triangle} (CoFe_2O_4) \cdot Fe_3O_4+FeSO_4。$$

3. 工艺流程

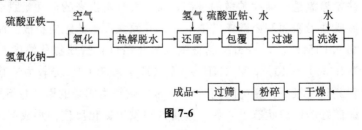

图 7-6

4. 生产工艺

将铁黄热解脱水制得 γ-三氧化二铁,然后在回转炉中用氢气还原得到四氧化三铁磁粉。Fe_3O_4 分散在水中制成固体含量为 15%～18% 的浆料,在常温下进行砂磨或球磨,使磁粉尽可能呈单颗粒分散悬浮状态,分散浆料在搅拌下用水稀释到固体含量为 7%～10%,添加二价金属钴的硫酸盐即硫酸亚钴,加入化学反应量 2.0～4.5 倍的尿素,升温到 90～120 ℃,尿素水解反应时间 4～5 h,使 Co^{2+} 的氢氧化物沉淀转化成为钴铁氧体 $CoFe_2O_4$ 完整的晶体包膜层,反应终点 pH 为 8 左右。反应结束,过滤、水洗至洗涤液无硫酸根或氯根检出,干燥至含水量小于 0.5%。粉碎、过筛,得包钴四氧化三铁。包钴量通常为 3.0%～3.5%。

高比表面积针状 Fe_3O_4 在 30 ℃ 左右可自然氧化,通常将还原得到的 Fe_3O_4 粉进行适当的防氧化处理。

5. 产品标准

外观	褐黑色粉末
比表面积/（g/m²）	24～32
矫顽力/（kA/m）	39.8～54.1
比饱和磁化强度/（nTm³/g）	94.3～95.5
含水量	<0.5%

6. 产品用途

用作磁记录材料,如录像磁带、软磁盘。

7. 参考文献

[1] 袁伟,金鑫,谢进. γ-Fe_2O_3 磁粉的包钴工艺研究 [J]. 精细化工, 1997 (1): 31-35.

[2] 古宏晨,赵新宇,魏群,等. γ-Fe_2O_3 磁粉包钴过程工程研究 [J]. 磁记录材料, 1994 (1): 4-8.

7.7 超细 $BaFe_{12}O_{19}$ 磁粉

超细 $BaFe_{12}O_{19}$ 磁粉（Ultrafine $BaFe_{12}O_{19}$ magnetic powdres）是铁氧体磁体,具有相对高的磁晶各向异性、饱和磁化强度、矫顽力及优良的化学稳定性,在永久磁性、高密度垂直记录介质中方面有广泛的应用前景。

1. 产品性能

褐色超细粉末,粒子尺寸为 42.0 nm。具有相对高的磁晶各异性、矫顽力,以及优良的化学稳定性。

2. 生产方法

通常工艺方法有共沉淀法、金属采有机物水解法、热解法、柠檬法、玻璃晶法、水热法及微乳液法等。各种方法制备的超细 $BaFe_{12}O_{19}$ 粒子尺寸一般在 60 nm 以上，磁性能也存在很大差异。湿化学法制备超细磁粉有易粘连的缺点，一种有效的方法是在溶液或共沉淀得到的氢氧化物中加入等摩尔的 NaCl 和 KCl 并干燥，但是洗涤沉淀得到的氢氧化物需要大量的有机溶剂和水。这里采用控制溶胶溶液的醇水比，以 NaOH 为沉淀剂，采用两步热处理法等工艺制得超细 $BaFe_{12}O_{19}$ 磁粉。

3. 工艺流程

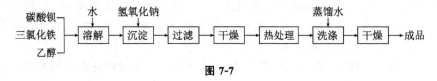

图 7-7

4. 生产工艺

按 $n(Ba^{2+}):n(Fe^{3+})=4.15:12.00$ 称取碳酸钡和三氯化铁，溶入乙醇水溶液（75 mL C_2H_5OH + 125 mL H_2O），$c(Ba^{2+})=0.005\,75$ mol/L，$c(Fe^{3+})=0.06$ mol/L。溶解后缓慢加入片状氢氧化钠 NaOH，同时搅拌至完全溶解。pH 约为 9 产生沉淀，过滤，100 ℃ 下干燥 20 h。

将上述沉淀物分别在空气中从室温升至 300～450 ℃ 预热处理 1 h，以 15 ℃/min 的速度升温至 800 ℃ 保温 5 h，慢速冷却至室温。在蒸馏水中浸泡 24 h 洗涤后干燥，得超细 $BaFe_{12}O_{19}$ 磁粉。

根据超微颗粒理论，纳米粒子尺寸越小，晶化性能越好，晶化温度越低，这导致低温下会以较快的速度产生饱和数量大尺寸的 $\gamma\text{-}Fe_2O_3$ 晶体微粒。因此，从溶液沉淀获得的钡和铁的氢氧化物粒子，在 300 ℃ 低温预热处理首先形成了数量大尺寸小的晶体微粒，当温度升高后这些尺寸小的粒子与钡的氧化物和氢氧化物反应便促使形成尺寸小的超细 $BaFe_{12}O_{19}$ 磁粉。但当在 450 ℃ 预热处理 1 h 后，可能产生的尺寸较大变为 $BaFe_{12}O_{19}$。此外，合理的醇水比和较低的溶胶溶液浓度是保证粒子尺寸的因素之一。用 NaOH 为沉淀剂和最后用水洗掉 NaCl 是减小粒子间的粘连的有效方法。

5. 产品用途

用作永久磁体，高密度垂直记录合质。

6. 参考文献

[1] 贺海燕，黄建峰，曹丽云，等. Sol-Gel 法低温制备超细 $BaFe_{12}O_{19}$ 磁粉 [J]. 功能材料与器件学报，2005（3）：367-369.

[2] FANG JI YE, WANG JOHN, GAN LEONG MING, et al. Fine strontium ferrite powders from an ethano-based microemuion [J]. Journal of the American Ceramic Society, 2000, 83（5）：1049-1051.

7.8 Sm₂Fe₁₇Nₓ稀土永磁粉

$Sm_2Fe_{17}N_x$ 磁粉（Rare earth permanent maynet $Sm_2Fe_{17}N_x$）是通过气固反应在 Sm_2Fe_{17} 中引入氮原子的永磁材料。

1. 产品性能

褐色粉末，永磁材料，与 NdFeB 合金永磁材料相比，具有更高的居里温度（高出近 160 ℃），很高的磁晶各向异性场，磁性能与前者相当，同时稳定性、抗氧化性和耐腐蚀性都好于 $Nd_2Fe_{14}B$。$Sm_2Fe_{17}N_x$ 稀土永磁体可望在高温环境下使用，在马达、驱动器、发电机等磁性器件中将发挥重要作用。

2. 生产方法

$Sm_2Fe_{17}N_x$ 稀土永磁体制粉方法目前主要有：溶体快淬法（MS）、还原/扩散法（R/D）、超细粉末法、HDD、机械研磨法（MG）、气体喷雾法（GA）及转盘雾化法（RDA）等。

$Sm_2Fe_{17}N_x$ 是通过气固相反应在 Sm_2Fe_{17} 中引入 N 原子而获得的磁体，N 作为填隙原子对改进 $Sm_2Fe_{17}N_x$ 的磁性能具有最佳效果，N 原子进入 Sm_2Fe_{17} 晶胞的八面体间隙位置，导致晶胞体积膨胀，增大了最近邻 Fe-Fe 原子间距，减小 Fe-Fe 间负的相互作用，但并不改变 Sm_2Fe_{17} 化合物的 Th_2Zn_{17} 型晶体结构，从而各向异性场以及居里温度大幅提高。

3. 生产工艺

（1）熔体快淬法（MS）

快淬法制备 $Sm_2Fe_{17}N_x$ 化合物粉末的工艺流程：合金配比→熔炼→均匀化退火→快淬成非晶态薄带→热处理→磨粉→氮化。快淬法制备的 $Sm_2Fe_{17}N_x$ 磁体的磁性能对结构十分敏感，需要严格控制配料成分，使之接近正分成分，同时还要严格控制快淬速度、回火温度和氮化温度。快淬 $Sm_2Fe_{17}N_x$ 合金的组织和成分均匀，晶粒细小且工艺简单。

（2）还原扩散法（R/D）

还原扩散法（R/D）是用 Sm_2O_3 作为原料，一方面降低了生产成本，另一方面原料均匀为粉末，不须破碎 Sm_2Fe_{17} 合金。该工艺制备的 $Sm_2Fe_{17}N_x$ 黏接磁体的性能不低于 NdFeB 用黏接磁体的磁性能。其工艺流程：Sm_2O_3、Fe、Ca 混合→还原扩散→Sm_2Fe_{17} 粉末→氮化→$Sm_2Fe_{17}N_x$ 粉末→球磨→粉末表面处理。

（3）超细粉末法

超细粉末制备法实验设备简单，便于在实验室内操作，但是它的生产周期长，能耗大。工艺流程：合金配比→熔炼→均匀化退火→粉末破碎→氮化。

熔炼是制备磁体的第一步，直接影响产品质量。必须保证将所有的金属料全部熔融；确保合金液纯净，防止夹杂物和气体污染；加大搅拌力度，确保成分均匀。

均匀化退火处理决定磁性能。要提高磁性能，就必须使磁体中主相（即硬磁性相

$Sm_2Fe_{17}N_x$）的体积分数增大，合金中 Sm 的含量减低到接近当量成分，但 Sm 含量较低时，冶炼后的铸锭中会析出大量的 $\alpha-Fe$，$\alpha-Fe$ 的塑性较好，增大了铸锭的韧性，使破碎和制粉困难，也使粉末的特性改变，给晶粒取向及磁体的耐蚀性都带来不良的影响，磁性能也显著下降，所以应该消除铸锭中 $\alpha-Fe$ 的出现。

在制备 $Sm_2Fe_{17}N_x$ 过程中，粉末粒径对后续的氮化工艺有直接的影响，从而影响其磁性能的好坏。当粉末粒径达 $1\mu m$ 左右时，粉末的内禀矫顽力 H_{ic} 与 H_{ib} 数值相近，基本上是单畴颗粒。

单纯增加球磨时间使颗粒变小，反而会导致粉末氧化。但含氧量随球磨时间线性增加。球磨开始一段时间，矫顽力随时间线性增大。

Sm_2Fe_{17} 的氮化不同于表面氮化技术，为获得优异的磁性能，要求氮均匀地溶入晶粒内部，而且在晶粒内均匀分布。氮化工艺应注意两个方面：一是要加快原子扩散，二是要抑制 $Sm_2Fe_{17}N_x$ 分解，避免软磁相的产生。

掺入 Ti、Co、V、Mo、Cr、W、Si 等元素部分替代 Fe，形成的金属间化合物结构稳定，磁性能损失不大，有时反而有所提高（如加入 Co）。化学成分调整也是获得高性能的 Sm-Fe-N 系稀土永磁体的重要途径之一。

4. 产品用途

用作永磁材料，如用于电脑、车载扬声器中。

5. 参考文献

[1] 崔春翔，韩瑞平，李杰尼，等. 制备 $Sm_2Fe_{17}N_x$ 稀土永磁粉的工艺研究现状 [J]. 材料导报，2002，16（11）：26-28.

7.9 Co-Ti 钡铁氧体磁粉

Co-Ti 钡铁氧体磁粉（Co-Ti Barium ferrite magnetic powder）分子式 $BaFe_{12-2x}Co_{2x}TiO_{19}$。

1. 产品性能

褐色粉末，六角晶系，亚铁磁性。垂直磁记录用磁粉。退磁场随着记录波长变小而减小，因此在高密度记录时不需要薄的介质，可以大幅提高信噪比。密度 5.250 g/cm³。居里温度（T_c）350 ℃。

2. 生产方法

纯的六角晶系钡铁氧体磁粉的本征矫顽力在 400 kA/m 左右，作为一般的磁记录介质，矫顽力太高，通常用 Co^{2+} 和 Ti^{4+} 组合来代换 Fe^{3+}，以降低矫顽力。颗粒尺寸也会影响钡铁氧体的矫顽力，单磁畴颗粒尺寸大致为 $1\ \mu m$，此时的矫顽力最大。随着颗粒尺寸增大，由单磁畴转变为多磁畴状态，矫顽力明显下降。如果颗粒尺寸远小于 $1\ \mu m$，也会导致内禀矫顽力急剧下降。达到超顺磁临界尺寸约为 10 nm。

Co-Ti 钡铁氧体可采用共沉淀法或水热反应法制备。共沉淀法是将铁、钡、钴的氯化物用碱进行共沉淀，再与 TiO_2 混合烧结得磁粉。

水热反应法是将 α-FeOOH 铁黄、Ba（OH）$_2$、Co（OH）$_2$ 和 TiO_2 按照化学计量比例的水悬浮液，置于高压反应釜中进行水热反应，反应温度 $150\sim300\ ℃$，得六角片状的 Co-Ti 钡铁氧体磁粉。

3. 工艺流程

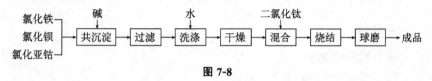

图 7-8

4. 生产工艺

将氯化铁、氯化钡、氯化亚钴盐溶液按一定比例混合，然后用 NaOH、Na_2CO_3 等碱性溶液使其共沉淀，沉淀物过滤、洗涤、干燥后与 TiO_2 混合，在 $925\ ℃$ 下烧结得磁粉。将磁粉放入球磨机中球磨分散，得 Co-Ti 钡铁氧体磁粉。磁粉的矫顽力与含 Co 量成反比例关系。当分子式中 $x=0.8$ 时，矫顽力可降低到 $64\ kA/m$，而饱和磁化强度基本不变。Co-Ti 钡铁氧体磁粉的比表面积越大，其饱和磁化强度越低。添加 Sn 可以改善 Co-Ti 钡铁氧体磁粉的矫顽力对温度的敏感性。

5. 产品标准

外观	褐色粉末
比表面积/（g/m²）	22
矫顽力/（kA/m）	74.6
比饱和磁化强度/（nTm³/g）	72.8

6. 产品用途

用作垂直磁记录材料，如磁性防伪墨、录音磁带、数据磁带。

7. 参考文献

［1］邵元智，张介立，周若珍，等. 钡铁氧体 $BaFe_{(11-x-y)}Co_{(0.5)}Ti_{(0.5)}Ni_xZn_yO_{(19-R)}$ 的制备及其磁性 ［J］. 功能材料，1992（4）：230-233.

［2］冯晓凤. 化学共沉淀法制备 $BaFe_{(12-2x)}CO_xTi_xO_{(19-R)}$ 系列磁性材料的研究 ［J］. 无机材料学报，1988（4）：347-352.

7.10　锶铁氧体磁粉

锶铁氧体磁粉（Stronitum ferrite magnetic powdre）又称锶铁氧体（Stronitum ferrite）。分子式 $SrO\cdot6Fe_2O_3$，相对分子质量 1064.75。

1. 产品性能

褐色粉末，密度 $5.150\ g/cm^3$。六角晶系，亚铁磁性，是垂直磁记录材料。退磁场随着记录波长变小而减小，因此在高密度记录时不需要薄的介质，可大幅提高信噪比。制成的涂布磁带矩形比高，化学稳定性好。

2. 生产方法

通过锶离子部分代替铁离子，从而降低磁记录介质的矫顽力。制备锶铁氧体的方法有金属有机配合物法、水热反应法、化学共沉淀法和玻璃晶化法。

3. 工艺流程

（1）金属有机配合物法

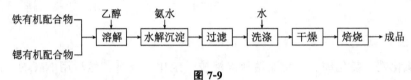

图 7-9

（2）水热反应法

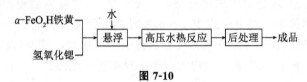

图 7-10

（3）化学共沉淀法

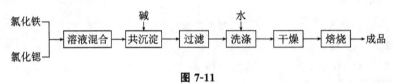

图 7-11

（4）玻璃晶化法

图 7-12

4. 生产工艺

（1）金属有机配合物法

将铁离子和锶离子的有机配合物的乙醇溶液按比例混合，回流，加氨水溶液，控制 pH 为 12，水解得到沉淀物，过滤洗涤，干燥后在 900 ℃ 下焙烧 1 h，使六角铁氧体微晶析出，球磨得平均粒径为 50～60 cm。

（2）水热反应法

将 α-FeOOH 铁黄和氢氧化锶按化学式计量比例配制成水悬浮液，置于高压反应釜中进行水热反应，反应温度 150～300 ℃，经过滤、干燥得六角片状的锶铁氧体磁粉。

（3）化学共沉淀法

将三氯化铁和二氯化锶的酸性溶液按一定比例混合，然后加入 NaOH、Na_2CO_3

碱性溶液使其共沉淀，沉淀物过滤，用水洗涤后，在925℃下烧结得磁粉，将磁粉放入球磨机中球磨分散，得锶铁氧体磁体。

（4）玻璃晶化法

在三氧化二铁、氧化锶中，添加B_2O_3等非晶态元素，在合适组分配比下，高温熔化后，淬冷获得非晶态相，再进行退火处理，使微晶钡铁氧体析出。对纯锶铁氧体的制备，$n(B_2O_3):n(SrO):n(Fe_2O_3)=0.3:0.4:0.3$，将上述配比的$SrCO_3$、$H_3BO_3$和$Fe_2O_3$原料粉末混合后，置于铂铑坩埚中，1350℃恒温45 min熔化粉料，然后淬冷成非晶态相，再在不同的温度下退火处理，结晶析出锶铁氧体微晶。用体积分数为10%～20%的醋酸进行分离溶解非晶杂质，清洗、干燥后可获得45%的锶铁氧体微晶。颗粒尺寸取决于退火温度，磁粉的本征矫顽力也与退火温度有关。850℃退火可达到最高的本征矫顽力445.8 kA/m。

5. 产品标准

外观	褐色粉末
比表面积/（m^2/g)	22
矫顽力/（kA/m）	457
比饱和磁化强度/（nTm^3/g)	69～80
含水量	< 0.5%

6. 产品用途

用作垂直磁记录材料，如磁卡、磁票。

7. 参考文献

［1］林海恋. 高性能M型锶铁氧体磁粉的合成与研究 ［D］. 江门市：五邑大学，2014.

［2］张贤，马永青，吴丹丹，等. 共沉淀法制备的锶铁氧体磁粉的结构、形貌及磁性能 ［J］. 材料导报B：研究篇，2012，26（10）：42-45.

7.11　镍锌铁氧体

镍锌铁氧体是高频软磁铁氧体材料。

1. 产品性能

属$NiO-ZnO-Fe_2O_3$三元系统，混合型尖晶石固溶体。适用于1 M～300 MHz频率范围，矫顽力较小，电阻率10.3～10.5 Ω·m。

2. 生产方法

由碳酸镍、氧化锌和三氧化二铁按配方比配料，研磨后预烧，粉碎，成型，烧制得镍锌铁氧体。

3. 工艺流程

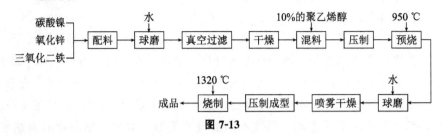

图 7-13

4. 生产配方（kg/t）

NiCO₃ [w (Ni) ≥44%]	570
ZnO (≥99.5%)	240
Fe₂O₃ [w (Fe) >70%]	600
聚乙烯醇（10%）	预烧料重的 7%

5. 说明

高饱和磁感应强度 NiZn 铁氧体化学分子式为 Ni（0.5～0.6）Zn（0.3～0.4）Fe₂O₄，它的最佳配方组成（物质的量比）：

NiO	25%～30%
ZnO	15%～20%
Fe₂O₃	50%

6. 生产工艺

一般配料均采用化学纯物料，配料前对原料化学成分做准确分析。按配方准确称量加入球磨机，球磨机的内衬材料用聚氨酯，玛瑙球做研磨体，蒸馏水作研磨介质。按 m（球）：m（料）：m（水）＝2.0：1.0：0.6 的比例加入磨机。混合料的颗粒细度研磨至小于 2 μm，放入料浆池，打入真空过滤机过滤，过滤的料送往干燥机烘干，烘料温度一般控制在 140～180 ℃。

将烘干的料粉称量后放入不锈钢筒双锥混料机，加入料重 7% 的聚乙烯醇溶液（10%），充分混合均匀。把混合料加入压力机钢模，振动加料，送上压力机，在 100 MPa 的压力下压制成型。将压好的料块放在耐火板上推进电热隧道窑预烧，用 10 h 把料块推至最高温度 950 ℃，并在此温度下保温 3 h 后冷却。冷却后出窑的料块粉碎至 1 mm 左右粒径，再加入振动球磨机内，m（球）：m（料）：m（水）＝4.0：1.0：0.5，水仍用去离子水，把料细磨至颗粒<1 μm 得料浆。

将料浆放入料浆池，打入喷雾塔烘干造粒，造粒料水分控制 6% 左右。把粒料加到压力机钢模，振动加料，再送入压力机压制成型，成型压力控制一般在 100 M～150 MPa。脱模的坯体放在表面已磨光的熟料耐火板上，并在耐火板上撒一层厚 1～2 mm 的 α-Al₂O₃ 粉。推入一般以硅碳棒为发热体的电热隧道窑，在 400 ℃ 以前缓慢推进，以利于排水分。高饱和磁感应镍锌铁氧体材料要求密度大，烧成温度也相应高，一般最高烧成温度控制在 1320 ℃，并在最高温度下保温 4 h，总的烧成时间控制在 24 h 以内。对于高磁导率 NiZn 铁氧体材料，降温速度应缓慢，而用作记忆元件的材料应快速冷却。冷却后出窑的坯体经检验、测试后包装得镍锌铁氧体。

7. 产品标准

居里温度（T_c）/℃	400
适用频率/MHz	1～300
电阻率/（Ω·m）	10^4
比损耗因素	≤300～500
磁导率温度系数/αμ	＜1000×10^{-6}

8. 产品用途

镍锌铁氧体（软磁铁氧体）主要用于大功率高频磁场、高频电感器、变压器磁芯、天线磁芯，大量用于磁记录元件等。

9. 参考文献

[1] 傅红霞. 磁性镍锌铁氧体纳米材料的制备及应用研究 [D]. 镇江：江苏大学，2017.

[2] 陶长元，曾强，刘作华，等. 黄钠铁矾渣制备镍锌铁氧体及其表征 [J]. 功能材料，2016，47（1）：1183-1185.

7.12 永磁铁氧体

永磁铁氧体又称硬磁铁氧体、恒磁铁氧体，一般作为恒稳磁场源。

1. 产品性能

六方晶系，各向异性。矫顽力高，为 170 kA/m，剩余磁感应强度较高，为 0.425 T，最大磁能积（B_m）3.5 kJ/m^3。该铁氧体具有最佳永磁性能。

2. 生产方法

将碳酸钡和氧化铁按配料比混合，外加 0.1％的 SiO_2 和 4.0％的 $MnCO_3$，配料后球磨、烘干，预烧后粉碎，压制成型，低温烧成永磁铁氧体。

3. 工艺流程

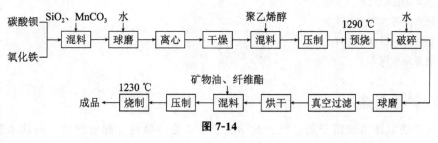

图 7-14

4. 生产配方（质量，份）

$BaCO_3$（≥99%）	250
Fe_2O_3 [w（Fe）≥70%]	950
SiO_2（≥98%）	0.1
$MnCO_3$ [w（Mn）≥44%]	4.0
聚乙烯醇（100%）	7
矿物油	2~3
纤维醚式纤维醚酯	4~6

5. 生产工艺

按配方量将前4种物料加入球磨机，球磨机内衬用聚氨酯材料，球石采用玛瑙球，水为去离子水，按 m（球）:m（料）:m（水）＝4.5:1.0:0.6的比例加入球磨机，研磨细度控制在过250目筛的筛余为12%~14%。细磨后的料浆用空气压缩机由球磨机内压入离心机脱水，送入干燥机，在140~180℃烘干。

将烘干的料粉放入双锥混料机，加入10%的聚乙烯醇溶液，加入量为总料重的7%，充分混合均匀。将混匀的料加到压力机钢模内，在100 MPa下压制成块。把压好的坯体放在已撒上一层厚1~2 mm α-Al_2O_3粉的耐火材料推板上，推入电热隧道窑，在高温预烧，预烧最高温度为1290℃，并在此温度下保温2 h，降温、冷却。冷却出窑的坯块用颚式破碎机（采用高铝质材料颚板）破碎后，放入振动磨，按 m（球）:m（料）:m（水，去离子水）＝4.0:1.0:0.5比例加料，振动研磨至颗粒细度小于2 μm，出料后用振动筛过筛，再通过真空过滤器过滤后送入干燥机干燥。

将干燥的粉料加入双锥混料机，并在粉料中加2%~3%的矿物油和4%~6%的纤维醚式纤维醚酯，充分混合均匀。将混均的料加到压力机钢模内，在100 M~150 MPa下压制成型。将成型好的坯体送到电热隧道窑的耐火材料推板上，在推板上撒有 α-Al_2O_3粉，入窑在1230℃下保温3 h，总烧成时间控制在24 h以下。降温冷却，加工，检验测试各种性能参数，包装。铁氧体的成型方法比较多，几乎所有陶瓷的成型方法都可以用，注浆法成型使用的比较普遍，它是将经振动球磨机二次粉碎的料内加羟甲纤维素，制成悬浮液，经振动筛过筛后输入注浆成型台石膏模型成型，脱模后经干燥、修坯再送入电热隧道窑，在1230℃烧成，检验测试入库。

6. 产品标准

最大磁能积（B_m）/kJ/m^3	3.5
剩余磁感应强度（B_r）	0.425T
矫顽力（H_c）/（kA/m）	170
居里温度（T_c）/℃	450

7. 产品用途

永磁铁氧体主要用于微电机、发动机磁芯、磁性吸盘、起重磁铁、磁软水器、扬声器、拾音器、磁控管电子（大转矩）及汽车电机等。

8. 参考文献

[1] 陈家才，甘国友，严继康，等. 高性能烧结永磁铁氧体生产工艺的探讨 [J]. 云南冶金，2006（4）：36-41.

[2] 王自敏，邓志刚. 高性能永磁铁氧体快速烧结工艺研究 [J]. 中国陶瓷，2016，52（6）：62-66.

7.13 Sm_2FeN 磁粉

Sm_2FeN 磁粉具有高矫顽力，属合金性永磁体。

1. 生产方法

采用机械合金法。

2. 工艺流程

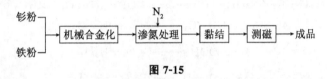

图 7-15

3. 生产工艺

（1）配料

将纯度合格的钐粉和铁粉按 Sm_2Fe_{17} 成分的物质的量比配料。

（2）球磨

将配好的料装入球磨罐中，在高纯度氩保护下球磨，开始时为非晶态的 $Sm-Fe$ 与 $\alpha-Fe$ 两相混合物，成分为 $Sm_{12.5}Fe_{87.5}$。

（3）退火处理

球磨样品在抽真空条件下，在 $650 \sim 800$ ℃ 退火数小时。处理后形成最佳微结构 Sm_2Fe_{17} 相，即具备 Th_2Zn_{17} 结构。此时材料为平面各向异性的软磁相。

（4）渗氮处理

在 $400 \sim 500$ ℃ 进行渗氮处理，氮原子被导入 Sm_2Fe_{17} 结构中，得 Sm_2FeN 磁粉。

（5）黏结

将 Sm_2FeN 磁粉用树脂黏合剂黏合，制得高矫顽力的 Sm_2FeN 永磁体。

4. 参考文献

[1] 孙继兵. $Sm-Fe$ 与 $Sm-Fe-M$（$M=Ti$，Nb）合金及其氮化物磁性材料的研究 [D]. 天津：河北工业大学，2004.

[2] 叶金文. HDDR 法制备 $Sm_2(Fe，M)_{17}N_x$ 中的结构演变及其对磁性能影响 [D]. 成都：四川大学，2007.

7.14 γ-三氧化二铁

1. 产品性能

γ-Fe$_2$O$_3$磁粉是最早用于磁带、磁盘的磁粉,这种材料具有良好的记录表面。在音频、射频、数字记录及仪器记录中都能得到理想的效果,而且价格便宜、性能稳定。

γ-Fe$_2$O$_3$通常制成针状颗粒,长度为0.1~0.9 μm,长度与直径比为3:1~10:1,具有明显的形状各向异性,为立方尖晶石结构,它是亚铁质。内禀矫顽力为15.9~34.8 kA/m,饱和磁化强度约为0.503 Wb/m^2。

2. 生产方法

(1) 酸法制备 γ-Fe$_2$O$_3$

将氢氧化钠溶液和硫酸亚铁溶液混合进行中和和氧化反应,生成铁黄晶种α-FeOOH,经生长后制得大小符合要求的铁黄α-FeOOH,再经水洗、干燥、脱水、还原、氧化得γ-Fe$_2$O$_3$。

$$4FeSO_4 + 8NaOH + O_2 = 4\alpha\text{-}FeOOH + 4Na_2SO_4 + 2H_2O,$$
$$4FeSO_4 + 6H_2O + O_2 = 4\alpha\text{-}FeOOH + 4H_2SO_4,$$
$$2\alpha\text{-}FeOOH \xrightarrow{\triangle} \alpha\text{-}Fe_2O_3 + H_2O,$$
$$3\alpha\text{-}Fe_2O_3 + H_2 \xrightarrow{\triangle} 2Fe_3O_4 + H_2O,$$
$$4Fe_3O_4 + O_2 \xrightarrow{\triangle} 6\gamma\text{-}Fe_2O_3 。$$

(2) 碱法制备 γ-Fe$_2$O$_3$

将w(NaOH)/w(Fe$_2$SO$_4$·7H$_2$O)≈7:10的氢氧化钠和硫酸亚铁分别制成溶液,在40~45℃温度下混合生成白色沉淀物Fe(OH)$_2$,然后保持温度40~45℃,pH>13,吹入空气氧化制得铁黄γ-FeOOH,再经水洗、干燥、脱水、还原-氧化制得γ-Fe$_2$O$_3$。

$$FeSO_4 + 2NaOH = Fe(OH)_2 + Na_2SO_4,$$
$$4Fe(OH)_2 + O_2 = 4\alpha\text{-}FeOOH + 2H_2O,$$
$$2\alpha\text{-}FeOOH \xrightarrow{\triangle} \alpha\text{-}Fe_2O_3 + H_2O,$$
$$3\alpha\text{-}Fe_2O_3 \xrightarrow{H_2} 2Fe_3O_4 + H_2O,$$
$$2Fe_3O_4 + \frac{1}{2}O_2 = 3\gamma\text{-}Fe_2O_3 。$$

(3) 氯化亚铁法 (γ-FeOOH法)

在氯化亚铁水溶液中加氢氧化钠稀溶液,在约20℃下进行中和氧化反应生成γ-FeOOH晶核。然后升温至40~60℃,pH维持在3左右,进一步氧化生长到需要的粒子尺寸。经水洗、干燥、脱水、还原、氧化制得γ-Fe$_2$O$_3$。

$$FeCl_2 + 2NaOH = Fe(OH)_2 + 2NaCl,$$
$$4Fe(OH)_2 + O_2 = 4\gamma\text{-}FeOOH + 2H_2O,$$
$$4FeCl_2 + 8NaOH + O_2 = 4\gamma\text{-}FeOOH + 8NaCl + 2H_2O,$$

$$2\gamma\text{-FeOOH} \xrightarrow{\triangle} \alpha\text{-Fe}_2\text{O}_3 + \text{H}_2\text{O},$$

$$3\alpha\text{-Fe}_2\text{O}_3 + \text{H}_2 = 2\text{Fe}_3\text{O}_4 + \text{H}_2\text{O},$$

$$4\text{Fe}_3\text{O}_4 + \text{O}_2 = 6\gamma\text{-Fe}_2\text{O}_3 \text{。}$$

（4）溶胶–凝胶法（Sol-Gel 法）

溶胶–凝胶工艺（Sol-Gel 法）以硝酸铁［Fe（NO$_3$）$_3$・9H$_2$O］和乙醇钠（C$_2$H$_5$ONa）为原料，采用钠与铁不同的摩尔比混合，然后溶解在乙二醇中，溶液在氮气流中，于 80 ℃ 加热生成凝胶。凝胶在 110 ℃ 烘干，碾成粉末，于 700 ℃ 温度下煅烧得 γ-Fe$_2$O$_3$。在这个过程中加入第 3 种元素，如 Ba 可改善 γ-Fe$_2$O$_3$ 相的热稳定性和提高磁矩。

3. 工艺流程

（1）酸法

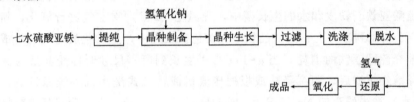

图 7-16

（2）碱法

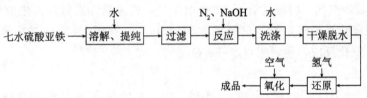

图 7-17

（3）氯化亚铁法（γ-FeOOH 法）

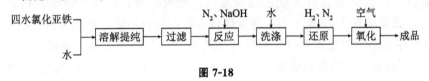

图 7-18

（4）溶胶–凝胶法

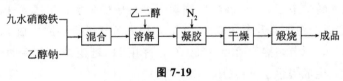

图 7-19

4. 生产配方（质量，法）

（1）酸法

硫酸亚铁（FeSO$_4$・7H$_2$O，工业品）	3500
氢氧化钠（98%）	500
铁皮	350

（2）碱法

硫酸亚铁（$FeSO_4 \cdot 7H_2O_2$，工业品）	3500
氢氧化钠（＞98%）	2400

（3）氯化亚铁法

氯化亚铁（$FeCl_2 \cdot 4H_2O$）	2500
氢氧化钠（98%）	1000

5. 生产工艺

（1）酸法

将经过提纯的硫酸亚铁水溶液，按要求量放入带有搅拌器的反应槽中，加入适当浓度的氢氧化钠溶液，在40℃温度下不断搅拌，使混合物逐渐由深蓝变绿、变棕黄直到黄棕色，晶种 α-FeOOH 生成，此时反应液的 pH 为3。然后，将晶种悬浊液移到盛有硫酸亚铁、铁皮和水的生长槽中，升温至60℃，吹空气进行氧化，新生成的 α-FeOOH 析出到晶种上，此时晶粒呈亮黄色。反应中产生的硫酸与铁皮生成硫酸亚铁，以补充硫酸亚铁的消耗。当 α-FeOOH 生长到所需尺寸时停止其反应。制好的铁黄悬浮液经过滤后，用沉降法或板框压滤机或转鼓式洗涤机等洗涤设备，加纯水（去离子水）洗去残存的 Na^+、SO_4^{2-} 或 OH^- 等离子，经干燥、粉碎制成粉状铁黄。

然后在转炉中于200～300℃高温下进行焙烧脱水，生成红色 α-Fe_2O_3。然后向炉中通 N_2 赶走空气，将温度升至300～400℃，送入氢气进行还原生成黑色 Fe_3O_4。还原完成后停止送氢气，调节炉温至200～250℃；并用 N_2 赶走炉内剩余氢气，通入空气进行氧化反应，生成褐色 γ-Fe_2O_3。

（2）碱法

将 m（NaOH）/m（$FeSO_4 \cdot 7H_2O$）≈7：10 的氢氧化钠和硫酸亚铁（经提纯），按设计浓度配制成溶液。先将氢氧化钠溶液打入带搅拌的反应槽内，升温并保持温度40～45℃，迅速打入硫酸亚铁溶液，充氮搅拌，待反应液呈乳白色后保持 pH＞13，通空气氧化10余小时，随着颜色由乳白变成灰绿，直至亮黄色，检查无二价铁离子存在即完成铁黄 α-FeOOH 生成反应。制好的铁黄悬浮液经过滤送入洗涤设备（板框压滤机，转鼓式洗涤机等）加纯水（去离子水）进行水洗至 pH 为7～8，干燥粉碎。

将铁黄送入转炉中于200～300℃高温下进行焙烧脱水，生成 α-Fe_2O_3；向炉中通 N_2 气赶走空气，将炉温升至300～400℃，送入氢气进行还原生成 Fe_3O_4；还原完成后停止送氢气，调节炉温至200～250℃，并用 N_2 赶走炉内剩余氢气，通入空气进行氧化反应，生成褐色 γ-Fe_2O_3。

（3）氯化亚铁法（γ-FeOOH 法）

先将配制好的符合浓度要求的氯化亚铁溶液打入反应槽中，在 N_2 气保护和约20℃温度下加入浓度符合要求的氢氧化钠稀溶液，同时搅拌生成灰白色 Fe（OH）$_2$ 沉淀，待搅拌均匀后停止通 N_2，送空气进行氧化反应，反应液颜色逐渐变成橙黄色时即得到含氯化亚铁的 γ-FeOOH 晶核悬浮液，此时 pH 为3左右。然后升温至40～60℃，搅拌通空气，并滴加氢氧化钠溶液以维持 pH，使晶种生长，直到达到需要的粒子尺寸为止。然后用板框压滤机或离心机等加纯水（去离子水）清洗，再经干燥、粉碎制得粉状 α-FeOOH。

粉状 γ-FeOOH 在转炉中于 400～700 ℃ 温度下焙烧脱水生成 α-Fe$_2$O$_3$，然后将炉温调至 300～360 ℃，通氢气进行还原反应生成 Fe$_3$O$_4$，最后将炉温调至 200～250 ℃，通空气进行氧化制得 γ-Fe$_2$O$_3$ 磁粉。

6. 产品标准

（1）酸法

矫顽力（H_c）/（kA/m）	24～32（300～400Oe）
比饱和磁化强度（σ_s）/〔(A·m^2)/kg〕	70～76
粒长/μm	0.4～0.8
轴比	6～8

（2）碱法

矫顽力（H_c）/（kA/m）	28～36
比饱和磁化强度（σ_s）/〔(A·m^2)/kg〕	70～76
粒长/μm	0.3～0.5
轴比	6～10

（3）氯化亚铁法

矫顽力（H_c）/（kA/m）	28～36
比饱和磁化强度（σ_s）/〔(A·m^2)/kg〕	70～76
粒长/μm	0.2～0.4
轴比	8～15

7. 产品用途

γ-Fe$_2$O$_3$ 磁粉主要用于制造录音磁带、电影磁片、计算机磁带、计测磁带、软磁盘、磁卡等。γ-FeOOH 法制得的 γ-Fe$_2$O$_3$ 磁粉主要用于制造各种高质量的录音磁带等。

8. 参考文献

[1] 舒保华. γ-Fe$_2$O$_3$ 型磁粉的性能及其生产 [J]. 粉末冶金工业，1999（1）：3-10.
[2] 吴鹏生. 优质 γ-Fe$_2$O$_3$ 磁粉的制备 [J]. 信息记录材料，2002（4）：3-5.

7.15 改性 γ-Fe$_2$O$_3$ 磁粉

改性 γ-Fe$_2$O$_3$ 磁粉（γ-Iron oxide magnetic powder）又称三氧化二铁磁粉、氧化铁磁粉。分子式 Fe$_2$O$_3$，相对分子质量 159.69。

1. 产品性能

棕色粉末，溶于热盐酸。不溶于水和有机溶剂，立方晶体结构 α＝0833mn，c/α＝3。亚铁磁性。比饱和磁化强度（σ）90 nTm^3/g；居里温度（T_c）590 ℃；磁致伸缩系数

(λ_s) -5×10^{-6}，磁晶各向异性常数 (K_1) 4.64×10^3 J/m^3；电阻率 (ρ) 105 $\Omega\cdot$m；密度 (d) 4.60 g/cm^3。改性 γ-Fe$_2$O$_3$ 磁粉矫顽力明显高于 γ＝Fe$_2$O$_3$ 磁粉。

2. 生产方法

将氢气还原法制得的针状 Fe$_2$O$_3$ 磁粉在 150～250 ℃ 湿空气中氧化 2～3 h，转化成为 γ-Fe$_2$O$_3$。然后在 500 ℃ 下恒温 15 min 进一步提高磁性能。也可以用乙醇还原法制得针状四氧化三铁为中间原料，于 250 ℃ 湿空气中氧化 3～4 h。然后进行表面处理。

$$4Fe_3O_4 + O_2 \longrightarrow 6\gamma\text{-}Fe_2O_3$$

3. 工艺流程

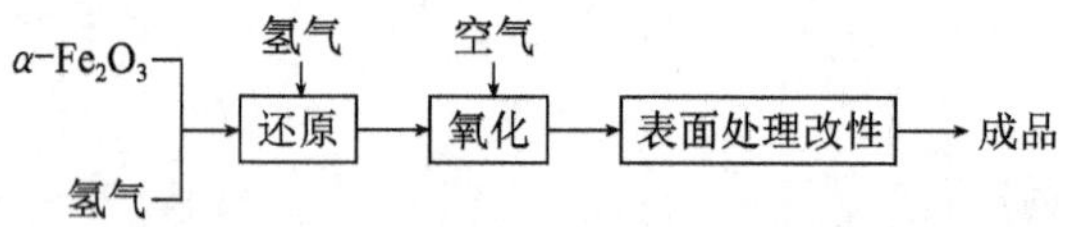

图 7-20

4. 生产工艺

将一定浓度的 NaOH 溶液倒入反应器中，升温至反应温度，在缓慢搅拌下将硫酸亚铁溶液倒入 NaOH 溶液底部。通氮气快速搅拌 30 min。加添加剂 10 μg/g。切换压缩空气并控制空气流量和搅拌速度，使反应体系中的质量氧气比适度。反应结束以反应液测不出 Fe^{2+} 为准（用铁氰化钾法）。然后过滤、水洗、烘干。粉碎成 80 目后脱水，用氢气还原得到针状 Fe$_3$O$_4$，最后在回转炉内氧化及表面处理改性，即可得到性能优异的改性 γ-Fe$_2$O$_3$ 磁粉。

由于四氧化三铁氧化过程是快速的强放热反应，回转炉内磁粉的温度和气相温度差显著，为了避免氧化烧结和磁性能的降低，常用的控制措施：高温段用氮气直接冷激，控制气相最高温度小于（120～350 ℃）；控制空气的加入流量，适当地降低开始氧化温度（20～150 ℃）；增加空气湿度以提高气相的热容，采取低温慢速氧化法。

将上述制得的 γ-Fe$_2$O$_3$ 加入双螺杆粉混合机中，以雾状加入含磷有机化合物的水乳化液，有机物的加量为 1％～4％，常温下混合 30 min，然后将湿含量 30％～44％的混合物在双螺杆挤条机或辗压式造粒机上挤压造粒，干燥至含水量约 5％，投入转鼓式热处理炉中，在氮气保护下于 350 ℃ 处理 2 h，然后改用空气，于 100～150 ℃ 下处理 2 h，得 γ-Fe$_2$O$_3$。

将热处理后的 γ-Fe$_2$O$_3$ 底粉加入预先盛有水的搅拌反应釜中，加氢氧化钠溶液调节 pH 至 7.5，控制温度为 30～35 ℃，加入水玻璃溶液，水玻璃的加入量为 SiO$_2$ 量的 0.5％～4.5％，最佳加入量取决于底粉的尺寸和烧结程度。用 30 min 滴加硫酸溶液，调节体系的 pH 为 3.8～4.0。压滤机过滤、水洗至洗涤液无硫酸根离子检出，滤饼用连续带式干燥机干燥，至含水量小于 0.5％，粉碎过筛后得改性 γ-Fe$_2$O$_3$ 磁粉。

5. 产品标准

外观	棕色粉末
比表面积/（m^2/g）	18～26
矫顽力/（kA/m）	27.5～34.5
比饱和磁化强度/（nTm^3/g）	88～91
含水量	<0.5%

6. 产品用途

用作磁记录材料，如磁带、录音磁、数据磁带。

7. 参考文献

[1] 吴鹏生，优质 γ-Fe_2O_3 磁粉制备，信息记录材料，2002（4）：3.

[2] 赵新宇，李春忠，郑柏存，等. Fe_3O_4 氧化制备 γ-Fe_2O_3 磁粉过程动力学 [J]. 华东理工大学学报，1995（5）：561-566.

7.16 Co-γ-Fe_2O_3磁粉

1. 产品性能

Co-γ-Fe_2O_3磁粉是一种在 γ-Fe_2O_3 外表包一层钴离子的强磁性磁粉，立方晶系尖晶石型晶体结构，晶粒为针形，具有形状各向异性，居里温度（T_c）为 520 ℃，加热、加压时磁性较稳定。

2. 生产方法

在 γ-Fe_2O_3悬浮液中加 $CoSO_4$ 溶液、NaOH 溶液和 $FeSO_4$ 溶液，在一定温度下搅拌反应，经过滤、水洗、干燥制成表面生成钴离子的 Co-γ-Fe_2O_3。

3. 工艺流程

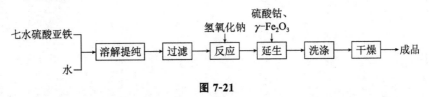

图 7-21

4. 生产配方（质量，份）

γ-Fe_2O_3（H_c 32 KA/m 以上）	875
$FeSO_4$·$7H_2O$（工业品）	260
$CoSO_4$·$7H_2O$（工业品）	125
NaOH（98%）	110

5. 生产工艺

首先将一定量的优质 γ-Fe_2O_3 磁粉加入盛有一定量纯水的反应槽中，搅拌分散制成悬浮液，同时将其升温至 60～90 ℃，然后加入预先配制好符合浓度要求的硫酸钴溶液，搅拌稍许时间再加入适量且具有一定浓度的氢氧化钠溶液，恒温搅拌数十分钟。然后再加入具有一定浓度的硫酸亚铁溶液并搅拌，最后再加入一定的氢氧化钠溶液，在约 90 ℃ 温度下搅拌反应约 1 h，经过滤，加纯水洗涤，于 60～90 ℃ 温度下烘干，制成包钴 Co-γ-Fe_2O_3 磁粉。

6. 产品标准

矫顽力（H_c）/（kA/m）	50～64
比饱和磁化强度（σ_s）/[(A·m²)/kg]	72～78
粒长/μm	0.2～0.4
轴比	8～15

7. 产品用途

主要用于制造 IEC-Ⅱ型（高偏磁）盒式录音磁带，VHS、Beta 家用录像带，25.4 mm 和 19 mm 宽（U-Matic）专业录像带，高密度计算机磁带、高密度计测磁带及软磁盘等。

8. 参考文献

[1] 刘健，郑柏存，胡黎明. 超细 Co-γ-Fe_2O_3 磁粉的研制 [J]. 华东化工学院学报，1992（4）：499-502.
[2] 古宏晨. 钴改性 γ-Fe_2O_3 高性能磁粉 [J]. 上海化工，1997（3）：18-22.

参考文献

［1］中国光学光电子行业协会液晶分会，北京群智营销有限公司. 中国新型显示产业蓝皮书：材料与装备册（2015—2016）［M］. 北京：电子工业出版社，2018.

［2］叶常青，王筱梅，丁平. 有机光电材料与器件实验［M］. 北京：化学工业出版社出版，2018.

［3］陈志敏. 高密度光盘存储技术及记录材料［M］. 哈尔滨：黑龙江大学出版社，2015.

［4］田禾，庄思永，张大德，等. 信息用化学品［M］. 北京：化学工业出版社，2002.

［5］孙忠贤. 电子化学品［M］. 北京：化学工业出版社，2001.

［6］中国石油和化学工业协会，全国化学标准化技术委员会. 化学试剂标准汇编：有机试剂卷［M］. 北京：中国标准出版社，2013.

［7］姜文龙，汪津，丁桂英，等. 有机电致发光器件的研究与制备［M］. 北京：科学出版社，2017.

［8］文尚胜. 光电信息科学与工程系列教材：OLED 产业专利分析报告［M］. 广州：华南理工大学出版社，2015.

［9］韦亚一. 超大规模集成电路先进光刻理论与应用［M］. 北京：科学出版社，2016.

［10］孙酣经，黄澄华. 化工新材料产品及应用手册［M］. 北京：中国石化出版社，2002.

［11］陈国祥. 低维氮化镓纳米材料掺杂改性及磁性机理［M］. 北京：中国石化出版社，2017.

［12］陈立钢. 磁性纳米复合材料的制备与应用［M］. 北京：科学出版社，2016.

［13］韩长日，宋小平. 电子与信息化学助剂生产与应用技术［M］. 北京：中国石化出版社，2009.

［14］韩长日，刘红，方正东. 精细化工工艺学［M］. 2 版. 北京：中国石化出版社出版，2015.

［15］宁延生. 无机盐工艺学［M］. 北京：化学工业出版社，2013.

［16］桑红源. 精细化学品小试技术［M］. 北京：化学工业出版社，2011.

［17］李钟谨，李晓钡，牛育华. 电子化学品［M］. 北京：化学工业出版社，2006.

［18］朱洪法. 精细化学品辞典［M］. 北京：中国石化出版社，2016.

［19］化学工业出版社组织. 新领域精细化学品［M］. 北京：化学工业业出版社，1999.

［20］张新建，张兆杰. 气体充装安全技术［M］. 郑州：黄河水利出版社，2010.

［21］韩长日，宋小平. 精细无机化学品生产技术［M］. 北京：科学出版社，2014.

[22] SPALDIN N A. 磁性材料 [M]. 2 版. 北京：世界图书出版公司，2015.

[23] 陈立钢. 磁性纳米复合材料的制备与应用 [M]. 北京：科学出版社，2016.

[24] 王自敏. 软磁铁氧体生产工艺与控制技术 [M]. 北京：化学工业出版社，2013.

[25] 唐祝兴. 新型磁性纳米材料的制备、修饰及应用 [M]. 北京：机械工业出版社，2016.

[26] 车如心. 纳米复合磁性材料：制备、组织与性能 [M]. 北京：化学工业出版社，2013.

[27] YANG D K，WU S T. 液晶器件基础 [M]. 2 版. 郭太良，周雄图，译. 北京：世界图书出版公司，2005.

[28] 张其锦. 聚合物液晶导论 [M]. 2 版. 合肥：中国科技大学出版社，2013.

[29] 唐纳德. 液晶高分子 [M]. 2 版. 北京：北京大学出版社，2014.

[30] 毛学军. 液晶显示技术 [M]. 2 版. 北京：电子出版社，2014.

[31] 中华人民共和国国家质量监督检验检疫总局，中国国家标准管理委员会. 高纯试剂试验方法通则 GB/T 30301 [S]. 北京：中国标准出版社，2014.

[32] 童忠良，夏宇正. 化工产品手册：涂料 [M]. 6 版. 北京：化学工业出版社，2016.

[33] 吴雨龙，魏来. 精细化工生产技术 [M]. 北京：科学出版社出版，2015.

[34] 城户淳二. 有机电致发光：从材料到器件 [M]. 肖立新，陈志坚，译. 北京：化学工业出版社，2012.

[35] 恽正中，李言荣. 电子材料 [M]. 北京：清华大学出版社，2013.

[36] 王大全. 精细化工生产流程图解 [M]. 2 部. 北京：化学工业出版社，1999.

[37] 张汝京，等. 纳米集成电路制造工艺 [M]. 2 版. 北京：清华大学出版社，2017.

[38] 杨丁. 金属蚀刻工艺及实例 [M]. 北京：国防工业出版社，2010.

[39] 韩长日，宋小平. 电子与信息化学品制造技术 [M]. 北京：科学技术文献出版社，2001.

[40] 周济. 超材料与自然材料的融合（第一卷）：非金属基超常电磁介质 [M]. 北京：科学出版社，2016.